U0794638

职业技能鉴定国家题库石化分库试题选编

聚乙烯装置操作工

中国石油化工集团公司职业技能鉴定指导中心　编

中国石化出版社

内 容 提 要

《聚乙烯装置操作工》为《职业技能鉴定国家题库石化分库试题选编》丛书之一，由中国石油化工集团公司职业技能鉴定指导中心按照《国家职业标准》及《职业技能鉴定国家题库开发技术规程》组织编写。内容包括：聚乙烯装置操作工初级工、中级工、高级工、技师及高级技师的国家职业标准、鉴定要素细目表、理论知识试题和技能操作试题，是聚乙烯装置操作工进行职业技能鉴定的必备学习资料。

图书在版编目（CIP）数据

聚乙烯装置操作工／中国石油化工集团公司职业技能鉴定指导中心编．
—北京：中国石化出版社，2006（2021.7 重印）
（职业技能鉴定国家题库石化分库试题选编）
ISBN 978－7－80229－153－9

Ⅰ．聚…　Ⅱ．中…　Ⅲ．聚乙烯－化工设备－操作－职业技能鉴定－习题　Ⅳ．TQ325－1

中国版本图书馆 CIP 数据核字（2006）第 107744 号

未经本社书面授权，本书任何部分不得被复制、抄袭，或者以任何形式或任何方式传播。版权所有，侵权必究。

中国石化出版社出版发行
地址：北京市东城区安定门外大街 58 号
邮编：100011　电话：(010)57512500
发行部电话：(010)57512575
http://www.sinopec-press.com
E-mail:press@ sinopec.com
北京艾普海德印刷有限公司印刷
全国各地新华书店经销
*
787×1092 毫米 16 开本 32.75 印张 799 千字
2021 年 7 月第 1 版第 7 次印刷
定价：65.00元

职业技能鉴定国家题库
石化分库开发领导小组

组　长： 刘根元

副组长： 傅兴顺　高　滨　孙祖岭　孙金瑜

顾　问： 袁　芳　李钰年

成　员（以姓氏笔画为序）：

丁新兴　王凤维　王运才　王虎刚　王瑞萍　石惟理
刘子才　刘文玉　刘忠华　向守源　朱长根　朱正建
朱立群　江毅平　汤　豪　许立明　许　坚　曲子洲
吴　云　何　波　邱　颖　张云燕　张月娥　张全胜
张佐军　张树忠　陈建国　陈若平　周志明　郑洵美
钟文标　徐洪源　贾铁成　郭为民　顾甬明　崔　昶
曹宗祥　黄　进　彭连军　温振丽　童子飞　谢学民
韩　伟　雷建忠　靳良成　潘　慧　穆晓秋　魏洪大
魏根兴

特邀专家（以姓氏笔画为序）：

尤宝英　王　权　丛新泽　刘　欧　刘孝祖
李荣兴　沈洪源　陆　勇　巫建忠　徐　燕
黄世文　黄劲松

编辑出版负责人：

王子康　王力健　邓敦夏

前　言

受劳动和社会保障部职业技能鉴定中心委托，按照中国石油天然气集团公司、中国石油化工集团公司职业技能鉴定工作协议，中国石油化工集团公司职业技能鉴定指导中心组织有关专家，依据《职业技能鉴定国家题库开发技术规程》和《国家职业标准》，开发了 32 个职业 95 个工种的职业技能鉴定国家题库石化分库，并于 2006 年 5 月正式启用。

为满足员工学习专业知识、提高操作技能的需要，我们选编了石化分库的部分试题，按职业(工种)出版《职业技能鉴定国家题库石化分库试题选编》套书。该套书内容包括国家职业标准、鉴定要素细目表、理论知识试题和技能操作试题等，其中，理论知识试题约占分库中该职业(工种)试题的 50%，技能操作试题约占 70%。

《聚乙烯装置操作工》分册由大庆石化主编，燕山石化、兰州石化、齐鲁石化、茂名石化、上海石化、扬子石化等单位参编。主要执笔人：安华龙。参审人员：何波、王天江、张庆雨、王双居、郑春光、岑嘉庆、王文。

由于水平有限，书中难免有遗漏或欠妥之处，敬请谅解并提出宝贵意见。

职业技能鉴定国家题库

石化分库开发领导小组办公室

目录

第一部分　初级工

第二部分　中级工

第三部分　高级工

第四部分　技师/高级技师

第一部分

初 级 工

一、国家职业标准（初级工工作要求）

职业功能	工作内容	技能要求		相关知识
工艺操作	（一）开车准备	共性要求	1. 能确认本岗位所属设备、管线、阀门完好备用 2. 能完成本岗位开车流程的设定和确认本岗位流程均已开通 3. 能完成本岗位冷换设备的投用排气工作 4. 能完成本岗位蒸汽、氮气、仪表风、工业风的投用工作 5. 能完成本岗位设备、管线的吹扫、气密试压及氮气置换工作 6. 能完成开车前设备的单机试车 7. 能确认本岗位开车专用工具、安全设施齐全好用 8. 能检查本岗位仪表和电气设备运行状况 9. 能确认通讯设施完好备用	1. 聚乙烯装置概况 2. 本岗位工艺流程、开车步骤 3. 本岗位相关的公用工程的种类、性能、指标、投用顺序 4. 装置管线、设备吹扫、气密、置换的知识 5. 本岗位设备的单机试运知识 6. 本岗位原、辅材料的规格、特性、分析项目及质量指标 7. 本岗位伴热、伴冷知识
		溶液法	能完成聚合、分离干燥、造粒、回收任一岗位开车准备工作： 聚合岗位 1. 能完成密封油单元循环工作 2. 能完成冷冻盐水单元循环工作 3. 能完成搅拌器、罗茨风机等设备的加油、加脂及密封油投用工作 4. 能确认搅拌器、罗茨风机、离心泵等设备满足开车要求 分离干燥岗位 1. 能完成离心机的加油、加脂及密封油投用工作，干燥机蒸汽、润滑油的投用工作 2. 能确认离心机、干燥机、压缩机、离心泵等设备满足开车要求 3. 能完成干燥机的氮气循环 造粒岗位 1. 能完成混炼机等设备的加油、加脂及加热工作 2. 能确认粉末计量秤、助剂计量秤、颗粒输送风机、袋式过滤器、离心泵等设备满足开车要求 回收岗位 1. 能完成干燥剂的再生投用工作 2. 能确认离心泵、真空泵、结片机等设备满足开车要求	1. 密封油的性质及所用密封油的设备 2. 密封油单元操作注意事项 3. 冷冻盐水单元操作规程 4. 离心机、干燥机操作规程 5. 混炼机加热步骤 6. 干燥剂再生步骤
		高压法	能完成压缩、聚合、造粒、风送任一岗位开车准备工作 压缩岗位 1. 能完成一次机/闪蒸机、二次机盘车工作 2. 能完成压缩机框架油、冷却冲洗油单元油运工作 3. 能完成压缩机、齿轮泵、隔膜泵等设备加油、加脂工作 4. 能确认压缩机、齿轮泵、隔膜泵等设备满足开车要求	1. 一次机/闪蒸机开车具备的条件 2. 压缩机框架油、冷却冲洗油单元油运步骤 3. 液体引发剂保护的注意事项 4. 挤压机、切粒机开车具备的条件 5. 颗粒水单元循环、加热步骤 6. 罗茨风机开车具备的条件 7. 料仓清洗、干燥步骤

续表

职业功能	工作内容		技 能 要 求	相 关 知 识
		高压法	聚合岗位 1. 能完成离心泵、齿轮泵、柱塞泵等设备盘车工作 2. 能完成液体引发剂保护工作 3. 能完成齿轮泵、离心泵、柱塞泵等设备加油、加脂工作 4. 能确认齿轮泵、离心泵、柱塞泵、搅拌器等设备满足开车要求 5. 能完成反应器、液体引发剂区消防喷淋设施检查确认工作 造粒岗位 1. 能完成离心泵、齿轮泵、螺杆泵等设备盘车工作 2. 能完成挤压机、切粒机、离心泵、齿轮泵、螺杆泵等设备的加油、加脂工作 3. 能确认挤压机、切粒机、离心干燥器、振动筛、计量秤、齿轮泵、螺杆泵、离心泵、搅拌器等设备满足开车要求 4. 能完成挤压机筒体、模头加热工作 5. 能完成添加剂保护工作 6. 能完成颗粒水单元循环、加热工作 7. 能完成挤压机齿轮减速箱润滑油单元循环工作 风送岗位 1. 完成离心泵、罗茨风机等设备盘车工作 2. 能完成离心泵、罗茨风机、旋转阀等设备加油、加脂工作 3. 能确认离心泵、罗茨风机、旋风分离器、旋转阀等设备满足开车要求 4. 能完成料仓清洗、干燥工作	
		气相法	能完成精制回收、聚合、挤出造粒任一岗位开车准备工作： 精制回收岗位 1. 能确认公用工程的仪表、设备和安全设施处于正常状态 2. 能确认公用工程所有的临时盲板已拆除,8 字盲板处于正常状态 3. 能完成压缩机、离心泵等设备的加油、加脂及密封油投用工作 4. 能确认压缩机、离心泵等设备满足开车要求 5. 能对各类精制床的催化剂进行装填、初始活化 6. 能确认相关的联锁处于正常可用状态 聚合岗位 1. 能完成压缩机、轴流泵、离心泵、隔膜泵及搅拌器等设备的加油、加脂及密封油投用工作 2. 能确认压缩机、轴流泵、离心泵、隔膜泵及搅拌器等设备满足开车要求 3. 能投用助催化剂系统 4. 能完成催化剂的配制工作 5. 能投用抗静电剂系统 挤出造粒岗位 1. 能完成挤出机、切粒机、混炼机、离心泵、齿轮泵等设备的加油、加脂工作 2. 能确认风送系统满足开车条件 3. 能确认添加剂真空上料系统满足开车条件 4. 能确认水力输送系统满足开车条件 5. 能确认粒料输送系统等满足开车条件 6. 能完成挤出机筒体、模头的加热工作 7. 能对挤出机的筛网进行清洗	1. 加油、加脂注意事项 2. 精制床的催化剂进行装填、初始活化步骤 3. 投用密封油注意事项 4. 投用助催化剂系统注意事项 5. 投用抗静电剂系统步骤 6. 挤出机筒体、模头加热步骤 7. 挤出机筛网清洗标准

续表

职业功能	工作内容	技能要求		相关知识
	(二)开车操作	溶液法	完成聚合、分离干燥、造粒、回收任一岗位开车工作： 聚合岗位 1. 能完成乙烯、丙烯、丁烯－1、氢气、溶剂的接收工作 2. 能协助仪表完成各容器液位表的投用操作 3. 能完成反应系统的氮气脱水和溶剂脱水的操作 4. 能完成开车所用溶剂、催化剂的加入操作 5. 能完成反应器的开车升温操作 6. 能完成化工投料开车操作 分离干燥岗位 1. 能协助仪表完成各容器液位表的投用工作 2. 能完成干燥机循环气的投用操作 3. 能协助完成溶剂的联运操作 4. 能完成离心机、干燥机接收物料操作 造粒岗位 1. 能完成颗粒冷却水单元的投用操作 2. 能完成混炼挤压机润滑油等辅助单元的开车操作 3. 能完成混炼挤压机筒体清洗、水汽切换操作 4. 能完成换网工作 5. 能完成颗粒的接收、掺混、输送操作 6. 能完成粉末计量单元、助剂计量单元的开车操作 7. 能完成挤压造粒机的开车操作 回收岗位 1. 能协助完成溶剂干燥器的投用操作 2. 能协助仪表完成蒸馏塔、精馏塔及各容器液位表的投用操作 3. 能完成蒸馏塔、精馏塔蒸汽的投用操作 4. 能完成蒸馏塔、精馏塔的溶剂装填操作 5. 能完成溶剂储罐的投用操作 6. 能完成各物料线伴热的投用操作 7. 能协助完成聚乙烯蜡倒料、结片操作	1. 本岗位工艺流程和流程图上符号名称及意义 2. 乙烯、丙烯、丁烯－1、氢气、溶剂等物料接收的注意事项 3. 本岗位设备工作原理、操作知识 4. 本岗位开车步骤、操作知识 5. 溶剂、催化剂的作用 6. 氮气脱水和溶剂脱水标准 7. 化工投料步骤 8. 干燥机循环气的投用步骤 9. 混炼挤压机润滑油等辅助单元操作规程 10. 粉末计量单元、助剂计量单元的开车注意事项 11. 溶剂干燥器投用注意事项 12. 聚乙烯蜡倒料、结片操作规程
		高压法	能完成压缩、聚合、造粒、风送任一岗位开车工作： 压缩岗位 1. 能完成乙烯、丙烷、丁烯－1、溶剂等物料接收操作 2. 能完成压缩机、调节剂泵及其相关管线吹扫、置换操作 3. 能完成气体引发剂压缩机、调节剂泵等设备启动操作 4. 能完成调节剂、气体引发剂投料操作 5. 能配合完成一次机/闪蒸机、二次机启动操作 聚合岗位 1. 能完成催化剂单元开车操作 2. 能完成调温水、反应器夹套热水单元开车操作 3. 能完成液压油单元开车操作	1. 本岗位工艺流程和流程图上符号名称及意义 2. 乙烯、丙烷、丁烯－1、溶剂等物料接收注意事项 3. 本岗位开车流程设定步骤 4. 催化剂单元开车条件 5. 液压油单元开车条件 6. 挤压机筒体冷、热交换介质切换步骤 7. 产品颗粒脱气步骤 8. 本岗位设备工作原理、操作知识

续表

职业功能	工作内容	技能要求		相关知识
		高压法	造粒岗位 1. 能完成挤压机齿轮减速箱润滑油等辅助单元开车操作 2. 能完成挤压机筒体冷、热交换介质切换操作 3. 能完成挤出机模孔疏通、模板清理操作 4. 能完成助剂计量注入单元开车操作 5. 能配合完成挤压机、造粒机开车操作 风送岗位 1. 能完成料仓大、小风量切换操作 2. 能完成产品颗粒脱气操作	
		气相法	能完成精制回收、聚合、挤出造粒任一岗位开车工作 精制回收岗位 1. 能完成乙烯、丙烷、丁烯－1、溶剂等物料接收操作 2. 能确认物料的温度、压力及流量符合要求 3. 能完成乙烯压缩机、污水泵等设备的启动工作 4. 能按要求投用相关的控制器和联锁 5. 能完成丙烷的循环操作 聚合岗位 1. 能按要求计量注入催化剂和助催化剂 2. 能建立预聚、环管及气相反应器的初始浓度 3. 能操作各个反应器、槽、沉降腿的冷却系统 4. 能通过 DCS 操作系统输入开车指令 5. 能按要求投用沉降腿 挤出造粒岗位 1. 能完成挤出机模孔疏通、模板清理工作 2. 能清洗挤出机螺杆 3. 能完成料仓、粉料输送风机及粉料输送回转阀的切换操作 4. 能完成添加剂系统的开车操作 5. 能完成除尘系统的启动操作 6. 能完成水力输送系统的开车操作 7. 能完成挤出机、切粒机的开车操作	1. 本岗位工艺流程和流程图上符号名称及意义 2. 本岗位设备工作原理、操作知识 3. 本岗位开车步骤 4. 本岗位所有单元操作步骤 5. 公用物料及反应物料的温度、压力及流量的标准 6. 乙烯压缩机等设备启动的条件 7. 建立丙烷的大循环注意事项 8. 预聚、环管及气相反应器的初始浓度的概念 9. 水力输送系统开车所具备的条件 10. 挤出机、切粒机开车条件
	(三)正常操作	共性要求	1. 能完成本岗位日常巡检 2. 能规范填写操作记录、巡检记录 3. 能调节本岗位温度、压力、液位、流量等工艺参数 4. 能改动常用工艺流程 5. 能发现异常工况并汇报处理 6. 能检查核对现场压力、温度、液(界)位、阀位等 7. 能改控制阀副线	1. 聚合反应、造粒、添加剂等基础理论知识 2. 装置正常调节操作规程 3. 本岗位操作方法、各工艺参数的控制范围 4. 本岗位巡检路线、内容及要求 5. 本岗位设备操作参数

续表

职业功能	工作内容	技能要求		相关知识
		溶液法	能完成聚合、分离干燥、造粒、回收任一岗位正常操作： 聚合岗位 1. 能完成催化剂进料量的校对工作 2. 能调节反应器的温度、压力及溶剂、催化剂、原料的进料量 3. 能根据化验分析结果，判断产品质量是否合格，并能及时调节氢气/乙烯比及催化剂、共聚单体的进料量 4. 能判断杂质对反应的影响，并能及时进行调节 5. 能协助完成产品牌号的切换操作 6. 能及时调节公用工程波动、原料波动对装置影响 分离干燥岗位 1. 能对离心机密封油冲洗量、溶剂冲洗量进行调节 2. 能根据粉末湿含量，能调节干燥机循环气温度 造粒岗位 1. 能完成调节混炼机的负荷 2. 能判断颗粒外观是否合格 3. 能完成产品和助剂的切换操作 4. 能完成颗粒的进料、掺混和输送工作 回收岗位 1. 能调节溶剂储罐之间的物料平衡 2. 能根据化验分析结果，判断溶剂质量是否合格 3. 能完成低聚物系统的倒料操作	1. 本岗位温度、压力、液位控制点的位置 2. 影响反应的因素及温度、压力、液位、流量等的调节方法 3. 催化剂进料量的校对步骤 4. 氢气/乙烯比与产品质量的关系 5. 产品牌号切换步骤 6. 公用工程波动、原料波动的调节方法 7. 颗粒外观标准 8. 溶剂质量标准
		高压法	能完成压缩、聚合、造粒、风送任一岗位正常操作： 压缩岗位 1. 能调节压缩机负荷、压力、温度等操作参数 2. 能完成压缩机废油收集、排放工作 3. 能完成压缩机框架油、冷却冲洗油过滤器切换、清理工作 4. 能完成压缩机入口过滤器切换、清理工作 5. 能完成调节剂泵、气体引发剂压缩机切换工作 6. 能调节压缩机内部油注油量 聚合岗位 1. 能完成液体引发剂的配制工作 2. 能完成热水泵、液体引发剂泵、调温水泵等设备的切换、隔离工作 3. 能完成高压循环气、低压循环气排蜡工作 4. 能协助完成产品牌号的切换工作 5. 能完成高压循环气、低压循环气换热器的切换、清理工作 6. 能完成废液体引发剂的收集、清理工作 7. 能完成副产低压蒸汽、低压冷凝液的往外输送工作	1. 调节压缩机负荷、压力、温度等操作参数的方法 2. 压缩机废油收集、排放注意事项 3. 冷却冲洗油过滤器切换注意事项 4. 压缩机入口过滤器切换、清理方法 5. 调节压缩机内部油注油量步骤 6. 高压循环气、低压循环气排蜡注意事项 7. 高压循环气、低压循环气换热器的切换、清理方法 8. 添加剂配制注意事项 9. 料仓切换、掺混、送料操作规程 10. 产品牌号切换步骤 11. 公用工程波动、原料波动的调节方法 12. 颗粒外观标准

续表

职业功能	工作内容	技能要求		相关知识
			造粒岗位 1. 能完成挤压机、切粒机负荷调节工作 2. 能根据颗粒外观合理调节颗粒水温度、挤压机转速、切粒机转速等操作参数 3. 能完成添加剂配制工作 4. 能完成颗粒水泵切换、颗粒水泵入口滤网清理工作 5. 能根据产品颗粒湿含量，调节脱水筛、离心干燥器的操作 6. 能根据产品牌号需要调节添加剂加料量 风送岗位 1. 能完成料仓切换工作 2. 能完成料仓掺混工作 3. 能完成料仓送料工作 4. 能完成料仓集尘单元排料、收料工作	
		气相法	能完成精制回收、聚合、挤出造粒任一岗位正常工作 精制回收岗位 1. 能确认各管线内物料的名称及物流方向 2. 能对各控制点的温度、压力、液位及流量进行调节 3. 能完成压缩机、离心泵、精制床等设备的切换工作 4. 能进行各种物料的精制，并按工艺要求安排取样分析 5. 能根据分析结果调节工艺参数，并判断精制床的有效性 6. 能对重组份塔中的低聚物进行倒空 7. 能根据要求对丙烷大循环进行调节 聚合岗位 1. 能调节各反应器的温度、压力及催化剂、助催化剂、稀释剂、反应物料的进料量 2. 能根据分析结果，判断产品质量是否合格，并能及时调节各反应器中氢气/乙烯摩尔比及丁烯－1/乙烯摩尔比 3. 能判断杂质对反应的影响，并能及时进行调节 4. 能协助完成产品牌号的切换工作 5. 能及时调节公用物料及反应物料波动对装置影响 6. 能根据环管反应器中的淤浆浓度决定沉降腿的投用数目 7. 能根据不同牌号调节沉降腿产品出料阀的打开时间 8. 能投用产品出料、取样等自动控制程序 挤出造粒岗位 1. 能完成粉料和粒料的输送工作 2. 能根据产品牌号确认加入的添加剂种类，并调节加入量 3. 能根据颗粒外观调整工艺参数 4. 能完成粒料的掺混 5. 能完成挤出机、切粒机负荷调节工作 6. 能根据要求切换自然色和有色粒子的水力输送系统 7. 能根据要求切换自然色和有色粒子的切粒水系统	1. 本岗位公用工程物料性质 2. 本岗位公用物料的温度、压力及流量参数 3. 本岗位仪表、阀门位置 4. 压缩机、离心泵、精制床等设备的切换步骤 5. 精制床有效性标准 6. 调节丙烷大循环进行的方法 7. 反应器中氢气/乙烯摩尔比及丁烯－1/乙烯摩尔比与产品质量的关系 8. 产品牌号切换步骤 9. 添加剂的加入步骤 10. 挤出机、切粒机调节负荷注意事项

续表

职业功能	工作内容	技能要求		相关知识
	(四)停车操作	共性要求	1. 能完成本岗位的正常停车操作 2. 能完成本岗位物料排放、倒空操作 3. 能完成本岗位的吹扫、置换操作 4. 能完成本岗位管线、设备保压工作 5. 能完成本岗位停车后工艺、设备的综合检查	1. 本岗位停车方案、操作知识 2. 本岗位废水、废渣排放有关管理规定和环保有关知识 3. 本岗位紧急停车步骤 4. 本岗位倒空、置换的有关程序 5. 氮气吹扫、置换注意事项
		溶液法	能完成聚合、分离干燥、造粒、回收任一岗位停车操作: 聚合岗位 1. 能现场切断反应器的各种进料,并能对催化剂线、母液线进行冲洗 2. 能完成反应器的夹套保温 3. 能打通反应器底部退料流程 4. 能在紧急状态进行现场停车 5. 能根据停车程序停止设备进料 分离干燥岗位 1. 能完成溶剂和母液之间的切换 2. 能完成干燥机的升温、降温操作 3. 能完成离心机、干燥机停车时系统的隔离工作 造粒岗位 1. 能完成混炼机的停车操作 2. 能完成混炼机的保温工作 3. 能完成筛网、切刀的更换工作 回收岗位 1. 能完成蒸馏塔、精馏塔的操作倒空停车操作 2. 能完成低聚物系统的停车工作	1. 反应器的夹套保温步骤 2. 干燥机的升温、降温的步骤及注意事项 3. 离心机、干燥机进行氮气吹扫、置换注意事项 4. 混炼机的保温步骤 5. 蒸馏塔、精馏塔的倒空停车操作规程、综合检查
		高压法	能完成压缩、聚合、造粒、风送任一岗位停车操作: 压缩岗位 1. 能切断气体引发剂进料 2. 能完成压缩机、调节剂泵的停车操作 3. 能完成压缩机、调节剂泵及其相关管线的物料排放、倒空操作 4. 能完成压缩机、调节剂泵及其相关管线的吹扫、置换工作 5. 能完成压缩机保压工作 6. 能完成压缩机、调节剂泵检修具备条件的检查确认操作 7. 能完成压缩机框架油、冷却冲洗油等辅助单元停车工作 聚合岗位 1. 能完成液体引发剂单元停车操作,切断液体引发剂的进料 2. 能完成反应器、高压分离器、低压分离器、高压循环气、低压循环气、液体引发剂单元物料排放、倒空工作 3. 能完成反应器、高压分离器、低压分离器、高压循环气、低压循环气吹扫、置换工作 4. 能完成反应器、高压分离器、低压分离器、高压循环气、低压循环气保压工作	1. 压缩机保压注意事项 2. 压缩机、调节剂泵检修所具备的条件 3. 液体引发剂单元停车操作步骤 4. 筛网、切刀更换注意事项 5. 料仓物料送空确认方法 6. 罗茨风机入口、出口滤网更换条件

续表

职业功能	工作内容	技能要求		相关知识
			5. 能完成反应器、高压分离器、低压分离器、高压循环气、低压循环气检修具备条件的检查确认工作 6. 能完成反应器压力检测单元停车操作 造粒岗位 1. 能完成挤压机、切粒机停车操作 2. 能完成挤压机筒体、颗粒水加热操作 3. 能完成筛网、切刀更换工作 4. 能完成离心干燥器、振动筛等辅助单元停车操作 风送岗位 1. 能完成罗茨风机、旋转阀等设备停车操作 2. 能完成料仓物料送空确认操作 3. 能完成罗茨风机入口、出口滤网更换操作	
		气相法	能完成精制回收、聚合、挤出造粒任一岗位停车操作： 精制回收岗位 1. 能切断公用物料及反应物料的进料 2. 能完成压缩机、离心泵等设备的停车 3. 能完成压缩机、离心泵等设备及其相关管线的物料排放、倒空工作 4. 能完成压缩机、离心泵等设备及其相关管线的吹扫、置换工作 5. 能完成压缩机保压工作 6. 能完成压缩机、离心泵等设备具备检修条件的检查确认工作 7. 能对可再生的精制床进行再生 8. 能对不可再生的精制床进行催化剂的最终失活 9. 能对火炬气分离罐进行排空 聚合岗位 1. 能切断反应物料、催化剂、助催化剂及抗静电剂的进料 2. 能进行废催化剂罐的倒空 3. 能清除产品筛中的大块料和大粒子 4. 能进行事故收集槽的排料 5. 能对反应进行一氧化碳中止 6. 能完成各反应器的聚合物倒空 7. 能完成各反应器的置换、保压工作 8. 能完成各反应器检修具备条件的检查确认工作 挤出造粒岗位 1. 能完成挤出机、切粒机停车工作 2. 能完成料仓物料送空确认工作 3. 能完成筛网、切粒刀的更换工作 4. 能完成切粒水系统的停车工作 5. 能停止挤出机筒体、切粒水的加热操作 6. 能完成水力输送系统的停车工作 7. 能完成添加剂系统的停车工作	1. 压缩机保压步骤及注意事项 2. 再生精制床的步骤及注意事项 3. 精制床进行催化剂最终失活的方法 4. 火炬气分离罐进行排空注意事项 5. 反应物料、催化剂、助催化剂及抗静电剂的步骤 6. 反应器聚合物倒空的步骤 7. 一氧化碳中止的条件 8. 筛网、切粒刀更换的步骤

续表

职业功能	工作内容	技能要求		相关知识
设备使用与维护	(一)使用设备	共性要求	1. 能指出本岗位设备、机组的流程 2. 能指出本岗位仪表测量点、调节阀的位置 3. 能根据工艺要求调节阀门开度 4. 能看懂设备铭牌 5. 能开停本岗位工艺设备 6. 能使用常用的仪表、电气设备	1. 本岗位主要设备的名称、结构、型号、材质、工作原理及操作规程 2. 本岗位重要联锁位置 3. 机泵密封知识 4. 本岗位常用仪表、电器类型和使用常识 5. 玻璃板液位计、安全阀、疏水器的知识
		溶液法	能使用聚合、分离干燥、造粒、回收任一岗位设备： 聚合岗位 1. 能开停反应器等带搅拌的设备 2. 能开停罗茨风机、尾气压缩机等设备 3. 能指出反应器乙烯、丙烯、氢气、溶剂、母液控制阀及温度、氢气/乙烯比控制阀等主要控制点的位置 分离干燥岗位 1. 能开停离心机、干燥机 2. 能开停、切换高速离心泵、粉末输送风机等设备 3. 能指出干燥机循环气风量控制阀、温度控制阀及压力控制阀等主要控制点的位置 造粒岗位 1. 能开停混炼机、切粒机、颗粒输送及掺混风机等大型设备 2. 能开停粉末计量秤、助剂计量秤等设备 3. 能指出颗粒水流量控制阀等主要控制点的位置 回收岗位 1. 能开停、切换高速离心泵等设备 2. 能指出蒸馏塔、精馏塔液位、压力控制阀等主要控制点的位置	1. 开停反应器等带搅拌的设备所具备的条件 2. 开停罗茨风机、尾气压缩机等设备操作注意事项 3. 离心机、干燥机所具备的条件 4. 切换高速离心泵、粉末输送风机步骤及注意事项 5. 开停粉末计量秤、助剂计量秤方法 6. 本岗位设备检修后的试运方法
		高压法	能使用压缩、聚合、造粒、风送任一岗位设备： 压缩岗位 1. 能开停压缩机、调节剂泵、压缩机框架油泵、冷却冲洗油泵、内部油泵等设备 2. 能操作压缩机盘车器 3. 能切换气体引发剂压缩机、调节剂泵、压缩机框架油泵、冷却冲洗油泵等设备 4. 能完成气体引发剂压缩机、调节剂泵、压缩机框架油泵、冷却冲洗油泵等设备检修后的试运工作 聚合岗位 1. 能开停热水泵、调温水泵、搅拌器、液体引发剂泵等设备 2. 能切换热水泵、调温水泵、液体引发剂泵等设备 3. 能完成热水泵、调温水泵、液体引发剂泵等设备检修后的试运工作 造粒岗位 1. 能开、停挤压机、切粒机、计量秤、添加剂计量加料泵、颗粒水泵、离心干燥器、振动筛、抽风机、搅拌器等设备	1. 开停压缩机、调节剂泵、压缩机框架油泵、冷却冲洗油泵、内部油泵等设备的步骤 2. 压缩机盘车的方法 3. 切换热水泵、调温水泵、液体引发剂泵等设备注意事项 4. 添加剂计量加料泵、颗粒水泵、搅拌器等设备检修后的试运方法 5. 罗茨风机、旋转阀检修后的试运方法

续表

职业功能	工作内容	技能要求		相关知识
			2. 能切换添加剂计量加料泵、颗粒水泵等设备 3. 能完成添加剂计量加料泵、颗粒水泵、搅拌器等设备检修后的试运工作 风送岗位 1. 能开停罗茨风机、旋转阀等设备 2. 能切换罗茨风机 3. 能完成罗茨风机、旋转阀检修后的试运工作	
		气相法	能使用精制回收、聚合、挤出造粒任一岗位设备： 精制回收岗位 1. 能开、停、切换压缩机、离心泵等设备 2. 能完成压缩机、离心泵等设备检修后的试运工作 3. 能指出公用物料和反应物料的主要控制点位置 聚合岗位 1. 能开、停、切换压缩机、轴流泵、离心泵、隔膜泵等设备 2. 能完成压缩机、轴流泵、离心泵、隔膜泵等设备检修后的试运工作 3. 能指出各反应器及引进物料的主要控制点位置 挤出造粒岗位 1. 能开停挤出机、切粒机、混炼机、离心泵、齿轮泵等设备 2. 能切换旋转加料器、螺杆加料器、风送风机等设备 3. 能完成挤出机、切粒机、混炼机、离心泵、齿轮泵等设备检修后的试运工作 4. 能指出切粒水流量等主要控制点的位置	1. 压缩机、离心泵等设备检修后的试运的条件 2. 公用物料和反应物料主要控制点的作用 3. 开停挤出机、切粒机、混炼机步骤及注意事项 4. 挤出机、切粒机、混炼机等设备检修后的试运的条件
	(二)维护设备	1. 能对本岗位设备进行日常维护，能添加和更换机、泵的润滑油、润滑脂等设备润滑工作 2. 能使用常用维修工具 3. 能完成机、泵的盘车 4. 能完成设备检修时的监火、监护工作 5. 能更换阀门盘根、管线软管 6. 能完成机泵检修的隔离和动火条件的确认 7. 能更换压力表、温度计和液位计等常用设备 8. 能完成本岗位设备检修应具备条件的检查确认		1. 润滑有关知识 2. 盘车有关规定 3. 设备检修安全规定 4. 常用维修工具型号、规格 5.《设备维护、保养制度》 6. 动火常识及注意事项 7. 设备常用润滑油(脂)的规格、品种和使用规定 8. 常用法兰、阀门、管线、垫片的种类、规格、压力等级及应用范围
事故判断与处理	(一)判断事故	1. 能判断本岗位简单工艺、设备事故 2. 能判断本岗位简单的仪表故障 3. 能判断各类流量、压力、温度、液位表是否正常，能区别工艺波动和仪表波动的不同情况 4. 能判断本岗位各类机泵运行故障的原因 5. 能判断反应波动的原因 6. 能判断本岗位的初期火灾和机泵、法兰、管线的泄漏等简单事故		1. 本岗位设备、仪表运行知识 2. 本岗位主要控制指标 3. 本岗位事故预案

续表

职业功能	工作内容	技能要求	相关知识
	(二)处理事故	1. 能处理本岗位简单工艺事故,协助处理简单的设备事故 2. 能使用安全、消防、气防器材 3. 能处理跑、冒、滴、漏事故 4. 能扑救初期火灾事故,能使用报警设施报警 5. 能协助处理装置停原料、水、蒸汽、电、风等各类突发事故 6. 能协助处理本岗位紧急停车事故 7. 能处理普通离心泵的抽空、泄漏事故	1. 常见灭火技术和方法 2. 安全、消防知识、防护器材使用方法 3. 消防、气防报警程序和方法 4. 现场急救知识 5. 物料泄漏处理的基本知识 6. 工艺事故、设备故障处理方法 7. 紧急停车事故处理方法
绘图与计算	(一)绘图	1. 能绘本岗位工艺流程图和装置原则流程图 2. 能看懂设备简图	绘图方法
	(二)计算	1. 能进行常规计算 2. 能计算料仓的进料量及平均熔体流动速率	单位换算知识

二、理论知识鉴定要素细目表

行业通用理论知识鉴定要素细目表

鉴定范围						鉴定点		
一级		二级		三级		代码	名称	重要程度
代码	名称	代码	名称	代码	名称			
A	基本要求	B	基础知识	A	记录填写基础知识	001	运行记录的种类	X
						002	运行记录的填写要求	X
				B	识图基础知识	001	工艺流程图管线的表示方法	X
						002	工艺流程图管件的表示方法	X
						003	工艺流程图阀门的表示方法	X
						004	工艺流程图仪表电气控制点的表示方法	X
				C	安全环保基础知识	001	石化行业生产的不安全因素	X
						002	国家安全生产的方针	X
						003	三级安全教育的内涵	X
						004	头部的防护	X
						005	眼睛和面部的防护	X
						006	脚部的防护	X
						007	手部的防护	X
						008	耳部的防护	X
						009	口鼻的防护	X
						010	皮肤的防护	X
						011	机械设备对人体伤害的防护	X
						012	厂内交通安全知识	X
						013	石化行业防火防爆十大禁令的内容	X
						014	尘毒物质的分类	X
						015	职业中毒的种类	X
						016	急性中毒的现场抢救	X
						017	高处作业的防护措施	X
						018	石化行业污染的来源	X
						019	石化行业污染的途径	X
						020	石化行业污染的特点	X

续表

鉴定范围						鉴定点		
一级		二级		三级		代码	名称	重要程度
代码	名称	代码	名称	代码	名称			
						021	清洁生产的定义	X
						022	清洁生产的内容	X
						023	燃烧的三要素	X
						024	干粉灭火器的适用范围	X
						025	泡沫灭火器的适用范围	X
						026	1211 灭火器的适用范围	X
						027	ISO 14000 系列标准的含义	X
						028	HSE 管理体系的概念	X
						029	建立 HSE 管理体系的意义	X
						030	石化行业事故处理的原则	X
				D	质量基础知识	001	标准化的概念	X
						002	标准等级划分的类别	X
						003	标准的使用范围	X
						004	ISO 9000 族标准的特点	X
				E	计算机基础知识	001	计算机硬件的组成	X
						002	计算机的安全防护	X
						003	Word 文档的录入与排版	X
						004	计算机浏览器的使用	X
						005	电子邮件的收发	X
				F	法律常识	001	《劳动法》关于劳动者权益的规定	X
						002	劳动合同包含的条款	X
						003	劳动争议解决的途径	X
						004	《劳动法》关于劳动者工作时间的规定	X
						005	《劳动法》关于劳动安全卫生的规定	X
						006	《产品质量法》关于生产者的产品质量责任	X
						007	《产品质量法》关于生产者的产品质量义务	X
						008	《安全生产法》对从业人员的规定	X
						009	《消防法》关于对公民责任的规定	X
B	相关知识	F	培训与指导	B	鉴定与考评	001	职业技能鉴定的定义	X
						002	职业技能鉴定的目的	X
						003	职业资格等级的划分	X
						004	职业资格证书的用途	X
						005	职业、岗位与工种的关系	X

工种理论知识鉴定要素细目表

鉴定范围						鉴定点		
一级		二级		三级		代码	名称	重要程度
代码	名称	代码	名称	代码	名称			
A	基本要求	B	基础知识	G	化学基础知识	001	相对分子质量的计算方法	X
						002	氢气的性质	X
						003	氮气的性质	X
						004	氧气的性质	X
						005	一氧化碳的性质	X

续表

鉴定范围						鉴定点		
一级		二级		三级		代码	名称	重要程度
代码	名称	代码	名称	代码	名称			
						006	二氧化碳的性质	X
						007	质量守恒定律的概念	Y
						008	CO 引起中毒的原因	X
						009	水的性质	X
						010	相对密度的概念	X
						011	气体标准体积的概念	X
						012	气体密度的概念	X
						013	元素化合价的概念	X
						014	酸碱盐的概念	Y
						015	溶解度的概念	X
						016	化学反应的四种类型	X
						017	溶液的概念	Z
						018	盐酸的性质	X
						019	氢氧化钠的性质	Y
						020	硫酸的性质	X
						021	硝酸的性质	Y
						022	烷烃的结构	X
						023	烯烃的结构	X
						024	炔烃的结构	X
						025	烷烃的化学性质	X
						026	烯烃的化学性质	X
						027	炔烃的化学性质	X
				H	化工基础知识	001	压强的概念	X
						002	压强的常用单位	X
						003	密度的概念	X
						004	压强单位换算的方法	X
						005	流体的性质	X
						006	流体流量的概念	Y
						007	气蚀的概念	X
						008	沸点的概念	X
						009	泡点的概念	X
						010	蒸馏的概念	X
						011	绝对压力的计算方法	X
						012	热量传递的基本方式	Y
						013	吸收的基本概念	X
						014	填料的结构	X
						015	回流比的概念	X
						016	湿物料的干燥方法	X
						017	气体压缩方程式的形式	X
						018	导热的概念	Y
						019	沉降的概念	X
						020	过滤的概念	Y
						021	真空度的概念	X
						022	精馏塔精馏段的概念	X
						023	精馏塔提馏段的概念	X
						024	辐射的概念	X

续表

鉴定范围						鉴定点		
一级		二级		三级		代码	名称	重要程度
代码	名称	代码	名称	代码	名称			
				I	高分子化学知识	001	高分子化合物的概念	X
						002	聚合物的分类	X
						003	聚合物相对分子质量的概念	X
						004	聚合物的物理状态	X
						005	聚合物材料的机械强度	X
				J	电工基础知识	001	电流的概念	X
						002	直流电的概念	X
						003	交流电的概念	X
						004	电阻的概念	Y
						005	电压的概念	Y
						006	串联电路的概念	X
						007	并联电路的概念	Z
						008	防触电方法	X
						009	装置电器设备灭火方法	X
				K	仪表基础知识	001	常规控制的概念	Y
						002	仪表误差的概念	Z
						003	简单调节系统的组成	X
						004	控制室常规仪表的种类	X
						005	常用控制阀的分类	X
						006	压力测量仪表的分类	X
						007	流量测量仪表的分类	X
						008	常用液位计的种类	X
						009	温度测量仪表的分类	X
				L	化工机械与设备基础知识	001	常见泵的种类	X
						002	离心泵的工作原理	Z
						003	离心泵的主要性能参数	X
						004	常见压缩机的种类	Y
						005	换热器的种类	X
						006	塔设备的分类	X
						007	安全附件的种类	X
						008	常用安全附件的作用	Y
						009	常用阀门的种类	X
						010	常用阀门型号含义	X
						011	常用法兰的类型	X
						012	垫片的种类	X
						013	螺栓的种类	X
						014	密封的概念	Z
						015	润滑的概念	X
B	相关知识（通用模块）	A	相关知识	A	相关知识	001	流体的密度	X
						002	流体的压力	X
						003	流体的流量	X
						004	流体的流速	X
						005	离心泵的类型	X
						006	传热的方式	X
						007	换热器的分类	X
						008	泵的分类	X
						009	往复泵的分类	X
						010	压缩机的分类	Y
						011	往复式压缩机的分类	Y
						012	调节阀的分类	Z

续表

鉴定范围						鉴定点		
一级		二级		三级		代码	名称	重要程度
代码	名称	代码	名称	代码	名称			
						013	氯气的性质	X
						014	硫化氢的性质	X
						015	氮气的性质	X
						016	盐酸的性质	Y
						017	硫酸的性质	X
						018	硝酸的性质	Y
						019	乙烯的性质	X
						020	丙烯的性质	X
						021	氢气的性质	X
						022	丁烯-1的性质	X
						023	己烷的性质	X
						024	无机物的分类	X
						025	无机物的命名	X
						026	高分子材料成型加工特性	Y
C	相关知识（高压法模块）	B	工艺操作	A	开车准备	001	外部油的作用	Y
						002	冷却油的作用	X
						003	内部油的作用	X
						004	添加剂系统流程	Y
						005	原料乙烯进料流程	X
						006	聚合开车具备相关条件标准	X
						007	调节剂进料流程	X
						008	造粒工段相关安全措施	Y
						009	造粒工段公用工程规格	Y
						010	产品的主要指标	X
						011	一次压缩机辅助油单元操作方法	X
						012	颗粒输送风机操作方法	X
						013	挤压机润滑油单元操作方法	X
						014	一次压缩机盘车操作方法	X
						015	聚合升温操作方法	X
						016	二次压缩机辅助油操作方法	X
						017	一次压缩机流程	X
						018	一次压缩机置换方法	X
						019	一次压缩机负荷控制方法	X
						020	压缩机换热器设备的投用	X
						021	造粒系统流程	X
						022	造粒系统置换操作方法	X
						023	低聚物产生的原因	X
						024	疏水器日常运转中的检查	X
						025	辅助压缩机的流程	X
						026	辅助压缩机置换方法	X
						027	一次压缩机启动条件	Y
						028	离心干燥机的原理	X
						029	一次压缩饥的材质	X
						030	二次压缩机的材质	X
						031	自控文字符号的规定	Z
						032	压缩过程的描述	Z
						033	压缩机压缩比的概念	X
						034	压缩机压缩比	X
						035	爆破片的作用	Y

续表

鉴定范围						鉴定点		
一级		二级		三级		代码	名称	重要程度
代码	名称	代码	名称	代码	名称			
				B	开车操作	001	聚合使用引发剂种类	Y
						002	过氧化物引发剂性质	X
						003	调节剂的种类	X
						004	一次压缩机的升压操作注意事项	X
						005	启动颗粒空送风机操作注意事项	X
						006	配制引发剂注意事项	X
						007	反应器夹套升温操作步骤	X
						008	挤出机开车操作方法	X
						009	流体黏度和密度对离心泵的影响	Y
						010	质量流量计的原理	X
						011	高循冷却水换热器切换操作方法	X
						012	造粒切刀间隙调节	X
						013	二次压缩机升压操作方法	Y
						014	引发剂的概念	X
						015	添加剂的概念	X
						016	建立反应时反应器进料温度的控制	X
						017	换热器投用注意事项	X
						018	反应器投引发剂注意事项	Z
						019	储罐切换的步骤	X
						020	反应器升压操作方法	X
						021	减少低聚物产生的方法	X
						022	反应器升温操作方法	X
						023	高压分离器料位的控制方法	X
						024	低压分离器料位的控制	X
				C	正常操作	001	离心泵的操作步骤	X
						002	影响产品密度的因素	X
						003	工艺参数对聚合反应的影响	X
						004	影响反应器生产能力的因素	X
						005	挤出机临时停车后开车操作方法规程	X
						006	反应器压力控制方法	Y
						007	产品牌号切换步骤	X
						008	原料内杂质含量影响聚合反应的因素	X
						009	原料乙烯分析的操作方法	X
						010	造粒水温度的调整方法	Y
						011	挤出机启动条件	Y
						012	挤出机润滑油系统巡检内容	X
						013	巡检制度	X
						014	一次压缩机报警点	X
						015	筒体加热冷却的操作方法	X
						016	造粒系统环保要求	X
						017	造粒系统“三废”排放标准	Z
						018	引发剂泵巡检内容	X
						019	噪声的产生及危害	Z
						020	风送过滤器的巡检内容	X
						021	空送风机切换的操作方法	X
						022	离心干燥机运较中的注意事项	X

续表

鉴定范围						鉴定点		
一级		二级		三级		代码	名称	重要程度
代码	名称	代码	名称	代码	名称			
						023	一次压缩机辅助油系统	X
						024	二次压缩机辅助油系统的巡检内容	X
						025	二次压缩机的巡检内容	X
						026	高压聚乙烯的物理性质	Z
						027	高循脱垢的操作方法	X
						028	返回裂解系统操作注意事项	X
						029	反应器温度的控制方法	X
						030	MI 的控制方法	X
						031	调节剂加入量的控制方法	X
						032	调节剂的作用机理	X
						033	造成 MI 波动的主要因素	X
						034	反应器进料乙烯温度低对反应的影响	X
						035	高压分离器低料位影响	Y
						036	高压分离器高料面影响	X
						037	高压分离器夹带的概念	X
						038	高压分离器的分离原理	Y
						039	丙烯的作用	Z
						040	旋转阀的排料时间计算	X
						041	釜式法与管式法的区别	Y
						042	氧含量对聚合过程的影响	Z
				D	停车操作	001	离心干燥机的停机操作	X
						002	剩余引发剂的处理工作	Z
						003	停车过程中低分料面控制操作	Z
						004	反应器的加热冷却切换操作	X
						005	设备倒空的注意事项	X
						006	停车过程中的高分料面控制操作	X
						007	设备清洗的注意事项	Y
		C	设备使用与维护	A	使用设备	001	低压及一次压缩机联锁	X
						002	二次压缩机的联锁	X
						003	引发剂泵的操作规程	X
						004	反应过程的联锁	X
						005	空送风机工作原理	Y
						006	压缩机的类型	Y
						007	启动空送风机注意事项	X
						008	离心机的分类	X
						009	列管式换热器的使用方法	X
						010	离心泵的主要性能参数	X
						011	压力容器的安全附件	X
						012	避免气蚀的方法	X
						013	常见泵的种类	X
						014	常见管道组成件的种类	Y
						015	化工常见金属材料的种类	X
						016	安全阀的种类	Z
						017	旋风分离器的优缺点	X
						018	齿轮泵的优点	Y

续表

鉴定范围						鉴定点		
一级		二级		三级		代码	名称	重要程度
代码	名称	代码	名称	代码	名称			
				B	维护设备	001	更换阀门	Y
						002	消漏操作	Z
						003	引发剂泵的试运操作	X
						004	法兰的密封形式	Z
						005	静电跨线的检查	Y
						006	空送风机的内部结构	X
						007	压缩机的内部结构	X
						008	单螺杆挤出机的内部结构	X
						009	离心泵的内部结构	X
						010	螺纹连接的角度要求	X
						011	往复式压缩机的余隙概念	X
		D	事故判断与处理	A	判断事故	001	净化风量降低的判断	X
						002	压缩机辅助油系统流量下降的判断	X
						003	低压及一次压缩机阀片破损的判断	X
						004	低压及一次压缩机各段间出口压力升高的判断	X
						005	低压及一次压缩机各段间出口温度升高的判断	X
						006	粒型突变的判断	X
						007	造粒水系统流量降低的判断	Y
						008	颗粒水分离器常见故障	X
						009	产品质量问题的原因分析	Z
						010	反应器超压的判断	X
						011	反应器温度异常的判断	Y
						012	Mi 波动的判断	X
				B	处理事故	001	紧急停车步骤	X
						002	反应管线堵塞处理办法	X
						003	添加剂注入不良处理	X
						004	引发剂泵失控处理方法	X
						005	反应过程超温处理	X
						006	压缩机辅助油系统黏度变大的处理	X
						007	灭火剂的定义	Y
						008	常用灭火器的用途	Y
						009	常用灭火剂的基本原理	X
						010	常用灭火剂的使用方法	X
						011	有害液体进入眼睛的处理措施	X
						012	粉尘性质	Z
						013	粉尘对人身的危害	Y
						014	粉尘爆炸的必要条件	Y
						015	灭火器材种类	X
						016	灭火器材使用方法	X
						017	三级入厂教育	Y
		E	绘图与计算	A	绘图	001	仪表位号的组成	Y
						002	仪表位号的意义	X

续表

鉴定范围						鉴定点		
一级		二级		三级		代码	名称	重要程度
代码	名称	代码	名称	代码	名称			
						003	工艺图纸的几种图线	X
						004	工艺图纸的名称	X
						005	工艺图纸的主要用途	X
						006	机械图中常见线条的种类	X
						007	管道图的分类	Y
						008	带控制点流程图的绘制	X
						009	物料流程图的绘制	X
						010	识图知识	X
						011	工艺流程图的画法	X
				B	计算	001	常用的单位制	X
						002	常用的单位换算	X
						003	使用国际单位制的优点	Y
						004	标准大气压	X
						005	表压	X
						006	绝压	X
						007	真空度	X
						008	常见压强单位的换算关系	X
						009	绝对压强与表压强的关系	X
						010	绝对压强与真空度的关系	X
						011	化工计算之前要注意的问题	Z
D	相关知识（溶液法模块）	A	工艺操作	A	开车准备	001	密封油特性	Y
						002	低压密封油系统操作规程	X
						003	高压密封油系统操作规程	X
						004	冷冻盐水系统操作规程	Y
						005	原料氢气控制条件	X
						006	聚合载液开车具备相关条件	X
						007	原料乙烯进料流程	X
						008	原料丁烯-1质量条件	Z
						009	造粒工段公用工程流程	Y
						010	5000S 产品规格	X
						011	混炼机润滑油单元操作	X
						012	颗粒输送风机开车前具备条件	X
						013	挤压机润滑油单元操作规程	X
						014	液体稳定剂的配制步骤	X
						015	混炼机加热系统操作规程	X
						016	干燥循环气系统流程	X
						017	母液系统流程	X
						018	干燥系统氮气置换方案	X
						019	干燥循环气系统气密方案	X
						020	冷换设备的投用步骤	Y
						021	己烷蒸馏塔操作规程	X
						022	己烷精馏塔操作规程	X
						023	低聚物闪蒸系统操作规程	X
						024	蒸汽凝液系统操作规程	X

续表

鉴定范围						鉴定点		
一级		二级		三级		代码	名称	重要程度
代码	名称	代码	名称	代码	名称			
				B	开车操作	001	聚合使用催化剂种类	Y
						002	PZ 催化剂性质	X
						003	AT 催化剂性质	X
						004	间歇聚合催化剂补加操作要点	X
						005	引溶剂己烷聚合操作注意事项	X
						006	配制 AT 催化剂注意事项	X
						007	聚合釜夹套升温操作规程	X
						008	水稳定剂投用步骤	Y
						009	混炼机开车操作规程	X
						010	袋式过滤器投用步骤	X
						011	筒体冷却水系统投用步骤	Y
						012	筒体冷却水换热器投用步骤	X
						013	混炼机间隙调节步骤	X
						014	固体稳定剂的投用步骤	X
						015	液体稳定剂的投用步骤	Y
						016	干燥机蒸汽升温操作规程	X
						017	干燥气密封罐参数	Z
						018	离心机进料操作规程	X
						019	干燥系统中压氮气规格	X
						020	堆积密度	Z
						021	干燥循环气系统的操作规程	X
						022	干燥尾气开车操作规程	X
						023	低聚物性质	Z
						024	己烷的特性	X
						025	低聚物真空闪蒸开车操作规程	X
						026	己烷蒸馏塔开车	X
						027	己烷精馏塔开车	X
				C	正常操作	001	并联 A 产品生产控制参数	Y
						002	并联 A 产品生产控制指标	Y
						003	产品密度控制方法	X
						004	工艺参数对聚合反应的影响	X
						005	影响聚合生产能力的因素	X
						006	并联 A 临时停车后开车操作规程	X
						007	聚合釜浆液出料方法	Y
						008	并联 A 至并联 B 牌号的切换	X
						009	影响聚合反应的因素	X
						010	聚合釜取样操作规程	X
						011	混炼机巡检内容	Y
						012	混炼机相关工艺指标	Y
						013	混炼机润滑油系统巡检内容	X
						014	颗粒输送风机巡检内容	X
						015	混炼机报警点	X
						016	筒体冷却水泵的切换	Y
						017	造粒系统环保指标	Z
						018	造粒系统“三废”排放标准	Z

续表

鉴定范围						鉴定点		
一级		二级		三级		代码	名称	重要程度
代码	名称	代码	名称	代码	名称			
						019	挤压机巡检内容	X
						020	挤压机相关工艺指标	X
						021	粉末计量秤的巡检内容	X
						022	袋式过滤器的巡检内容	X
						023	粉末输送开车操作规程	X
						024	干燥机出料温度的控制方法	X
						025	干燥机加热蒸汽的控制方法	X
						026	母液罐液位的调节方法	X
						027	离心机进料注意事项	X
						028	浆液特性	Z
						029	粉末输送系统压力调节方法	X
						030	引溶剂己烷回收操作注意事项	X
						031	母液罐参数	Y
						032	干燥气洗涤器参数	X
						033	粉末湿含量的控制方法	X
						034	干燥机蒸汽冷却器参数	X
						035	己烷蒸馏塔的控制指标	X
						036	低聚物的指标	X
						037	己烷指标的控制方法	X
						038	己烷蒸馏塔塔底采出对塔操作的影响	X
						039	己烷蒸馏塔处理能力	X
						040	己烷蒸馏塔塔板压差对塔操作的影响	X
						041	低聚物闪蒸罐温度低对结片的影响	X
						042	己烷精馏塔塔顶温度低对操作的影响	X
				D	停车操作	001	并联A临时停车操作规程	X
						002	催化剂洗涤操作规程	X
						003	冷凝己烷泵停车操作规程	X
						004	聚合尾气压缩机停车操作规程	X
						005	聚合排放己烷注意事项	X
						006	并联B退空停车操作规程	X
						007	聚合循环气风机操作规程	X
						008	混炼机停车操作规程	X
						009	水稳系统停车操作规程	Z
						010	袋式过滤器停用操作规程	X
						011	筒体冷却水系统停车操作规程	Y
						012	挤压机停车操作规程	X
						013	混炼机水汽切换操作规程	Y
						014	挤压机水汽切换操作规程	X
						015	干燥气冷凝器操作规程	X
						016	干燥尾气系统停车操作规程	X
						017	干燥机降温操作规程	X
						018	干燥系统退空停车操作规程	X
						019	粉末输送系统停车操作规程	X
						020	己烷蒸馏塔停车操作规程	X
						021	己烷精馏塔停车操作规程	X

续表

鉴定范围						鉴定点		
一级		二级		三级		代码	名称	重要程度
代码	名称	代码	名称	代码	名称			
						022	己烷蒸馏塔塔底采出泵停车操作规程	X
						023	低聚物结片操作规程	Y
						024	低聚物导料操作规程	Y
		B	设备使用与维护	A	使用设备	001	尾气压缩机的联锁	X
						002	第一浆液泵的操作规程	X
						003	聚合釜搅拌器参数	X
						004	聚合釜系统涉及的联锁	X
						005	聚合系统氮气置换方案	X
						006	聚合系统己烷热洗方案	X
						007	催化剂泵操作规程	X
						008	己烷蒸馏塔母液进料泵操作规程	X
						009	筒体水泵的原理	Z
						010	颗粒输送风机工作原理	X
						011	造粒工段常用用阀门结构	Z
						012	双螺杆混炼机结构	Y
						013	粉末计量秤类型结构	X
						014	母液罐洗涤操作规程	X
						015	母液输送泵操作规程	X
						016	离心机操作规程	Y
						017	干燥循环气风机操作规程	X
						018	粉末输送风机型式	X
						019	干燥气冷凝器参数	Y
						020	干燥尾气压缩机结构	Y
						021	干燥尾气压缩机型式	X
						022	己烷蒸馏塔再沸器操作规程	X
						023	己烷蒸馏塔塔底采出预热器操作规程	X
						024	低聚物齿轮泵使用方法	X
						025	蒸汽凝液增湿泵操作规程	X
				B	维护设备	001	第二闪蒸罐报警参数	X
						002	催化剂泵工作原理	X
						003	聚合釜设置的安全附件	X
						004	密封油泵的操作规程	X
						005	离心式制冷压缩机操作规程	X
						006	螺杆式制冷压缩机工作原理	X
						007	第二浆液泵的操作规程	X
						008	混炼机常用润滑油规格	X
						009	混炼机的润滑点	X
						010	颗粒旋转阀的维护	Y
						011	混炼机正常维护	X
						012	振动筛结构	Y
						013	颗粒水分离器原理	Y
						014	干燥机润滑点	Z
						015	干燥尾气压缩机参数	X
						016	干燥尾气压缩机联锁参数	X
						017	干燥机升温注意事项	X

续表

鉴定范围						鉴定点		
一级		二级		三级		代码	名称	重要程度
代码	名称	代码	名称	代码	名称			
						018	粉末输送风机参数	Z
						019	粉末输送风机入口冷却器的作用	X
						020	干燥循环气风机的维护	X
						021	离心机停车注意事项	X
						022	己烷蒸馏塔联锁报警参数	X
						023	己烷蒸馏塔底采出泵操作规程	X
						024	己烷贮罐安全附件	Y
						025	低聚物齿轮泵操作规程	X
						026	低聚物真空泵操作规程	X
		C	事故判断与处理	A	判断事故	001	浆液泵抽空的判断方法	X
						002	尾气压缩机油压不正常的判断方法	X
						003	尾气冷却器堵塞的判断方法	Y
						004	造成聚合釜出料困难的原因	X
						005	催化剂泵不上量的原因	X
						006	筒体冷却水泵常见故障	Z
						007	混炼机加热蒸汽减压阀常见故障	Y
						008	颗粒水分离器常见故障	X
						009	产品质量问题的原因	Z
						010	母液储罐液位不降的判断方法	Y
						011	干燥循环气洗涤罐液位波动原因	Y
						012	离心机扭矩波动原因	X
						013	己烷蒸馏塔液泛判断方法	X
						014	己烷水值超标判断	X
						015	己烷管网压力波动判断方法	X
						016	己烷蒸馏塔液位波动	X
				B	处理事故	001	聚合晃电应急预案	X
						002	稀释罐下料线堵塞的处理方法	X
						003	生产2200J产品密度偏低的处理方法	X
						004	尾气压缩机不上量的处理方法	X
						005	催化剂泵不上量的处理方法	X
						006	产品质量问题的处理措施	X
						007	混炼机相关事故处理方案	X
						008	筒体冷却水泵常见故障处理	Y
						009	固体稳定剂计量秤常见故障处理	X
						010	母液返回量波动	X
						011	干燥循环气风量波动	X
						012	干燥循环气洗涤泵不上量现象	X
						013	母液输送泵不上量现象	X
						014	干燥机堆料现象	X
						015	己烷回收停风应急预案	Z
						016	己烷蒸馏塔再沸器堵塞处理	X
						017	己烷蒸馏塔塔底采出预热器温度低处理方法	X

续表

鉴定范围						鉴定点		
一级		二级		三级		代码	名称	重要程度
代码	名称	代码	名称	代码	名称			
		D	绘图与计算	A	绘图	001	丙烯进料控制阀系统流程	X
						002	聚合尾气压缩机停车联锁图	X
						003	第二闪蒸罐液位联锁	Y
						004	粉末料仓系统流程	X
						005	流程图符号的意义	Y
						006	干燥尾气压缩机停车联锁图	X
						007	母液系统流程	X
						008	丁烯－1进料流程图	X
						009	己烷蒸馏塔压力联锁图	X
						010	分离干燥系统停车联锁图	X
						011	粉末输送风机入口压力控制回路	X
						012	仪表风联锁	Z
						013	己烷蒸馏塔再沸器物料流程	X
				B	计算	001	催化剂进料量计算	X
						002	乙烯收率计算	Z
						003	乙烯转化率计算	X
						004	干燥循环气洗涤泵出口流量的计算	X
						005	干燥机出口粉末湿含量	Y
						006	己烷蒸馏塔回流量计算	X
						007	己烷蒸馏塔塔底采出流量	X
E	相关知识（气相法模块）	A	工艺操作	A	开车准备	001	空压机的开车准备	X
						002	乙烯精制系统流程准备	X
						003	氮气精制系统流程准备	X
						004	丁烯脱气原理	X
						005	丁烯－1精制系统流程准备	X
						006	己烷精馏塔的流程准备	X
						007	挤压机开车前的流程准备	X
						008	原料物理性质	X
						009	己烷干燥原理	X
						010	己烷在本装置中的作用	X
						011	往复式压缩机开车前的检查	Y
						012	氮气压缩机开车前的检查	X
						013	颗粒水系统开车准备	X
				B	开车操作	001	化学品的配制过程	X
						002	添加剂的配制过程	X
						003	氢气压缩机的开车步骤	X
						004	再生过程的原理	Y
						005	再生的投用步骤要求	X
						006	换热器的分类	Y
						007	流化气（循环气）压缩机补油过程	Y
						008	热油系统的开车步骤	X
						009	己烷系统主要开车步骤	X
						010	颗粒水系统操作	X
						011	丁烯－1系统开车步骤	X
						012	TEA系统的开车过程	X

续表

鉴定范围						鉴定点		
一级		二级		三级		代码	名称	重要程度
代码	名称	代码	名称	代码	名称			
						013	乙烯净化系统的开车步骤	X
						014	淤浆催化剂的还原步骤	X
						015	氮气精制系统的原理	Y
						016	蒸发原理	Z
						017	精馏原理	Z
						018	种子床的作用	X
						019	淤浆催化剂的优点	Y
						020	反应器的置换原理	Z
						021	仪表空气的接收步骤	X
						022	乙烯精制的原理	Y
						023	催化剂的性质	X
						024	循环气压缩机的作用	X
						025	齐聚物产生的原因	X
						026	种子床置换步骤	X
				C	正常操作	001	全回流操作的概念	X
						002	影响塔板效率的因素	Y
						003	丁烯缓冲罐液位调节方法	X
						004	回流比的选择	Y
						005	己烷高速泵切换方法	X
						006	乙烯干燥器切换步骤	X
						007	影响精馏塔正常采出的因素	X
						008	高压氮气的用途	X
						009	催化剂储存过程应注意的事项	X
						010	聚合反应器置换的正常操作	X
						011	聚合反应器加入TEA的目的	X
						012	丁烯/乙烯比值对密度的影响	X
						013	粉料脱气的正常操作规程	X
						014	流化床的缺点	X
						015	流化床的优点	X
						016	粉料采出系统的工作原理	X
						017	流化床的床高控制要点	X
						018	流化床反应的原理	X
						019	流化床的床高计算原理	Z
						020	常用助剂的性质	X
						021	常用助剂的作用	X
						022	添加剂的质量要求	Y
						023	粒子外观的控制方法	X
						024	挤压机的基本操作参数	X
						025	粒子外观的影响因素	X
						026	各岗位巡检要求	X
						027	颗粒输送水泵启动时应注意的事项	X
						028	冷却风机正常运转时应注意的事项	Y
						029	产品进料切仓步骤	Y
						030	产品出料系统的投用步骤	X
						031	风送系统运行时注意的事项	Y
						032	各种毒物对聚合反应的影响	Z

续表

鉴定范围						鉴定点		
一级		二级		三级		代码	名称	重要程度
代码	名称	代码	名称	代码	名称			
				D	停车操作	001	循环气压缩机的停车步骤	X
						002	颗粒水系统停车步骤	X
						003	添加剂系统停车步骤	X
						004	终止系统切换钢瓶的操作步骤	X
						005	风送系统停车	X
						006	安全环保知识	Z
						007	三废的排放标准	Z
						008	丁烯－1系统停车步骤	X
						009	TEA系统的停车步骤	X
						010	乙烯净化系统的停车步骤	X
						011	氮气压缩机的停车步骤	X
						012	氮气精制系统的停车步骤	X
						013	流化气（循环气）压缩机油系统的停车步骤	X
						014	热油系统的停车步骤	X
						015	已烷精馏塔的停车步骤	X
						016	催化剂系统停车	X
						017	乙烯压缩机的停车步骤	X
						018	冰机系统停车	X
						019	精制床再生的停车步骤	X
						020	蒸汽系统的停车步骤	X
		B	设备使用与维护	A	使用设备	001	往复泵的使用方法	X
						002	往复泵的切换方法	X
						003	爆破片的使用方法	X
						004	液环压缩机的使用方法	X
						005	屏蔽泵的使用方法	X
						006	流化气（循环气）压缩机油系统的使用	X
						007	流化气（循环气）压缩机的使用方法	X
						008	氢气隔膜压缩机的使用方法	X
						009	离心风机的使用方法	X
						010	离心风机的切换步骤	X
						011	换热器的使用方法	X
						012	气相法聚合反应器的主要控制点	X
						013	安全阀的使用方法	X
						014	转子流量计的使用方法	X
						015	气动球阀的使用方法	X
						016	常用阀门的使用方法	X
						017	调温水泵切换步骤	X
						018	振动筛的使用方法	X
						019	颗粒离心干燥机的使用方法	X
						020	循环气压缩机润滑油过滤器切换步骤	Y
						021	袋式过滤器的使用方法	X
						022	旋风分离器的使用方法	X
						023	疏水器的使用方法	X

续表

鉴定范围						鉴定点		
一级		二级		三级		代码	名称	重要程度
代码	名称	代码	名称	代码	名称			
						024	罗茨风机的使用	X
						025	现场可燃气体报警仪的使用方法	Y
						026	压力表的使用方法	X
						027	温度计的使用方法	X
						028	挤压机下料器的使用维护	X
						029	压力容器的使用方法	X
						030	空压机的使用	X
						031	挤压造粒机的使用维护	X
						032	氢气精制四塔二次均压法的使用方法	Y
						033	滑动轴承的使用方法	Y
						034	滚动轴承的使用方法	Y
						035	切粒机的使用维护方法	X
						036	储罐的使用方法	X
						037	离心泵检修后的试运行步骤	X
						038	离心泵的切换方法	X
						039	离心泵的使用方法	X
						040	隔膜泵检修后的试运行步骤	X
						041	隔膜泵的切换步骤	X
						042	隔膜泵的使用方法	X
						043	活塞压缩机的使用方法	X
						044	活塞压缩机检修后的试运行步骤	X
						045	活塞压缩机的停车步骤	X
						046	活塞压缩机的盘车步骤	X
						047	罗茨风机的切换步骤	X
						048	罗茨风机的使用方法	X
						049	精馏塔的使用方法	Y
				B	维护设备	001	常用阀门的维护方法	X
						002	离心泵的维护方法	X
						003	隔膜泵的维护方法	X
						004	齿轮泵的维护方法	Y
						005	泵的盘车规定	X
						006	压缩机润滑油添加规定	X
						007	监护人职责	X
						008	机泵的常用润滑维护方法	Y
						009	机泵检修的隔离交出程序	Z
						010	疏水器的维护方法	Y
						011	换热器的维护方法	Y
						012	振动筛的维护方法	X
						013	颗粒离心干燥机的维护方法	Z
						014	现场动火条件确认的依据	X
		C	事故判断与处理	A	判断事故	001	聚合反应器结块的判断的方法	X
						002	反应器温度异常升高的判断方法	X
						003	粉料出料情况好坏的判断方法	Y
						004	返回气压缩机做功好坏的判断方法	Y

续表

鉴定范围						鉴定点		
一级		二级		三级		代码	名称	重要程度
代码	名称	代码	名称	代码	名称			
						005	催化剂注入效果的判断方法	X
						006	离心泵不上量的原因	X
						007	反应器发生泄漏的判断方法	Y
						008	乙烯预热器出口温度高的原因	Y
						009	反应器乙烯进量异常变化的判断的方法	X
						010	反应器床层高度显示异常的判断的方法	Y
						011	颗粒不规则的判断方法	X
						012	颗粒外观不好的判断方法	X
						013	颗粒料输送管堵塞的判断方法	X
						014	成品颗粒干燥度不足的判断方法	X
				B	处理事故	001	手提式干粉灭火器的正确使用方法	X
						002	氧气呼吸器的正确使用的方法	X
						003	送蒸气的正确步骤	X
						004	反应器床层过高时的处理措施	X
						005	反应器床层过低时的处理措施	X
						006	反应器乙烯进料突然终止时的处理措施	X
						007	反应器丁烯进料突然终止时的处理措施	X
						008	反应器氢气进料突然终止时的处理措施	X
						009	离心泵不上量的处理方法	X
						010	乙烯预热器出口温度高的处理方法	X
						011	乙烯精制系统发生乙烯外泄时的处理措施	X
						012	丁烯系统发生丁烯外泄时的处理措施	X
						013	反应器温度异常升高时的处理措施	X
						014	反应系统停氮气时的处理措施	X
						015	乙烯脱炔床超温时的处理措施	X
						016	乙烯精制系统压降过大的处理措施	X
						017	丁烯储罐液位过高时的处理措施	X
						018	催化剂注入管线堵塞的处理措施	X
						019	界区氮气中氧含量过高时的处理措施	X
						020	粉料抽出下游堵塞时的处理措施	X
						021	粉料抽出上游堵塞时的处理措施	X
						022	粉料输送风机出入口压差大的处理措施	X
						023	水系统流量过低时的处理措施	X
						024	流化气速过低时的处理措施	X
						025	反应器内有块时的处理措施	X
						026	压力表的选用原则	Y
						027	送料管堵塞时的处理措施	X
						028	颗粒过大时的处理措施	X
						029	隙口背压高时的处理措施	X
						030	切粒水温度高时的处理措施	X
						031	粉料下料不均匀时的处理措施	X
						032	机筒温度超指标时的处理措施	X
						033	掺和效果变差的处理措施	Y
						034	现场发生火警的正确处理	Y

续表

鉴定范围						鉴定点		
一级		二级		三级		代码	名　称	重要程度
代码	名　称	代码	名　称	代码	名　称			
		D	绘图与计算	A	绘图	001	乙烯精制系统流程	X
						002	丁烯-1精制系统流程	X
						003	乙烯干燥流程简图	X
						004	聚合反应流程	X
						005	挤压机进料系统流程	X
						006	挤压机脱水系统流程	X
						007	添加剂配制流程	X
						008	旋风分离器结构简图	Z
				B	计算	001	压力换算	X
						002	密度的计算	X
						003	热量的计算	X
						004	流速的计算	X
						005	流量的计算	X
						006	原料单耗的计算	X
						007	物耗的计算	X
						008	流体状态的计算	X
						009	流化床床高的计算	Y
						010	平均相对分子质量的计算	X
						011	转化率的计算	X
						012	收率的计算	X
						013	平均温度差的计算	Y
						014	精馏塔的物料衡算	Z

三、理论知识试题

行业通用理论知识试题

判断题

1. 岗位交接班记录不属于运行记录。（√）

2. 填写记录要求及时、准确、客观真实、内容完整、字迹清晰。（√）

3. 工艺流程图中，主要物料（介质）的流程线用细实线表示。（×）

正确答案：工艺流程图中，主要物料（介质）的流程线用粗实线表示。

4. 在工艺流程图中，表示法兰堵盖的符号是。（√）

5. 在工艺流程图中，符号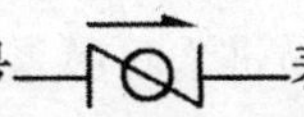表示的是减压阀。（×）

正确答案：在工艺流程图中，符号表示的是减压阀。

6. 带控制点的工艺流程图中，表示压力调节阀的符号是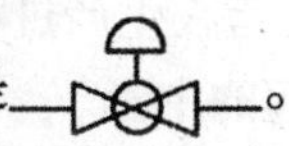。（×）

正确答案：带控制点的工艺流程图中，表示压力调节阀的符号是。

7. 石化生产中存在诸多不安全因素。事故多，损失大。（√）

8. 防护罩、安全阀等不属于安全防护装置。 (×)

正确答案：防护罩、安全阀等均属于安全防护装置。

9. 安全检查的任务是发现和查明各种危险和隐患，督促整改；监督各项安全管理规章制度的实施；制止违章指挥、违章作业。 (√)

10. 女工在从事转动设备作业时必须将长发或发辫盘卷在工作帽内。 (√)

11. 从事化工作业人员必须佩戴防护镜或防护面罩。 (×)

正确答案：从事对眼睛及面部有伤害危险作业时必须佩戴有关的防护镜或面罩。

12. 穿用防护鞋时应将裤脚插入鞋筒内。 (×)

正确答案：穿用防护鞋的职工禁止将裤脚插入鞋筒内。

13. 对于从事在生产过程中接触能通过皮肤侵入人体的有害尘毒作业人员，只需发放防护服。 (×)

正确答案：对于从事在生产过程中接触能通过皮肤侵入人体的有害尘毒作业人员，需发放防护服，并需有工业护肤用品，涂在手臂、脸部，以保护职工健康。

14. 在超过噪声标准的岗位工作的职工，要注意保护自己的听力，可戴上企业发给的各种耳塞、耳罩等。 (×)

正确答案：在超过噪声标准的岗位工作的职工，要注意保护自己的听力，一定要戴上企业发给的各种耳塞、耳罩等。

15. 口鼻的防护即口腔和鼻腔的防护。 (×)

正确答案：口鼻的防护即呼吸系统的防护。

16. 人体皮肤是化工生产中有毒有害物质侵入人体的主要途径。 (√)

17. 一般情况下，应将转动、传动部位用防护罩保护起来。 (√)

18. 在设备一侧的转动、传动部位要做好外侧及内侧的防护。 (×)

正确答案：在设备一侧的转动、传动部位要做好外侧及周边的防护。

19. 各种皮带运输机、链条机的转动部位，除装防护罩外，还应有安全防护绳。 (√)

20. 在传动设备的检修工作中，只需在电气开关上挂有“有人作业，禁止合闸”的安全警告牌。 (×)

正确答案：在传动设备的检修工作中，电气开关上应挂有“有人作业，禁止合闸”的安全警告牌，并设专人监护。

21. 限于厂内行驶的机动车不得用于载人。 (√)

22. 严禁在生产装置罐区及易燃易爆装置区内用有色金属工具进行敲打撞击作业。(×)

正确答案：严禁在生产装置罐区及易燃易爆装置区内用黑色金属工具进行敲打撞击作业。

23. 烟、雾、粉尘等物质是气体，易进入呼吸系统，危害人体健康。 (×)

正确答案：烟、雾、粉尘等物质是气溶胶，易进入呼吸系统，危害人体健康。

24. 烟尘的颗粒直径在 0.1μm 以下。 (√)

25. 职业中毒是指在生产过程中使用的有毒物质或有毒产品，以及生产中产生的有毒废气、废液、废渣引起的中毒。 (√)

26. 毒物进入人体就叫中毒。 (×)

正确答案：毒物对有机体的毒害作用叫中毒。

27. 低毒物质进入人体所引发的病变称慢性中毒。（×）

正确答案：低浓度的毒物长期作用于人体所引发的病变称慢性中毒。

28. 急性中毒患者呼吸困难时应立即吸氧。停止呼吸时，立即做人工呼吸，气管内插管给氧，维持呼吸通畅并使用兴奋剂药物。（√）

29. 急性中毒患者心跳骤停应立即做胸外挤压术，每分钟 30 ~ 40 次。（×）

正确答案：急性中毒患者心跳骤停应立即做胸外挤压术，每分钟 60 ~ 70 次。

30. 休克病人应平卧位，头部稍高。昏迷病人应保持呼吸道畅通，防止咽下呕吐物。（×）

正确答案：休克病人应平卧位，头部稍低。昏迷病人应保持呼吸道畅通，防止咽下呕吐物。

31. 高处作业人员应系用与作业内容相适应的安全带，安全带应系挂在施工作业处上方的牢固挂件上，不得系挂在有尖锐的棱角部位。（√）

32. 高处作业可以上下投掷工具和材料，所用材料应堆放平稳，必要时应设安全警戒区，并设专人监护。（×）

正确答案：高处作业严禁上下投掷工具和材料，所用材料应堆放平稳，必要时应设安全警戒区，并设专人监护。

33. 高处作业人员不得站在不牢固的结构物上进行作业，可以在高处休息。（×）

正确答案：高处作业人员不得站在不牢固的结构物上进行作业，不得在高处休息。

34. 燃烧产生的废气是石化行业污染的主要来源之一。（√）

35. 工艺过程排放是造成石化行业污染的主要途径。（√）

36. 成品或副产品不会造成石化行业的污染。（×）

正确答案：成品或副产品的夹带也会造成石化行业的污染。

37. 石化行业污染的特点之一是污染物种类多、危害大。（√）

38. 清洁生产通过末端治理污染来实现。（×）

正确答案：清洁生产通过应用专门技术，改进工艺、设备和改变管理态度来实现。

39. 清洁的服务不属于清洁生产的内容。（×）

正确答案：清洁的服务属于清洁生产的内容之一。

40. 引起闪燃的最高温度称为闪点。（×）

正确答案：引起闪燃的最低温度称为闪点。

41. 燃点是指可燃物质在空气充足条件下，达到某一温度时与火源接触即行着火，并在移去火源后继续燃烧的最低温度。（√）

42. 自燃点是指可燃物在没有火焰、电火花等火源直接作用下，在空气或氧气中被加热而引起燃烧的最高温度。（×）

正确答案：自燃点是指可燃物在没有火焰、电火花等火源直接作用下，在空气或氧气中被加热而引起燃烧的最低温度。

43. 干粉灭火器能迅速扑灭液体火焰，同时泡沫能起到及时冷却作用。（√）

44. 抗溶性泡沫灭火剂可以扑灭一般烃类液体火焰，但不能扑救水溶性有机溶剂的火灾。（×）

正确答案：抗溶性泡沫灭火剂可以扑灭一般烃类液体火焰，同时能扑救水溶性有机溶剂的火灾。

45. 1211 灭火器仅适用于扑灭易燃、可燃气体或液体，不适用于扑灭一般易燃固体物质的火灾。 (×)

正确答案：1211 灭火器不仅适用于扑灭易燃、可燃气体或液体，也适用于扑灭一般易燃固体物质的火灾。

46. ISO 14000 系列环境管理标准是国际标准化组织（ISO）第 207 技术委员会（ISO/TC207）组织制定的环境管理体系标准，其标准号从 14001 到 14100，共 100 个标准号，统称为 ISO 14000 系列标准。 (√)

47. HSE 管理体系是指实施安全、环境与健康管理的组织机构、职责、做法、程序、过程和资源等而构成的整体。 (√)

48. HSE 中的 S（安全）是指在劳动生产过程中，努力改善劳动条件、克服安全因素，使劳动生产在保证劳动者健康、企业财产不受损失、人民生命安全的前提下顺利进行。 (×)

正确答案：HSE 中的 S（安全）是指在劳动生产过程中，努力改善劳动条件、克服不安全因素，使劳动生产在保证劳动者健康、企业财产不受损失、人民生命安全的前提下顺利进行。

49. 建立 HSE 管理体系可改善企业形象，取得经济效益和社会效益。 (√)

50. 建立 HSE 管理体系不能控制 HSE 风险和环境影响。 (×)

正确答案：建立 HSE 管理体系可有效控制 HSE 风险和环境影响。

51. 对工作不负责任，不严格执行各项规章制度，违反劳动纪律造成事故的主要责任者应严肃处理。 (√)

52. 标准化是指在经济、技术、科学及管理等社会实践中，对事物和概念通过制订、发布和实施标准达到统一，以获最佳秩序和社会效益。 (×)

正确答案：标准化是指在经济、技术、科学及管理等社会实践中，对重复性事物和概念通过制订、发布和实施标准达到统一，以获最佳秩序和社会效益。

53. 任何标准，都是在一定条件下的“统一规定”，标准化的统一是相对的。 (√)

54. 对已有国家标准、行业标准或地方标准的，鼓励企业制订低于国家标准、行业标准或地方标准要求的企业标准。 (×)

正确答案：对已有国家标准、行业标准或地方标准的，鼓励企业制订高于国家标准、行业标准或地方标准要求的企业标准。

55. 按约束力分，国家标准、行业标准可分为强制性标准、推荐性标准和指导性技术文件。 (√)

56. 只要企业活动和要素具有“重复性”，都可以进行标准化。 (√)

57. 2000 版 ISO 9000 族标准可适用于所有产品类型、不同规模和各种类型的组织，并可根据实际需要增加某些质量管理要求。 (×)

正确答案：2000 版 ISO 9000 族标准可适用于所有产品类型、不同规模和各种类型的组织，并可根据实际需要减少某些质量管理要求。

58. ISO 9000 族标准是质量保证模式标准之一，用于合同环境下的外部质量保证。可作为供方质量保证工作的依据，也是评价供方质量体系的依据。 (√)

59. 计算机内存是可以由 CPU 直接存取数据的地方。 (√)

60. 杀毒软件对于病毒来说永远是落后的，也就是说，只有当一种病毒出现后，才能产生针对这种病毒的消除办法。 (√)

61. 在计算机应用软件 Word 中输入文字，当打满一行时，必须按一下 Enter 键换到下一行继续输入。（×）

正确答案： 在 Word 中输入文字，当打满一行时，不需按一下 Enter 键，系统可自动换到下一行继续输入。

62. 中国大陆地区的顶级域名是“cn”。（√）

63. 使用应用程序 Outlook Express 可以同时向多个地址发送电子邮件，也可以把收到的邮件转发给第三者。（√）

64. 《劳动法》规定，对劳动者基本利益的保护是最基本的保护，不应由于用人单位所有制的不同或组织形式不同而有所差异。（√）

65. 依据《劳动法》的规定，劳动争议当事人对仲裁裁决不服的，可以自收到仲裁裁决书之日起三十日内向人民法院提起诉讼。一方当事人在法定期限内不起诉又不履行仲裁裁决的，另一方当事人可申请人民法院强制执行。（√）

66. 劳动安全卫生工作“三同时”是指：新建工程的劳动安全卫生设施必须与主体工程同时设计、同时施工、同时投入生产和使用。（×）

正确答案： 劳动安全卫生工作“三同时”是指：新建、改建或扩建工程的劳动安全卫生设施必须与主体工程同时设计、同时施工、同时投入生产和使用。

67. 《产品质量法》规定，生产者不得生产国家明令淘汰的产品；不得伪造或者冒用认证标志等质量标志。（√）

68. 产品质量义务分为积极义务和消极义务，“生产者不得伪造产地，不得伪造或者冒用他人的厂名、厂址”属于产品生产者的积极义务。（×）

正确答案： 产品质量义务分为积极义务和消极义务，“生产者不得伪造产地，不得伪造或者冒用他人的厂名、厂址”属于产品生产者的消极义务。

69. 从业人员在发现直接危及人身安全的紧急情况时，有权停止作业或者在采取可能的应急措施后撤离作业场所。（√）

70. 《消防法》第四十八条规定：埋压、圈占消火栓或者占用防火间距、堵塞消防通道的，或者损坏和擅自挪用、拆除、停用消防设施、器材的，处警告、罚款或者十日以下拘留。（×）

正确答案： 《消防法》第四十八条规定：埋压、圈占消火栓或者占用防火间距、堵塞消防通道的，或者损坏和擅自挪用、拆除、停用消防设施、器材的，处警告或者罚款。

71. 职业技能鉴定是按照国家规定的职业标准，通过政府授权的考核鉴定机构对劳动者的专业知识和技能水平进行客观、公正、科学规范地评价与认证的活动。（√）

72. 职业技能鉴定是为劳动者颁发职业资格证书。（×）

正确答案： 职业技能鉴定是为劳动者持证上岗和用人单位就业准入提供资格认证的活动。

73. 职业技能鉴定考试是以社会劳动者的职业技能为对象，以规定的职业标准为参照系统，通过相关知识和实际操作的考核作为综合手段，为劳动者持证上岗和用人单位就业准入提供资格认证的活动。（√）

74. 职业资格证书分一级、二级、三级、四级、五级五个级别。（√）

75. 职业资格证书是劳动者的专业知识和职业技能水平的证明。（√）

76. 职业资格证书是劳动者持证上岗和用人单位录用员工的资格认证。（√）

77. 职业是指从业人员为获取主要生活来源所从事的社会工作类别。（√）

78. 一个职业可以包括一个或几个工种，一个工种又可以包括一个或几个岗位，它们是一种包含与被包含的关系。（√）

单选题

1. 运行记录填写错误需要更正时，必须采用（ C ）。

A. 撕页重写　B. 用刀片刮去重写　C. 划改　D. 涂改

2. 化工管路图中，表示蒸汽伴热管道的规定线型是（ C ）。

3. 化工管路图中，表示热保温管道的规定线型是（ A ）。

4. 在工艺流程图中，下列符号表示活接头的是（ C ）。

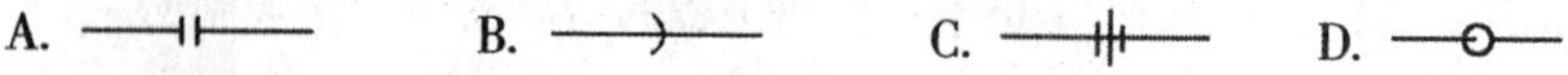

5. 在工艺流程图中，表示法兰连接的符号是（ D ）。

6. 在工艺流程图中，表示闸阀的符号是（ B ）。

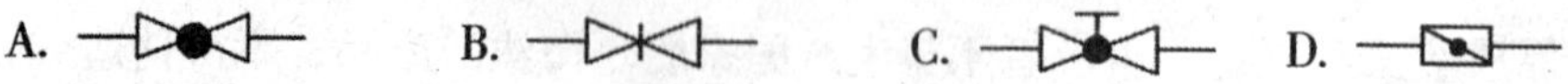

7. 在工艺流程图中，表示球阀的符号是（ D ）。

8. 在工艺流程图中，表示截止阀的符号是（ A ）。

9. 带控制点的工艺流程图中，仪表控制点以（ A ）在相应的管路上用代号、符号画出。

A. 细实线　B. 粗实线　C. 虚线　D. 点划线

10. 带控制点的工艺流程图中，表示指示的功能代号是（ C ）。

A. T　B. J　C. Z　D. X

11. 带控制点的工艺流程图中，表示电磁流量计的符号是（ B ）。

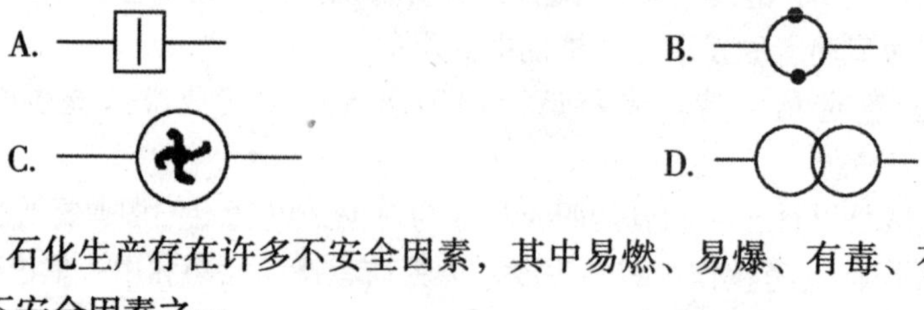

12. 石化生产存在许多不安全因素，其中易燃、易爆、有毒、有（ A ）的物质较多是主要的不安全因素之一。

A. 腐蚀性　B. 异味　C. 挥发性　D. 放射性

13. 石化生产的显著特点是工艺复杂、(C) 要求严格。

A. 产品　B. 原料　C. 操作　D. 温度

14. 我国安全生产的方针是“(C) 第一，预防为主”。

A. 管理　B. 效益　C. 安全　D. 质量

15. “防消结合，以 (D) 为主”。

A. 管　B. 消　C. 人　D. 防

16. “三级安全教育”即厂级教育、车间级教育、(A) 级教育。

A. 班组　B. 分厂　C. 处　D. 工段

17. 工人的日常安全教育应以“周安全活动”为主要阵地进行，并对其进行 (B) 的安全教育考核。

A. 每季一次　B. 每月一次　C. 每半年一次　D. 一年一次

18. 为保护头部不因重物坠落或其他物件碰撞而伤害头部的防护用品是 (A)。

A. 安全帽　B. 防护网　C. 安全带　D. 防护罩

19. 从事 (B) 作业时，作业人员必须穿好专用的工作服。

A. 电焊　B. 酸碱　C. 高空　D. 气焊

20. 从事计算机、焊接及切割作业、光或其他各种射线作业时，需佩戴专用 (C)。

A. 防护罩　B. 防护网　C. 防护镜　D. 防护服

21. 从事有 (B)、热水、热地作业时应穿相应胶鞋。

A. 硬地　B. 腐蚀性　C. 检修作业　D. 机床作业

22. 从事 (A) 作业时应穿耐油胶鞋。

A. 各种油类　B. 酸碱类　C. 机加工　D. 检查维护

23. 从事酸碱作业时，作业人员需戴 (C) 手套。

A. 布　B. 皮

C. 耐酸碱各种橡胶　D. 塑料

24. 线手套或 (B) 手套只可作为一般的劳动防护用品。

A. 皮　B. 布　C. 橡胶　D. 塑料

25. 耳的防护即 (A) 的保护。

A. 听力　B. 耳廓　C. 头部　D. 面部

26. 工作地点有有毒的气体、粉尘、雾滴时，为保护呼吸系统，作业人员应按规定携带戴好 (A)。

A. 过滤式防毒面具　B. 防护服

C. 口罩　D. 防护面罩

27. 从事易燃、易爆岗位的作业人员应穿 (B) 工作服。

A. 腈纶　B. 防静电　C. 涤纶　D. 防渗透

28. 从事苯、石油液化气等易燃液体作业人员应穿 (D) 工作服。

A. 耐腐蚀　B. 阻燃　C. 隔热　D. 防静电

29. 各种皮带运输机、链条机的转动部位，除安装防护罩外，还应有（ A ）。

A. 安全防护绳　B. 防护线　C. 防护人　D. 防护网

30. 厂内行人要注意风向及风力，以防在突发事故中被有毒气体侵害。遇到情况时要绕行、停行、（ C ）。

A. 顺风而行　B. 穿行　C. 逆风而行　D. 快行

31. 不能用于擦洗设备的是（ D ）。

A. 肥皂　B. 洗衣粉　C. 洗洁精　D. 汽油

32. 不属于有毒气体的是（ C ）。

A. 氯气　B. 硫化氢　C. 二氧化碳　D. 一氧化碳

33. 属于气体物质的是（ A ）。

A. 氯气　B. 烟气　C. 盐酸雾滴　D. 粉尘

34. 引起慢性中毒的毒物绝大部分具有（ A ）。

A. 蓄积作用　B. 强毒性　C. 弱毒性　D. 中强毒性

35. 急性中毒现场抢救的第一步是（ C ）。

A. 迅速报警　B. 迅速拨打 120 急救

C. 迅速将患者转移到空气新鲜处　D. 迅速做人工呼吸

36. 酸烧伤时，应用（ B ）溶液冲洗。

A. 5% 碳酸钠　B. 5% 碳酸氢钠　C. 清水　D. 5% 硼酸

37. 高处作业是指在坠落高度基准面（含）（ A ）m 以上，有坠落可能的位置进行的作业。

A. 2　B. 2. 5　C. 3　D. 5

38. 一般不会造成环境污染的是（ B ）。

A. 化学反应不完全　B. 化学反应完全

C. 装置的泄漏　D. 化学反应中的副反应

39. 不属于石化行业污染主要途径的是（ C ）。

A. 工艺过程的排放　B. 设备和管线的滴漏

C. 成品运输　D. 催化剂、助剂等的弃用

40. 不属于石化行业污染特点的是（ B ）。

A. 毒性大　B. 毒性小　C. 有刺激性　D. 有腐蚀性

41. 清洁生产是指在生产过程、产品寿命和（ A ）领域持续地应用整体预防的环境保护战略，增加生态效率，减少对人类和环境的危害。

A. 服务　B. 能源　C. 资源　D. 管理

42. 清洁生产的内容包括清洁的能源、（ D ）、清洁的产品、清洁的服务。

A. 清洁的原材料　B. 清洁的资源

C. 清洁的工艺　D. 清洁的生产过程

43. 不属于燃烧三要素的是（ C ）。

A. 点火源　B. 可燃性物质　C. 阻燃性物质　D. 助燃性物质

44. 气体测爆仪测定的是可燃气体的（ D ）。

A. 爆炸下限　B. 爆炸上限　C. 爆炸极限范围　D. 浓度

45. MF4 型手提式干粉灭火器的灭火参考面积是（ B ）m^2。

A. 1. 5　　B. 1. 8　　C. 2. 0　　D. 2. 5

46. MF8 型手提式干粉灭火器的喷射距离大于等于（ B ）m。

A. 3　　B. 5　　C. 6　　D. 7

47. MFT70 型推车式干粉灭火器的灭火射程在（ D ）m。

A. 8 ~ 10　　B. 17 ~ 20　　C. 30 ~ 35　　D. 10 ~ 13

48. MPT100 型推车式干粉灭火器的灭火射程在（ A ）m。

A. 16 ~ 18　　B. 14 ~ 16　　C. 12 ~ 14　　D. 18 ~ 20

49. MY2 型手提式 1211 灭火器的灭火射程是（ C ）m。

A. 1　　B. 2　　C. 3　　D. 4

50. MY0. 5 型手提式 1211 灭火器的灭火射程在（ D ）m。

A. 3　　B. 4. 5　　C. 2. 5　　D. 2

51. ISO 14000 系列标准的核心是（ B ）标准。

A. ISO 14000　　B. ISO 14001　　C. ISO 14010　　D. ISO 14100

52. HSE 管理体系是指实施安全、环境与（ C ）管理的组织机构、职责、做法、程序、过程和资源等而构成的整体。

A. 生命　　B. 过程　　C. 健康　　D. 资源

53. 建立 HSE 管理体系可提高企业安全、环境和健康（ A ）。

A. 管理水平　　B. 操作水平　　C. 使用水平　　D. 能源水平

54. 事故处理要坚持（ C ）不放过的原则。

A. 二　　B. 三　　C. 四　　D. 五

55. 违章作业、违反纪律等造成的一般事故，对责任者应给予（ D ）。

A. 警告处分　　B. 记过处分　　C. 行政处分　　D. 处罚

56. 标准化包括（ C ）的过程。

A. 研究、制定及颁布标准　　B. 制定、修改及使用标准

C. 制定、发布及实施标准　　D. 研究、公认及发布标准

57. 根据《中华人民共和国标准化法》的规定，我国的标准分为（ B ）四级。

A. 国际标准、国家标准、地方标准和企业标准

B. 国家标准、行业标准、地方标准和企业标准

C. 国家标准、地方标准、行业标准和企业标准

D. 国际标准、国家标准、行业标准和地方标准

58. 我国在国家标准管理办法中规定国家标准的有效期一般为（ C ）年。

A. 3　　B. 4　　C. 5　　D. 7

59. 2000 版 ISO 9000 族标准适用的范围是（ D ）。

A. 小企业　　B. 大中型企业

C. 制造业　　D. 所有行业和各种规模的组织

60. 在电脑的存储设备中，数据存取速度从快到慢的顺序是（ B ）。

A. 软盘、硬盘、光盘、内存　　B. 内存、硬盘、光盘、软盘

C. 软盘、硬盘、内存、光盘　　D. 光盘、软盘、内存、硬盘

61. 计算机硬件系统最核心的部件是（ C ）。

A. 内存储器　　B. 主机　　C. CPU　　D. 主板

62. 键盘是计算机的一种（ D ）设备。

A. 控制　　B. 存储　　C. 输出　　D. 输入

63. 计算机病毒会给计算机造成的损坏是（ B ）。

A. 只损坏软件　　B. 损坏硬件、软件或数据

C. 只损坏硬件　　D. 只损坏数据

64. 一张加了写保护的软磁盘（ C ）。

A. 不会向外传染病毒，但是会感染病毒

B. 不会向外传染病毒，也不会感染病毒

C. 不会再感染病毒，但是会向外传染病毒

D. 既向外传染病毒，又会感染病毒

65. 计算机防病毒软件可（ B ）。

A. 永远免除计算机病毒对计算机的侵害

B. 具有查病毒、杀病毒、防病毒的功能

C. 消除全部已发现的计算机病毒

D. 对已知病毒产生免疫力

66. 在计算机应用软件 Word 编辑中，以下键盘命令中执行复制操作的命令是（ B ）。

A. Ctrl + A　　B. Ctrl + C　　C. Ctrl + X　　D. Ctrl + V

67. 在计算机应用软件 Word 中常用工具栏中的“格式刷”用于复制文本和段落的格式，若要将选中的文本或段落格式重复用多次，应进行（ A ）操作。

A. 双击格式刷　　B. 拖动格式刷

C. 右击格式刷　　D. 单击格式刷

68. 使用 IE 浏览某网站时，出现的第一个页面称为网站的（ C ）。

A. WEB 页　　B. 网址　　C. 主页　　D. 网页

69. 在浏览 WEB 网页的过程中，如果你发现自己喜欢的网页并希望以后多次访问，应当使用的方法是（ A ）。

A. 放到收藏夹中　　B. 建立浏览　　C. 建立地址簿　　D. 用笔抄写到笔记本上

70. 发送电子邮件时，不可作为附件内容的是（ B ）。

A. 可执行文件　　B. 文件夹　　C. 压缩文件　　D. 图像文件

71. 某电子邮件地址为 new@ public. bta. net. cn，其中 new 代表（ A ）。

A. 用户名　　B. 主机名　　C. 本机域名　　D. 密码

72. 《劳动法》规定，所有劳动者的合法权益一律平等地受我国劳动法的保护，不应有任何歧视或差异。这体现了对劳动者权益（ B ）的保护。

A. 最基本　　B. 平等　　C. 侧重　　D. 全面

73.《劳动法》规定，（ A ）的保护是对劳动者的最低限度保护，是对劳动者基本利益的保护，对劳动者的意义最重要。

A. 最基本　B. 全面　C. 侧重　D. 平等

74. 依据《劳动法》规定，劳动合同可以约定试用期。试用期最长不超过（ C ）个月。

A. 12　B. 10　C. 6　D. 3

75. 能够认定劳动合同无效的机构是（ B ）。

A. 各级人民政府　B. 劳动争议仲裁委员会

C. 各级劳动行政部门　D. 工商行政管理部门

76. 我国劳动法律规定，集体协商职工一方代表在劳动合同期内，自担任代表之日起（ A ）年以内，除个人严重过失外，用人单位不得与其解除劳动合同。

A. 5　B. 4　C. 3　D. 2

77. 依据《劳动法》的规定，发生劳动争议时，提出仲裁要求的一方应当自劳动争议发生之日起（ D ）日内向劳动争议仲裁委员会提出书面申请。

A. 三十　B. 四十　C. 五十　D. 六十

78. 依据《劳动法》的规定，用人单位与劳动者发生劳动争议，当事人可以依法（ B ），也可以协商解决。

A. 提起诉讼　B. 申请调解、仲裁、提起诉讼

C. 申请仲裁　D. 申请调解

79. 我国《劳动法》规定，安排劳动者延长劳动时间的，用人单位应支付不低于劳动者正常工作时间工资的（ B ）的工资报酬。

A. 100%　B. 150%　C. 200%　D. 300%

80. 我国劳动法律规定的最低就业年龄是（ C ）周岁。

A. 18　B. 17　C. 16　D. 15

81. 依据《劳动法》的规定，用人单位必须为劳动者提供符合国家规定的劳动安全卫生条件和必要的劳动防护用品，对从事有（ B ）危害作业的劳动者应当定期进行健康检查。

A. 身体　B. 职业　C. 潜在　D. 健康

82.《产品质量法》规定，因产品存在缺陷造成人身、缺陷产品以外的其他财产损害的，应当由（ D ）承担赔偿责任。

A. 生产者和销售者共同　B. 销售者

C. 消费者　D. 生产者

83. 产品质量义务中的行为人必须为一定质量行为或不为一定质量行为的（ C ）性，是义务区别于权利的质的差异和主要特征。

A. 必然　B. 重要　C. 必要　D. 强制

84.《安全生产法》规定，从业人员有获得符合（ A ）的劳动防护用品的权利。

A. 国家标准、行业标准　B. 行业标准、企业标准

C. 国家标准、地方标准　D. 企业标准、地方标准

85. 不属于《安全生产法》规定的从业人员安全生产保障知情权的一项是（ D ）。

A. 有权了解其作业场所和工作岗位存在的危险因素

B. 有权了解防范措施

C. 有权了解事故应急措施

D. 有权了解事故后赔偿情况

86. 下列说法不正确的是（ C ）。

A. 任何单位和个人不得损坏或者擅自挪用、拆除、停用消防设备、器材

B. 任何单位和个人不得占有防火间距、不得堵塞消防通道

C. 营业性场所不能保障疏散通道、安全出口畅通的，责令限期改正；逾期不改正的，对其直接负责的主管人员和其他直接责任人员依法给予行政处分或者处警告

D. 阻拦报火警或者谎报火警的，处警告、罚款或者十日以下拘留

87. 以机动车驾驶技能为例，个人日常生活中驾驶是属于（ B ）。

A. 职业技能　　B. 生活技能　　C. 操作技能　　D. 肢体技能

88. 职业技能鉴定考试的主要目的是（ A ）。

A. 为劳动者持证上岗和用人单位就业准入资格提供依据

B. 为劳动者提供就业证书

C. 检验劳动者的技能水平

D. 测量劳动者职业技能的等级

89. 职业技能鉴定考试属于（ D ）。

A. 常模参照考试　　B. 上岗考试

C. 取证考试　　D. 标准参照考试

90. 职业资格证书初级、中级、高级、技师、高级技师对应的级别分别是（ A ）。

A. 五 、四、三、二、一　　B. 一、二、三、四、五

C. 二、三、四、五、六　　D. 六、五、四、三、二

91. 职业资格证书是由（ B ）机构印制。

A. 各级教育部门　　B. 劳动保障部门

C. 劳动者所在的劳资部门　　D. 职业技能鉴定部门

92. 可以作为劳动者就业上岗和用人单位准入就业的主要依据是（ C ）。

A. 毕业证书　　B. 介绍信

C. 职业资格证书　　D. 成绩单

93. 职业具有社会性、稳定性、规范性、群体性和（ A ）等特点。

A. 目的性　　B. 开放性　　C. 先进性　　D. 实用性

工种理论知识试题

判断题

1. 氢元素是宇宙中含量最多的元素，同样也是地球地壳中含量最多的元素。（ × ）

正确答案： 氢元素是宇宙中含量最多的元素，氧元素是地球地壳中含量最多的元素。

2. 氮气在化工生产中可以作为惰性气体来使用。（ √ ）

3. 臭氧层保护地球是因为臭氧可以吸收阳光中的红外线。（ × ）

正确答案： 臭氧层保护地球是因为臭氧可以吸收阳光中的紫外线。

4. 由于石油危机的日益加重，开发新能源已经成为当务之急。氢气、甲烷、一氧化碳、酒精等都可以成为汽油的替代能源。（ √ ）

5. 一氧化碳与血红蛋白结合的速度大于氧气与血红蛋白结合的速度，会使人缺氧，窒息死亡。（ √ ）

6. 物质的相对密度是该物质的摩尔质量与水的摩尔质量的比值。 (×)

正确答案：物质的相对密度是该物质的密度与水的密度的比值。

7. 如果某原子在一定的条件下失去两个电子，则其化合价为2价。 (×)

正确答案：如果某原子在一定的条件下失去两个电子，则其化合价为+2价。

8. 强碱弱酸盐的水溶液呈酸性，强酸弱碱盐的水溶液呈碱性。 (×)

正确答案：强碱弱酸盐的水溶液呈碱性，强酸弱碱盐的水溶液呈酸性。

9. 化学反应中的溶液都是以水作为溶剂的。 (×)

正确答案：化学反应中，溶剂的种类多种多样，其中也包括有机溶剂。

10. 浓盐酸在空气中会形成白雾，是因为盐酸具有强烈的腐蚀性。 (×)

正确答案：浓盐酸在空气中会形成白雾，是因为盐酸具有强烈的挥发性。

11. 硝酸可以用透明的玻璃瓶盛装。 (×)

正确答案：硝酸应该用棕色的玻璃瓶盛装，以防止硝酸在阳光照射下分解。

12. 炔烃的通式为 C_nH_{2n}。 (×)

正确答案：炔烃的通式为 C_nH_{2n-2}。

13. 炔烃结构叁键中每个键的键长相同。 (√)

14. 烯烃可以与卤化氢发生亲核加成反应。 (×)

正确答案：烯烃可以与卤化氢发生亲电加成反应。

15. 炔烃可以和醇发生亲电加成反应。 (×)

正确答案：炔烃可以和醇发生亲核加成反应。

16. 压力表上的读数表示被测流体的绝对压强比大气压强小的数值。 (×)

正确答案：压力表上的读数表示被测流体的表压。

17. 真空表上的读数表示被测流体的绝对压力比大气压力大的数值。 (×)

正确答案：真空表上的读数表示被测流体的绝对压强比大气压强小的数值。

18. 单位时间内流过管道任一截面的流体量，称为流量。 (√)

19. 体积流量一定时，流速与管径的平方成正比。 (×)

正确答案：体积流量一定时，流速与管径的平方成反比。

20. 当泵的有效气蚀余量小于必需气蚀余量时，不发生气蚀。 (×)

正确答案：当泵的有效气蚀余量小于必需气蚀余量时，严重气蚀。

21. 液体开始沸腾的温度为该压力下的露点。 (×)

正确答案：液体开始沸腾的温度为该压力下的沸点。

22. 对于组分挥发度相差较大、分离要求不高的场合，可采用平衡蒸馏或简单蒸馏。 (√)

23. 蒸馏过程是根据混合物的溶解度不同来进行分离的。 (×)

正确答案：蒸馏过程是根据混合物各组分挥发度的不同进行分离。

24. 绝对压力是以大气压为基准测得的压力，是流体的真实压力。 (×)

正确答案：绝对压力是以绝对真空为基准测得的压力，是流体的真实压力。

25. 热传递的基本方式有热传导、对流和热辐射。 (√)

26. 在吸收操作中，所用的液体称为吸收剂，被溶解的组分称为吸收质，不被溶解的组分称为惰性气体。 (√)

27. 填料塔生产情况的好坏与是否正确的选用填料没关系。 (×)

正确答案：填料塔生产情况的好坏与是否正确的选用填料有很大关系。

28. 根据对湿物料的加热方法不同，干燥操作可分为常压干燥和真空干燥。 (×)

正确答案：根据操作压力不同，干燥操作可分为常压干燥和真空干燥。

29. 工业上通常所说的过滤是指对含尘气体的过滤。 (×)

正确答案：工业上通常所说的过滤是指对悬浊液的过滤。

30. 精馏塔进料口以下至塔底部分称为精馏段。 (×)

正确答案：精馏塔进料口以上至塔顶部分称为精馏段。

31. 聚合度越大，聚合物的分子越大。 (√)

32. 分子主链中没有碳原子的高分子称为元素有机高分子。 (×)

正确答案：分子主链中没有碳原子，侧基有碳原子的高分子称为元素有机高分子。

33. 主链上有环状结构的聚合物，其结晶较易。 (×)

正确答案：主链上有环状结构的聚合物，其结晶困难。

34. 塑料的机械行为介于橡胶和纤维之间，软塑料接近纤维，而硬塑料接近橡胶。(×)

正确答案：塑料的机械行为介于橡胶和纤维之间，软塑料接近橡胶，而硬塑料接近纤维。

35. 在国际单位制中，电流的单位是“微安”（μA）。 (×)

正确答案：在国际单位中，电流的单位是“安”（A）。

36. 荧光灯是靠接入220V直流电源发光的。 (×)

正确答案：荧光灯是靠接入220V交流电源发光的。

37. 我国的交流电频率是60Hz。 (×)

正确答案：我国的交流电频率是50Hz。

38. 如果交流电的频率是50Hz，则该电流的方向每秒改变100次。 (√)

39. 电阻是描述导体对电流阻碍作用的物理量。 (√)

40. 温度升高，一般来讲导体的电阻会减小。 (×)

正确答案：温度升高，一般来讲，导体的电阻会增加。

41. 已知a点的电位 $U_a=5V$，b点的电位 $U_b=3V$，则电压 $U_{ab}=2V$。 (√)

42. 电压越低，移动单位电荷做功越多。 (×)

正确答案：电压越低，移动单位电荷做功越少。

43. R_1 和 R_2 两电阻接成并联电路，其总电阻应为：$R=\dfrac{R_1R_2}{R_1+R_2}$ (√)

44. 通常照明电路都是接成并联电路而不是接成串联电路。 (√)

45. 电动机容易起火的部位是大盖和小盖。 (×)

正确答案：电动机容易起火的部位是定子绕组和转子绕组。

46. 当用仪表对被测参数进行测量时，仪表指示值总要经过一段时间才能显示出来，这段时间称为仪表的反应时间。 (√)

47. 如果仪表不能及时反映被测参数，便要造成误差，这种误差称为静态误差。 (×)

正确答案：如果仪表不能及时反映被测参数，便要造成误差，这种误差称为反应误差。

48. 炼油化工自动化系统一般包括自动检测、自动信号联锁、自动操作、自动调节系统。 (√)

49. 安全栅的作用是为变送器供电。 (×)

正确答案：安全栅的作用是限制能量。

50. 在使用弹性式压力计测量压力的过程中，弹性元件可以无限制的变形。 (×)

正确答案：在使用弹性式压力计测量压力的过程中，弹性元件不可以无限制的变形。

51. 超声波流量计对上游侧的直管要求不严。 (×)

正确答案：超声波流量计对上游侧的直管要求严格。

52. 在热电偶测温回路中，只要显示仪表和连接导线两端温度相同，热电偶总电动势值不会因它们的接入而改变，这是根据中间导体定律而得出的结论。 (√)

53. 螺杆泵是依靠螺杆旋转产生的离心力而输送液体的泵，故属叶片式泵。 (×)

正确答案：螺杆泵是依靠螺杆旋转将封闭容积内液体进行挤压而提高压力的泵，故属容积式泵。

54. 在轴流泵中，液体扬程的增加与叶轮产生的离心力有关。 (×)

正确答案：在轴流泵中，液体扬程的增加与叶轮产生的离心力无关。

55. 离心泵主要依靠叶轮的高速旋转使液体获得压力能和动能，并通过转能装置将大部分动能转化压力能。 (√)

56. 离心泵的理论扬程与输送液体的密度有关。 (×)

正确答案：离心泵的理论扬程与输送液体的密度无关。

57. 降低离心泵转速，其理论扬程减小。 (√)

58. 螺杆压缩机是依靠螺杆旋转产生的离心力对气体进行压缩，故属离心式压缩机。 (×)

正确答案：螺杆压缩机是利用阴阳螺杆的相互填塞，使容积发生周期性变化对气体进行压缩，故属容积式压缩机。

59. 板式换热设备的传热面由板构成，即冷热流体之间有板作为间壁，如螺旋板式、平板式、翅片板式等换热器。 (√)

60. 塔设备按操作压力分为常压塔和减压塔。 (×)

正确答案：塔设备按操作压力分为加压塔、常压塔和减压塔。

61. 塔设备按单元操作分为精馏塔、吸收塔、解吸塔和萃取塔等。 (×)

正确答案：塔设备按单元操作分为精馏塔、吸收塔、解吸塔、萃取塔、反应塔和干燥塔等。

62. 压力容器常用的安全附件包括安全阀、爆破片装置、压力表、液面计等。 (√)

63. 压力表按照结构和工作原理，一般可分为液柱式和弹性元件式。 (×)

正确答案：压力表按照结构和工作原理，一般可分为液柱式、弹性元件式、活塞式和电量式四大类。

64. 安全阀的排放量必须满足不大于容器安全泄放量的要求。 (×)

正确答案：安全阀的排放量必须大于等于容器安全泄放量。

65. 按用途和作用分类，阀门可分为截断阀、止回阀、分配阀、调节阀和安全阀。(√)

66. 垫片可分为软质垫片、硬质垫片、液体密封垫片和填料四大类。 (×)

正确答案：垫片可分为软质垫片、硬质垫片、液体密封垫片三大类。

67. 金属垫片具有耐高温、耐高压、耐油等性能，它可制作多种形状的垫片，可经受苛刻的工况条件，广泛应用于高温高压法兰、阀门上。 (√)

68. 边界润滑膜能将金属壁面分开，但润滑膜较薄，不能形成流体动压效应。 (√)

69. 往复压缩机的连杆大小头瓦油膜的产生是由于轴颈与轴瓦相运动而挤压润滑剂时，被挤出时受到黏滞力的抵抗，产生了挤压膜。 (√)

70. 垂直作用于流体单位面积上的力，称为流体的静压力，或称为压强。 (√)

71. 绝对压力 = 大气压力 + 真空度。 (×)

正确答案：绝对压力 = 大气压力 - 真空度

72. 单位时间内流经管道任一截面的流体量，称为流量。 (√)

73 单位时间内流经管道任一截面的流体质量，称为体积流量。 (×)

正确答案：单位时间内流经管道任一截面的流体质量，称为质量流量。

74. 实验证明，流体流经管道截面上各点的流速是相同的。 (×)

正确答案：实验证明，流体流经管道截面上各点的流速是不同的。

75. 传热有二种基本方式：传导、对流。 (×)

正确答案：传热有三种基本方式：传导、对流和辐射。

76. 冷却器是冷却工艺物流的设备，一般冷却剂多采用水，若冷却温度低时，可采用氨或者氟里昂为冷却剂。 (√)

77. 再沸器一般分为热虹吸式再沸器和动力循环式再沸器。 (√)

78. 其他类型泵包括喷射泵、空气升液泵、电磁泵等。 (√)

79. 往复式压缩机按结构型式可分为立式、卧式、角度式、对称平衡型和对置式等。(√)

80. 气动执行器有气开式和气关式两种型式。 (√)

81. 信号压力减小时阀关，称为气关式。 (×)

正确答案：信号压力增大时阀关，称为气关式。

82. 氯气是重要的化工原料，它除了用于漂白物质和自来水消毒外，还大量用于制取含氯的有机化合物。 (√)

83. 氯气具有强烈地刺激性气味，而且有毒。 (√)

84. 硫化氢是比空气稍重、无色而有腐蛋臭味的有毒气体。 (√)

85. 吸入大量的硫化氢气体可使人致死。 (√)

86. 硫化氢的水溶液叫硫酸。 (×)

正确答案：硫化氢的水溶液叫氢硫酸。

87. 单质氮在常态下性质不稳定。 (×)

正确答案：单质氮在常态下性质比较稳定。

88. 在高温高压和催化剂存在下，氮与氢反应生成氨。 (√)

89. 盐酸按酸的命名为氢氯酸，习惯叫盐酸。 (√)

90. 盐酸的工业生产是以电解食盐水溶液生成的氢气和氯气为原料，在反应炉中直接合成 HCl。 (√)

91. 硫酸能以任何比例溶解于水，在溶解时放出大量的热。 (√)

92. 浓硝酸在加热或被光照射时，能发生部分分解。 (√)

93. 现代工业上制取硝酸的主要方法是用氨直接氧化制取。 (√)

94. 乙烯具有较强的麻醉作用，皮肤和眼睛直接接触液体乙烯会引起冻伤。 (√)

95. 乙烯易燃易爆，与空气混合能形成爆炸性混合物，遇明火、高热能引起燃烧爆炸。 (√)

96. 乙烯是最简单的烯烃，无色、微甜味气体，能溶于醇和醚，难溶于水，化学性质活泼。(√)

97. 丙烯本品属低毒类，为单纯窒息剂及轻度麻醉剂，仅在极高浓度时对人产生生理影响。(√)

98. 丙烯与空气混合能形成爆炸性混合物，遇火星、高热能引起燃烧爆炸。(√)

99. 氢气与空气混合能形成爆炸性混合物，遇明火、高热能引起燃烧爆炸。(√)

100. 氢气本品无毒，在很高的浓度时，由于正常氧分压的降低而造成人窒息；在很高的分压下，可产生麻醉作用。(√)

101. 氢气其气体比空气重。(×)

正确答案：氢气其气体比空气轻。

102. 丁烯－1 与空气混合能形成爆炸性混合物，遇明火、高热能引起燃烧爆炸。(√)

103. 丁烯－1 能在较低处扩散到相当远的地方，遇火源引着回燃。(√)

104. 丁烯－1 其蒸汽比空气轻。(×)

正确答案：丁烯－1 其蒸汽比空气重。

105. 己烷其蒸汽与空气形成爆炸混合物，遇明火、高热极易燃烧爆炸。(√)

106. 己烷是无色、易燃、易挥发的液体，有微弱的特殊气味。(√)

107. 己烷用作溶剂，特别适用于萃取植物油。(√)

108. 根据物质的性质和组成的不同，一般把无机物分为单质和化合物两大类。(√)

109. 氧化物的命名有两种方法，一种是根据氧化物分子式中除去氧元素以外的另一种元素的化合价来命名。(√)

110. 氧化物的命名有两种方法，一种是根据氧化物分子式中氧元素和另一种元素的原子数目来命名。(√)

111. 高分子材料加工是将高分子材料转变成所需形状和性质的实用材料或制品的工程技术。(√)

112. 可挤压性是指聚合物通过挤压作用形变时获得形状的能力。(×)

正确答案：可挤压性是指聚合物通过挤压作用形变时获得形状和保持形状的能力。

113. 可模塑性是指材料在温度和压力作用下形变和在模具中模塑成形的能力。(√)

单选题

1. 丙烯的相对分子质量为（ B ）。

A. 44　　B. 42　　C. 40　　D. 28

2. 如果原子 A 的相对分子质量为 12，原子 B 的相对原子质量为 2，则 AB_4 的相对分子质量为（ C ）。

A. 8　　B. 14　　C. 20　　D. 50

3. 关于氮气的物理性质的描述，下列表述不正确的是（ D ）。

A. 无色、无味　　B. 微溶于水　　C. 比空气略轻　　D. 有剧毒

4. 氮离子在化合物中一般不呈现的化合价为（ A ）。

A. 1　　B. +1　　C. +2　　D. +5

5. 以下叙述中，不正确的是（ B ）。

A. 氧气可以支持燃烧，是助燃剂

B. 氧气与臭氧都是由氧元素组成，化学性质也基本相同

C. 氧元素是地壳中含量最多的元素

D. 在无机物中，含氧的化合物最多

6. 关于一氧化碳的描述，下列说法不正确的是（ A ）。

A. 一氧化碳是无色有刺激性气味的气体

B. 有剧毒

C. 水与烧红的煤炭可以反应生成一氧化碳

D. 一氧化碳可以作为燃料

7. 关于二氧化碳物理性质的描述，下列表述不正确的是（ D ）。

A. 无色、无味　B. 可溶于水　C. 无毒　D. 比空气轻

8. 关于质量守恒定律的描述，下列表述正确的是（ D ）。

A. 反应前后固体质量不变　B. 反应前后气体质量不变

C. 反应前后液体质量不变　D. 反应前后总质量不变

9. 人体血液中的血红蛋白与下列物质中的（ B ）结合的速度大于其与氧气结合的速度，会使人因缺氧而窒息死亡。

A. 氮气　B. 一氧化碳　C. 二氧化碳　D. 丙烯

10. 下列各物质中，不能与水反应的是（ D ）。

A. Na　B. CaC_2　C. SO_3　D. $NaHCO_3$

11. 下列气体中，比空气轻的是（ C ）。

A. 氧气　B. 二氧化碳　C. 一氧化碳　D. 丙烯

12. 下列气体中，比空气重的是（ B ）。

A. 氢气　B. 已烷　C. 氮气　D. 乙烯

13. 下列物质中，碳的化合价为负价的是（ B ）。

A. C_{60}　B. C_2H_6O　C. CO_2　D. CO

14. 下列选项中，其水溶液呈酸性的是（ B ）。

A. NaCl　B. NH_4NO_3　C. Na_2CO_3　D. $NaMnO_4$

15. 下列选项中，其水溶液呈碱性的是（ C ）。

A. NaCl　B. NH_4NO_3　C. Na_2CO_3　D. $NaMnO_4$

16. 在25℃时，100gA的饱和溶液中含有A 20g，则A在25℃时的溶解度是（ C ）g。

A. 20　B. 80　C. 25　D. 17

17. 在化学反应的四种基本类型中，单质与化合物反应生成另一种单质和另一种化合物的反应为（ C ）反应。

A. 化合　B. 分解　C. 置换　D. 复分解

18. 关于溶液的描述，下列说法正确的是（ D ）。

A. 溶液所用的溶剂一定是水　B. 溶液中的溶剂一定是可溶于水的

C. 溶液一定是无色的　D. 溶液一定是均匀的

19. 下列金属中，不能与盐酸反应生成氢气的是（ D ）。

A. 钾　B. 铝　C. 锡　D. 铜

20. 关于盐酸的描述，下列说法错误的是（ D ）。
A. 盐酸具有强烈的挥发性　　B. 盐酸具有强烈的腐蚀性
C. 盐酸具有强酸性　　D. 将稀盐酸敞口放在空气中，会形成白雾
21. 下列物质中，不能与氢氧化钠发生反应的是（ A ）。
A. 水　　B. 碳酸氢钠　　C. 次氯酸　　D. 硫酸铜
22. 关于硫酸的描述，下列说法错误的是（ B ）。
A. 硫酸具有强烈的腐蚀性　　B. 浓硫酸的浓度最高为98%
C. 硫酸具有脱水性　　D. 稀释浓硫酸时，应将浓硫酸慢慢的倒入水中
23. 关于烷烃的描述，下列说法正确的是（ C ）。
A. 在标准状况下，18 个碳原子以上的直链烷烃是液体
B. 烷烃可以溶解于水中，也可以溶解于有机溶剂中
C. 烷烃的相对密度随着相对分子质量的增加而增加
D. 烷烃是极性分子
24. 关于炔烃的通式，下列表示正确的是（ C ）。
A. C_nH_{2n+2}　　B. C_nH_{2n}　　C. C_nH_{2n-2}　　D. C_nH_{2n-6}
25. 关于炔烃的描述，下列说法错误的是（ D ）。
A. 4 个碳以下的炔烃在标准状况下为气体
B. 炔烃的通式与二烯烃的通式相同
C. 丙炔没有异构体
D. 炔烃不溶于水，但易溶解于极性大的有机溶剂中
26. 烷烃不可能发生（ D ）反应。
A. 氧化反应　　B. 裂化反应　　C. 取代反应　　D. 加成反应
27. 烯烃不可能发生（ C ）反应。
A. 氧化反应　　B. 加成反应　　C. 酯化反应　　D. 聚合反应
28. 炔烃不可能发生（ B ）反应。
A. 亲电加成　　B. 酯化反应　　C. 亲核加成　　D. 聚合反应
29. 下列单位中，压强的国际单位是（ B ）。
A. 牛顿　　B. 帕斯卡　　C. 焦耳　　D. 千克
30. 关于理想气体的密度与温度的关系的描述，下列说法正确的是（ B ）。
A. 密度与温度成正比　　B. 密度与温度成反比
C. 密度与温度无关　　D. 密度与温度的平方成正比
31. 关于压强的单位换算，下列表示错误的是（ C ）。
A. 1 标准大气压 $=1.0133\times10^5$Pa　　B. $1\text{kgf/cm}^2=735.6$mmHg
C. $1\text{kgf/cm}^2=1.0133\times10^5$Pa　　D. 1 标准大气压 =760mmHg
32. 下列单位中，均为压强单位的是（ D ）。
A. Pa，N，W　　B. N/m^2，$kg\cdot m/s^2$，$kg\cdot m^2/s^2$
C. J/s，N m，kg/m　　D. Pa，N/m^2，$kg/(m\cdot s^2)$
33. 关于流体的表述，下列说法错误的是（ C ）。
A. 液体和气体统称流体　　B. 流体具有流动性
C. 流体的抗剪和抗张能力大　　D. 无固定形状，随容器的形状而变化
34. 质量流量（ω_s）和体积流量（V_s）的关系为（ D ）。
A. $V_s=\omega_s u$　　B. $V_s=\omega_s\rho$　　C. $V_s=\omega_s/u$　　D. $V_s=\omega_s/\rho$

35. 下列选项中，离心泵产生气蚀现象的主要原因的是（ D ）。

A. 转速过快　B. 流体黏度过大　C. 泵体内有气泡　D. 泵体安装过高

36. 液体开始沸腾的温度为液体在该压力下的（ C ）。

A. 泡点　B. 露点　C. 沸点　D. 干点

37. 将混合液体在一定压力下升高温度，使其汽化，当其混合液体中出现第一个气泡，且气相和液相保持在平衡的状况下开始沸腾，这时的温度叫（ A ）。

A. 泡点　B. 露点　C. 沸点　D. 干点

38. 蒸馏是根据混合物中各组分的（ C ）不同来实现分离的。

A. 溶解度　B. 密度　C. 挥发度　D. 沸点

39. 蒸馏是分离（ D ）混合物的方法。

A. 气体　B. 汽液　C. 固体　D. 液体

40. 流体各部分之间发生相对位移所引起的热传递过程是（ C ）。

A. 热辐射　B. 热传导　C. 热对流　D. 热平衡

41. 物体各部分之间不发生相对位移，仅借分子、原子和自由电子等微观粒子的热运动而引起的热量传递为（ B ）。

A. 热辐射　B. 热传导　C. 热对流　D. 热平衡

42. 利用各组分在液体中溶解度的差异，使气体中不同组分分离的操作称为（ C ）。

A. 蒸馏　B. 干燥　C. 吸收　D. 萃取

43. 下列选项中，不是制造填料塔中填料常用材料的是（ B ）。

A. 陶瓷　B. 玻璃　C. 金属　D. 塑料

44. 回流比的定义是（ A ）。

A. 塔顶回流量与塔顶产品之比　B. 塔顶回流量与进料之比

C. 塔顶回流量与塔底产品之比　D. 塔顶产品与塔底产品之比

45. 关于回流比，下列说法错误的是（ D ）。

A. 回流比大，操作费用大

B. 塔板数一定的条件下，要提高精馏段产品分离效果，可以增加塔顶回流比

C. 塔板数一定的条件下，要提高提馏段产品分离效果，可以增加塔底气相回流比

D. 回流比越小，分离效果越好

46. 通过干燥器的壁面将热量传给湿物料，使其中的湿份汽化的方法是（ D ）。

A. 热传导干燥法　B. 对流传热干燥法

C. 微波加热干燥法　D. 辐射干燥法

47. 下列选项中，不属于液态非均相物系的是（ D ）。

A. 悬浊液　B. 乳浊液　C. 泡沫液　D. 有结晶存在的溶液

48. 不属于工业上常用的过滤介质的是（ D ）。

A. 织物介质　B. 粒状介质　C. 多孔介质　D. 膜状介质

49. 下列选项中，不属于工业上常用的助滤剂的是（ D ）。

A. 硅藻土　B. 石棉　C. 炭粉　D. 石灰粉

50. 精馏塔的精馏段是指（ B ）。

A. 精馏塔进料口以下至塔底部分　　B. 精馏塔进料口以上至塔顶部分

C. 循环回流以上至塔顶部分　　D. 循环回流以下至塔底部分

51. 精馏塔的提馏段是指（ A ）。

A. 精馏塔进料口以下至塔底部分　　B. 精馏塔进料口以上至塔顶部分

C. 循环回流以上至塔顶部分　　D. 循环回流以下至塔底部分

52. 关于提馏段的表述，下列说法错误的是（ A ）。

A. 提馏段中液相轻组分被提浓　　B. 液相回流是提馏段操作的必要条件

C. 液相中轻组分被提出　　D. 提馏段中发生传质传热过程

53. 提馏段液相中轻，重组分的变化是（ C ）。

A. 轻组分自上而下浓度不断增大，重组分浓度不断减小

B. 轻组分浓度不变，重组分浓度减小

C. 轻组分自上而下浓度不断减小，重组分浓度不断增大

D. 轻组分浓度不变，重组分浓度增大

54. 关于热辐射的表述，下列说法错误的是（ D ）。

A. 热辐射与光辐射物理本质上完全相同

B. 热辐射在均一介质中直线传播

C. 热辐射是以电磁波形式传播的辐射能

D. 所有物体都能发射辐射能

55. 聚合物是由许多重复单元组成的，这种重复单元叫做（ C ）。

A. 单体　　B. 单体单元　　C. 链节　　D. 结构单元

56. 下列聚合物中，属于均聚物的是（ C ）。

A. 酚醛树脂　　B. 尼龙　　C. 聚氯乙烯　　D. 涤纶

57. 下列对高分子化合物的分类中，不是根据主链结构分类的是（ D ）。

A. 碳链高分子　　B. 杂链高分子　　C. 元素有机高分子　D. 功能高分子

58. 利用渗透压法测得的高分子的相对分子质量为（ A ）。

A. 数均相对分子质量　　B. 重均相对分子质量

C. 黏均相对分子质量　　D. 总相对分子质量

59. 以下各种高分子中，分子结构简单规整的是（ A ）。

A. 线性高分子　　B. 支链型高分子　　C. 体型高分子　　D. 功能高分子

60. 关于聚合物应力应变行为中的重要参数，下列说法错误的是（ D ）。

A. 弹性模量　　B. 抗张强度　　C. 高弹伸长率　　D. 结晶度

61. 下列不属于聚合物三大合成材料的是（ D ）。

A. 橡胶　　B. 塑料　　C. 纤维　　D. 树脂

62. 关于电流强度的概念，下列说法正确的是（ C ）。

A. 通过导线横截面的电量越多，电流强度越大

B. 电子运动的速率越大，电流强度越大

C. 单位时间内通过导体横截面的电量越多，导体中的电流强度越大

D. 因为电流有方向，所以电流强度是矢量

63. 关于直流电的概念，下面叙述正确的是（ B ）。

A. 方向和强弱随时间而改变的电流　B. 方向不随时间改变的电流

C. 强弱不随时间改变的电流　D. 方向随时间改变的电流

64. 下列装置和设备，不可以作为直流电的负载的是（ A ）。

A. 变压器　B. 白炽灯　C. 电炉丝　D. 直流电动机

65. 关于交流电的概念，下列说法正确的是（ D ）。

A. 方向不随时间而改变的电流　B. 方向随时间作非周期性改变的电流

C. 强度和方向不随时间改变的电流　D. 强度和方向随时间作周期性改变的电流

66. 交流电的有效值是根据（ D ）来规定的。

A. 电流的数值大小　B. 电压的数值大小

C. 电阻的数值大小　D. 电流的热效应

67. 电阻的定义式为（ C ）。

A. $R=IU$　B. $R=\dfrac{P}{I}$　C. $R=\dfrac{U}{I}$　D. $R=\dfrac{P}{U}$

68. 关于电压的描述，下列说法错误的是（ B ）。

A. 电路中两点间的电势差，叫做电压

B. 电流是产生电压的条件

C. 电压可视为描述电场力做功大小的物理量

D. 电压越高，移动单位电荷做功越多

69. 在国际单位制中，电压的单位是（ C ）。

A. “安培”“A”　B. “欧姆”“Ω”　C. “伏特”“V”　D. “瓦特”“W”

70. 下列图示中，正确的串联电路图是（ A ）。

A. 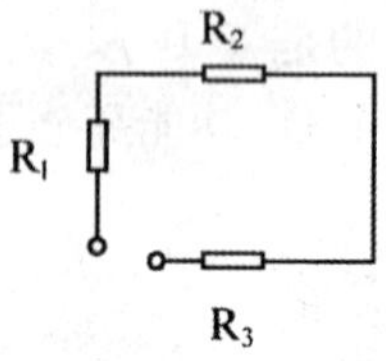

B. 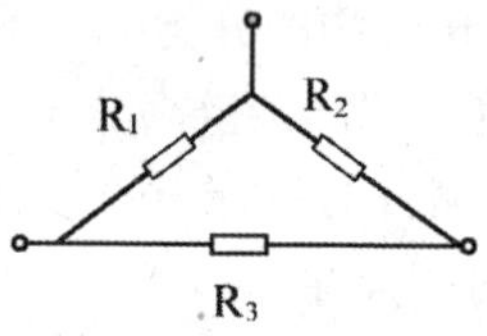

C. 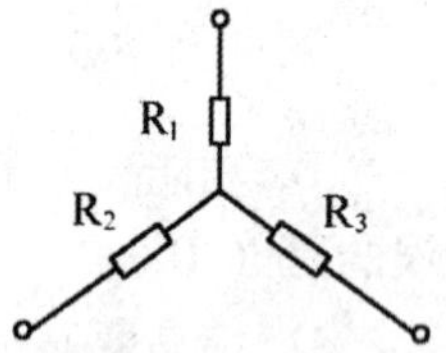

D. 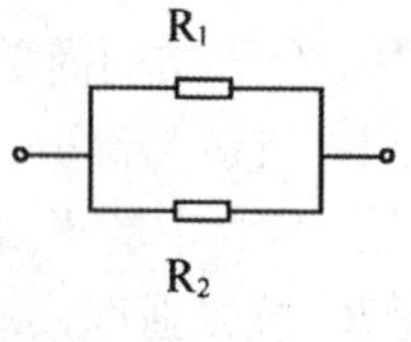

71. 对于串联电路，下列表述错误的是（ C ）。

A. 在串联电路中，流过各串联导体的电流是相同的

B. 串联电路的总电压等于各串联导体电压之和

C. 在串联电路中，各串联导体的电压也是相同的

D. 在串联电路中，串联导体的电阻越大，该串联导体分电压越高

72. 对于并联电路，下列表述正确的是（ D ）。

A. 在并联电路中，流过各并联电阻的电流是相同的

B. 并联电路的总电阻等于各并联分电阻之和

C. 并联电路的总电压等于各并联分电阻的端电压之和

D. 并联电路的总电流等于并联电路分电阻流过的电流之和

73. 国际规定，电压（ C ）V 以下不必考虑防止电击的危险。

A. 36　B. 65　C. 25　D. 110

74. 发生触电事故的危险电压，一般是从（ C ）V 开始的。

A. 24　B. 36　C. 65　D. 110

75. 电器着火时不能采用的灭火方法是（ C ）。

A. 用四氯化碳灭火　B. 用沙土灭火

C. 用水灭火　D. 用自动灭火装置灭火

76. 下列灭火器中，不适于扑灭电气火灾（ C ）。

A. 1211 灭火器　B. 二氧化碳灭火器　C. 泡沫灭火器　D. 干粉灭火器

77. 生产中要求保持的工艺指标称为（ B ）。

A. 测量值　B. 给定值　C. 输出值　D. 偏差值

78. 仪表的精确度指的是（ D ）。

A. 误差　B. 基本误差

C. 允许误差　D. 基本误差的最大允许值

79. 仪表的零点准确但终点不准确的误差称为（ A ）。

A. 量程误差　B. 基本误差　C. 允许误差　D. 零点误差

80. 自动控制系统是一个（ B ）。

A. 开环系统　B. 闭环系统　C. 定值系统　D. 程序系统

81. 下列控制系统中，是开环控制的是（ C ）。

A. 定值控制　B. 随动控制　C. 前馈控制　D. 程序控制

82. 下列的显示记录方式，不是智能显示仪表的是（ D ）。

A. 荧光管显示　B. 曲线记录　C. 数字打印　D. 屏幕拷贝

83. 调节阀前后压差较小，要求泄漏量小，一般可选用（ A ）。

A. 单座阀　B. 隔膜阀　C. 偏心旋转阀　D. 蝶阀

84. 调节强腐蚀性流体，可选用（ B ）。

A. 单座阀　B. 隔膜阀　C. 偏心旋转阀　D. 蝶阀

85. 转子流量计中的流体流动方向是（ B ）。

A. 自上而下　B. 自下而上

C. 自上而下或自下而上都可以　D. 水平流动

86. 用差压法测量容器液位时，液位的高低取决于（ C ）。

A. 容器上、下两点的压力差和容器截面

B. 压力差、容器截面和介质密度

C. 压力差、介质密度和取压位置

D. 容器高度和介质密度

87. 浮筒式液位计测量液位的最大测量范围是（ A ）长度。

A. 浮筒　B. 玻璃液位计

C. 浮筒正负引压阀垂直距离　D. 玻璃液位计正负引压阀垂直距离

88. 关于热电阻温度计的叙述，下列说法不恰当的是（ D ）。

A. 电阻温度计的工作原理，是利用金属线（例如铂线）的电阻随温度作几乎线性的变化

B. 电阻温度计在温度检测时，有时间延迟的缺点

C. 与电阻温度计相比，热电偶温度计能测更高的温度

D. 因为电阻体的电阻丝是用较粗的线作成的，所以有较强的耐振性能

89. 属于容积式泵的是（ A ）。

A. 齿轮泵和螺杆泵　　B. 隔膜泵和离心泵

C. 往复泵和轴流泵　　D. 柱塞泵和叶片泵

90. 轴流泵是依靠叶轮旋转产生（ C ），推动液体提高压力而轴向流出叶轮。

A. 离心力　　B. 切向力　　C. 轴向力　　D. 离心力和轴向力

91. 离心泵主要依靠叶轮的高速旋转产生（ A ），使液体提高压力而径向流出叶轮。

A. 离心力　　B. 离心力和轴向力　　C. 轴向力　　D. 切向力

92. 液体在离心泵的后弯式叶轮流动时，其出口绝对速度比入口绝对速度（ C ）。

A. 低　　B. 同等　　C. 高　　D. 不能确定

93. 离心泵的流量与（ A ）成正比关系。

A. 叶轮的直径　　B. 扬程　　C. 效率　　D. 液体密度

94. 按结构形式分，属容积式压缩机的是（ A ）。

A. 螺杆压缩机　　B. 烟道离心鼓风机

C. 离心式压缩机　　D. 轴流压缩机

95. 按结构形式分，属速度式压缩机的是（ A ）。

A. 离心式压缩机　　B. 螺杆压缩机　　C. 罗茨压缩机　　D. 液环压缩机

96. 下列换热器中，（ D ）换热器不是通过管壁传热的换热器。

A. 浮头式　　B. 固定管板式　　C. U 形管式　　D. 板式

97. 一般使用于高温高压条件下的换热器是（ C ）。

A. 浮头式换热器　　B. 固定管板式换热器

C. U 形管式换热器　　D. 板式换热器

98. （ B ）具有结构简单、压力降小、易于用耐腐蚀非金属材料制造等优点，对于气体吸收、真空蒸馏以及处理腐蚀性流体的操作，颇为适用。

A. 板式塔　　B. 填料塔　　C. 湍球塔　　D. 乳化塔

99. 在石化生产装置中广泛使用的安全阀是（ B ）。

A. 杠杆式　　B. 弹簧式　　C. 脉冲式　　D. 重锤式

100. 对于工作介质为有毒、易燃气体的容器，应选用（ A ）。

A. 全封闭式安全阀　　B. 半封闭式安全阀

C. 敞开式安全阀　　D. 杠杆式安全阀

101. 安全阀、爆破片的排放能力，必须大于或等于压力容器的（ A ）。

A. 安全泄放量　　B. 最小泄放量　　C. 最大泄放量　　D. 合适泄放量

102. 目前应用最广泛的自动泄压阀门是（ A ）。

A. 安全阀　　B. 爆破片　　C. 单向阀　　D. 自动阀

103. 一次性使用的泄放装置的是（ B ）。

A. 安全阀　　B. 爆破片　　C. 单向阀　　D. 自动阀

104. 不需外力驱动，依靠介质自身能量驱动的阀门叫作做（ A ）。

A. 自动阀　　B. 动力驱动阀　　C. 手动阀　　D. 截止阀

105. 阀门公称压力代号用阿拉伯数字表示，其数值是以兆帕（MPa）为单位的公称压力值的（ A ）倍。

A. 10　　B. 20　　C. 50　　D. 100

106. 常用于高压管线连接的法兰是（ C ）。

A. 平焊法兰　　B. 对焊法兰　　C. 螺纹法兰　　D. 活套法兰

107. 非金属垫片包括硬纸板、橡胶类、石棉类、石墨类等，属于（ A ）。

A. 软质垫片　　B. 硬质垫片　　C. 液体密封垫片　　D. 填料

108. （ C ）具有密封性好，密封面结构简单、耐腐蚀，涂敷方便，成本低，适用面广等优点。

A. 软质垫片　　B. 硬质垫片　　C. 液体密封垫片　　D. 填料

109. 法兰常用紧固件包括（ B ）两种。

A. 单头螺栓及双头螺栓　　B. 单头螺栓（六角头螺栓）及双头螺栓

C. 螺栓及螺母　　D. 螺栓及螺钉

110. 法兰连接中常用（ A ）的螺栓。

A. 粗牙普通螺纹　B. 细牙螺纹　　C. 粗制螺纹　　D. 精制螺纹

111. 接触式密封是（ A ）。

A. 垫片密封和普通机械密封　　B. 迷宫密封和垫片密封

C. 浮环密封和机械密封　　D. 浮环密封和干气密封

112. 全封闭式密封的泵是（ A ）。

A. 磁力偶合泵和屏蔽泵　　B. 离心泵和磁力偶合泵

C. 屏蔽泵和往复泵　　D. 柱塞泵和螺杆泵

113. 滚动轴承、齿轮传动的润滑主要属于（ B ）。

A. 流体润滑　　B. 边界润滑　　C. 间隙润滑　　D. 混合润滑

114. 密度的单位是（ A ）。

A. kg/m^3　　B. g/cm^2　　C. kg　　D. kg/m^2

115. 如以 m 表示流体的质量，V 表示流体的体积，则流体密度的计算公式（ B ）。

A. $\rho = mV$　　B. $\rho = m/V$　　C. $\rho = V/m$　　D. $\rho = 2m/V$

116. 在 SI 单位制中，压力的单位为（ B ）。

A. 千克/米^2　　B. 帕斯卡　　C. 标准大气压　　D. 毫米汞柱

117. 流体的流速单位为（ D ）。

A. m^3/s　　B. kg/s　　C. m^2/s　　D. m/s

118. 离心泵按泵轴方位可分为卧式泵及（ B ）。

A. 管道泵　　B. 立式泵　　C. 蜗壳泵　　D. 高速泵

119. 离心泵按级数可分为单级泵及（ D ）。

A. 双级泵　B. 分段式泵　C. 自吸式泵　D. 多级泵

120. （ B ）传热是指流体中质点发生相对位移而引起的热量交换。

A. 传导　B. 对流　C. 辐射　D. 对流和辐射

121. （ C ）传热是以电磁波的形式通过空间的传播。

A. 传导　B. 对流　C. 辐射　D. 对流和辐射

122. 换热器按传热方式分为间壁传递热量式和（ A ）。

A. 直接接触传递热量式　B. 栅板式

C. 管壳式　D. 液膜式

123. 泵可分为叶片式泵、（ B ）及其他类型泵。

A. 齿轮泵　B. 容积式泵　C. 立式泵　D. 轴流泵

124. 往复泵按工作机构可分为活塞泵、柱塞泵和（ D ）。

A. 电动往复泵　B. 单作用泵　C. 单缸泵　D. 隔膜泵

125. 往复泵根据驱动特点可分为电动往复泵、蒸汽往复泵和（ A ）等。

A. 手动泵　B. 单作用泵　C. 单缸泵　D. 隔膜泵

126. 往复泵按作用特点可分为单作用泵、双作用泵和（ C ）。

A. 电动往复泵　B. 多缸泵　C. 差动泵　D. 隔膜泵

127. 压缩机按工作原理可分为容积式和（ A ）。

A. 流体动力式　B. 往复式　C. 透平式　D. 罗茨式

128. 容积式压缩机按工作原理可分为往复式和（ B ）。

A. 喷射式　B. 回转式　C. 透平式　D. 罗茨式

129. 中小气量，高压力或超高压力时，可选用（ D ）压缩机。

A. 离心式　B. 轴流式　C. 液环式　D. 往复式

130. 国内往复式压缩机通用结构代号的含义如下：立式为（ A ）。

A. Z　B. P　C. L　D. T

131. 当用于强腐蚀性介质的调节时应选用（ D ）。

A. 直通单座阀　B. 直通双座阀

C. 蝶形阀　D. 隔膜阀

高压法模块

判断题

1. 聚乙烯装置中造粒水温调节目的是提高产品质量。（×）

正确答案：聚乙烯装置中造粒水温调节目的是提高产品的外观质量。

2. 在高压聚乙烯装置中进入反应器的乙烯气温度越低产量越高。（√）

3. 高压聚乙烯反应器反应中的温度和压力对产量没有影响。（×）

正确答案：高压聚乙烯反应器反应中的温度和压力是影响产量的重要因素之一。

4. 高压聚乙烯压力控制应根据生产牌号来进行调整。（√）

5. 高压聚乙烯反应原料气中的惰性气体含量越低越好。（×）

正确答案：高压聚乙烯反应原料气中的惰性气体含量应保持在一定的范围内。

6. 生产高压聚乙烯时原料乙烯气分析可采用在线分析。（√）

7. 高压聚乙烯切粒系统润滑油是为使切刀切粒时起到润滑的作用。 (×)

正确答案： 高压聚乙烯切粒系统润滑油对设备起润滑的作用。

8. 高压聚乙烯装置对催化剂泵的巡回检查不包括管线。 (×)

正确答案： 高压聚乙烯装置对催化剂泵的巡回检查包括管线。

9. 离心干燥机是高压聚乙烯装置用来分离润滑油和水的重要设备。 (×)

正确答案： 离心干燥机是高压聚乙烯装置用来分离聚乙烯颗粒和水的重要设备。

10. 二次压缩机的内部油注油器中，有一只注油器不注油对压缩机影响不大，可暂时不给予处理。 (×)

正确答案： 注油器不注油，将导致泄漏气反窜，最终导致填料温度上升，烧毁填料，严重时磨损柱塞的表面。

11. 二次压缩机的巡检，包括电流、各段进出口压力、压差、温度、振动情况等，不包括主电机轴承温度。 (×)

正确答案： 作为巡检主电机运行情况的手段及观察电机运转情况的长周期观察比较，电机轴承温度必须被包括在二次压缩机巡检内容中。

12. 高压聚乙烯产品十分受欢迎的一个原因是其透气性好。 (×)

正确答案： 高压聚乙烯产品不具有透气性。

13. 返回裂解的乙烯气量越多对生产越有利。 (×)

正确答案： 返回裂解的乙烯气量适量对生产越有利。

14. 高压聚乙烯装置中 MFR 的控制通常采用改变催化剂注入量的方法。 (×)

正确答案： 高压聚乙烯装置中 MFR 的控制通常采用控制调节剂量和返回气量的方法。

15. 高压聚乙烯生产中加入调节剂的原理是提高反应温度。 (×)

正确答案： 高压聚乙烯生产中加入调节剂的原理是控制 MFR。

16. 高压聚乙烯高压分离器料面只要在零点操作即可。 (×)

正确答案： 高压聚乙烯高压分离器料面要在零点以上的一定范围内操作即可。

17. 高压聚乙烯高压分离器料面越高分离效果越好。 (×)

正确答案： 高压聚乙烯高压分离器料面在一定的范围内分离效果越好。

18. 高压聚乙烯装置出现夹带现象必须立即停车，进行处理。 (×)

正确答案： 高压聚乙烯装置出现夹带现象不必立即停车，可采取其他的方法进行处理。

19. 计量斗挡板的开启时间为计算出的旋转阀排料时间。 (×)

正确答案： 计量斗挡板的开启时间由计算出的旋转阀排料时间决定，但要留出5～10min富裕的时间去给定。

20. 釜式法与管式法住生产高压聚乙烯时使用的引发剂是一样的 (√)

21. 高压聚乙烯生产的原料气的要求不是特别严格。 (×)

正确答案： 高压聚乙烯生产的原料气的要求非常严格，必须保证原料气得足够浓度才能确保反应的安全进行。

22. 仪表位号由字母代号和数字编号组成，两部分之间用一短线连接。 (√)

23. 数字编号由区域编号和回路编号组成。 (√)

24. 物料流程图只表示物料通过这类设备或这种装置的物料量，而不能表明设备或装置的数量。 (√)

25. 物料流程图绘制时，设备外形不一定按比例绘制，可采用加长 2 号或 3 号幅面的长边，特殊流程也可以采取其他图幅。 (√)

26. 绘制工艺管道及辅助管道时，所有管线均不可横穿设备。 (√)

27. 压强的单位是 N/m^2，称为帕斯卡，代号为 Pa。 (√)

28. 在物理上，取气压计撇数为 760mmHg 时的大气压力为物理大气压(或标准大气压)，则 1 物理大气压 = 760mmHg。 (√)

29. 1atm(标准大气压) = 760mmHg(毫米汞柱) = $10mH_2O$(米水柱) = 1at(工程大气压) (×)

正确答案：1atm(标准大气压) = 760mmHg(毫米汞柱) = $10.03mH_2O$(米水柱) = 1.003at(工程大气压)

30. 过氧化引发剂是自身分解的化合物，应避开日光直射和火源，并存放在一定的温度下。 (√)

31. 压缩机置换时放空时间越长越好。 (×)

正确答案：压缩机置换时放空时间过长会形成负压，倒吸空气。

32. 反应器进行蒸汽加热时，应及时关闭排放阀减少浪费。 (×)

正确答案：反应器进行蒸汽加热时，排放凝液应该充分。

33. 初开车时为避免挤压机螺杆转数变动过大，应手动操作。 (√)

34. 采用同一性能的泵输送某些液体，由于液体的物理性质不同，输出的流量和压头也就有所不同。 (√)

35. 质量流量计是直接测得单位时间内被测介质的质量，它的最终输出信号与被测介质的温度、压力、密度、黏度等无关。 (√)

36. 压缩机油运的目的是清除转动部位的杂质。 (√)

37. 压缩机开车时主机与辅机同时启动。 (×)

正确答案：压缩机开车时，辅机启动到规定时间时启动主机。

38. 在换热器的投用时，换热器的温度可以剧烈变化。 (×)

正确答案：在换热器的投用时，换热器的温度不可以剧烈变化。

39. 停车时热管式换热器要防止回收了热能的工质倒流，破坏输送热工质自动循环，引起其他故障。 (√)

40. 反应系统进行置换试压时，为确保管路畅通，可以对系统加热。 (×)

正确答案：反应系统进行置换试压时，为确保管路畅通，绝对不可对系统加热。

41. 开车前，反应器处于加热状态，应注意监视保压压力不可过高，有发生分解反应的危险。 (√)

42. 高压分离器进行液位“零点”测定时可在自动状态下操作。 (√)

43. 高压分离器“零点”控制会影响低压分离器的分离效果。 (√)

44. 液位异常上升，聚乙烯随气体进入气体返回系统，造成管线堵塞，称为夹带。(√)

45. 低压分离器长时间“零点”操作会影响产品质量。 (√)

46. 进行料面清洗操作时不用测定“零点”。 (×)

正确答案：进行料面清洗操作时必须测定“零点”

47. 冷却油使用完后返回油箱循环使用。 (√)

48. 调节剂系统是高压聚乙烯装置中可有可无的系统。 (×)

正确答案： 调节剂系统是高压聚乙烯装置中的重要组成部分。

49. 高压聚乙烯切粒机系统现场的可燃气报警器没有什么作用。 (×)

正确答案： 高压聚乙烯切粒机系统现场也可能发生乙烯气泄漏，所以可燃器报警器十分重要。

50. 颗粒输送风机启动前，进出口阀应打开。 (×)

正确答案： 颗粒输送风机启动前，进出口阀应关闭。

51. 用于润滑颗粒输送风机及主电机轴承的润滑油系统，其启动时间不能晚于风机启动。 (√)

52. 一次压缩机盘车时，若在保压状态，应首先进行升压操作。 (×)

正确答案： 一次压缩机盘车时，若在保压状态，应首先进行降压操作。

53. 聚合岗位开车升温时，应自动控制引发剂的注入量。 (×)

正确答案： 聚合岗位开车升温时，应手动控制引发剂的注入量。

54. 二次压缩机辅助油系统的启动时间是在盘车开始后进行。 (×)

正确答案： 二次压缩机辅助油系统的启动时间是在盘车开始前进行。

55. 压缩机各级出口冷却器应在压缩机启动后通水投用。 (×)

正确答案： 为防止热应力导致的换热器管线破损泄漏，应该在启动压缩机前将换热器通水投用。

56. 高压聚乙烯造粒系统要经常进行排放高聚物。 (×)

正确答案： 高压聚乙烯造粒系统要经常进行排放低聚物。

57. 高压聚乙烯系统低聚物通常是排放到大气中。 (×)

正确答案： 高压聚乙烯系统低聚物通常是排放到空油桶中。

58. 所选酸洗剂与设备基体金属接触时，不得引起金属材料各种性能的变化。 (√)

59. 为了节约蒸汽在冬天可以关闭蒸汽疏水器的前阀。 (×)

正确答案： 设备加热蒸汽疏水器就要投用。

60. 一次压缩机各段出口均不设置安全阀。 (×)

正确答案： 为保证超压情况发生，在一次压缩机各级出口均设有安全阀。

61. 不经过盘车步骤，一次压缩机无法启动。 (√)

62. 一般往复式压缩机工作过程为：吸入—压缩—排出三个过程。 (×)

正确答案： 一般往复式压缩的四个工作循环为：吸入—压缩—排出—膨胀—再吸入。

63. 压缩机的压缩比为出口绝压与入口表压之比。 (×)

正确答案： 出口绝压与入口绝压之比。

64. 当聚合反应超压联锁动作发生的条件下，二次压缩机会立即停止运行。 (×)

正确答案： 当聚合反应超压联锁动作发生的条件下，二次压缩机立即在联锁设定时间内旁通阀打开，出口阀关闭进行旁通运转，并在联锁设定时间内停止运行。

65. 引发剂泵的流量检查是指引发剂泵在规定的压力，一定的信号条件下，能否达到其正常能力。 (√)

66. 空送涡轮式鼓风机一般都设定有润滑油温度报警，避免烧毁风机轴承。 (×)

正确答案：空送涡轮式鼓风机一般都设定有润滑油出口压力报警，避免烧毁风机轴承

67. 对于列管式加热器来说，管层往往为被加热介质，而壳层为蒸汽等加热介质。(√)

68. 由于氨气和铜在接触后易发生爆炸，因此在氨用的设备或管线禁止采用铜或含铜的金属材料。 (√)

69. 风送系统料仓上部设计旋风分离器的目的是抽出粉尘。 (√)

70. 引发剂泵试运工作结束后，可以直接投入使用。 (×)

正确答案：引发剂泵试运工作结束后，需要经过 2h 以上的油运操作，过滤干净油中的杂质后，才可以直接投入使用。

71. 因余隙中残留的高压气体，在汽缸吸气前会膨胀而占去部分工作容积，使吸气量减少甚至不能吸气。因此，在防止活塞与汽缸端盖碰撞的前提下，要尽可能的减少往复式压缩机的余隙。 (√)

72. 汽缸容积与活塞行程容积之差即往复式压缩机的余隙。 (√)

73. 当高压循环系统管线发生聚合物堵塞时，可以在不拆除管线的情况下提高高压分离器压力进行导通工作。 (×)

正确答案：提高高压分离器压力进行导通工作容易发生因堵塞物突然导通，从而引发管线振动变大，甚至破损的情况。

74. 引发剂泵的变量泵轭板被卡住会导致反应器温度的异常上升。 (×)

正确答案：引发剂泵的变量泵轭板被卡住会导致反应器温度的异常上升或下降。上升不仅会导致填料烧毁及汽缸套损坏，而且会影响到中间导向杆的运转情况。

75. 基本的灭火方法有隔离法、冷却法、窒息法、化学反应中断法。 (√)

76. 粉尘愈小其分散程度愈低。 (×)

正确答案：粉尘愈小其分散程度愈高。

77. 用干粉灭火器灭火属于窒息法。 (×)

正确答案：用干粉灭火器灭火属于隔离法。

78. 往复式压缩机长周期运转易导致阀片疲劳，并最终破损。 (√)

79. 当切粒机转速发生大幅度变化时，易产生不规则颗粒。

80. 高压聚乙烯装置长期停车后应对引发剂系统内的剩余引发剂妥善保管，下次开车时再用。 (×)

正确答案：高压聚乙烯装置的引发剂有一定的半衰期，所以不能长期待用。

81. 因有一定的毒性，存放废引发剂的容器要密封。 (×)

正确答案：存放废引发剂的容器不能密封，因为引发剂易分解

单选题

1. 启动离心泵时泵前检查不包括（ A ）。

A. 进出口阀　B. 压力表　C. 润滑油油位　D. 循环水和温度计

2. 启动离心泵的过程中，在打开泵进口阀门后的操作是（ D ）。

A. 盘泵　B. 打开循环水　C. 打开出口阀门　D. 排放泵内气体

3. 反应温度对 MFR 的影响是（ A ）。
A. 反应温度高 MFR 高　　B. 反应温度低 MFR 低
C. 反应温度对 MFR 没影响　　D. 以上都不对

4. 高压聚乙烯系统进入反应器的乙烯气纯度与产量的关系是（ C ）。
A. 乙烯纯度对产量没影响　　B. 乙烯纯度对产量影响不大
C. 乙烯纯度对产量影响很大　　D. 乙烯纯度对产量影响不确定

5. 高压聚乙烯装置进行原料分析是的位置选择（ A ）。
A. 采样点　　B. 任意管线位置
C. 各设备出口　　D. 根据领导意图

6. 高压聚乙烯切粒机系统润滑油的主要作用（ C ）。
A. 润滑切刀　　B. 润滑模板
C. 润滑挤出机变速箱齿轮　　D. 防止切刀生锈

7. 外操巡检必须按照一定的（ B ），定时、定点进行。
A. 路线　　B. 检查内容　　C. 要求　　D. 时间

8. 下列哪种情况发生时，一次压缩机会有报警？（ B ）
A. 噪音过大　　B. 外部油回油温度上升
C. 打气量过大　　D. 振动过大

9. 高压聚乙烯切粒系统加热的目的是（ B ）。
A. 防止聚乙烯老化　　B. 有利于造粒
C. 为了提供动力　　D. 防止冬天结冰

10. 高压聚乙烯装置中催化剂泵巡回检查时若发现油箱漏油应（ C ）。
A. 立即停车　　B. 报告领导
C. 想办法堵住漏油处　　D. 先继续巡检，后采取措施

11. 通常在（ A ）需更换过滤纸袋。
A. 过滤室压差在某个规定值之上时　B. 上级领导要求时
C. 到达某个规定周期时间时　　D. 仪表部门通知时

12. 高压聚乙烯装置中离心干燥机的作用主要是（ A ）。
A. 脱去聚乙烯粒中的水　　B. 脱去聚乙烯中的乙烯气
C. 脱去乙烯气中的聚乙烯　　D. 各种都有

13. 不属于二次压缩机巡检的选项是（ D ）。
A. 气体出口压力　　B. 气体出口温度
C. 内部油注油情况　　D. 调节剂加入情况

14. 当（ A ），可开除垢电源投用。
A. 所在上水管线的高循冷却器通水后
B. 所在上水管线的高循冷却器停水后
C. 所在回水管线的高循冷却器停水后
D. 通电后

15. 在例行巡检中，若发现超声波除垢器电流、电压异常，应（ C ）。
A. 通知电器人员　　B. 汇报车间　　C. 关闭除垢器电源　　D. 停车处理

16. 返回裂解的乙烯气在返回前要先（ A ）。

A. 加热　B. 冷却　C. 去湿　D. 加压

17. 高压聚乙烯装置正常生产中反应温度控制发生大幅度波动时应该（ A ）。

A. 切手动控制　B. 自动控制　C. 串级控制　D. 并联控制

18. 高压聚乙烯装置中造成反应温度波动的原因是（ D ）。

A. 一次压缩机异音　B. 冷却水含氧气量高

C. 高分分离效果差　D. 催化剂泵故障

19. 高压聚乙烯生产中加入调节剂原理是（ A ）。

A. 通过加入调节剂，提高乙烯气分压

B. 通过加入调节剂，降低乙烯气分压

C. 通过加入调节剂，提高反应温度

D. 通过加入调节剂，降低反应温度

20. 聚乙烯生产中调节剂的作用主要是（ D ）。

A. 提高反应压力　B. 提高反应温度

C. 提高转化率　D. 提高 MFR

21. 聚乙烯生产中不可能造成 MFR 波动的因素是（ C ）。

A. 反应压力的波动　B. 反应温度的波动

C. 切粒系统高分的效果　D. 调节剂加入量的波动

22. 高压聚乙烯生产中若进气温度太低可能会造成（ B ）。

A. 反应压力丧失　B. 反应温度丧失

C. MFR 的失控　D. 分解

23. 高压聚乙烯高压分离器料面长期在高位控制会造成（ C ）。

A. 分离效果好　B. 向低分窜气

C. 高压循环气管线夹带　D. 切粒粒形不良

24. 高压聚乙烯高压分离器料面长期高位分离会造成高循夹带，其现象是（ A ）。

A. 料面指示异常，高循换热器出口温度上升，产量变少

B. 料面指示正常，各换热器温度异常，产量变大

C. 各压力点正常，反应器压力报警，切粒粒形变化

D. 压缩机时有异音，其他正常

25. 高压聚乙烯装置生产原料中丙烯的作用为（ C ）。

A. 催化剂　B. 抗氧剂　C. 调节剂　D. 稳定剂

26. 正常生产中如果原料乙烯气中氧气的含量超标严重会造成（ D ）。

A. 产品不合格　B. 温度的波动

C. 反应压力的波动　D. 发生分解反应

27. 高压聚乙烯生产中氧气对产品质量的影响（ D ）。

A. 变好　B. 变坏　C. 没变化　D. 出现氧化料

28. 不是工艺图线名称的是（ B ）。

A. 粗实线　B. 双波浪线　C. 细实线　D. 点划线

29. 下列不属于工艺图线的有（ D ）。
A. 双点划线　B. 虚线　C. 点划线　D. 双细实线
30. 在绘制料流程图时主物料线用（ A ）。
A. 粗实线　B. 点划线　C. 细虚线　D. 细实线
31. 一物体温度为20℃，则此物体的绝对温度为（ B ）。
A. 273K　B. 293K　C. 293℃　D. 253K
32. 质量单位换算中，下列说法正确的是（ B ）。
A. 1g = 0.001t　B. 1kg = 1000g　C. 1t = 100kg　D. 1 市两 = 0.5kg
33. 不是使用国际单位制的优点的是（ B ）。
A. 计算时单位换算便捷　B. 标注方便
C. 有利于国际间的学术交流　D. 单位统一，有效管理
34. 下列计量单位中属于国际单位的是（ A ）。
A. kg/m^3　B. r/min　C. t/h　D. kg/L
35. 真空表上的读数为（ A ）。
A. 真空度　B. 压强　C. 绝对压力　D. 相对压力
36. 流体垂直作用于单位面积上的力称为（ C ），工厂里习惯说成（ C ）。
A. 压力，压强　B. 表压，真空度
C. 压强，压力　D. 压强，绝压
37. 当体系内压强小于一个大气压时，所测得的压强为（ D ），也叫（ D ）。
A. 真空度，表压　B. 绝对压强，负压
C. 大气压，真空度　D. 真空度，负压
38. 下列说法正确的是（ C ）。
A. 绝对压强就是表压
B. 绝对压强是大气压和真空度之和
C. 绝对压强比大气压大时，大的部分就是表压
D. 其实表压就是大气压减去绝对压强
39. 下列说法正确的是（ C ）。
A. 绝对压强就是真空度
B. 绝对压强是大气压和真空度之和
C. 绝对压强比大气压小时，小的部分就是真空度
D. 其实真空度就是绝对压强减去大气压
40. 真空表的读数实际上就是被测物的（ D ）低于当地（ D ）的数值。
A. 表压力，真空度　B. 大气压力，表压力
C. 绝对压力，真空度　D. 绝对压力，大气压力
41. 下列不是化工计算前需要注意的是（ C ）。
A. 数据的条件　B. 数据的单位换算
C. 过程参数　D. 数据精度
42. 启动鼓风机前需要首先确认（ A ）
A. 润滑油液面　B. 检查各处润滑油油压
C. 检查阀门状态　D. 联系电气人员送电

43. 出现结团粒子，是以下哪种原因造成的。(D)

A. 模孔堵塞　　B. 切刀间隙不合适

C. 比例计给定不当　　D. 树脂温度高

44. 下列哪种情况不是造成粒型带尾或粉尘多的主要原因 (C)。

A. 切刀磨损　　B. 纯水温度低

C. 比例计调整不合适　　D. 模板磨损严重

45. 进行压缩机汽缸预暖的目的是 (C)。

A. 促进润滑　　B. 及早发现异常情况

C. 防止发生气体泄漏　　D. 降低起动电流

46. 在聚合反应中能够引起单体分子活化而发生游离基的物质叫 (B)。

A. 抗氧剂　　B. 引发剂　　C. 润滑剂　　D. 阻聚剂

47. 用来实现物料之间热量交换的设备叫做 (C)。

A. 替换器　　B. 交换器　　C. 换热器　　D. 冷却器

48. 开车过程中，联锁系统何时投入自动状态 (B)。

A. 进料后　　B. 升压前　　C. 升压后　　D. 升温前

49. 以下哪种情况对 MFR 影响不大 (C)。

A. 反应温度　　B. 反应压力　　C. 引发剂加入量　　D. 调节剂加入量

50. 哪种情况下不需要进行料面清洗 (D)。

A. 分离器内壁上附有聚乙烯　　B. 初开车 MFR 超出规定范围

C. 产生氧化料　　D. 粒型变化

51. 低压分离器液位波动范围因 MFR 降低而 (A)。

A. 变大　　B. 变小　　C. 不变　　D. 先小后大

52. 润滑压缩机曲轴的主轴承、滑道、连杆的大部分、十字头销等部位的润滑油称为 (B)。

A. 内部油　　B. 外部油　　C. 冷却油　　D. 压缩机润滑油

53. 冷却油主要冷却和润滑压缩机的 (C)。

A. 十字头和滑道

B. 柱塞

C. 汽缸、柱塞、金属填料及中间导向杆

D. 压缩机曲轴及连轴节

54. 二次压缩机内部油主要润滑 (A)。

A. 柱塞、金属填料　　B. 曲轴的主轴承

C. 十字头滑道　　D. 中间导向杆

55. 添加剂系统的作用为 (A)。

A. 加入添加剂　　B. 引起化学反应

C. 提供反应岗位润滑　　D. 加入阻聚剂

56. 在高压聚乙烯系统中调节剂的主要作用为 (A)。

A. 调节 MFR　　B. 增加乙烯的转化率

C. 阻止反应进行　　D. 提高反应可控性

57. 造粒机系统的联锁条件不包括（ B ）。
A. 造粒机水室门没有关　B. 循环纯水温度低
C. 切刀不转　D. 切粒系统润滑状态不佳
58. 高压聚乙烯装置切粒机的启动条件不包括（ C ）。
A. 切粒机润滑状况良好　B. 切刀运转正常
C. 循环纯水压力高　D. 水室门关闭
59. 高压聚乙烯产品的主要性能指标是（ C ）。
A. 反应压力　B. 反应温度　C. MFR　D. 调节剂种类
60. 高压聚乙烯产品的主要指标不包括（ D ）。
A. MFR　B. 氧化料含量　C. 鱼眼条文　D. 粒性大小
61. 在对高压聚乙烯产品进行分析仪器的孔径是（ A ）mm。
A. 2.08　B. 3.02　C. 0.05　D. 1.08
62. 颗粒输送风机启动、待主电机电流稳定后，应（ B ）。
A. 先开入口阀、再开出口阀　B. 先开出口阀、再慢开入口阀
C. 立即同时打开出入口阀　D. 先开出口阀，再快开入口阀
63. 在冬季启动颗粒输送风机时，其轴承润滑油的温度（ A ）。
A. 不能低于规定值　B. 必须低于规定值
C. 无规定　D. 零度以上皆可
64. 高压聚乙烯切粒系统润滑油系统不包括（ C ）。
A. 冷却器　B. 过滤器　C. 干燥器　D. 泵
65. 一次压缩机盘车时，只有当（ C ）压力高于设定值时，盘车电机才能启动。
A. 内部油　B. 冷却水　C. 外部油　D. 冷却油
66. 盘车前，必须向外摇动盘车器手轮，使（ A ）啮合。
A. 主副齿轮　B. 连杆　C. 爪钩　D. 电机齿轮
67. 二次压缩机辅助油系统启动前应检查的内容有（ A ）。
A. 油箱液面　B. 润滑情况　C. 压力　D. 过滤器前后压差
68. 一次压缩机各级出入口设置缓冲器的目的是为了减小（ A ）。
A. 气体的脉冲　B. 电流　C. 压力　D. 摩擦
69. 一次压缩机才用多段压缩，其目的是为了节约能源，减少不平衡力，并可避免（ C ）上升。
A. 气体压力　B. 电流　C. 气体温度　D. 气体流量
70. 一次压缩机各级出口设有冷却器，缓冲器及（ B ）。
A. 节流阀　B. 安全阀　C. 限制阀　D. 旁通阀
71. 一次压缩机为了防止（ C ），在各级出口设有油水分离器。
A. 压力过高　B. 温度过高　C. 液击　D. 噪音过高
72. 一次压缩机采用（ C ）来调整负荷。
A. 空转　B. 起停　C. 旁路回流　D. 增减负荷
73. 高压聚乙烯造粒系统经低分后的乙烯气进入（ B ）。
A. 放空　B. 回收　C. 放火炬燃烧　D. 送出界区

74. 高压聚乙烯造粒系统置换顺序为（ A ）。

A. 先高后低　B. 先低后高　C. 一起进行　D. 无所谓

75. 蒸气疏水器的作用为（ C ）。

A. 排出废蒸气　B. 排出冷却水　C. 排出冷凝水　D. 排出乙烯气

76. 加热设备发生水锤通常为（ A ）

A. 疏水器故障　B. 没开加热　C. 冷却水没开　D. 疏水器旁通开量大

77. 一次压缩机各级出口设定有安全阀、（ B ）及油水分离器。

A. 汽缸　B. 缓冲器　C. 加热器　D. 节流阀

78. 盘车达到规定时间后，（ B ），主电机才能启动。

A. 盘车电机停止　B. 主电机送电后　C. 不用送电　D. 辅助油泵停止

79. 一次压缩机外部油泵启动后，（ C ）达到规定数值后，盘车才能开始。

A. 启动时间　B. 外部油温度　C. 外部油压力　D. 其他

80. 二次压缩机二级柱塞的材质为（ B ）。

A. 合金钢　B. 碳化钨　C. 高速钢　D. 锻钢

81. 二次压缩机的十字头销必须具有较高的（ C ）。

A. 密度　B. 耐低温性　C. 硬度和韧性　D. 弹性

82. 二次压缩机的曲轴材质应具有足够的（ C ）。

A. 密度　B. 耐低温性　C. 强度和刚度　D. 塑性

83. 高压聚乙烯装置中，若有一仪表的位号为 PICA－2，此仪表位号中英文字母的含义依次为（ C ）。

A. 压力、温度、调节、报警　B. 压力、温度、指示、调节

C. 压力、指示、调节、报警　D. 压力、指示、调节、控制

84. 一般往复式压缩机的四个工作循环为：吸入—压缩—排出—（ C ）—再吸入。

A. 余隙　B. 再吸入　C. 膨胀　D. 再压缩

85. 一次压缩机启动前需要确认（ A ）。

A. 辅机准备好灯变亮　B. 外部油压力在规定值以下

C. 放空阀全部打开　D. 检修人员应手扶机体检查振动

86. 引发剂泵的冲次检查是指引发剂泵在（ D ）输入信号条件下，30s 内的冲次次数。

A. 0%　B. 50%　C. 75%　D. 100%

87. 大检修开车前，不需要对引发剂泵进行的检查和调试工作是（ B ）。

A. 零点调试　B. 管线的氮气置换操作

C. 流量测试　D. 往复次数测定

88. 正常过程中反应器超压联锁动作后，首先进行的是（ A ）。

A. 引发剂泵停止注入　B. 二次压缩机出口阀关闭

C. 二次压缩机旁通阀打开　D. 一次压缩机停止

89. 离心通风机按照压力可分为低压风机、中压风机和高压风机，中压风机的压力通常在（ B ）。

A. 100mmH_2O 以下　B. 100～300mmH_2O

C. 300～1500mmH_2O　D. 100～200mmH_2O

90. 离心式鼓风机按照出口压力分类，出口压力在（ A ）的统称为鼓风机。

A. 1000mmH_2O 以上　　B. 1000mmH_2O 以下

C. 500mmH_2O 以上　　D. 500mmH_2O 以下

91. 在压力为中、高或超高压等级、流量为中小流量范围的场合，应选用（ C ）。

A. 轴流式压缩机　　B. 透平式压缩机

C. 往复式压缩机　　D. 回转式压缩机

92. 北方冬季启动空送鼓风机，要特别注意（ A ），以避免润滑油黏度变大导致的风机轴承烧毁。

A. 油箱温度　　B. 润滑油类型　　C. 出口油压　　D. 出口风压

93. 以下关于离心泵的说法哪项是不正确的（ C ）。

A. 离心泵的流量可以通过改变出口阀的开度进行调节

B. 离心泵的功率随泵的输送流量增大而上升，故离心泵在启动前应关闭出口阀，使启动时的功率最小，以减小电机的启动电流

C. 离心泵的效率随着输送流量的增大而上升，因此离心泵在使用中尽量使其输送流量处于最大状态

D. 离心泵输送介质的密度与泵的流量无关

94. 启动离心泵时，为了减少启动功率，应将出口阀（ D ）。

A. 全开　　B. 打开一半　　C. 打开四分之一　　D. 关闭

95. 化工管路中除了采用焊接的方法进行连接外，还采用管件对管道进行连接，下面不属于管件的是（ C ）

A）法兰　　B. 三通　　C. 阀门　　D. 弯头

96. 碳素钢是含碳量低于（ B ）的铁碳合金。

A. 1.5%　　B. 2.0%　　C. 3%　　D. 4.0%

97. 介质为非腐蚀性的离心泵主轴通常选用的材质为（ C ）

A. 铸钢　　B. 优质碳素结构钢

C. 碳素钢　　D. 合金钢

98. 风送系统设旋风分离器的目的是（ B ）

A. 抽出乙烯气体 B. 分离粉尘　　C. 抽出细碎颗粒　　D. 抽出水蒸气

99. 在往复式柱塞泵的出口处，必须设置的阀门为（ D ）。

A. 截止阀　　B. 节流阀　　C. 单向阀　　D. 安全阀

100. 更换反应器出口压力调节阀后，必须经过（ A ）工序后方可使用。

A. 加热状态下的阀门调试　　B. 冷却状态下的阀门调试

C. 放冷条件下的阀门调试　　D. 不需要调试

101. 操作人员进行设备消漏的监火工作前，一定要注意（ A ），以确保安全。

A. 进行可燃气的测量　　B. 进行风向的测定

C. 进行动火设备的放空操作　　D. 进行动火设备的检查操作

102. 进行蒸汽管线消漏的工作前，首先要将（ C ）打开。

A. 疏水器前阀 B. 疏水器后阀　C. 疏水器旁通阀　　D. 蒸汽入口阀

103. 引发剂泵开车前一般进行试压操作，该试压操作压力一般在（ C ）以上。

A. 反应器设定压力　　B. 反应器试验压力

C. 反应器开车压力　　D. 任意压力

104. 下列关于静电跨线说法正确的是（ D ）。

A. 跨线虽然断裂，但有法兰连接，所以问题不大

B. 跨线虚接也能够将静电导出

C. 只要静电跨线位置安排合理且数量满足要求，就可以避免静电的产生

D. 静电跨线如果不能够与大地相连，只要接触到与相连的导电物质即可

105. 不属于往复式压缩机部件的选项是（ D ）。

A. 汽缸体　　B. 活塞　　C. 曲轴　　D. 叶轮

106. 不属于往复式压缩机送气量调节方法的选项是（ C ）。

A. 补充余隙调节法　　B. 顶开吸入阀调节法

C. 提高吸入压力调节法　　D. 改变转速调节法

107. 单螺杆挤出机的螺杆一般由加料、压缩、（ B ）三个部分组成。

A. 均化　　B. 计量　　C. 加热　　D. 分散

108. 不属于离心泵主要部件的下列选项是（ D ）。

A. 叶轮　　B. 密封环　　C. 轴向力平衡装置　D. 从动齿轮

109. 美制螺纹的顶角角度为（ C ）。

A. 50°　　B. 55°　　C. 60°　　D. 65°

110. 下列选项是关于压缩机汽缸余隙的描述，其中正确的是（ C ）。

A. 调试余隙太小会使压缩机效率降低

B. 开车前要调试余隙至最小值，以增大压缩机效率

C. 可以通过改变余隙来调整压缩机负荷

D. 压缩机产生撞击的原因一定是调试余隙过小

111. 不是影响往复式压缩机的排气量的因素有（ D ）。

A. 进气压力　　B. 进气温度　　C. 余隙容积　　D. 压缩机级数

112. 润滑油通常应用在（ A ）。

A. 摩擦部位　　B. 密封部位　　C. 冷却部位　　D. 振动部位

113. 当反应器出口管线发生微小渗漏，聚合岗位应该首先将反应器（ C ）处理。

A. 放空　　B. 保压　　C. 降压　　D. 升压

114. 高压管式法聚乙烯生产过程中，一般采用（ B ）方法处理反应器内壁结垢。

A. 加热再生　　B. 脉冲阀

C. 停止反应后清理管壁　　D. 超声波除垢器

115. 不会造成添加剂系统堵塞的原因是（ D ）。

A. 系统伴热不良　　B. 系统内杂质较多

C. 添加剂变质　　D. 压力表指示不准

116. 可能引起引发剂泵排出不良的原因是（ B ）。

A. 引发剂泵出口管线堵塞　　B. 引发剂泵四通阀泄漏

C. 引发剂泵入口阀破损　　D. 引发剂泵变量泵轭板倾斜角度最大

117. 引发剂泵出口阀阀体大量漏气，最有可能的原因是（ A ）。
A. 引发剂管线出口单向阀破损　B. 引发剂泵出口阀破损
C. 引发剂泵出口管线堵塞　D. 引发剂管线超压泄漏
118. 二次压缩机冷却油黏度增大会导致（ A ）情况发生。
A. 填料烧毁　B. 压缩机缸头漏气
C. 缸头检测孔漏气　D. 压缩机出口温度上升
119. 不可以作为灭火剂的是（ C ）。
A. 水雾　B. 二氧化碳　C. 氢气　D. 泡沫
120. 当图书档案发生火灾时，灭火最好选用（ D ）。
A. 泡沫灭火器　B. 干粉灭火器
C. 1211 灭火器　D. 二氧化碳
121. 使用（ C ）灭火时，扑救人员应站在上风口以防中毒，灭火后应注意通风。
A. 二氧化碳　B. 干冰　C. 四氯化碳　D. 1211
122. 有害液体进入人的眼睛采取的措施是（ B ）。
A. 立即到医院　B. 立即用大量清水冲洗
C. 用氮气吹　D. 用洁净的空气吹
123. 不属于粉尘对人身危害的是（ D ）。
A. 光感性病变　B. 变态反应性　C. 致癌性　D. 加速机械设备磨损
124. 粉尘对人体危害的主要指标有（ A ）。
A. 化学成分　B. 色度　C. pH 值　D. 大粒
125. 不属于粉尘爆炸的必要条件的是（ B ）。
A. 氧气　B. 爆炸极限　C. 燃料　D. 火源
126. 不属于灭火器材的是（ A ）。
A. 水　B. 二氧化碳灭火器
C. 1211 灭火器　D. 干粉灭火器
127. 对泡沫灭火器描述不正确的一项是（ A ）。
A. 紧急时肩扛到着火处　B. 扑救时接近火源
C. 垂直提到火场　D. 灭火时颠倒筒身
128. 三级安全教育中，第三级为（ D ）安全教育。
A. 厂级　B. 分厂　C. 车间　D. 班组
129. 当成品料仓净化风管线发生堵塞情况下，可能发生如下何种事故？（ C ）
A. 因风送管线内没有空送风而造成管线堵塞事故
B. 因无法提供动力导致旋转阀失控，最终造成跑料事故
C. 因料仓内乙烯气体浓度过高导致爆鸣事故
D 因无法确认料仓内料位导致混料事故
130. 可以通过下面何种手段判断二次压缩机外部油流量下降？（ C ）
A. 油箱液面不明原因下降
B. 油箱内外部油颜色变浑浊
C. 外部油油温上升
D. 外部油泵发生气蚀现象

131. 从下列选项中，可以判断压缩机入口阀片破损的选项是（ C ）。
A. 出口压力上升　　B. 出口温度上升
C. 入口压力上升　　D. 入口温度下降
132. 从下列选项中，可以判断压缩机出口阀片破损的选项是（ D ）。
A. 入口压力上升　　B. 入口温度上升
C. 出口压力上升　　D. 出口温度下降
133. 试分析一次压缩机一段出口压力下降的原因是（ B ）。
A. 二段活塞环损坏　　B. 一段金属填料磨损
C. 二段吸入阀动作不良　　D. 一段入口温度下降
134. 试分析一次压缩机二段入口温度上升的原因是（ C ）。
A. 一段出口阀片破损　　B. 一段活塞环破损
C. 二段入口阀片破损　　D. 二段吸入温度过低
135. 当循环脱盐水换热器换热不良情况下，聚乙烯颗粒粒形易产生如下何种变化。（ A ）
A. 黏结粒子　　B. 粉尘增多　　C. 大块花料　　D. 长条料
136. 离心干燥机使用过程中应注意对（ B ）情况进行检查。
A. 纵向振动　　B. 横向振动　　C. 电机振动　　D. 不需要检查
137. 下列选项中哪个部位易产生氧化料？（ A ）
A. 低压分离器　B. 反应器　　C. 二次压缩机　　D. 振动筛分机
138. 反应器出口管线超压破损泄漏的情况下，应首先进行（ B ）处理。
A. 压缩机紧急停止　　B. 打开反应器紧急放空阀
C. 停止引发剂的注入　　D. 通知消防单位处理
139. 反应器压力控制阀失控的情况下，应首先进行（ C ）处理。
A. 通知仪表维修人员处理　　B. 压缩机紧急停车处理
C. 打开反应器紧急放空阀　　D. 停止引发剂的注入
140. 生产过程中，MI 突然大幅度上升，可能的原因是（ C ）。
A. 反应温度下降　　B. 反应压力上升
C. 引发剂浓度上升　　D. 惰性气体含量减少
141. 离心干燥机停车前不应进行的检查（ D ）。
A. 运转是否平稳　　B. 有无异音
C. 被分离的物料是否排放干净　D. 切粒粒形是否正常
142. 高压聚乙烯装置停车后对引发剂系统内的剩余引发剂应（ C ）。
A. 直接排放到废油筒中
B. 直接排放到界区
C. 排放净后，低温冷藏运出厂，交专业人员处理
D. 可以采取任何的方法
143. 高压聚乙烯装置反应器加热前应处于（ C ）。
A. 冷却　　B. 加热　　C. 放冷　　D. 任意状态
144. 高压聚乙烯装置停车过程中高压分离器操作应为（ A ）
A. 手动　　B. 自动　　C. 高位控制　　D. 联动控制

145. 设备清洗剂按作用主次可分为（ B ）。

A. 酸剂、碱剂和中性剂　　B. 主剂、助剂

C. 有机清洗剂、无机清洗剂　　D. 干性清洗剂、湿性清洗剂

多选题

1. 反应岗位对 MFR 的控制其影响因素包括（ C，D ）。

A. 切粒粒形的大小　　B. 产量的高低

C. 返回裂解的气量　　D. 反应温度的波动

2. 高压聚乙烯装置正常生产中如果 MFR 高应如何处理（ A，C ）。

A. 提高反应压力　　B. 提高反应温度

C. 增加返回裂解的气量　　D. 增加调节剂的浓度

3. 釜式法生产的聚乙烯与管式法生产的聚乙烯工艺的差别有（A，B，C，D）。

A. 釜式法生产需要定期的更换搅拌

B. 管式法生产中产量较大

C. 釜式法的生产开车前要将乙烯预先加热

D. 生产的聚乙烯都要进行净化后才能送

4. 换热器按照功能分为（ A，C，D ）。

A. 冷却器　　B. 管壳式换热器

C. 加热器　　D. 冷凝器

5. 在贮罐切换前要确认（ A，C，D ）。

A. 管线已经准备好　　B. 导淋阀打开

C. 手动阀门关闭　　D. 气动阀门关闭

6. 贮罐切换完毕后（ B，C ）。

A. 马上离开　　B. 检查泄漏情况

C. 液面变化情况　　D. 打开导淋

7. 属于釜设备倒空应注意的是（ A，B，C ）。

A. 切断电源，挂牌禁动　　B. 在进料进气管道上安装盲板

C. 清洗置换后经检验合格方可进入　D. 应拆卸后再倒空

8. 高压聚乙烯原料气中为什么要有一定的规定？（ A，B，C ）

A. 防止分解的发生　　B. 有利于化学反应的建立

C. 提高反应转化率　　D. 节能降耗

9. 压缩机各段阀门的操作原则是（ A，D ）。

A. 升压时由低压段开始　　B. 升压时由高压段开始

C. 降压时由低压段开始　　D. 降压时由高压段开始

10. 影响往复式压缩机的排气量的因素有（ A，B，C ）。

A. 进气压力　B. 进气温度　C. 余隙容积　D. 压缩机级数

溶液法模块

判断题

1. 密封油非比一般油品，能进入系统，容易影响产品质量。（√）

2. 由于密封油的特殊性质，所以密封油的进厂化验指标一般包括运动黏度、闪点、比色、铜片腐蚀、水分、机械杂质、水溶性酸碱。（√）

3. 密封油在淤浆法聚乙烯生产工艺中不允许进入系统。 (×)

正确答案： 密封油在淤浆法聚乙烯生产工艺中允许进入系统。

4. 冷冻盐水系统冰机的主要作用是为装置一些盐水冷却器提供的冷冻盐水，以回收尾气中的己烷等可凝气体。 (√)

5. 聚合釜载液开车前，聚合釜内氢气浓度仍需置换合格。 (√)

6. 启动润滑油泵前应进行灌泵。 (×)

正确答案： 启动润滑油泵前不需要灌泵。

7. 启动颗粒输送风机前应点动盘车。 (√)

8. 颗粒输送风机齿轮用润滑油每年更换一次。 (×)

正确答案： 颗粒输送风机齿轮用润滑油每半年更换一次。

9. 冷换设备投用都要对管线及设备内部进行排气操作，以防止形成气阻不能使冷却介质有效循环。 (√)

10. 己烷精馏塔脱水塔再沸器加热介质为中压蒸汽。 (×)

正确答案： 己烷精馏塔脱水塔再沸器加热介质为低压蒸汽。

11. 低聚物二次闪蒸预热器加热介质为高压蒸汽。 (√)

12. AT 催化剂接触空气便起氧化反应、自燃，但无爆炸性。 (√)

13. AT 催化剂为无色透明液体，化学性质活泼，遇水爆炸分解成氢化铝和乙烷。 (×)

正确答案： AT 催化剂为无色透明液体，化学性质活泼，遇水爆炸分解成氢氧化铝和乙烷。

14. 间歇聚合催化剂补加的同时，聚合釜夹套可先不加热。 (×)

正确答案： 间歇聚合催化剂补加的同时，聚合釜夹套开始加热。

15. 聚合引溶剂己烷时，一定避免己烷泄漏和己烷进入各罐。 (√)

16. AT 催化剂配置压料前，应启动 AT 催化剂罐搅拌运转 1 小时后，停搅拌器。 (√)

17. 当开大聚合釜夹套加热蒸汽阀，夹套温度上涨较慢或不涨时，也可适当关小夹套冷却水回水阀。 (√)

18. 造粒系统开车前，混炼机间隙应给到最小。 (×)

正确答案： 造粒系统开车前，混炼机间隙应给到最大。

19. 投用袋式过滤器前，应先启动粉末输送风机。 (×)

正确答案： 投用袋式过滤器前，无法启动粉末输送风机。

20. 干燥机升温过程时间越短、速度越快就越好。 (×)

正确答案： 干燥机升温过程应该均匀缓慢。

21. 离心机进料管设置冲洗的目的是稀释浆液，以便分离。 (×)

正确答案： 离心机进料管设置冲洗的目的是冲洗进料管，防止堵塞。

22. 生产串联牌号时，由于粉末中细粉含量高，容易造成离心机分离效果不好。 (√)

23. 浆液浓度过低或者进料速度过快，容易造成离心机扭矩上升。 (×)

正确答案： 浆液浓度过高或者进料速度过快，容易造成离心机扭矩上升。

24. 干燥系统的中压氮气主要是用于补充干燥尾气压缩机出口压力的作用。 (√)

25. 高密度聚乙烯装置低聚物灰分脱除采用加热法脱除。 (×)

正确答案： 高密度聚乙烯装置低聚物灰分脱除采用蒸汽加入法脱除。

26. 己烷在空气中浓度的爆炸极限为3.6% ~7.5%。（×）

正确答案：己烷在空气中浓度的爆炸极限为1.2% ~7.5%。

27. 低聚物闪蒸系统开车前，氮气置换浓度要求大于98%。（×）

正确答案：低聚物闪蒸系统开车前，氮气置换浓度要求大于99.8%。

28. 己烷精馏塔塔釜采出的己烷是精己烷。（√）

29. 为保证己烷精馏塔开车过程中己烷采出水值尽快合格，氮气置换的氮气露点不需要太低。（×）

正确答案：为保证己烷精馏塔开车过程中己烷采出水值尽快合格，氮气置换的氮气露点要尽可能低。

30. 密度与聚合物的结晶度有关，当密度提高时，虽然冲击强度和耐环境应力裂变降低，但刚性和表面强度会得到改善。（√）

31. 聚合物在反应器内停留时间过长，将使聚合物的收率降低。（√）

32. 聚合釜反应压力是影响聚合生产能力的因素之一。（√）

33. 聚合釜顶冷凝器的传热系数不影响聚合生产能力。（×）

正确答案：聚合釜顶冷凝器的传热系数影响聚合生产能力。

34. 并联A临时停车后，开车必须两釜同时开车。（×）

正确答案：并联A临时停车后，开车两釜可单独开车。

35. 原料中的杂质含量是直接影响聚合反应的因素之一。（√）

36. 聚合温度、压力均能影响聚合反应。（√）

37. 物料搅拌不会影响聚合反应。（×）

正确答案：物料搅拌影响聚合反应。

38. 进行聚合釜浆液取样时，要关闭取样箱，并通入氮气保护。（√）

39. 为保证聚合釜浆液样品的准确性，在取样过程中要对取样管线用己烷向内、外冲洗。（√）

40. 低压装置造粒系统含有工艺介质的废水及可能带有工艺介质的废水排入含油污水系统。（√）

41. 在石油化工生产中，所产生的“三废”是指废气、废物、废品。（×）

正确答案：在石油化工生产中，所产生的“三废”是指废气、废水、废渣。

42. 干燥机出料温度越低，则被干燥后的粉末中挥发性物质含量越高。（√）

43. 干燥机加热蒸汽系统设置循环水冷却器的目的，是防止减压后的蒸汽过热。（√）

44. 干燥机加热蒸汽压力的控制方法是分程调节。（×）

正确答案：干燥机加热蒸汽压力的控制方法是通过减压阀控制。

45. 母液罐液位是通过母液泵的采出量和母液罐液位指示来实现串级调节的。（√）

46. 母液罐液位过低会造成母液泵气蚀。（√）

47. 母液泵向回收系统送料过多，有时会因为控制阀跟踪问题造成返回聚合系统的母液量波动。（√）

48. 离心机进料时速度不能过快，否则容易造成离心机电流大幅度上升。（√）

49. 离心机扭矩高的时候，对进料浆液进行稀释是一种通常的解决办法。（√）

50. 浆液中夹带少量未反应的原料气和杂质气体。（√）

51. 粉末输送风机入口压力的调节方式是分程控制。（√）

52. 回收工段高压己烷输送泵轴承的润滑方式属于飞溅式润滑。 (×)

正确答案：回收工段高压己烷输送泵轴承的润滑方式属于油浴式润滑。

53. 干燥气洗涤的目的是为了去除循环气中夹带的粉末，避免系统换热器堵塞。 (√)

54. 粉末的湿含量主要是通过干燥机的加热温度及粉末在干燥机中的停留时间控制的。 (√)

55. 干燥机加热蒸汽冷却器的冷却介质是冷冻盐水。 (×)

正确答案：干燥机加热蒸汽冷却器的冷却介质是循环冷却水。

56. 干燥机蒸汽冷凝器的换热方式是依靠辐射的形式。 (×)

正确答案：干燥机蒸汽冷凝器的换热方式是依靠传导的形式。

57. 己烷蒸馏塔再沸器如果堵塞结壁，会造成塔母液处理能力下降。 (√)

58. 提高塔釜低聚物闪蒸预热器温度，可降低己烷蒸馏塔的处理能力。 (×)

正确答案：提高塔釜低聚物闪蒸预热器温度，可提高己烷蒸馏塔的处理能力。

59. 如果己烷蒸馏塔塔釜低聚物浓度增加，应该减少塔釜采出量。 (×)

正确答案：如果己烷蒸馏塔塔釜低聚物浓度增加，应该增加塔釜采出量。

60. 己烷蒸馏塔塔板压差升降反映的是塔盘筛孔的堵塞情况大小。 (√)

61. 增加己烷精馏塔的塔板层数，会降低己烷精馏塔的产品质量。 (×)

正确答案：增加己烷精馏塔的塔板层数，会提高己烷精馏塔的产品质量。

62. 聚合停车时改用 HHX 冲洗母液线的目的是怕管线中的粉末塑化，低聚物凝固而堵塞管线。 (√)

63. 并联 A 一个聚合釜载液停车时，母液仍要切换成己烷冲洗那个停车釜母液线，冲洗完后关闭釜壁阀，否则，会造成那个停车釜母液线堵塞。 (√)

64. 催化剂罐洗涤过程中不需要启动搅拌器运转。 (×)

正确答案：催化剂罐洗涤过程中需要启动搅拌器运转。

65. 冷凝己烷泵停运后关闭出入口阀，会使冷凝己烷罐内己烷不能流回聚合釜。 (√)

66. 聚合排放己烷首先应以向分离干燥系统压料为主，尽量减少外排己烷量。 (√)

67. 并联 B 退空停车时，一般将聚合釜液位降空后，再把冷凝己烷罐的己烷倒空以冲洗聚合釜。 (√)

68. 聚合釜循环气风机作用是用来输送聚合釜的反应循环气。 (√)

69. 造粒系统停车后混炼机间隙应给到最小。 (×)

正确答案：造粒系统停车后混炼机间隙应给到最大。

70. 水稳系统停车后应关闭泵的出入口阀门。 (×)

正确答案：水稳系统停车后不需关闭泵的出入口阀门。

71. 冬季造粒停车后要将水稳罐倒空防冻。 (√)

72. 挤压机停车时应先停进料系统，最后停切粒机。 (√)

73. 停车后挤压机旋转接头可不必进行水汽切换。 (×)

正确答案：停车后挤压机旋转接头必须进行水汽切换。

74. 干燥气冷凝器的换热方式是依靠辐射的形式。 (×)

正确答案：干燥气冷凝器的换热方式是依靠传导的形式。

75. 干燥气冷凝器的冷却介质和被冷却的气体之间是同向流动的。 (×)

正确答案：干燥气冷凝器的冷却介质和被冷却的气体之间是逆向流动的。

76. 干燥机在逐步退料期间，粉末出料温度将逐步上升。（×）

正确答案：干燥机在逐步退料期间，粉末出料温度将逐步下降。

77. 干燥系统停止浆液进料后，将循环气风量降低的原因是因为已经没有粉末需要干燥。（×）

正确答案：干燥系统停止浆液进料后，将循环气风量降低的原因是为了避免循环气夹带粉末堵塞系统换热器。

78. 己烷蒸馏塔检修前洗塔的目的是为了检修过程中减少己烷的残留，便于检修清理。（×）

正确答案：己烷蒸馏塔检修前洗塔的目的是为了检修过程中减少低聚物的残留，便于检修清理。

79. 己烷蒸馏塔停车后降温采用的方式为自然降温。（×）

正确答案：己烷蒸馏塔停车后降温采用的方式为氮气间歇升压、放空降温。

80. 己烷蒸馏塔、己烷精馏塔在停车过程中可同时停车。（×）

正确答案：己烷蒸馏塔、己烷精馏塔在停车过程中，必须蒸馏塔先停车，精馏塔后停车。

81. 启动低聚物结片机前运转结片风机的目的是降温作用。（×）

正确答案：启动低聚物结片机前运转结片风机的目的是加快罩内的可燃气置换速度。

82. 第一浆液泵比第二浆液泵的流量大。（×）

正确答案：第一浆液泵的流量比第二浆液泵的流量小。

83. 聚合釜搅拌器有 2 套双端面机械密封，防止循环气外漏。（×）

正确答案：聚合釜搅拌器有 4 套双端面机械密封，防止循环气外漏。

84. 聚合系统进行氮气置换时必须与尾气系统隔离防止发生窜压现象。（√）

85. 聚合系统进行氮气置换过程中，每 10 分钟切换一次循环气风机。（×）

正确答案：聚合系统进行氮气置换过程中，每小时切换一次循环气风机。

86. PZ 催化剂泵切换后，必须将控制室联锁开关也进行切换。（√）

87. 并联 A 生产当单釜停车时，相应催化剂泵停运后要打开罐底己烷，彻底冲洗催化剂管线。（×）

正确答案：并联 A 生产当单釜停车时，相应催化剂泵停运后要关闭该泵入口阀，打开泵入口己烷彻底冲洗催化剂管线。

88. 离心泵的叶轮有封闭式，开敞式二种形式。（×）

正确答案：离心泵的叶轮有封闭式，半封闭式和开敞式三种。

89. 离心泵的主要工作部件为叶轮、泵壳、密封环冷却装置、轴向力平衡装置。（√）

90. 颗粒输送风机的密封形式是机械密封。（×）

正确答案：颗粒输送风机的密封形式是迷宫密封。

91. 阀门的基本参数是公称通径、公称压力、工作温度和适用介质。（√）

92. 母液罐洗涤的目的是除去低聚物和粉末，防止堵塞母液泵。（√）

93. 干燥循环气风机所采用的密封形式是填料密封。（×）

正确答案：干燥循环气风机所采用的密封形式是迷宫密封。

94. 粉末的堆积密度越高，则粉末粒径越小、细粉含量越多。（√）

95. 干燥循环气风机在启动时出入口阀门状态是全开的。（×）

正确答案：干燥循环气风机在启动时入口全开，出口微开。

96. 干燥系统压力的调节方式是串级调节。 (×)

正确答案：干燥系统压力的调节方式是分程控制。

97. 使用低聚物齿轮泵要求泵体、管线、阀门蒸汽伴热必须运行良好。 (√)

98. 使用低聚物齿轮泵违反操作规程的是出口阀关闭。 (√)

99. 蒸汽增湿泵只给高压蒸汽增湿降温。 (×)

正确答案：蒸汽增湿泵给高压蒸汽、低压蒸汽增湿降温。

100. 蒸汽增湿泵的作用是为了把过热蒸汽变成不饱和蒸汽。 (×)

正确答案：蒸汽增湿泵的作用是为了把过热蒸汽变成饱和蒸汽。

101. 蒸汽增湿降温泵形式为隔膜泵。 (×)

正确答案：蒸汽增湿降温泵形式为高速离心泵。

102. 为确保聚合釜异常状态的安全，聚合釜设有停车放空阀。 (√)

103. 聚合釜设有两个温度检测点。 (×)

正确答案：聚合釜设有三个温度检测点。

104. 高压密封油泵在切换时，一定要注意不能造成密封油压力低联锁停车。 (√)

105. 低压密封油系统投用时，当回油罐液位上升到50%时，启动低压密封油泵输送低压密封油到低压密封油罐。 (×)

正确答案：低压密封油系统投用时，当回油罐液位上升到20%时，启动低压密封油泵输送低压密封油到低压密封油罐。

106. 离心式制冷压缩机在冷凝器和蒸发器之间设有热气旁通阀，可以使气体直接从冷凝器返回蒸发器，以控制冷冻负荷低于60%。 (×)

正确答案：离心式制冷压缩机在冷凝器和蒸发器之间设有热气旁通阀，可以使气体直接从冷凝器返回蒸发器，以控制冷冻负荷低于40%。

107. 已烷蒸馏塔液位不仅有报警而且有联锁。 (×)

正确答案：已烷蒸馏塔液位只有报警没有联锁。

108. 已烷储罐设置呼吸阀的目的是为了防止温度波动时造成设备损坏。 (×)

正确答案：已烷储罐设置呼吸阀的目的是为了防止压力波动时造成设备损坏。

109. 低聚物齿轮泵出口设置安全阀的目的是防止出口压力过低，损坏设备。 (×)

正确答案：低聚物齿轮泵出口设置安全阀的目的是防止出口压力过高，损坏设备。

110. 浆液泵泵体内有塑化物进入不会造成浆液泵抽空，所以不用处理可以保证其正常输送物料。 (×)

正确答案：浆液泵泵体内有塑化物进入会造成浆液泵抽空，所以应切换泵、拆开处理，确保其可正常输送物料。

111. 润滑油黏度太大也会造成聚合尾气压缩机油压低。 (×)

正确答案：润滑油黏度太小也会造成聚合尾气压缩机油压低。

112. 闪蒸罐液位超高或满罐会导致聚合尾气冷却器堵塞。 (√)

113. 串联生产物料黏稠不会影响聚合釜的出料。 (×)

正确答案：串联生产物料黏稠会影响聚合釜的出料。

114. 稀释罐下料线不畅通也会导致聚合釜液位的上涨而影响其正常出料。 (√)

115. 聚合返回回收工段母液量增多是造成母液储罐液位不降的唯一因素。 (×)

正确答案：聚合返回回收工段母液量增多是造成母液储罐液位不降的因素之一。

116. 母液储罐的作用的是储存聚合返回的母液。 (×)

正确答案：母液储罐的作用的是储存聚合返回的母液，使母液中的粉末在罐中沉淀，以减少进入蒸馏塔的粉末量。

117. 干燥循环气洗涤泵回流量大，可能造成干燥循环气洗涤罐液位上升。 (√)

118. 蒸馏塔液泛发生后，最先采取的措施是加大蒸汽量。 (×)

正确答案：蒸馏塔液泛发生后，最先采取的措施是关闭母液进料，降低蒸馏塔液位。

119. 高压己烷是经过压力控制阀控制而实现的。 (×)

正确答案：高压己烷是未经过压力控制阀控制，由高压己烷泵直接送出的。

120. 聚合返回的母液量不稳定，可造成己烷蒸馏塔液位波动。 (√)

121. 聚合系统在晃电发生时，如果发现氮气压力有下降到0.4MPa以下，必须将密封油系统进行氮封。 (√)

122. 为避免稀释罐下料线堵塞，在聚合釜需进行憋料时，不能直接关闭稀释罐液位控制阀，而应关闭其罐底球阀并冲洗管线。 (√)

123. 稀释罐下料线发生堵塞时，不需排管线内己烷，直接拆开清理。 (×)

正确答案：稀释罐下料线发生堵塞时，应排净或压净管线内己烷，再拆开清理。

124. 聚合尾气压缩机第二级的活塞环损坏会导致排出量不足。 (×)

正确答案：聚合尾气压缩机第二级的活塞环损坏会导致第一级排放压力高。

125. 聚合尾气压缩机的入口过滤器堵塞和管道、填料泄漏量大等，都能造成压缩机排气量下降。 (√)

126. 催化剂泵长时间不上量会使釜内催化剂浓度降低，满足不了生产要求，此时要考虑聚合降量生产或大幅度补加催化剂，以免影响产品质量。 (√)

127. 催化剂泵不上量时，聚合釜氢乙烯比值上升。 (×)

正确答案：催化剂泵不上量时，聚合釜氢乙烯比值下降。

128. 产生“刨花料”应采取的措施是停车重开。 (√)

129. 干燥机堆料严重的时候，会引起干燥系统循环气风量上升。 (×)

正确答案：干燥机堆料严重的时候，会引起干燥系统循环气风量下降。

130. 干燥循环气洗涤罐内浆液浓度过高，会造成洗涤泵不上量的现象。 (√)

131. 造成己烷蒸馏塔再沸器堵塞的原因是母液量过大。 (×)

正确答案：造成己烷蒸馏塔再沸器堵塞的原因是母液中低聚物含量增大，塔底低聚物浓度过高。

132. 处理己烷蒸馏塔再沸器堵塞的方法是减少母液进料。 (×)

正确答案：处理己烷蒸馏塔再沸器堵塞的方法是进行己烷洗塔或停车更换新换热器。

133. 己烷蒸馏塔塔底采出预热器温度低会造成塔处理能力下降。 (×)

正确答案：己烷蒸馏塔采出预热器温度低会造成送出的低聚物己烷夹带增加，结片易发生危险。

134. 丙烯进料控制阀前也设置了过滤器。 (×)

正确答案：丙烯进料控制阀前没有过滤器。

135. 聚合尾气压缩机设置润滑油压力低联锁停车，主要是为了防止机械无润滑油运转。(√)

136. 冷却水事故信号不会导致聚合尾气压缩机联锁停车。(×)

正确答案： 冷却水事故信号会导致聚合尾气压缩机联锁停车。

137. 当聚合共聚单体由丙烯改用丁烯－1时，要将丁烯－1预热器和丙烯预热后交汇处的切换阀切换使用。(√)

138. 丁烯－1泵在丁烯预热器液位高联锁时自动运转，低联锁时停运。(×)

正确答案： 丁烯－1泵在丁烯预热器液位高联锁时停运，低联锁时自动运转。

139. 已烷蒸馏塔压力极高联锁后还可自由开关联锁仪表阀门。(×)

正确答案： 已烷蒸馏塔压力极高联锁后不能自由开关联锁仪表阀门。

140. 高密度聚乙烯装置仪表风有压力极低联锁停车信号。(×)

正确答案： 高密度聚乙烯装置仪表风没有压力极低联锁停车信号。

141. 已烷蒸馏塔再沸器的蒸汽走管程，物料走壳程。(×)

正确答案： 已烷蒸馏塔再沸器的蒸汽走壳程，物料走管程。

142. 已知乙烯单耗不能计算出乙烯转化率。(×)

正确答案： 已知乙烯单耗可以计算出乙烯转化率。

单选题

1. 关于密封油特性，下列说法正确的是（C）。

A. 允许进入系统　　B. 不允许进入系统

C. 允许进入系统，容易影响产品质量　　D. 允许进入系统，不会影响产品质量

2. 下列使用低压密封油的用户是（D）。

A. 聚合釜搅拌器　　B. 稀释罐搅拌器

C. 循环气风机　　D. 第二闪蒸罐

3. 下列选项中，不使用高压密封油的用户是（D）。

A. 聚合釜搅拌器　　B. 稀释罐搅拌器

C. 循环气风机　　D. 第一闪蒸罐

4. 冷冻盐水系统使用的载冷体一般选择（D）。

A. 甲醛　　B. 乙醛　　C. 已烷　　D. 乙醇或甲醇

5. 冷冻盐水系统使用的冷冻剂为（A）。

A. 氟里昂　　B. 冰醋酸　　C. 联苯醚　　D. 液氨

6. 聚合釜载液开车时，按常规流量向聚合釜内补加催化剂（A）分钟后投料。

A. 10　　B. 20　　C. 30　　D. 40

7. 原料乙烯进入聚合釜前需要加热到（B）℃，采用的加热介质为（B）。

A. 46；LS　　B. 40；MS　　C. 50；HS　　D. 30；LS

8. 原料乙烯总管减压后，压力控制在（C）MPa。

A. 1.0　　B. 1.5　　C. 1.2　　D. 1.8

9. 造粒系统颗粒冷却水采用（A）。

A. 工艺水　　B. 消防水　　C. 楼面冲洗水　　D. 循环水

10. 5000S用途主要是（C）。

A. 注塑制品　　B. 吹塑制品　　C. 挤塑制品　　D. 其他

11. 下列选项中，属于液体稳定剂的是（ A ）。
A. AA B. AB C. HA D. 1010
12. 混炼机筒体加热用（ B ）MPa 蒸汽。
A. 0.2 B. 1.0 C. 3.6 D. 0.8
13. 干燥器加热器的加热介质是（ A ）。
A. 低压蒸汽 B. 中压蒸汽 C. 高压蒸汽 D. 联苯醚
14. 干燥循环气的主要成分是（ D ）。
A. 氮气 B. 烃类气体
C. 己烷气 D. 氮气和烃类气体的混合物
15. 母液输送泵的机械密封冲洗介质是（ C ）。
A. 密封油 B. 冲洗己烷 C. 高压己烷 D. 氮气
16. 母液罐的液位调节形式是（ A ）。
A. 串级调节 B. 分程控制 C. 就地调节 D. 手动调节
17. 干燥系统氮气置换时分为不同的小单元进行，其根据是（ B ）。
A. 温度等级 B. 压力等级 C. 随意划分 D. 以上都不是
18. 干燥系统氮气置换时所用的介质是（ D ）。
A. 低压氮气 B. 中压氮气 C. 高压氮气 D. 低压氮气和中压氮气
19. 干燥循环气系统气密所使用的介质是（ D ）。
A. 氮气 B. 仪表风 C. 工业风 D. 以上都可
20. 干燥系统气密时分为不同的小单元进行，其根据是（ B ）。
A. 温度等级 B. 压力等级 C. 随意划分 D. 以上都不是
21. 干燥系统吹扫时所用的介质是（ D ）。
A. 低压氮气 B. 中压氮气 C. 高压氮气 D. 工业风
22. 干燥系统吹扫时所用的方式是（ A ）。
A. 先主管后支管 B. 先支管后主管
C. 主管与支管一起进行 D. 以上方法都可以
23. 关于冷凝器的用途和作用，下列表述正确的是（ B ）。
A. 使蒸汽部分冷凝，广泛用于蒸馏操作过程
B. 用于蒸汽的冷凝，蒸馏中馏分的回收和产生真空等
C. 用于深冷分离工程
D. 用于流体的冷却
24. 下列使用冷冻盐水的设备是（ B ）。
A. 聚合釜顶冷凝器 B. 闪蒸汽冷却器
C. 第一闪蒸汽冷凝器 D. 第二闪蒸汽冷凝器
25. HDPE 催化剂起催化作用的是（ A ）。
A. 三氯化钛与烷基铝的络合物 B. 四氯化钛与烷基铝的络合物
C. 四氯化钛本身 D. 三氯化钛
26. PZcat 的化学性质是（ C ）。
A. 与水反应部分分解，与烃不反应，与醇部分反应

B. 与水不反应，与烃反应，与醇彻底反应
C. 与水反应，与烃反应，与醇反应
D. 既与水反应又与烃、醇反应

27. 关于聚合引溶剂己烷，下列操作正确的是（ A ）。
A. 关闭聚合各己烷用户甩头　　B. 打开己烷主管线的甩头
C. 己烷引入主管后不能排气　　D. 打通各冲洗用流程

28. 聚合釜载液停车后，关于聚合釜夹套升温，下列操作正确的是（ B ）。
A. 先开蒸汽，再启动水泵　　B. 先启动水泵，再投蒸汽
C. 直接打开蒸汽阀　　D. 只启动水泵运转

29. 干燥机升温过程中，将机头排放阀打开的目的是（ D ）。
A. 排放凝液　　B. 排放蒸汽
C. 排放凝液和蒸汽　　D. 置换干燥机加热列管内部的空气

30. 干燥机升温过程中，将疏水器副线阀打开的目的是（ C ）。
A. 排放蒸汽　　B. 排放不凝气体
C. 便于凝液排出　　D. 以上都不对

31. 干燥循环气风机的密封冲洗介质是（ A ）。
A. 低压氮气　B. 己烷　C. 中压氮气　D. 蒸汽

32. 设置干燥系统尾气压缩机的作用是（ B ）。
A. 输送尾气　B. 回收己烷　C. 回收不凝气　D. 调整系统压力

33. 低聚物加热温度升高，其黏度（ B ）。
A. 升高　B. 降低　C. 不变　D. 都不对

34. 低聚物二次闪蒸罐罐体伴热采用（ B ）。
A. 高压蒸汽　B. 中压蒸汽　C. 低压蒸汽　D. 以上都不对

35. 己烷蒸馏塔再沸器采用（ B ）为加热介质。
A. 高压蒸汽　B. 中压蒸汽　C. 低压蒸汽　D. 以上都不对

36. 己烷蒸馏塔再沸器投用可采用的方式是（ D ）。
A. 热虹吸　　B. 强制循环
C. 热虹吸和强制循环均可　　D. 以上都不对

37. 己烷蒸馏塔适用于（ B ）液体的蒸馏。
A. 低黏度　　B. 高黏度
C. 低黏度高黏度均可　　D. 以上都不对

38. 己烷精馏塔己烷接收器水层建立采用的介质为（ C ）。
A. 循环水　B. 工业水　C. 脱盐水　D. 生活水

39. 己烷精馏塔开车时引入的己烷，属于（ A ）。
A. 粗己烷　B. 精己烷　C. 母液　D. 润滑油

40. HDPE 共聚产品密度是通过控制釜内（ B ）的加入量来控制的。
A. 乙烯　B. 共聚单体　C. 氢气　D. 催化剂

41. 淤浆法聚乙烯生产中生产均聚产品时的密度，通过调节（ C ）来实现。
A. 浆液浓度　B. 反应温度　C. 熔融指数　D. 反应压力

42. 下列说法正确的是（ C ）。

A. 聚合反应温度升高，聚合速率增大，收率下降

B. 聚合反应温度升高，聚合速率降低，收率下降

C. 聚合反应温度升高，聚合速率增大，收率增加，但达到一定温度后聚合速率下降，收率下降

D. 聚合反应温度升高，聚合速率降低，收率增加

43. 影响聚合生产能力的因素不包括（ A ）。

A. 釜内催化剂浓度　B. 鼓风机能力

C. 雾沫夹带　D. 聚合釜夹套传热系数

44. 影响聚合生产能力的因素包括（ B ）、雾沫夹带、聚合釜夹套传热系数、冷却水温度、聚合釜反应压力、聚合反应温度、釜顶冷凝器的传热系数等。

A. 釜内催化剂浓度　B. 鼓风机能力

C. 釜顶冷凝器冷却水流量　D. 聚合釜夹套冷却水流量

45. 关于并联A临时停车后的开车操作，下列表述正确的是（ A ）。

A. 打开催化剂线、母液线、已烷线釜壁阀后启动催化剂泵运转

B. 投料开始停止夹套水泵

C. 投料前退空已烷罐液位

D. 投料时直接将乙烯进料量提至正常量

46. 淤浆法聚乙烯工艺聚合釜采用（ C ）方法出料。

A. 重量差　B. 高度差　C. 自然溢流　D. 压强差

47. 下列能影响聚合反应的因素是（ A ）。

A. 停留时间　B. 已烷流量　C. 液位　D. 冷却水温度

48. 为确保聚合釜浆液取样时样品的准确，应以（ B ）次样品为准。

A. 第一次　B. 第三次　C. 第二次　D. 上述答案都不对

49. 筒体冷却水泵叶轮属于（ C ）形式。

A. 开式　B. 半开式　C. 闭式　D. 其他

50. 风送系统中粉尘主要是在（ A ）产生的。

A. 切粒过程　B. 输送过程　C. 混合过程　D. 干燥过程

51. 《工业企业噪声标准》中规定老企业噪声不得超过（ C ）分贝。

A. 60　B. 85　C. 90　D. 95

52. 低压装置挤压机用的颗粒输送水是（ A ）。

A. 工艺水　B. 消防水　C. 楼面冲洗水　D. 循环水

53. 袋式过滤器反吹系统有（ D ）个反吹点。

A. 6　B. 7　C. 8　D. 9

54. 袋式过滤器反吹氮气动作时间为（ A ）s。

A. 0.1　B. 0.2　C. 0.3　D. 0.4

55. 正常生产过程中，干燥机出料温度为（ D ）℃。

A. 60 ~ 70　B. 70 ~ 80　C. 80 ~ 90　D. 95 ~ 100

56. 回收工段高压己烷输送泵形式为（ A ）。

A. 离心泵　B. 柱塞泵　C. 齿轮泵　D. 高速离心泵

57. 为防止启动离心泵后发生气缚抽空现象，要在启动前进行（ A ）。

A. 灌泵排气　B. 盘车　C. 点动　D. 送电

58. 干燥气洗涤罐内部塔盘的形式为（ A ）。

A. 浮阀式　B. 筛板式　C. 泡罩式　D. 填料式

59. 以下会造成粉末输送风机出口压力高的是（ A ）。

A. 粉末湿含量高　B. 粉末下料量小

C. 干燥系统压力低　D. 细粉含量高

60. 己烷蒸馏塔的回流比为塔母液进料的（ C ）。

A. 5%　B. 10%　C. 20%　D. 25%

61. 己烷蒸馏塔液位控制采用（ A ）调节方法。

A. 串级　B. 反馈　C. 比例　D. 其他

62. 高密度聚乙烯装置生产聚乙烯过程中副产品为（ B ）。

A. 己烷　B. 低分子聚合物

C. 硬脂酸钙　D. 润滑油

63. 低聚物中高聚物含量增加会造成（ C ）。

A. 倒料困难　B. 性能差　C. 不易冷却　D. 润滑性好

64. 低聚物中己烷的含量增加会导致（ D ）。

A. 倒料困难　B. 性能差　C. 不易冷却　D. 低聚物结片危险

65. 送给聚合工段己烷要经过过滤器的作用是（ B ）。

A. 降低己烷水值　B. 过滤己烷中杂质

C. 过滤残余粉末　D. 过滤分子筛

66. 增加己烷蒸馏塔塔釜采出可（ B ）塔釜的低聚物浓度。

A. 增加　B. 降低　C. 不影响　D. 以上说法都不对

67. 己烷蒸馏塔塔釜低聚物浓度愈高，塔的处理能力愈（ B ）。

A. 增加　B. 降低　C. 不变　D. 无法判断

68. 己烷蒸馏塔塔盘堵塞，会造成气相己烷中（ C ）夹带增加。

A. 己烷　B. 己烷，低聚物C. 低聚物　D. 母液

69. 己烷蒸馏塔塔盘压差（ B ），气相己烷中雾沫夹带越多。

A. 降低　B. 升高　C. 变化不会导致　D. 无法判断会不会导致

70. 己烷蒸馏塔筛板发生堵塞时，塔板压差会（ B ）。

A. 降低　B. 增加　C. 不变　D. 以上说法都不对

71. 低聚物闪蒸罐温度降低，会造成低聚物中己烷夹带（ B ）。

A. 降低　B. 增加　C. 不变　D. 其他

72. 低聚物闪蒸罐内部蛇管伴热采用（ A ）。

A. 高压蒸汽　B. 中压蒸汽　C. 低压蒸汽　D. 采暖蒸汽

73. 低聚物闪蒸罐温度低结片时，会发生（ C ）。

A. 不能结片　B. 可以结片　C. 己烷闪爆　D. 倒料困难

74. 正常生产过程中，一般会造成己烷精馏塔顶温度低的原因是（ D ）。

A. 己烷温度低　B. 塔盘堵塞　C. 蒸汽流量高　D. 丁烯－1 含量高

75. 提高己烷精馏塔操作压力，己烷精馏塔温度会（ B ）。

A. 降低　B. 上升　C. 不变　D. 无法判断

76. 关于并联 A 临时停车的操作，下列表述不正确的是（ D ）。

A. 接到停车指令后，马上停止催化剂泵，并改成 HHX 冲洗催化剂管线 10 分钟，冲完后关催化剂釜壁阀

B. 将 ML→HHX 冲洗母液线 15min 后关母液线釜壁阀

C. 根据尾气压力情况调整压缩机负荷及尾气压缩机吸入罐罐顶氮气量

D. 聚合釜压力低时使用乙烯补压

77. 关于冷凝己烷泵的停车操作，下列表述正确的是（ B ）。

A. 出入口阀不关直接停泵　B. 停泵后停止己烷冲洗

C. 入口己烷排放到地面　D. 停泵后己烷冲洗保持不变

78. 从安全角度考虑聚合排放己烷时，应将胶带插入铁桶的（ C ）。

A. 顶部　B. 中部　C. 底部　D. 任意部位

79. 为确保并联 B 退空停车时的顺利退料，在退料过程中要注意保持第二聚合釜的（ A ）。

A. 压力　B. 温度　C. 己烷流量　D. H/E 比

80. 己烷凝液罐 D225 破沫网的作用是（ B ）。

A. 防止冒罐　B. 防止粉末进入风机

C. 防止己烷进入风机　D. 缓冲压力

81. 袋式过滤器更换袋子前，进行钝化的目的是（ B ）。

A. 去除粉末　B. 杀死残余催化剂

C. 去除有毒物质　D. 以上都不对

82. 干燥气冷凝器（ C ）结垢严重，会导致换热效果不好。

A. 管程　B. 壳程　C. 管程和壳程　D. 以上都不对

83. 干燥系统临时停车时，将尾气压缩机停运的目的是为了（ C ）。

A. 避免系统压力过低　B. 避免系统温度过低

C. 节能　D. 降低己烷消耗

84. 干燥机降温时，下列正确的操作步骤是（ A ）。

A. 先降温后停运　B. 先停运后降温

C. 降温与停运同时　D. 降低己烷都可以

85. 干燥机降温操作过程中，最重要的是（ C ）地控制降温速度。

A. 尽可能快　B. 尽可能慢　C. 均匀缓慢　D. 都可以

86. 粉末输送系统的输送介质是（ A ）。

A. 低压氮气　B. 中压氮气　C. 仪表风　D. 工业风

87. 己烷精馏塔停车后降低塔内己烷温度方法为（ C ）。

A. 降压　B. 升压　C. 间歇“降压，升压”　D. 不降压，不升压

88. 已烷精馏塔停车期间塔底采出的已烷应该送到（ C ）中。

A. 母液储罐　B. 精已烷储罐　C. 粗已烷储罐　D. 废油桶

89. 已烷蒸馏塔塔底采出泵密封型式为（ B ）。

A. 填料密封　B. 机械密封　C. 迷宫密封　D. 动力密封

90. 已烷蒸馏塔塔底采出泵齿轮箱的润滑油泡沫过多的原因是（ A ）。

A. 油位高　B. 油箱有气　C. 油位低　D. 润滑油压力高

91. 低聚物结片机转鼓冷却水采用的冷却介质为（ A ）。

A. 脱盐水　B. 工业水　C. 循环水　D. 深冷盐水

92. 低聚物结片机冷却介质脱盐水走冷却器的（ A ）。

A. 壳程　B. 管程　C. 套管　D. 外面

93. 低聚物结片机内通入氮气的目的是（ B ）。

A. 冷却低聚物　B. 置换可燃气，防止空气进入

C. 通风　D. 换热

94. 不属于低聚物闪蒸罐倒料方式有（ D ）。

A. 自压线倒料　B. 运转齿轮泵倒料

C. 排放低聚物　D. 闪蒸罐升压倒料

95. 低聚物倒料齿轮泵密封形式属于（ B ）。

A. 机械密封　B. 填料密封　C. 迷宫密封　D. 动力密封

96. 关于 PZ 催化剂泵启动，下列操作错误的是（ D ）。

A. 检查曲轴箱中润滑油液面及污染程度

B. 确认催化剂罐搅拌已运转

C. 全开釜壁催化剂进料阀

D. 打开催化剂罐底球阀，并打通泵出入口流程，然后打开已烷进料阀启动催化剂泵

97. 已烷蒸馏塔母液进料泵的叶轮形式属于（ A ）叶轮。

A. 全开式　B. 半开式　C. 闭式　D. 半闭式

98. 筒体冷却水泵属于（ A ）。

A. 离心泵　B. 往复泵　C. 气动泵　D. 其他

99. 稀相法采用的颗粒输送风机是（ A ）。

A. 罗茨风机　B. 离心风机　C. 螺杆压缩机　D. 以上都可以

100. 质量流量计是通过测量（ C ）实现计量的。

A. 重量　B. 容积　C. 转矩　D. 密度

101. 母液罐洗涤时所用的介质是（ D ）。

A. 工艺水　B. 冷却水　C. 蒸汽凝液　D. 已烷

102. 母液输送泵的电流随着泵输送量的增加而（ A ）。

A. 增加　B. 降低　C. 不变　D. 以上都不对

103. 母液输送泵所用的循环冷却水目的是（ C ）。

A. 降低母液温度　B. 降低泵体温度

C. 降低润滑油温度　D. 降低电机温度

104. 母液泵跳车后，离心机进料阀联锁关闭的目的是为了（ D ）。
A. 保护离心机 B. 保护母液泵
C. 保护干燥机 D. 防止母液罐液位超高
105. 离心机与其进料控制阀之间设立联锁的目的是（ D ）。
A. 保护离心机 B. 保护母液泵
C. 保护干燥机 D. 防止未分离浆液进入干燥机
106. 离心机溢流堰的高度适当增加会使得离心机处理能力（ C ）。
A. 增加 B. 降低 C. 不变 D. 不一定
107. 干燥循环气风机入口压力的控制方式为（ B ）。
A. 串级调节 B. 分程控制 C. 手动调节 D. 变频调节
108. 干燥循环气风机和离心机进料控制阀之间设立联锁的目的是（ D ）。
A. 保护离心机 B. 保护母液泵
C. 保护干燥机 D. 防止过量己烷进入造粒
109. 干燥气冷凝器所采用的冷却介质是（ A ）。
A. 冷却水 B. 工艺水 C. 蒸汽凝液 D. 氟里昂
110. 冷却介质进出干燥气冷凝器的形式是（ A ）。
A. 低进高出 B. 高进低出 C. 低进低出 D. 高进高出
111. 干燥气冷凝器的气相出口设置挡板的目的是防止（ A ）。
A. 液态己烷进入循环气系统 B. 雾沫夹带
C. 换热器堵塞 D. 其他
112. 干燥尾气压缩机隔离室通入氮气的目的是（ D ）。
A. 冲洗 B. 密封 C. 补充压力 D. 置换可燃气
113. 干燥尾气压缩机不可以调到（ C ）负荷运行。
A. 0 B. 50% C. 75% D. 100%
114. 干燥尾气压缩机启动时，应该以（ A ）负荷运行。
A. 0 B. 50% C. 75% D. 100%
115. 己烷蒸馏塔再沸器属于（ A ）换热器。
A. 列管式 B. 浮头式 C. 套管式 D. 管板式
116. 低聚物闪蒸预热器加热介质为（ D ）。
A. 低压蒸汽 B. 中压蒸汽 C. 采暖蒸汽 D. 高压蒸汽
117. 己烷蒸馏塔闪蒸预热器物料走（ B ）。
A. 套管 B. 管层 C. 壳层 D. 其他
118. PZ/AT 催化剂泵属于往复泵，它是通过（ B ）将外功以静压力的形式直接传给液体，这和离心泵的原理是完全不同的。
A. 齿轮 B. 柱塞（或活塞）
C. 叶轮 D. 螺杆
119. 下列不属于聚合釜设置的安全附件是（ B ）。
A. 安全阀 B. 搅拌器 C. 液位计 D. 压力表

120. 高压密封油泵的密封属于（ B ）。

A. 双端面机械密封　B. 单端面机械密封

C. 填料密封　D. 其他

121. 离心式制冷压缩机重复启动主机时，应确保冷却时间超过（ B ）min。

A. 20　B. 30　C. 40　D. 50

122. 在液化了的冷冻剂进入冷却蒸发之前将部分冷冻剂汽化，并将剩余部分冷冻剂冷却，蒸发的汽体被吸入压缩机的第二级。上面叙述的是离心式制冷压缩机（ D ）的作用。

A. 净化器　B. 冷凝器　C. 热气旁通　D. 节能器

123. 关于第二浆液泵停车，下列操作正确的是（ D ）。

A. 关闭出口阀停泵

B. 关闭出入口阀停泵

C. 关闭出入口阀停泵，停冲洗已烷

D. 关闭闪蒸罐底阀，打开泵入口冲洗己烷阀冲洗管线510分钟后，关出口阀停泵，停入口冲洗己烷，关入口阀，停机械密封冲洗已烷

124. 混炼机齿轮减速器用润滑油（ B ）更换一次。

A. 半年　B. 一年　C. 两年　D. 三年

125. 颗粒旋转阀转子的形式是（ C ）。

A. 平直式　B. 单螺旋式　C. 双螺旋式　D. 其他形式

126. 颗粒水分离器内的颗粒走向（ B ）。

A. 由上至下　B. 由下至上　C. 由左至右　D. 由右至左

127. 干燥机润滑点有（ C ）。

A. 连轴节　B. 进料管机械密封

C. 链条和托轮　D. 出料端齿轮

128. 干燥机升温时，回水疏水器旁路阀门应处于（ D ）状态。

A. 全开　B. 全关　C. 开½　D. 微开

129. 干燥机升温时，机头凝液排放阀应处（ A ）状态。

A. 全开　B. 全关　C. 开½　D. 微开

130. 粉末输送风机入口冷却器的作用是（ C ）。

A. 降低机体温度，保护设备　B. 使粉末中少量已烷冷凝分离

C. 降低输送氮气温度，防止粉末塑化　D. 节能

131. 粉末输送风机入口冷却器的形式是（ C ）。

A. 列管换热器　B. 板式换热器　C. 管道换热器　D. 管板式换热器

132. 干燥循环气风机电流高于正常范围的可能原因是（ D ）。

A. 入口换热器堵塞　B. 入口过滤器堵塞

C. 循环气风量过低　D. 循环气风量过高

133. 已烷蒸馏塔塔板压差反映的是已烷蒸馏塔（ A ）的大小。

A. 塔板堵塞程度　B. 母液处理能力

C. 回流量　D. 塔顶采出量

134. 已烷蒸馏塔塔底采出泵密封冲洗是（ A ）。

A. 高压已烷　B. 低压已烷　C. 脱盐水　D. 密封油

135. 己烷蒸馏塔塔底采出泵齿轮箱温度高的原因是（ B ）。

A. 流速太大　B. 油冷器堵塞　C. 油位低　D. 润滑油压力高

136. 启动己烷蒸馏塔采出泵前，要把出口回流控制阀 PIC723 手动开到 50% 的目的是(A)。

A. 防止出口压力高损坏出口换热器

B. 调节机泵电流

C. 调节机泵温度

D. 调整采出量

137. 低聚物闪蒸系统真空泵出口设置单向阀的目的是防止（ A ）。

A. 气体反串　B. 液体反串　C. 出口气体均匀　D. 防止堵塞

138. 低聚物闪蒸系统真空泵入口压力不能低于 0.06MPa，长时间低于此值会造成(A)。

A. 隔膜损坏　B. 电机损坏　C. 出口压力超高　D. 堵塞

139. 浆液泵抽空在现场观察最直接的现象是（ D ）。

A. 电机有杂音　B. 压力表指示不变化

C. 压力表指针打翻　D. 电流和出口压力波动较大

140. 下列不是聚合尾气压缩机油压低的原因是（ C ）。

A. 油泵能力下降　B. 油过滤器堵塞

C. 回油阀开度太小　D. 缺少润滑油

141. 聚合尾气冷却器堵塞最直接的表现应该是（ B ）。

A. 尾气压力高　B. 尾气压力低，闪蒸罐压力高

C. 火炬系统压力高　D. 闪蒸罐液位高

142. 尾气冷却器堵塞会造成（ C ）。

A. 尾气压力高　B. 尾气压缩机入口压力高

C. 色谱放空受阻　D. 闪蒸罐液位高

143. 关于催化剂泵不上量的原因，下列说法错误的是（ D ）。

A. 柱塞泵体内进入空气　B. 可能杂质粘附在球型阀上引起

C. 催化剂泵故障　D. 催化剂罐压力高

144. 关于催化剂泵不上量的原因，下列说法正确的是（ C ）。

A. 聚合釜压力高　B. 催化剂泵冲程太高

C. 可能是出入口管线堵塞　D. 催化剂罐液位高

145. 在停风后通过混炼机蒸汽减压阀的蒸汽流量（ B ）。

A. 最大　B. 最小　C. 一半　D. 以上答案都不对

146. 在低指数产品中出现乳白色颗粒的原因是（ A ）。

A. 夹带气泡　B. 熔融不充分　C. 催化剂过量　D. 过度熔融

147. 下列选项中，不是颗粒结团的原因是（ D ）。

A. 开车进水晚　B. 水量小　C. 水温高　D. 模孔堵塞

148. 关于处理母液储罐液位不降，下列措施正确的是（ A ）。

A. 开大出口手阀或控制阀　B. 打开入口冲洗己烷

C. 运转两台　D. 改母液直接进塔

149. 下列选项中，可能造成离心机扭矩上升的是（ B ）。

A. 浆液浓度过低　　B. 浆液浓度过高

C. 进料量过低　　D. 干燥系统压力过低

150. 在精馏操作中，下层塔板上的液体，涌至上层塔板，破坏了塔的操作，这种现象叫(A)。

A. 液泛　　B. 干塔　　C. 精馏　　D. 蒸馏

151. 不论如何提高已烷精馏塔的回流比，分子筛已烷干燥器测得已烷含水量均超高，可判断已烷含水量超标的原因是（ A ）。

A. 塔底采出换热器漏水　　B. 分子筛干燥效果好

C. 母液含水大　　D. 都不对

152. 低压已烷的压力控制方法采用（ A ）调节。

A. 分程　　B. 串级　　C. 单级　　D. 反馈

153. 为防止损坏设备，聚合晃电后最先启动的设备是（ D ）。

A. 循环气风机　　B. 聚合釜搅拌器

C. 催化剂泵　　D. 密封油泵

154. 为防止启动电流过大，聚合晃电启动密封油泵后再启动的设备是（ A ）。

A. 循环气风机　　B. 聚合釜搅拌器

C. 催化剂泵　　D. 已烷泵

155. 关于稀释罐下料线堵塞的处理方法，下列措施错误的是（ D ）。

A. 用高压已烷冲洗下料线　　B. 切换到另一条下料线

C. 用高压已烷冲洗不通拆开清理 D. 用金属物敲击管线

156. 由于生产 2200J 产品聚合釜不加共聚单体，所以当其密度偏低时聚合调 节的手段只有（ B ）。

A. 适当降低浆液熔融指数　　B. 适当提高浆液熔融指数

C. 适当提高反应压力　　D. 适当提高浆液浓度

157. 关于催化剂泵不上量的处理方法，下列操作错误的是（ D ）。

A. 如果柱塞泵体内进入空气排空

B. 如果是杂质粘附在球型阀上引起，切换催化剂泵拆开清理

C. 催化剂泵故障切泵修理

D. 催化剂线不畅通使用金属物敲击

158. 处理低指数产品中出现乳白色颗粒的措施是（ D ）。

A. 提高螺杆转速，增大进料量　B. 提高螺杆转速，减小进料量

C. 降低螺杆转速，增大进料量　D. 降低螺杆转速，减小进料量

159. 下列选项中，不是处理颗粒结团的措施为（ D ）。

A. 停车重开　　B. 检查水量　　C. 检查水温　　D. 提高刀速

160. 防止汽蚀现象的产生，必须使泵入口处的压强（ A ）液体的饱和蒸汽压。

A. 大于　　B. 小于　　C. 等于　　D. 以上说法都不对

161. 固体稳定剂计量秤控制器 F 值的含义是（ C ）。

A. 设定值　　B. 实际跟踪值　C. 秤内物料重量　　D. 其他

162. 固体稳定剂计量秤控制器 P 值的含义是（ A ）。

A. 设定值　　B. 实际跟踪值　C. 秤内物料重量　　D. 其他

163. 固体稳定剂计量秤控制器I值的含义是（ B ）。
A. 设定值　B. 实际跟踪值　C. 秤内物料重量　D. 其他

164. 关于母液返回聚合工段量降低，下列正确的解决办法是（ C ）。
A. 开大母液罐液位控制阀　B. 关小母液泵出口球阀
C. 关小母液罐液位控制阀　D. 切换母液输送泵

165. （ B ），可以造成干燥气洗涤泵不上量。
A. 关小泵出口球阀　B. 开大泵出口球阀
C. 关小洗涤罐液位控制阀　D. 开泵入口冲洗

166. 母液输送泵发生汽蚀现象的主要原因是（ B ）。
A. 泵出口阀开度小　B. 泵入口压力低于输送介质的饱和蒸汽压
C. 浆液浓度过低　D. 泵入口冲洗开

167. 干燥机堆料情况发生时，关于粉末输送风机的电流和出口压力两者的变化，下列表述正确的是（ C ）。
A. 电流上升，出口压力下降　B. 电流下降．压力上升
C. 都上升　D. 都下降

168. 再沸器堵塞会造成己烷蒸馏塔（ D ）。
A. 处理母液的能力增大　B. 液位平稳
C. 进料降低　D. 塔板堵塞

169. 丙烯进料流量表是（ B ）。
A. 质量流量计　B. 孔板流量计　C. 电磁流量计　D. 超声波流量计

170. 串联生产时，第一聚合釜丙烯流量阀选用（ D ）。
A. 小流量阀　B. 大流量阀　C. 中流量阀　D. 不用加丙烯

171. 聚合尾气压缩机设置吸入罐液位极高联锁停车的目的是（ B ）。
A. 防止冒罐　B. 防止液体己烷进入活塞和气缸
C. 防止尾气系统压力高　D. 防止出口温度高

172. 聚合尾气压缩机为防止在真空操作情况下工艺系统被空气污染，设置了（ D ）。
A. 吸入罐压力低联锁停车　B. 吸入罐压力高联锁停车
C. 入口温度极高联锁停车　D. 吸入罐压力极低联锁停车

173. 聚合第二闪蒸罐设置液位极高联锁的目的是（ A ）。
A. 防止闪蒸罐溢流　B. 防止浆液返流
C. 防止尾气系统压力高　D. 防止出现浆液沉淀

174. 粉末料仓压力应保持（ B ）。
A. 正压　B. 微正压　C. 负压　D. 以上答案都不对

175. 干燥尾气压缩机设计吸入罐液位高联锁的目的是（ D ）。
A. 防止冒罐　B. 防止超压
C. 避免超温　D. 避免液体吸入，造成机械损坏

176. 干燥尾气压缩机设计出口温度高联锁的目的是（ D ）。
A. 防止冒罐　B. 防止超压
C. 避免过载　D. 避免温度升高，造成机械损坏

177. 母液系统采用的伴热介质是（ A ）。

A. 低压蒸汽　B. 中压蒸汽　C. 高压蒸汽　D. 循环水

178. 丁烯－1 进入预热器采用（ A ）加热。

A. 低压蒸汽　B. 中压蒸汽　C. 高压蒸汽　D. 冷凝液

179. 为了计量丁烯－1 使用量，在（ C ）设置了流量累计表。

A. 丁烯－1 预热器前　B. 丁烯－1 预热器液位控制阀前

C. 丁烯－1 预热器液位控制阀后　D. 丁烯－1 预热器加热后

180. 为防止粉末输送管线被空气污染，设计了（ D ）之间的联锁。

A. 母液泵和离心机进料　B. 粉末输送风机和干燥机

C. 粉末输送风机和干燥机出料旋转阀　D. 粉末输送风机和其入口压力

181. 粉末输送风机入口压力的控制方式是（ A ）。

A. 分程控制　B. 串级调节　C. 就地控制　D. 手动调节

182. 外网仪表风停风后，装置内可临时当作仪表风补充气源的是（ D ）。

A. 空气　B. 氢气　C. 蒸汽　D. 工业风

183. 离心泵的重要部件是（ C ）。

A. 泵体　B. 密封　C. 叶轮　D. 平衡装置

184. 离心泵内高低压液体靠（ B ）分离。

A. 叶轮　B. 口环　C. 机封　D. 轴套

185. 蒸汽往复泵以（ B ）为动力。

A. 电机　B. 高压蒸汽　C. 高压泵　D. 蒸汽冷凝液

186. 己烷蒸馏塔的母液进料量不变，增加己烷蒸馏塔的回流量，则塔底采出量（ C ）。

A. 增加　B. 减少　C. 不变　D. 都不对

187. 己烷蒸馏塔的母液进料量不变，增加己烷蒸馏塔的回流量，则塔釜低聚物浓度(C)。

A. 增加　B. 减少　C. 不变　D. 都不对

气相法模块

判断题

1. 吸附剂未干燥好或吸附剂被污染将造成仪表空气露点低。（×）

正确答案：吸附剂未干燥好或吸附剂被污染将造成仪表空气露点高。

2. 排出的空气不纯是由于干燥器顶部滤网破损所致。（√）

3. 在乙烯脱 CO 和 O_2 床中，再生完脱 CO 床后，不必再生脱氧床。（×）

正确答案：在乙烯脱 CO 和 O_2 床中，再生完脱 CO 床后，必须再生脱氧床。

4. 氢气压缩机手摇泵的目的是方便操作。（×）

正确答案：氢气压缩机手摇泵一方面为各润滑点提供润滑油，另一方面在检修时将隔膜室的液压油引回轴承箱内。

5. 丁烯是用于支化聚合物链的共聚单体，它们参加聚合反应，并影响聚合物的性质。（√）

6. 板式塔的溢流装置是溢流堰和降液管。（√）

7. 精馏塔在加料板以下的塔段称为提馏段，加料板以上的各层塔段称为精馏段。（√）

8. 当己烷液体被加热到一定温度后，有组分蒸出时的温度成为干点。 （×）

正确答案： 当己烷液体被加热到一定温度后，有组分蒸出时的温度成为初馏点。

9. 在造粒系统开车时，要先启动熔融机而后启动切粒泵。 （×）

正确答案： 在造粒系统开车时，要先启动切粒机而后启动熔融泵。

10. 挤压机机筒的冷却水用冷冻盐水。 （×）

正确答案： 挤压机机筒的冷却水用脱盐水。

11. 溶剂己烷为无色透明液体。 （√）

12. 往复式压缩机的实际工作循环是吸气、压缩、膨胀、排气四个过程组成 （×）

正确答案： 往复式压缩机的实际工作循环是吸气、压缩、排气、膨胀四个过程组成。

13. 往复式压缩机的主要性能有排气量、排气温度、压缩比和功率。 （√）

14. 氮气压缩机在负荷控制上采用了入口吸入阀加装阻尼油缸，从而对压缩机的输送量进行控制。 （√）

15. 颗粒水的温度是不需要调节的。 （×）

正确答案： 颗粒水的温度应根据不同的树脂牌号进行调节。

16. 颗粒输送水泵出口阀开度过小，会产生压力高水流量低的现象。 （√）

17. 三乙基铝和三正辛基铝的浓度是可以随意配制的。 （×）

正确答案： 由于三乙基铝和三正辛基铝是很危险的物品，并且遇到空气和潮气立即分解成固体白色铝化合物，堵塞管道及流量计等，因此浓度不宜配高。

18. 三乙基铝的储存及运输必须充有惰性气体和特定容器包装。 （√）

19. 在高温下，由于水分子的动能增加，超过了亲和力，因此能从分子筛上脱附而完成再生。 （√）

20. 循环气压缩机油箱液位低于安全液位 2/3 时进行补油。 （√）

21. 旋风分离器在使用时应注意底部的排料口不能漏气，否则将使分离效率显著下降。 （√）

22. 换热器投用时，应先打开冷态液体阀向换热器通入液体。 （√）

23. 间歇精馏与连续精馏一样既有精馏段又有提馏段。 （×）

正确答案： 间歇精馏只有精馏段没有提馏段。

24. 颗粒大小不影响树脂的内在质量，所以不需要控制颗粒大小量。 （×）

正确答案： 颗粒大小虽不影响树脂的内在质量，一方面外观不好看，另外影响用户再加工质量。

25. 氮气中的杂质氧气是通过控制加氢量来脱除。 （√）

26. 当丁烯－1 加料泵正常运转时，最小回流线处于开启状态。 （√）

27. 三乙基铝注入技术的开发，可以起到调整预聚物动力学，提高催化剂活性的作用。 （√）

28. 粉料输送系统可以有少量的烃含量，但不能超过可控范围所允许的值。 （√）

29. 乙烯进料量的控制是通过反应器压力调节回路控制。 （√）

30. 乙烯脱炔反应当温度低于 70℃时加氢继续进行。 （×）

正确答案： 乙烯脱炔反应当温度低于 70℃时加氢就会因连锁停。

31. 蒸发操作必备条件是不断供给热量和排出已经汽化的蒸汽。 （√）

32. 饱和蒸汽压与液体的本性和温度有关，与液体的量无关。 （√）

33. 蒸发热是一定量的物质由凝态转变成气态时需要的热量。(×)

正确答案：蒸发热是一定量的物质再不升高温度由凝态转变成气态时需要的热量。

34. 淤浆催化剂可以改善产品颜色和抗腐蚀性。(√)

35. 反应器打开接触空气后，为尽快置换合格，可以向反应器注入三乙基铝。(√)

36. 催化剂和引发剂的作用原理是相同的。(×)

正确答案：催化剂是在化学反应中能改变反应速度，而本身的组成和重量保持不变的物质，引发剂是指在聚合反应中能引起单体分子活化而产生活性基的物质。它们的作用原理是不同的。

37. 齐格勒-1纳塔催化剂是引发剂。(√)

38. 种子床置换的目的是除去床内的杂质。(√)

39. 在精馏塔中，从上到下，气相中易挥发组分的浓度逐渐增加。(×)

正确答案：在精馏塔中，从上到下气相中易挥发组分的浓度逐渐降低。

40. 气、液两相达相平衡后，两相不再进行传质传热。(×)

正确答案：气、液两相达相平衡后，两相继续进行传质传热过程。

41. 循环气压缩机压力及流量变化幅度较大时，压缩机会出现喘振现象。(√)

42. 高聚物具有相对分子质量多分散性，因此高聚物的相对分子质量都是统计平均值。(√)

43. 线性低密度聚乙烯和高密度聚乙烯都需要使用齐聚物分离系统。(×)

正确答案：齐聚物分离系统只在生产高密度聚乙烯时使用。

44. 全回流操作得不到精馏产品，正常生产时不采取此操作方法。(√)

45. 精馏塔全回流操作时，可在最短时间内达到气、液平衡。(√)

46. 己烷高速泵启动前，必须进行灌泵操作。(√)

47. 乙烯备用干燥器必须先投用运行一段时间，以观察系统压力变化和反应变化，平稳后再将需要再生的床层切出。(√)

48. 塔压明显高于正常操作采出的压力时，将影响塔的正常采出。(√)

49. 镁粉可用泡沫作为灭火剂。(×)

正确答案：镁粉用干砂或干粉作为灭火剂。

50. 只要反应器内的杂质含量置换合格，就可以调气相。(√)

51. 流化床反应器的转化率比固定床高。(×)

正确答案：流化床反应器的转化率比固定床低。

52. 反应器分布板的作用是使循环气能均匀地分布到整个横截面上。(√)

53. 在流化床中，由于气体的大量取出和循环，带走大部分反应热，再加上激烈运动的粒子本身也起到将热传至它处的作用，因此流化床的传热比固定床快。(√)

54. 侧向抽出上下球阀采用机械连锁的目的是保证脱气斗的安全。(√)

55. 在流化气反应器中，随着丁烯/乙烯比值的升高，树脂的密度也升高。(×)

正确答案：在流化气反应器中随着丁烯/乙烯比值的升高，树脂的密度降低。

56. 反应器料位可根据床层松密度来进行调节，松密度高，则床层料位可控制高些。(√)

57. 硬脂酸钙的外观质量要求的白色粉末，无机械杂质。(√)

58. 保持下料均匀能预防因下料不匀而引起的料子大小不匀，外观质量下降现象的发生。(√)

59. 摩擦离合器的作用是当主电机超负荷时，摩擦离合器自动脱开保护主电机防止烧毁。(√)

60. 低密度聚乙烯与高密度聚乙烯在母料配方中均使用 B561。 （×）

正确答案： HD60550AG 在母料配方中不使用 B561，而使用 DSTDP。

61. 添加剂的加入可以防止树脂老化，改善高聚物性能，满足用户的各种需要。 （√）

62. 操作时只要工艺正常稳定就可以不巡检。 （×）

正确答案： 操作时工艺正常稳定仍然需要巡检。

63. 颗粒产品进料进行切仓操作时，选仓后要进行确认才能按“启动”按钮。 （√）

64. 产品出料系统投用前，必须对产品罐（PC）充压。 （√）

65. 两套产品出料系统“交叉”出料的目的是尽可能将反应循环气保留在出料系统中，通过压力平衡，循环气在两个容器之间输送，这种操作可以提高单体效率。 （√）

66. 对一定量的有机铝加入量来讲，大量杂质的存在将导致活性下降。 （√）

67. 循环气压缩机正常停车时入口导向叶片是迅速关闭的。 （×）

正确答案： 循环气压缩机正常停车时入口导向叶片是逐步关闭的。

68. 挤压机、颗粒干燥器停车后颗粒水系统方可停车。 （√）

69. 旋转阀送料时可以停罗茨鼓风机。 （×）

正确答案： 旋转阀送料时不能停罗茨鼓风机。

70. 灭火抢险的原则是先灭火后救人。 （×）

正确答案： 灭火抢险的原则是先救人后灭火。

71. 火灾报警是要说明事故发生时间、地点、着火化学品名称和特性，有无人员伤亡，报警人的姓名和电话。 （√）

72. 流化床反应器清理置换时，流化气烃含量小于 5% 后就可以放大气。 （×）

正确答案： 流化床反应器清理置换时，烃含量小于 2% 时才能放大气。

73. 三乙基铝停止注入后立即停泵，不需要使其循环。 （×）

正确答案： 三乙基铝停止注入后不能立即停泵，而需要使其自身循环。

74. 乙烯净化系统停车则流化床反应器急冷转入备用状态，循环气压缩机密封气切为氮气。 （√）

75. 装置正常运行时，氮气压缩机停车前必须先将备台开稳。 （√）

76. 氮气精制系统停车，流化床反应器必须停车待氮气恢复后开车。 （√）

77. 循环气压缩机停车的同时油泵停。 （×）

正确答案： 循环气压缩机停车，油泵仍继续运转 30 分钟以上。

78. 热油系统停车，挤压机停车。 （√）

79. 己烷精馏塔停车后采用全回流操作。 （√）

80. 催化剂制备反应结束后，催化剂系统就处于停车状态。 （√）

81. 停乙烯压缩机时，各床的温度不用降低。 （×）

正确答案： 停乙烯压缩机时，各床的温度要降到常温。

82. 冰机停车后，盐水泵也自动停车。 （×）

正确答案： 冰机停车后，盐水泵不会自动停车。

83. 精制床再生结束后，先切断蒸汽和电加热器，再切断进氮气阀和放空阀。 （√）

84. 停蒸汽，流化床反应器可以不停。 （×）

正确答案： 停蒸汽时，乙烯脱乙炔、脱氧床的催化剂效率降低，乙烯中杂质含量增加，乙烯不能正常送出，流化床反应器必须急冷停车。

85. 在流化床反应器内，当气流速度增大而床层压降不再随之增加时的最大流化速度称为初始流化速度。 (×)

正确答案： 在流化床反应器内，当气流速度增大而床层压降不再随之增加时的最小流化速度称为初始流化速度。

86. 流化床反应器顶部设计成锥形结构的目的是为了降低气速，使最多的粉料返回床层内，从而使床层上部的粉料含量减少到一个恒定水平。 (√)

87. 丁烯/乙烯比值反应器内的分布是不变的。 (×)

正确答案： 由于乙烯比丁烯的转化率高，流化气通过床层期间，乙烯分压的下降速度比丁烯的分压下降速度快，最终导致流化床出口丁烯/乙烯比值比入口高。

88. 流化床的堆密度取决于流化速度和聚合物的密度。 (√)

89. 在使用爆破片的容器或管线上，一般了保证爆破后物料的及时排出，在爆破片前不加切断阀。 (×)

正确答案： 在使用爆破片的容器或管线上，一般为了保证爆破后物料的及时排出，在爆破片前加切断阀，切断阀应处于全开并打铅封标记。

90. 液环压缩机在开车时，应在壳体内注入少量的工作液体后方可启动。 (×)

正确答案： 液环压缩机在开车时，应在壳体内注入足量的工作液体后方可启动，以保证液环的形成。

91. 屏蔽泵支撑轴承监测值不断升高，说明支撑轴承已磨损，需要停车检修。 (√)

92. 流化气压缩机（离心式）在长时间检修后首次启动时，将润滑油泵启动后，即可将流化气压缩机开启。 (×)

正确答案： 流化气压缩机（离心式）在长时间检修后首次启动时，将润滑油泵启动半小时后，润滑油循环好后方可将流化气压缩机开启。

93. 流化气压缩机在运行时发现打气量不足，可能是由于吸入温度高造成的。 (√)

94. 离心式通风机在使用润滑脂润滑时，若运行时发现两端轴承温度高，可能是由于轴承箱体内润滑脂过多造成的。 (√)

95. 离心式风机在切换时，备用风机一般在送电后要进行手动盘车，盘车正常方可启动风机。 (×)

正确答案： 离心式风机在切换时，备用风机一般在送电前要进行手动盘车，盘车正常方可送电启动风机。

96. 气相法聚核反应器中流化气平均分子量主要是用氢气来调节，流化气的密度主要是用丁烯－1来控制的。 (√)

97. 安全阀应垂直装设在压力容器本体顶部安全阀的接管上或垂直安装于管线上。(×)

正确答案： 安全阀应垂直装设在压力容器本体顶部安全阀的接管上，垂直或水平安装于管线上。

98. 转子流量计刻度为线性，压力损失小且恒定，使用维护简便，但测量精确度受介质的密度、黏度、温度和压力等因素影响。 (√)

99. 蝶阀的启闭件是蝶板，可以绕阀座内的固定轴旋转180°，以实现其开启和关闭。(×)

正确答案： 蝶阀的启闭件是蝶板，可以绕阀座内的固定轴旋转90°，以实现其开启和关闭。

100. 进行调温水泵切换时，要尽量减少调温水流量和压力的波动，以减少反应温度的波动。 (√)

101. 颗粒离心干燥器总是在启动颗粒浆水后才运转，以防止干燥器空转。（×）

正确答案： 颗粒离心干燥器总是在启动颗粒浆水前就先运转，这样会防止颗粒积累，防止电机及底部轴承过载。

102. 浮筒式液位计就地指示液位，可以直接读取液位高度。（×）

正确答案： 浮筒式液位计就地指示液位，与显示仪表配套可以对液位进行集中指示和控制。

103. 袋式过滤器一般气相从顶部抽出，聚乙烯粉末通过自重落在罐底，从底部排出。（√）

104. 疏水阀安装时应注意在阀前安装管道过滤器，且前后要装切断阀。（√）

105. 罗茨风机可以通过在输入和输出管路上采用节流阀来控制输送能力。（×）

正确答案： 罗茨风机不能通过在输入和输出管路上采用节流阀来控制输送能力，否则就增加了驱动机能量负荷，甚至会严重损坏风机。

106. 可燃气体报警仪若使用干电池时，为了保证测量准确，使用最多十个小时就需更换电池。（√）

107. 耐酸压力表适合于测量硝酸、醋酸、部分有机酸和无机酸或其他碱类等的压力，更适合于测量易结晶和易凝固的各种粘性介质的压力。（×）

正确答案： 耐酸压力表适合于测量硝酸、醋酸、部分有机酸和无机酸或其他碱类等非结晶、非凝固性的液体、气体和蒸汽的压力。

108. 双金属温度计是非接触式仪表，其测量原理是金属受热时产生线形膨胀，故结构简单，机械强度较好。（×）

正确答案： 双金属温度计是接触式仪表，其测量原理是金属受热时产生线形膨胀，故结构简单，机械强度较好。

109. 压力容器一般分为三类，类别越高安全管理要求越严。如易燃介质或毒性程度为中度危害介质的低压反应容器和储存容器就是一类压力容器。（×）

正确答案： 压力容器一般分为三类，类别越高安全管理要求越严。如易燃介质或毒性程度为中度危害介质的低压反应容器和储存容器就是二类压力容器。

110. 空气压缩机选用压缩机油的基本原则是根据压缩机的不同结构参数和性能参数来选择。（√）

111. 挤压机为了避免混炼机的主电机在混炼机干运转试运行，设置了起动装置，启动装置是由起动电机、减速齿轮箱、凸轮离合器组成。（√）

112. 一般情况下，滑动轴承的主要失效形式是磨损和胶合，其他还有疲劳剥伤、刮伤、腐蚀等。（√）

113. 滚动轴承采用脂润滑时，由于脂润滑结构简单，油膜强度高，不易流失，所以适合滚动轴承高速时的润滑。（×）

正确答案： 滚动轴承采用脂润滑时，脂润滑结构简单，油膜强度高，不易流失，但由于黏度大，高速时发热严重，所以只适合较低速度下采用。

114. 切粒机装有机械密封防止热水进入切粒机壳体，切粒机启动 30 秒后，必须用热水对机械密封进行冷却，以防止损坏。（√）

115. 离心泵检修后试车时，若轴向填料冒烟，说明填料压得过紧，需要调整填料的压紧量。（√）

116. 离心泵切换时，要尽量减少因切换泵造成的流量、电流的波动，维持生产的正常进行。（×）

正确答案：离心泵切换时，要尽量减少因切换泵造成的流量、压力的波动，维持生产的正常进行。

117. 离心泵在高速旋转时产生离心力，使泵的入口产生低于大气压的真空度，当真空度达到一定程度，虽然在常温下，入口处的液体也能汽化而产生汽泡，随着汽泡的产生消失，泵内的液体发生猛烈的碰撞，打击损害叶轮，发出响声，泵有振动，流量减小，扬程下降，效率降低等，这种现象叫气蚀现象。（√）

118. 隔膜泵如果输送易结晶物料，切换时要对隔膜、出入口单向阀进行检查。（√）

119. 隔膜泵的流量是指在单位时间内能排出液体的质量。（×）

正确答案：隔膜泵的流量是指在单位时间内能排出液体的数量。

120. 活塞压缩机检修后试运行的，主轴瓦温度没有特殊要求的应不大于60℃，如果主轴瓦温度高，可能是由于贴合不均，单位面积比压过大，需停车检查。也可能是油液面太低，供油不足或中断，需补加油。（√）

121. 活塞压缩机停车时，需首先将润滑油泵停运行，然后再将压缩机停车。（×）

正确答案：活塞压缩机停车时，压缩机停车后，才能将润滑油泵停运行。

122. 罗茨风机切换时，发现轴承或齿轮温度高，可能是皮带过紧造成的，需重新调节皮带张力。（√）

123. 罗茨风机使用时发现输送气量小，可能是由于皮带打滑造成的。（√）

124. 精馏塔利用各组分的挥发性不同来提取各组分，已烷精馏塔中已烷为轻组分从塔底抽出，其他重组分从塔顶流出。（×）

正确答案：精馏塔利用各组分的挥发性不同来提取各组分，已烷精馏塔中已烷为轻组分从塔顶抽出，其他重组分从塔底流出。

125. 疏水器应在阀前安装管道过滤器，过滤面积不能小于容道面积的0.5倍。（×）

正确答案：疏水器应在阀前安装管道过滤器，过滤面积不能小于容道面积的1.5倍。

126. 离心泵若采用填料密封，每天都需要对轴向泄露情况进行检查，每分钟地漏超过10滴，要及时调整填料压紧量，必要时更换填料。（√）

127. 隔膜泵输送易结晶介质，长时间停用后再次投用前要对隔膜、出入口单向阀、出入口管线进行检查清理。（√）

128. 齿轮泵检修维护时，齿轮的啮合顶间隙为0.5m（m为模数）。（×）

正确答案：齿轮泵检修维护时，齿轮的啮合顶间隙为0.2～0.3m（m为模数）。

129. 压缩机润滑油添加要严格执行设备润滑“五定”和“三级过滤规定”，三级过滤中加油过滤指的是由固定油桶到小油桶或油壶过滤。（×）

正确答案：压缩机润滑油添加要严格执行设备润滑“五定”和“三级过滤规定”，三级过滤中加油过滤指的是由小油桶或油壶到漏斗或注油口过滤。

130. 进入有限空间作业时，监护人的职责是监护人要熟悉有限空间的工艺及作业人员情况，具有判断和处理异常情况的能力，出现异常要及时联系处理，不需要懂得急救知识。（×）

正确答案：进入有限空间作业时，监护人的职责是监护人要熟悉有限空间的工艺及作业人员情况，具有判断和处理异常情况的能力，懂得急救知识。

131. 隔膜泵大修前隔离交出程序为关闭出口阀、机泵停运行联系断电、关闭入口阀、系统倒空泄压、润滑油倒空、办理交出手续后交出开始检修。 (×)

正确答案：隔膜泵大修前隔离交出程序为机泵停运行联系、关闭出入口阀、系统倒空泄压、断电、润滑油倒空、办理交出手续后交出开始检修。

132. 一般疏水器前都装有过滤器，使用一段时间后要对过滤器进行定期清理，以防止堵塞。 (×)

133. 德里克 J－K－L 型振动筛多余的润滑油通过回油管到排油瓶处，排油瓶上的排气孔必须保持干净和畅通，因为对电机来说是电机的空气气孔。 (√)

134. 离心颗粒干燥器使用维护时，要定期对底轴承和顶轴承加油，正常情况下，轴承使用三年即需更换。 (√)

135. 反应器分布板有大量块料不会引起分布板压差的波动。 (×)

正确答案：反应器分布板有大量块料会引起分布板压差的波动。

136. 流化气速越低，床层松密度越低。 (×)

正确答案：流化气速越低，床层松密度越高。

137. 保持催化剂系统与反应器的压差是为了控制注入量。 (×)

正确答案：保持催化剂系统与反应器的压差是为了防止流化气反窜。

138. 反应器发生内漏可以从反应器气相组成的异常变化判断。 (√)

139. 乙烯进料量波动幅度过大时应首先打手动控制。 (√)

140. 颗粒外观可以作为判断挤压机工况的重要依据。 (√)

141. 添加剂加入量的多少直接影响颗粒产品的外观。 (√)

142. 只要产品内在质量好，颗粒外观可以不作为质量指标。 (×)

正确答案：颗粒外观形态是产品的重要质量指标。

143. 输送管内壁越光滑，越有利于输送。 (×)

正确答案：输送管内壁应有一定的粗糙度，更有利于输送。

144. 为了提高颗粒干燥度，离心机转速越高越好。 (×)

正确答案：在考虑经济性和机械性能的基础上，离心机转速不宜过高。

145. 颗粒干燥度不足时，同时增加了输送难度。 (√)

146. 干粉灭火器构造分为储气瓶式、储压式两种。 (√)

147. 送蒸汽时，只要倒淋排除蒸汽即可视为暖管过程结束。 (×)

正确答案：送蒸汽时，暖管时间必须符合操作要求。

148. 床层高度越高，越有利于生产。 (×)

正确答案：适度的床层高度，有利于生产。

149. 较高的床层高度可以提高对反应器扩大段的冲刷作用。 (√)

150. 较低的流化床高度可以降低粉料的夹带量。 (√)

151. 乙烯进料突然中断，会导致反应器总压的急剧降低。 (√)

152. 丁烯进料突然中断，会导致反应器丁烯分压的快速降低。 (√)

153. 丁烯进料突然中断，对产品质量危害不大。 (×)

正确答案：乙烯进料突然中断，对产品质量有很大的危害。

154. 乙烯与空气混合浓度超过爆炸上限时，遇明火不会发生爆炸。 (√)

155. 丁烯是一种中等强度的有毒气体。 (×)

正确答案：丁烯是一种有轻微毒性的气体。

156. 温度越高对反应越有利，因此应将反应温度控制越高越好。 (×)

正确答案：适度的温度是反应控制的有力保障，不能控制过高。

157. 反应系统氮气供应中断，就无法保证催化剂系统与反应系统的正压差。 (√)

158. 乙烯脱炔床可以将大量乙烯中夹带的乙炔转化为乙烯。 (×)

正确答案：乙烯脱炔床只能将含有 10×10^{-6} 乙炔的乙烯进行精制。

159. 乙烯脱炔床温度控制越高，越有利于脱炔反应。 (×)

正确答案：乙烯脱炔床温度控制适度，有利于脱炔反应，过高会增加副反应。

160. 在乙烯质量保证的前提下，可是适当缩短精制流程，以减少系统压降。 (√)

161. 丁烯极易挥发，所以不会发生冻伤事故。 (×)

正确答案：丁烯极易挥发，挥发时大量吸热，所以会发生冻伤事故。

162. 温度越高越有利于氮气脱氧反应。 (×)

正确答案：温度过高会造成氮气脱氧催化剂失效。

163. 反应器内的块料会造成采出管线堵塞。 (√)

164. 粉料采出下游侧堵塞比上游侧堵塞容易吹扫通。 (×)

正确答案：粉料采出下游侧堵塞比上游侧堵塞难吹扫通。

165. 风机入口压力越高越有利于输送。 (×)

正确答案：风机入口压力适度即可，过大的入口压力会使低压系统安全生产受到威胁。

166. 气体黏度随温度的上升而降低。 (×)

正确答案：气体黏度随温度的上升而升高。

167. 水系统流量的高低不会影响反应温度控制。 (×)

正确答案：水系统流量的高低直接影响反应温度控制。

168. 流化气速的高低主要是靠流化气压缩机转速来进行控制。 (×)

正确答案：流化气速的高低主要是靠流化气压缩入口导叶开度来进行控制。

169. 流化气速过高会增大粉料带出反应器的量。 (√)

170. 团状块料一般在扩大段处结成。 (×)

正确答案：团状块料一般在反应中心部位结成。

171. 压力表选用精度越高越好。 (×)

正确答案：压力表选用应考虑经济性和操作需要。

172. 切粒机转速应随负荷大小变化及时进行调节。 (√)

173. 依靠切粒机的转速调节就可以调整好颗粒的尺寸。 (×)

正确答案：当颗粒尺寸过大时，必须进行停车处理。

174. 切粒水温高低可以影响产品质量和挤压机运行。 (√)

175. 产品牌号变化不用调整切粒水温度。 (×)

正确答案：应根据产品牌号变化调整切粒水温度。

176. 机筒温度过低会造成螺杆扭矩过大。 (√)

177. 机筒温度越高，越能降低螺杆负荷，所以应将机筒温度控制越高越好。 (×)

正确答案：机筒温度过高会造成混炼效果降低。

178. 掺合过程是一个化学过程。 (×)

正确答案：掺合过程是一个物理过程。

179. 可燃物遇明火就会发生燃烧。 (×)

正确答案：着火源必须有一定的温度和足够的能量，否则燃烧不会发生。

180. 脱硫床装填的是钯催化剂。 (×)

正确答案：脱硫床装填的是氧化锌催化剂。

181. 干燥器脱水是在高温下进行。 (×)

正确答案：干燥器脱水是在常温下进行。

182. 循环流化回路包括流化床反应器、换热器、循环气体压缩机。 (√)

183. 液体添加剂通过挤压机加料斗加入料筒内。 (×)

正确答案：液体添加剂直接加入料筒内。

184. 旋风分离器是利用惯性离心力的作用从气体中分离固体颗粒的设备。 (√)

185. 若绝对压力 8atm，大气压 5atm，则表压为 -2 atm。 (×)

正确答案：若绝对压力 8atm，大气压 5atm，则表压为 3atm。

186. 某干燥器丁烯-1 流量为 2000kg/h，密度为 560kg/m^3，则体积流量为 9.92×10^{-4} m^3/h。 (×)

正确答案：体积流量为 3.57m^3/h。

187. 生产一种目的产品，如果有两种以上的原料，它们的单耗应该相同。 (×)

正确答案：生产一种目的产品，如果有两种以上的原料，应分别计算各自的单耗。

188. 跑、冒、滴、漏是造成物耗增高的主要原因。 (×)

正确答案：跑、冒、滴、漏是造成物耗增高的间接原因。

189. 雷诺准数在大于 2000 小于 4000 时的流动类型属于不稳定的过渡区，可能是滞流也可能是湍流。 (√)

190. 低密度聚乙烯的单位床层压差比高密度聚乙烯的单位床层压差高。 (×)

正确答案：低密度聚乙烯的单位床层压差比高密度聚乙烯的单位床层压差低。

191. 某混合气体的组成为 18% N_2，54% H_2 和 28% CO_2（均指体积分数），那么混合气体的平均相对分子质量为 18.44kg/kmol。 (√)

192. 对于低单程转化率反应过程采用循环的方法是提高原料利用率最主要的方法。 (√)

193. 平均温度差适应于恒温差传热和变温差传热。 (×)

正确答案：由于恒温差传热的温度差不随位置变化，所以不存在求平均温度差；而变温差传热的温度差随位置不同温度不同，故存在求平均温度差。

单选题

1. 仪表空气操作压力控制在（ B ）MPa。

A. 0.6~0.8　B. 0.4~0.6　C. 0.5~0.8　D. 0.8~1.0

2. 原料乙烯中，甲烷和己烷的含量不应大于（ B ）$\times10^{-6}$。

A. 1000　B. 800　C. 500　D. 100

3. 原料乙烯中，水的最大含量小于或等于（ D ）$\times10^{-6}$。

A. 2　B. 20　C. 25　D. 10

4. 氮气脱水后，水含量应小于（ B ）$\times 10^{-6}$

A. 0.5　B. 1.0　C. 1.2　D. 2.0

5. 丁烯脱气塔的作用是（ A ）。

A. 脱轻组分杂质　B. 脱重组分杂质　C. 加热原料　D. 冷却原料

6. 丁烯精制后，要求水含量小于（ A ）$\times 10^{-6}$

A. 0.1　B. 1`　C. 10　D. 5

7. 丁烯-1干燥器预负荷时，温度不能超过（ C ）℃。

A. 160　B. 120　C. 100　D. 140

8. 己烷精馏塔使用的塔板是（ A ）。

A. 筛板　B. 泡罩塔板　C. 浮阀塔板　D. 喷射型塔板

9. 己烷的干点小于或等于（ C ）℃。

A. 50　B. 60　C. 70　D. 64

10. 挤压机机筒的冷却水用的是（ C ）。

A. 循环水　B. 低温水　C. 脱盐水　D. 过滤水

11. 混炼机应在开车前24小时升温，融熔泵应在开车前（ C ）小时升温。

A. 24　B. 16　C. 12　D. 8

12. 乙烯的爆炸极限为（ A ）。

A. 2.75%~34%　B. 2%~11%　C. 2.1%~9.5%　D. 3.0%~30%

13. 己烷的爆炸极限为（ D ）。

A. 1.0%~9.5%　B. 2%~11%　C. 2.1%~9.5%　D. 1.20%~7.5%

14. 己烷在本装置的主要作用作为（ A ）。

A. 诱导冷凝剂　B. 反应组分　C. 溶剂　D. 无任何作用

15. 往复式压缩机的实际压缩过程属（ A ）。

A. 多变过程　B. 等压过程　C. 等温过程　D. 绝热过程

16. 当增加反应器中惰性气体的浓度时，树脂的熔体流动速率（ C ）。

A. 增大　B. 减小　C. 无影响　D. 不变

17. 挤压机断料后切粒水温会（ C ）。

A. 不确定　B. 升高　C. 降低　D. 不变

18. 配制的三正辛基铝的浓度是（ C ）mmol/L

A. 0.25~0.55　B. 0.50~0.85　C. 0.85~1. 18　D. 1.15~1.65

19. 因配制三乙基铝罐的总容积为3.9m^3，故要求配制溶液的体积不易超过（ B ）m^3。

A. 3.5　B. 3.0　C. 2.5　D. 2.0

20. 粒子发黄是由于（ A ）所致。

A. 添加剂加入量不足　B. 添加剂加入量过多

C. 不确定　D. 聚合反应不好活性低

21. 添加剂硬脂酸钙的作用是（ A ）。

A. 抗氧剂　B. 防腐剂　C. 增黏剂　D. 引发剂

22. 全密度聚乙烯装置聚合反应的链终止剂是（ A ）。

A. 氢气　B. 氮气　C. 一氧化碳　D. 丁烯-1

23. 分子筛是根据亲合力的不同，选择的吸附（ D ），并放出热量。
A. 氧气　B. 二氧化碳　C. 硫　D. 水
24. 分子筛吸附水的过程属于（ A ）。
A. 物理吸附　B. 化学吸附　C. 物理吸附和化学吸附　D. 都不是
25. 进行干燥床再生时，当床温达到210℃后须恒温（ A ）小时。
A. 10　B. 12　C. 15　D. 20
26. 板式换热器的壁板增加波纹是为了提高（ B ）。
A. 传导传热系数　B. 对流传热系数
C. 温差　D. 其他
27. 腐蚀性流体不宜通过换热器的（ A ）。
A. 壳程　B. 管程　C. 无所谓　D. 不确定
28. 流化床反应器水、氧含量为（ B ）$\times10^{-6}$，置换结束。
A. 0.5　B. 0.2　C. 1　D. 0.8
29. 热油温度不得超过（ A ）℃。
A. 300　B. 400　C. 200　D. 500
30. 己烷精馏塔塔侧采出的产品是（ D ）。
A. 重组分　B. 轻组分　C. 催化剂残渣　D. 正己烷
31. 原料丁烯－1中，水的最大含量为（ C ）$\times10^{-6}$。
A. 10　B. 20　C. 25　D. 15
32. 丁烯－1的纯度为（ A ）%。
A. 99.0　B. 99.5　C. 99.9　D. 98.5
33. 当丁烯－1的浓度增加时，流化床反应器的活性（ A ）。
A. 增加　B. 降低　C. 不变　D. 无影响
34. 三乙基铝在溶剂回收单元中的作用是（ C ）。
A. 提高活性　B. 清除毒物
C. 脱除溶剂中氯丁烷　D. 脱除水
35. 乙烯脱硫反应器的操作温度应控制在（ A ）℃
A. 50～70　B. 40～60　C. 50～80　D. 60～70
36. 当乙烯中己烷增量过大时，应将加氢量（ B ）。
A. 增大　B. 减少　C. 不变　D. 不确定
37. 原浆进淤浆罐前，至少要摇匀（ A ）小时。
A. 24　B. 48　C. 36　D. 12
38. 用（ B ）将钢瓶中的原浆压入淤浆进料罐。
A. 普通氮气　B. 低压精制氮气
C. 高压精制氮气　D. 空气
39. 随着反应器中氮气浓度的增加，催化剂活性将（ C ）。
A. 不变　B. 无影响　C. 降低　D. 升高
40. 气压增大，液体的沸点（ B ）。
A. 降低　B. 升高　C. 无影响　D. 不变

41. 精馏塔釜压力升高将导致塔釜温度（ C ）。
A. 不变　B. 下降　C. 升高　D. 不确定
42. 输送种子料时的流化气速控制在（ C ）m/s。
A. 0.55　B. 0.50　C. 0.42　D. 0.32
43. 流化床反应器流化回路上的两块在线分析表是分析反应器中的氧和（ C ）含量。
A. 一氧化碳　B. 二氧化碳　C. 水　D. 毒物
44. 反应器的置换就是用（ D ）使反应器的毒物含量逐步降低的过程。
A. 流化气　B. 空气　C. 氢气　D. 氮气
45. 空压机系统没有的设备是（ D ）。
A. 无热再生干燥器　B. 换热器
C. 除尘器　D. 旋风分离器
46. 乙烯脱一氧化碳和氧床的操作温度是（ B ）℃。
A. 50 ~ 80　B. 100 ~ 140　C. 80 ~ 100　D. 140 以上
47. 循环气压缩机是（ C ）压缩机。
A. 活塞式　B. 往复式　C. 离心式　D. 液环式
48. 由于高密度聚乙烯气相组成中（ D ）浓度高，导致齐聚物较多。
A. 乙烯　B. 氮气　C. 已烷　D. 氢气
49. 输送种子床流化床反应器压力在（ A ）MPa。
A. 0.4 ~ 0.5　B. 10　C. 1.5　D. 无所谓
50. 对于多数溶液，在气液平衡时，易发挥组分在液相中的浓度总是（ B ）气相中的浓度。
A. 大于　B. 小于　C. 等于　D. 小于或等于
51. 适宜的回流比取决于（ A ）。
A. 操作费用和设备折旧率　B. 生产能力和操作费用
C. 塔板数　D. 生产能力
52. 精馏塔操作压力选择的主要原则是（ B ）。
A. 轻重关键组分在不同压力下的相对挥发
B. 塔顶冷剂和塔釜加热介质的经济合理性
C. 安全规定压力
D. 塔压力降的大小
53. 高压氮的压力为大于或等于（ D ）MPa。
A. 1.8　B. 1.9　C. 2.5　D. 2.1
54. 为预聚物储罐提供脉冲（ A ）的目的是增强预聚物储罐底部预聚物的流动效果。
A. 高压氮　B. 低压氮　C. 氮气　D. 流化气
55. 反应器进行置换时，（ A ）最难脱除。
A. 水　B. 氧气　C. 乙炔　D. 一氧化碳
56. 在流化床反应器开车置换后期，TEA 用以（ B ）。
A. 提高活性　B. 清除毒物
C. 脱除溶剂中氯丁烷　D. 不确定
57. 从反应器侧向抽出的粉料经过（ D ）次脱气后进入气流输送系统。
A. 1　B. 3　C. 4　D. 2

58. 流化床与固定床相比转化率（ A ）。

A. 低　B. 高　C. 相同　D. 不确定

59. 流化床的传热比固定床（ D ）。

A. 慢　B. 相同　C. 不确定　D. 快

60. 当流体的流速大于临界流化速度而又小于带出速度时，则床层属于（ B ）。

A. 固定床　B. 流化床　C. 输送床　D. 都不是

61. 流化床反应器分布板是否结块可以通过压差（ B ）判断。

A. PD1402　B. PD1403　C. PDl401A/B　D. PD1400

62. 预聚物的注入点在反应器的（ B ）。

A. 扩大段　B. 直筒段　C. 底部段　D. 顶部

63. 以下说法正确的是（ A ）。

A. 床高是通过侧向抽出来控制的

B. 床高是通过底部抽出来控制的

C. 床高是通过预聚物的注入量来控制的

D. 床高是通过乙烯进料量来控制的

64. 液体添加剂二叔丁基过氧化物在线性装置是作为网状剂使用，达到部分分子交联，分子量分布（ C ）的目的。

A. 不变　B. 降低　C. 增宽　D. 变窄

65. 下列物质中，（ A ）是紫外光吸收剂。

A. UV326　B. Napvis30　C. Napvis200　D. B561

66. 高密度聚乙烯的母料配方是硬脂酸钙 75kg，DSTDP（ C ）kg，原粉 412. 5kg。

A. 50　B. 75　C. 12. 5　D. 400

67. 添加剂正确的配方和加入量可以避免粒子（ C ）。

A. 结团　B. 带尾巴　C. 发黄　D. 长粒子

68. 切粒机刀片数可以是 8 把，也可以是（ D ）把。

A. 10　B. 6　C. 14　D. 16

69. 化工巡检不能采用的检查手段是（ B ）。

A. 听　B. 尝　C. 看　D. 摸

70. 防止气蚀现象产生，颗粒水泵启动前要灌泵，是（ C ）泵。

A. 隔膜　B. 往复　C. 离心　D. 齿轮

71. 冷却风机对挤压机主电机起（ A ）作用。

A. 冷却　B. 加热　C. 输送　D. 保护

72. 罗茨鼓风机的风量与压强的关系（ C ）。

A. 正比　B. 反比　C. 无关　D. 有关

73. 颗粒的干燥度是指颗粒的（ D ）含量。

A. 水　B. 流化气　C. 重组分　D. 气泡粒子

74. 添加剂加入量不足或母料配方比例不正确，粒子会（ B ）。

A. 发黑　B. 发黄　C. 发灰　D. 无影响

75. 线型低密度聚乙烯装置 COD 不能大于（ D ）。
A. 800　B. 600　C. 300　D. 500
76. 三乙基铝的危险性（ D ）三正辛基铝。
A. 相同　B. 不确定　C. 小于　D. 大于
77. 氮气精制系统正确的停车步骤是（ A ）。
A 先停止加氢，再降温，最后停氮气压缩机
B. 先停氮气压缩机，再降温，停止加氢
C. 无先后次序
D. 无所谓
78. 不属于热油加热的设备是（ D ）。
A. 齿轮泵　B. 换网器　C. 模头　D. 进料段
79. 己烷精馏塔停车过程中，塔釜加热是（ B ）。
A. 逐步上升　B. 逐步降低　C. 温度不变　D. 无所谓
80. 停乙烯压缩机前将各床温度降至（ B ）。
A. 50℃　B. 常温　C. 无所谓　D. 不确定
81. 再生时干燥器出口温度（ A ）。
A. 先升高，再下降　B. 先下降，再升高
C. 逐步升高　D. 逐步降低
82. 在要求小流量、高压力的输液系统，应选用（ B ）。
A. 离心泵　B. 往复泵　C. 齿轮泵　D. 真空泵
83. 往复泵是依靠泵缸内的（ B ）做往复运动来改变工作容积，从而达到输送液体的目的。
A. 叶轮　B. 活塞　C. 齿轮　D. 螺杆
84. 隔膜式往复泵切换时发现泵打量不好，请选出与造成这一现象无关的选项（ D ）。
A. 出口阀　B. 入口阀　C. 隔膜　D. 扬程
85. 隔膜式往复泵切换时应注意（ C ）。
A. 泵内充满物料　B. 泵内不能有空气
C. 油位在规定位置　D. 以上都需要
86. 爆破片标定爆破压力（含最高，最低标定爆破压力）应（ D ）容器的设计压力。
A. 大于　B. 大于等于　C. 小于　D. 小于等于
87. 爆破片装置是由爆破片（或爆破片组件）和（ D ）等装配组成的一种超压泄放装置。
A. 法兰　B. 阀门　C. 夹持器　D. 安全阀
88. 环压缩机与水环式真空泵工作原理是一样的，两者区别是（ A ）相反。
A. 进出口　B. 工作方式
C. 叶轮转向　D. 以上都不对
89. 屏蔽泵在启动时，为了保护电机转子，应将泵体内（ B ）后，方可启动。
A. 不充满物料　B. 充满物料
C. 加入少量物料　D. 不确定
90. 屏蔽泵不能用来输送以下哪种物料（ D ）。
A. 热油　B. 水　C. 乙烯　D. 氮气

91. 流化气压缩机（离心式）在冬季运行时，为了保证润滑油的良好流动性，同时因为油冷却器出口温度要求在42℃以上，故需要在油箱温度低于（ C ）℃时，开启油箱电加热系统。

A. 30　B. 40　C. 48　D. 65

92. 流化气压缩机（离心式）启动后，因吸入压力低或排出压力高，造成压缩机发出异常声音和震动，这就是我们常说的（ B ）现象。

A. 气蚀　B. 喘振　C. 抽空　D. 其他

93. 流化气压缩机（离心式）运行时，排出温度过高是由于（ A ）。

A. 吸入压力太低 B. 吸入压力太高 C. 排出压力太低　D. 吸入温度过低

94. 氢气隔膜式压缩机如果将停止运行较长时间时，则需要用（ C ）对压缩机系统进行置换。

A. 氢气　B. 空气　C. 干燥氮气　D. 以上都可以

95. 风机是一种压缩和输送气体的机器，风机是个统称，按其（ A ）不同分别命名。

A. 风压　B. 输送介质　C. 风量　D. 功率

96. 离心式风机运行时压力偏高、流量减小，可能是由于（ B ）开度过小造成的。

A. 入口阀门　B. 出口阀门　C. 循环阀门　D. 不确定

97. 离心式风机切换时若发现压力过高、流量减小，可能是由于（ B ）造成的。

A. 入口管线堵　B. 风机反转

C. 气体温度过高　D. 以上都可能

98. 对于采用润滑油润滑的离心式风机在切换时，要先对轴承箱油位进行检查，油位应在视孔（ C ）以上方可。

A. 1/4　B. 1/3　C. 1/2　D. 2/3

99. 列管式换热器是利用列管将进行热交换的冷热流体隔开来进行热量交换的一种通用的标准换热设备，根据其作用原理属于（ C ）。

A. 直接接触式换热器　B. 蓄热式换热器

C. 间壁式换热器　D. 热管式换热器

100. REACTOR DIFFERNTIAL TEMIPERATURE 表示的是（ A ）。

A. 反应器的温差　B. 反应器的压差

C. 反应器的最高温度　D. 反应器的最低温度

101. 聚合反应器床层高度是依据（ C ）计算出的。

A. 反应器温差　B. 反应器的流化速度

C. 反应器的压差　D. 其他

102. 安全阀按阀的整体结构可分为重锤杠杆式、（ B ）和脉冲式三种。

A. 全启式　B. 弹簧式　C. 常规式　D. 平衡式

103. 气动球阀是通过气源来推动阀门的开启，对于口径较大、系统压力较高的场合，一般都为气动球阀配置（ B ），以保证气动球阀及时开关。

A. 限位开关　B. 气压开关　C. 电磁阀　D. 光电开关

104. 为了远程控制气动球阀的开关状况，一般在汽缸顶部安装（ A ），以便将球阀开关到位。

A. 限位开关　B. 气压开关　C. 电磁阀　D. 光电开关

105. 阀门根据结构不同可以有很多种，安装时有方向要求且物料需要低进高出的阀门，我们通常称之为（ C ）。

A. 闸阀　　B. 球阀　　C. 截止阀　　D. 单向阀

106. 颗粒离心干燥器安装主筛网时，非常重要的一点是筛网的突出端应与升降刀运动方向（ C ）。

A. 水平　　B. 垂直　　C. 一致　　D. 相反

107. 玻璃液位计就地指示液位，液位高度从刻度上可以直接读出，但是不适合测量（ C ）及黏稠的介质。

A. 无色　　B. 浅色　　C. 深色　　D. 其他

108. 在聚乙烯生产中常常使用袋式过滤器，袋式过滤器通过（ D ）将聚乙烯粉末与气体分离开来。

A. 滤网　　B. 滤棉　　C. 滤芯　　D. 滤袋

109. 在化工生产中需要使用一种自动排泄蒸汽管道和设备中不断产生的凝结水、空气及其他不可凝性气体，又同时阻止蒸汽的逸出的设备，我们称之为（ B ）。

A. 截止阀　　B. 疏水阀　　C. 闸阀　　D. 单向阀

110. 罗茨风机的工作原理是通过相反方向转动的（ B ）转子不断吸入、挤压气体，从而达到给气体增压输送的能力。

A. 圆形　　B. 八字形　　C. 椭圆形　　D. 螺旋形

111. 使用便携式可燃气体报警仪进行分析时，被测的可燃气体或可燃液体蒸汽浓度应小于其与空气混合爆炸下限的（ C ）LEL。

A. 20%　　B. 15%　　C. 10%　　D. 5%

112. 压力表使用时，被测介质温度超过（ C ）℃时，取压口至阀门间或阀门之压力表间应有冷凝管。

A. 40　　B. 50　　C. 60　　D. 70

113. 挤压机下料器通过两根送料（ B ）咬合，将聚乙烯粉料送入挤压机系统。

A. 齿轮　　B. 螺杆　　C. 叶轮　　D. 活塞

114. 压力容器按管理分类，下列哪种压力的容器属于第三类压力容器（ D ）。

A. 低压　　B. 中压

C. 高压或超高压　　D. 以上选项都可能

115. 活塞式空压机是利用活塞在气缸内（ B ）来压缩气体，以提高气体的压力并输送具有一定压力气体的机器。

A. 离心运动　　B. 往复运动　　C. 旋转运动　　D. 摆动运动

116. CMP－230X 型挤压机在给料区和混炼区，两根螺杆是（ D ）旋转的。

A. 同向　　B. 反向　　C. 啮合反向　　D. 啮合同向

117. 为了减少降压过程中氢气的损失和获得较高的氢回收率，氢气精制采用了四塔二次均压法（ C ）吸附工艺。

A. 温度变动　　B. 体积变动　　C. 压力变动　　D. 质量变动

118. 滚动轴承按照轴承内部的结构和（ D ）的不同，主要分为向心轴承、推力轴承和向心推力轴承三大类。

A. 支撑的方式　　B. 转动的方式

C. 滚动体的形状　　D. 承受的外载荷

119. 切粒机的进刀机构有（ D ）。

A. 粗调机构　　B. 汽缸进刀机构

C. 细调机构　　D. A 和 C

120. 按压力容器（ C ）来分，主要用于储存或运送物料的容器称为储运容器，如储罐、球罐和槽车等。

A. 制造方法　　B. 制造材料

C. 生产工艺中的用途　　D. 使用温度

121. 检修离心泵后试车时，要检查前后轴承的振动情况，滚动轴承温度应不大于（ C ）℃。

A. 50　　B. 60　　C. 75　　D. 100

122. 离心泵要想改变其流量、扬程和轴功率，可以通过改变泵的（ C ）来实现。

A. 安装高度　　B. 工作介质　　C. 转速　　D. 工作介质压力

123. 隔膜泵检修后试运行时，如果发现泵不打量，可能是由于（ C ）。

A. 出口阀开度过小　　B. 入口阀开度过小

C. 液压油量不足　　D. 以上都可能

124. 隔膜泵切换时，若备用泵长时间没有使用，要对泵出入口（ A ）进行检查和查漏。

A. 单向阀　　B. 截止阀　　C. 闸阀　　D. 球阀

125. 活塞压缩机压缩气体的过程，主要是通过活塞在气缸内不断地（ D ）来完成的。

A. 离心运动　　B. 旋转运动　　C. 往复运动　　D. 摆动运动

126. 活塞压缩机检修后，需要对油系统进行清理换油，对润滑油泵要进行试运行，保证压缩机各零部件得到充分润滑。润滑油回油温度不能超过（ B ）℃。

A. 15　　B. 35　　C. 70　　D. 100

127. 活塞压缩机在启动前要进行手动盘车，手动盘车必须在（ D ）条件下进行。

A. 关闭出口阀　　B. 关闭入口阀　　C. 脱开电机　　D. 断电

128. 罗茨风机切换时，在正常运转条件下启动风机时，只有未达到（ A ）前可以打开旁通，然后要马上关闭，防止风机温度升高。

A. 全速度　　B. 全流量　　C. 最高压力　　D. 以上都不对

129. 精馏塔是填料塔和塔板相结合，利用混合液中各组分的（ D ）存在差异，将各组分精馏出来。

A. 沸点　　B. 凝点　　C. 比重　　D. 挥发性

130. 安全阀作为压力容器和管道的超压保护装置，为了保证安全阀的正常起跳，按规定安全阀（ C ）校验一次。

A. 一个季度　　B. 半年　　C. 一年　　D. 两年

131. 离心泵运行时，需要经常对轴承箱润滑油进行检查，润滑油如果变质需要及时更换，是为保证（ C ）的正常运转。

A. 联轴节　　B. 叶轮　　C. 轴承　　D. 泵轴

132. 齿轮泵运行中发现流量不足或输出压力不稳，可能是由于（ D ）造成的。

A. 吸入高度不够　　B. 齿轮轴向间隙过大

C. 齿轮径向间隙过大　　D. 以上都可能

133. 离心泵停用后，为了做到正常备用，（ B ）须盘车。

A. 每班　B. 每天　C. 每月　D. 每月

134. 压缩机润滑油添加时，要严格执行设备润滑“三级过滤”的规定，即入库过滤、发放过滤、（ D ）。

A. 出库过滤　B. 使用过滤　C. 油壶过滤　D. 加油过滤

135. 现场动火时，现场监护人员的职责是按规定进行动火分析、办理动火票证、落实动火防护措施、出现异常情况时要立刻禁止动火，一、二级动火应该每（ B ）分析一次。

A. 一小时　B. 四小时　C. 八小时　D. 以上都不对

136. 机泵的润滑方法有很多种，像滴油润滑属于（ C ）。

A. 间歇无压润滑　B. 间歇压力润滑

C. 连续无压润滑　D. 连续压力润滑

137. 离心泵大修时的隔离交出程序为关闭出口阀、机泵停运行联系断电、关闭入口阀、（ B ）、轴承箱润滑油倒空、办理交出手续后交出开始检修。

A. 断开出入口法兰　B. 系统放压倒空

C. 关闭回流阀　D. 脱开联轴节

138. 热静力疏水器，特别是双金属片式疏水器安装时应离开用汽设备 1 米远左右，这段管线不要保温以满足双金属片式疏水器（ C ）的工作特点。

A. 排水性能好　B. 可调节　C. 过冷度大　D. 抗水击性强

139. 固定管板式换热器水压试验时，如发现列管泄漏，可以用铁塞将两端管口塞住并焊死（铁塞的锥度为 3～5），但堵管量不能太多，一般不超过总管数的（ B ）。

A. 5%　B. 10%　C. 15%　D. 20%

140. 振动筛一般通过润滑油泵来对振动电机的轴承进行润滑，为了保证良好的润滑，维护时要保证润滑油箱的液位在（ D ）处。

A. 1/4　B. 1/3　C. 1/2　D. 2/3

141. 颗粒离心干燥器日常维护时，升降刀外圈（ C ）堵塞后，要及时拆下清理。

A. 滤芯　B. 滤棉　C. 滤网　D. 滤袋

142. 现场动火前要进行动火分析，分析合格超过（ C ）min 后用火，需要重新采样分析。

A. 15　B. 30　C. 40　D. 45

143. 反应器分布板有块料时，反应器内的测温点（ B ）。

A. 有微弱变化　B. 发生跳跃变化

C. 保持恒定值　D. 造成损坏

144. 反应器温度异常上升的原因有（ D ）。

A. 负荷过低　B. 调温水温度过低

C. 催化剂停止注入　D. 调温水泵中断

145. 反应器内温度有较大差异的原因有（ D ）。

A. 负荷过高　B. 调温水温度过低

C. 乙烯分压过高　D. 反应器内有块料

146. 反应器床层松密度过低会造成（ A ）。

A. 粉料采出效率降低　B. 粉料密度降低

C. 产生静电　D. 反应活性过高

147. 返回气压缩机做功不好的原因中不包括（ D ）。

A. 吸入压力过低　　B. 吸入温度过高

C. 压缩比大　　D. 压缩机功率大

148. 催化剂流动性不好会造成（ A ）。

A. 注入效果变差　　B. 粉料密度降低

C. 产生静电　　D. 反应活性过高

149. 反应器发生内漏会造成（ C ）。

A. 反应负荷高　　B. 反应温度高

C. 气相组成变化　　D. 催化剂活性过高

150. 乙烯预热器出口温度高的原因有（ C ）。

A. 乙烯入口温度高　　B. 乙烯流量大

C. 加热蒸汽量大　　D. 乙烯压力高

151. 乙烯进料量大幅度波动的原因是（ C ）。

A. 乙烯压力过高　　B. 乙烯压力过低

C. 仪表失控　　D. 乙烯温度过高

152. 反应器床层压差的变化与（ D ）相关。

A. 反应器温度　B. 反应负荷　　C. 仪表精度　　D. 床层松密度

153. 床层压差吹扫应（ B ）进行一次。

A. 每天　　B. 每班

C. 每小时　　D. 每周

154. 挤压机产生团状块料的主要原因是（ A ）。

A. 切刀断裂　　B. 切粒水温过高

C. 部分模孔堵塞　　D. 切刀卷刃

155. 挤压机产生气泡粒子的主要原因是（ D ）。

A. 混炼效果不好　　B. 密度过高

C. 负荷波动　　D. 缓冲料斗排气不好

156. 不会造成输送管堵塞的原因是（ C ）。

A. 皮带打滑　　B. 下料量过大

C. 产品密度高　　D. 输送压差过大

157. 颗粒气流输送的气固相接触方式为（ C ）。

A. 流化床　　B. 固定床　　C. 稀相输送　　D. 沸腾床

158. 颗粒干燥度不足不会造成（ D ）。

A. 风机皮带打滑　　B. 下料量波动

C. 加工性能变差　　D. 输送压差变小

159. 干粉灭火器灭火原理是利用（ C ）过程。

A. 物理　　B. 化学　　C. 物理、化学　　D. 非物理、化学

160. 饱和蒸汽压力与蒸汽温度的关系是（ A ）。

A. 正比关系　　B. 反比关系　　C. 都有可能　　D. 没有关系

161. 接蒸汽进行暖管的原因是（ C ）。
A. 节约蒸汽　B. 提高蒸汽温度
C. 防止蒸汽管损坏　D. 操作方便

162. 适当的床层高度可以有效降低（ D ）。
A. 反应负荷　B. 反应温度　C. 产品损耗　D. 时空产率

163. 适当的床层高度可以有效提高（ A ）。
A. 反应活性　B. 反应温度　C. 产品损耗　D. 时空产率

164. 乙烯进料突然中断的最大危害是（ C ）。
A. 温度波动　B. 生产负荷波动
C. 乙烯分压降低过快　D. 质量波动

165. 乙烯进料突然中断，不应关闭（ A ）进料。
A. 氮气　B. 催化剂　C. 丁烯　D. 氢气

166. 丁烯进料突然中断，通常是（ A ）的原因。
A. 进料泵　B. 进料管线　C. 反应器压力　D. 反应器温度

167. 氢气进料突然中断时应（ D ）。
A. 注入终止剂　B. 反应器急冷
C. 反应器放压　D. 可以暂时不停车

168. 氢气进料突然中断，会对产品（ A ）带来影响
A. 密度　B. 熔融指数　C. 平均粒径　D. 流动性

169. 丁烯外泄到现场与空气混合易形成（ A ）。
A. 爆炸性气体　B. 反应性气体　C. 污染性气体　D. 一般性气体混合物

170. 反应温度上升过快时，首先应（ C ）。
A. 减少进料　B. 加大进料
C. 降低调温水温度　D. 加大出料量

171. 反应系统停氮气的最大危害是（ A ）。
A. 无法保证催化剂系统正压差　B. 生产负荷波动
C. 氮气分压降低过快　D. 压力波动

172. 乙炔加氢反应是（ B ）。
A. 吸热反应　B. 放热反应　C. 绝热反应　D. 与热量无关

173. 乙烯脱炔床超温时应当立即（ A ）。
A. 停止加氢　B. 加大乙烯流量
C. 精制系统停车　D. 喷淋冷却

174. 系统压降升高的原因不包括（ D ）。
A. 床层催化剂破碎　B. 管路尺寸过小
C. 流程增长　D. 流程缩短

175. 丁烯储罐液位高于 80% 时，应该（ C ）。
A. 加大使用量　B. 提高生产负荷
C. 进行倒罐　D. 部分放火炬

176. 催化剂注入管发生堵塞的处理方式主要是（ A ）。
A. 拆除管线清理　B. 提高压差
C. 减少催化剂量　D. 均可以

177. 氮气中氧含量过大会造成氮气脱氧床（ C ）。
A. 压力升高　B. 脱氧效率变差
C. 床层温差加大　D. 脱氧催化剂中毒

178. 脱氧床温度过高时应当（ A ）。
A. 降低入口温度　B. 通知调度改善氮气质量
C. 减少氮气使用　D. 以上均可

179. 粉料采出下游侧堵塞的依据是（ C ）。
A. 排料时压力下降很少　B. 送料风机压差低
C. 床高上升　D. 以上均是

180. 管线复位应当进行（ D ）。
A. 充压置换　B. 试漏　C. 试线畅通　D. 以上均是

181. 粉料采出上游侧堵塞的依据是（ C ）。
A. 出料时压力上升慢　B. 送料风机压差低
C. 床高上升　D. 以上均是

182. 上游侧堵塞易发生在管线复位时，应进行（ D ）。
A. 充压置换　B. 试漏　C. 试线畅通　D. 以上均是

183. 粉料输送风机压差大的原因主要有（ D ）。
A. 下料量大　B. 管道阻力大
C. 粉料流动性差　D. 以上均是

184. 降低粉料输送风机压差最有效的手段是（ B ）。
A. 减少下料量　B. 减少管道阻力降
C. 降低负荷　D. 提高风机入口压力

185. 粉料输送风机压差大时，风机出口温度会（ D ）。
A. 上升　B. 降低　C. 上升或下降　D. 没有直接关系

186. 提高水系统流量的有效手段是（ B ）。
A. 增大管道阻力　B. 减少管道阻力
C. 提高温度　D. 提高入口压力

187. 水系统灌液排气点应在水系统的（ D ）。
A. 最高点　B. 最低点　C. 同时排放　D. 都一样

188. 流化气速过低会造成（ A ）。
A. 反应器结块　B. 粉料带出反应器量增大
C. 温度失控　D. 气相紊乱

189. 提高气速的有效方式是（ D ）。
A. 提高反应温度　B. 提高反应负荷
C. 提高电机转速　D. 减少管道阻力

190. 反应器内块料的主要类型有（ D ）。
A. 片状　B. 团状　C. 丝状　D. 以上都有

191. 片状块料主要在反应器的（ D ）部位形成。
A. 分布板　B. 中部　C. 顶部　D. 扩大段

192. 压力表的操作压力应在量程范围（ B ）处。
A. 1/3　B. 1/2　C. 2/3　D. 3/4
193. 压力表通常安装在压力容器的（ A ）。
A. 顶部　B. 中部　C. 下部　D. 无所谓
194. 送料管发生堵塞的主要原因是（ D ）。
A. 皮带打滑　B. 下料量过大
C. 输送压差过大　D. 以上都是
195. 处理输送管堵塞不宜采取（ A ）。
A. 提高风机出口压力吹扫　B. 拆管处理
C. 降低下游压力　D. 减少下料量
196. 切粒机转速调整的依据是（ D ）。
A. 颗粒干燥度　B. 模板温度　C. 切粒水温　D. 颗粒尺寸大小
197. 切粒机间隙调整的依据是（ A ）。
A. 颗粒干燥度　B. 模板温度　C. 颗粒外形　D. 颗粒尺寸大小
198. 隙距调整的依据是（ B ）。
A. 颗粒干燥度　B. 隙口背压　C. 切粒水温　D. 颗粒尺寸大小
199. 隙口背压与（ D ）相关。
A. 挤压料量　B. 机筒温度　C. 隙距大小　D. 以上都是
200. 切粒水通常采用（ B ）。
A. 循环水　B. 脱盐水　C. 低温水　D. 生活水
201. 切粒水温度过低会造成（ D ）。
A. 挤压料量减少　B. 机筒温度降低
C. 颗粒干燥度不够　D. 模孔堵塞
202. 送料时下料不均匀会造成（ D ）。
A. 风机出口温度过高　B. 风机出口温度过低
C. 风压过高　D. 风压不稳
203. 下料不稳定的原因是（ D ）。
A. 转速太快　B. 转速过低　C. 下料量太大　D. 排气不畅
204. 机筒温度主要由（ C ）控制。
A. 挤压机负荷　B. 粉料入口温度
C. 中压蒸汽压力　D. 余隙大小
205. 机筒温度过高会造成（ D ）。
A. 电机负荷过高　B. 齿轮泵负荷过高
C. 挤压量减少　D. 混炼效果变差
206. 机筒温度过低会造成（ C ）。
A. 电机负荷过低　B. 齿轮泵负荷过低
C. 混炼效果变差　D. 挤压量减少
207. 掺合效果变差的原因主要有（ D ）。
A. 速降管堵塞　B. 掺合时间不足
C. 掺合风机能力不足　D. 以上都是
208. 掺合物料的方向是（ A ）。
A. 自下而上　B. 自上而下
C. 中间进两个方向走　D. 无所谓

209. 燃烧过程是一个（ B ）过程。

A. 物理　B. 化学　C. 物理化学　D. 生物

210. 装置现场出现重大火情时应（ D ）。

A. 组织自救　B. 报火警

C. 停车　D. 以上措施应同时采取

211. 界区来乙烯先进入（ B ）。

A. 脱硫床　B. 乙炔床　C. 脱氧床　D. 干燥床

212. 脱硫的乙烯与（ C ）混合加热后在脱炔床中脱除乙炔。

A. 氧气　B. 氮气　C. 氢气　D. 空气

213. 丁烯储罐的丁烯通过（ A ）送至丁烯干燥床。

A. G030　B. G380　C. G355　D. G960

214. 丁烯（ A ）进入干燥床脱除水分。

A. 自下而上　B. 自上而下

C. 中间进两头出　D. 无所谓

215. 乙烯干燥器预负荷时，床层温度不能超过（ A ）℃。

A. 100　B. 110　C. 90　D. 120

216. 聚合反应器底部抽出料靠重力流入振动筛，将大于（ D ）mm 的块料从粉料中分离出米。

A. 1　B. 5　C. 8　D. 3

217. 返回气压缩机是将抽出系统脱出的（ A ）返回到循环气压缩机出口回收利用。

A. 流化气　B. 氮气　C. 乙烯　D. 氢气

218. 水下切粒机切成的粒子由（ C ）带出水室，并送至离心干燥器中分离。

A. 低温水　B. 循环水　C. 脱盐水　D. 过冷盐水

219. 添加剂母料输送器的母料用（ D ）送到添加剂母料分离器内。

A. 氮气　B. 氨气　C. 流化气　D. 空气

220. 含尘气流由进气管以切线进入旋风分离器，颗粒与气体分离后落入（ C ）出灰口。

A. 顶部　B. 中部　C. 底部　D. 不确定

221. 一个大气压等于（ B ）Pa。

A. 10.33　B. 101.3×10^5　C. 101.3×10^3　D. 1.033

222. 若绝对压力为9atm，大气压为7atm，则表压为（ D ）atm。

A. 16　B. −2　C. 9　D. 2

223. 表压等于绝对压力（ D ）大气压。

A. 加上　B. 乘以　C. 除以　D. 减去

224. 在某车间测得某种溶液的相对密度为1.84，则该溶液的密度是（ B ）kg/m^3。

A. 1.84　B. 1840　C. 184　D. 18.4

225. 密度的单位是（ A ）。

A. kg/m^3　B. m^3/kg　C. g/m^3　D. m^3/g

226. 已知：聚合釜内乙烯进料速率为4000kg/h；乙烯的转化率为95%；聚合反应热为3471J/kg；则聚合釜每小时反应放出的热量（ C ）kJ。

A. 13884.0　B. 1.3884×10^4　C. 13189.8　D. 1.31898×10^4

227. 500kg 的水由50℃加热到汽化温度（注：水的比热为 lcal/g℃，汽化潜热为 539.4cal/g），所需要热量是（ A ）kJ。

A. 2.9471×10^8　　B. 2.947×10^5

C. 2.5×10^6　　D. 2500

228. 当流体在输送管内流动时，靠近管壁的流体流速（ A ）。

A. 越小　　B. 越大　　C. 无变化　　D. 不变

229. 某干燥器丁烯－1 流量为 1800kg/h，密度为 560kg/m^3，用 $\phi57\times3.5$mm 的无缝钢管输送，则丁烯－1 的体积流量为 3.214（ B ）。

A. m^3/s　　B. m^3/h　　C. kg/h　　D. kg/s

230. 流速与流量的关系为（ A ）。

A. 体积流量除以管道截面积　　B. 体积流量乘以管道截面积

C. 质量流量除以管道截面积　　D. 质量流量乘以管道截面积

231. 某月某装置生产聚丙烯 5000t，聚丙烯单耗为 0.970t/t 树脂，则消耗丙烯（ B ）t。

A. 5154　　B. 4850　　C. 4900　　D. 5000

232. LLDPE 的设计物耗为（ A ）t/tPE。

A. 1.025　　B. 0.96　　C. 1.23　　D. 0.83

233. 流体流动类型有滞流、湍流和过渡流，当雷诺准数大于等于（ C ）属湍流。

A. 2000　　B. 3000　　C. 4000　　D. 2500

234. 已知某物质在管内的流量为 60 m^3/h，管内径 50mm，20℃下密度 810kg/m^3，黏度为 mPa·s，则雷诺准数是（ A ）。

A. 1.146×10^4　　B. 11.46

C. 1.146×10^3　　D. 1.146×10^2

235. 已知 PDI401A 是 260.5mbar，PDI409 是 125.3 mbar，则反应器床高是（ B ）m。

A. 10.0　　B. 10.2　　C. 10.5　　D. 9.7

236. 某混合气体的组成为 18% N_2，54% H_2 和 28% CO_2（均指体积分率），那么混合气体的平均相对分子质量为（ C ）。

A. 13.22kg/kmol　　B. 16.32kg/kmol

C. 18.44kg/kmol　　D. 10.5lkg/kmol 1.146×10^2

237. 对转化率解释正确的是（ A ）。

A. 反应物转化掉的量占投入该反应物总量的百分数

B. 反应物转化掉的量占投入反应物总量的百分数

C. 反应物转化掉的量占反应物的量

D. 反应物的量占反应物的总量

238. 一反应器的加料量为 50kg/h，乙烯含量为 90%（重量）反应尾气中乙烯含量为 40kg/h,求乙烯转化率（ A ）%。

A. 91.1　　B. 82.0　　C. 10　　D. 90

239. 煤油裂解制丙烯，煤油加料量 12t/h，得 150kg/h 丙烯，则丙烯的收率是(D)%。

A. 83.2　　B. 85.1　　C. 87.5　　D. 12.5

240. 收率也可称（ B ）。

A. 转化率　　B. 产率　　C. 物耗　　D. 能耗

241. 计算平均温度差的公式是：$\Delta t=\dfrac{\Delta t_{大}-\Delta t_{小}}{\ln\left(\Delta t_{大}/\Delta t_{小}\right)}$，当$\dfrac{\Delta t_{大}}{\Delta t_{小}}$小于（ D ）时，可用算术平均温度差计算$\Delta t$。

A. 3　　B. 4　　C. 1　　D. 2

242. 每小时将 175. 0kmol、摩尔分率为 0. 44 的溶液，在精馏塔中进行分离，要求塔顶馏出液流量及组成分别是 80. 0kmol/h 和 0. 935 则塔顶馏出液的回收率为（ B ）%。

A. 97. 1　　B. 45. 7　　C. 103. 9　　D. 42. 8

四、技能操作鉴定要素细目表

鉴定范围						鉴定点	
一级		二级		三级		代码	名称
代码	名称	代码	名称	代码	名称		
A	技能要求（高压法模块）	A	工艺操作	A	开车准备	001	DCS 的开车前检查
						002	各阀门状态的检查与确认
						003	管线的导通确认检查
						004	各部位加热、冷却状态的确认检查
						005	高压蒸汽的接入
						006	仪表风的接入
				B	开车操作	001	引发剂泵的启动操作
						002	反应釜搅拌电机的启动操作
						003	二次压缩机内部油注油器调整操作
						004	二次压缩机(保压状态)主机启动后阀门的操作
						005	反应建立后各部位加热冷却操作
						006	造粒机的进刀操作
						007	添加剂系统的投用操作
						008	空送风机的启动操作
						009	开车前对计量斗的操作
				C	正常操作	001	巡回检查的注意事项
						002	二次压缩机入口过滤器低聚物的排放操作
						003	二次压缩机冷却油温度低的调整操作
						004	高循系统的排放操作
						005	混合计量工作
						006	过滤风系统的检查操作
						007	净化风量的检查
				D	停车操作	001	分离、筛分的停机操作
						002	剩余引发剂的处理工作
						003	停车过程中的高分、低分料面控制操作
						004	反应釜或管的加热、冷却操作
						005	空送管线的吹扫操作
		B	设备使用与维护	A	使用设备	001	低压及一次压缩机联锁
						002	二次压缩机的联锁
						003	引发剂泵的使用规程
						004	反应过程的联锁
						005	空送风机工作原理
				B	维护设备	001	更换阀门
						002	配合造粒岗位某蒸汽管线的消漏

续表

鉴定范围						鉴定点	
一级		二级		三级		代码	名称
代码	名称	代码	名称	代码	名称		
						003	引发剂泵的试运操作
						004	配合二次压缩机一楼钢梁加固
						005	现场静电跨线的检查
		C	事故判断与处理	A	判断事故	001	净化风量低的判断
						002	一次压缩机辅助油系统流量下降的判断
						003	一次压缩机入口阀片破损的判断
						004	判断一次压缩机一段出口压力升高的原因
						005	一次压缩机一段出口温度升高的判断
						006	粒型突变的判断
						007	造粒水系统流量降低的判断
				B	处理事故	001	紧急停车步骤
						002	反应管线堵塞处理办法
						003	添加剂注入不良处理
						004	引发剂泵失控处理方法
						005	反应过程超温处理
						006	二次压缩机冷却油黏度变大的处理
						007	二次压缩机内部油注入不良处理
						008	配合更换一次压缩机一段吸入口阀片
		D	绘图与计算	A	绘图	001	压缩系统流程图
						002	低压压缩机流程图
						003	画出二次压缩机系统详细流程图(包括压力表及温度点)
						004	画出一次压缩机系统详细流程图(包括压力表及温度点)
						005	画出产品冷却器主物料流程图
						006	画出反应器主物料流程图
						007	画出挤压机系统主物料流程图
						008	画出引发剂配制罐系统主物料流程图
B	技能要求(溶液法模块)	A	工艺操作	A	开车准备	001	低压密封油的装填操作
						002	催化剂泵冲程的调校
						003	聚合釜夹套的加热操作
						004	混炼机减速器润滑油泵启动步骤
						005	混炼机加热系统操作
						006	干燥机启动前准备工作
						007	干燥机蒸汽系统投用
						008	己烷蒸馏塔进料泵启动操作
						009	母液储罐投用
				B	开车操作	001	聚合釜搅拌器的开车操作
						002	浆液泵的开车操作
						003	高压密封油系统的投用

续表

鉴定范围						鉴定点	
一级		二级		三级		代码	名称
代码	名称	代码	名称	代码	名称		
						004	混炼机开车操作
						005	简体冷却水系统的开车步骤
						006	粉末输送风机启动操作
						007	干燥系统检修后开工步骤
						008	己烷蒸馏塔进料泵启动
						009	低聚物闪蒸罐投用
						010	己烷干燥器再生循环风机启动操作
						011	己烷蒸馏塔再沸器投用
				C	正常操作	001	聚合循环气风机的巡检注意事项
						002	PZ 催化剂罐的切换操作
						003	混炼机日常巡检内容
						004	干燥尾气压缩机巡检
						005	低聚物闪蒸罐加料泵切换操作
						006	粉末输送风机的维护
						007	母液输送泵的切换操作
						008	浆液泵的切换
						009	干燥循环气风机切换操作
						010	己烷蒸馏塔塔底采出预热器投用
						011	己烷蒸馏塔塔顶冷却器己烷排放操作
						012	己烷蒸馏塔进料操作
				D	停车操作	001	聚合尾气压缩机的停车操作
						002	混炼机紧急停车操作
						003	干燥尾气压缩机停车操作
						004	挤压机紧急停车操作
						005	干燥循环气风机停车操作
		B	设备使用与维护	A	使用设备	001	聚合尾气压缩机的维护
						002	筒体冷却水泵的切换
						003	颗粒输送风机启动操作
						004	粉末输送风机的切换
						005	蒸汽增湿降温泵启动操作
						006	己烷蒸馏塔塔顶冷凝器投用
						007	低聚物齿轮泵启动操作
						008	低聚物闪蒸系统真空泵操作
						009	己烷蒸馏塔塔底采出泵操作
				B	维护设备	001	催化剂泵的启动操作
						002	高压蒸汽阀门更换盘根
						003	母液输送泵日常检查内容
		C	事故判断与处理	A	判断事故	001	分析聚合尾气压力高的原因
						002	干燥机下料温度低的原因
						003	干燥气洗涤罐液位高的原因
						004	干燥系统压力高的后果
						005	干燥循环气流量低的原因
						006	干燥机加热及回水系统常见故障
						007	干燥机螺旋给料器频繁跳车的原因

续表

鉴定范围						鉴定点	
一级		二级		三级		代码	名称
代码	名称	代码	名称	代码	名称		
				B	处理事故	001	聚合催化剂泵不上量的处理
						002	筒体冷却水泵振动的原因
						003	离心机液相下料线堵塞的处理
						004	母液输送泵入口管线堵塞处理
		D	绘图与计算	A	绘图	001	丙烯蒸发器进出料流程图
						002	粉末料仓系统流程
						003	聚合尾气压缩机联锁图
						004	粉末输送系统联锁图
				B	计算	001	间歇聚合催化剂加入量的计算
						002	料仓相关计算
C	技能要求（气相法模块）	A	工艺操作	A	开车准备	001	己烷精馏塔的开车准备
						002	挤压机开车前的准备
				B	开车操作	001	乙烯压缩机的开车
						002	热油系统的开车
						003	己烷精馏塔的开车
						004	丁烯－1系统开车
						005	乙烯净化系统的开车
						006	循环气压缩机的开车
				C	正常操作	001	全回流操作
						002	排放气压缩机的操作
						003	挤压机加热系统的操作
						004	氮气精制系统的操作
						005	造粒水系统的操作
						006	冷却风机正常操作
						007	流化床反应原料气的加入操作
						008	反应器水解蒸汽的正常操作
						009	乙烯床层予负荷的操作
						010	精馏塔的正常操作
						011	颗粒水系统的正常操作
						012	再生的操作过程
						013	颗粒干燥器的正常操作
						014	热油系统的正常操作
						015	颗粒输送系统的正常操作
						016	添加剂加料的正常操作
						017	挤压机筒体的升温操作
						018	添加剂加料器的正常操作
						019	精制床切换的正常操作
				D	停车操作	001	共聚单体精制系统正常停车操作
						002	氮气精制系统的停车
						003	流化气压缩机油系统的停车
						004	己烷精馏塔的停车

续表

鉴定范围						鉴定点	
一级		二级		三级		代码	名称
代码	名称	代码	名称	代码	名称		
		B	设备使用与维护	A	使用设备	001	容器安全附件的使用
						002	压力容器的使用
						003	离心泵的切换
						004	隔膜泵的使用
						005	气相法聚合反应器主要控制点的操作
						006	离心风机的使用
						007	振动筛的操作
				B	维护设备	001	润滑油(脂)的使用
						002	阀门填料更换
						003	动火条件的确认
		C	事故判断与处理	A	判断事故	001	离心泵不上量的判断
						002	判断往复式压缩机做功不好的原因
						003	判断输送系统压差过大的原因
						004	判断换热器热效率高低的依据
						005	判断反应器发生泄漏的依据
						006	判断成品颗粒干燥度不足的依据
				B	处理事故	001	反应器乙烯进料突然终止的处理
						002	粉料震动筛网堵塞的处理
						003	反应系统停氮气时的处理
						004	乙烯脱炔床超温时的处理
						005	乙烯精制系统发生乙烯外泄时的处理
						006	丁烯系统发生丁烯外泄时的处理
						007	粉料下料不均匀时的处理
						008	隙口背压高时的处理
						009	机筒温度非正常的处理
		D	绘图与计算	A	绘图	001	氮气精制系统流程
						002	离心泵结构简图
				B	计算	001	压力换算
						002	平均相对分子质量的计算

五、技能操作试题

高压法模块

试题1:DCS的开车前检查(现场模拟)

(考核时间:5min)

序号	考核内容	考核要点	配分	评分标准	检测结果	扣分	得分	备注
1	准备工作	穿戴劳保用品	5	未穿戴整齐扣5分				
		工具、用具准备	5	工具选择不正确扣5分				

续表

序号	考核内容	考核要点	配分	评分标准	检测结果	扣分	得分	备注
2	操作程序	检查仪表送电的情况	15	未检查 CRT 送电扣 5 分				
				未检查键盘送电扣 5 分				
				未检查仪表开关送电扣 5 分				
		检查现场设备和管线的阀门状态	20	未检查反应器状态扣 10 分				
				未检查其他的系统扣 10 分				
		检查操作面板的状态	30	未检查引发剂的开关状态扣 5 分				
				未检查反应器的进气开关状态扣5 分				
				未检查各紧急放空的状态扣 5 分				
		检查联锁的状态	25	未检查联锁的投入状态扣 15 分				
				未检查系统联锁的放空阀的开关位置扣 10 分				
		合　计	100					

试题 2:管线的导通确认检查(现场模拟)

(考核时间:15min)

序号	考核内容	考核要点	配分	评分标准	检测结果	扣分	得分	备注
1	准备工作	穿戴劳保用品	5	未穿戴整齐扣 3 分				
		工具、用具准备	5	工具选择不正确扣 2 分				
		确认需导通的管线流体内容	20	不能确定流体的内容扣除 10 分				
		确认需导通的管线所处的状态	20	不能确认需导通管线扣除 10 分				
2	进行管线的导通	利用合适的流体进行导通	20	不能根据生产的情况选择正确的流体扣除 10 分				
		进行管线的导通	20	进行管线的导通不正确扣除 10 分				
3	确认后的检查	进行确认后的处理	10	确认后的管线阀门的处理不正确扣除 10 分				
		合　计	100					

试题 3:高压蒸汽的接入(现场模拟)

(考核时间:15min)

序号	考核内容	考核要点	配分	评分标准	检测结果	扣分	得分	备注
1	准备工作	穿戴劳保用品	3	未穿戴整齐扣 3 分				
		工具、用具准备	2	工具选择不正确扣 2 分				
2	操作程序	高压蒸汽接放前的管线和阀门状态的检查	20	未检查管线的状态扣 10 分				
				未检查阀门状态扣 10 分				

续表

序号	考核内容	考核要点	配分	评分标准	检测结果	扣分	得分	备注
3	操作程序	对管线进行预热和排凝	20	未对管线进行预热扣10分				
				未开疏水器和排放阀排冷凝水扣10分				
		开大接入阀，进行蒸汽的接入	30	接入时应阶段平稳的升压，否则扣10分				
				升压时应定时循检，否则扣10分				
				升压时的排凝阀门应开大，否则扣10分				
		接入的高压蒸汽达到预定的压力后，关排放阀，开疏水器的前阀	20	接入的压力达到后不关排放阀扣10分				
				接入后不开疏水器的前阀扣10分				
		接入后要定时进行循回检查	10	不进行循回检查扣10分				
合计			100					

试题4：仪表风的接入（现场模拟）

（考核时间：15min）

序号	考核内容	考核要点	配分	评分标准	检测结果	扣分	得分	备注
1	准备工作	穿戴劳保用品	3	未穿戴整齐扣3分				
		工具、用具准备	2	工具选择不正确扣2分				
2	操作程序	对仪表风的接入前进行管线和阀门的检查	20	未检查接入前的阀门扣10分				
				未检查接入的管线扣10分				
				未检查导向管扣5分				
		检查设备情况，评估接入仪表风可能对仪表的影响	30	未检查设备情况扣10分				
				未评估接入的仪表风可能对设备和仪表的影响扣20分				
		根据仪表风接入影响采取相应的措施	30	考虑什么是气开阀，什么是气关阀，否则扣10分				
				接入后的阀门开和关对设备生产的影响，否则扣10分				
				采取相应的措施防止影响的发生，否则扣10分				
		进行仪表风的接入	15	接入时应平稳的升压，否则扣10分				
				接入后升到指定的压力，否则扣除5分				

试题5：反应建立后各部位加热冷却操作（现场模拟）

（考核时间：15min）

序号	考核内容	考核要点	配分	评分标准	检测结果	扣分	得分	备注
1	准备工作	穿戴劳保用品	3	未穿戴整齐扣3分				
		工具、用具准备	2	工具选择不正确扣2分				

续表

序号	考核内容	考核要点	配分	评分标准	检测结果	扣分	得分	备注
2	操作程序	确认反应建立并已稳定	10	未检查反应状态扣10分				
		确认换热器状态为加热	10	未检查换热器状态扣10分				
		进行放冷操作，将蒸汽排净	10	未排净蒸汽扣10分				
		与控制室及造粒岗位人员联系，进行冷却操作	10	未进行联系扣10分				
		再次确认阀门状态，蒸汽阀已关，排放阀打开	10	未再次确认阀门状态扣10分				
		缓慢打开水入口阀，确认水已通入，检查有无水锤产生	20	未缓慢操作扣10分				
				未确认水已通入，检查有无水锤扣10分				
		确认排放阀有水排出，打开回水阀，关闭排放阀	20	未确认排出水，即关闭排放阀扣10分				
				操作顺序有误扣10分				
3	使用工具	正确使用工具	2	工具使用不正确扣2分				
		正确维护工具	3	工具乱摆乱放扣3分				
4	安全及其他	按国家法规或企业规定		违规一次总分扣5分；严重违规停止操作			—	
		在规定时间内完成操作		每超时1min总分扣5分，超时3min停止操作			—	
合计			100					

试题6:巡回检查的注意事项(现场模拟)

(考核时间:15min)

<table>
<tr><th>序号</th><th>考核内容</th><th>考核要点</th><th>配分</th><th colspan="2">评分标准</th><th>检测结果</th><th>扣分</th><th>得分</th><th>备注</th></tr>
<tr><td rowspan="2">1</td><td rowspan="2">准备工作</td><td>穿戴劳保用品</td><td>3</td><td colspan="2">未穿戴整齐扣3分</td><td></td><td></td><td></td><td></td></tr>
<tr><td>工具、用具准备</td><td>2</td><td colspan="2">工具选择不正确扣2分</td><td></td><td></td><td></td><td></td></tr>
<tr><td rowspan="6">2</td><td rowspan="6">操作程序</td><td>是否知道巡回检查的规定路线</td><td>10</td><td colspan="2">不知道循检路线扣10分</td><td></td><td></td><td></td><td></td></tr>
<tr><td rowspan="5">沿着固定的路线依次进行巡回检查</td><td rowspan="5">50</td><td rowspan="5">对静设备的检查</td><td>检查设备的震动情况，否则扣除5分</td><td></td><td></td><td></td><td></td></tr>
<tr><td>检查设备有无泄漏，否则扣除5分</td><td></td><td></td><td></td><td></td></tr>
<tr><td>检查设备有无异音，否则扣除5分</td><td></td><td></td><td></td><td></td></tr>
<tr><td>检查设备温度的高低，否则扣除5分</td><td></td><td></td><td></td><td></td></tr>
<tr><td>检查设备压力的高低，否则扣除5分</td><td></td><td></td><td></td><td></td></tr>
</table>

续表

序号	考核内容	考核要点	配分	评分标准		检测结果	扣分	得分	备注
				对动设备的检查	检查设备的震动情况,否则扣除5分				
					检查设备的泄漏情况,否则扣除5分				
					检查设备的动密封情况,否则扣除5分				
					检查电机及联轴节的运转情况以及轴温情况,否则扣除5分				
					检查设备的给(注)油情况,否则扣除5分				
3		发现问题的处理	25	发现震动的处理,否则扣除5分					
				发现超温的处理,否则扣除5分					
				发现泄漏的处理,否则扣除5分					
				发现轴温及注油不良的处理,否则扣除5分					
				发现超压的处理,否则扣除5分					
4		处理后继续循环检查	10	处理完问题后未能继续循检的扣除10分					
		合　计	100						

试题7:高循系统的排放操作(现场模拟)

(考核时间:15min)

序号	考核内容	考核要点	配分	评分标准	检测结果	扣分	得分	备注
1	准备工作	穿戴劳保用品	3	未穿戴整齐扣3分				
		工具、用具准备	2	工具选择不正确扣2分				
2	操作程序	了解高循的排放规程和注意事项及可能发生的危险	15	不了解规程扣除5分				
				不了解注意事项扣除5分				
				不了解可能的危险扣除5分				
3		检查需要排放的设备	10	未检查需要排放的设备扣10分				
4		与控制室取得联系	10	未取得联系扣10分				
5		在需要排放的地方放置空油桶	10	未放置空油桶扣除10分				
6		进行高循的排放工作	20	每个排放阀应逐次进行,否则扣除10分				
				排放时排放阀应稍微开即关,反复进行,否则扣除10分				
7		检查排放的效果	10	检查是否排放干净,否则扣除10分				
8		将排放收集罐内的低聚物排放到空油桶内	10	未将收集罐内排净到桶内扣除5分				
				排放过程中排到外面影响卫生的扣除5分				
9		将桶退走,并将场地打扫干净	10	未将桶退走扣除5分				
				未打扫场地卫生扣除5分				
10		在规定时间内完成操作		每超时1min总分扣5分,超时3min停止操作				
		合　计	100					

试题 8:混合计量工作(现场模拟)

(考核时间:15min)

序号	考核内容	考核要点	配分	评分标准	检测结果	扣分	得分	备注
1	准备工作	穿戴劳保用品	3	未穿戴整齐扣3分				
		工具、用具准备	2	工具选择不正确扣2分				
2	操作程序	检查确认空送、净化风机已启动且运转正常	10	未检查风机情况扣10分				
		检查计量载台是否夹有异物;刀架、吊环等的位置正常否	10	未检查计量载台、刀架、吊环等扣10分				
		检查计量斗通风情况;人孔是否封好;接地线有无脱落等	10	未检查通风情况;人孔、接地线扣10分				
		检查旋转三通阀、挡板阀等的动作情况	10	未检查旋转三通阀、挡板阀扣10分				
		检查操作台情况,进行料斗零点校对,排料定时器时间设定、投入料斗选择、自动、手动切换操作、报警值、定量值设定	50	未进行料斗零点校对扣10分				
				未进行排料定时器时间设定扣10分				
				未进行投入料斗选择扣10分				
				未进行自动、手动切换操作扣10分				
				未进行报警值、定量值设定扣10分				
3	使用工具	正确使用工具	2	工具使用不正确扣2分				
		正确维护工具	3	工具乱摆乱放扣3分				
4	安全及其他	按国家法规或企业规定		违规一次总分扣5分;严重违规停止操作			—	
		在规定时间内完成操作		每超时1min总分扣5分,超时3min停止操作			—	
		合　计	100					

试题 9:分离、筛分的停机操作(现场模拟)

(考核时间:15min)

序号	考核内容	考核要点	配分	评分标准	检测结果	扣分	得分	备注
1	准备工作	穿戴劳保用品	3	未穿戴整齐扣3分				
		工具、用具准备	2	工具选择不正确扣2分				
2		清楚目前生产状态	30	清楚目前生产状态:开车、停车、待机。不清楚的扣10分				
3		知道分离筛分的停机的目的和条件	40	分离、筛分的停机目的是什么,不知道的扣20分				
				知道分离、筛分的停机条件(生产已经停止或生产中的紧急处理故障),不知道的扣20分				
		进行分离筛分的停机操作	20	用开关停分离机,未答的扣10分				
				用开关停筛分机,未答的扣10分				
4	使用工具	正确使用工具	2	工具使用不正确扣2分				
		正确维护工具	3	工具乱摆乱放扣3分				
5	安全及其它	按国家法规或企业规定		违规一次总分扣5分;严重违规停止操作			—	
		在规定时间内完成操作		每超时1min总分扣5分,超时3min停止操作			—	
		合　计	100					

试题10:剩余引发剂的处理工作(现场模拟)

(考核时间:15min)

序号	考核内容	考核要点	配分	评分标准	检测结果	扣分	得分	备注
1	准备工作	穿戴劳保用品	3	未穿戴整齐扣3分				
		工具、用具准备	2	工具选择不正确扣2分				
2	操作程序	与有关岗位人员联系	10	未做好联系工作扣10分				
		穿戴好防护用具	10	未做好防护工作扣10分				
		检查剩余引发剂容量	10	未检查存量扣10分				
		准备好盛放剩余引发剂的废油桶	10	未准备好盛放的废油桶扣10分				
		检查剩余引发剂储罐状态,不得与正在使用的储罐相通或弄混	20	未检查阀门、管线状态扣20分				
		将剩余引发剂排到废油桶内	20	操作不正确扣10分				
				造成太多外漏扣10分				
		排放完成后进行处理工作	10	未单独处理造成混放污染扣10分				
3	使用工具	正确使用工具	2	工具使用不正确扣2分				
		正确维护工具	3	工具乱摆乱放扣3分				
4	安全及其他	按国家法规或企业规定		违规一次总分扣5分;严重违规停止操作			—	
		在规定时间内完成操作		每超时1min总分扣5分,超时3min停止操作			—	
		合　计	100					

试题11:停车过程中的高、低分料面控制操作(现场模拟)

(考核时间:10min)

序号	考核内容	考核要点	配分	评分标准	检测结果	扣分	得分	备注
1	准备工作	穿戴劳保用品	3	未穿戴整齐扣3分				
		工具、用具准备	2	工具选择不正确扣2分				
2	操作程序	与反应人员联络确认停车,通知混合岗位造粒停车	10	未做好联系工作扣10分				
		确认高、低分离器压力、液位	10	未做好确认工作扣10分				
		检查挤压机联锁开关,由“联动”切为“单动”	10	未检查挤压机联锁开关所处位置扣10分				
		检查高、低分料面控制仪表所处状态	10	未检查控制仪表手、自动状态扣10分				
		手动控制高、低分料面排料至“零点”	20	未手动操作扣20分				
		高分料面控制要注意低压分离器压力变化	20	操作不当造成低压分离压力过高扣20分				
		停挤压机,进行后处理工作	10	后处理工作有遗漏扣10分				
3	使用工具	正确使用工具	2	工具使用不正确扣2分				
		正确维护工具	3	工具乱摆乱放扣3分				
4	安全及其他	按国家法规或企业规定		违规一次总分扣5分;严重违规停止操作			—	
		在规定时间内完成操作		每超时1min总分扣5分,超时3min停止操作			—	
		合　计	100					

试题12:空送风机的工作原理

(考核时间:15min)

序号	考核内容	考核要点	配分	评分标准	检测结果	扣分	得分	备注
1	准备工作	穿戴劳保用品	3	未穿戴整齐扣3分				
		工具、用具准备	2	工具选择不正确扣2分				
2	操作程序	空送风机的种类	40	说明空送风机的种类,包括离心式,容量式等,不知道的扣20分				
				说明本装置所使用的空送风机是何种形式,不知道的扣20分				
		离心式风机的工作原理	50	说明离心式风机的主要部件,不知道的扣15分				
				说明离心式风机的工作原理,不知道的扣20分				
				说明离心式风机使用的注意事项,不知道的扣15分				
3	使用工具	正确使用工具	2	工具使用不正确扣2分				
		正确维护工具	3	工具乱摆乱放扣3分				
4	安全及其他	按国家法规或企业规定		违规一次总分扣5分;严重违规停止操作			—	
		在规定时间内完成操作		每超时1min总分扣5分,超时3min停止操作			—	
		合　计	100					

试题13:配合造粒岗位某蒸汽管线的消漏(动火)

(考核时间:30min)

序号	考核内容	考核要点	配分	评分标准	检测结果	扣分	得分	备注
1	准备工作	穿戴劳保用品	5	未穿戴整齐扣5分				
2	操作程序	拿到动火票后,确认主管人员已签字,确认动火地点和部位及注意事项,确认装置停车,方可签字。然后带领分析人员分析合格,并由分析人员签字	15	漏一项　扣3分				
		确认动火点附近无油等易燃物,风力符合要求。高处动火有防范措施。周围主物料排放阀、放空阀已关	15	漏一项　扣3分				
		漏点上游及下游蒸汽阀已关,漏点处蒸汽已放掉	10	无此项　扣10分				
		准备好消防器材并放在规定位置后,方可允许动火	15	无此项　扣15分				
		动火中注意监视周围情况,如有必要,随时停止动火,	15	无此项　扣15分				
		消漏结束后打开蒸汽阀确认消漏成功,阀门恢复到正确位置	10	无此项　扣10分				
		动火结束后仔细检查,确认安全后将消防器材放回原处,方可离开	15	无此项　扣15分				
3	安全及其他	按国家法规或企业规定		违规一次总分扣5分;严重违规停止操作			—	
		在规定时间内完成操作		每超时1min总分扣5分,超时3min停止操作			—	
		合　计	100					

试题14:现场静电跨线的检查

(考核时间:20min)

序号	考核内容	考核要点	配分	评分标准	检测结果	扣分	得分	备注
1	准备工作	穿戴劳保用品	5	未穿戴整齐扣5分				
2	操作程序	静电跨线的连接部位要清楚,清楚静电跨线的连接方法,静电跨线的形式,清楚现场静电跨线的连接点	95	不清楚静电跨线的连接部位扣25分				
				不清楚连接方法扣25分				
				不清楚跨线形式扣20分				
				不清楚静电跨线的连接点扣25分				
3	安全及其他	按国家法规或企业规定		违规一次总分扣5分;严重违规停止操作			—	
		在规定时间内完成操作		每超时1min总分扣5分,超时3min停止操作			—	
	合　计		100					

试题15:一次压缩机辅助油系统流量下降的判断(现场模拟)

(考核时间:15min)

序号	考核内容	考核要点	配分	评分标准	检测结果	扣分	得分	备注
1	准备工作	穿戴劳保用品	3	未穿戴整齐扣3分				
		工具、用具准备	2	工具选择不正确扣2分				
2	操作程序	检查辅助油系统油箱液面、温度、冷却器通水情况	20	未检查内部油箱液面扣10分				
				未检查油温扣5分				
				未检查冷却水扣5分				
		检查油系统的阀门状态,油路管线	20	未检查阀门状态扣10分				
				未检查油路管线扣10分				
		检查油箱及油路管线的蒸汽加热状态	10	未检查蒸汽加热(冬季)扣10分				
		检查油路系统有无泄漏,检查过滤器前后压差	20	未检查油路系统扣10分				
				未检查过滤器前后压差扣10分				
		检查外部油油压、油温,回油	10	未检查外部油油压、油温扣5分				
				未检查外部油回油5分				
		检查内部油油温及注油量,检查油液面	10	未检查内部油油温扣5分				
				未检查内部油注油量扣5分				
3	使用工具	正确使用工具	2	工具乱摆乱放扣2分				
		正确维护工具	3	工具乱罢乱放扣3分				
4	安全及其他	按国家法规或企业规定		违规一次总分扣5分;严重违规停止操作			—	
		在规定时间内完成操作		每超时1min总分扣5分,超时3min停止操作			—	
	合　计		100					

试题16:判断一次压缩机一段出口压力升高的原因

(考核时间:20min)

序号	考核内容	考核要点	配分	评分标准	检测结果	扣分	得分	备注
1	准备工作	穿戴劳保用品	5	未穿戴整齐扣5分				

续表

序号	考核内容	考核要点	配分	评分标准	检测结果	扣分	得分	备注
2	操作程序	一段吸入过多:一段吸入压力过高,一段吸入温度过低	30	未判断一段吸入压力过高扣15分				
				未判断一段吸入温度过低扣15分				
3		二段吸入不良:二段吸入阀动作不良,二段排出阀动作不良,二段活塞环磨损,二段填料磨损	55	未判断二段吸入阀动作不良扣14分				
				未判断二段排出阀动作不良扣14分				
				未判断二段活塞环磨损扣14分				
				未判断二段填料磨损扣13分				
4		二段出口冷却器冷却效果不良	10	未判断二段出口冷却器冷却效果不良扣10分				
5	安全及其他	按国家法规或企业规定		违规一次总分扣5分;严重违规停止操作			—	
		在规定时间内完成操作		每超时1min总分扣5分,超时3min停止操作			—	
		合　计	100					

试题17:一次压缩机一段出口温度升高的判断(现场模拟)

(考核时间:15min)

序号	考核内容	考核要点	配分	评分标准	检测结果	扣分	得分	备注
1	准备工作	穿戴劳保用品	3	未穿戴整齐扣3分				
		工具、用具准备	2	工具选择不正确扣2分				
2	操作程序	检查一段缸体是否振动、有无异音等情况	10	未检查一段缸体扣10分				
3		检查吸入压力及吸入温度是否正常	10	未检查吸入压力及吸入温度扣10分				
4		检查低压返回气体温度是否偏高,冷却器冷却效果	20	未检查低压返回系统情况扣10分				
				未检查低压返回冷却器扣10分				
5		检查一段吸入低压受槽的温度是否偏高	10	未检查低压受槽扣10分				
6		检查一段排出阀动作情况	10	未检查一段排出阀扣10分				
7		检查二段吸入及排出阀动作情况	10	未检查二段吸入及排出阀扣10分				
8		一段填料或活塞环是否破损	10	未检查填料或活塞环扣10分				
9		二次压缩机填料泄漏量是否正常	10	未检查二次压缩机填料泄漏扣10分				
10	使用工具	正确使用工具	2	工具使用不正确扣2分				
		正确维护工具	3	工具乱摆乱放扣3分				
11	安全及其他	按国家法规或企业规定		违规一次总分扣5分;严重违规停止操作			—	
		在规定时间内完成操作		每超时1min总分扣5分,超时3min停止操作			—	
		合　计	100					

试题 18:画出二次压缩机系统详细流程图(包括压力表及温度点)

(考核时间:20min)

序号	考核内容	考核要点	配分	评分标准	检测结果	扣分	得分	备注
1	准备工作	穿戴劳保用品	5	未穿戴整齐扣5分				
2	操作程序	画主物料流程	35	漏画一个汽缸扣8分				
				漏画一处管线扣5分				
				漏画一个冷却器扣8分				
				漏画一个分离器扣8分				
				错写一个设备的位号扣5分				
3		画安全阀及各主要阀门	25	漏画一个安全阀或位置画错扣8分				
				漏画或位置画错一个进口或出口或旁通阀扣8分				
				漏写或写错一个阀位号扣5分				
4		画出各压力表及温度计	20	少画一个或位置画错一个扣5分				
				写错位号一个扣3分				
5		画填料泄露及保压管线	15	漏画或画错流程扣15分				
				漏画一个阀扣2分				
6	安全及其他	按国家法规或企业规定		违规一次总分扣5分;严重违规停止操作			—	
		在规定时间内完成操作		每超时1min总分扣5分,超时3min停止操作			—	
		合　计	100					

试题 19:画出一次压缩机系统详细流程图(包括压力表及温度点)

(考核时间:20min)

序号	考核内容	考核要点	配分	评分标准	检测结果	扣分	得分	备注
1	准备工作	穿戴劳保用品	5	未穿戴整齐扣5分				
2	操作程序	画出各段及段间走向	30	漏画一个汽缸扣5分				
				错画一处管线扣5分				
3		画出各段出口冷却器,缓冲器,油水分离器及位号	35	漏画一个冷却器扣5分				
				漏画一个缓冲器扣5分				
				漏画一个分离器扣5分				
				错写或漏写一个位号扣3分				
4		画出各段出口安全阀及进出口阀,旁通阀,放空阀,单向阀等主要阀门	20	漏画一个安全阀扣5分				
				漏画其他主要阀门扣5分				
				漏写或写错一个阀位号扣3分				
5		画出各段压力表及温度计	10	少画一个压力表或温度计扣3分				
				写错表位号一个扣2分				
6	安全及其他	按国家法规或企业规定		违规一次总分扣5分;严重违规停止操作			—	
		在规定时间内完成操作		每超时1min总分扣5分,超时3min停止操作			—	
		合　计	100					

试题 20：画出引发剂配制罐系统主物料流程图（画出主要阀门）

（考核时间：45min）

序号	考核内容	考核要点	配分	评分标准	检测结果	扣分	得分	备注
1	准备工作	穿戴劳保用品	5	未穿戴整齐扣5分				
2	操作程序	画出主要设备：引发剂配制罐，溶剂储罐等	40	少画或画错一处扣5分				
3		画出其他设备：引发剂配制罐搅拌器，引发剂补加泵	25	少画或画错一处扣5分				
4		画出主要阀门：各设备的进、出口阀、放空阀、旁通阀、安全阀	20	少画或画错一处扣3分				
5		各设备间管线	10	少画或画错一处扣3分				
6	安全及其他	按国家法规或企业规定		违规一次总分扣5分；严重违规停止操作			—	
		在规定时间内完成操作		每超时1min总分扣5分，超时3min停止操作			—	
		合　计	100					

溶液法模块

试题1：混炼机减速器润滑油泵启动步骤

（考核时间：30min）

序号	考核内容	考核要点	配分	评分标准	检测结果	扣分	得分	备注
1	准备工作	穿戴劳保用品	3	未穿戴整齐扣3分				
		工具、用具准备	2	工具选择不正确扣2分				
2	操作程序	检查混炼机减速器油位	10	未检查扣5分				
3		检查浮子流量计处于全开位置	5	未检查扣5分				
4		完全打开吸入侧的阀门	10	未打开扣10分				
5		完全打开排出侧的阀门	10	未打开扣10分				
6		转动旋转联轴节盘车无异常	10	未盘车扣10分				
7		点动确认旋转方向正确	10	未确认扣10分				
8		启动时先点动启动，确认无异常再启动连续运转	10	未点动启动扣10分				
9		检查压力表指示	10	未检查扣10分				
10		根据压力调节浮子流量计	10	未调节扣10分				
11		检查振动是否异常	5	未检查扣5分				
12	使用工具	正确使用工具	2	工具使用不正确扣2分				
		正确维护工具	3	工具乱摆乱放扣3分				
13	安全及其他	按国家法规或企业规定		违规一次总分扣5分；严重违规停止操作			—	
		在规定时间内完成操作		每超时1min总分扣5分，超时3min停止操作			—	
		合　计	100					

试题2:混炼机开车前操作

(考核时间:30min)

序号	考核内容	考核要点	配分	评分标准	检测结果	扣分	得分	备注
1	准备工作	穿戴劳保用品	3	未穿戴整齐扣3分				
		工具、用具准备	2	工具选择不正确扣2分				
2	操作程序	把冷却水送入进料段和减速箱润滑油冷却器	10	未送入进料段扣5分				
				未送入油冷器扣5分				
3		使筒体冷却水通过转动件和旋转接头的机械密封	10	未送入转动件扣5分				
				未送入旋转接头扣5分				
4		开混炼机润滑油泵,把油供给减速齿轮装置	15	油泵启动顺序错误扣10分				
5		调节混炼机各个部件的氮气流量	10	未通入氮气一处扣2分				
6		完全打开蒸汽疏水器的旁通阀	10	未打开旁通阀扣10分				
7		蒸汽减压阀在排放口排放蒸汽,压力控制0.5MPa	10	未排放蒸汽扣5分				
				未控制压力扣5分				
8		渐渐打开夹套区(进料区除外)的中压蒸汽的截止阀,同时关闭夹套区的筒体冷却水阀	10	未投用夹套区蒸汽扣5分				
				未关闭筒体冷却水扣5分				
9		渐渐升高蒸汽压力,由0.5MPa升至0.8MPa,继续对混炼机升温	15	未控制压力扣10分				
10	使用工具	正确使用工具	2	工具使用不正确扣2分				
		正确维护工具	3	工具乱摆乱放扣3分				
11	安全及其他	按国家法规或企业规定		违规一次总分扣5分;严重违规停止操作			—	
		在规定时间内完成操作		每超时1min总分扣5分,超时3min停止操作			—	
		合计	100					

试题3:混炼机紧急停车操作

(考核时间:30min)

序号	考核内容	考核要点	配分	评分标准	检测结果	扣分	得分	备注
1	准备工作	穿戴劳保用品	3	未穿戴整齐扣3分				
		工具、用具准备	2	工具选择不正确扣2分				
2	操作程序	停止混炼机趋动电机运转	20	未停扣20分				
3		停止原料进料	10	未停扣10分				
4		关闭转向器,将从混炼机来的熔融聚合物排出挤压机外	10	未关闭转向器扣10分				
5		打开混炼机出料间隙至最大值	10	间隙未打至最大扣10分				
6		停止挤压机、水下切粒机的趋动电机运转	20	挤压机未停扣10分				
				切粒机未停扣10分				
7		颗粒冷却水走旁路	10	颗粒冷却水未走旁路扣10分				
8		混炼机和挤压机系统水汽切换	10	混炼机系统未水汽切换扣5分				
				挤压机系统未水汽切换扣5分				

续表

序号	考核内容	考核要点	配分	评分标准	检测结果	扣分	得分	备注
9	使用工具	正确使用工具	2	工具使用不正确扣2分				
		正确维护工具	3	工具乱摆乱放扣3分				
10	安全及其他	按国家法规或企业规定		违规一次总分扣5分;严重违规停止操作			—	
		在规定时间内完成操作		每超时1min总分扣5分,超时3min停止操作			—	
	合　计		100					

试题4:挤压机紧急停车操作

(考核时间:30min)

序号	考核内容	考核要点	配分	评分标准	检测结果	扣分	得分	备注
1	准备工作	穿戴劳保用品	3	未穿戴整齐扣3分				
		工具、用具准备	2	工具选择不正确扣2分				
2	操作程序	停止挤压机的趋动电机运转	20	未停扣20分				
3		关闭转向器,将从混炼机来的熔融聚合物排出挤压机外	10	未关闭转向器扣10分				
4		停止原料进料	10	未停扣10分				
5		打开混炼机出料间隙至最大值	10	间隙未打至最大扣10分				
6		停止水下切粒机的趋动电机运转	20	未向后移动切粒机轴扣10分				
				切粒机未停扣10分				
7		颗粒冷却水走旁路	10	颗粒冷却水未走旁路扣10分				
8		混炼机和挤压机系统水汽切换	10	混炼机系统未水汽切换扣5分				
				挤压机系统未水汽切换扣5分				
9	使用工具	正确使用工具	2	工具使用不正确扣2分				
		正确维护工具	3	工具乱摆乱放扣3分				
10	安全及其他	按国家法规或企业规定		违规一次总分扣5分;严重违规停止操作			—	
		在规定时间内完成操作		每超时1min总分扣5分,超时3min停止操作			—	
	合　计		100					

试题5:颗粒进料风机启动操作

(考核时间:30min)

序号	考核内容	考核要点	配分	评分标准	检测结果	扣分	得分	备注
1	准备工作	穿戴劳保用品	3	未穿戴整齐扣3分				
		工具、用具准备	2	工具选择不正确扣2分				
2	操作程序	风机启动前的检查	20	未检查油位扣5分				
				未检查皮带扣5分				
				未投用冷却水扣10分				
3		投用入口过滤器	10	未检查过滤器扣5分				
				未打开过滤器阀门扣5分				
4		完全打开入口阀门	10	未打开扣10分				
5		盘车无异常	10	未盘车扣10分				
6		点动确认旋转方向正确	10	未确认扣10分				
7		启动时先点动启动,确认无异常再启动连续运转	10	未点动启动扣10分				

续表

序号	考核内容	考核要点	配分	评分标准	检测结果	扣分	得分	备注
8		启动后的检查	20	未检查压力扣5分				
				未检查电流扣5分				
				未检查皮带扣5分				
				未检查声音、振动等扣5分				
9	使用工具	正确使用工具	2	工具使用不正确扣2分				
		正确维护工具	3	工具乱摆乱放扣3分				
10	安全及其他	按国家法规或企业规定		违规一次总分扣5分；严重违规停止操作			—	
		在规定时间内完成操作		每超时1min总分扣5分，超时3min停止操作			—	
合计			100					

试题6：高压蒸汽阀门更换盘根

（考核时间：30min）

序号	考核内容	考核要点	配分	评分标准	检测结果	扣分	得分	备注
1	准备工作	穿戴劳保用品	3	未穿戴整齐扣3分				
		工具、用具准备	2	工具选择不正确扣2分				
2	操作程序	停界区高压蒸汽	10	未停扣10分				
3		在甩头处泄压	20	未泄压扣10分				
				压力未泄净就开始更换扣10分				
4		卸下压盖	10	未操作扣10分				
5		用专用工具取出旧盘根	20	未用专用工具扣10分				
				未将旧盘根取出扣10分				
6		加入新盘根2~3个	10	少加一个扣5分				
7		压紧压盖	10	未操作扣10分				
8		投用界区高压蒸汽	10	未操作扣10分				
9	使用工具	正确使用工具	2	工具使用不正确扣2分				
		正确维护工具	3	工具乱摆乱放扣3分				
10	安全及其他	按国家法规或企业规定		违规一次总分扣5分；严重违规停止操作			—	
		在规定时间内完成操作		每超时1min总分扣5分，超时3min停止操作			—	
合计			100					

试题7：筒体冷却水泵振动的原因

（考核时间：15min）

序号	考核内容	考核要点	配分	评分标准	检测结果	扣分	得分	备注
1	操作程序	流量过小	15	未答扣15分				
2		转子不平衡	15	未答扣15分				
3		泵轴与电机轴不同心	15	未答扣15分				
4		叶轮气蚀或有杂物	15	未答扣15分				
5		配合部件间隙过大	15	未答扣15分				
6		轴承或口环磨损太大	15	未答扣15分				
7		泵内和管路内有杂物	10	未答扣10分				
8	安全及其他	按国家法规或企业规定		违规一次总分扣5分；严重违规停止操作			—	
		在规定时间内完成操作		每超时1min总分扣5分，超时3min停止操作			—	
合计			100					

试题8:粉末袋式过滤器压差超高的原因及处理措施

(考核时间:15min)

序号	考核内容	考核要点	配分	评分标准	检测结果	扣分	得分	备注
1	原因分析	膜片损坏	10	未分析扣10分				
2		中压氮气反吹管线堵塞	10	未分析扣10分				
3		过滤器锥部粉子多	10	未分析扣10分				
4		过滤袋堵塞	15	未分析扣15分				
5	处理措施	找仪表更换膜片	10	未答扣10分				
6		疏通中压氮气的反吹管线	10	未答扣10分				
7		启动旋转阀排除过滤器锥部粉子	10	未答扣10分				
8		停止粉末进料,过滤器无负荷运行30分钟	10	未答扣10分				
9		更换过滤袋	15	未答扣15分				
10	安全及其他	按国家法规或企业规定		违规一次总分扣5分;严重违规停止操作			—	
		在规定时间内完成操作		每超时1min总分扣5分,超时3min停止操作			—	
合计			100					

试题9:己烷蒸馏塔进料泵启动

(考核时间:10min)

序号	考核内容	考核要点	配分	评分标准	检测结果	扣分	得分	备注
1	准备工作	穿戴劳保用品	3	未穿戴整齐扣3分				
		工具、用具准备	2	工具选择不正确扣2分				
2	操作程序	泵体电机是否完好、地脚螺栓是否紧固	10	未检查泵体电机扣5分				
				未检查地脚螺栓扣5分				
3		油脂、油位是否符合加入规范	5	未检查油脂情况扣2分				
				未检查油位情况扣3分				
4		检查水冷却投用情况	10	未检查循环水冷却投用扣10分				
5		检查联轴节连接和盘车情况	10	未检查联轴节扣5分				
				未盘车扣5分				
6		检查现场流程改动及密封冲洗给定投用情况	10	流程改动错误扣5分				
				冲洗投用不正确扣5分				
7		灌泵排气情况	10	未灌泵排气扣10分				
8		检查电机运转方向	10	未检查电机运转方向扣10分				
9		启动泵前出口阀门状态	5	出口阀门未关扣5分				
10		调节出口压力及流量	10	出口压力调节错误扣5分				
				流量未调节扣5分				
11		检查泵启动后情况	10	未检查泵启动后压力、温度、电流、振动情况扣10分				
12	使用工具	正确使用工具	2	工具使用不正确扣2分				
		正确维护工具	3	工具乱摆乱放扣3分				
13	安全及其他	按国家法规或企业规定		违规一次总分扣5分;严重违规停止操作			—	
		在规定时间内完成操作		每超时1min总分扣5分,超时3min停止操作			—	
合计			100					

试题10:己烷干燥器再生循环风机启动操作

(考核时间:10min)

序号	考核内容	考核要点	配分	评分标准	检测结果	扣分	得分	备注
1	准备工作	穿戴劳保用品	3	未穿戴整齐扣3分				
		工具、用具准备	2	工具选择不正确扣2分				
2	操作程序	泵体电机是否完好、地脚螺栓是否紧固	10	未检查泵体电机扣5分				
				未检查地脚螺栓扣5分				
3		油脂、油位是否符合加入规范	10	未检查油脂情况扣5分				
				未检查油位情况扣5分				
4		检查循环水冷却投用情况	10	未检查循环水冷却投用扣10分				
5		检查联轴节连接和盘车情况	10	未检查联轴节扣5分				
				未盘车扣5分				
6		检查现场流程改动及入口氮气给定情况	10	流程改动错误扣10分				
			10	氮气投用,给定流量不正确扣10分				
7		检查出,入口己烷排放情况	10	未确认和排放出,入口己烷扣10分				
8		点动电机,并检查运转方向	10	未检查电机运转方向扣10分				
9		检查泵启动后情况	10	未检查泵启动后压力、温度、电流、振动情况扣10分				
10	使用工具	正确使用工具	2	工具使用不正确扣2分				
		正确维护工具	3	工具乱摆乱放扣3分				
11	安全及其他	按国家法规或企业规定		违规一次总分扣5分;严重违规停止操作				
		在规定时间内完成操作		每超时1min总分扣5分,超时3min停止操作				
		合　计	100					

试题11:己烷蒸馏塔再沸器投用

(考核时间:20min)

序号	考核内容	考核要点	配分	评分标准	检测结果	扣分	得分	备注
1	准备工作	穿戴劳保用品	3	未穿戴整齐扣3分				
		工具、用具准备	2	工具选择不正确扣2分				
2	操作程序	检查气密、吹扫、氮气置换情况	15	未检查气密情况扣5分				
				未检查吹扫情况扣5分				
				未检查氮气置换情况扣5分				
3		检查保温情况	10	未检查保温破损情况扣10分				
4		检查蒸汽仪表控制阀投用情况	10	未检查仪表投用情况扣10分				
5		检查蒸汽流程改动情况	10	蒸汽流程改动不正确扣10分				
6		检查蒸汽引入排凝情况	5	蒸汽引入未排凝扣5分				
7		检查再沸器蒸汽投用情况	10	蒸汽引入再沸器后未排凝扣5分				
8		检查疏水器运行情况	10	疏水器未投用扣5分				
				未检查疏水器运行扣10分				
9		检查再沸器温度变化情况	10	未检查再沸器温度变化扣10分				
10		设备热紧情况	10	设备未热紧扣10分				
11	使用工具	正确使用工具	2	工具使用不正确扣2分				
		正确维护工具	3	工具乱摆乱放扣3分				
12	安全及其他	按国家法规或企业规定		违规一次总分扣5分;严重违规停止操作				
		在规定时间内完成操作		每超时1min总分扣5分,超时3min停止操作				
		合　计	100					

试题12：己烷蒸馏塔塔底采出预热器投用

（考核时间：20min）

序号	考核内容	考核要点	配分	评分标准	检测结果	扣分	得分	备注
1	准备工作	穿戴劳保用品	3	未穿戴整齐扣3分				
		工具、用具准备	2	工具选择不正确扣2分				
2	操作程序	检查气密、吹扫、氮气置换情况	15	未检查气密情况扣5分				
				未检查吹扫情况扣5分				
				未检查氮气置换情况扣5分				
3		确认仪表系统投用情况	10	未检查仪表投用情况扣10分				
4		检查蒸汽流程改动情况	10	蒸汽流程改动不正确扣10分				
5		检查再沸器蒸汽投用情况	10	蒸汽引入预热器后未排凝扣10分				
6		检查疏水器运行情况	10	未检查疏水器运行扣10分				
7		检查再沸器温度变化情况	10	未检查再沸器温度变化扣10分				
8		设备热紧	10	温度正常未热紧扣10分				
9		检查确认物料流程改动情况	15	物料流程改动不正确扣15分				
10	使用工具	正确使用工具	2	工具使用不正确扣2分				
		正确维护工具	3	工具乱摆乱放扣3分				
11	安全及其他	按国家法规或企业规定		违规一次总分扣5分；严重违规停止操作			—	
		在规定时间内完成操作		每超时1min总分扣5分，超时3min停止操作			—	
	合计		100					

否定项说明：若出现水击等情况，该题为零分。

试题13：己烷蒸馏塔塔顶冷凝器投用

（考核时间：20min）

序号	考核内容	考核要点	配分	评分标准	检测结果	扣分	得分	备注
1	准备工作	穿戴劳保用品	3	未穿戴整齐扣3分				
		工具、用具准备	2	工具选择不正确扣2分				
2	操作程序	检查气密、吹扫、氮气置换情况	20	未检查气密情况扣5分				
				未检查吹扫情况扣5分				
				未检查氮气置换情况扣10分				
3		检查设备安装稳固情况	10	未检查设备稳固扣10分				
4		检查循环水流程改动情况	20	循环水流程改变不正确扣20分				
5		检查循环水引入排气情况	20	循环水引入不排气扣20分				
6		确认冷凝器“N”副线阀门状态	10	冷凝器“N”副线阀门未关扣10分				
7		检查冷凝器是否泄漏	10	未检查泄漏情况扣10分				
8	使用工具	正确使用工具	2	工具使用不正确扣2分				
		正确维护工具	3	工具乱摆乱放扣3分				
9	安全及其他	按国家法规或企业规定		违规一次总分扣5分；严重违规停止操作				
		在规定时间内完成操作		每超时1min总分扣5分，超时3min停止操作				
	合计		100					

试题14:低聚物闪蒸系统真空泵操作

(考核时间:10min)

序号	考核内容	考核要点	配分	评分标准	检测结果	扣分	得分	备注
1	准备工作	穿戴劳保用品	3	未穿戴整齐扣3分				
		工具、用具准备	2	工具选择不正确扣2分				
2	操作程序	泵体电机是否完好、地脚螺栓是否紧固	10	未检查泵体电机扣5分				
				未检查地脚螺栓扣5分				
3		油位、油脂是否符合加入规范	5	未检查油位、油脂加入不正常扣5分				
4		检查冷却系统投用情况	10	未检查冷却系统投用扣10分				
5		检查联轴节连接和盘车情况	10	未检查联轴节扣5分				
				未盘车扣5分				
6		检查氮气密封投用情况	5	氮气密封投用不正确扣5分				
7		确认出入口流程改动情况	20	流程改变不正确扣20分				
8		仪表控制系统是否正常投用	10	仪表控制系统未正常投用扣10分				
9		检查电机运转方向	10	未检查电机运转方向扣10分				
10		检查泵启动后情况	10	未检查泵启动后出入口压力、轴承温度、电流、振动情况扣10分				
11	使用工具	正确使用工具	2	工具使用不正确扣2分				
		正确维护工具	3	工具乱摆乱放扣3分				
12	安全及其他	按国家法规或企业规定		违规一次总分扣5分;严重违规停止操作			—	
		在规定时间内完成操作		每超时1min总分扣5分,超时3min停止操作			—	
		合 计	100					

试题15:己烷蒸馏塔塔底采出泵操作

(考核时间:10min)

序号	考核内容	考核要点	配分	评分标准	检测结果	扣分	得分	备注
1	准备工作	穿戴劳保用品	3	未穿戴整齐扣3分				
		工具、用具准备	2	工具选择不正确扣2分				
2	操作程序	泵体电机是否完好、地脚螺栓是否紧固	5	未检查泵体电机扣2分				
				未检查地脚螺栓扣3分				
3		油脂、油位是否符合加入规范	5	未检查油位、油脂加入不正常扣5分				
4		检查联轴节连接和盘车情况	10	未盘车扣5分				
				未检查联轴节扣5分				
5		检查密封冲洗己烷和润滑油冷却水投用情况	10	密封冲洗、冷却水投用不正确扣10分				
6		仪表控制系统投用情况检查	10	仪表控制未正常投用扣10分				
7		确认出入口流程改动情况	10	流程改变不正确扣10分				
8		泵体灌泵排气情况	10	未灌泵排气扣10分				
9		检查电机运转方向	5	未检查电机运转方向扣5分				
10		点动电机提升润滑油压力	10	未提升润滑油压力扣10分				
11		启动前确认出口阀门开少许	5	未确认出口阀门开启情况扣5分				
12		泵启动后观察出口压力、轴承温度、电流、振动	10	未检查调节泵启动后出入口压力、轴承温度、电流、振动情况扣10分				

续表

序号	考核内容	考核要点	配分	评分标准	检测结果	扣分	得分	备注
13	使用工具	正确使用工具	2	工具使用不正确扣2分				
		正确维护工具	3	工具乱摆乱放扣3分				
14	安全及其他	按国家法规或企业规定		违规一次总分扣5分;严重违规停止操作				—
		在规定时间内完成操作		每超时1min总分扣5分,超时3min停止操作				—
合计			100					

试题16:低聚物闪蒸罐加料泵切换操作

(考核时间:10min)

序号	考核内容	考核要点	配分	评分标准	检测结果	扣分	得分	备注
1	准备工作	穿戴劳保用品	3	未穿戴整齐扣3分				
		工具、用具准备	2	工具选择不正确扣2分				
2	操作程序	泵体电机是否完好、地脚螺栓是否紧固	5	未检查泵体电机扣2分				
				未检查地脚螺栓扣3分				
3		油脂、油位是否符合加入规范	10	未检查油脂情况扣5分				
				未检查油位情况扣5分				
4		检查联轴节连接和盘车情况	10	未检查联轴节扣5分				
				未盘车扣5分				
5		检查泵冷却、密封冲洗系统是否完好投用	10	冷却系统未投用扣10分				
				密封冲洗未投用扣10分				
6		确认出入口流程	10	流程改动错误扣10分				
7		灌泵、排气情况	10	未灌泵排气扣10分				
8		检查电机运转方向,调节润滑油压力	5	未检查电机运转方向扣5分				
9		启动泵前出口阀门状态	5	出口阀门未关扣5分				
10		启动后调节压力、流量	5	压力、流量调节错误扣5分				
11		检查泵启动后运转情况	10	未检查泵启动后压力、温度、电流、振动情况扣10分				
12		备用台停运方法	10	出口阀不关就停运设备扣5分				
				设备停运密封冲洗已烷不停扣5分				
13	使用工具	正确使用工具	2	工具使用不正确扣2分				
		正确维护工具	3	工具乱摆乱放扣3分				
14	安全及其他	按国家法规或企业规定		违规一次总分扣5分;严重违规停止操作				—
		在规定时间内完成操作		每超时1min总分扣5分,超时3min停止操作				—
合计			100					

否定项说明:若出现泵抽空、反转等情况,该题为零分。

试题17:己烷蒸馏塔进料操作

(考核时间:10min)

序号	考核内容	考核要点	配分	评分标准	检测结果	扣分	得分	备注
1	准备工作	穿戴劳保用品	3	未穿戴整齐扣3分				
		工具、用具准备	2	工具选择不正确扣2分				

续表

序号	考核内容	考核要点	配分	评分标准	检测结果	扣分	得分	备注
2	操作程序	确认己烷蒸馏塔具备接收物料的条件	20	未确认气密合格扣10分				
				未确认氮气置换合格扣10分				
3		己烷蒸馏塔液位的建立	20	未采用回流进料建立液位扣10分				
				未缓慢建立液位扣10分				
4		再沸器蒸汽的调节	10	蒸汽调节方式错误扣10分				
5		缓慢调解压力在0.3MPa	10	压力调解不正常扣10分				
6		启动进料泵向蒸馏塔进料	20	未确认进料泵的启动条件扣10分				
				进料流程错误扣5分				
				再沸器蒸汽调节错误扣5分				
7		调整液位正常投串级控制	10	液位调整不正常扣10分				
8	使用工具	正确使用工具	2	工具使用不正确扣2分				
		正确维护工具	3	工具乱摆乱放扣3分				
9	安全及其他	按国家法规或企业规定		违规一次总分扣5分；严重违规停止操作			—	
		在规定时间内完成操作		每超时1min总分扣5分，超时3min停止操作			—	
		合　计	100					

否定项说明：若出现泵抽空、反转等情况，该题为零分。

试题18：干燥机蒸汽系统投用

（考核时间：15min）

序号	考核内容	考核要点	配分	评分标准	检测结果	扣分	得分	备注
1	准备工作	穿戴劳保用品	3	未穿戴整齐扣3分				
		工具、用具准备	2	工具选择不正确扣2分				
2	考核内容	检查蒸汽控制阀手阀是否打开，检查控制阀是否手动关小	20	未检查蒸汽控制阀手阀扣10分				
				未确认控制阀在控制室和现场手动关小扣10分				
3		检查蒸汽冷却器是否投用	10	未检查蒸汽冷却器是否投用扣10分				
4		干燥机机头凝液排放阀是否打开	10	未检查干燥机机头凝液排放阀扣10分				
5		检查干燥机疏水器付线阀门是否打开	10	未检查干燥机疏水器付线阀扣10分				
6		检查干燥机尾部冲洗氮气及工业风投用	20	未检查冲洗氮气扣10分				
				未检查工业风扣10分				
7		检查干燥机压水器工业风是否投用	10	未检查干燥机压水器工业风扣10分				
8		检查干燥机压水器流程	10	未检查干燥机压水器流程扣10分				
9	使用工具	正确使用工具	2	工具使用不正确扣2分				
		正确维护工具	3	工具乱摆乱放扣3分				
10	安全及其他	按国家法规或企业规定		违规一次总分扣5分；严重违规停止操作			—	
		在规定时间内完成操作		每超时1min总分扣5分，超时3min停止操作			—	
		合　计	100					

试题19:粉末输送风机启动操作

(考核时间:15min)

序号	考核内容	考核要点	配分	评分标准	检测结果	扣分	得分	备注
1	准备工作	穿戴劳保用品	3	未穿戴整齐扣3分				
		工具、用具准备	2	工具选择不正确扣2分				
2	考核内容	检查风机润滑油油位油质	10	未检查风机润滑油油位扣5分				
				未检查风机润滑油油质扣5分				
3		检查风机地脚螺栓是否松动	10	未检查风机地脚螺栓是否松动扣10分				
4		检查风机出口管线安全阀投用	10	未检查风机出口管线安全阀投用扣10分				
5		检查风机皮带及风机所用循环水和冲洗氮气是否投用	20	未检查风机皮带及风机所用循环水和冲洗氮气投用各扣10分				
6		检查风机入口补加氮气阀门打开	10	未检查风机入口补加氮气阀门打开扣10分				
7		检查袋式过滤器反吹氮气投用	10	未检查袋式过滤器反吹氮气投用扣10分				
8		启动后检查风机电流、压力、声音、振动	20	启动后未检查风机电流、压力、声音、振动扣20分				
9	使用工具	正确使用工具	2	工具使用不正确扣2分				
		正确维护工具	3	工具乱摆乱放扣3分				
10	安全及其他	按国家法规或企业规定		违规一次总分扣5分;严重违规停止操作			—	
		在规定时间内完成操作		每超时1min总分扣5分,超时3min停止操作			—	
合计			100					

试题20:干燥尾气压缩机巡检

(考核时间:15min)

序号	考核内容	考核要点	配分	评分标准	检测结果	扣分	得分	备注
1	准备工作	穿戴劳保用品	3	未穿戴整齐扣3分				
		工具、用具准备	2	工具选择不正确扣2分				
2	考核内容	检查压缩机电流、声音	20	未检查电流扣10分				
				未检查声音扣10分				
3		检查压缩机振动、负荷	20	未检查振动扣10分				
				未检查负荷扣10分				
4		检查润滑油油位、油压	20	未检查润滑油油位扣10分				
				未检查润滑油油压扣10分				
5		检查压缩机出、入口压力	20	未检查出口压力扣10分				
				未检查入口压力扣10分				
6		检查压缩机出口温度	10	未检查压缩机出口温度扣10分				
7	使用工具	正确使用工具	2	工具使用不正确扣2分				
		正确维护工具	3	工具乱摆乱放扣3分				
8	安全及其他	按国家法规或企业规定		违规一次总分扣5分;严重违规停止操作			—	
		在规定时间内完成操作		每超时1min总分扣5分,超时3min停止操作			—	
合计			100					

试题21：粉末输送风机的维护

（考核时间：15min）

序号	考核内容	考核要点	配分	评分标准	检测结果	扣分	得分	备注
1	准备工作	穿戴劳保用品	3	未穿戴整齐扣3分				
		工具、用具准备	2	工具选择不正确扣2分				
2	考核内容	检查风机电流、声音	20	未检查电流扣10分				
				未检查声音扣10分				
3		检查风机振动	10	未检查振动扣10分				
4		检查润滑油油位	10	未检查润滑油油位扣10分				
5		检查润滑油油质	10	未检查润滑油油质扣10分				
6		检查皮带松紧度	10	未检查皮带松紧度扣10分				
7		检查风机冷却水是否投用	10	未检查风机冷却水是否投用扣10分				
8		检查风机出、入口压力	20	未检查出口压力扣10分				
				未检查入口压力扣10分				
9	使用工具	正确使用工具	2	工具使用不正确扣2分				
		正确维护工具	3	工具乱摆乱放扣3分				
10	安全及其他	按国家法规或企业规定		违规一次总分扣5分；严重违规停止操作			—	
		在规定时间内完成操作		每超时1min总分扣5分，超时3min停止操作			—	
		合　计	100					

试题22：干燥循环气风机切换操作

（考核时间：15min）

序号	考核内容	考核要点	配分	评分标准	检测结果	扣分	得分	备注
1	准备工作	穿戴劳保用品	3	未穿戴整齐扣3分				
		工具、用具准备	2	工具选择不正确扣2分				
2	考核内容	检查备用风机润滑油油质、油位	20	未检查备用风机润滑油油质扣10分				
				未检查备用风机润滑油油位扣10分				
3		检查备用风机地脚螺栓	10	未检查备用风机地脚螺栓扣10分				
4		打开备用风机出口阀，将入口阀关闭	30	未打开备用风机出口阀扣10分				
				未关闭备用风机入口阀扣20分				
5		投用备用风机密封冲洗	10	未投用备用风机密封冲洗扣10分				
6		启动备用风机，检查运转状态	10	未检查运转状态扣10分				
7		停原运转台，关闭出入口阀后关密封冲洗	10	未关闭出入口阀，未关密封冲洗各扣5分				
8	使用工具	正确使用工具	2	工具使用不正确扣2分				
		正确维护工具	3	工具乱摆乱放扣3分				
9	安全及其他	按国家法规或企业规定		违规一次总分扣5分；严重违规停止操作			—	
		在规定时间内完成操作		每超时1min总分扣5分，超时3min停止操作			—	
		合　计	100					

试题23:粉末输送风机的切换

(考核时间:15min)

序号	考核内容	考核要点	配分	评分标准	检测结果	扣分	得分	备注
1	准备工作	穿戴劳保用品	3	未穿戴整齐扣3分				
		工具、用具准备	2	工具选择不正确扣2分				
2	考核内容	检查备用设备的润滑油、皮带松紧	15	未检查润滑油油位扣5分				
				未检查润滑油油质5分				
				未检查皮带松紧扣5分				
3		检查是否打开备用台的出入口阀门	10	未打开扣10分				
4		检查是否投用备用台冲洗氮气和循环水	20	未投用氮气扣10分				
				未投用循环水扣10分				
5		启动备用台运转	10	未启动备用台运转扣10分				
6		是否检查运转状态,电流、声音、振动大小	10	未检查扣10分				
7		检查是否停原设备运转,关闭其出入口阀门	15	原设备未停止扣5分				
				未关出入口阀门扣10分				
8		检查是否关闭原运转台的循环水和氮气	10	未停用氮气扣5分				
				未停用循环水扣5分				
9	使用工具	正确使用工具	2	工具使用不正确扣2分				
		正确维护工具	3	工具乱摆乱放扣3分				
10	安全及其他	按国家法规或企业规定		违规一次总分扣5分;严重违规停止操作			—	
		在规定时间内完成操作		每超时1min总分扣5分,超时3min停止操作			—	
		合　计	100					

气相法模块

试题1:挤压机开车前的准备

(考核时间:15min)

序号	考核内容	考核要点	配分	评分标准	检测结果	扣分	得分	备注
1	准备工作	穿戴劳保用品	3	未穿戴整齐扣3分				
		工具、用具准备	2	工具选择不正确扣2分				
2	操作程序	检查确认整个挤压造粒系统及机、电、仪和公用工程均达到开车条件	10	漏检一项扣5分				
				开错阀扣10分				
3		确认主减速齿轮箱处于“高档”还是“低挡”,按要求设定好	10	确认错误扣10分				
4		操作阀站开始对筒体用中压蒸汽加热	10	开阀过大扣5分				
				开错阀扣10分				
5		确认热油流程正确后,启动热油单元对机身进行加热,逐步提高油温至220~300℃之间,确认自控状况良好	10	确认错误一项扣5分				
				确认错误扣10分				
6		启动离心干燥机、振动筛、抽湿风机、送料旋转阀,并通知室内和母料制备、掺合岗位做好开车准备	15	开错阀扣10分				
				确认错误一项扣5分				

续表

序号	考核内容	考核要点	配分	评分标准	检测结果	扣分	得分	备注
7		检查切粒刀具备开车条件，间隙调整正常，进刀系统要进行详细检查，确保该系统处于良好状态	15	确认错误一项扣5分				
8		输送系统风机运行正常，具备供料和送料条件	10	确认错误一项扣5分				
9		确认挤压机现场盘内的联锁和DCS内具有的联锁投用正常	10	确认错误一项扣5分				
10	使用工具	正确使用工具	2	工具使用不正确扣2分				
		正确维护工具	3	工具乱摆乱放扣3分				
合计			100					

试题2:乙烯压缩机的开车

（考核时间:15min）

序号	考核内容	考核要点	配分	评分标准	检测结果	扣分	得分	备注
1	准备工作	穿戴劳保用品	3	未穿戴整齐扣3分				
		工具、用具准备	2	工具选择不正确扣2分				
2	操作程序	对压缩机盘车	10	没有按要求盘车扣10分				
3		检查曲轴箱润滑油位在视镜的1/2~3/4处	10	没有检查扣5分				
				检查不对扣5分				
4		确认所有手动阀及仪表调节阀的位置是否正确	15	开阀过大扣5分				
				开错阀扣10分				
5		启动润滑油加热器，启动辅助润滑油泵	15	确认错误一项扣5分				
				开错阀扣10分				
6		确认乙二醇、水系统温度大于35℃，润滑油温度大于10℃。启动主电机，对压缩机的运行情况进行确认。确认润滑油压差上升到0.35MPa	15	开错阀扣10分				
				确认错误一项扣5分				
		逐渐增压的同时调整好出口压力，使乙烯净化系统循环，直到预聚合、聚合岗位需要乙烯时为止	15	确认错误一项扣5分				
		确认乙二醇、水系统温度大于35℃，润滑油温度大于10℃	10	压力调整不对扣5分				
7	使用工具	正确使用工具	2	工具使用不正确扣2分				
		正确维护工具	3	工具乱摆乱放扣3分				
合计			100					

试题3:己烷精馏塔的开车

（考核时间:10min）

序号	考核内容	考核要点	配分	评分标准	检测结果	扣分	得分	备注
1	准备工作	穿戴劳保用品	5	未穿戴整齐扣5分				
		工具、用具准备	5	工具选择不正确扣5分				

续表

序号	考核内容	考核要点	配分	评分标准	检测结果	扣分	得分	备注
2		检查确认整个己烷精馏塔系统及机、电、仪和公用工程均达到开车条件	10	确认错误一项扣5分				
3		启动进料泵将溶剂注入塔釜及再沸器至料面70%，并缓慢建立加热系统	10	确认错误一项扣5分				
4		建立稳定的全回流操作	15	确认错误一项扣5分；开错一个阀门扣5分				
5		全回流操作稳定后，提高进料量，向进料罐采出产品	15	开错一个阀门扣5分；确认错误一项扣5分				
6		分析合格即水含量小于$3X10^{-6}$时，切至成品罐接料	15	没及时通知取样扣15分				
7		监控己烷精馏塔各点温度、料面、压力、进料量、采出量，及时调节系统使其稳定正常	15	确认错误一项扣5分；参数调节错误一项扣5分				
8	使用工具	正确使用工具	5	工具使用不正确扣5分				
		正确维护工具	5	工具乱摆乱放扣5分				
合　计			100					

试题4：丁烯-1系统开车

（考核时间：10min）

序号	考核内容	考核要点	配分	评分标准	检测结果	扣分	得分	备注
1	准备工作	穿戴劳保用品	5	未穿戴整齐扣5分				
		工具、用具准备	5	工具选择不正确扣5分				
2	操作程序	确认系统工艺具备开车条件，公用工程、机电仪、分析仪均正常	10	确认错误一项扣5分				
3		隔离系统进行试压试漏、置换系统	10	确认错误一项扣5分				
4		给丁烯干燥床充装分子筛	15	确认错误一项扣5分；开错一个阀门扣5分				
5		用氮气置换丁烯储罐和干燥床，直至氧含量小于2×10^{-6}	10	开错一个阀门扣5分；确认错误一项扣5分				
6		先打开界区丁烯阀通知厂调度接丁烯	10	没及时通知取样扣10分				
7		丁烯进入储罐后，建立丁烯循环，对干燥床进行再生，再生结束后床自然冷却到常温	15	确认错误一项扣5分；参数调节错误一项扣5分				
8		接丁烯到干燥床	10	开错一个阀门扣5分；				
9	使用工具	正确使用工具	5	工具使用不正确扣5分				
		正确维护工具	5	工具乱摆乱放扣5分				
合　计			100					

试题5:乙烯净化系统的开车

(考核时间:15min)

序号	考核内容	考核要点	配分	评分标准	检测结果	扣分	得分	备注
1	准备工作	穿戴劳保用品	5	未穿戴整齐扣5分				
		工具、用具准备	5	工具选择不正确扣5分				
2	操作程序	确认系统工艺具备开车条件,公用工程、机电仪、分析仪均正常	10	确认错误一项扣5分				
3		隔离系统进行试压试漏、置换系统	10	确认错误一项扣5分				
4		对脱氧床进行还原,干燥床进行再生,压缩机系统进行置换	10	确认错误一项扣5分,开错一个阀门扣5分。				
5		建立加热器蒸汽回路,按工艺要求进行加热升温	10	开错一个阀门扣5分,确认错误一项扣5分				
6		打开乙烯界区阀将加氢控制投自动,依次置换各床,建立打通乙烯流程	15	开错一个阀门扣5分,确认错误一项扣5分。				
7		按乙烯压缩机操作说明启动压缩机,乙烯系统循环	15	确认错误一项扣5分。参数调节错误一项扣5分。				
8		注意系统温度、压力和各床出口产品质量变化,及时调整工艺各参数,及时还原、氧化、再生各床	10	确认错误一项扣5分。参数调节错误一项扣5分。				
9	使用工具	正确使用工具	5	工具使用不正确扣5分				
		正确维护工具	5	工具乱摆乱放扣5分				
合计			100					

试题6:全回流操作

(考核时间:15min)

序号	考核内容	考核要点	配分	评分标准	检测结果	扣分	得分	备注
1	准备工作	穿戴劳保用品	5	未穿戴整齐扣5分				
		工具、用具准备	5	工具选择不正确扣5分				
2	操作程序	检查确认整个己烷精馏塔系统及机、电、仪和公用工程均达到开车条件	20	确认错误一项扣5分				
3		启动进料泵将溶剂注入塔釜及再沸器至料面70%,并缓慢建立加热系统	20	确认错误一项扣5分,开错一个阀门扣5分。				
4		建立稳定的全回流操作	20	不确认一项扣5分				
5		全回流操作稳定后,提高进料量,向进料罐采出产品	20	开错一个阀门扣5分,不确认一项扣5分				
6	使用工具	正确使用工具	5	工具使用不正确扣5分				
		正确维护工具	5	工具乱摆乱放扣5分				
合计			100					

试题7:挤压机加热系统的操作

(考核时间:15min)

序号	考核内容	考核要点	配分	评分标准	检测结果	扣分	得分	备注
1	准备工作	穿戴劳保用品	5	未穿戴整齐扣5分				
		工具、用具准备	5	工具选择不正确扣5分				
2	操作程序	确认CCW系统水罐水位和泵进出口流程正确后,启动该水泵向热油泵通入脱盐水	10	开错一个阀门扣5分,不确认一项扣5分				
3		确认热油流程正确后,启动热油单元对机身进行加热,逐步提高油温至220~300℃之间	15	不确认一项扣5分,操作错误扣10分				
4		打开造粒单元的中压蒸汽阀,将中压蒸汽缓慢引入造粒单元	15	开错一个阀门扣5分				
5		打开混炼机各段筒体入口蒸汽冷凝液管线的排液阀	10	开错一个阀门扣5分				
6		缓慢打开混炼机各段筒体加热蒸汽的入口阀	15	操作错误扣15分				
7		待排液阀有蒸汽排出时,打开混炼机各段筒体出口蒸汽冷凝液管线的排液阀,并同时关闭混炼机各段筒体入口蒸汽冷凝液管线的排液阀	15	操作错误扣15分				
8	使用工具	正确使用工具	5	工具使用不正确扣5分				
		正确维护工具	5	工具乱摆乱放扣5分				
合　计			100					

试题8:氮气精制系统的操作

(考核时间:10min)

序号	考核内容	考核要点	配分	评分标准	检测结果	扣分	得分	备注
1	准备工作	穿戴劳保用品	5	未穿戴整齐扣5分				
		工具、用具准备	5	工具选择不正确扣5分				
2	操作程序	打通氮气精制系统的流程,从界区引氮气进入系统	5	操作错误扣5分				
3		投用氮气换热器冷却水系统	5	操作错误扣5分				
4		缓慢打开氮气脱氧加热器的蒸汽入口阀,引入低压蒸汽对氮气脱氧加热器加热,将氮气脱氧加热器温度控制设定在操作规程要求的温度后投自动控制	10	开阀过大扣5分				
				操作错误扣5分				
5		注意监视各个床层和进出口温度	5	不检查扣5分				
6		待系统操作正常平稳后,监视精制系统在线分析仪的水、氧气测量值,待合格后准备打开氮压机系统,用精制合格氮气置换氮压机系统	10	不检查扣10分				
				操作错误扣5分				

续表

序号	考核内容	考核要点	配分	评分标准	检测结果	扣分	得分	备注
7		打开氮压机入口双阀组,对入口缓冲罐流动吹扫2分钟,压力置换5次,气体从缓冲罐底部倒淋排放,然后充压到氮气源压力	10	操作错误扣5分,不按要求吹扫、置换每项扣5分				
8		确认氮压机具备联锁启动条件,将氮压机启动,并确认氮气返回线压力调节阀投用,从氮压机出口倒淋处排气,流动吹扫10分钟。关闭倒淋,同时打开氮气脱氧器的入口双阀组	10	不检查扣5分				
				操作错误扣5分				
				不按要求吹扫每项扣5分				
9		对氮气缓冲罐进行流动吹扫20分钟,然后压力置换5次	5	不按要求吹扫、置换每项扣5分,操作错误扣5分				
10		氮气缓冲罐置换完毕,充压到2.9MPa,分别对各个用户管线进行流动置换10分钟,并压力置换5次,然后关各倒淋	10	不按要求吹扫、置换每项扣5分,操作错误扣5分				
11		确认各用户管线已置换干净,并对各法兰及漏点进行检漏和相应的消漏处理,确认无泄漏点后,准备引入精制高压氮气供用户使用	10	不检漏、消漏每项扣5分,操作错误扣5分				
12	使用工具	正确使用工具	5	工具使用不正确扣5分				
		正确维护工具	5	工具乱摆乱放扣5分				
		合　计	100					

试题9:冷却风机正常操作

(考核时间:15min)

序号	考核内容	考核要点	配分	评分标准	检测结果	扣分	得分	备注
1	准备工作	穿戴劳保用品	5	未穿戴整齐扣5分				
		工具、用具准备	5	工具选择不正确扣5分				
2	操作程序	确认系统工艺具备开车条件,公用工程、机电仪正常后,启动冷却风机	30	开错一个阀门扣5分,不确认扣20分				
3		风压控制在0.0085MPa以上	20	不确认扣20分				
4		观察风机运行状况	10	不确认扣10分				
5		定时更换滤布	20	操作错误扣20分				
6	使用工具	正确使用工具	5	工具使用不正确扣5分				
		正确维护工具	5	工具乱摆乱放扣5分				
		合　计	100					

试题10:流花床反应原料气的加入操作

（考核时间:15min）

序号	考核内容	考核要点	配分	评分标准	检测结果	扣分	得分	备注
1	准备工作	穿戴劳保用品	5	未穿戴整齐扣5分				
		工具、用具准备	5	工具选择不正确扣5分				
2	操作程序	确认进反应器的乙烯、丁烯、氮气手动阀已开	20	开错一个阀门扣5分				
				不确认一项扣5分				
3		原料气乙烯是通过总压控制回路控制,当总压低于给定压力,增加乙烯加料量,反之减少乙烯加料量	20	不确认一项扣5分,操作错误扣10分				
4		根据所生产牌号的不同,给定氢气乙烯比,由氢气乙烯比回路控制加氢量	20	不确认一项扣5分,开错一个阀门扣5分				
5		根据所生产牌号的不同,给定丁烯乙烯比,由丁烯乙烯比回路控制加丁烯量	20	开错一个阀门扣5分,不确认一项扣5分				
6	使用工具	正确使用工具	5	工具使用不正确扣5分				
		正确维护工具	5	工具乱摆乱放扣5分				
		合　计	100					

试题11:添加剂加料的正常操作

（考核时间:15min）

序号	考核内容	考核要点	配分	评分标准	检测结果	扣分	得分	备注
1	准备工作	穿戴劳保用品	5	未穿戴整齐扣5分				
		工具、用具准备	5	工具选择不正确扣5分				
2	操作程序	确认掺混机内已通入保护氮气	10	不确认扣5分				
				操作错误扣5分				
3		确认掺混机夹套已通入冷却水	10	不确认扣5分				
				操作错误扣5分				
4		确认掺混机已具备投用条件	10	不确认扣5分				
				不检查运转情况扣5分				
5		将已冷却的粉料树脂按配方要求量加入到掺混机中	15	不按要求配制扣10分				
				操作错误扣10分				
6		将所需的添加剂按配方要求量加入到掺混机中	15	不确认扣10分				
				操作错误扣10分				
7		现场启动掺混机搅拌15分钟左右后停止掺混,将掺混好的添加剂待用	10	超时或不够时间扣10分				
8		将掺混机下料阀投自动位	10	操作错误扣10分				
9	使用工具	正确使用工具	5	工具使用不正确扣5分				
		正确维护工具	5	工具乱摆乱放扣5分				
		合　计	100					

试题12:共聚单体精制系统正常停车操作

(考核时间:15min)

序号	考核内容	考核要点	配分	评分标准	检测结果	扣分	得分	备注
1	准备工作	穿戴劳保用品	5	未穿戴整齐扣5分				
		工具、用具准备	5	工具选择不正确扣5分				
2	操作程序	确认反应系统准备正常停车时,应预先切断储罐区向脱气系统的供料	15	不确认每项扣10分				
				操作错误每项扣10分				
3		停共聚单体输送泵,关储罐出口阀,将输送泵液体排向火炬总管	20	操作错误每项扣10分				
4		停缓冲罐再沸器的蒸汽并排净残液	15	操作错误每项扣10分				
				不排净残液扣5分				
5		继续让高速泵抽送缓冲罐内物料去反应系统至液位低报联锁停泵为止	10	操作错误每项扣10分				
6		关闭干燥器出口去反应系统管线上的所有阀门	10	操作错误每项扣10分				
7		关闭分子筛床入口双阀组和出口双阀组	10	操作错误每项扣10分				
8	使用工具	正确使用工具	5	工具使用不正确扣5分				
		正确维护工具	5	工具乱摆乱放扣5分				
		合　计	100					

试题13:氮气精制系统的停车

(考核时间:15min)

序号	考核内容	考核要点	配分	评分标准	检测结果	扣分	得分	备注
1	准备工作	穿戴劳保用品	5	未穿戴整齐扣5分				
		工具、用具准备	5	工具选择不正确扣5分				
2	操作程序	氮气系统需停车前,应通知各项关岗位操作人员,作好相应的停车准备	10	不联系相关人员扣10分				
3		关闭所有精制氮气用户的管线入口阀,若某个床层正在进行再生或预负荷等操作,则待其步骤完成后再关闭该用户入口阀	20	操作错误每项扣10分				
				不检查确认扣10分				
4		关闭界区氮气供给入口截止阀	10	操作错误每项扣10分				
5		停该系统的所有蒸汽系统,并排净残液	10	操作错误每项扣5分				
				不排净残液扣10分				
6		停氮压机,并切断电源开关	10	操作错误每项扣5分				
				不停电扣10分				
7		将各系统容器进出口双阀组关闭,隔离后泄压至微正压氮封	10	操作错误每项扣5分				
				不氮封扣10分				
8		停氮气换热器和氮压机系统内所有冷却水系统,并排净残液	10	操作错误每项扣5分 不排净残液扣5分				

续表

序号	考核内容	考核要点	配分	评分标准	检测结果	扣分	得分	备注
9	使用工具	正确使用工具	5	工具使用不正确扣5分				
		正确维护工具	5	工具乱摆乱放扣5分				
		合　计	100					

试题14:离心泵不上量的判断

(考核时间:15min)

序号	考核内容	考核要点	配分	评分标准	检测结果	扣分	得分	备注
1	准备工作	穿戴劳保用品	5	未穿戴整齐扣5分				
		工具、用具准备	5	工具选择不正确扣5分				
2	操作程序	吸入法兰连接不严密	10	判断错误扣10分				
3		吸入管底阀未打开或失灵	20	判断错误扣20分				
4		未罐泵或罐泵未排尽气体	15	判断错误一项扣10分				
5		液面降低,吸入管口淹没深度不够,安装高度超过泵的允许吸上高度	15	判断错误一项扣10分,未操作扣10分				
6		入口过滤网堵塞	10	判断错误扣10分				
7		出口阀开度过小	10	判断错误扣10分				
8	使用工具	正确使用工具	5	工具使用不正确扣5分				
		正确维护工具	5	工具乱摆乱放扣5分				
		合　计	100					

试题15:判断往复式压缩机做功不好的原因

(考核时间:15min)

序号	考核内容	考核要点	配分	评分标准	检测结果	扣分	得分	备注
1	准备工作	穿戴劳保用品	5	未穿戴整齐扣5分				
		工具、用具准备	5	工具选择不正确扣5分				
2	操作程序	吸入压力低	30	判断错误扣30分				
3		吸入温度高	30	判断错误扣10分 不检查确认扣20分				
4		余隙过大	20	判断错误扣20分				
5	使用工具	正确使用工具	5	工具使用不正确扣5分				
		正确维护工具	5	工具乱摆乱放扣5分				
		合　计	100					

试题16:判断反应器发生泄漏的依据

(考核时间:10min)

序号	考核内容	考核要点	配分	评分标准	检测结果	扣分	得分	备注
1	准备工作	穿戴劳保用品	5	未穿戴整齐扣5分				
		工具、用具准备	5	工具选择不正确扣5分				

续表

序号	考核内容	考核要点	配分	评分标准	检测结果	扣分	得分	备注
2	操作程序	反应器总压降低，乙烯浓度持续偏高	30	判断错误一项扣15分				
3		泄漏导致反应器总压降低，造成乙烯进料量增大	30	判断错误扣30分				
4		乙烯消耗量大，而聚乙烯产量低	20	判断错误一项扣10分				
5	使用工具	正确使用工具	5	工具使用不正确扣5分				
		正确维护工具	5	工具乱摆乱放扣5分				
		合　计	100					

试题17：反应器乙烯进料突然终止的处理

（考核时间：10min）

序号	考核内容	考核要点	配分	评分标准	检测结果	扣分	得分	备注
1	准备工作	穿戴劳保用品	5	未穿戴整齐扣5分				
		工具、用具准备	5	工具选择不正确扣5分				
2	操作程序	乙烯突然终止，反应器急冷	20	操作错误扣20分				
3		停止预聚物注入	20	操作错误扣20分				
4		停止氢气、丁烯的加入	20	操作错误每项扣10分				
5		反应器转入备用状态，等待乙烯恢复正常	20	操作错误扣20分				
6	使用工具	正确使用工具	5	工具使用不正确扣5分				
		正确维护工具	5	工具乱摆乱放扣5分				
		合　计	100					

试题18：乙烯脱炔床超温时的处理

（考核时间：10min）

序号	考核内容	考核要点	配分	评分标准	检测结果	扣分	得分	备注
1	准备工作	穿戴劳保用品	5	未穿戴整齐扣5分				
		工具、用具准备	5	工具选择不正确扣5分				
2	操作程序	减少加氢量	20	操作错误扣20分				
3		减少加热蒸汽进料量	20	操作错误扣20分				
4		紧急放火炬	20	操作错误扣20分				
5		向调度报告，检查上游物料	20	操作错误扣10分 未报告扣10分				
6	使用工具	正确使用工具	5	工具使用不正确扣5分				
		正确维护工具	5	工具乱摆乱放扣5分				
		合　计	100					

试题19：隙口背压高时的处理

（考核时间：10min）

序号	考核内容	考核要点	配分	评分标准	检测结果	扣分	得分	备注
1	准备工作	穿戴劳保用品	5	未穿戴整齐扣5分				
		工具、用具准备	5	工具选择不正确扣5分				

续表

序号	考核内容	考核要点	配分	评分标准	检测结果	扣分	得分	备注
2	操作程序	下料量大而间隙过小。减少下料量	20	判断错误一项扣5分,操作错误扣15分				
3		机身温度偏低物料熔融不好。提高机身温度	20	判断错误一项扣5分,操作错误扣15分				
4		齿轮泵转速偏低,物料堆积造成隙口背压高。提高齿轮泵转速	20	判断错误一项扣5分,操作错误扣15分				
5		间隙过小。调大间隙	20	判断错误一项扣5分,操作错误扣15分				
6	使用工具	正确使用工具	5	工具使用不正确扣5分				
		正确维护工具	5	工具乱摆乱放扣5分				
合计			100					

试题20:氮气精制系统流程

(考核时间:10min)

序号	考核内容	考核要点	配分	评分标准	扣分	得分
1	流程走向	排布合理、卷面清晰	10	排布不合理扣5分,卷面涂改,不整洁扣5分		
		设备齐全	30	漏设备一台扣5分		
2	控制回路	信号线	10	信号线走向不正确、缺少扣10分		
		仪表位号	10	仪表位号不正确、缺少扣10分		
		控制点	10	控制点不正确、缺少扣10分		
3	设备1	进出物料、位置、位号正确	10	物料走向不正确一处扣5分		
			5	位号错误一处扣5分		
4	设备2	进出物料、位置、位号正确	10	物料走向不正确一处扣5分		
			5	位号不正确一处扣5分		
合计			100			

试题21:压力换算

(考核时间:15min)

序号	考核内容	考核要点	配分	评分标准	检测结果	扣分	得分	备注
1		写出已知条件	10	未写出已知条件扣10分				
2	计算程序	写出计算公式:$100KPa=(100\times1000)/(9.81\times10^4)$;	25	写错不得分				
3		写出计算公式:$100KPa=(100\times1000)/101325$	25	写错不得分				
4		换算成kg/cm^2:$100KPa=(100\times1000)/(9.81\times10^4)=1.02kg/cm^2$	20	计算错误不得分				
				未写单位扣6分				
5		换算成atm:$100kPa=(100\times1000)/101325=0.987atm$	20	计算错误不得分				
				未写单位扣4分				
合计			100					

试题22:动火条件的确认

（考核时间:30min）

序号	考核内容	考核要点		配分	评分标准	检测结果	扣分	得分	备注
		序号	步骤描述						
1	操作步骤	1	根据要求安排动火监护配合人	10	未安排扣10分				
		2	动火监护配合人根据动火区域和用火部位危害程度,确认临时动火级别,制定相应的风险识别和消减风险措施	20	每少一项扣5分				
		3	动火监护配合人按规定办理临时动火票,联系分析人员进行动火分析。严格执行用火分析及合格的标准。使用便携式可燃气体报警仪进行分析时,检测设备必须经有检测资质单位标定合格并在有效期内,被测的可燃气体或可燃气体蒸汽浓度应小于其与空气混合爆炸下限的10%(LEL),分析人员在临时动火票上填上准确的分析数据	40	每少一项扣5分				
		4	动火作业票根据动火级别不同,按规定联系相关人员办理动火申请和审批工作	20	每少一项扣5分				
		5	动火监护配合人员动火手续齐全,防护措施落实,即可联系检修人员动火	10	每少一项扣5分				
合计				100					

第二部分

中级工

一、国家职业标准(中级工工作要求)

职业功能	工作内容	技能要求		相关知识
工艺操作	(一)开车准备	共性要求	能完成本岗位及相关岗位的开车准备工作 1. 能进行本岗位及相关岗位的设备与管线的吹扫、气密试验、氮气置换 2. 能确认本岗位及相关岗位的公用工程正常投用 3. 能确认本岗位及相关岗位流程正常 4. 能确认本岗位及相关岗位原、辅材料的数量和质量 5. 能确认本岗位及相关岗位设备、仪表、电气完好,处于开车备用状态	1. 本岗位及相关岗位的吹扫、气密试压的基础知识 2. 本岗位及相关岗位开车方案 3. 本岗位及相关岗位的工艺流程 4. 本岗位及相关岗位所用公用工程的性质、规格、界区条件 5. 本岗位及相关岗位原、辅材料的性质、规格、作用 6. 开车准备及注意事项 7. 催化剂、助催化剂的特性、安全操作规程 8. 公用工程引进注意事项
		溶液法	1. 能引本岗位及相关岗位水、电、汽、风进装置 2. 能完成本岗位及相关岗位开工前机泵投用的准备工作 3. 能配合对本岗位及相关岗位仪表联锁、控制阀阀位进行确认	
		高压法	1. 能完成液体引发剂、添加剂配制工作 2. 能完成本岗位及相关岗位开车条件确认工作 3. 能完成各种机泵的盘车工作	
		气相法	1. 能完成本岗位及相关岗位公用物料和反应物料的检查确认工作 2. 能确认本岗位及相关岗位的设备、系统具备开车条件 3. 能配合对本岗位及相关岗位仪表联锁、控制阀阀位进行确认	
	(二)开车操作	共性要求	1. 能完成本岗位及相关岗位开车前的升温、预热操作 2. 能完成本岗位及相关岗位的物料引进及建立物料循环操作	1. 相关岗位工艺流程 2. 相关岗位开车方案、操作程序、注意事项 3. 相关岗位设备单机操作规程 4. 本岗位及相关岗位产品、半成品的性质、规格、质量、指标、控制方法 5. 反应器内初始浓度的概念 6. 反应器的工作原理、特征及关系 7. 添加剂的作用
		溶液法	1. 能打通本岗位及相关岗位工艺流程 2. 能完成本岗位及相关岗位的接、送料及建立物料循环工作 3. 能根据开车方案调整本岗位及相关岗位生产 4. 能完成本岗位及相关岗位的化工投料开车工作 5. 能完成投料后至系统正常的调整操作	

续表

职业功能	工作内容	技能要求		相关知识
		高压法	1. 能完成本岗位及相关岗位设备启动工作 2. 能完成压缩机、挤压机、切粒机等大型设备开车操作 3. 能完成压缩机、反应器升压、降压操作 4. 能完成高压循环气、低压循环气、返回精制气建立操作 5. 能完成换热系统冷却、加热介质切换操作 6. 能完成分子量调整剂、引发剂、添加剂计量加料操作 7. 能调节反应器夹套热水单元操作,合理撤除乙烯聚合反应产生的热量	
		气相法	1. 能确认本岗位及相关岗位管线内的物料名称及物流方向 2. 能将各种原辅料(乙烯、丙烷、氢气、氮气及丁烯－1)引入本岗位及相关岗位 3. 能按要求启动本岗位及相关岗位的各种机泵 4. 能操作各个反应器、槽、沉降腿的冷却系统 5. 能完成压缩机、挤出机、切粒机等大型设备开车工作 6. 能根据产品牌号调节沉降腿产品出料阀的开关时间 7. 能完成各反应器的升压工作	
	(三)正常操作	共性要求	能完成本岗位及相关岗位的开车准备工作 1. 能完成本岗位及相关岗位的日常巡检操作 2. 能根据装置运行情况及分析结果,调节本岗位及相关岗位工艺参数,保证装置平稳运行 3. 能进行本岗位及相关岗位产品质量的控制 4. 能操作相关岗位DCS进行生产控制	1. 相关岗位的巡检路线、内容和要求 2. 相关岗位工艺控制指标 3. 相关岗位分析项目、取样点、频度、控制值 4. 产品的物性指标、质量控制指标和产品质量与操作参数的关系 5. 计算机操作及DCS基本知识 6. 相关岗位仪表报警联锁知识
		溶液法	1. 能根据分析结果,调节本岗位及相关岗位的工艺参数,保证装置平稳运行 2. 能平衡好岗位之间的生产负荷 3. 能熟练操作相关岗位DCS 4. 能根据负荷量与组成变化进行工艺调节 5. 能完成本岗位及相关岗位产品质量动态分析 6. 能投用、停用本岗位及相关岗位的联锁 7. 能完成本岗位及相关岗位产品牌号的切换及相应的参数调整	

续表

<table>
<tr><th>职业功能</th><th>工作内容</th><th colspan="2">技能要求</th><th>相关知识</th></tr>
<tr><td rowspan="5"></td><td rowspan="2"></td><td>高压法</td><td>1. 能完成压缩机负荷、反应器压力、温度等工艺参数调整工作
2. 能根据原料的变化合理调整本岗位及相关岗位操作,保证物料、动力的平衡与稳定
3. 能根据化验分析结果,合理调节反应器的温度、压力及引发剂、调节剂的进料量,满足产品质量要求
4. 能完成高压分离器、低压分离器在线清洗工作
5. 能完成本岗位及相关岗位 DCS 操作
6. 能完成不合格产品补救工作
7. 能完成产品料仓周转工作
8. 能处理反应器粘壁</td><td rowspan="2"></td></tr>
<tr><td>气相法</td><td>1. 能根据实验室分析结果,调节本岗位及相关岗位的工艺参数,保证产品质量
2. 能完成本岗位及相关岗位产品牌号的切换及相应的参数调整
3. 能对总产量进行调整,并保证各反应器生产负荷的平衡
4. 能根据要求对反应进行一氧化碳微中止,并做好后续处理工作
5. 能操作本岗位及相关岗位的 DCS
6. 能投用、停用本岗位及相关岗位的联锁
7. 能完成产品料仓周转工作</td></tr>
<tr><td rowspan="3">(四)停车操作</td><td>共性要求</td><td>1. 能完成本岗位及相关岗位的停车操作
2. 能完成本岗位及相关岗位的倒空停车操作</td><td rowspan="3">1. 相关岗位停车方案、操作步骤及注意事项
2. 相关岗位倒空置换知识
3. 相关岗位三废排放指标、排放规定及三废处理知识
4. 相关岗位设备、管线吹扫、清洗方法</td></tr>
<tr><td>溶液法</td><td>1. 能完成本岗位及相关岗位设备的进料
2. 能完成停止进料后的本岗位及相关岗位工艺调整工作
3. 能完成本岗位及相关岗位临时停车、倒空停车及吹扫、置换等工作
4. 能协助完成本岗位及相关岗位紧急停车工作
5. 能做好三废的排放工作</td></tr>
<tr><td>高压法</td><td>1. 能完成本岗位及相关岗位设备停车工作
2. 能完成本岗位及相关岗位物料排放、倒空工作
3. 能完成本岗位及相关岗位吹扫、置换工作
4. 能完成本岗位及相关岗位管线、设备保压、保温工作
5. 能完成设备、单元切断、隔离工作
6. 能完成产品线疏通工作</td></tr>
</table>

续表

职业功能	工作内容	技能要求		相关知识
		气相法	1. 能完成本岗位及相关岗位各管道的吹扫和设备的清洗工作 2. 能脱除反应中止剂CO 3. 能完成本岗位及相关岗位的临时停车 4. 能协助完成本岗位及相关岗位的紧急停车 5. 能停止本岗位及相关岗位的物料进料及后续的工艺调整工作 6. 能对整个系统的稀释剂进行倒空	
设备使用与维护	(一)使用设备	溶液法	1. 能开、停、切换本岗位及相关岗位机泵等设备 2. 能使用本岗位及相关岗位的仪表、电气设备 3. 能完成计量设备的调整 4. 能进行本岗位及相关岗位大机组润滑油泵的切换操作	1. 相关岗位设备的功能、工作原理 2. 相关岗位设备的操作规程 3. 相关岗位简单的仪表、电气知识
		高压法	1. 能完成本岗位及相关岗位设备开车、停车工作 2. 能使用本岗位及相关岗位仪表、电气设备 3. 能操作压缩机、挤压机、切粒机等大型设备 4. 能完成离心泵、柱塞泵、齿轮泵、螺杆泵、罗茨风机等设备切换工作	
		气相法	1. 能操作本岗位及相关岗位的仪表控制点 2. 能开、停、切换本岗位及相关岗位机泵等设备 3. 能完成本岗位及相关岗位设备的加油、加脂工作 4. 能完成本岗位及相关岗位机泵的盘车工作	
	(二)维护设备	1. 能进行本岗位及相关岗位设备的加油、加脂等日常保养工作 2. 能配合有关工种做好本岗位及相关岗位检修工作 3. 能完成本岗位及相关岗位管线法兰的紧固及一般管件、法兰的维修和设备常见故障的排除 4. 能完成本岗位及相关岗位部分仪表参数的整定,配合处理测压点、调节器等一般故障 5. 能完成本岗位及相关岗位设备大修前后系统的倒空置换、吹扫、试压工作 6. 能完成本岗位及相关岗位主要设备、管线、阀门大检修配合工作以及检查验收工作 7. 能完成本岗位及相关岗位设备、管线保温、防冻防凝、防腐蚀等工作		1. 相关岗位设备密封、防腐知识 2. 相关岗位设备所用的润滑油、润滑脂的种类、型号 3. 相关岗位设备运行周期、维护保养知识 4. 相关岗位设备的结构、性能、工作原理及使用知识 5. 设备检修的有关知识 6. 常用管线、阀门、法兰、管件及垫片的规格、类型、材质的知识

续表

职业功能	工作内容	技能要求	相关知识
事故判断与处理	(一)判断事故	1. 能判断本岗位及相关岗位超温、超压、超液面、聚合反应波动等工艺事故的原因 2. 能判断本岗位及相关岗位罐、釜等容器泄漏原因 3. 能判断本岗位及相关岗位设备常见故障 4. 能分析判断本岗位及相关岗位运行异常原因 5. 能完成本岗位及相关岗位的安全和事故隐患检查,提出整改措施 6. 能判断本岗位及相关岗位简单控制仪表的故障	1. 影响生产主要因素 2. 常见工艺、设备事故的分析、判断方法 3. 生产过程中易燃易爆物质的物性、燃点及爆炸极限 4. 简单控制仪表的原理 5. 装置防火、防爆、防雷、防震的重要部位和出现意外情况应采取的紧急措施
	(二)处理事故	1. 能判断本岗位及相关岗位运行异常的原因,并根据操作、分析数据及时采取措施 2. 能处理本岗位及相关岗位常见的工艺设备事故 3. 能处理本岗位及相关岗位停水、停电、停蒸汽、停氮气、停仪表风的事故 4. 能对本岗位及相关岗位进行安全和事故隐患检查,提出整改建议 5. 能处理本岗位及相关岗位的初期火灾、储罐、冷换设备等泄漏事故 6. 能处理本岗位及相关岗位产品质量简单事故	1. 工艺、设备事故处理的相关知识 2. 装置常见事故的处理方法 3. 相关岗位紧急处理事故的预案 4. 仪表控制方案 5. 火灾与泄露事故的处理方法
绘图与计算	(一)绘图	1. 能绘制装置工艺流程图 2. 能识读设备结构简图	设备简图知识
	(二)计算	1. 能进行简单的物料衡算 2. 能计算收率、转化率、产率、回流比、助剂的加入量等	1. 收率、转化率、产率、回流比的基本概念、意义 2. 物料衡算的方法

二、理论知识鉴定要素细目表

行业通用理论知识鉴定要素细目表

鉴定范围						鉴定点		
一级		二级		三级		代码	名称	重要程度
代码	名称	代码	名称	代码	名称			
A	基本要求	B	基础知识	A	记录填写基础知识	001	岗位交接班记录的填写要求	X
						002	关键设备巡检记录的填写要求	X
				B	识图基础知识	001	正投影的特点	X
						002	三视图的特点	X
						003	三视图的作图方法	X
						004	零件图的作用	X
				C	安全环保基础知识	001	石化行业安全检查的内容	X
						002	尘毒物质危害人体的主要因素	X
						003	化工污染的控制方法	X
						004	清洁生产的理论基础	X
						005	清洁生产审计的目的	X

续表

鉴定范围						鉴定点		
一级		二级		三级		代码	名称	重要程度
代码	名称	代码	名称	代码	名称			
						006	灭火的机理	X
						007	ISO 14001 标准的特点	X
						008	ISO 14001 环境因素识别的状态、时态和类型	X
						009	ISO 14001 环境因素识别的步骤	X
						010	ISO 14001 识别环境因素的方法	X
						011	HSE 审核的概念	X
						012	HSE 审核的目的	X
						013	HSE 危害的概念	X
						014	废水治理的常识	X
						015	废气治理的常识	X
						016	废渣处理的常识	X
						017	防冻防凝的知识	X
						018	夏季四防的知识	X
						019	职业病的概念	X
						020	职业病的种类	X
						021	石化行业事故的分类	X
						022	石化行业事故分级的规定	X
						023	HSE 不符合的概念	X
						024	HSE 事故的定义	X
				D	质量基础知识	001	标准化的意义	X
						002	质量认证的概念	X
						003	全面质量管理的特点	X
						004	ISO 9000 质量管理体系基础的内容	X
						005	质量管理 PDCA 动态循环的意义	X
						006	ISO 9000 族标准的核心标准	X
						007	ISO 9000 族标准“质量”的意义	X
						008	ISO 9001 标准的八项管理原则	X
				E	计算机基础知识	001	Word 文字处理软件基础知识	X
						002	Word 表格处理知识	X
						003	Excel 工作表的建立	X
						004	Excel 的排版	X
				F	法律常识	001	合同的形式	X
						002	合同法关于无效合同的规定	X

工种理论知识鉴定要素细目表

鉴定范围						鉴定点		
一级		二级		三级		代码	名称	重要程度
代码	名称	代码	名称	代码	名称			
A	基本要求	B	基础知识	G	化学基础知识	001	阿佛加德罗定律的概念	X
						002	可逆反应的基本概念	Y
						003	结晶的概念	X
						004	酸的性质	X
						005	碱的性质	X
						006	原子的结构	Y
						007	氧化还原反应的概念	X
						008	百分浓度的概念	Y
						009	摩尔浓度的概念	X
						010	热反应的概念	X
						011	化学键的分类	X
						012	共价键的概念	Y
						013	极性化合物的概念	X
						014	物质的量的基本计算	X
						015	蒸汽压的概念	Z
						016	有机化合物的命名规则	X
				H	化工基础知识	001	简单管路的计算	X
						002	孔板流量计的工作原理	X
						003	密度的计算方法	X
						004	流体输送机械的概念	X
						005	黏度的概念	X
						006	雷诺数的概念	X
						007	理论板的概念	X
						008	实现精馏的必要条件	X
						009	萃取的概念	X
						010	露点的概念	X
						011	热负荷的概念	Y
						012	流体流动类型的分类	X
						013	化工生产中常见的传质形式	X
						014	雾沫夹带的概念	X
						015	挥发度的概念	X
						016	制冷的概念	Y
						017	相对挥发度的概念	X
						018	精馏塔的物料衡算	Y
						019	湿空气的性质	X
						020	传质过程的分类	X
				I	高分子化学知识	001	聚合物熔点的概念	X
						002	玻璃化温度的概念	X
						003	自由基聚合的概念	X
						004	阻聚的概念	X
						005	Ziegler – Natta 引发体系的组成物质	X
				J	电工基础知识	001	正弦交流电的概念	X
						002	并联电路电阻的计算	X
						003	串联电路电阻的计算	Z
						004	装置设备接地线的概念	Y

续表

鉴定范围						鉴定点		
一级		二级		三级		代码	名称	重要程度
代码	名称	代码	名称	代码	名称			
						005	常用电机的类型	X
						006	常用电机型号含义	X
				K	仪表基础知识	001	联锁的基本概念	X
						002	控制阀的附件种类	X
						003	在线仪表的种类	X
						004	压力仪表的测量原理	X
						005	温度仪表的测量原理	Y
						006	流量仪表的测量原理	X
						007	物位仪表的测量原理	Y
						008	DCS 系统的基本概念	X
				L	化工机械与设备基础知识	001	离心泵的基本结构	X
						002	离心泵零部件的作用	X
						003	机械密封结构	X
						004	机械密封工作原理	X
						005	板式塔的特点	X
						006	填料塔的特点	Y
						007	填料塔常用填料的种类	X
						008	管壳式换热器的结构形式	X
						009	闸阀的基本结构	Y
						010	压力容器的概念	X
						011	密封试验的作用	X
						012	往复压缩机工作原理	X
						013	往复式压缩机的结构	X
B	相关知识（通用模块）	A	相关知识	A	相关知识	001	流体的黏度	X
						002	流体流动的能量	X
						003	流体流动的类型	X
						004	蒸发器的类型	X
						005	蒸馏的概念	X
						006	板式塔塔板类型	X
						007	反应器类型	X
						008	离心机的分类	Y
						009	板式换热器的分类	X
						010	干燥器的分类	X
						011	泵的轴封型式	X
						012	往复泵的结构	X
						013	往复泵的工作原理	X
						014	聚乙烯的性能	X
						015	结晶度概念	X
						016	聚乙烯树脂的结构	X
						017	聚乙烯的分类	X
						018	聚乙烯聚合方法	X
						019	化学反应的类型	X
						020	溶解度概念	X
						021	三乙基铝的主要性质	X
						022	四氯化钛的主要性质	X

续表

鉴定范围						鉴定点		
一级		二级		三级		代码	名称	重要程度
代码	名称	代码	名称	代码	名称			
						023	离心压缩机的分类	X
						024	熔体流动速率	X
						025	二氧化硫的主要性质	Z
						026	高分子熔体的弹性及影响因素	X
C	相关知识(高压法模块)	B	工艺操作	A	开车准备	001	聚合开车具备相关条件	X
						002	原料乙烯质量指标	X
						003	二次压缩机乙烯置换操作方法	X
						004	反应器的乙烯置换操作方法	X
						005	引发剂的配制方法	X
						006	离心、干燥系统操作方法	X
						007	旋风分离器工作原理	X
						008	产品主要指标	Y
						009	压缩工段公用工程规格	X
						010	添加剂的配置方法	X
						011	挤压机系统升温操作方法	X
						012	引发剂系统流程	X
						013	引发剂泵的启动准备工作	X
						014	二次压缩机的启动条件	X
						015	二次压缩机的停止条件	X
						016	反应器的联锁设置内容	X
						017	反应器的联锁设置目的	Y
						018	调节剂的指标	X
						019	调节剂的加入目的	X
						020	反应器加热撤热操作	X
						021	高压蒸汽压力控制	Z
						022	蒸汽的引入操作	X
						023	引发剂的存储条件	X
						024	造粒水系统循环流程	Y
						025	鱼眼条纹形成的原因	X
						026	惰性气体含量对聚合过程的影响	X
						027	一次压缩机故障联锁内容	X
						028	二次压缩机故障联锁内容	X
						029	仪表风系统的压力调节	X
						030	置换的作用	X
						031	气密试验的作用	X
						032	换热面积的计算公式	Y
						033	管线吹扫的目的	X
						034	粒形突变产生的原因	X
						035	刮油环的作用	Y
				B	开车操作	001	反应器开车调节剂浓度的调节方法	X
						002	反应器乙烯置换方法	X
						003	引发剂泵的启动操作方法	X
						004	超高压控制阀的选用条件	X
						006	颗粒冷却水系统投用操作方法	X
						007	挤出机启动操作方法	X
						008	切粒机启动操作方法	X
						009	磨刀操作方法	X
						010	气流输送的原理	X
						011	挤压机过滤网的结构	X
						012	颗粒水温度的控制	Y

续表

鉴定范围						鉴定点		
一级		二级		三级		代码	名称	重要程度
代码	名称	代码	名称	代码	名称			
						013	高压分离器的料位控制范围	X
						014	低分的料位控制范围	X
						015	供料中断处理方法	X
						016	一次压缩机启动注意事项	X
						017	原料气的规格	Z
						018	离心干燥机的启动操作方法	X
						019	高循换热器的脱垢操作	X
						020	仪表风系统投用方法	Y
						021	原料气中惰性气体含量过高对反应的影响	X
						022	挤压机打滑的主要原因	X
						023	排油排蜡排放操作方法	X
						024	反应器的压力联锁设定依据	X
				C	正常操作	001	产品牌号切换要点	Y
						002	降低反应压力的原因	Y
						003	开始时反应温度调整的注意事项	X
						004	引发剂泵切换的注意事项	X
						005	牌号切换调节剂浓度调整的注意事项	X
						006	切粒系统流程	X
						007	反应压力控制阀故障的处理	X
						008	DCS 操作方法	X
						009	料仓巡检内容	X
						010	二次压缩机报警点	Y
						011	切粒机液压系统的调节	X
						012	风送系统操作方法	X
						013	颗粒掺合系统操作方法	Y
						014	挤压机螺杆分段	X
						015	往复泵工作原理	Z
						016	聚合温度的调节方案	X
						018	投用联锁注意事项	Z
						019	反应器超压的原因	X
						020	串级投用的方法	X
						021	分程控制的特点	X
						022	熔流速率的定义	X
						023	维卡软化点的定义	X
						024	进料量的变化对聚合反应的影响	X
						025	移行过程中压力调整的注意事项	X
						026	原料乙烯分析含量的操作	X
						027	添加剂的配制步骤	X
						028	仪表风系统压力波动处理	Z
						029	DCS 功能键的作用	X
						031	DCS 相关知识	X
						032	DCS 系统操作画面符号的含义	Y
						033	换热器的种类	Y
						034	引发剂的配制步骤	X
						036	放射性同位素的概念	X

续表

鉴定范围						鉴定点		
一级		二级		三级		代码	名称	重要程度
代码	名称	代码	名称	代码	名称			
						037	薄膜透明性异常的判断	X
						038	现场遥控阀的分类	X
						039	止逆阀的概念	X
						040	换热方式对换热效果的影响	X
						041	低聚物的概念	X
						042	压缩机气缸泄漏的原因	X
				D	停车操作	001	低压及一次压缩机的保压停机操作	X
						002	低压及一次压缩机的放空停机操作	X
						003	物料系统置换注意事项	X
						004	压缩机辅助油系统的油运操作	Y
						005	进入容器的注意事项	Y
						006	静电的预防	X
						007	人体防静电措施	Y
		C	设备使用与维护	A	使用设备	001	反应压力控制阀的结构原理	X
						002	容器的分类	Z
						003	造粒系统的联锁设置	X
						004	反应初始温度的调整	X
						005	造粒水离心泵的使用	Y
						006	滚动轴承的主要部件	X
						007	滑动轴承的主要部件	Y
						008	压缩机的分类方法	X
						009	压缩机工作循环的定义	X
						010	往复式压缩机的特点	X
						011	压缩机效率的定义	X
						012	压缩机轴功率的影响因素	X
						013	机械密封的结构	X
						014	机械密封的工作原理	X
						015	机泵机械密封的冲洗形式	X
				B	维护设备	001	添加剂系统的维护工作	X
						002	常用填料的名称	X
						003	空送风过滤器的更换工作	X
						004	空送风机的日常加油维护	Y
						005	机械密封的使用范围	X
						006	离心干燥机的分离方式	X
						007	压力容器的分类	Y
						008	安全阀的结构	X
						009	换热器检修的验收标准	X
						010	装加填料时的注意事项	X
						011	化学腐蚀的概念	X
		D	事故判断与处理	A	判断事故	001	温度失控的判断	X
						002	二次压缩机段间压差增大的判断	X
						003	列管换热器效率下降的原因	X
						004	挤出机打滑的判断	X
						005	压缩机内部油注入不良	X
						006	产量降低的判断	X
						007	产品外观问题的原因分析	Z
						008	颗粒冷却水系统故障的原因分析	X
				B	处理事故	001	粒形突变的处理	X
						002	调节阀常见故障的处理方法	X
						003	离心泵操作事故的防止措施	Y

续表

鉴定范围						鉴定点		
一级		二级		三级		代码	名称	重要程度
代码	名称	代码	名称	代码	名称			
						004	离心泵常见设备故障的处理	X
						005	引发剂注入不良处理	X
						006	造粒水系统跑水的处理	Y
						007	二次压缩机漏气着火的紧急处理	X
						008	引发剂注入泵入口压力高的处理措施	X
						009	造粒水泵气蚀现象	X
						010	结团料问题的处理	X
						011	块料问题的处理	X
						012	尾巴料问题的处理	X
						013	造粒系统粉尘增多的处理	X
						014	氧化料超标的处理	X
						015	添加剂泵不上量的处理	X
						016	调节阀不动作的处理方法	X
		E	绘图与计算	A	绘图	001	流程图符号的意义	X
						002	设备结构简图	X
						003	简单控制系统图	X
						004	单元操作工艺流程图	X
						005	单工序物料流程图	X
						006	图线及画法	X
				B	计算	001	物料衡算的目的	X
						002	物料衡算的意义	Y
						003	物料衡算步骤	X
						004	物料衡算前应注意的几个问题	X
						005	转化率的概念	X
						006	转化率的计算	X
						007	选择性的计算	X
D	相关知识（溶液法模块）	A	工艺操作	A	开车准备	001	聚合原始开车具备相关条件	X
						002	聚合工段气密操作规程	X
						003	原料乙烯质量指标	X
						004	原料氢气质量指标	X
						005	原料氢气进料流程	X
						006	固体稳定剂的配制步骤	X
						007	粉末输送系统操作规程	X
						008	旋风分离器工作原理	X
						009	2200J 产品规格	Y
						010	造粒工段公用工程流程	X
						011	液体稳定剂的配制方法	X
						012	挤压机加热系统操作规程	X
						013	熔融泵的升温操作规程	X
						014	聚合尾气系统操作规程	X
						015	干燥尾气系统气密操作规程	X
						016	干燥循环气组成	X
						017	干燥系统低压氮气规格	X
						018	公用工程氮气控制条件	X
						019	己烷蒸馏塔气密操作规程	X
						020	己烷干燥器再生操作条件	X
						021	4.0MPa 蒸汽控制条件	Z
						022	己烷干燥器投用步骤	Y
						023	干燥尾气系统操作规程	X

续表

鉴定范围						鉴定点		
一级		二级		三级		代码	名称	重要程度
代码	名称	代码	名称	代码	名称			
				B	开车操作	001	PZ 催化剂配制方法	X
						002	AT 催化剂配制方法	X
						003	聚合釜开车己烷的补加步骤	X
						004	聚合釜氢气置换方法	X
						005	并联 B 开车规程	X
						006	催化剂泵的正确开车	X
						007	氢气流量控制阀选用	X
						008	挤压机开车操作规程	X
						009	颗粒冷却水系统投用步骤	X
						010	切粒机操作规程	X
						011	磨刀操作规程	X
						012	混炼机开车操作规程	X
						013	挤压机分流板的原理	X
						014	颗粒水温度的控制	Y
						015	强制加料器的料位控制	X
						016	净化器冷凝器操作规程	X
						017	母液输送泵启动注意事项	X
						018	尾气压缩机启动注意事项	X
						019	离心机进料操作规程	Z
						020	干燥机降温操作规程	X
						021	干燥机加热蒸汽冷却器的投用步骤	X
						022	己烷干燥器再生	X
						023	仪表风系统投用步骤	Z
						024	己烷蒸馏塔洗塔操作规程	X
						025	己烷蒸馏塔氮气置换操作规程	X
						026	低聚物真空闪蒸开车操作规程	X
						027	己烷蒸馏塔塔底采出预热器投用步骤	X
				C	正常操作	001	并联 B 产品生产控制参数	Y
						002	并联 B 产品生产控制指标	Y
						003	并联产品熔融指数控制方法	X
						004	并联 A 至串联牌号的切换	X
						005	串联临时停车后开车操作规程	X
						006	并联 A 聚合流程	X
						007	催化剂配制系统尾气处理流程	X
						008	并联 B 至串联牌号的切换	X
						009	聚合釜到稀释罐间流程	X
						010	挤压机巡检内容	Y
						011	挤压机报警点	X
						012	稳定剂的作用	Y
						013	熔融泵入口压力的控制	X
						014	挤压机液压系统的调节	X
						015	颗粒送料系统操作规程	X
						016	颗粒掺合系统操作规程	Y
						017	己烷蒸馏塔的处理能力	X
						018	混炼机相关工艺指标	X

续表

鉴定范围						鉴定点		
一级		二级		三级		代码	名称	重要程度
代码	名称	代码	名称	代码	名称			
						019	粉末在干燥机停留时间的控制方法	X
						020	干燥机工作原理	X
						021	干燥循环气风机工作原理	X
						022	母液罐液位控制指标	X
						023	干燥循环气风机切换步骤	X
						024	干燥机出料湿含量指标	X
						025	干燥系统压力控制	X
						026	干燥机出料灰分指标	X
						027	干燥机压水器操作规程	X
						028	母液泵的巡检内容	X
						029	己烷控制指标	X
						030	低聚物真空闪蒸系统压力	X
						031	己烷蒸馏塔进料控制方法	X
						032	母液切换规程	Z
						033	己烷蒸馏塔回流量给定方法	X
						034	低聚物结片操作规程	X
						035	火炬系统压力波动处理	Z
						036	己烷蒸馏塔塔底采出与低聚物闪蒸罐间流程	X
				D	停车操作	001	并联B临时停车操作规程	X
						002	聚合尾气压缩机停车操作规程	X
						003	聚合釜夹套升温操作规程	X
						004	第一浆液泵的停车操作规程	X
						005	挤压机更换筛网操作规程	X
						006	挤压机停车操作规程	X
						007	稳定剂的性质	X
						008	颗粒冷却水系统停车操作规程	Y
						009	混炼机停车操作规程	X
						010	袋式过滤器更换袋子操作规程	X
						011	离心机系统隔离操作规程	X
						012	干燥气洗涤泵停车操作规程	X
						013	母液输送泵停车操作规程	X
						014	离心机冲洗己烷	X
						015	低聚物真空闪蒸系统停车操作规程	X
						016	回收高压己烷泵停车操作规程	X
						017	分子筛投用步骤	Y
						018	分子筛干燥器循环风机停车操作规程	X
		B	设备使用与维护	A	使用设备	001	聚合釜搅拌器	Y
						002	聚合循环气风机操作规程	X
						003	聚合釜有关联锁参数	X
						004	颗粒冷却水泵的切换	Y
						005	粉末计量秤工作原理	X
						006	挤压机蒸汽减压阀工作原理	X
						007	单螺杆挤压机结构	Y
						008	熔融泵的结构	X

续表

鉴定范围						鉴定点		
一级		二级		三级		代码	名称	重要程度
代码	名称	代码	名称	代码	名称			
						009	干燥循环气风机的维护	X
						010	干燥循环气风机密封	X
						011	干燥机升温操作规程	X
						012	干燥压缩机吸入罐压力控制	X
						013	干燥尾气压缩机联锁参数	X
						014	丁烯－1输送泵操作规程	X
						015	污水处理泵操作规程	X
						016	己烷储罐参数	X
						017	低聚物真空泵联锁参数	X
				B	维护设备	001	聚合尾气压缩机结构	X
						002	催化剂泵形式	X
						003	原料气系统报警参数	Z
						004	催化剂泵润滑点	Y
						005	聚合循环气风机工作原理	X
						006	颗粒输送风机的维护	X
						007	挤压机的维护	X
						008	切粒机的维护	X
						009	颗粒冷却水泵常见故障	Y
						010	强制加料器结构	X
						011	干燥循环气风机工作原理	X
						012	离心机机械密封	X
						013	母液输送泵形式	X
						014	干燥循环气风机形式	X
						015	母液输送泵安全附件	X
						016	低聚物真空泵结构	X
						017	丁烯－1输送泵形式	X
						018	低聚物齿轮泵操作规程	X
						019	低聚物闪蒸罐操作参数	X
		C	事故判断与处理	A	判断事故	001	导致浆液MI波动的原因	X
						002	聚合反应压力波动的因素	X
						003	催化剂配比对聚合反应的影响	X
						004	浆液稀释罐液位下降缓慢原因	X
						005	闪蒸低聚物储罐导料困难的因素	X
						006	模孔堵塞的原因	X
						007	产品外观问题的原因	Z
						008	颗粒冷却水系统故障的原因	X
						009	熔融泵入口压力高的原因	X
						010	母液中高聚物含量的影响因素	X
						011	干燥循环气洗涤罐液位波动的判断方法	X
						012	干燥气洗涤罐浆液浓度的影响因素	X
						013	干燥机粉末出料温度低的影响因素	X
						014	母液罐液位波动的判断方法	Y
						015	低聚物不能结片的影响因素	X
						016	己烷精馏塔塔顶温度波动的原因	X

续表

鉴定范围						鉴定点		
一级		二级		三级		代码	名称	重要程度
代码	名称	代码	名称	代码	名称			
				B	处理事故	001	聚合反应温度波动的处理方法	X
						002	催化剂泵不上量的处理方法	X
						003	第二浆液泵不上量的处理方法	X
						004	催化剂管线堵塞的处理方法	X
						005	聚合釜出料困难的处理方法	X
						006	产品外观问题的处理	Y
						007	颗粒冷却水系统故障处理	X
						008	颗粒输送风机故障处理	X
						009	熔融泵入口压力高的处理措施	X
						010	干燥气洗涤泵气蚀处理措施	X
						011	干燥机粉末出料温度低的现象	X
						012	粉末输送风机出口压力高的现象	X
						013	干燥循环气流量低现象	X
						014	己烷蒸馏塔液位波动的处理方法	X
						015	己烷精馏塔采出水值超标原因分析	X
						016	丁烯-1泵不上量的处理方法	X
						017	低聚物闪蒸罐温度低的处理方法	X
		D	绘图与计算	A	绘图	001	聚合釜温度控制系统流程	X
						002	聚合尾气压缩机停车联锁图	X
						003	干燥尾气压缩机出口系统压力控制流程	X
						004	挤压机相关流程	X
						005	颗粒输送系统联锁图	X
						006	混炼机相关流程	X
						007	挤压造粒系统联锁图	X
						008	干燥机蒸汽系统流程	Y
						009	干燥尾气压缩机吸入罐压力控制	Z
						010	母液罐液位控制图	X
						011	低聚物真空闪蒸系统工艺流程	X
						012	停水联锁图	X
						013	蒸汽增湿降温控制流程	X
				B	计算	001	乙烯加料速率计算	X
						002	PZ催化剂配制计算方法	X
						003	己烷加料速率计算	X
						004	母液输送泵出口流量的计算	X
						005	堆密度计算	X
						006	湿滤饼湿含量计算	X
						007	己烷精馏塔回流比计算	Y
						008	副产品低聚物生成量计算	X
						009	蒸汽系统物料平衡	Z
E	相关知识（气相法模块）	A	工艺操作	A	开车准备	001	乙烯精制系统流程	X
						002	丁烯干燥器在充液和升压过程中的注意事项	X
						003	循环气压缩机开车前的检查	X
						004	流化气（循环气）压缩机开车前的准备	X
						005	丁烯-1注入系统开车前的注意事项	X

续表

鉴定范围						鉴定点		
一级		二级		三级		代码	名称	重要程度
代码	名称	代码	名称	代码	名称			
						006	粉料采出系统的开车准备	X
						007	原料物理性质	X
						008	往复式压缩机开车前的注意事项	X
						009	三乙基铝在装置中的作用	X
						010	反应器的置换方法	X
				B	开车操作	001	化学品的配制过程	X
						002	挤压机的开车步骤	X
						003	乙烯压缩机的开车步骤	X
						004	种子床输送操作步骤	X
						005	再生的原理	Y
						006	机泵密封系统的操作注意事项	X
						007	列管式换热器的投用步骤	X
						008	流化气(循环气)压缩机油系统的投用步骤	X
						009	添加剂的配制方法	X
						010	反应器的升温方法	X
						011	造粒单元热油系统的作用	X
						012	脱气系统的开车步骤	X
						013	乙烯精制的开车步骤	X
						014	氮气精制系统的开车步骤	X
						015	注入系统的开车步骤	X
						016	风送系统的开车步骤	X
						017	粉料采出系统的开车步骤	X
						018	流化气(循环气)压缩机的开车步骤	X
						019	循环气压缩机的开车步骤	X
						020	液体添加剂系统的开车步骤	X
						021	丁烯-1系统开车步骤	X
						022	树脂密度的控制原理	Y
						023	树脂指数的控制原理	Y
				C	正常操作	001	全回流操作的概念	X
						002	连续精馏与间歇精馏的区别	Y
						003	影响精馏塔正常采出的因素	Z
						004	塔釜液位的控制操作	Y
						005	聚合反应器加入TEA的目的	X
						006	聚合反应温度的影响	X
						007	聚合过程加氢的作用	X
						008	聚合反应温度控制方法	X
						009	催化剂AL/Ti的影响因素	X
						010	催化剂活性的影响因素	X
						011	聚合反应器置换的正常操作	X
						012	流化床的优点	X
						013	影响聚合反应活性的因素	X
						014	树脂密度的控制方法	X
						015	树脂脂数的控制操作方法	X
						016	粉料采出系统堵塞的处理过程	X
						017	流化床的床高控制要点	X

续表

鉴定范围						鉴定点		
一级		二级		三级		代码	名称	重要程度
代码	名称	代码	名称	代码	名称			
						018	流化床反应回路的正常操作过程	X
						019	牌号切换中应注意的问题	Z
						020	丁烯-1/乙烯的控制操作方法	X
						021	氢气/乙烯的控制操作方法	X
						022	挤压机机筒各段的作用	X
						023	挤压机齿轮泵的作用	X
						024	挤压机齿轮泵的操作要点	X
						025	树脂的熔融指数与能耗的关系	X
						026	造粒水系统水温的控制方法	X
						027	冷却风机对主电机的影响	X
						028	隙距的调整的依据	X
						029	挤压机摩擦离合器的作用	X
						030	粒子外观的影响因素	X
						031	主电机电流的影响因素	X
						032	各岗位巡检要求	X
				D	停车操作规程	001	挤压机的停车步骤	X
						002	乙烯压缩机的停车步骤	X
						003	氢气精制的停车步骤	X
						004	聚合反应器系统的停车步骤	X
						005	粉料采出系统的停车步骤	X
						006	流化气(循环气)压缩机的停车步骤	X
						008	热油系统的停车步骤	X
						009	精制床再生的停车操作规程	X
						010	精馏塔系统的停车步骤	X
						011	丁烯-1系统停车步骤	X
						012	空压系统的停车过程	X
		B	设备使用与维护	A	使用设备	001	隔膜泵的工作原理	Y
						002	隔膜泵的结构特点	Z
						003	隔膜泵的操作规程	X
						004	离心泵的工作原理	Y
						005	离心泵的结构特点	Z
						006	离心泵的润滑方法	X
						007	离心泵的操作规程	X
						008	屏蔽泵的工作原理	Y
						009	屏蔽泵的结构特点	Z
						010	屏蔽泵的操作规程	X
						011	齿轮泵的工作原理	Y
						012	齿轮泵的结构特点	Z
						013	流化气(循环气)压缩机仪表控制点名称	X
						014	罗茨风机的工作原理	Y
						015	罗茨风机的结构特点	Z
						016	罗茨风机的操作规程	X
						017	离心风机的工作原理	Y

续表

鉴定范围						鉴定点		
一级		二级		三级		代码	名称	重要程度
代码	名称	代码	名称	代码	名称			
						018	离心风机的结构特点	Y
						019	离心风机的操作规程	Y
						020	聚合反应器的结构特点	Y
						021	旋转阀的结构特点	Y
						022	旋转阀的工作原理	Y
						023	颗粒离心干燥器的工作原理	X
						024	活塞压缩机的工作原理	X
						025	活塞压缩机的使用方法	X
						026	乙烯压缩机操作使用方法	X
						027	氮气压缩机的操作使用方法	X
						028	循环气压缩机的操作使用方法	X
						029	减速机的工作原理	X
						030	常用换热器的种类	X
						031	挤压机下料器的结构特点	X
						032	挤压机混炼机的结构特点	Y
						033	挤压机切粒机的结构特点	Z
						034	挤压机摩擦离合器的结构特点	Z
				B	维护设备	001	活塞压缩机的维护方法	X
						002	往复式压缩机的润滑系统维护方法	X
						003	挤压造粒机的维护方法	X
						004	液环压缩机的维护方法	X
						005	罗茨风机维护方法	X
						007	设备轴向密封的维护方法	X
						009	设备防冻防凝维护方法	X
						010	常用换热器的维护方法	X
						012	设备润滑规定	X
						013	设备运行维护保养方法	X
		C	事故判断与处理	A	判断事故	001	聚合反应器温度波动的判断方法	X
						002	反应器活性异常升高的判断方法	X
						003	粉料出料情况好坏的判断方法	X
						004	反应器升温过慢的判断方法	X
						005	反应器压降异常变化的判断方法	X
						006	粉料输送系统烃含量高的判断方法	X
						007	反应器置换不合格的判断方法	X
						008	产品熔融指数不合格的判断方法	X
						009	氮气压缩机流量偏低的判断方法	X
						010	反应器丁烯进量异常变化的判断方法	X
						011	离心泵水流量过低的判断方法	X
						012	挤压机主电机电流波动过大的判断方法	X
						013	切粒机发生断刀的判断方法	Y
						014	颗粒不规则的判断方法	X
						015	固体料输送管堵塞的判断方法	X
						016	成品颗粒干燥度不足的判断方法	Y

续表

鉴定范围						鉴定点		
一级		二级		三级		代码	名称	重要程度
代码	名称	代码	名称	代码	名称			
				B	处理事故	001	轮推式干粉灭火器的正确使用	X
						002	长管呼吸器的正确使用	X
						003	产品密度过高时的处理措施	X
						004	反应器床层过高时的处理措施	X
						005	反应器乙烯进料突然终止时的处理措施	X
						006	反应器丁烯-1进料突然终止时的处理措施	X
						007	底部出料系统发生堵罐时的处理措施	X
						008	反应器发生"飞温"时的处理措施	X
						009	装置停仪表空气时的处理措施	X
						010	装置停氮气时的处理措施	X
						011	当界区乙烯压力降低过快时的处理措施	X
						012	乙烯干燥床再生温度不足时的处理措施	X
						013	乙烯精制系统流动停止时的处理措施	X
						014	丁烯储罐发生冒顶事故时的处理措施	X
						015	流化气流量偏低时的处理措施	X
						016	氮气脱氧床超温时的处理	X
						017	反应器内有大量块料时的处理措施	X
						018	旋转阀的电流波动大时的处理措施	X
						019	往复式压缩机流量过小时的处理措施	X
						020	颗粒料外观不好时的处理	X
						021	输送风机机体温度过高时的处理措施	X
						022	离心泵发生振动时的处理措施	X
						023	挤压机主电机电流波动过大时的处理措施	X
		D	绘图与计算	A	绘图	001	乙烯精制系统流程	X
						002	流化床反应器床层压差图	Z
						003	氮气精制系统流程	X
						004	聚合反应流程	Y
						005	挤压机热油系统流程	X
						006	挤压机脱水系统流程	X
				B	计算	001	压力换算	X
						002	往复泵理论流量的计算	Y
						003	热量的计算	Y
						004	流量的计量	X
						005	产率的计算	X
						006	物耗的计算	X
						007	流化床床高的计算	X
						008	时空产率的计算	Y
						009	平均相对分子质量的计算	X

三、理论知识试题

行业通用理论知识试题

判断题

1. 交接班记录需要领导审阅签字。(√)

2. 设备巡检包括设备停机过程中的检查。(√)

3. 投影线都相互平行的投影称为中心投影。(×)

正确答案：投影线都相互平行的投影称为平行投影。

4. 在三视图中，能够反映物体上下、左右位置关系的视图为俯视图。(×)

正确答案：在三视图中，能够反映物体上下、左右位置关系的视图为主视图。

5. 画三视图时，左视图和俯视图的关系是长对正。(×)

正确答案：画三视图时，左视图和俯视图的关系是宽相等。

6. 零件图的作用是读零件图与装配图关系。(×)

正确答案：零件图的作用是直接指导制造零件和检验零件的图样。

7. 零件图是直接指导制造零件和检验零件的图样。(√)

8. 综合性季度检查中，安全生产不仅是重要内容，还实行一票否决权。(√)

9. 尘毒物质对人体的危害与个人体质因素无关。(×)

正确答案：尘毒物质对人体的危害与个人年龄、身体健康状况等因素有关。

10. 因为环境有自净能力，所以轻度污染物可以直接排放。(×)

正确答案：虽然环境有自净能力，轻度污染物也不可以直接排放。

11. 目前清洁生产审计中应用的理论主要是物料平衡和能量守恒原理。(√)

12. 清洁生产审计的目的是：通过清洁生产审计判定生产过程中不合理的废物流和物、能耗部位，进而分析其原因，提出削减它的可行方案并组织实施，从而减少废弃物的产生和排放，达到实现本轮清洁生产目标。(√)

13. 根据燃烧三要素，采取除掉可燃物、隔绝氧气（助燃物）、将可燃物冷却至燃点以下等措施均可灭火。(√)

14. 在 HSE 管理体系中，评审是高层管理者对安全、环境与健康管理体系的适应性及其执行情况进行正式评审。(√)

15. 第二方审核是直属企业作为受审方，由取得相应资格的单位进行 HSE 体系审核。(×)

正确答案：第三方审核是直属企业作为受审方，由取得相应资格的单位进行 HSE 体系审核。

16. 含汞、铬、铅等的工业废水不能用化学沉淀法治理。(×)

正确答案：含汞、铬、铅等的工业废水可以用化学沉淀法治理。

17. 一级除尘又叫机械除尘。(√)

18. 废渣处理首先考虑综合利用的途径。(√)

19. 陆地填筑法可避免造成火灾或爆炸。(×)

正确答案：陆地填筑法有可能造成火灾或爆炸。

20. 在防冻防凝工作中，严禁用高压蒸汽取暖、严防高压蒸汽窜入低压系统。（√）

21. 对已冻结的铸铁管线、阀门等可以用高温蒸汽迅速解冻。（×）

正确答案： 对已冻结的铸铁管线、阀门等不得急剧加热，只允许温水或少量蒸汽缓慢解冻，以防骤然受热损坏。

22. 进入夏季，工业园区应对所有地沟、排水设施进行检查，清除排水障碍。备足防汛物资，遇到险情时能满足需求。（√）

23. 从事办公室工作的人员不会形成职业病。（×）

正确答案： 从事办公室工作的人员也会形成相应的职业病。

24. 职业中毒不属于职业病。（×）

正确答案： 职业中毒属于职业病之一。

25. 急慢性中毒皆属于人身事故。（×）

正确答案： 急性中毒属于人身事故。

26. 在 HSE 管理体系中，一般不符合项是指能使体系运行出现系统性失效或区域性失效的问题。（×）

正确答案： 在 HSE 管理体系中，一般不符合项是指个别的、偶然的、孤立的、性质轻微的问题或者是不影响体系有效性的局部问题。

27. HSE 管理体系规定，公司应建立事故报告、调查和处理管理程序，所制定的管理程序应保证能及时地调查、确认事故（未遂事故）发生的根本原因。（√）

28. 标准化的重要意义是提高产品、过程或服务的质量，防止贸易壁垒，并促进技术合作。（×）

正确答案： 标准化的重要意义是改进产品、过程或服务的适用性，防止贸易壁垒，并促进技术合作。

29. 企业应当具备法人的资格或是法人的一部分，才可以申请质量体系认证。（√）

30. 全面质量管理的核心是强调提高产品质量。（×）

正确答案： 全面质量管理的核心是强调提高工作质量。

31. 生产制造过程的质量管理是全面质量管理的中心环节。（√）

32. 质量管理体系是指在质量方面指挥和控制组织的管理体系，它是组织若干管理体系的一个。（√）

33. PDCA 循环是全面质量管理的科学方法，可用于企业各个方面、各个环节的质量管理活动。（√）

34. ISO 9004：2000 标准是“指南”，可供组织作为内部审核的依据，也可用于认证和合同目的。（×）

正确答案： ISO 9004：2000 标准提供了超出 ISO 9001 要求的指南和建议，不用于认证或合同的目的。

35. ISO 9000 族标准中，质量仅指产品质量。（√）

36. ISO 9000 族标准质量管理八项原则是一个组织在质量管理方面的总体原则。（√）

37. 计算机应用软件 Word 字处理软件不仅可以进行文字处理，还可以插入图片、声音等，但不能输入数学公式。（×）

正确答案： Word 字处理软件不仅可以进行文字处理，还可以插入图片、声音等，也能输入数学公式。

38. 在应用软件 Word 表格操作中选定整个表格后，按格式工具栏上的左、右、居中对齐等按钮则单元格中的文字内容进行左、右、居中对齐。 （×）

正确答案： 选定整个表格后，按格式工具栏上的左、右、居中对齐等按钮则单元格中的文字内容不会进行左、右、居中对齐，整个工作表整体在页面中进行左、右、居中对齐。

39. 在应用软件 Word 表格操作中利用表格工作栏还可对表格内容进行垂直对齐。 （√）

40. 在计算机应用软件 Excel 中选中不连续单元格的功能键是 Alt。 （×）

正确答案： 在计算机应用软件 Excel 中选中不连续单元格的功能键是 Ctrl。

41. 在计算机应用软件 Excel 中清除合并居中的格式可以通过键盘的删除（Delete）键来实现。 （×）

正确答案： 在计算机应用软件 Excel 中清除合并居中的格式可以通过编辑菜单中的清除格式来实现。

42. 在计算机应用软件 Excel 中的打印可实现放大或缩小比例打印。 （√）

43. 不动产的买卖合同一般采用登记形式。 （√）

44. 在实践中，口头形式是当事人最为普遍采用的一种合同约定形式。 （×）

正确答案： 在实践中，书面形式是当事人最为普遍采用的一种合同约定形式。

单选题

1. 不允许在岗位交接班记录中出现（ C ）。

A. 凭旧换新　B. 划改内容　C. 撕页重写　D. 双方签字

2. 投影线都通过中心的投影称为（ A ）投影法。

A. 中心　B. 平行　C. 斜　D. 正

3. 在工程制图中应用较多的投影法是（ D ）投影法。

A. 中心　B. 平行　C. 斜　D. 正

4. 剖视图的剖切符号为断开的（ D ）线。

A. 细实　B. 点划　C. 虚　D. 粗实

5. 在三视图中，反映物体前后、左右位置关系的视图为（ B ）。

A. 主视图　B. 俯视图

C. 左视图　D. 在三个视图中都有可能

6. 在三视图中，反映物体前后、上下位置关系的视图为（ C ）。

A. 主视图　B. 俯视图

C. 左视图　D. 在三个视图中都有可能

7. 画三视图时，主视图和俯视图的关系是（ A ）。

A. 长对正　B. 高平齐　C. 宽相等　D. 无关系

8. 零件图的主要作用之一是（ B ）。

A. 指导读零件的结构　B. 直接指导制造零件

C. 读零件图与装配图关系　D. 读零件之间的配合情况

9. 毒物的沸点是（ C ）。

A. 越低毒性越小　　B. 越高毒性越大
C. 越低毒性越大　　D. 与毒性无关

10. 污染物的回收方法包括（ D ）。

A. 蒸发　　B. 干燥　　C. 排放　　D. 吸收

11. 清洁生产涵盖有深厚的理论基础，但其实质是（ A ）。

A. 最优化理论　　B. 测量学基本理论
C. 环境经济学基本理论　　D. 资源经济学基本理论

12. 液体有机物的燃烧可以采用（ C ）灭火。

A. 水　　B. 沙土　　C. 泡沫　　D. 以上均可

13. ISO 14001 标准其主要特点有强调（ D ），强调法律，法规的符合性，强调系统化管理，强调文件化，强调相关方的观点。

A. 污染预防　　B. 持续改进
C. 末端治理　　D. 污染预防、持续改进

14. 在 ISO 14001 标准体系中，为了确保环境因素评价的准确性，在识别环境因素时应考虑的三种状态是（ C ）。

A. 开车、停机和检修状态　　B. 连续、间歇和半连续状态
C. 正常、异常和紧急状态　　D. 上升、下降和停止状态

15. 公司 HSE 管理体系的审核分为内部审核、（ C ）。

A. 第一方审核　　B. 第二方审核
C. 第三方审核　　D. 第四方审核

16. HSE 评审的目的是检验 HSE 管理体系的适宜性、（ B ）和有效性。

A. 充分性　　B. 公平性　　C. 权威性　　D. 必要性

17. 废水治理的方法有物理法、（ A ）法和生物化学法等。

A. 化学　　B. 过滤　　C. 沉淀　　D. 结晶

18. 可直接用碱液吸收处理的废气是（ A ）。

A. 二氧化硫　　B. 甲烷　　C. 氨气　　D. 一氧化氮

19. 废渣的处理大致采用（ D ）、固化、陆地填筑等方法。

A. 溶解　　B. 吸收　　C. 粉碎　　D. 焚烧

20. 为了做好防冻防凝工作，停用的设备、管线与生产系统连接处要加好（ B ），并把积水排放吹扫干净。

A. 阀门　　B. 盲板　　C. 法兰　　D. 保温层

21. “夏季四防”包括防暑降温、防汛、（ A ）、防倒塌。

A. 防雷电　　B. 防霉变　　C. 防跌滑　　D. 防干旱

22. 属于石化行业职业病的是（ B ）。

A. 近视　　B. 尘肺病　　C. 肩周炎　　D. 哮喘

23. 与化工生产密切相关的职业病是（ B ）。

A. 耳聋　B. 职业性皮肤病　C. 关节炎　D. 眼炎

24. 在 HSE 管理体系中，（ A ）是指组织在职业健康安全绩效方面所达到的目的。

A. 目标　B. 事件　C. 不合格　D. 不符合

25. 在 HSE 管理体系中，（ B ）是指与组织的职业健康安全绩效有关的或受其职业健康安全绩效影响的个人或团体。

A. 目标　B. 相关方　C. 事件　D. 不符合

26. 在 HSE 管理体系中，造成死亡、职业病、伤害、财产损失或环境破坏的事件称为（ C ）。

A. 灾害　B. 毁坏　C. 事故　D. 不符合

27. 标准化的重要意义是改进产品、过程或服务的（ C ），防止贸易壁垒，并促进技术合作。

A. 品质　B. 性能　C. 适用性　D. 功能性

28. 产品质量认证活动是（ D ）开展的活动。

A. 生产方　B. 购买方

C. 生产和购买双方　D. 独立于生产方和购买方之外的第三方机构

29. 全面质量管理强调以（ B ）质量为重点的观点。

A. 产品　B. 工作　C. 服务　D. 工程

30. 质量管理体系要求企业除应有（ A ）上的保证能力以外，还应有资源上的保证能力。

A. 管理　B. 质量计划

C. 质量政策与程序　D. 质量文件

31. 企业的质量方针是由（ D ）决策的。

A. 全体员工　B. 基层管理人员

C. 中层管理人员　D. 最高管理层人员

32. PDCA 循环的四个阶段八个步骤的第四个步骤是（ B ）。

A. 总结　B. 拟订对策并实施

C. 分析问题原因　D. 效果的确认

33. ISO 9001 和 ISO 9004 的区别在于（ D ）。

A. 采用以过程为基础的质量管理体系模式

B. 建立在质量管理八项原则的基础之上

C. 强调与其他管理标准的相容性

D. 用于审核和认证

34. 下列各项中属于产品固有特性的是（ B ）。

A. 价格　B. 噪音　C. 保修期　D. 礼貌

35. PDCA 循环是实施 ISO 9000 族标准（ B ）原则的方法。

A. 系统管理　B. 持续改进

C. 过程方法　D. 以事实为决策依据

36. 在计算机应用软件 Word 中，不能进行的字体格式设置是（ C ）。

A. 文字的缩放　B. 文字的下划线　C. 文字的旋转　D. 文字的颜色

37. 计算机应用软件 Word 的菜单中，经常有一些命令是灰色的，这表示（ B ）。

A. 应用程序本身有故障　　B. 这些命令在当前状态不起作用

C. 系统运行故障　　D. 这些命令在当前状态下有特殊的效果

38. 在计算机应用软件 Word 中，可用于计算表格中某一数值列平均值的函数是（ C ）。

A. Abs（ ）　　B. Count（ ）　　C. Average（ ）　　D. Total（ ）

39. 在计算机应用软件 Excel 工作表中，可按需拆分窗口，一张工作表最多拆分为(B)个窗口。

A. 3　　B. 4　　C. 5　　D. 任意多

40. 在计算机应用软件 Excel 中如图所示页面中的斜杠是通过（ B ）菜单中单元格里的边框来实现。

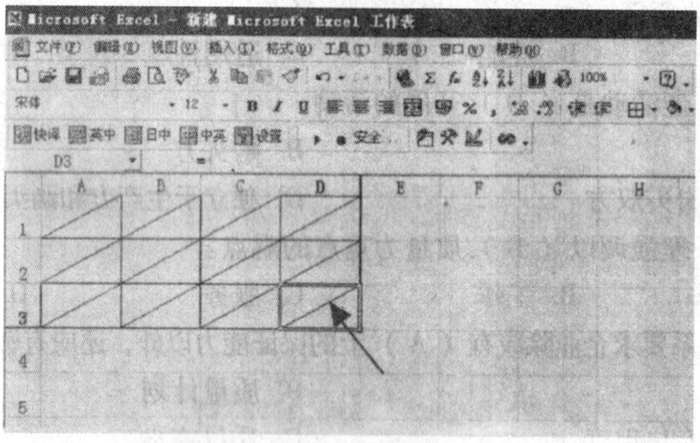

A. 编辑　　B. 格式　　C. 工具　　D. 窗口

41. 当事人采用合同书形式订立合同的，自双方当事人（ C ）时合同成立。

A. 制作合同书　　B. 表示受合同约束

C. 签字或者盖章　　D. 达成一致意见

42. 下列各种合同中，必须采取书面形式的是（ D ）合同。

A. 保管　　B. 买卖　　C. 租赁　　D. 技术转让

多选题

1. 设备巡检时域分为（ A，B，C，D ）等检查。

A. 设备运行期间　　B. 设备停机过程中

C. 设备停运期间　　D. 设备开机过程中

2. 在三视图中，能够反映物体前后位置关系的视图为（ B，C ）。

A. 主视图　　B. 俯视图

C. 左视图　　D. 在三个视图中都有可能

3. 在三视图中，能够反映物体上下位置关系的视图为（ A，C ）。

A. 主视图　　B. 俯视图

C. 左视图　　D. 在三个视图中都有可能

4. 在三视图中，与高度有关的视图是（ A，C ）。

A. 主视图　　B. 俯视图　　C. 左视图　　D. 三个视图都有关系

5. 在三视图中，与宽度有关的视图是（ B，C ）。

A. 主视图　　B. 俯视图　　C. 左视图　　D. 三个视图都有关系

6. 零件图的主要作用是（ A，C ）。

A. 直接指导制造零件　　B. 指导读零件的结构

C. 检验零件的图样　　D. 读零件图与装配图关系

7. 安全检查中的“月查”由车间领导组织职能人员进行月安全检查，查领导、查思想、（ A，B，D ）。

A. 查隐患　　B. 查纪律　　C. 查产量　　D. 查制度

8. 尘毒物质对人体的危害与工作环境的（ A，B，C ）等条件有关。

A. 温度　　B. 湿度　　C. 气压　　D. 高度

9. 改革生产工艺是控制化工污染的主要方法，包括（ A，B，C ）等。

A. 改革工艺　　B. 改变流程

C. 选用新型催化剂　　D. 更新设备

10. 着火点较大时，有利于灭火措施的是（ A，C，D ）。

A. 抑制反应量　　B. 用衣服、扫帚等扑打着火点

C. 减少可燃物浓度　　D. 减少氧气浓度

11. 在 ISO 14001 标准体系中，为了确保环境因素评价的准确性，在识别环境因素时应考虑土地污染、对社区的影响、原材料与自然资源的使用、其他地方性环境问题外，还应考虑(A，B，C)问题。

A. 大气排放　　B. 水体排放　　C. 废物管理　　D. 材料的利用

12. 在 ISO 14001 标准体系中，环境因素识别的步骤包括（ A，B，D ）。

A. 划分和选择组织过程　　B. 确定选定过程中存在的环境因素

C. 初始环境评审　　D. 明确每一环境因素对应的环境影响

13. 在 ISO 14001 标准体系中，识别环境因素的方法除问卷调查、专家咨询、现场观察和面谈、头脑风暴、查阅文件及记录、测量、水平对比、纵向对比等方法外，还有(A，B，C)方法。

A. 过程分析法　　B. 物料衡算

C. 产品生命周期　　D. 最优化理论

14. 在 HSE 管理体系中，审核是判别管理活动和有关的过程（ A，B ），并系统地验证企业实施安全、环境与健康方针和战略目标的过程。

A. 是否符合计划安排　　B. 是否得到有效实施

C. 是否已经完成　　D. 是否符合标准

15. HSE 管理体系中，危害主要包括（ A，B，C，D ）等方面。

A. 物的不安全状态　　B. 人的不安全行为

C. 有害的作业环境　　D. 安全管理缺陷

16. 工业废水的生物处理法包括（ B，D ）法。

A. 过滤　　B. 好氧　　C. 结晶　　D. 厌氧

17. 对气态污染物的治理主要采取（ B，C ）法。

A. 蒸馏　　B. 吸附　　C. 吸收　　D. 过滤

18. 可用于废渣处理方法的是（ A，B，C ）。

A. 陆地填筑　B. 固化　C. 焚烧　D. 粉碎

19. 为了做好防冻防凝工作，应注意（ A，B，C ）。

A. 加强报告制度　B. 加强巡检力度

C. 有情况向上级或领导汇报　D. 独立解决问题

20. 不属于夏季四防范畴的是（ A，B，D ）。

A. 防滑　B. 防冰雹　C. 防雷电　D. 防干旱

21. HSE 管理体系规定，事故的报告、（ A，B，C ）、事故的调查、责任划分、处理等程序应按国家的有关规定执行。

A. 事故的分类　B. 事故的等级　C. 损失计算　D. 事故的赔偿

22. 标准化的重要意义可概括为（ A，B，C，D ）。

A. 改进产品、过程或服务的适用性　B. 防止贸易壁垒，促进技术合作

C. 在一定范围内获得最佳秩序　D. 有一个或多个特定目的，以适应某种需要

23. 企业质量体系认证（ A，C，D ）。

A. 是一种独立的认证制度

B. 依据的标准是产品标准

C. 依据的标准是质量管理标准

D. 是第三方对企业的质量保证和质量管理能力依据标准所做的综合评价

24. 产品的质量特性包括（ A，B，C，D ）。

A. 性能　B. 寿命　C. 可靠性　D. 安全性

25. PDCA 循环中，处置阶段的主要任务是（ B，D ）。

A. 明确目标并制订实现目标的行动方案

B. 总结成功经验

C. 对计划实施过程进行各种检查

D. 对质量问题进行原因分析，采取措施予以纠正

26. 下列哪些标准应用了以过程为基础的质量管理体系模式的结构（ B，C ）。

A. ISO 9000：2000《质量管理体系基础和术语》

B. ISO 9001：2000《质量管理体系要求》

C. ISO 9004：2000《质量管理体系业绩改进指南》

D. ISO 19011：2002《质量和环境管理体系审核指南》

27. ISO 9000 族标准中，质量具有（ B，C ）性等性质。

A. 适用　B. 广义　C. 相对　D. 标准

28. 在计算机应用软件 Word 的“页面设置”对话框中，可以设置的选项为（ B，C，D ）。

A. 字体　B. 位置　C. 纸型　D. 纸张大小

29. 在计算机应用软件 Word 表格中，关于数据排序的叙述，不正确的是（ A，B，C ）。

A. 表格中数据的排序只能按升序进行　B. 表格中数据的排序只能按降序进行

C. 表格中数据的排序依据只能是行　D. 表格中数据的排序依据可以是列

30. 在计算机应用软件 Excel 工作表中，选定某单元格，单击“编辑”菜单下的“删除”选项，可能完成的操作是（ A，B，C ）。

A. 删除该行　　B. 右侧单元格左移

C. 删除该列　　D. 左侧单元格右移

31. 在 Excel 工作簿中，对工作表可以进行的打印设置是（ A，B，D ）。

A. 打印区域　　B. 打印标题　　C. 打印讲义　　D. 打印顺序

32. 合同可以以（ A，B，C，D ）形式存在。

A. 口头　　B. 批准　　C. 登记　　D. 公正

33. 下列说法中属于无效合同特征的有（ A，B，C，D ）。

A. 无效合同自合同被确认无效时起无效

B. 对无效合同要进行国家干预

C. 无效合同具有不得履行性

D. 无效合同的违法性

工种理论知识试题

判断题

1. 1mol 二氧化碳中含有 $3\times6.02\times10^{23}$ 个原子。（√）

2. 在化学反应中，可逆反应只是少数，大部分反应都是不可逆反应。（×）

正确答案：在化学反应中，不可逆反应只是少数，大部分反应都是可逆反应。

3. 对于同种溶液，蒸发溶剂法得到的晶体比冷却溶液法得到的晶体多。（√）

4. 只要是酸，都可以使甲基橙溶液变红。（×）

正确答案：只有强酸可以使甲基橙溶液变红，弱酸不可以。

5. 碱可以使 pH 试纸变蓝。（√）

6. 原子是不可再分的最小微粒。（×）

正确答案：原子是化学变化中的最小微粒，不是不可再分的最小微粒。

7. 将 20g 氢氧化钠溶解于 100g 水中所得到的氢氧化钠溶液的浓度为 20%。（×）

正确答案：将 20g 氢氧化钠溶解于 100g 水中所得到的氢氧化钠溶液的浓度为 16.7%。

8. 将 20g 氢氧化钠溶解于水中得到 1L 氢氧化钠溶液的浓度为 0.5mol/L。（√）

9. 燃烧属于放热反应。（√）

10. 碘分子中的化学键是极性共价键。（×）

正确答案：碘分子中的化学键是非极性共价键。

11. 由极性共价键组成的化合物称为极性化合物。（√）

12. 流体输送管路的直径可根据流量和经济流速的大小来选定。（√）

13. 孔板流量计测量流量是利用差压计测量出孔板前后的压差来求出流量的。（√）

14. 雷诺数是一个无因次数群，无论采用何种单位制，只要数群中各物理量的单位一致，算出的雷诺数相等。（√）

15. 理论板层数就是实际板层数。（×）

正确答案：理论板层数用塔板效率予以校正即可得实际板层数。

16. 回流是保证精馏过程连续定常操作的必不可少的条件之一。(√)

17. 混合物各组分的溶解度不同是精馏操作的必要条件。(×)

正确答案：混合物各组分的挥发度不同是精馏操作的必要条件。

18. 萃取分离适用于处理液体混合物中各组分沸点相差较大的混合液。(×)

正确答案：萃取分离适用于处理液体混合物中各组分沸点十分接近的混合液。

19. 热负荷是指满足工艺生产过程所规定的单位时间内，两流体间传热的传热量。(√)

20. 热负荷大小与传热流体的焓差无关。(×)

正确答案：热负荷大小与传热流体的焓差有关。

21. 流体的流动类型分为滞流和湍流。(√)

22. 化工传质单元操作的对流传质就是涡流扩散。(×)

正确答案：化工传质单元操作的对流传质是涡流扩散与分子扩散两种传质作用的总和。

23. 过量的雾沫夹带造成液相在塔板间的返混，塔板效率下降。(√)

24. 制冷过程是热自动从低温物体传给高温环境的过程。(×)

正确答案：制冷过程是利用外功将热从低温物体传给高温环境的过程。

25. 相对挥发度的大小可以用来判断某液体混合液是否能用蒸馏方法加以分离以及分离的难易程度。(√)

26. 对于有侧线产品的蒸馏塔，塔顶产品和塔底产品之和等于进入塔的原料量。(×)

正确答案：对于有侧线产品的蒸馏塔，塔顶产品、侧线产品及塔底产品之和等于进入塔的原料量。

27. 对于饱和湿空气，干球温度 > 湿球温度 > 露点。(×)

正确答案：对于饱和湿空气，湿球温度、露点、干球温度三者相等。

28. 空气的露点是反映空气温度的一个特征参数。(×)

正确答案：空气的露点是反映空气湿度的一个特征温度。

29. 传质分离过程可分为平衡分离和速率分离两大类。(√)

30. 当无定型聚合物的温度逐渐升高，就会从玻璃态进入粘流态，进而进入高弹态。(×)

正确答案：当无定型聚合物的温度逐渐升高，就会从玻璃态进入高弹态，进而进入粘流态。

31. 配位聚合属于离子聚合范畴。(√)

32. 由于氧具有显著的阻聚效果，因此聚合反应都在排除氧的条件下进行。(×)

正确答案：由于氧具有显著的阻聚效果，因此大部分聚合反应都在排除氧的条件下进行。

33. 齐格勒纳塔引发体系的主引发剂进行引发时，一般都处于最高氧化态。(×)

正确答案：齐格勒纳塔引发体系的主引发剂进行引发时，一般都低于最高氧化态。

34. 正弦电流 $i = 220\sqrt{2}\, I_m\ (100\pi t + 120)$，该电流的初相角为 $\varphi = 120°$。(√)

35. 把“220V，40W”的白炽灯和“220V，60W”的白炽灯并联接到直流 220V 的电源上，“220V，40W”的白炽灯流过的电流大。(×)

正确答案：“220V，40W”的白炽灯流过的电流小。

36. 已知 $R_1 = R_2 = R_3 = 3\Omega$，这三个电阻并联后的总电阻也是 3Ω。(×)

正确答案：并联后的总电阻是 1。

37. 已知 $R_1 = R_2 = R_3$，这三个电阻串联接入 220 V 的电源，则这三个电阻上的分压是 $U_1 = U_2 = U_3 = \frac{220}{3}$。 (√)

38. 把额定值为“220V，40W”的灯泡和”220V，100W”的灯泡串联接入 220V 的电源，通电后发现，40W 的灯泡比 100W 的灯泡亮。 (√)

39. 埋在地下的接地线一般采用带有绝缘的单芯电缆。 (×)

正确答案：埋在地下的接地线一般不采用带有绝缘的单芯电缆，而要采用导体。

40. 电气设备外壳接地一般通过接地支线连接到接地干线，再通过接地干线连接到接地体。 (√)

41. 不管何种类型的电动机都有转子和定子这两大部件。 (√)

42. 型号为 YB250S4WTH 的电机，可在湿热带地区及户外使用。 (√)

43. 型号为 YB 的电动机属于增安型防爆电动机。 (×)

正确答案：型号为 YB 的电动机属于隔爆型防爆电动机。

44. 大转矩蝶阀应选用气动长行程执行机构。 (√)

45. 氧化锆氧含量分析仪属于热学式分析仪。 (×)

正确答案：氧化锆氧含量分析仪不属于热学式分析仪。

46. 使用 U 形管压力计测得的表压值与玻璃管断面面积大小有关。 (×)

正确答案：使用 U 形管压力计测得的表压值与玻璃管断面面积大小无关。

47. 压力式温度计是利用感温液体受热膨胀原理工作的。 (×)

正确答案：压力式温度计是利用气体、液体或蒸汽的体积或压力随温度变化性质设计制成。

48. 玻璃温度计是利用气体、液体或蒸汽的体积或压力随温度变化性质设计制成。(×)

正确答案：玻璃温度计是利用感温液体受热膨胀原理工作的。

49. 转子流量计转子玷污后对精度影响不大。 (×)

正确答案：转子流量计转子玷污后对精度影响很大。

50. 在用差压变送器测量液体的液面时，差压计的安装高度可不作规定，只要维护方便就行。 (×)

正确答案：在用差压变送器测量液体的液面时，差压计的安装高度不可高于下面的取压口。

51. DCS 系统是（Distributed Control System）集散控制系统的简称。 (√)

52. 单级离心泵主要由叶轮、轴、吸液室、泵体、泵盖、机械密封、压出室、轴套、耐磨环、轴承、联轴器组成。 (√)

53. 离心泵叶轮的主要作用是对液体做功增加液体的压力能。 (×)

正确答案：离心泵叶轮的主要作用是对液体做功增加液体的动能和压力能。

54. 离心泵的压出室有螺旋形蜗室和径向导叶两种形式，其作用是将叶轮中的高速液体的一部分动能转化为压力能。 (√)

55. 内装式机械密封属于外流型机械密封，外装式机械密封属于内流型机械密封。(×)

正确答案：内装式机械密封属于内流型机械密封，外装式机械密封属于外流型机械密封。

56. 接触式机械密封是依靠密封室中液体压力和压紧元件的压力压紧在静环端面上，并在两环形端面上产生适当的压力和保持一层极薄的液体膜，而达到密封的目的。 (√)

57. PV 值是指机械密封端面比压 P 与密封面的内径周速的积。 (×)

正确答案：PV 值是指机械密封端面比压 P 与密封面的中径周速的积。

58. 板式塔的主要部件包括：塔体、头盖、塔裙、接管、人孔、平台、塔盘等。 (√)

59. 在填料塔中，塔内装填一定高度的填料层，液体沿填料表面呈膜状向下流动，作为连续相的气体自下而上流动，与液体逆流传质。两相的组分浓度沿塔高呈连续变化。 (√)

60. 拉西环是一个外径和高度相等的空心圆柱体，可用陶瓷、金属、塑料等材料制造，而以陶瓷拉西环最为普遍。 (√)

61. 对于一些腐蚀严重，温差较大而经常要更换管束的冷却器，采用填料函式换热器要比浮头式或固定式换热器优越得多。 (√)

62. 根据阀杆螺纹的位置，闸阀也分成明杆闸阀和暗杆闸阀。 (√)

63. 压力容器的最高工作压力是指容器顶部在正常工作过程中可能产生的最高绝对压力。 (×)

正确答案：压力容器的最高工作压力是指容器顶部在正常工作过程中可能产生的最高表压力。

64. 其他渗透检漏试验是利用气体或渗透性低的液体的渗透特性检查焊缝或材料组织是否致密。 (×)

正确答案：其他渗透检漏试验是利用气体或渗透性高的液体的渗透特性检查焊缝或材料组织是否致密。

65. 流体流动时产生内摩擦力的这种特性，称为黏度。 (×)

正确答案：流体流动时产生内摩擦力的这种特性，称为黏性。

66. 衡量流体黏性大小的物理量称为黏度。 (√)

67. 流体的黏性越大，其流动性就越好。 (×)

正确答案：流体的黏性越大，其流动性就越差。

68. 气体的黏度随温度的升高而增大，液体的黏度则随温度的增高而降低。 (√)

69. 内能是储存于物质内部的能量。 (√)

70. 位能为流体在重力作用下而具有的能量。 (×)

正确答案：位能为流体在重力作用下，因高出某基准面而具有的能量。

71. 动能为流体流动时，因有一定流速所具有的能量。 (√)

72. 判别流体流动类型的无因次数群称为雷诺准数。 (√)

73. 蒸发器按操作方式可分为单效蒸发、多效蒸发、蒸汽压缩、闪蒸蒸发和直接接触蒸发等。 (√)

74. 蒸馏过程是物质在液—液相间，由一相转入另一相的质量传递过程。 (×)

正确答案：蒸馏过程是物质在汽—液相间，由一相转入另一相的质量传递过程。

75. 任何传质过程都是由不平衡趋向平衡的过程，汽—液两相达到平衡状态是传质过程的极限。 (√)

76. 反应器按结构大致可分为管式、釜式、塔式、固定床和流化床等类型。(√)

77. 离心机按分离原理可分为过滤离心机和沉降离心机。(√)

78. 板式换热器多采用于液—液的热交换，不可用于蒸发和冷凝。(×)

正确答案： 板式换热器多采用于液—液的热交换，也可用于蒸发和冷凝。

79. 波纹板式换热器由很多个具有各种压纹的板组装在一起，板与板之间用填料密封，然后用螺栓压紧。(√)

80. 板壳式换热器由压制的型板焊接或组装在一起，然后放入圆形的壳体内。(√)

81. 干燥器按结构形式或运行形式，可分为管式、塔式、箱式、隧道式、回转圆筒式、滚筒式、气流式、射流式、喷雾干燥、沸腾干燥、真空干燥及冷冻干燥等。(√)

82. 轴封是防止泵轴与壳体处泄漏而设置的密封装置。(√)

83. 填料密封结构简单、价格便宜、维修方便，但泄漏量大、功耗损失大。(√)

84. 往复泵由液力端和动力端组成。(√)

85. 填料函属于往复泵的动力端。(×)

正确答案： 填料函属于往复泵的液力端。

86. 往复泵的液力端直接输送液体，把机械能转换成液体的压力能。(√)

87. 往复泵的动力端将原动机的能量传给液力端。(√)

88. 聚乙烯在室温下溶于某些溶剂。(×)

正确答案： 聚乙烯在室温下不溶于任何溶剂，但溶解度参数相近的溶剂可使其溶胀。

89. 聚乙烯是线型碳氢聚合物，分子结构没有极性基团，因此，具有优异的电性能。(√)

90. 结晶型高分子材料中通常总是同时包含晶区和非晶区两个部分。(√)

91. 结晶度作为非结晶部分含量的量度。(×)

正确答案： 结晶度作为结晶部分含量的量度。

92. 聚乙烯是仅含有碳氢两种元素的长链脂肪烃。(√)

93. 聚乙烯是单体对称，结构单元在大分子链中以反式键接。(√)

94. 高压聚合法（ICI 法）是按配位机理聚合。(×)

正确答案： 高压聚合法（ICI 法）是自由基聚合机理。

95. 物质的溶解度的大小与溶质和溶剂的种类、性质有关。(√)

96. 通常把一种物质溶解在另一种物质中的能力叫溶解性，溶解性的大小用溶解度表示。(√)

97. 三乙基铝是无色透明液体，化学性质活泼，与氧反应剧烈，在空气中能自燃，遇水爆炸分解成氢氧化铝和乙烷。(√)

98. 三乙基铝燃烧时可以用水来浇灭。(×)

正确答案： 三乙基铝燃烧时禁止用水、泡沫和四氯化碳来灭火。

99. 三乙基铝具有强烈刺激和腐蚀作用，主要损害呼吸道和眼结膜，高浓度吸入可引起肺水肿。(√)

100. 皮肤接触三乙基铝后，应脱去污染的衣着，用汽油或酒精擦去毒物，涂以油膏，不可用水冲洗。(√)

101. 四氯化钛为一级无机酸性腐蚀物品，不燃烧，受热或遇水分解放热，释放出有毒的腐蚀性烟气。(√)

102. 含四氯化钛的物质燃烧时可以用水来浇灭。（×）

正确答案：含四氯化钛的物质燃烧时禁止用水来浇灭。

103. 单轴式离心压缩机根据气缸形式可分为水平剖分型结构和筒型结构。（√）

104. 多轴齿轮式压缩机每级叶轮均有独立的蜗壳，能有效的回收动能。（√）

105. 测定熔体流动速率可采用以下原则：测定在规定时间内活塞移动的距离；测定活塞移动规定距离所用的时间。（√）

106. 聚乙烯的熔体流动速率与剪切速率无关。（×）

正确答案：聚乙烯的熔体流动速率与剪切速率有关。

107. 长期接触二氧化硫气体，容易使人丧失食欲，出现大便不通和气管发炎等症状。（√）

108. 二氧化硫的水溶液是亚硫酸。（√）

109. 高分子黏流过程中伴随着可逆的高弹形变，这是高分子熔体区别于小分子流体的重要特点之一。（√）

单选题

1. 下列各种物质的量，最小的是（ A ）。

A. 3.01×10^{23}个水分子　　B. 33.6L 二氧化碳（标准状况）

C. 2mol 液态氧　　D. 250g $CuSO_4\cdot5H_2O$

2. 在一定条件下，可逆反应：$CO+NO_2=CO_2+NO$，达到平衡后，如果要使CO的转化率增大，可采用的方法是（ D ）。

A. 增大压强　　B. 使用催化剂　　C. 增大 CO_2 浓度　　D. 增大 NO_2 浓度

3. 当可逆反应 2A（气）=B（气）+C（气）达到平衡时，要增大逆反应速率使C浓度减小，可采取的措施是（ B ）。

A. 加热　　B. 增大B的浓度　　C. 增大A的浓度　　D. 加压

4. 如果使溶质A的饱和溶液析出晶体，则不能采取的方法为（ D ）。

A. 蒸发溶剂　　B. 冷却溶液　　C. 加入少量A　　D. 增大压强

5. 下列物质中，可以用来检测酒精中的微量水的是（ B ）。

A. $FeSO_4$　　B. $CuSO_4$　　C. Na_2CO_3　　D. $CaCO_3$

6. 下列操作中，不能得到白色沉淀的是（ C ）。

A. 将少量氨水滴入硫酸铝溶液中，搅拌

B. 将少量氢氧化钠溶液滴入硫酸铝溶液中，搅拌

C. 将少量硫酸铝溶液滴入氢氧化钠溶液中，搅拌

D. 将少量硫酸铝溶液滴入氨水中，搅拌

7. 下列物质分别与水发生反应，能放出气体并形成碱性溶液的是（ A ）。

A. 过氧化钠　　B. 二氧化氮　　C. 氧化钠　　D. 氟

8. 在原子的组成中，决定元素种类的是（ A ）。

A. 质子　　B. 中子　　C. 电子　　D. 电子排布

9. Ca 和 Ca^{2+} 两粒子，不相同的是（ D ）。

A. 核内质子数　　B. 核内中子数

C. 相对原子质量　　D. 核外电子层数关于氧化数的描述

10. 关于氧化还原反应的描述，下列说法错误的是（ B ）。

A. 氧化与还原是同时发生的

B. 在氧化还原反应中，失去电子的物质发生了还原反应

C. 氧化还原反应中得失电荷数相同

D. 氧化剂被还原，发生还原反应

11. 把 60g 质量分数为 5% 的 NaCl 溶液提高到 10%，可用的方法是（ B ）。

A. 加入 3gNaCl　B. 蒸发掉 30g 水　C. 蒸发掉 28.5g 水　D. 加入 10gNaCl

12. 关于化学键的描述，下列说法错误的是（ C ）。

A. 化学键是相邻原子之间的吸引作用　B. 离子键、共价键、金属键都属于化学键

C. 离子键分为极性键和非极性键　D. 范德华力也是一种化学键

13. 下列物质中，既有离子键又有共价键的是（ C ）。

A. 氯化钙　B. 五氧化二磷　C. 氢氧化钾　D. 碘

14. 下列各物质中，化学键类型相同的一组是（ B ）。

A. HI 和 NaI　B. H_2S 和 CO_2　C. Cl_2 和 CCl_4　D. F_2 和 NaBr

15. 下列各物质中，属于极性化合物的是（ B ）。

A. NaO_2　B. H_2S　C. Cl_2　D. Fe

16. 46g 乙醇中，氢元素的含量为（ D ）mol。

A. 2　B. 1　C. 5　D. 6

17. 下列选项中，物质的量最大的是（ D ）。

A. 4g 氢氧化钠　B. 标况下 11.2L 水蒸气

C. 含 6.03×10^{23} 个氧原子的过氧化钠　D. 1mol 甲烷

18. 下列有机化合物的命名中，符合命名原则的是（ D ）。

A. 2 乙基丙烷　B. 2 甲基 3 丁烯　C. 3 甲基 1，4 二丁烯　D. 2 乙基 1 丁烯

19. 用 $\phi108\times4$mm 的无缝钢管输送 $50m^3/h$ 的水，则水在管内的流速是（ B ）。

A. 3.14m/s　B. 1.77m/s　C. 2.56m/s　D. 5.08m/s

20. 欲输送 25 m^3/h 的水，水的流速取 1.8m/s，则应选择输送管的最适宜的管内径为（ A ）mm。

A. 70　B. 108　C. 50　D. 150

21. 欲输送 250 m^3/h 的蒸汽，蒸汽的流速取 25m/s，则应选择输送管的最适宜管内径为（ B ）mm。

A. 108　B. 60　C. 50　D. 150

22. 孔板流量计是根据孔板前后的（ B ）变化测量流量的。

A. 温度　B. 压力　C. 体积　D. 质量

23. 为流体提供能量的机械称为（ B ）。

A. 供能机械　B. 流体输送机械　C. 增压机械　D. 升温机械

24. 下列选项中，叙述不正确的是（ D ）。

A. 流体流动时产生内摩擦力的性质叫黏性

B. 黏性越大，流动性越小

C. 温度对黏度的影响较大

D. 压力对黏度的影响较大

25. 流体在管内流动时，其他条件不变，管径越大，雷诺数（ A ）。

A. 越大　　B. 越小　　C. 不变　　D. 不确定

26. 关于理论板，下列说法错误的是（ C ）。

A. 理论板并不存在　　B. 理论板的气液两相互成平衡

C. 理论板数就是塔的实际板层数　　D. 理论板上气液两相混合均匀、温度相等

27. 萃取一般发生在（ B ）两相之间。

A. 气液　　B. 液液　　C. 气固　　D. 液固

28. 将混合液体在一定压力下升高温度，使其汽化，当其混合液体刚刚全部汽化并保持在平衡状况下饱和汽相冷凝时出现第一滴液体，这时的温度叫（ B ）。

A. 泡点　　B. 露点　　C. 沸点　　D. 干点

29. 换热器传热过程中，两流体的出入口温差大，则热负荷（ B ）。

A. 小　　B. 大　　C. 不变　　D. 不确定

30. 两流体传热过程中，热负荷随流体流量的增大而（ A ）。

A. 增大　　B. 减小　　C. 不变　　D. 不确定

31. 流体的流动类型是用（ D ）来判断。

A. 流速　　B. 黏度　　C. 密度　　D. 雷诺数

32. 由于分子的无规则热运动而形成的物质传递现象为（ D ）。

A. 热传质　　B. 涡流扩散　　C. 对流传质　　D. 扩散传质

33. 上升气流穿过塔板上液层时，将板上极少量液体带入上层塔板的现象叫作（ C ）。

A. 淹塔　　B. 漏液　　C. 雾沫夹带　　D. 液泛

34. 影响雾沫夹带量的因素是（ D ）。

A. 塔压降大　　B. 液体量大　　C. 空塔气速低　　D. 空塔气速高

35. 使物系的温度降到低于周围环境物质温度的过程称为（ C ）。

A. 降温　　B. 降解　　C. 制冷　　D. 冷藏

36. 下列选项中，湿空气的真实温度是（ A ）。

A. 干球温度　　B. 露点　　C. 湿球温度　　D. 绝热饱和温度

37. 下列化工单元中，属于液固传质过程的是（ C ）。

A. 吸收　　B. 萃取　　C. 结晶　　D. 蒸馏

38. 熔点主要是（ C ）的热转变温度。

A. 体型聚合物　　B. 支链型聚合物　　C. 结晶聚合物　　D. 无定型聚合物

39. 玻璃化温度主要是（ D ）的热转变温度。

A. 线型聚合物　　B. 支链型聚合物　　C. 结晶聚合物　　D. 无定型聚合物

40. 玻璃化温度是无定型聚合物使用的（ B ）温度。

A. 下限　　B. 上限　　C. 正常　　D. 标准

41. 化合物的价键均裂后产生的带独电子的中性基团，称为（ A ）。

A. 自由基　B. 单体　C. 阴离子　D. 阳离子

42. 向聚合反应过程中加入阻聚剂，聚合反应（ C ）。

A. 加快　B. 减慢　C. 完全停止　D. 无变化

43. 下列选项中，属于链转移型阻聚剂的是（ D ）。

A. 苯醌　B. 氧气　C. 硝基苯　D. 苯酚

44. 下列物质中，齐格勒纳塔引发体系的共引发剂是（ C ）。

A. 四氯化钛　B. 氢气　C. 三乙基铝　D. 给电子体

45. 正弦电流的有效值与最大值的关系为（ A ）。

A. $I=\frac{I_m}{\sqrt{2}}$　B. $I=\frac{I_m}{\sqrt{3}}$　C. $I=\frac{\sqrt{2}}{2}I_m$　D. $I=\frac{I_m}{2}$

46. 已知 $R_1=10\Omega$，$R_2=10\Omega$，把两个电阻并联起来，其总电阻为（ D ）。

A. $R=10\Omega$　B. $R=20\Omega$　C. $R=15\Omega$　D. $R=5\Omega$

47. 已知某并联电路 $R_1=8\Omega$，$R_2=8\Omega$，并联电路的总电流 $I=18$A，流经 R_2 的电流 I_2 是（ B ）A。

A. 5.4　B. 9　C. 4.8　D. 1.8

48. 电气设备金属外壳应有（ D ）保护。

A. 防雷接地　B. 防静电接地　C. 防过电压　D. 可靠的接地或接零

49. 电气设备的接地线的截面积，一般不得小于（ D ）mm^2。

A. 1.5　B. 2.5　C. 4　D. 6

50. 电动机的型号主要表示电机的（ D ）特性。

A. 电机的容量　B. 电机的电压

C. 电机的电流　D. 电机的类型、用途和技术特征

51. 已知一台型号为 YB250S4 的电机，下列叙述错误的是（ B ）。

A. Y 表示节能型三相交流异步电动机　B. B 表示增安型防爆电动机

C. 250 表示该电机中心高为 250mm　D. 4 表示该电机为 4 极电机

52. 得到电压或电流信号以后，经过一定时间再动作的继电器称为（A ）。

A. 时间继电器　B. 电压继电器　C. 电流继电器　D. 中间继电器

53. 当继电器的线圈得电时，将会发生的现象是（ C ）。

A. 常开触点和常闭触点都闭合　B. 常开触点和常闭触点都断开

C. 常开触点闭合，常闭触点断开　D. 常开触点断开，常闭触点闭合

54. 不需要进行流向选择的调节阀是（ A ）。

A. 球阀　B. 单座阀　C. 高压阀　D. 套筒阀

55. 测量蒸汽压力或压差时，应安装（ C ）。

A. 过滤器　B. 伴热管线　C. 冷凝管或冷凝器　D. 隔离器或隔离液

56. 热电偶或补偿导线短路时，显示仪表的示值约为（ A ）。

A. 短路处的温度值　B. 室温　C. 最大　D. 零

57. 热电偶产生热电势的条件是（ C ）。

A. 两热电极材料相同，两接点温度相同

B. 两热电极粗细不同，两接点温度相异

C. 两热电极材料相异，两接点温度相异

D. 两热电极长短不同，两接点温度相异

58. 转子流量计中转子上下的压差由（ C ）决定。

A. 流体的流速　B. 流体的压力　C. 转子的重量　D. 流体的方向

59. 用于测量流量的导压管线，阀门组回路中，当正压侧阀门或导压管泄漏时，仪表指示将（ A ）。

A. 偏低　B. 偏高　C. 超量程　D. 零下

60. 用于测量流量的导压管线，阀门组回路中，平衡阀泄漏时，仪表指示将（ A ）。

A. 偏低　B. 偏高　C. 超量程　D. 零下

61. 根据变浮力原理测量的液位计是（ B ）。

A. 浮标液位计　B. 浮筒液位计　C. 浮球液位计　D. 玻璃液位计

62. 法兰变送器的响应时间比普通变送器要长，为了缩短法兰变送器的传输时间，可以采用的方法是（ A ）。

A. 毛细管尽可能选短　B. 毛细管尽可能选长一点

C. 毛细管直径尽可能小　D. 毛细管直径尽可能大一点

63. 扭力管浮筒液位计的浮筒破裂，则仪表指示（ B ）。

A. 最大　B. 最小　C. 不定　D. 不变

64. 扭力管浮筒液位计的浮筒脱落，则仪表指示（ A ）。

A. 最大　B. 最小　C. 不定　D. 不变

65. DCS 系统的控制面板中，“AUTO”的含义是（ C ）。

A. 回路出错　B. 回路在手动控制　C. 回路在自动控制　D. 回路在串级控制

66. 一台泵的级数越多，流量（ C ）。

A. 越大　B. 越小　C. 不变　D. 不能确定

67. 常用的接触式机械密封的主要摩擦形式为（ D ）。

A. 干摩擦　B. 液体摩擦　C. 边界摩擦　D. 混合摩擦

68. 设计机械密封摩擦副的 PV 值应（ B ）它的许用［PV］值。

A. 等于　B. 小于　C. 大于　D. 小于或大于

69. 在填料塔中，塔内装有一定高度的填料，液体沿着填料表面呈（ A ）向下流动，作为连续相的气体自下而上流动，与液体逆流传质。

A. 膜状　B. 汽状　C. 汽泡状　D. 鼓泡状

70. （ A ）的两端管板，采用焊接方式与壳体连接固定。

A. 固定管板式换热器　B. 浮头式换热器

C. U 形管式换热器　D. 填料函式换热器

71. 一端管板与壳体固定，而另一端的管板可以在壳体内自由浮动，这种换热器是（ B ）。

A. 固定管板式换热器　B. 浮头式换热器

C. U 形管式换热器　D. 填料函式换热器

72. （ A ）是闸阀的主体，是安装阀盖、安放阀座、连接管道的重要零件。
A. 阀体　B. 阀杆　C. 传动装置　D. 闸板

73. 能传递力矩起着启闭闸板的作用的是（ B ）。
A. 阀体　B. 阀杆　C. 传动装置　D. 闸板

74. 盛装介质为非易燃或无毒介质的低压容器为（ A ）。
A. 一类容器　B. 二类容器　C. 三类容器　D. 四类容器

75. 对于储存剧毒介质和设计要求不允许有微量泄漏的容器必须做（ C ）。
A. 耐压试验　B. 气压试验　C. 密封性试验　D. 水压试验

76. 往复压缩机一个循环工作过程的顺序是（ B ）。
A. 吸入，膨胀，压缩，排出　B. 膨胀，吸入，压缩，排出
C. 压缩，排出，吸入，膨胀　D. 排出，吸入，膨胀，压缩

77. 往复压缩机的气体压缩过程属于（ C ）压缩过程。
A. 等温　B. 绝热　C. 多变　D. 理想

78. 在静止流体内部，任一点都有一定的（ D ）存在。
A. 动能　B. 热能　C. 位能　D. 静压力

79. 对于热敏性溶液，要求较低的蒸发温度，并应尽量缩短溶液在蒸发器内的停留时间，故选择（ B ）为宜。
A. 列文蒸发器　B. 膜式蒸发器　C. 中央循环管式蒸发器　D. 强制循环蒸发器

80. 若溶液黏度很高，流动性差，则可选择刮板薄膜式或（ D ）。
A. 列文蒸发器　B. 外热式蒸发器
C. 中央循环管式蒸发器　D. 强制循环蒸发器

81. 蒸馏操作是利用液体混合黏物在一定压力下，各组分（ B ）不同的特性以达到分离的目的。
A. 密度　B. 挥发度　C. 黏度　D. 分压

82. 离心机的类型很多，按分离原理可分为（ C ）和沉降离心机。
A. 碟式分离机　B. 上悬式离心机
C. 过滤离心机　D. 管式分离机

83. 动力密封可分为背叶片密封和（ C ）两类。
A. 填料密封　B. 机械密封　C. 副叶轮密封　D. 外装式密封

84. 下列选项中，（ C ）表示的是中密度聚乙烯。
A. LDPE　B. HDPE　C. MDPE　D. LLDPE

85. （ D ）是在沸腾床反应器中，采用铬和钛氟化物催化剂附着于硅胶载体上组成的催化体系，以氢气为相对分子质量调节剂。
A. 高压聚合法（ICI 法）　B. 中压聚合法（Phillips 法）
C. 低压聚合法（Ziegler 法）　D. 低压气相本体法

86. 由两种或两种以上的物质生成一种新物质的化学反应叫（ A ）。
A. 化合反应　B. 分解反应　C. 置换反应　D. 复分解反应

87. 由一种物质生成两种或两种以上新物质的化学反应叫（ B ）。
A. 化合反应　　B. 分解反应　　C. 置换反应　　D. 复分解反应
88. 由两种化合物互相交换成分生成两种新的化合物的反应叫（ D ）。
A. 化合反应　　B. 分解反应　　C. 置换反应　　D. 复分解反应
89. 离心压缩机按结构形式可分为单轴式离心压缩机和（ C ）。
A. 多轴式压缩机　　B. 齿轮式压缩机
C. 多轴齿轮式压缩机　　D. 往复式压缩机

多选题

1. 关于可逆反应的描述，下列说法正确的是（ A，C，D ）。
A. 可逆反应中反应物和生成物可以相互转化
B. 可以通过增大反应物的浓度来提高反应物的转化率
C. 可以通过增大反应物的浓度来提高正反应速率
D. 改变反应物和生成物中任意一种的浓度，其他物质的浓度也会发生改变
2. 下列描述正确的是（ B，D ）。
A. 氯化钠溶液结晶可以采用冷却溶液法
B. 结晶时，可以在溶液中加入少量溶质晶体来加速结晶过程
C. 对于溶解度变化大的溶质，都可以采用冷却溶液法来结晶
D. 根据物质溶解度的不同可以用结晶法来分离溶质
3. 关于热反应的描述，下列说法正确的是（ A，B，C ）。
A. 化学反应中都应伴随热量的交换
B. 化学反应热效应只与反应的始态和终态有关，与反应途径无关
C. 化学反应中的反应热是用焓变来表示的
D. 如果化合物的生成热较低，则该化合物较稳定
4. 下列选项中，孔板流量计的主要特点的是（ A，B，C ）。
A. 构造简单　　B. 制造方便　　C. 安装容易　　D. 能量损失小
5. 下列选项中，属于牛顿型流体的是（ A，C ）。
A. 水　　B. 泥浆　　C. 空气　　D. 高分子溶液
6. 下列参数与雷诺数有关的是（ A，B，C，D ）。
A. 管径　　B. 流体密度　　C. 流体黏度　　D. 流速
7. 关于理论板的描述，下列说法正确的是（ A，B，C，D ）。
A. 理论板并不存在　　B. 理论板的液相组成均匀
C. 理论板上液相温度相等　　D. 可根据理论板数确定实际板层数
8. 精馏操作过程，须具备的条件有（ A，B，C，D ）。
A. 混合液各组分相对挥发度不同　　B. 气液两相接触时必须存在浓度差和温度差
C. 塔内有气相回流和液相回流　　D. 具有气液两相充分接触的场所
9. 传质的基本方式是（CD ）。
A. 热传质　　B. 涡流扩散　　C. 对流传质　　D. 扩散传质

10. 造成漏液的主要原因有（ A，D ）。

A. 气速低　　B. 气速高

C. 塔板间距大　　D. 液面落差引起的气流分布不均匀

11. 下列物质中，可以作为制冷剂的是（ A，C ）。

A. 液氨　　B. 氨水　　C. 氟里昂　　D. 氮气

12. 下列选项中，聚合物特有的力学行为是（ A，C，D ）。

A. 玻璃态　　B. 熔融态　　C. 高弹态　　D. 黏流态

13. 可能成为活性中心的是（ A，C，D ）。

A. 自由基　　B. 单体　　C. 阴离子　　D. 阳离子

14. 为了使热磁式氧分析的测量准确，要求（ A，B，C ）。

A. 测量室有恒温控制　　B. 加热丝的电源稳定

C. 气体流量和压力恒定　　D. 氧含量变化不大

15. 工业中应用较多的氧含量分析仪器有（ B，C ）。

A. 红外线气体分析仪　　B. 磁氧式分析仪

C. 氧化锆式氧含量分析仪　　D. 气相色谱仪

16. 测量蒸汽压力或压差时，应安装（ C，D ）。

A. 过滤器　　B. 伴热管线　　C. 冷凝管　　D. 冷凝器

17. 属于差压式测量的有（ A，B ）。

A. 文丘里管　　B. 孔板　　C. 椭圆流量计　　D. 转子流量计

18. 多级离心泵的轴向力平衡方法有（ A，B，D ）。

A. 设置平衡盘　　B. 叶轮开设平衡孔　C. 设置诱导轮　　D. 叶轮对称布置

19. 离心泵叶轮与壳体的耐磨环的作用是（ B，C，D ）。

A. 平衡转子轴向　B. 密封　　C. 提高叶轮效率　　D. 减小高压液体损失

20. 单弹簧式机械密封在高速下使用弹簧容易变形，故适用于小轴径的机械密封。而多弹簧式机械密封在高速下使用弹簧不容易变形，适用于（ A，D）的机械密封。

A. 大轴径　　B. 低速　　C. 小轴颈　　D. 高速

21. 介质作用在动环上有效面积（ C，D）动静环端面接触面积的机械密封为非平衡型机械密封。

A. 小于一倍　　B. 小于　　C. 等于　　D. 大于

22. 机械密封的端面比压与（ A，B，D）有关。

A. 弹簧力大小　B. 介质压力　　C. 密封材料　　D. 液体黏度

23. 作为主要用于传质过程的塔设备，无论其操作条件如何不同，但总的要求是（ A，B，C，D ）。

A. 气液两相在塔内能充分接触，以获得较高的传质效率

B. 处理量高，操作稳定，弹性大

C. 塔盘的压力降小，不易堵塞

D. 结构简单，节省材料，制造和安装容易，使用方便，易于操作、调节和检修

24. 填料塔具有（A，B，C）等优点。
A. 结构简单　B. 压力降小　C. 可用各种材料制造　D. 适用于小直径塔
25. U形管换热器在壳程内可按工艺要求装置增加（A，B）。
A. 折流板　B. 纵向隔板　C. 加热管　D. 管箱
26. 闸阀的特点主要有（A，B，C，D）。
A. 流体阻力小　B. 启闭力矩小　C. 密封性能好　D. 结构复杂
27. 压力容器按工作压力可分为（A，B，C，D）。
A. 低压容器　B. 中压容器　C. 高压容器　D. 超高压容器
28. 压力容器严禁（B，C，D）运行。
A. 超值　B. 超温　C. 超压　D. 超负荷
29. 往复压缩机生产能力下降的可能原因是（A，B）。
A. 余隙大　B. 严重泄漏　C. 吸入气体温度低　D. 吸入气阀阻力小
30. 支配流体流动状态的因素，除流体的流速外，尚有（A，B，D）。
A. 管道直径　B. 流体的密度　C. 压力能　D. 黏度
31. 当一流体的雷诺准数为5000时，它的流动类型属于（A，D）。
A. 湍流　B. 滞流　C. 层流　D. 紊流
32. 有降液管式塔板常见的板型有（B，C，D）。
A. 栅缝式　B. 泡罩塔板　C. 筛孔塔板　D. 浮阀塔板
33. 管式反应器的特点包括（A，B，D）。
A. 返混小，所需反应器容积较小　B. 比传热面大
C. 连续操作时温度、浓度容易控制　D. 对慢速反应，管要很长，压降大
34. 塔式反应器的特点包括（A，C，D）。
A. 逆流接触，气液返混一般　B. 比传热面大
C. 流速有限制　D. 如需传热，常在壁间另加传热面
35. 流化床反应器的特点包括（A，B，C，D）。
A. 传热好，温度均匀，易控制　B. 催化剂有效系数大
C. 粒子输送容易，但磨耗大　D. 床内返混大，操作条件限制较大
36. 沉降离心机可分为螺旋卸料沉降离心机、（A，C）和室式分离机等。
A. 碟式分离机　B. 上悬式离心机　C. 管式分离机　D. 卧式刮刀卸料离心机
37. 干燥器按加热方式可分为对流、传导、（A，B，C）等。
A. 辐射　B. 高频　C. 微波　D. 真空
38. 往复泵动力端包括（A，B，D）。
A. 曲轴　B. 连杆　C. 活塞　D. 轴承
39. 聚乙烯按树脂合成工艺的不同，可分为（A，B，C，D）。
A. 低密度聚乙烯 B. 高密度聚乙烯　C. 中密度聚乙烯　D. 线形低密度聚乙烯
40. 乙烯的聚合方法分（A，B，C，D）几种。
A. 高压聚合法（ICI法）　B. 中压聚合法（Phillips法）
C. 低压聚合法（Ziegler法）　D. 低压气相本体法

41. 高分子熔体的弹性流变效应主要有（ A，B，C，D）现象。

A. 包轴现象　B. 爬杆现象　C. 巴拉斯效应　D. 熔体破裂现象

42. 影响高分子熔体弹性的因素主要有（ A，B，C，D ）。

A. 剪切速率　B. 温度

C. 相对分子质量及相对分子质量分布　D. 流道的几何形状

高压法模块

判断题

1. 正常的生产中反映的压力达到工艺的要求后就不能改变。（×）

正确答案： 正常的生产中在工艺的范围内反应的压力是可以进行一定的调整的。

2. 反应开车时的升温操作应自动进行。（×）

正确答案： 反应开车的升温操作要求是手动操作。

3. 进行生产中的牌号的切换是调节剂的浓度不需要改变。（×）

正确答案： 进行产品牌号的切换时必须改变调节剂的浓度。

4. 液相聚合中，反应器温度波动不会造成压力波动。（×）

正确答案： 液相聚合中，反应器温度波动会造成压力波动。

5. 维卡软化点是在选定的均匀升温速度和规定的负载作用下，使截面积 $1mm^2$ 的圆柱状平头针针入一热塑性材料 1mm 时的温度。（√）

6. 仪表风不是主物料，其压力有较大波动时无关紧要。（×）

正确答案： 虽然仪表风不是主物料，但其压力有较大波动时应与调度部门及时联系。

7. 调出某一点的过程报警信息的方法是：1）点击“过程报警”；2）在过程报警画面内选中该点；3）按键盘上的过程报警键。（√）

8. 调出棒图的方法是点击所需查看或操作的仪表和设备信号，双击后即可。（√）

9. 在聚合反应中能够引起单体分子活化而发生游离基的物质叫引发剂。（√）

10. 止逆阀使得管线中的物料只能向一定方向流动，而不能向回流动。（√）

11. 适当的降低循环温水温度，将会有利于改善聚乙烯颗粒的结团现象。（√）

12. 调节阀使用柔性石墨填料比使用四氟填料密封性好。（√）

13. 二次压缩机发生漏气着火，二次机入口紧急切断阀不能关闭时应立即关闭高压混合器的出口阀。（√）

14. 生产中粉尘增多可以停挤压机磨切刀并调整间隙，必要时更换切刀就能消除。（√）

15. 添加剂不上量可以通过导通吸入和排出管线的方法排除。（√）

16. 装配图表达装配体的图样。（√）

17. 装配图的图形和尺寸所表达的内容与零件图相同。（×）

正确答案： 装配图的图形和尺寸所表达的内容与零件图不同。

18. 物料衡算式化工生产的基本依据，是衡量化工生产经济效果的基础，对改进生产和指导设计具有重大意义。（√）

19. 在乙烯聚合反应中，一般在低压，高温条件下使用效果大的调节剂较为理想。（×）

正确答案： 在乙烯聚合反应中，一般在低压，高温条件下使用效果小的调节剂较为理想。

20. 置换前先要确认系统的导通情况。 (√)

21. 进行置换时放空要彻底，时间越长越好。 (×)

正确答案： 进行置换时放空时间过长会形成负压，导致倒吸。

22. 由于聚乙烯颗粒直接与循环水接触，所以使用纯净水。 (√)

23. 由于循环水从聚乙烯和模板吸收热量，应冷却到越低温度越好。 (×)

正确答案： 循环水温度过低会影响粒型。

24. 挤压机开车前把联锁开关切为自动。 (×)

正确答案： 挤压机开车前把联锁丌关切为手动。

25. 切刀电机起动后应尽快将循环水通入水室。 (√)

26. 磨切刀时应降低产量，不必停止反应。 (√)

27. 生产低 MFR 产品时，循环水温应尽可能低一些。 (×)

正确答案： 生产低 MFR 产品时，循环水温应稍高一些。

28. 循环水温靠冷却水量调节。 (√)

29. 高压分离器料位控制过高会造成窜气。 (×)

正确答案： 高压分离器料位控制过高会造成夹带。

30. 因为低压分离器容积大、气速低，不容易引起夹带。 (√)

31. 进行产品牌号变更后，由高 MFR 到低 MFR 要清洗料面。 (×)

正确答案： 进行产品牌号变更后，由低 MFR 到高 MFR 要清洗料面。

32. 二次压缩机乙烯置换时，压力越高越好。 (×)

正确答案： 二次压缩机乙烯置换时，按规定压力为好。

33. 旋风分离器是利用离心力及被分离物料的体积的不同进行分离的。 (×)

正确答案： 旋风分离器是利用离心力及被分离物料的密度的不同进行分离的。

34. 在盘车器启动后，辅助油系统的油压也正常，就能启动压缩机。 (×)

正确答案： 必须保证润滑油系统有足够的润滑时间才能启动压缩机。

35. 在正常状态下，启动辅机，油压在一定值以上，盘车一定时间以后，电器送电，压缩机才具备启动条件。 (√)

36. 聚乙烯装置的反应器设置联锁后任何情况下都能保证生产的安全。 (×)

正确答案： 聚乙烯装胃的反应器设置联锁后只在设置范围内才能保证生产的安全。

37. 高压聚乙烯装置所使用的调节剂加入到系统里都是气体。 (√)

38. 在引入蒸汽时，将蒸汽的压力控制阀打开就可以了。 (×)

正确答案： 在引入蒸汽时，首先将排放阀打开，然后慢开蒸汽的压力控制阀后，放干净凝液后才可以接入蒸汽。

39. 高压聚乙烯装置的造粒水使用后为防止影响产品质量，用后即排放掉。 (×)

正确答案： 高压聚乙烯装置的造粒水使用后可重复使用。

40. 在正常运转中，二次压缩机的冷却油泵停止造成联锁停车，但是内部油及外部油泵不自动停止。 (×)

正确答案： 在正常运转中，二次压缩机的冷却油泵停止造成联锁停车，内部油及外部油泵自动停止。

41. 高压聚乙烯的系统气密试验时升至指定的压力一定要停留一段时间。（√）

42. 刮油环安装设定有方向，装反会影响使用效果。（√）

43. 按照用途，容器可分为：反应容器、分离容器、贮运容器等，换热器不属于容器范围。（×）

正确答案：按照用途，容器可分为：反应容器、传热容器、分离容器、贮运容器，因此，换热器属于容器。

44. 在需要小流量、高扬程和自吸能力的工艺条件下，应选用离心泵。（×）

正确答案：在需要小流量、高扬程和自吸能力的工艺条件下，应选用往复泵。

45. 滚动轴承的定位包括径向定位和轴向定位。（√）

46. 换热器的换热管发生泄漏后，一般采用金属堵头将管口两端堵塞后，用电焊将其焊住。（√）

47. 介质流速的增加不会对腐蚀速度产生影响。（×）

正确答案：介质流速的增加会导致腐蚀加剧。

48. 列管式换热器管壁结垢不会对列管式换热器传热效果产生影响。（×）

正确答案：列管式换热器管壁结垢会使列管式换热器传热效果降低。

49. 人的感觉器官可以察觉电离辐射的存在。（×）

正确答案：人的感觉器官不可以察觉电离辐射的存在。

50. 射线是具有能量的氦原子核，在空气中以近似光速传播。（√）

51. 产品相对分子质量分布宽，薄膜光学性质提高。（√）

52. 系统内若含有乙炔、水分等杂质会影响薄膜透明性。（√）

53. 调节阀的驱动方式一般为油压和仪表风驱动两种。（√）

54. 调节阀的动作调节一般为等百分比和开关两位两种。（√）

55. 套管式换热器如采用顺流冷却降温快，而逆流冷却则换热效果好。（√）

单选题

1. 高压聚乙烯生产中进行产品牌号的切换是指改变生产的（ C ）。

A. 产品的质量　　B. 产品的性能

C. 工艺生产的条件　　D. 引发剂的种类

2. 正常的生产中调整反应压力的目的有（ A ）。

A. 调整 MFR　　B. 降低高聚物量

C. 提高低聚物的量　　D. 改变产品的质量

3. 切粒机液压系统的进刀压力通常（ B ）进行调解。

A. 开车前　　B. 开车中　　C. 开车后　　D. 随时

4. 混合岗位风送系统的操作是指（ B ）的操作。

A. 将生产的乙烯送到储蓄罐中　　B. 将生产的聚乙烯送到储存罐中

C. 将生产的低聚物送到储存罐中　　D. 将生产的仪表风送到储存罐中

5. 混合岗位风送系统的排料操作是向（ B ）。

A. 储存罐内排料　　B. 掺合器内排料

C. 计量斗内排料　　D. 包装车间排料

6. 调节系统中调节器正反作用的确定依据是（ B ）。

A. 实现闭环回路的正反馈　B. 实现闭环回路的负反馈

C. 系统放大倍数恰到好处　D. 生产的安全性

7. 聚乙烯生产过程中，如果进料量加大，在其他条件不变的情况下，MFR（ B ）。

A. 升高　B. 降低　C. 不变　D. 先降后升

8. 裂解来乙烯测试取样操作，一般在（ B ）采集样品。

A. 低压压缩机入口　B. 高压压缩机入口

C. 二次压缩机入口　D. 反应器入口

9. 所谓静电是指附着在物体上的很难移动的（ D ）。

A. 电荷　B. 正离子　C. 负离子　D. 集团电荷

10. 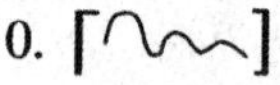 符号表示的是（ B ）。

A. 控制组键　B. 趋势组画面键　C. 报警画面键　D. 显示键

11.  符号表示的是（ A ）。

A. 控制组键　B. 趋势组画面键　C. 报警画面键　D. 显示键

12.  符号表示的是（ A ）。

A. 停止蜂鸣器响声　B. 工艺报告键

C. 报警画面键　D. 流程图键

13. DCS 系统中 PV 的含义是（ A ）。

A. 测量值　B. 给定值　C. 阀开度　D. 信号值

14. 以下选项中，必须保存在阴暗环境并且避免阳光直照的是（ B ）。

A. 添加剂　B. 引发剂　C. 润滑剂　D. 聚乙烯颗粒

15. 生产中，使用（ C ）作调节剂，薄膜透明性好。

A. 乙烷　B. 丙烷　C. 丙稀　D. 丁烷

16. 调节阀动作方向的选择是考虑（ C ）来决定的。

A. 操作方便　B. 物料性质　C. 保证装置安全　D. 以上都不对

17. 套管式换热器一般采用（ B ）换热方式。

A. 顺流　B. 逆流　C. 折流　D. 以上都不对

18. 对一般换热器来说，冷却水入口设在换热器（ C ）。

A. 上部　B. 中部　C. 下部　D. 以上都不对

19. 通常情况下，换热器的蒸汽入口在换热器的（ A ）。

A. 上部　B. 中部　C. 下部　D. 以上都不对

20. 运转中发现二次压缩机一段出口两侧压力表指示压力相差 20MPa 以上时，应（ A ）。

A. 紧急停车处理B. 切除压力表　C. 降低反应压力　D. 提高反应压力

21. 处理结团料的方法是（ D ）。

A. 提高 MI　B. 降低纯水流量

C. 筒体和模板加热　D. 降低纯水温度

22. 离心泵启动时关闭泵的出口阀门启动，保护电机的原理是（ A ）。
A. 缩短电机启动时间，降低电机的启动电流
B. 电机的轴功率最低，电机不发生超电流
C. 电机的轴功率为零，电机的启动电流最低
D. 缩短了电机达到额定转速的时间
23. 引发剂泵在冬季生产中容易造成注入不良的原因（ A ）。
A. 气温低引起单向阀堵塞　　B. 引发剂浓度不够
C. 操作不当　　D. 引发剂泵油箱液面低
24. 造成造粒水系统跑水的原因是（ A ）。
A. 脱水筛堵塞　　B. 挤压机打滑
C. 低压分离器料面失控　　D. 高分换热器未再生
25. 造粒系统造成结团料的原因有（ A ）。
A. 树脂温度　　B. 纯水流量大　　C. 振动筛不下料　　D. 脱水筛堵
26. 造成造粒系统尾巴料的原因是（ B ）。
A. 低压分离器液位太高　　B. 切刀磨损
C. 振动筛不下料　　D. 齿轮油粘度低
27. 造粒系统出现氧化料的原因是（ A ）。
A. 聚乙烯与氧长时间接触　　B. 低聚物未排放
C. 没有加入添加剂　　D. 螺杆通水
28. 添加剂泵不上量的原因是（ A ）。
A. 泵的吸入口堵塞　　B. 低压分离器液位高
C. 反应压力波动　　D. 添加剂过多
29. 欲标注零件组合体内部结构尺寸时，最好采用（ D ）。
A. 剖视图　　B. 左视图　　C. 主视图　　D. 俯视图
30. 正面投影与水平面投影的交线称为（ A ）。
A. X 轴　　B. Y 轴　　C. Z 轴　　D. 原点
31. 在生产中直接控制运转生产过程的是（ A ）。
A. 仪表　　B. 电气　　C. 变送器　　D. 反馈
32. 看装配图时，应首先了解（ A ）。
A. 机器或部件的性能、功用和工作原理
B. 标题栏
C. 装配关系
D. 工艺性能
33. 装配图不能反映装配的（ D ）。
A. 结构特征　　B. 零件间的相对位置
C. 工作原理　　D. 零件的尺寸
34. 物料衡算就是物料的（ B ）计算。
A. 守恒　　B. 平衡　　C. 规则　　D. 完全

35. 物料衡算对（ C ）和（ C ）具有重大意义。
A. 工艺，设备　　B. 经济效益，社会效益
C. 改进生产，指导设计　　D. 产品，副产品

36. 物料衡算的基本步骤中，第一步就是要（ B ）。
A. 画出流程图　B. 收集数据　C. 确定计算方法　D. 选择基准

37. 在物料衡算的过程中，物料衡算步骤前应注意的是（ C ）。
A. 列出物料和能量平衡表　　B. 得出结论
C. 确定计算方法和计算基准的选择　D. 写出计算步骤

38. 转化率表示原料被转化的（ D ）。
A. 多少　B. 时间　C. 速度　D. 程度

39. 挤压机起动时螺杆转数给定在（ B ）。
A. 最大　B. 最小　C. 中间　D. 任意位置

40. 挤压机起动时螺杆与切刀转数比率给定在（ A ）。
A. 最大　B. 最小　C. 中间　D. 任意位置

41. 按照（ D ）分，气流输送可分为稀相输送和密相输送。
A. 气流压力　B. 气源方向　C. 输送速度　D. 气相中颗粒浓度

42. 挤压机模板内加装过滤网是为了（ B ）。
A. 使熔融聚乙烯均匀挤出　　B. 除去熔融聚乙烯中的杂质
C. 防止模孔堵塞　　D. 使熔融聚乙烯含水量减少

43. 引发剂泵故障导致的反应器温度下降的处理方法是（ B ）。
A. 立即降低反应负荷　　B. 用备用泵代替
C. 停止二次压缩机　　D. 满负荷紧急停车

44. 由于引发剂管线堵塞造成引发剂中断的处理方法不正确的是（ D ）。
A. 接蒸汽进行加热导通
B. 切换到备用泵检查堵塞位置
C. 温度持续下降后立即停车检修、清理及更换
D. 手动开关泵的启动电源，重复几次即可

45. 下列选项中，不参与乙烯聚合反应的原料气中杂质是（ D ）。
A. 一氧化碳　B. 氢气　C. 丙烯　D. 氮气

46. 高循换热器再生时，必须达到（ C ）℃以上时才可以通水。
A. 65　B. 75　C. 85　D. 95

47. 仪表风投用前，首先应（ B ）。
A. 用压力调节阀调节压力　　B. 吹扫管线
C. 关闭出口阀　　D. 打开出口阀直接用即可

48. 高压聚乙烯装置联锁线是由输入部分、（ A ）和输出部分三部分组成的。
A. 逻辑部分　B. 编辑部分　C. 计算部分　D. 调整部分

49. 高压聚乙烯装置引发剂中加入溶剂的目的是（ A ）
A. 有利于温度的控制　　B. 节约引发剂
C. 延长保存的时间　　D. 提高转换率

50. 高压聚乙烯装置切粒系统离心干燥器分离的物质是（ A ）。
A. 聚乙烯粒子和水　B. 聚乙烯粒子和乙烯气
C. 聚乙烯生产的高聚物和低聚物　D. 聚乙烯系统内的惰性气和乙烯气
51. 高压聚乙烯产品的主要指标包括（ A ）。
A. MFR　B. 氧化料含量　C. 调节剂量　D. 鱼眼条纹数量
52. 高压聚乙烯装置中的仪表风冬季的露点应为（ C ）℃。
A. 30　B. 15　C. -40　D. -20
53. 高压聚乙烯装置共用系统中的氮气纯度为（ D ）以上。
A. 50%　B. 80%　C. 90%　D. 98%
54. 添加剂配置槽和添加剂供给槽进行氮封的目的是（ B ）。
A. 防止混合杂质B. 防变质　C. 保温　D. 提高泵的出口压力
55. 在（ C ）状态下，辅助油系统及盘车器运转一定时间后，电气送电，二次压缩机可以启动。
A. 试验　B. 短接　C. 正常　D. 自动
56. 聚乙烯装置的反应器设置联锁时的反应温度是指（ A ）。
A. 超温　B. 中温　C. 低温　D. 根据生产情况
57. 聚乙烯装置的反应器设置联锁的目的是（ C ）。
A. 防止生产出不合格的产品　B. 有利于提高转化率
C. 保障反应器的安全　D. 防止仪表联锁的发生
58. 高压聚乙烯装置所使用的调节剂丙烯加入系统的物态是（ A ）。
A. 气态　B. 固态　C. 液态　D. 混合态
59. 高压聚乙烯装置加入调节剂的目的主要是为了（ C ）。
A. 控制产量　B. 控制产品能耗　C. 控制 MFR　D. 控制乙烯气消耗量
60. 高压聚乙烯装置使用的引发剂的储存条件为（ B ）。
A. 加热保存　B. 冷藏保存　C. 冷却保存　D. 没有特殊的要求
61. 高压聚乙烯装置使用的引发剂经过配置后（ C ）。
A. 可以长期保存，当用时即可使用　B. 不存在保质期的问题
C. 引发剂最好配好后短时间内使用　D. 没有特殊的要求
62. 高压聚乙烯装置中的惰性气体含量越高产量越（ B ）。
A. 高　B. 低　C. 正常　D. 没有影响
63. 下列项目中，不属于故障联锁的项目有（ D ）。
A. 主电机失步　B. 外部油泵停　C. 过电流　D. 正常停车
64. 下列选项中，不属于二次压缩机故障联锁的项目是（ C ）。
A. 过电流，电压过低　B. 辅助油泵停
C. 出口温度升高　D. 外部油压力下降
65. 高压聚乙烯系统置换的目的是（ B ）。
A. 除去系统中的氮气　B. 除去系统中的氧气
C. 除去系统中的惰性气体　D. 除去系统中的空气

66. 高压聚乙烯系统进行气密试验的目的是（ B ）。
A. 检查系统是否坚固　B. 检查系统在规定的压力下是否安全
C. 检查系统承受大气压力的能力　D. 检查系统的泄漏能力
67. 高压聚乙烯的系统气密试验的前提是（ A ）。
A. 系统要置换合格　B. 系统要试压合格
C. 系统要保压合格　D. 系统要交换合
68. 在换热器传热面积计算公式 $A=q/K\Delta t_{均}$ 中，q、K、$\Delta t_{均}$分别代表（ D ）。
A. 热量、开尔文、平均温差
B. 热量、绝对温度、平均温差
C. 传热速率、总传热系数、冷热流体的平均温差
D. 传热速率、总传热系数、冷热流体的平均温差
69. 反应器出口压力控制阀一般采用（ A ）超高压调节阀。
A. 液压式　B. 电动式　C. 气压式　D. 手动式
70. 按照设计承受压力的不同，化工容器可分为（ D ）。
A. 低压容器和高压容器　B. 反应容器和分离容器
C. 高温容器和常温容器　D. 常压容器和压力容器
71. 根据容器的壁厚，化工容器可分为（ B ）。
A. 内压容器和外压容器　B. 薄壁容器和厚壁容器
C. 常压贮罐和压力容器　D. 金属容器和非金属容器
72. 压力容器的基本结构有筒体、（ C ）、开孔和开孔补强、法兰垫片、支座。
A. 内件　B. 安全阀　C. 封头　D. 阀门
73. 下列选项中，不属于挤压机启动必要条件的是（ D ）。
A. 启动挤压机冷却风机　B. 启动造粒水流量泵
C. 关闭好水室门　D. 主马达轴承温度达到设定值
74. 提高或减少泵的（ C ），也可以达到调节流量的目的。
A. 允许吸上高度　B. 气蚀余量
C. 扬程　D. 允许吸上真空度
75. 滑动轴承最关键的部件是（ B ）。
A. 轴承盖　B. 轴瓦　C. 轴颈　D. 油槽
76. 按照（ A ）分，滑动轴承分为整体轴承、剖分轴承、自位轴承和椭圆轴承。
A. 结构型式　B. 承载方向　C. 润滑状态　D. 使用材料
77. 往复压缩机是靠（ C ）的变化完成压缩的。
A. 面积　B. 体积　C. 容积　D. 直径
78. 往复压缩机最高工作压力可达（ C ）MPa。
A. 100　B. 200　C. 300 以上　D. 30
79. 压缩机的效率是传递给气体（ B ）的利用程度。
A. 压力能　B. 机械能　C. 电能　D. 势能

80. 聚四氟填料经常被加工成（ A ）自紧式密封，有上中下三只配对适用。

A. V 形　　B. X 形　　C. Y 形　　D. 方形

81. 对于布袋过滤器，说法不正确的是（ D ）。

A. 布袋过滤器内部为负压

B. 布袋过滤器作用是分离空气中的粉尘

C. 如果风机入口处压力过高，则需更换布袋

D. 如果在风机出口发现有水，则说明布袋有破洞

82. 下面场合不能适用机械密封的是（ C ）。

A. 输送介质为酸类介质的泵

B. 离心式压缩机的密封装置

C. 介质为含有橡胶颗粒的苯乙烯胶液

D. 输送介质腐蚀性较强

83. 与多弹簧机械密封相比，单弹簧机械密封（ B ）。

A. 受转速影响不大　　B. 适用于易结晶的场合

C. 不适于安装在有腐蚀的场合　　D. 适用在轴径较大的场合

84. 聚乙烯颗粒在离心干燥机中的运动方向是（ D ）。

A. 由左往右　　B. 由右往左　　C. 由上往下　　D. 由下往上

85. LDPE 装置颗粒与水的分离器一般采用（ B ）。

A. 加热式干燥机　　B. 离心式干燥机

C. 风干式干燥机　　D. 沉降式分离器

86. 检修后验收试压时，固定管板式换热器的试压顺序是（ A ）。

A. 先壳程后管程　　B. 先管程后壳程

C. 管壳程同时进行　　D. 不分先后

87. 列管式换热器效率下降的原因是（ A ）。

A. 管壁产生结垢　　B. 流体流动性变好

C. 管壁变薄　　D. 热载体温度变高

88. 反应压力上升可以（ A ）转化率。

A. 提高　　B. 降低

C. 维持不变　　D. 可能上升也可能下降

89. 反应温度上升可以（ B ）转化率。

A. 降低　　B. 提高　　C. 维持不变　　D. 可能上升也可能下降

90. 下列选项中，导致聚乙烯膜料产品中鱼眼条纹增多的选项是（ A ）。

A. 氧化料的进入

B. 聚乙烯颗粒内部含有水

C. 低 MI 产品中混有少量的高 MI 产品

D. 抗氧剂注入不良

91. 可能导致颗粒冷却水流量下降的选项是（ B ）。

A. 颗粒冷却水换热器内壁附着添加剂过多

B. 颗粒冷却水水泵发生气缚情况

C. 颗粒冷却水系统内粉尘较多

D. 离心干燥机脱水能力下降

92. 正常停车时，应先确认（ C ）已停车，再停一次压缩机及低压压缩机。

A. 反应器　　B. 造粒系统

C. 二次压缩机　　D. 一次机外部油泵

93. 低压及一次压缩机在放空停车时，应先将负荷降为最小，然后关出口阀，再（ C ）。

A. 停主电机　　B. 确认是放空或保压

C. 开放空阀　　D. 其他

94. 在一次压缩机放空停车时，确认二次压缩机已停止后，一般先将低压及一次压缩机（ A ），再停主电机。

A. 降负荷，放空到一定压力以下　　B. 保压后

C. 放空到压力为零　　D. 其他

95. 本装置停车过程中不需要的事项有（ C ）。

A. 返回裂解系统给到最大　　B. 调节剂系统停止注入

C. 准备充足的乙烯　　D. 挤压机停止后保留一定的低分料面

多选题

1. 生产中降低反应的压力会造成（ A，C ）。

A. 产量降低　　B. MFR 升高

C. MFR 降低　　D. 造成生产的停车

2. 反应温度调整的原则是（ A，B，C ）。

A. 保证反应温度不失控

B. 升温应平稳上升

C. 正产的生产中的温度调整应在工艺要求范围内

D. 只要温度不波动即可

3. 高压聚乙烯料仓巡检的内容包括（ A，B，C ）。

A. 检查罐存　　B. 通入净化风的量

C. 人孔的开闭状态　　D. 产品的质量

4. 高压聚乙烯的料仓巡检时携带的工具包括（ A，D ）。

A. 橡皮锤　　B. 扳手　　C. 听诊棒　　D. 手电

5. 下列属于联锁线路组成部分的为（ A，B，D ）。

A. 输入部分　　B. 逻辑部分　　C. 运算部分　　D. 输出部分

6. 反应系统压力波动主要是由（ A，B，C）造成的。

A. 温度波动　　B. 反应器压力控制故障

C. 二次压缩机故障　　D. 切粒机故障

7. 下列是窗口调用方法的是（A，B，C，D）。

A. 在系统信息窗口　　B. 利用“NAME”键输入窗口名

C. 单击“NAVIGATOR”　　D. 从用户图形中选择所需图形

8. 控制回路的作用是（A，B，D）。

A. 增强控制的稳定性　　B. 使操作员了解调节的结果

C. 减弱控制的稳定性　　D. 反馈调节

9. DCS 系统又称为（B，D）。

A. 集中控制系统　　B. 分散控制系统

C. 计算机控制系统　　D. 集散控制系统

10. 离心泵泵壳与转轴之间的间隙处泄漏的处理措施是（A，C）。

A. 调节填料松紧度或更换填料　　B. 调节好密封液

C. 更换动环，重新安装，严格找平　　D. 调整间隙至符合要求

11. 造粒水系统一旦跑水应如何处理？（A，B，D）

A. 及时补水　　B. 停挤压机处理，以免水室堵塞

C. 反应停车　　D. 查找跑水原因

12. 造粒水泵不上压的原因是（A，C，D）。

A. 气蚀　　B. 干燥机不脱水　　C. 密封严重泄漏　　D. 入口过滤网堵

13. 造粒系统出现块料应如何处理？（A，B）

A. 停挤压机，清理模板及切刀挂料，重新启动

B. 切刀轴通水

C. 挤压机填料氮封

D. 降低排料速度

14. 造粒系统出现尾巴料可以用以下哪种方法处理？（A，B）

A. 磨切刀并调整间隙　　B. 模板磨损严重，有伤痕需更换模板

C. 切粒机加油　　D. 增加产量

15. 生产中粉尘增多的原因有（A，D）。

A. 切刀磨损　　B. 换热器未通水　　C. 分离器未排放　　D. 模板磨损

16. 添加剂泵不上量有什么方法可以处理？（A，B，C）

A. 导通泵的入口　　B. 添加剂系统伴热

C. 更换止逆阀　　D. 加强排放

17. 仪表的自动控制分为（A，B）。

A. 闭环控制　　B. 半闭环控制　　C. 开环控制　　D. 半开环控制

18. 自动控制包括（A，B，D）。

A. 自动监视　　B. 自动操纵　　C. 自动恢复　　D. 自动调节

19. 检修后对系统进行置换前作好哪些准备工作？（A，B，C）

A. 阀门状态检查确认　　B. 遥控阀动作试验

C. 进行氮气吹扫　　D. 加入调节剂

20. 运转中出现粒子带尾巴粉尘多是因为（ A，C，D ）。
A. 切刀磨损　B. 模孔堵塞　C. 水温过低　D. 模板磨损

21. 挤压机起动前要做哪些准备工作？（ B，C，D ）。
A. 测定高、低压分离器“零点”　B. 导通高、低压分离器间管线
C. 起动附属设备　D. 循环水升温

22. 长时间运转会造成切刀磨损，达到一定程度后会出现（ A，C，D ）。
A. 粒子带尾巴　B. 粒子结团　C. 粉尘多　D. 出现块料

23. 循环水温偏低，尤其在初开车时会造成（ B，D ）。
A. 绞入不良　B. 粉尘多　C. 粒子结团　D. 粒子带尾巴

24. 开车后或变更产品品种应对高压分离器进行（ A，B ）。
A. 料面“零点”测定　B. 料面清洗
C. 蒸汽切换　D. 检查有无杂质

25. 正常运转中，低压分离器液位波动在一定范围内，一般说来（ C，D ）。
A. 高 MFR 物料振幅大　B. 低 MFR 物料振幅小
C. 高 MFR 物料振幅小　D. 低 MFR 物料振幅大

26. 高压聚乙烯装置开车前对系统应进行的工作是（ A，B，C ）。
A. 对反应器加热　B. 催化剂泵保压
C. 系统置换　D. 造粒粒形的检查

27. 二次压缩机置换放空时处于关闭状态的阀门是（ A，B），处于开启状态的为（ C，D ）。
A. 出口阀　B. 入口阀　C. 放空阀　D. 旁路阀

28. 二次压缩机置换进气时，阀的状态为：关阀（ B，C），开阀（ D ）。
A. 入口阀　B. 出口阀　C. 放空阀　D. 入口旁通阀

29. 高压聚乙烯装置反应所用的引发剂运输保存要求（ A，D ）。
A. 低温　B. 冷藏　C. 无撞击　D. 专人保管

30. 高压聚乙烯装置切粒系统离心干燥器启动前的检查内容为（ A，B，C ）。
A. 检查边网和叶片　B. 检查皮带的松紧
C. 检查电机运转是否正常　D. 检查分离效果

31. 高压聚乙烯产品生产中主要控制的指标是（ A，B ）。
A. 反应压力　B. 反应温度　C. 调节剂数量　D. 聚合度

32. 高压聚乙烯分析产品薄膜时其中的指标不包括（ A，B，C ）。
A. 鱼眼、条纹　B. 浊度　C. 光洁度　D. 屈光度

33. 高压聚乙烯装置中的仪表风的规格要求是（ A，B，D ）。
A. 无油　B. 无杂质　C. 无氧　D. 露点 -40℃以下

34. 高压聚乙烯装置的挤压机系统加热可以采用（ A，B）进行加热。
A. 高压蒸气　B. 低压蒸气　C. 电加热　D. 导热油

35. 高压聚乙烯装置引发剂系统分为（ A，B，C ）。
A. 油箱　B. 液压油驱动系统
C. 仪表系统　D. 油水分离系统

36. 高压聚乙烯装置引发剂系统开车前必须做的工作包括（ A，B，C ）。
A. 引发剂的补加 B. 引发剂系统的检查
C. 催化剂系统的保压 D. 催化剂系统的投用
37. 下面项目中，会导致二次压缩机停止的选项有（ A，B，C，D ）。
A. 外部油电机停 B. 内部油电机停 C. 过电流 D. 过电压
38. 聚乙烯装置反应器设置联锁的内容包括（ A，B ）。
A. 反应温度 B. 反应压力
C. 反应气紧急放空阀 D. 反应器的换热器
39. 聚乙烯装置反应器设置联锁是为了防止（ A，B ）。
A. 反应器超温分解 B. 反应器超压爆破
C. 反应温度丧失 D. 生产产量的失控
40. 高压聚乙烯产品出现鱼眼条纹的原因有（ A，B，D ）。
A. 反应温度未在工艺范围 B. 反应压力未在工艺范围
C. 调节剂的问题 D. 添加剂变质
41. 高压聚乙烯装置的惰性气体中包括（ A，B，C ）。
A. 甲烷 B. 乙烷 C. 碳三以上重组分 D. 乙烯
42. 关于高压聚乙烯系统置换的叙述正确的是（ A，B，D ）。
A. 置换之前先用氮气置换 B. 置换时第一次进气压力要低
C. 为达到要求，置换的次数要多 D. 置换达到要求即可
43. 工艺管线吹扫通常情况下用的介质是（ A，B，C ）。
A. 空气 B. 水 C. 蒸汽 D. 氢气
44. 聚乙烯切粒系统产生粒形突变的原因是（ A，B，C ）。
A. 切刀折断 B. 切刀的间隙变化
C. MFR 的变化 D. 高分的料面的变化
45. 属于挤压机联锁自停的选项是（ A，B，C ）。
A. 模头爆破片（或压力开关）动作 B. 造粒水流量泵停止
C. 水室门打开 D. 造粒水流量高于设定值
46. 滚动轴承常用的滚动体有（ A，B，C，D ）。
A. 球形滚子 B. 圆柱形滚子 C. 圆锥形滚子 D. 滚针形滚子
47. 往复压缩机的一个工作循环过程包括（ A，B，C，D ）。
A. 吸气 B. 压缩 C. 排气 D. 膨胀
48. 压缩机的能量损失主要有（ A，B，C ）。
A. 流动损失 B. 轮阻损失 C. 漏气损失 D. 停车损失
49. 机械密封是靠（ A，B，C，D）主要元件组成。
A. 动环 B. 静环 C. 弹性元件 D. 辅助密封圈
50. 加热添加剂装置时，需确认蒸汽阀的开关状态为（ A，B，C，D ）。
A. 开低压蒸汽总阀 B. 开各疏水器前阀
C. 开旁通阀 D. 关各蒸汽入口阀

51. 属于离心式干燥机自身部件的下列选项是（ A，B，D ）。

A. 转子　　B. 边网　　C. 叶轮　　D. 传动电机

52. 压力容器检修后进行水压试验的保压过程中（ B，C ）。

A. 不需要专人负责　　B. 法兰连接处不得出现泄漏或渗漏

C. 筒体不得出现裂纹等现象　　D. 压力表的指示可以发生小范围的下降

53. 下列选项中，可能引起温度失控的条件是（ A，B，C ）。

A. 引发剂浓度不均　　B. 反复的进行绝热压缩与膨胀

C. 管壁结垢严重　　D. 使用丁烯－1 做调节剂

54. 下列可能引起二次压缩机中间段压差增大的选项是（ B，D ）。

A. 一段入口温度上升　　B. 一段组合阀排出阀片破损

C. 二段组合阀排出阀片破损　　D. 压缩机中间换热器堵塞

55. 列管式换热器管壁结垢会使列管式换热器（ B，C ）。

A. 效果变好　　B. 效果不好　　C. 热效率变低　　D. 热效率变高

56. 下列选项中，可能导致粒型不整的原因是（ A，B，C ）。

A. 膜孔部分堵塞　　B. 切刀磨损严重

C. 切刀与模板间隙过大　　D. 纯水温度过高

57. 下列选项中，造成模头堵塞的原因是（ B，D ）。

A. 开车前循环水通的过晚　　B. 循环水温度过低

C. 模头温度过高　　D. 循环水流量过低

58. 压缩机的油运可以将压缩机传动和转动部位的杂物随设备的运转而（ B，C ）。

A. 增多　　B. 减少　　C. 带走　　D. 其他

59. 静电的泄漏导走法包括（ A，B，C ）。

A. 增加空气湿度　B. 静电接地　　C. 加抗静电添加剂　D. 工艺除静电

简答题

1. 何谓分程调节系统？设置分程调节系统的目的是什么？

答：分程调节系统就是一个调节器同时控制两个或两个以上的调节阀，每一个调节阀根据工艺的要求在调节器输出的一段信号范围内动作。设置分程调节系统的主要目的是扩大可调范围。

2. 什么叫放射性及放射性同位素？

答：某些元素的原子核不稳定，能自发地放出 α、β 粒子，这种性质称为放射性。具有这种特性的元素，称为放射性元素或放射性同位素。这种过程称为放射性衰变。

溶液法模块

判断题

1. 间歇聚合催化剂加完是聚合釜开车应具备的条件之一。（√）

2. 氢气流量控制阀前安装了过滤器是为了防止焊渣等随气流进入系统。（√）

3. 氢气流量控制阀所使用的流量计为质量流量计。（×）

正确答案：氢气流量控制阀所使用的流量计为孔板流量计。

4. 粉末输送系统的介质是空气。 (×)

正确答案：粉末输送系统的介质是氮气。

5. 粉末旋风分离器的作用是将粉末与输送介质分离。 (√)

6. 粉末旋风分离器是利用离心力和粉末自身的重力分离粉末的。 (√)

7. 熔融泵使用冷却水的目的主要是冷却转子。 (×)

正确答案：熔融泵使用冷却水的目的主要是防止物料泄漏。

8. 聚合尾气压缩机吸入罐及其入口线设置蒸汽伴热的目的是防止有己烷气冷凝。 (√)

9. 4A 分子筛主要组成是氧化铝。 (×)

正确答案：4A 分子筛主要组成是二氧化硅。

10. 聚合釜补加己烷的过程中可同时进行氢气置换。 (√)

11. 催化剂泵开车正常后一定要准确校对催化剂进料量大小，以便及时调整。 (√)

12. 在聚合釜进行氢气置换过程中为了加快置换速度，可同时选用两个氢气阀。 (√)

13. 在切刀上涂抹硅油是为了防止切刀粘上物料。 (√)

14. 磨刀前要将模板充满物料。 (√)

15. 当每把切刀都均匀磨削且没有缺口，刀刃锋利时即可认为磨刀结束。 (√)

16. 颗粒冷却水温度是通过调节换热器冷却介质的流量控制的。 (√)

17. 空气漏入制冷压缩机内部造成冷凝器压力不正常升高，会引起喘振。 (√)

18. 己烷蒸馏塔采用洗塔方式主要是为了提高己烷采出量。 (×)

正确答案：己烷蒸馏塔采用洗塔方式主要是为了提高母液处理量。

19. 己烷蒸馏塔氮气置换的氮气含量达到 98% 以上为合格。 (×)

正确答案：己烷蒸馏塔氮气置换的氮气含量达到 99.8% 以上为合格。

20. 低聚物真空闪蒸操作可增加己烷的沸点，便于脱除己烷。 (×)

正确答案：低聚物真空闪蒸操作可降低己烷的沸点，便于脱除己烷。

21. 对于生产 5300B 产品，当颗粒密度波动时，只需将第一聚合釜的共聚单体加入量进行调整即可。 (×)

正确答案：对于生产 5300B 产品，当颗粒密度波动时，两聚合釜的共聚单体加入量应同时按比例进行调整。

22. 聚合釜内浆液熔融指数的控制，实质上是通过控制釜内气相中氢气、乙烯克分子比的大小来实现的。 (√)

23. 在串联聚合进行载液开车时，应在第一聚合釜溢流后，第一闪蒸罐内的浆液再进入第二聚合釜。 (√)

24 并联 A 两聚合釜生产的浆液熔融指数控制范围完全不同。 (×)

正确答案：并联 A 两聚合釜生产的浆液熔融指数控制范围完全相同。

25. 催化剂配制系统尾气液封罐的作用，主要是利用其内部的煤油吸收残余的己烷。(×)

正确答案：催化剂配制系统尾气液封罐的作用，主要是利用其内部的煤油吸收残余的催化剂。

26. 提高己烷蒸馏塔操作压力会使母液处理能力下降，蒸汽消耗上升。 (√)

27. 降低己烷蒸馏塔的液位控制，可提高蒸馏塔的处理能力。 (×)

正确答案：提高己烷蒸馏塔的液位控制，可提高蒸馏塔的处理能力。

28. 聚合工段母液直接进入己烷蒸馏塔的操作方式，易造成蒸馏塔液位波动。 (√)

29. 己烷蒸馏塔的回流采用的介质为精己烷。 (√)

30. 己烷蒸馏塔的回流给定的己烷是经过分子筛干燥器后的精己烷。 (×)

正确答案：己烷蒸馏塔的回流给定的己烷是未经过分子筛干燥器的精己烷。

31. 己烷蒸馏塔塔底采出泵出口压力控制阀安装在进入预热器之后。 (×)

正确答案：己烷蒸馏塔塔底采出泵出口压力控制阀安装在进入预热器之前。

32. 并联 B 聚合临时停车后，两聚合釜如果由于某种原因一个釜卸出的浆液不是连续进行的，应停止另一个釜的卸料。 (√)

33. 正常生产中，聚合尾气压缩机停车后会导致尾气系统压力高，此时可以将尾气吸入罐放空阀复线开几扣。 (√)

34. 聚合釜载液停车后，聚合釜夹套升温正确的操作是先启动水泵再投蒸汽。 (√)

35. 由高指数产品切换到低指数产品可不必更换挤压机筛网。 (×)

正确答案：由高指数产品切换到低指数产品必须更换挤压机筛网。

36. 4A 分子筛装填上下铺设磁球的目的是防止 4A 分子筛窜出。 (√)

37. 聚合釜内器壁上装有的折流挡板主要是为了防止釜壁粘料。 (×)

正确答案：聚合釜内器壁上装有的折流挡板主要是为了强化搅拌效果。

38. 聚合循环气风机启动前出入口排出的己烷进入干燥系统。 (×)

正确答案：聚合循环气风机启动前出入口排出的己烷进入聚合尾气系统。

39. 第一聚合釜和第二聚合釜的联锁系统的目的和功能是不同的。 (×)

正确答案：第一聚合釜和第二聚合釜的联锁系统的目的和功能几乎是一致的。

40. 调节阀开闭型式有气开和气闭两种，气开式是有气压信号时阀开，无气压信号时阀关。气闭式是有气压信号时阀关，无气压信号时阀开。 (√)

41. 挤压机螺杆分为进料段、压缩段、熔融段和出料段。 (×)

正确答案：挤压机螺杆分为进料段、压缩段、出料段。

42. 干燥循环气风机空运试车时候，可以不连接管线。 (×)

正确答案：干燥循环气风机空运试车时候必须出口限流，避免风机电机烧损。

43. 丁烯－1 输送泵针形轴承采用的润滑方式为油浴式润滑。 (×)

正确答案：丁烯－1 输送泵针形轴承采用的润滑方式为飞溅式润滑。

44. 高密度聚乙烯装置污水处理泵入口设置单向阀的目的是防止杂质进入。 (×)

正确答案：高密度聚乙烯装置污水处理泵入口设置单向阀的目的是启动前灌泵。

45. 正常生产时原料气氢气压力低不会导致聚合浆液熔融指数的波动。 (×)

正确答案：正常生产时原料气氢气压力低会导致聚合浆液熔融指数的波动。

46. 丙烯预热器的液位标准给定值是 50%，但是我们一般都控制在 5% 以下，目的是防止丙烯冒罐。 (×)

正确答案：丙烯预热器的液位标准给定值是50%，但是我们一般都控制在5%以下，目的是防止冻加热盘、防止压力超高、安全阀启跳。

47. 正常生产时，原料气氢气压力低可能导致聚合釜气相中氢气、乙烯克分子比降低而影响产品质量，所以氢气压力低报警时必须及时查找原因，如果压力继续下降聚合要考虑载液停车。 (√)

48. 催化剂泵的十字头滑道采用的是油浴式润滑。 (×)

正确答案：催化剂泵的十字头滑道采用的是飞溅式润滑。

49. 颗粒输送风机从动侧轴承的润滑是采用的飞溅润滑方式（即靠甩油环甩油润滑）。 (×)

正确答案：颗粒输送风机从动侧轴承的润滑是油浴方式。

50. 干燥循环气风机的工作原理等同于离心泵。 (√)

51. 干燥循环气风机是罗茨风机。 (×)

正确答案：干燥循环气风机是离心式风机。

52. 母液输送泵出口压力表属于安全附件。 (√)

53. 丁烯-1卸料泵属于一种自吸式卸料泵。 (√)

54. 低聚物闪蒸罐设置外部套管和内部蛇管伴热的目的是为了保持低聚物温度。 (×)

正确答案：低聚物闪蒸罐设置外部套管和内部蛇管伴热的目的是为了提高闪蒸罐温度，便于己烷闪蒸回到己烷蒸馏塔内。

55. 气相色谱分析仪失灵也是导致浆液熔融指数出现波动的原因之一。 (√)

56. 溶剂己烷水值超标不会造成聚合反应压力的上升。 (×)

正确答案：溶剂己烷水值超标会造成聚合反应压力的上升。

57. 当浆液稀释罐液位下降缓慢时，我们要积极查找原因，用高压己烷冲洗下料阀和管线或切换下料控制阀。 (√)

58. 粉末堆密度不影响物料的流动性。 (×)

正确答案：粉末堆密度影响物料的流动性。

59. 干燥气洗涤泵回流量过大，会造成洗涤罐液位上涨。 (√)

60. 低聚物结片机转鼓脱盐水温度控制过低或过高，都会造成低聚物从转鼓上提前脱落而不能结片。 (√)

61. 原料乙烯温度过低可能会导致液态乙烯进入聚合釜，造成反应温度下降。 (×)

正确答案：原料乙烯温度过低可能会导致液态乙烯进入聚合釜，造成反应温度上升。

62. 当聚合釜循环气风机停或故障使排风量降低时，要及时启动或切换风机避免出现超温现象。 (√)

63. 催化剂泵不上量会使釜内压力急剧上升、氢气、乙烯比值下降，因此必须及时处理。 (√)

64. 催化剂管线在聚合釜载液停车后，不需要用高压己烷进行冲洗。 (×)

正确答案：催化剂管线在聚合釜载液停车后，需要用高压己烷进行冲洗。

65. 为避免聚合釜与稀释罐平衡线堵塞，应注意不要使稀释罐液位长期超高。 (√)

66. 干燥气洗涤泵发生气蚀的时侯，有可能是因为干燥气洗涤罐液位过低造成的，在此情况下，应该联系仪表人员进行调校。 (√)

67. 干燥气洗涤泵发生汽蚀的时候，其入口压力低于输送介质的饱和蒸汽压，对泵入口管线进行排凝也是一种常见的解决办法。（√）

68. 干燥气洗涤罐浆液浓度过高，有时候会造成泵叶轮塑化而导致汽蚀，需要将泵解体清理。（√）

69. 由于加热蒸汽压力过低，导致干燥机加热蒸汽列管内积存凝液过多，从而使得干燥机粉末出料温度低。（√）

70. 聚合釜反应热有75%靠聚合釜夹套冷却水除去。（×）

正确答案：聚合釜反应热有75%靠已烷蒸发潜热除去。

71. 聚合尾气压缩机设置吸入罐液位极高联锁停车的目的是防止尾气系统压力低。（×）

正确答案：聚合尾气压缩机设置吸入罐液位极高联锁停车的目的是防止液体已烷进入压缩机。

72. 低聚物真空闪蒸冷却器安装在真空泵之后。（×）

正确答案：低聚物真空闪蒸冷却器安装在真空泵之前。

73. 停水事故发生，已烷蒸馏塔应首先防止干锅事故发生。（√）

74. 高密度聚乙烯装置各种蒸汽返回的冷凝液由同一泵送出装置。（√）

单选题

1. 聚合釜系统进行气密所用介质为（ C ）。

A. 低压氮气　B. 工业风　C. 中压氮气　D. 仪表风

2. 原料氢气在经过氢气流量控制阀后，加至（ C ）然后进入各聚合釜。

A. 循环气线　B. 丙烯线

C. 乙烯管线中与乙烯先混合　D. 釜顶气相线

3. 粉末输送风机的密封形式是（ A ）。

A. 机械密封　B. 填料密封　C. 迷宫密封　D. 其他

4. 风送系统中设置旋风分离器的目的是（ B ）。

A. 抽出乙烯气体B. 分离粉尘　C. 抽出细碎颗粒　D. 除湿

5. 熔融泵的温度控制是由（ B ）完成的。

A. 1.0MPa 蒸汽　B. 导热油　C. 3.6MPa　D. 以上答案都不对

6. 聚合尾气系统第一闪蒸汽换热器使用的冷却介质为（ B ）。

A. 冷冻盐水　B. 循环冷却水　C. 复用冷却水　D. 工业水

7. 干燥尾气系统气密所使用的介质是（ D ）。

A. 氮气　B. 仪表风　C. 工业风　D. 以上都可

8. 干燥尾气系统吹扫所使用的介质是（ D ）。

A. 中压氮气　B. 高压氮气　C. 仪表风　D. 工业风

9. 从经济观点考虑，规定当循环水温度低于（ A ）℃时，可以停止向干燥气冷却器供应冷冻盐水。

A. 30　B. 40　C. 50　D. 60

10. 己烷干燥器使用的干燥介质为（ C ）。
A. 仪表风　B. 工业风　C. 氮气　D. 蒸汽
11. 在己烷干燥器中起主要除水作用的物质是（ A ）。
A. 4A 分子筛　B. 氧化铝　C. 磁球　D. 过滤网
12. 设置干燥尾气压缩机的目的是（ C ）。
A. 便于尾气排放　B. 控制系统压力　C. 利于回收己烷　D. 控制循环汽流量
13. 在使用氮气压 PZ 催化剂桶内催化剂到 PZ 储罐过程中，切勿让桶内压力超过（ C ）。
A. 0.1MPa（绝压）　B. 0.2MPa（表压）
C. 0.05MPa（表压）　D. 0.15MPa（绝压）
14. 并联 B 开车时，两聚合釜氢气置换的浓度要求是（ C ）。
A. 相同的　B. 第一聚合釜低、第二聚合釜高
C. 第二聚合釜低、第一聚合釜高　D. 任意值都可以
15. 催化剂泵启动前（ B ）小时需要启动催化剂罐搅拌运转。
A. 一　B. 二　C. 三　D. 四
16. 生产高指数产品开车时，挤压机筒体应（ B ）。
A. 提前加热　B. 提前冷却　C. 延后加热　D. 延后冷却
17. 挤压机开车的顺序是（ D ）。
A. 进料—启动挤压机—启动切粒机—通水
B. 进料—启动挤压机—通水—启动切粒机
C. 进料—启动切粒机—启动挤压机—通水
D. 进料—启动切粒机—通水—启动挤压机
18. 颗粒冷却水泵的密封形式是（ A ）。
A. 机械密封　B. 填料密封　C. 迷宫密封　D. 其他
19. 颗粒冷却水泵叶轮属于（ A ）形式。
A. 开式　B. 半开式　C. 闭式　D. 其他
20. 颗粒冷却水在切粒室内的走向是（ C ）。
A. 上进上出　B. 上进下出　C. 下进上出　D. 下进下出
21. 干燥尾气压缩机的入口阀是（ D ）。
A. 闸板阀　B. 截止阀　C. 球阀　D. 单向阀
22. 关于离心机冲洗己烷的投用顺序，下列说法正确的是（ A ）。
A. 离心机进料前　B. 离心机进料后
C. 与离心机进料同时　D. 都可以
23. 干燥机降温的操作过程中，要求降温速度均匀缓慢的目的是为了避免（ A ）。
A. 设备损坏　B. 干燥效果不好　C. 粉末灰分高　D. 粉末粘结
24. 干燥机加热蒸汽所采用的冷却介质是（ A ）。
A. 循环冷却水　B. 冷冻盐水　C. 氟里昂　D. 液氮
25. 干燥机加热蒸汽冷却器的形式属于（ A ）。
A. 列管式　B. 浮头式　C. 板式　D. 管道式

26. 干燥机加热蒸汽冷却器壳程中的介质是（ C ）。
A. 低压蒸汽　B. 中压蒸汽　C. 循环水　D. 减压后的低压蒸汽
27. 己烷干燥器再生循环气温度缓慢加热至230℃的目的是（ C ）。
A. 防止干燥器变形　B. 防止加热器损坏
C. 防止4A分子筛快速受热粉碎　D. 防止风机受热损坏
28. 己烷干燥器再生循环气冷却器冷却介质为（ B ）。
A. 冷冻盐水　B. 循环水　C. 工业水　D. 液氨
29. 冬季为防止仪表控制阀失灵，需要化验分析仪表风的（ B ）。
A. 氧含量　B. 水含量　C. 二氧化碳含量　D. 氮气含量
30. 己烷蒸馏塔洗塔的介质为（ B ）。
A. 精己烷　B. 粗己烷　C. 母液　D. 冲洗己烷
31. 己烷蒸馏塔氮气置换排放方式采用（ B ）。
A. 氮气边进边放　B. 间歇排放
C. 排火炬　D. 一直排放
32. 己烷蒸馏塔氮气置换使用的氮气压力等级属于（ B ）。
A. 高压氮气　B. 中压氮气　C. 低压氮气　D. 超高压氮气
33. 己烷蒸馏塔塔底采出预热器投用蒸汽前进行排气的目的是（ A ）。
A. 置换空气　B. 置换蒸汽　C. 置换氧气　D. 置换氮气
34. 增加氢气加料速度，可引起聚合釜气相中氢、乙烯分子比（ A ）。
A. 增加　B. 降低　C. 不变　D. 都可能
35. 当浆液熔融指数高，釜压高时可以通过（ C ）来调节熔融指数恢复正常值。
A. 加入氢气　B. 增加釜内催化剂进料量
C. 色谱放空阀放空　D. 降低釜内催化剂进料量
36. 串联聚合临时停车后开车过程中，应将联锁开关选到（ A ）。
A. 并联A　B. 并联B　C. 串联　D. 任意位置
37. 串联聚合载液开车时，第二聚合釜投料时间（ B ）。
A. 与第一聚合釜一起投料　B. 在接收到第一聚合釜的浆液时投料
C. 在第一聚合釜投料前投料　D. 以上说法都不对
38. 并联A聚合两聚合釜的乙烯进料、催化剂、氢气进料等（ A ）。
A. 完全相同　B. 完全不同　C. 不尽相同　D. 都不对
39. AT催化剂计量系统排除出的尾气通过（ D ）和（ D ）。
A. 稀释罐、分离罐　B. 闪蒸罐、液封罐
C. 稀释罐、液封罐　D. 液封罐、分离罐
40. 聚合釜到稀释罐间的溢流线上设置的溢流阀属于（ B ）。
A. 风关阀　B. 风开阀　C. 电磁阀　D. 液动阀
41. 颗粒掺和风机电机电压是（ D ）V。
A. 110　B. 220　C. 380　D. 6000

42. 到混炼机密封装置氮气流量标准给定值是（ A ）m^3/h。

A. 10　　B. 8　　C. 5　　D. 2

43. 粉末在干燥机中的停留时间随着干燥机滚筒转速的增加而（ B ）。

A. 增加　　B. 减少　　C. 不变　　D. 都有可能

44. 粉末在干燥机中的停留时间随着干燥机滚筒填料百分比的增加而（ A ）。

A. 增加　　B. 减少　　C. 不变　　D. 都有可能

45. 干燥机对粉末进行干燥的能源来自（ D ）。

A. 电能　　B. 机械能　　C. 热氮　　D. 低压蒸汽

46. 干燥循环气风机所输送的介质组成不包括（ D ）。

A. 氮气　　B. 己烷气　　C. 烃类气体　　D. 低压蒸汽

47. 干燥循环气风机所输送的介质压力与干燥系统的压力（ A ）。

A. 相同　　B. 不同　　C. 前者大于后者　　D. 后者大于前者

48. 随着粉末堆密度的降低，离开干燥机的粉末湿含量（ C ）。

A. 增加　　B. 减少　　C. 不变　　D. 都有可能

49. 干燥机粉末出料的灰分指标过高，可能出现（ C ）。

A. 催化剂耗量大　　B. 催化剂质量不好

C. 颗粒白度不合格　　D. 都有可能

50. 干燥机压水器所用的动力来自于（ C ）。

A. 中压蒸汽　　B. 仪表风　　C. 工业风　　D. 低压氮气

51. 干燥机压水器出入口设置单向阀的目的是（ B ）。

A. 便于凝液收集B. 防止凝液倒窜　　C. 利于压力平衡　　D. 过滤

52. 在高密度聚乙烯装置己烷精馏塔正常操作过程中，塔顶温度降低一般是由于己烷中（ C ）。

A. 低聚物增加　　B. 水增加　　C. 丁烯-1 增加　　D. 二氧化碳增加

53. 聚合母液进入己烷蒸馏塔的（ A ）。

A. 塔釜　　B. 塔顶　　C. 塔中　　D. 塔盘上

54. 低聚物结片机底盘投用的蒸汽是（ B ）。

A. 4.0MPa 蒸汽　　B. 1.0MPa 蒸汽　　C. 0.3MPa 蒸汽　　D. 冷凝液

55. 并联B停车为避免第二聚合釜压力低，当第二聚合釜在原料停止的同时应向釜内供（ B ）。

A. 氢气　　B. 氮气　　C. 乙烯　　D. 丁烯

56. 并联B聚合中一个聚合釜由于某种原因载液停车，则另一个聚合釜（ C ）。

A. 可以继续生产B. 可不必停车　　C. 必须同时停车　　D. 在之后停车

57. 聚合釜夹套水泵的密封属于（ B ）。

A. 填料密封　　B. 机械密封　　C. 迷宫密封　　D. 油封

58. 第一浆液泵的的叶轮类型是（ B ）。

A. 开式　　B. 半闭式　　C. 闭式　　D. 其他

59. 挤压机紧急停车的顺序是（ C ）。

A. 停进料—停挤压机—停切粒机—颗粒水旁通

B. 停进料—停切粒机—停挤压机—颗粒水旁通

C. 停挤压机—停进料—停切粒机—颗粒水旁通

D. 停挤压机—停切粒机—颗粒水旁通—停进料

60. 颗粒冷却水泵属于（ A ）。

A. 离心泵　B. 往复泵　C. 气动泵　D. 其他

61. 颗粒冷却水系统停车后用（ A ）蒸汽保温。

A. 0.2MPa　B. 1.0MPa　C. 3.6MPa　D. 减压

62. 混炼机正常停车的顺序是（ B ）。

A. 停进料—停混炼机—关闭转向器—停挤压造粒机

B. 停进料—关闭转向器—停挤压造粒机—停混炼机

C. 停混炼机—停进料—停挤压造粒机—关闭转向器

D. 停混炼机—停进料—关闭转向器—停挤压造粒机

63. 粉末袋式过滤器有（ C ）条过滤袋。

A. 50　B. 65　C. 69　D. 120

64. 袋式过滤器内输送介质的走向是（ C ）。

A. 上进上出　B. 上进下出　C. 下进上出　D. 下进下出

65. 袋式过滤器内粉末的走向是（ D ）。

A. 上进上出　B. 上进下出　C. 下进上出　D. 下进下出

66. 母液泵停车时，下列操作步骤正确的是（ B ）。

A. 关出入口阀—关冲洗—停泵　B. 停泵—关冲洗—关出入口阀

C. 关冲洗—关出入口阀—停泵　D. 停泵—关冲洗

67. 停运低聚物齿轮泵前必须先进行（ A ）操作。

A. 转数调零　B. 停伴热　C. 关出口阀　D. 关入口阀

68. 低聚物齿轮泵适用于（ D ）的物料输送。

A. 固液混合物　B. 气体　C. 固体　D. 高黏度液体

69. 回收工段高压己烷泵出口设置单向阀的目的是（ A ）。

A. 防止停泵后液体反窜　B. 防止停泵后气体反窜

C. 降低泵出口压力　D. 提高泵出口压力

70. 分子筛干燥器循环风机的形式为（ B ）。

A. 离心式风机　B. 罗茨式鼓风机

C. 往复式压缩机　D. 螺杆式风机

71. 聚合釜搅拌器润滑油泵属于（ C ）。

A. 旋涡泵　B. 往复泵　C. 齿轮泵　D. 螺杆泵

72. 聚合釜搅拌器属于涡轮式搅拌器（ C ）的类型。

A. 开启平直叶　B. 开启弯叶　C. 圆盘平直叶　D. 圆盘弯叶

73. 聚合釜循环气风机属于（ A ）。

A. 罗茨风机　　B. 螺杆式压缩风机

C. 离心式风机　　D. 轴流式风机

74. 聚合釜设置压力高联锁的主要目的是（ B ）。

A. 防止聚合釜内温度的不正常升高　B. 防止聚合釜内压力的不正常升高

C. 防止聚合釜内浆液沉淀　　D. 都不对

75. 聚合釜设置温度高联锁的主要目的是（ A ）。

A. 防止聚合釜内温度的不正常升高　B. 防止聚合釜内压力的不正常升高

C. 防止聚合釜内浆液沉淀　　D. 都不对

76. 粉末计量秤的工作原理是通过测量（ A ）实现计量的。

A. 重量　　B. 流速　　C. 转矩　　D. 密度

77. 在停风后通过挤压机蒸汽减压阀的蒸汽流量（ B ）。

A. 最大　　B. 最小　　C. 一半　　D. 以上答案都不对

78. 挤压机蒸汽减压阀属于（ B ）。

A. 气关式　　B. 气开式　　C. 电动式　　D. 其他

79. 挤压机螺杆进料段与其他各段相比螺槽深度（ A ）。

A. 最大　　B. 最小　　C. 一样　　D. 无可比性

80. 干燥循环气风机启动时最应注意避免（ A ）。

A. 出入口全开状态启动　　B. 入口关闭下启动

C. 手动盘车　　D. 点动试车

81. 干燥循环气风机的密封形式为（ A ）。

A. 迷宫密封　　B. 填料密封　　C. 动力密封　　D. 干气密封

82. 干燥机升温操作过程中，下列步骤正确的是（ B ）。

A. 先升温后启动 B. 先启动后升温　C. 同时进行　　D. 以上都可以

83. 干燥尾气压缩机吸入罐的压力控制方式为（ A ）。

A. 分程控制　　B. 串级调节　　C. 手动控制　　D. 变频调节

84. 污水处理泵的密封形式为（ B ）。

A. 机械密封　　B. 填料密封　　C. 迷宫密封　　D. 浮环密封

85. 低聚物真空泵入口冷凝罐设置液位高联锁的目的是（ B ）。

A. 防止液体进入真空泵　　B. 防止罐满

C. 防止气体进入　　D. 都不是

86. 真空泵出口设置储罐的目的是（ B ）。

A. 缓冲压力　　B. 接收冷凝的凝液

C. 排出气体　　D. 储存气体

87. 设置原料乙烯压力低报警值的主要目的是（ A ）。

A. 防止乙烯压力低不能加入聚合釜 B. 防止乙烯压力低时影响产品质量

C. 防止乙烯压力低时聚合釜超温　D. 防止乙烯压力低时聚合釜超压

88. 如果催化剂泵运转十分平稳的话，惟一需要的是更换（ C ）内的润滑油。
A. 补油箱　B. 蜗轮减速装置　C. 曲轴箱　D. 推力轴承
89. 聚合循环气风机是（ B ）。
A. 往复式压缩机B. 罗茨风机　C. 离心式风机　D. 螺杆压缩机
90. 聚合循环气风机的作用原理与（ C ）相似。
A. 螺杆泵　B. 隔膜式计量泵　C. 齿轮泵　D. 涡轮泵
91. 强制加料器的作用是（ A ）。
A. 给混炼挤压机加料　B. 给熔融泵加料
C. 保证加料平稳均匀　D. 以上答案都不对
92. 强制加料器振动锤的作用是（ B ）。
A. 保证强制加料器受力平衡　B. 防止粉末架桥
C. 保证加料平稳均匀　D. 以上答案都不对
93. HDPE 装置所用的离心机种类属于（ B ）。
A. 立式离心机　B. 卧式离心机
C. 重力沉降式离心机　D. 柱塞推料式离心机
94. 母液输送泵配有（ B ），所以可以高速运转。
A. 一级增速器　B. 二级增速器　C. 一级减速器　D. 二级减速器
95. 干燥循环气风机属于（ A ）。
A. 离心式风机　B. 罗茨风机　C. 螺杆压缩机　D. 往复压缩机
96. 干燥循环气风机通氮气的目的为（ A ）。
A. 密封冲洗　B. 降温　C. 系统补氮　D. 防止可燃气累积
97. 下列选项中，不是导致浆液熔融指数波动的原因是（ C ）。
A. 原料气杂质含量高　B. PZ 或 AT 催化剂泵计量能力低
C. 共聚单体加入量低　D. 氢气控制阀不好使
98. 下列选项中，导致浆液 MI 偏高的是（ B ）。
A. 原料气杂质含量高　B. PZ 催化剂加入量过大
C. 共聚单体加入量低　D. 氢气控制阀不好使
99. 聚合反应压力异常下降的原因是（ C ）。
A. 原料气中杂质含量高　B. 切换使用的新催化剂浓度偏低
C. 色谱控制阀失灵，一直放空　D. 催化剂不上量
100. 下列分析中，不是浆液罐液位下降缓慢原因的是（ D ）。
A. 下料线堵塞　B. 液位控制阀打不开
C. 液位控制阀开度小　D. 聚合釜浆液太稀
101. 下列分析中，浆液稀释罐液位下降缓慢的原因是（ C ）。
A. 聚合釜压力高　B. 闪蒸罐压力高
C. 液位控制阀由于某种原因联锁关闭　D. 闪蒸罐液位低
102. 降低低聚物齿轮泵的转速，齿轮泵的流量（ B ）。
A. 增加　B. 降低　C. 不变　D. 都不对

103 带“尾巴”颗粒产生的原因是（ A ）。

A. 垫刀　B. 开车时给水过早　C. 颗粒水温度低　D. 颗粒水温度高

104. 下列选项中，（ A ）会造成母液中高聚物含量多。

A. 干燥气洗涤泵出口流程去母液罐　B. 离心机溢流堰高　C. 母液泵抽空　D. 离心机进料量小

105. 生产串联牌号，由于粉末中细粉含量高，容易造成母液中高聚物含量相对（ A ）。

A. 增加　B. 减少　C. 不变　D. 都有可能

106. 母液中高聚物含量多会造成（ A ）。

A. 母液泵抽空　B. 离心机联锁　C. 浆液泵停车　D. 都有可能

107. 造成干燥循环气洗涤罐液位波动的有（ D ）。

A. 干燥气洗涤泵出口流程去母液罐　B. 离心机溢流堰过低　C. 母液泵抽空　D. 循环气洗涤泵抽空

108. 离心机液相下料线堵塞，会造成干燥循环气洗涤罐液位（ A ）。

A. 上涨　B. 下降　C. 不变　D. 都有可能

109. 干燥机堆料，会造成干燥循环气洗涤罐浆液浓度（ A ）。

A. 增高　B. 降低　C. 不变　D. 都有可能

110. 干燥循环气风量过大，会造成干燥循环气洗涤罐浆液浓度（ A ）。

A. 增高　B. 降低　C. 不变　D. 都有可能

111. 干燥机填料百分比过高，会造成干燥循环气洗涤罐浆液浓度（ A ）。

A. 增高　B. 粉末粒径过细　C. 不变　D. 都有可能

112. 干燥机加热蒸汽压力过低，会造成粉末出料温度（ B ）。

A. 升高　B. 降低　C. 不变　D. 都有可能

113. 干燥机回水疏水器副线开度大，会造成粉末出料温度（ B ）。

A. 升高　B. 降低　C. 不变　D. 都有可能

114. 粉末输送系统压力过高，会造成粉末出料温度（ A ）。

A. 升高　B. 降低　C. 不变　D. 都有可能

115. 聚合系统投料量降低，会造成粉末出料温度（ B ）。

A. 升高　B. 降低　C. 不变　D. 都有可能

116. 母液泵气蚀会造成母液罐液位（ A ）。

A. 升高　B. 降低　C. 不变　D. 都有可能

117. 母液泵回流量过大，会造成母液罐液位（ A ）。

A. 升高　B. 降低　C. 不变　D. 都有可能

118. 离心机进料量过大，会造成母液罐液位（ A ）。

A. 升高　B. 降低　C. 不变　D. 都有可能

119. 低聚物结片机转鼓内通入服务空气的目的，是为了调整（ A ）。

A. 水的流速　B. 填料密封　C. 水的温度　D. 水的压力

120. 导致聚合釜温度超高的可能原因有（ C ）。
A. 原料杂质含量高　　B. 催化剂泵不上量
C. 釜顶冷凝器冷却水上不去　　D. 放空阀 HC211/231 失灵，打开放空

121. 关于催化剂泵不上量的处理方法，下列操作不正确的是（ B ）。
A. 催化剂罐压力低提高罐压
B. 若是计量筒平衡线堵，则关闭平衡线阀
C. 催化剂泵出口线堵用己烷冲洗时要关闭入口阀并注意冲洗要缓慢
D. 补油箱缺油，给补油箱加油

122. 关于聚合釜出料困难的原因，下列分析错误的是（ C ）。
A. 浆液浓度高粉末架桥提高己烷和母液进料量
B. 溢流阀未开到位在现场手动全开
C. 平衡线堵塞用金属物敲击
D. 稀释罐下料线不畅冲洗或切换下料线

123. 关小节流阀可以使熔融泵入口压力（ B ）。
A. 上升　　B. 下降　　C. 先降后升　　D. 先升后降

124. 当干燥机粉末出料温度降低的时候，应该适当（ B ）干燥机加热蒸汽压力。
A. 降低　　B. 提高　　C. 不变　　D. 其他

125. 粉末输送系统的袋式过滤器堵塞，会造成粉末输送风机出口压力（ A ）。
A. 升高　　B. 降低　　C. 不变　　D. 不一定

126. 聚合系统投料量大，会造成粉末输送风机出口压力相对（ A ）。
A. 升高　　B. 降低　　C. 不变　　D. 不一定

127. 粉末湿含量增加，会造成粉末输送风机出口压力相对（ A ）。
A. 升高　　B. 降低　　C. 不变　　D. 不一定

128. 干燥循环气加热器被塑化物堵塞的时候，会造成干燥循环气流量（ B ）。
A. 升高　　B. 降低　　C. 不变　　D. 不一定

129. 干燥循环气加热器温度低的时候，会造成干燥循环气流量（ C ）。
A. 升高　　B. 降低　　C. 不变　　D. 不一定

130. 干燥循环气流量低，会造成干燥机干燥效率（ B ）。
A. 升高　　B. 降低　　C. 不变　　D. 不一定

131. 己烷蒸馏塔的压力调节是调节（ B ）。
A. 塔底采出量　　B. 塔顶采出量
C. 再沸器蒸汽加入量　　D. 回流量

132. 己烷精馏塔采出的己烷水值超标，会造成聚合工段（ A ）。
A. 催化剂活性降低　　B. 产品质量降低
C. 催化剂活性升高　　D. 产品质量升高

133. 己烷精馏塔液位的调节，是调节（ C ）来控制的。
A. 再沸器蒸汽量　B. 塔顶采出量　　C. 塔底采出量　　D. 回流量

134. 调节丁烯－1 输送泵的冲程实际是调节（ A ）。
A. 曲轴的行程 B. 曲轴的频率 C. 曲轴的长短 D. 都不对
135. 聚合釜温度控制阀位置在（ C ）。
A. 循环气风机入口线上 B. 循环气风机出口线上
C. 循环气风机回流线上 D. 聚合釜气相出口线上
136. 聚合釜釜顶换热器使用的冷却介质为（ A ）。
A. 循环冷却水 B. 脱盐水 C. 冷冻盐水 D. 复用冷却水
137. 聚合尾气压缩机设置润滑油压力低联锁停车主要是为了（ B ）。
A. 防止冒罐 B. 防止机械无润滑油运转
C. 防止尾气系统压力高 D. 防止出口温度高
138. 聚合尾气压缩机设置了排气温度极高联锁停车的目的是（ A ）。
A. 防止因温度升高而造成机械损坏 B. 防止液体已烷进入活塞和汽缸
C. 防止尾气系统温度高 D. 防止已烷冷凝不下来
139. 挤压机转向器动力系统采用的是（ A ）。
A. 气动 B. 电动 C. 液压 D. 手动
140. 在颗粒进料切仓程序中，（ A ）不参与联锁。
A. 颗粒进料旋转阀 B. 颗粒进料插板阀
C. 料仓进料换向阀 D. 以上答案都不对
141. 切换料仓过程中，系统吹扫时间为（ C ）秒。
A. 5 B. 8 C. 10 D. 20
142. 干燥机蒸汽进入干燥机内部的部位是（ B ）。
A. 干燥机头部 B. 干燥机尾部 C. 干燥机中部 D. 干燥机上部
143. 干燥尾气压缩机入口压力的控制方式是（ A ）。
A. 分程控制 B. 串级调节 C. 就地控制 D. 手动调节
144. 干燥尾气压缩机出口压力低于控制压力时候，采用的补压介质是（ B ）。
A. 低压氮气 B. 中压氮气 C. 高压氮气 D. 压缩机出口气
145. 原设计母液罐的液位控制方法是（ B ）。
A. 分程控制 B. 串级调节 C. 就地控制 D. 手动调节
146. 母液罐的液位计的冲洗介质是（ B ）。
A. 母液 B. 冲洗已烷 C. 浆液 D. 高压已烷
147. 循环水回水压力低联锁值为（ B ）MPa。
A. 0.05 B. 0.1 C. 0.15 D. 0.2
148. 循环水来水压力低联锁值为（ D ）MPa。
A. 0.05 B. 0.1 C. 0.15 D. 0.2
149. 蒸汽增湿降温泵变速形式属于（ A ）。
A. 一级加速 B. 二级加速 C. 一级减速 D. 二级减速

150. 生产6100M产品时，第一聚合釜乙烯进料量为4.9t/h，则第二聚合釜乙烯进料量为(B)t/h。

A. 5　　B. 3.6　　C. 4.8　　D. 5.2

151. 流体在管路中流动，流量一定时，(D)。

A. 管径变大，流速变大　　B. 管径变小，流速变小

C. 管径变大，流速不变　　D. 管径变小，流速变大

152. 离心泵的机械损失是由（ B ）造成的。

A. 液体碰撞　　B. 摩擦　　C. 机封泄漏　　D. 流道不光滑

153. 离心泵叶轮直径发生变化，则扬程与叶轮直径（ B ）。

A. 成正比　　B. 平方成正比　　C. 成反比　　D. 立方成正比

154. 通常说的“抱轴”属于（ B ）磨损。

A. 磨料　　B. 粘着　　C. 自然　　D. 疲劳

155. 离心泵的叶轮一定是（ C ）。

A. 对称的　　B. 奇数　　C. 偶数或奇数　　D. 以上都不对

156. 离心泵停泵时，应（ B ）。

A. 先关入口阀　　B. 先关出口阀　　C. 先关预热线　　D. 不用关阀

157. 己烷精馏塔的回流量给定多少是根据（ C ）的多少而给定的。

A. 塔顶采出量　　B. 塔底采出量

C. 母液进料量　　D. 蒸汽量

多选题

1. 下列选项中，聚合釜开车要求具备的条件是（ A，B，C ）。

A. 釜内氢气浓度置换合格，达85%以上

B. 系统己烷水值合格

C. 原料气分析各项指标均合格

D. 以上说法都不对

2. 聚合工段进行气密时，按不同压力等级划分可以与聚合釜联通气密的部分包括（ A，B，C，D ）。

A. 稀释罐　　B. 循环气风机　　C. 釜顶冷凝器及联线　　D. 母液线

3. 按压力等级划分，下列可作为一个系统进行气密的是（ A，C，D ）。

A. 第二闪蒸罐　　B. 第一闪蒸罐　　C. 第二浆液泵　　D. 尾气压缩机吸入罐

4. 聚合尾气系统使用冷冻盐水的换热器有（ A，D ）。

A. 闪蒸汽冷却器　　B. 第一闪蒸汽冷凝器

C. 第二闪蒸汽冷却器　　D. 排气冷却器

5. 下列选项中，组成干燥循环气的物质有（ A，B ）。

A. 氮气　　B. 己烷气　　C. 蒸汽　　D. 氧气

6. 粉末干燥后挥发性物质的含量由（ B，C）决定。

A. 产量　　B. 干燥机出料温度　　C. 干燥循环气露点　　D. 循环气流速

7. 氮气在高密度聚乙烯装置内的作用有（ A，B，C，D ）。

A. 隔离　　B. 置换可燃气　　C. 输送物料　　D. 密封

8. 符合己烷蒸馏塔气密介质的有（ A，B，C ）。

A. 仪表风　B. 工业风　C. 氮气　D. 蒸汽

9. 己烷干燥器投用前，需要采取的措施有（ A，B，C ）。

A. 再生完成　B. 氮气置换　C. 气密合格　D. 空气置换

10. 干燥尾气压缩机出口压力高的原因可能是（ A，B ）。

A. 出口阀关闭　B. 出口换热器堵塞　C. 出口安全阀起跳　D. 吸入压力高

11. 聚合釜开车己烷加入前，应满足的条件有（ A，B，C ）。

A. 聚合釜液位表投用　B. 己烷水值合格

C. 己烷流程打通　D. 聚合釜加热到55℃

12. 下列选项中，属于催化剂泵开车操作程序正确的有（ A，B，C，D ）。

A. 打通入口管流程　B. 完全排出补油箱中空气

C. 启动电机　D. 用计量筒校准催化剂量

13. 母液输送泵启动过程当中，不当的操作有（ C，D ）。

A. 灌泵　B. 点动试车　C. 入口排凝　D. 出口排凝

14. 入口管线堵塞时，母液输送泵的运转会出现（ A，C，D）现象。

A. 出口压力波动　B. 电流上升　C. 泵体振动　D. 声音异常

15. 母液输送泵出口压力波动的原因可能是（ B，D ）。

A. 出口堵塞　B. 入口堵塞　C. 泵出口阀开度小　D. 母液罐液位低

16. 干燥尾气压缩机启动过程中，下列操作正确的是（ A，B ）。

A. 零负荷起动　B. 缓冲罐排凝　C. 关闭出入口阀门　D. 手动盘车

17. 离心机扭矩上升时，下列操作正确的是（ A，B ）。

A. 稀释浆液　B. 减少进料　C. 增大进料　D. 提高浆液浓度

18. 密封油在离心机系统中所起的作用是（ A，B，C，D ）。

A. 润滑　B. 冷却　C. 密封　D. 冲洗

19. 仪表风在高密度聚乙烯装置的作用有（ A，B，C，D ）。

A. 仪表控制气源　B. 颗粒输送动力源

C. 生产服务　D. 气密介质

20. 以下不属于己烷蒸馏塔的氮气置换介质的有（ A，C，D ）。

A. 高压氮气　B. 中压氮气　C. 低压氮气　D. 工业风

21. 低聚物真空闪蒸系统开车具备的开车条件有（ A，B，C，D ）。

A. 结片系统已运转正常　B. 氮气置换、气密合格

C. 仪表控制已投用正常　D. 公用工程系统投用正常

22. 己烷蒸馏塔塔底采出预热器蒸汽投用步骤有（ A，B，C，D ）。

A. 系统排气、排凝　B. 控制阀、疏水器投用

C. 蒸汽引入温度设定　D. 预热器热紧

23. 当浆液熔融指数偏低时，下列调节方法正确的是（ A，C ）。

A. 釜压高时，可以通过增大釜内的催化剂进料量来调节

B. 加大氢气进料

C. 釜压低时，可以通过加大釜内的氢气进料来调节

D. 增加催化剂进料量

24. 关于串联聚合临时停车后的开车操作，下列表述正确的有（ A，B，C，D ）。

A. 两釜应按比例投料

B. 共聚单体的加入要随乙烯加入量的大小进行调整

C. 为避免开车过程中第二闪蒸罐液位超高，应及时将离心机进料阀开大

D. 开车正常后，将联锁开关选到串联位置

25. 并联 A 流程中涉及的设备有（ A，C，D ）。

A. 第一稀释罐　B. 第一浆液泵　C. 第二闪蒸罐　D. 闪蒸汽冷凝器

26. 关于聚合釜到稀释罐间的流程，下列叙述正确的是（ A，B，D ）。

A. 溢流阀前后冲洗已烷可以控制流量

B. 聚合釜底退料线与稀释罐下料线的一条交汇

C. 平衡阀日常生产可以关闭

D. 溢流阀在聚合釜溢流前必须全开

27. 加入造粒混炼机的水稳作用是（ A，B ）。

A. 增加颗粒白度　B. 杀死残余催化剂　C. 抗氧剂　D. 耐气候性

28. 混炼机的液压系统由（ A，B，C，D）等部分组成。

A. 油箱　B. 油泵　C. 四通阀　D. 压力开关

29. 已烷蒸馏塔处理能力的大小主要反映在（ A，B ）。

A. 再沸器换热能力　B. 塔顶采出冷却器换热能力

C. 塔板间距　D. 采出预热器换热能力

30. （AB）换热效果下降，会直接降低已烷蒸馏塔处理能力。

A. 再沸器　B. 塔顶冷却器　C. 闪蒸预热器　D. 塔盘

31. 干燥循环气风机切换过程中，操作不当的是（ C，D ）。

A. 备用台排凝　B. 备用台盘车

C. 备用台排气　D. 停止运转台后启动备用台

32. 属于母液泵巡检范围之内的有（ A，B，C，D ）。

A. 声音　B. 冲洗流量　C. 出口压力　D. 电流

33. 已烷在高密度聚乙烯装置的作用有（ A，B，C，D ）。

A. 溶剂　B. 配置催化剂　C. 除反应热　D. 设备冲洗

34. 已烷蒸馏塔给定精已烷作为回流的目的是（ A，B，C ）。

A. 防止雾沫夹带　B. 防止塔盘堵塞　C. 洗涤　D. 增加进料量

35. 低聚物结片机结片的低聚物不易冷却，可能的原因有（ A，C，D ）。

A. 低聚物中有高聚物　B. 低聚物温度高

C. 转鼓温度高　D. 结片机转速高

36. 造成火炬系统压力波动的原因有（ A，B，C ）。

A. 系统有放空　B. 外网压力高　C. 火炬罐液位满　D. 火炬罐液位空

37. 火炬罐的作用是（ A，B，C ）。

A. 回收火炬气冷凝下来的凝液　　B. 缓冲罐

C. 盛装物料　　D. 回收气体

38. 己烷蒸馏塔塔底采出设置预热器的目的是（ A，B ）。

A. 己烷闪蒸　　B. 回收己烷　　C. 防止低聚物冷却　　D. 防止管线堵塞

39. 下面（ A，B，C，D）现象可造成低聚物齿轮泵电机过载。

A. 液体黏度高　　B. 出口压力高　　C. 填料过紧　　D. 泵轴承损坏

40. 当聚合釜夹套温度上涨较慢或不涨时，下列调节手段正确的有（ A，D ）。

A. 开大夹套加热蒸汽阀　　B. 开大冷却水进水阀

C. 关小夹套加热蒸汽阀　　D. 关小夹套冷却水回水阀

41. 第一浆液泵在停车过程中需要冲洗的管线有（ A，B，C ）。

A. 入口线　　B. 出口线　　C. 回流线　　D. 冲洗己烷线

42. 离心机系统隔离时候，需要关闭下列（ A，B，C，D）的阀门。

A. 液相下料阀　　B. 固相下料阀　　C. 离心机进料阀　　D. 平衡阀

43. 低聚物闪蒸系统真空泵的作用是（ A，B，C，D ）。

A. 降低系统压力　　B. 回收己烷　　C. 防止低聚物己烷夹带　　D. 倒料顺畅

44. 造成分子筛干燥循环风机机体过热的原因有（ A，B，C，D ）。

A. 润滑油太多　　B. 齿轮箱冷却水未投

C. 叶轮与设备接触　　D. 压缩比增大

45. 聚合循环气风机机械密封通入密封油的作用有（ A，B，C ）。

A. 冷却　　B. 润滑　　C. 密封　　D. 都不对

46. 称失重的计量加料方式有（ A，B ）。

A. 重量方式　　B. 容积方式　　C. 键盘方式　　D. 以上答案都对

47. 熔融泵属于（ B，C ）。

A. 离心泵　　B. 齿轮泵　　C. 容积泵　　D. 计量泵

48. 干燥循环气风机风量突然增大，会造成（ A，B，C，D ）。

A. 风机电流增大　　B. 风机出口压力增大

C. 风机输出功率增大　　D. 风机出入口压差增大

49. 干燥机升温操作过程中，将机头凝液排放阀打开的目的是（ A，C ）。

A. 排放凝液　　B. 置换可燃气体　　C. 置换空气　　D. 以上都对

50. 高密度聚乙烯装置污水处理泵处理的污水包括（ A，B ）。

A. 含油污水　　B. 工艺污水　　C. 雨水　　D. 生活用水

51. 下列是聚合尾气压缩机结构所包括的是（ A，B，C ）。

A. 吸气阀和排气阀　　B. 活塞和活塞杆

C. 刮油环　　D. 补油箱

52. 关于原料气系统报警的参数，下列说法错误的有（ A，C ）。

A. 原料乙烯没有设置压力低报警

B. 原料氢气设置了压力低报警

C. 原料气丙烯预热器设置了液位低报警

D. 原料气丁烯－1 设置了液位高报警

53. 下列选项中，属于催化剂泵优点的是（ A，B，D ）。

A. 压头高　B. 流量固定　C. 效率较低　D. 有自吸能力

54. 关于聚合循环气风机，下列说法正确的有（ A，B，C ）。

A. 聚合循环气风机是罗茨风机

B. 聚合循环气风机的风量与转速成正比

C. 聚合循环气风机在一个似跑道的机壳内有两个腰形转子

D. 聚合循环气风机的工作原理和往复泵相似

55. 密封油在离心机系统所起的作用是（ A，B，C，D ）。

A. 润滑　B. 冷却　C. 密封、冲洗　D. 以上都对

56. 母液输送泵的安全附件有（ B，D ）。

A. 入口安全阀　B. 出口安全阀　C. 入口单向阀　D. 出口单向阀

57. 造成低聚物真空泵真空度下降的原因有（ A，C，D ）。

A. 转子间隙变大　B. 转子间隙变小

C. 入口压力控制失灵　D. 系统有氮气泄漏

58. 低聚物齿轮泵流量降低的原因有（ A，B，D ）。

A. 泵转速低　B. 液体黏度高　C. 液体黏度低　D. 齿轮磨损

59. 浆液熔融指数偏低的原因可能有（ A，B，C，D ）。

A. 原料气杂质含量高　B. 切换使用的新催化剂浓度偏低

C. 氢气控制阀不好使　D. 氢气压力低

60. 造成聚合反应压力上升的原因可能有（ A，B，D ）。

A. 原料气中杂质含量高　B. 切换使用的新催化剂浓度偏低

C. 色谱控制阀失灵一直放空　D. 催化剂不上量

61. 导致浆液稀释罐液位控制阀联锁关闭的原因有（ B，D ）。

A. 聚合釜压力高　B. 闪蒸罐压力极高

C. 闪蒸罐液位高　D. 闪蒸罐液位极高

62. 下列答案中，（ A，B，C）是颗粒结团的原因。

A. 开车进水晚　B. 水量小　C. 水温高　D. 模孔堵

63. 颗粒冷却水温度高的原因有（ A，B，C ）。

A. 温度控制阀失灵　B. 循环水压力低

C. 循环水流量低　D. 树脂温度高

64. 造成干燥循环气洗涤罐浆液浓度增高的原因有（ A，B，C ）。

A. 干燥机堆料　B. 干燥机转速过低

C. 粉末堆密度高　D. 离心机分离效果不好

65. 下列因素中，造成母液罐液位升高的有（ A，B，C ）。

A. 母液泵气蚀　B. 母液泵回流量大　C. 离心机进料量过大　D. 浆液泵气蚀

66. 影响己烷精馏塔操作温度的因素有（ A，B，C ）。

A. 操作压力　　B. 己烷中轻组分含量

C. 己烷中重组分含量　　D. 氮气含量

67. 关于聚合反应温度波动，下列处理方法正确的有（ A，B，C，D ）。

A. 化验原料气，根据情况决定是否停车

B. 重新校准或切换催化剂泵

C. 找仪表校准温度控制阀

D. 调整原料乙烯温度到正常值

68. 正常生产中，使聚合釜温度下降的可能原因有（ A，C，D ）。

A. 原料杂质含量高　　B. 釜内浆液浓度过高

C. 催化剂泵不上量　　D. 放空阀 HC211/231 失灵，打开放空

69. 第二浆液泵不上量在主控室观察到的现象有（ A，B，C ）。

A. 第二闪蒸罐液位上涨较快　　B. 离心机电流下降

C. 离心机扭矩降低　　D. 闪蒸罐压力高

70. 在正常生产过程中，关于催化剂管线发生堵塞后的处理方法，下列操作正确的是(B，C，D)。

A. 切换催化剂泵

B. 将乙烯进料量降到 4t/h

C. 降量后停催化剂进料，关催化剂罐底阀，用泵入口己烷尽可能的冲洗

D. 如冲洗不通，则聚合载液停车处理

71. 带“尾巴”料的处理措施是（ A，B ）。

A. 停车重开　　B. 进刀　　C. 提高颗粒水温度　D. 降低颗粒水温度

72. 下列答案中，处理颗粒结团的措施是（ A，B，C ）。

A. 停车重开　　B. 检查水量　　C. 检查水温　　D. 提高刀速

73. 下列选项中，颗粒掺合风机自保联锁的有（ A，B，C，D ）。

A. 电机保护　　B. 入口压力低　　C. 出口压力高　　D. 出口温度高

74. 下列选项中，颗粒送料风机自保联锁的有（ A，B，C，D ）。

A. 油压低　　B. 入口压力低　　C. 出口压力高　　D. 油温度高

75. 熔融泵入口压力高的处理措施是（ A，B，C ）。

A. 调整挤压机运转平稳　　B. 降低负荷

C. 调整粉末堆密度　　D. 开大节流阀

76. 干燥气洗涤泵发生气蚀时，下列解决办法正确的是（ A，B，C ）。

A. 打开泵入口冲洗　　B. 关小泵出口　　C. 开大回流　　D. 停离心机进料

77. 解决干燥机粉末出料温度低，主要从以下（ A，C，D）考虑。

A. 加热蒸汽压力　　B. 干燥系统压力

C. 循环气温度　　D. 干燥机加热列管内存有不凝气

78. 下列选项中，造成粉末输送风机出口压力高的情况是（ A，B，C，D ）。

A. 干燥机干燥效果不好　　B. 聚合投料量大

C. 干燥系统压力高　　D. 袋式过滤器堵塞

79. 己烷蒸馏塔的液位波动，会造成（ A，D ）。

A. 塔压力波动　B. 塔温度波动　C. 塔底采出波动　D. 塔顶采出波动

80. 低聚物闪蒸罐温度低的原因有（ A，B，C，D ）。

A. 采出预热器换热效果差　　B. 罐体温度伴热不好

C. 采出己烷含量高　　D. 塔底采出量太高

81. 下列选项中，造成挤压机联锁停车的有（ A，B，C，D ）。

A. 停车信号　　B. 挤压机电气重故障

C. 混炼机停　　D. 颗粒干燥器停

82. 造成高压蒸汽温度升高的原因可能是降温泵出口（ A，B ）。

A. 流量低　B. 压力低　C. 流量高　D. 压力高

气相法模块

判断题

1. 乙烯脱水用3A分子筛物理吸附。（√）

2. 丁烯干燥器充液时，床层进口阀不能开得过大，以防止充液过快，从而使床层温升过快。（√）

3. 循环气压缩机润滑油油箱油位应在视镜的1/3～1/2处。（×）

正确答案： 循环气压缩机润滑油油箱油位应在视镜的1/2～3/4处。

4. 流化气压缩机允许启动的条件之一是入口导向叶全开。（×）

正确答案： 流化气压缩机允许启动的条件之一是入口导向叶全关。

5. 粉料采出系统开车前管线不需要置换。（×）

正确答案： 粉料采出系统开车前管线需要置换。

6. 乙烯属于低毒物类，具有较强的麻醉作用，人经呼吸道吸入后，绝大部分经肺排出，很快在体内消灭，故苏醒也快。（√）

7. 三乙基铝可以消除反应器中的杂质。（√）

8. 流动置换是一种常见的反应器置换方法。（√）

9. 三乙基铝（TEA）的灭火剂禁用水、泡沫和四氯化碳。（√）

10. 挤压机的“间距”的调节范围是6～60mm。（√）

11. 种子床进行输送时必须打开与压缩机输送气平衡线的阀门。（√）

12. 催化剂失活后是无法再生的。（×）

正确答案： 催化剂失活后是可以再生的。

13. 对于填料密封为了减少泄露密封越紧越好。（×）

正确答案： 对于填料密封为了减少泄露密封需松紧适中。

14. 在用蒸汽加热某流体时，蒸汽应走换热器的管程，流体应走壳程。（×）

正确答案： 在用蒸汽加热某流体时，蒸汽应走换热器的壳程，流体应走管程。

15. 流化气（循环气）压缩机在投用时应先投密封气，再投润滑油。（×）

正确答案：流化气（循环气）压缩机在投用时应先投润滑油，再投密封气。

16. 母料的配制过程属连续式生产。（×）

正确答案：母料的配制过程属间歇式生产。

17. 调理仓料位是保证仓内树脂有一定的停留时间，从而确保脱气效果。（√）

18. 氮气精制系统脱氧后氧气含量需小于 2×10^{-6}。（×）

正确答案：氮气精制系统脱氧后氧气含量需小于 1×10^{-6}。

19. 对于准备开的注入线，同组的注入线可以同时开。（×）

正确答案：对于准备开的注入线，同组的注入线不能同时开。

20. 气动阀的动作气源采用的是氮气。（×）

正确答案：气动阀的动作气源采用的是仪表空气。

21. 粉料采出系统在开车前必须确认粉料输送、调理、成品输送系统均已开车。（√）

22. 流化气压缩机允许启动的条件之一是入口导向叶全关。（√）

23. 液体添加剂通常由气泵送入储罐，再由计量泵送入挤压机。（√）

24. 丁烯－1经过脱水床后的水含量最大不得超过 2×10^{-6}。（×）

正确答案：丁烯－1经过脱水床后的水含量最大不得超过 1×10^{-6}。（×）

25. 在实际生产过程中是用氢气来控制树脂的熔体流动指数MFI的。氢气加入量增加，树脂的分子量减小，MFI增大，氢气加入量减小，树脂的分子量增大，MFI减小。（√）

26. 既不向塔内进料，也不能从塔内采出产品的操作称为全回流操作。（√）

27. 连续精馏与间歇精馏的区别在于塔板数的不同。（×）

正确答案：连续精馏与间歇精馏的区别与塔板数无关。

28. 在正常生产中向聚合反应器加入TEA的目的是为了脱除氯丁烷。（×）

正确答案：在正常生产中向聚合反应器加入TEA的目的是为了提高催化剂活性。

29. 在流化床的聚合反应中，随着温度的上升，催化剂的活性上升。（√）

30. 聚合反应过程中产生的热量是由冷却水带走用来控制反应温度的。（√）

31. 催化剂的收率是催化剂的重要活性之一，在流化床反应中起重要作用。（√）

32. 由于流化床中固体粒子相互碰撞，不停运动，所以不容易局部过热。（√）

33. 原料中杂质越多，聚合反应活性越低。（√）

34. 氢气加入量的多少对树脂的密度无影响。（×）

正确答案：氢气加入量的多少对树脂的密度有一定的影响。

35. 流化床高主要由底部出料量来控制。（×）

正确答案：流化床高主要由侧向采出量来控制。

36. 流化床反应回路的控制与床高无关。（×）

正确答案：流化床反应回路的控制与床高有关。

37. 在低密向高密转换时，反应器床层可以不用倒空。（×）

正确答案：在低密向高密转换时，应器床层必须倒空，并对反应器内部进行检查。

38. 氢气/乙烯高时应增加氢气进料量。（×）

正确答案：氢气/乙烯高时应减少氢气进料量。

39. 挤压机机筒共分 5 段加热。（√）

40. 挤压机的齿轮泵是流体动力泵。（×）

正确答案：挤压机的齿轮泵是容积泵。

41. 手动开挤压机时先启动齿轮泵后，再球阀换向。（√）

42. 在聚合生产中，氢气/乙烯越高，指数越高，能耗越高。（√）

43. 冷却风机自停有可能使碳氢化合物进入主电机内引起着火爆炸。（√）

44. 隙距小而下料量大会造成物料的不匹配，影响聚合和成品的物料平衡。（√）

45. 添加剂的加入量对粒子外观无影响。（×）

正确答案：添加剂的加入量对粒子外观有影响。

46. 主电机电流的影响因素主要是下料量。（√）

47. 岗位人员在巡检时应严格按照本岗位的巡检要求进行巡检。（√）

48. 挤压机水阀旁通后才可以停切粒机。（√）

49. 乙烯气体自下而上经过脱炔反应器。（×）

正确答案：乙烯气体自上而下经过脱炔反应器。

50. 聚合反应系统停车后，应用氮气将系统内的烃含量置换小于 2%。（×）

正确答案：聚合反应系统停车后，应用氮气将系统内的烃含量置换小于 1%。

51. 热油的温度是由可控硅温控自动调节。（√）

52. 乙烯精制床再生时温度达到 160℃就进行解析。（√）

53. 丁烯 -1 的注入是由程序控制的，不是手动控制的。（√）

54. 空压机停车后，需将气缸、冷却器中的水放净，以免冻坏设备。（√）

55. 离心泵叶轮的叶片数目多些，可提高泵的扬程，同时也提高了泵的效率。（×）

正确答案：离心泵叶轮的叶片数目多些，可提高泵的扬程，同时泵增加了摩擦损失，增加了能量消耗，降低了泵的效率。

56. 给离心泵加油时切记不要直接把油倒入加油器油瓶来填充轴承箱。（√）

57. 罗茨风机的主动叶轮转子与从动叶轮转子的间隙是靠两根轴的轴承来保证的。（×）

正确答案：罗茨风机的主动叶轮转子与从动叶轮转子的间隙是靠两根轴间的一对精密设置的齿轮来保证的。

58. 流化床反应器筒体部分的底部段是通过分配板保证流化气在分配板中心部分气流高边缘流量低地进入流化床反应器。（×）

正确答案：流化床反应器筒体部分的底部段是通过分配板保证流化气均匀进入流化床反应器。

59. 气阀是活塞式压缩机上直接影响运行经济和可靠性的最重要的部件之一。（√）

60. 乙烯精制系统短期停车，乙烯可以通过乙烯压缩机打循环，不必对乙烯压缩机停车。（√）

61. 氮气压缩机吸入侧的气体温度低于气体相应的露点温度。（×）

正确答案：氮气压缩机吸入侧的气体温度必须高于气体相应的露点温度，以免产生冷凝液。

62. 挤压造粒机混炼区的螺杆上有啮合盘，螺杆上的螺纹是双螺线的。 （×）

正确答案：挤压造粒机混炼区的螺杆上有捏合盘，螺杆上的螺纹是反螺纹的。

63. 活塞式往复压缩机不能带压启动，不然会影响电机的寿命甚至损坏电机。 （√）

64. 填料密封的严密性可用增加填料的宽度和拧紧填料压盖来调节。 （×）

正确答案：填料密封的严密性可用增加填料的厚度和拧紧填料压盖来调节。

65. 粉料采出效率的高低不会造成床层高低的变化。 （×）

正确答案：粉料采出效率的高低直接影响床层高低的变化。

66. 活性床恢复开车，升温过慢会影响产品质量。 （√）

67. 反应器压降差越小越好。 （×）

正确答案：反应器压降应控制在一定的范围。

68. 聚合物的分子量有多分散性。 （√）

69. 压缩比越大，排气量越小。 （√）

70. 丁烯进料量的波动，不会影响反应控制。 （×）

正确答案：丁烯进料量的波动，会影响反应控制。

71. 机筒温度越高，螺杆扭矩越小，因此机筒温度控制越高越好。 （×）

正确答案：机筒温度必须控制在一个稳定的范围内。

72. 断裂一把切刀不影响正常开车。 （×）

正确答案：断裂一把切刀也必须停车进行更换

73. 用干粉灭火器扑救液体火灾时，应对准火焰的顶部。 （×）

正确答案：用干粉灭火器扑救液体火灾时，应对准火焰的根部。

74. 丁烯分压越高，产品熔融指数越高。

正确答案：丁烯分压越高，产品密度越低。

75. 仪表空气中断，剩余的仪表空气可以保证停车时用气的需要。 （√）

76. 乙烯精制系统压降越小越好。 （×）

正确答案：乙烯精制系统压降应控制在一定范围内。

77. 再生过程是吸附过程的逆过程。 （√）

78. 乙烯精制系统流动停止，恢复流动后反应器可以立即开始补乙烯。 （×）

正确答案：乙烯精制系统流动停止，恢复流动后，经分析合格后反应器才能开始补乙烯。

79. 共聚单体浓度越高，反应器结块可能性越大。 （√）

80. 流化状态的好坏与反应器结块没有直接关系。 （×）

正确答案：流化状态的好坏与反应器结块有直接关系。

81. 下料量不稳定会导致旋转阀电流波动。 （√）

82. 往复式压缩机可以用节流出口阀的方式控制流量。 （×）

正确答案：往复式压缩机不能用节流出口阀的方式控制流量。

83. 颗粒外观不能作为判断挤压机工况的依据。 （×）

正确答案：颗粒外观可以作为判断挤压机工况的依据。

84. 离心泵震动不会造成泵体损伤。 （×）

正确答案：离心泵长期震动会造成泵体损伤。

85. 脱硫床装填的是钯催化剂。（×）

正确答案：脱硫床装填的是氧化锌催化剂。

86. 流化气反应器床层压差是用来计算床高的。（√）

87. 原粉称量加料器是不可调的。（×）

正确答案：原粉称量加料器可以根据聚合生产量和粉料缓冲料仓的料面调节原粉称量加料器的下料量。

88. 热油系统停车，挤压机停车。（√）

89. 用截面积为0.1m^2的管道来输送相对密度为1.84的硫酸，要求每小时输送硫酸的重量为662.4t，那么该管道中硫酸的体积流量为0.1m^3/s。（√）

90. 收率等于转化率乘以产率。（√）

91. 跑、冒、滴、漏是造成物耗增高的主要原因。（×）

正确答案：跑、冒、滴、漏是造成物耗增高的原因之一。

92. 在反应系统中，反应温度升高可使堆积密度升高，而H_2/C_2增加则堆积密度下降。（√）

93. 时空产率越高越好。（×）

正确答案：时空产率不是越高越好。

单选题

1. 利用乙烯与（ A ）反应来脱除乙烯中的炔。

A. 氢气　B. 氧气　C. 溴　D. 氯气

2. 对丁烯干燥器进行充液时，不能开得过大，以防止分子筛床层内结冰而造成分子筛损害（ A ）。

A. 干燥器排气阀　B. 高速泵出口阀　C. 高速泵回流阀　D. 干燥器进口阀

3. 循环气压缩机润滑油有（ C ）个进口点。

A. 1　B. 2　C. 3　D. 4

4. 流化气压缩机开车前应用（ B ）做为密封气。

A. 空气　B. 氮气　C. 流化气　D. 氢气

5. 粉料采出系统开车前管线先用（ C ）置换，再用（ C ）置换。

A. 空气、氮气　B. 空气、流化气　C. 氮气、流化气　D. 氮气、空气

6. 往复式压缩机的实际压缩过程述属（ D ）。

A. 等温过程　B. 绝热过程　C. 等压过程　D. 多变过程

7. 循环气冷却器在开车初期用来（ A ）循环气。

A. 加热　B. 冷却　C. 加热或冷却　D. 与循环气无关

8. TEA 配制的浓度为（ C ）mol/L。

A. 1　B. 0.75　C. 0.25　D. 0.5

9. 挤压机机筒的冷却水用的是（ B ）。

A. 中压蒸汽　B. 脱盐水　C. 循环水　D. 过滤水

10. 乙烯压缩机是（ A ）压缩机。

A. 往复式　B. 活塞式　C. 隔膜式　D. 离心式

11. 分子筛是一种具有多孔性（ B ）的结晶固体。

A. 脱附性　　B. 吸附性　　C. 亲和性　　D. 非再生性

12. 添加剂硬脂酸钙是一种（ B ）。

A. 增白剂　　B. 热稳定剂，兼润滑剂

C. 防腐剂　　D. 开口剂

13. 正常操作时，造粒单元（ A ）用来冷却齿轮泵。

A. 热油系统　　B. HS　　C. MS　　D. LS

14. 预聚物是由（ D ）注入流化气反应器的。

A. 氢气　　B. 乙烯　　C. 流化气　　D. 氮气

15. 掺合罐是用来（ D ）。

A. 混合物料　　B. 接收物料

C. 储存物料　　D. 对接收的物料进行掺混

16. 粉料采出系统在投用前必须用（ B ）置换合格。

A. 流化气　　B. 氮气　　C. 氢气　　D. 乙烯

17. 流化气压缩机润滑油温度一般控制在（ C ）℃。

A. 30　　B. 35　　C. 40　　D. 50

18. 循环气压缩机开车时的吸入温度不超过（ C ）℃。

A. 30　　B. 35　　C. 40　　D. 50

19. Napvis30 和 Napvisshi 是（ B ）剂。

A. 引发剂　　B. 增粘剂　　C. 稳定剂　　D. 网状剂

20. 当丁烯－1 的浓度增加时，流化床反应器的活性（ C ）。

A. 不变　　B. 降低　　C. 增加　　D. 无影响

21. 用控制（ B ）的比值来控制产品的密度。

A. $H_2/C_2^=$　　B. $C_{4-1}^=/C_2^=$　　C. $H_2/C_{4-1}^=$　　D. $C_2^=/C_{4-1}^=$

22. 控制产品指数的是（ C ）。

A. 乙烯　　B. 丁烯－1　　C. 氢气　　D. 氮气

23. 全回流操作就是（ C ）冷凝液全部回流至塔内的操作。

A. 塔釜　　B. 塔中　　C. 塔顶　　D. 侧线

24. 连续精馏与间歇精馏的区别是（ B ）。

A. 塔板数不同　　B. 一个是连续进料，一个是间歇进料

C. 是否有塔底再沸器　　D. 是否有塔顶回流

25. 造成精馏塔产品质量不合格，影响正常采出的原因是（ A ）。

A. 调节过猛　　B. 塔扳数太少　　C. 侧线回流　　D. 塔顶回流

26. 精馏塔塔釜渝度越高，则塔釜液位越（ B ）。

A. 高　　B. 低　　C. 无变化　　D. 与塔釜温度无关

27. 全密度聚乙烯装置的流化床反应器的反应温度为（ B ）℃。

A. 65～90　　B. 68～92　　C. 68～90　　D. 70～92

28. 聚合反应过程中加氢的作用是（ A ）。
A. 调节聚合物相对分子质量　　B. 调节熔流指数
C. 降低流化气中乙烯浓度　　D. 调节反应速度

29. 聚合反应过程中调节聚合物相对分子质量的手段是（ C ）。
A. 乙烯　　B. 丁烯-1　　C. 氢气　　D. 氮气

30. 在一定范围内，催化剂 Al/Ti 比值越高，流化气内反应情况就越（ A ）。
A. 好　　B. 坏　　C. 无变化　　D. 与反应情况无关

31. 催化剂的流动性与（ A ）有关。
A. 催化剂颗粒的大小分布　　B. 熔流指数
C. 氮气量　　D. $<80\mu m$ 含量

32. 聚合反应器开车置换时，水氧含量必须小于（ B ）$\times 10^{-6}$。
A. 1　　B. 2　　C. 0.2　　D. 0.5

33. 流化床与固定床相比（ C ）。
A. 降低了副反应　　B. 使转化率升高　　C. 不容易局部过热　　D. 温度不容易控制

34. 在聚合反应中，H_2O 含量超过（ C ）$\times 10^{-6}$时，就会影响反应活性。
A. 1　　B. 2　　C. 0.2　　D. 0.5

35. 如果流化气反应器的温度上升，树脂的密度将（ B ）。
A. 不变　　B. 升高　　C. 降低　　D. 无影响

36. 反应温度升高，树脂指数（ A ）。
A. 升高　　B. 降低　　C. 不变　　D. 无影响

37. 流化气反应回路气速主要由（ A ）来控制。
A. 压缩机入口导向叶片　　B. 底部采出
C. 注入次数　　D. 乙烯进料量

38. 低密度转高密度时，反应器系统必须（ A ）。
A. 倒空床层，对反应器内部进行检查　　B. 可以直接转牌号
C. 降低床层高度，然后转牌号　　D. 只倒空床层，不需要打开反应器进行检查

39. 丁烯-1/乙烯高时（ A ）。
A. 减少丁烯-1 进料量　　B. 减少乙烯进料量
C. 减少氢气进料量　　D. 减少预聚物注入量

40. 挤压机机筒的加热是用（ C ）。
A. 热油　　B. 中压蒸汽　　C. 热油和中压蒸汽　　D. 低压蒸汽

41. 齿轮泵采用的加热源是（ A ）。
A. 热导油　　B. 中压蒸汽　　C. 冷凝液　　D. 低压蒸汽

42. 挤压造粒冷却水用（ C ）水。
A. 消防水　　B. 冷却水　　C. 脱盐水　　D. 自来水

43. 冷却风机停对主电机的影响是（ A ）。
A. 造成主电机烧毁　　B. 没影响
C. 立刻停车　　D. 影响不大

44. 隙距大而下料量小会造成（ A ）现象。

A. 断料　　B. 隙口背压高　　C. 没关系　　D. 其他

45. 摩擦离合器的主要作用是（ D ）。

A. 保护螺杆　　B. 保护齿轮泵　　C. 保护启动电机　　D. 保护主电机

46. 聚合反应器系统停车时应首先（ C ）。

A. 停止所有进料　　B. 停循环气压缩机

C. 停住入程序　　D. 用氮气置换烃含量小于2%

47. 流化气压缩机油泵停后，若轴承温度继续上升至（ D ）℃以上时，应再次启动油泵。

A. 50　　B. 60　　C. 10　　D. 90

48. 热油系统的加热方式（ C ）。

A. 中压蒸汽　　B. 低压蒸汽　　C. 电加热　　D. 其他

49. 精馏塔进料位置以上的各层塔盘称为（ A ）。

A. 精馏段　　B. 提馏段　　C. 进料段　　D. 回流段

50. 当隔膜泵工作时，借助柱塞在隔膜缸内作的运动，迫使隔膜交替地向两边弯曲，使其完成（ C ）的工作过程。

A. 吸入　　B. 排出　　C. 吸入和排出　　D. 其他

51. 依据隔膜泵的结构隔膜泵不宜输送（ C ）。

A. 有腐蚀性的液体　　B. 有毒性的液体

C. 高黏度的液体　　D. 以上选项都可

52. 隔膜泵在正常操作期间，不应从（ D ）漏油，如出现了这种情况，要检查泵的排出压力。

A. 隔膜　　B. 柱塞　　C. 油补偿阀　　D. 安全阀

53. 离心泵充满叶轮片流道间的水是在（ A ）作用下从叶轮中心甩出去的。

A. 离心力　　B. 向心力　　C. 推力　　D. 排斥力

54. 离心泵的泵体是接受从叶轮中排出的液体，同时将液体的（ C ）转变成为（ C ）。

A. 机械能，动能　　B. 动能，机械能　　C. 动能，压能　　D. 机械能，压能

55. 离心泵的润滑一般情况下有润滑油飞溅润滑和（ A ）润滑。

A. 润滑脂　　B. 水　　C. 熔融物料　　D. 其他

56. 离心泵调节流量的方法很多，但应用最普遍的是改变（ D ）。

A. 叶轮直径　　B. 入口阀的开度　　C. 旁路调节　　D. 山口阀的开度

57. 屏蔽泵在工作中是靠（ A ）的作用来实现液体的输送的。

A. 离心力　　B. 向心力　　C. 推力　　D. 排斥力

58. 屏蔽泵中Y形的电机夹套的最高加温值比输送液体的最高温度（容许液温）（ D ）。

A. 高　　B. 低　　C. 相等　　D. 不确定

59. 齿轮泵工作时是主动轮带动从动轮，两个齿轮的（ A ）把液体沿着泵内壁从低压腔带到高压腔。

A. 齿穴　　B. 齿顶　　C. 齿牙　　D. 间隙

60. 流化气压缩机油系统的两台泵，一旦主油泵油压过低，将报警并起动辅助油泵，这个仪表控制点是（ C ）连锁报警装置。

A. 主机温度　　B. 密封油系统的油气压差
C. 润滑油泵的流量　　D. 惯性油缸的低液位

61. 罗茨风机是由主动转子带动从动转子，转子和转子（ A ），两转子的两端交替和机内壁间隙密封，这样气体就不断从转子这一侧由低压推到高压侧完成送风功能。

A. 间隙密封　　B. 相接触
C. 有时接触有时不接触　　D. 以上选项都不对

62. 罗茨风机对传送带来说，理想压力是其在（ A ）时带不滑脱时的最大压力。

A. 最高负荷　　B. 额定负荷　　C. 最低负荷　　D. 空载

63. 离心风机主要靠离心力的作用下提高气体流速的，气体在（ D ）速度最大。

A. 吸入时　　B. 叶轮上时　　C. 在管道中　　D. 离开叶轮时

64. 离心式通风机在操作中不能把出口闸门开度过小，闸门开度过小会使风机（ A ）。

A. 压力过高，流量减小　　B. 压力偏低，流量增加
C. 压力过高，流量增加　　D. 压力偏低，流量减小

65. 闸阀或调节阀要安装在旋转阀的（ A ）。

A. 进气端　　B. 下料端　　C. 通风端　　D. 其他

66. 旋转阀是用（ D ）隔开不同压力的上下装置的。

A. 转子　　B. 填料　　C. 阀壳　　D. A+B+C

67. 活塞式压缩机压缩气体的理论工作循环包括（ B ）步骤。

A. 3　　B. 4　　C. 5　　D. 不确定

68. 乙烯压缩机一般采用（ D ）压缩机。

A. 离心式　　B. 隔膜式　　C. 螺杆式　　D. 活塞式

69. 如果要对氮气压缩机检修，要停掉压缩机，关闭进出口阀使压缩机隔离系统后，还要对压缩机系统进行（ C ）。

A. 氮气置换　　B. 空气置换　　C. 放压　　D. 充压

70. 循环气压缩机在启动驱动马达之前，应先启动（ A ）进行预润滑。

A. 辅助润滑油泵　B. 主润滑油泵　　C. 主辅油泵同时　　D. 其他

71. 涡轮蜗杆减速机的主动轴上的驱动件是（ B ）。

A. 涡轮　　B. 蜗杆　　C. 圆柱齿轮　　D. 圆锥齿轮

72. 依据挤压机下料的要求和所下物料的特点，一般应选用（ A ）输送下料。

A. 螺旋式　　B. 旋转阀　　C. 气垫带式　　D. 挡边带式

73. 挤压造粒机水下切粒机的主要部件有模头、水箱、切粒装置、（ D ）。

A. 换网器　　B. 机筒　　C. 水泵　　D. 刀架和刀片

74. 挤压造粒机为了保护主要传动件减速齿轮和螺杆及主电机，避免超负荷时受到损坏，特别采用了（ B ）传动。

A. 凸轮离合器　　B. 摩擦离合器　　C. 齿轮联轴器　　D. 其他

75. 在活塞压缩机连续运转时要定期检查各部轴承（ C ），应符合该压缩机要求和规定。

A. 径向振动　B. 轴向窜动　C. 温度　D. 润滑

76. 挤压造粒机在操作期间，切粒装置的例行检查的内容是检查（ A ）。

A. 润滑油流量　B. 润滑油压力　C. 润滑油温度　D. 其他

77. 干燥回路压缩机如果在一定的操作条件下有严重的沉积出现，则需用适当的工作液（溶剂）冲洗压缩机，然后在适当的时间间隔内再用（ B ）冲洗。

A. 溶剂　B. 水　C. 氮气　D. 蒸汽

78. 传送液体设备的轴向密封一般采用（ B ）。

A. 填料密封　B. 机械密封　C. 干气密封　D. 浮动环密封

79. 对长时间不切换的备机水泵，在冬天为了防冻要对机泵（ D ）。

A. 倒空水停车不动　B. 注满水停车

C. 长期开起来　D. 倒空水后定时盘车

80. 换热器经过一定的生产周期后，必须进行检查和维修，才能保证换热器有较高的（ C ），维持正常生产。

A. 温度　B. 压力　C. 传热效率　D. 流量

81. 反应器温度与反应活性有（ A ）变化关系。

A. 正比　B. 反比　C. 可疑　D. 弱影响

82. 以下条件升高会导致活性降低的因素有（ C ）。

A. 乙烯分压　B. 催化剂 AL/TI 比　C. 杂质含量　D. 反应温度

83. 反应器床层松密度过低的主要原因是（ A ）。

A. 粉料密度低　B. 床层过高　C. 床层过低　D. 粉料粒径过小

84. 分布板压差大幅度波动的原因是（ A ）。

A. 流化气流量大　B. 分布板上有块料

C. 流化气量小　D. 反应负荷大

85. 粉料输送系统烃含量高的会造成（ A ）。

A. 影响安全生产　B. 输送量降低

C. 排气温度高　D. 分离效率降低

86. 调节产品熔融指数的主要手段是（ A ）。

A. 调整氢气/乙烯　B. 调整丁烯/乙烯

C. 调整催化剂进量　D. 降低床高

87. 氮气压缩机流量调节利用（ C ）控制。

A. 余隙　B. 电机转速　C. 吸入阀开度　D. 排出阀开度

88. 水系统离心泵流量不足会造成（ C ）。

A. 床层升高　B. 床层降低　C. 温度可控性变差　D. 温度可控性增强

89. 挤压机主电机电流波动大会造成（ C ）。

A. 颗粒外观不好　B. 产品质量下降　C. 主电机过载　D. 机筒温度过高

90. 颗粒产品大小不规则的主要原因是（ C ）。

A. 负荷过低　B. 切粒水温过低　C. 切刀平整度不够　D. 机筒温度过低

91. 输送效率降低的主要因素有（ B ）。

A. 下料量多　B. 输送过程的压降大　C. 风机功率大　D. 输送流程短

92. 界区来乙烯先进入（ B ）。

A. 脱硫床　B. 乙炔床　C. 脱氧床　D. 干燥床

93. 反应器床层压差的变化与（ D ）相关。

A. 反应器温度　B. 反应负荷　C. 仪表精度　D. 床层松密度

94. 来自预聚合岗位的预聚物是借助于旋风分离器将粉末和输送气（ B ）分离。

A. 氧气　B. 氮气　C. 空气　D. 氢气

95. 热油温度不得超过（ A ）℃。

A. 300　B. 400　C. 200　D. 500

96. 水下切粒机切成的粒子由（ C ）带出水室送至离心干燥器中分离。

A. 低温水　B. 循环水　C. 脱盐水　D. 过冷盐水

97. 一个大气压等于（ B ）Pa。

A. 760　B. 101.3×10^3　C. 101.3×10^5　D. 10^5

98. 有一台单缸单作用的蒸汽往复泵，其液缸活塞直径 ϕ200mm，行程为 300mm，每分钟往复 40 次，问此泵的流量是（ A ）m^3/s。

A. 0.00328　B. 0.328　C. 0.00382　D. 0.0314

99. 已知：聚合釜内乙烯进料速率为 4000kg/h；乙烯的转化率为 95%；聚合反应热为 3471J/kg；计算聚合釜每小时反应放出的热量（ A ）kJ。

A. 13189.8　B. 132200　C. 13583　D. 13190

100. 乙烯的产率等于生成乙烯所消耗的乙烷量（ A ）参加反应的乙烷量。

A. 除以　B. 乘以　C. 加法　D. 减法

101. 当流体的流速大于临界流化速度，而又小于带出速度时，则床层属于（ B ）。

A. 固定床　B. 流化床　C. 输送床　D. 种子床

102. 时空产率太高将会造成 D400（ B ）。

A. 产量高　B. 结块　C. 产量低　D. 质量等级高

103. 乙烯的相对分子质量（ A ）。

A. 28.05　B. 30　C. 29　D. 26

多选题

1. 流化气（循环气）压缩机在投用时需用到（ A，C，D ）。

A. 润滑油　B. 氮气　C. 密封气　D. 密封油

2. 乙烯精制系统共脱除（ A，B，C，D）杂质。

A. 乙炔　B. CO　C. 氧气　D. H_2O

3. 循环气压缩机开车前需要检查（ A，B，C，D ）。

A. 润滑油情况　B. 冷却水情况　C. 出入口阀阀位　D. 盘车情况

4. 流化气压缩机入口导向叶片的作用是（ A，B，C，D ）。

A. 调节循环气流速　B. 控制循环气量

C. 防止压缩机发生喘振　D. 保证压缩机的吸入量

5. 氢气的物化性质是（ A，C，D ）。

A. 易燃　　B. 强氧化剂

C. 爆炸极限 4.1% ~74.2%　　D. 无毒

6. 往复式压缩机开车前需要检查（ A，B，C，D ）。

A. 润滑油情况　B. 冷却水情况　C. 出入口阀阀位　D. 盘车情况

7. 三正辛基铝的物化性质是（ A，B，C，D ）。

A. 无色液体　B. 热稳定性差　C. 与氧剧烈反应　D. 遇水爆炸

8. 分子筛是一种（ A，C）的结晶固体。

A. 多孔性　B. 脱附性　C. 吸附型　D. 非再生性

9. 脱气仓的作用是脱除（ A，C，D ）。

A. 烃类气体　B. 氮气　C. 水解烷基铝　D. 氢气

10. 氮气精制系统共脱除（ A，B，C）等杂质。

A. 水　B. 细粉　C. 氧气　D. CO

11. 属于注入系统开车步骤的有（ A，B，C ）。

A. 开启程序 33　　B. 预聚物接入分流料斗

C. 开启回转加料器的变频电机　　D. 调整反应器内气相组成

12. 输送风机正常运转时所要检查的项目是（ A，B，C，D ）。

A. 声音　B. 压力　C. 轴温　D. 皮带

13. 属于粉料采出系统开车的步骤有（ A，B，C，D ）。

A. 确认后系统已开车　　B. 用氮气置换系统

C. 开启抽出系统　　D. 按照规定启动 C470

14. 关于流化气压缩机开车时以下错误的说法是（ A，B，D ）。

A. 导向叶片全开　　B. 润滑油温度越低越好

C. 不能多次启动　　D. 密封油可以等压缩机正常后再投用

15. 循环气压缩机的操作参数为（ A，B，C，D ）。

A. 吸入温度小于 40℃　　B. 吸入压力在 0.02 ~0.05MPa

C. 三段排出压力为 1.8 ~2.1MPa　　D. 三段排出温度为 80 ~90℃

16. 二叔丁基过氧化物是一种（ A，D）剂。

A. 引发剂　B. 增粘剂　C. 稳定剂　D. 网状剂

17. 下列说法中关于树脂密度正确的是（ A，B，C，D ）。

A. 树脂的密度由丁烯乙烯比控制　　B. 丁烯乙烯比越高，树脂的密度越低

C. 氢气加入量越大，树脂密度越大　　D. 氮气对树脂密度无影响

18. 下列说法中关于树脂指数正确的是（ A，B，C，D ）。

A. 氢气是作为分子调节剂，即用来控制树脂相对分子质量的大小

B. 氢气用来控制树脂的熔体流动指数 MFI 的

C. 氢气加入量增加，树脂的相对分子质量减小，MFI 增大

D. MFI 越高，物料的流动性越好

19. 常见的精馏塔塔板有（ A，B，C，D ）。
A. 泡罩　B. 筛板　C. 浮阀　D. 喷射型塔板
20. 造成精馏塔冲塔的原因有（ A，B，C，D ）。
A. 进料量太大　B. 蒸汽量太大　C. 塔板堵　D. 塔釜液位太高
21. 在流化床反应器开车置换后期，加入 TEA 可以清除（ A，B，D ）。
A. 微量水　B. 一氧化碳　C. 氮气　D. 氧气
22. 随着聚合反应温度的变化，下列哪些指标也随着变化（ A，B，C ）。
A. 生产负荷　B. 树脂密度　C. 树脂指数　D. 流化床床高
23. 影响聚合反应温度的因素有（ A，B，C，D ）。
A. 循环水温度　B. 流化气流速　C. 流化气流量　D. 流化气中乙烯浓度
24. 影响催化剂 Al/Ti 的因素有（ B，C ）。
A. 循环水温度　B. 催化剂制备时 Al 的加入量
C. 催化剂制备时 Ti 的加入量　D. 催化剂制备时乙烯的累积量
25. 影响催化剂的活性的因素有（ A，B，C，D ）。
A. 熔流指数　B. 流动性　C. 平均粒径　D. 催化剂的收率
26. 流化床与固定床相比有以下优点（ A，B，C ）。
A. 不容易局部过热　B. 温度均匀且较易控制
C. 总反应速度较大　D. 转化率较低
27. 影响聚合反应活性的有（ A，B，C，D ）。
A. CO　B. CO_2　C. H_2O　D. O_2
28. 粉料采出系统发生堵塞时应采取以下措施（ A，B，C ）。
A. 若一条或二条山现堵塞，则切第三条线生产
B. 关闭堵塞线各阀，组织清理
C. 若所有线都堵寒，生产无法继续，则使反应器停下，转入备用状态
D. 等待，看堵塞物能否自行消除
29. 流化床高控制的因素有（ A，B ）。
A. 侧向采出　B. 底部出料　C. 乙烯进料量　D. 丁烯进料量
30. 流化床反应回路与下列哪些因素有关（ A，B，C，D ）。
A. 床高　B. 反应器压力　C. 流化气速　D. 压缩机入口温度
31. 氢气/乙烯调节的依据是（ A，B，C ）。
A. 产品指数　B. 氢气浓度　C. 乙烯浓度　D. 氮气浓度
32. 挤压机机筒各段的作用是（ A，B，C ）。
A. 加热聚合物　B. 接收聚合物　C. 熔融聚合物　D. 起保温作用
33. 齿轮泵的作用主要是（ B，C ）。
A. 传送　B. 加压　C. 熔融　D. 加热
34. 齿轮泵电机停车条件与（ A，D）有关。
A. 聚合物的压力　B. 树脂的熔融程度
C. 齿轮泵的转速　D. 齿轮泵，减速齿轮箱的润滑油压力

35. 主电机的保护措施有（ B，C，D ）。
A. 强制冷却　B. 强制润滑　C. 强制通风　D. 过载保护
36. 调整隙距的目的（ A，D ）。
A. 改变熔流压力　B. 改变间隙大小
C. 改变螺杆与筒体的距离　D. 改变熔融状态
37. 摩擦离合器开车时脱开的原因（ A，B，C，D ）。
A. 机筒加热不好　B. 机械问题　C. 仪表风压　D. 主电机负荷过大
38. 影响粒子外观的因素有（ A，B，C ）。
A. 切刀齐平度　B. 切粒水温　C. 添加剂加入量　D. 机筒温度
39. 主电机电流的影响因素有（ A，D ）。
A. 齿轮泵转速　B. 切粒水温　C. 添加剂加入量　D. 下料量
40. 挤压机的停车步骤是（ A，B，C，D ）。
A. 停止粉料　B. 停主电机　C. 使切粒机轴后退　D. 水阀旁通，停切粒机
41. 下列说法属于氢气精制系统停车步骤的是（ A，B，C，D ）。
A. 停止送氢气　B. 停氢气压缩机
C. 停程序　D. 降低吸附器压力至0.01MPa
42. 下列说法属于聚合反应器系统停车步骤的是（ A，B，C ）。
A. 停止所有进料　B. 停循环气压缩机
C. 停住入程序　D. 用氮气置换烃含量小于2%
43. 乙烯精制床再生后的停车步骤是（ A，B，C，D ）。
A. 切断蒸汽和电加热　B. 切断进氮气阀和放空阀
C. 加盲板　D. 自然冷却至常温
44. 己烷液体进入精馏塔的进料板，在进料板上与自塔上部下降的液体汇合后，逐板溢流，最后流入塔低再沸器中。住每层塔板上回流液体与上升的己烷蒸气互相接触进行（ A，B）传递过程。
A. 热　B. 质　C. 能量　D. 温度
45. 空压系统的停车过程包括（ A，B，C，D ）。
A. 转动减荷阀手轮，使压缩机转入无负荷运转
B. 压缩机必须在无负荷情况下运转十几分钟后，才能切断电源停止运转
C. 关闭进水管阀门，打开回水管阀门
D. 排净设备内存水，关闭各阀门
46. 隔膜泵的扬程与泵本身的动力（ B，C）有关，只要允许，可以达到外界需要的扬程。
A. 泵本身的动力　B. 强度　C. 填料密封　D. 流量
47. 隔膜泵柱塞和后隔膜之间如果没有注满液压油，存有一些气体，会引起泵（ B，C ）。
A. 性能不变　B. 工作效率下降　C. 不打压　D. 安全阀泄漏
48. 离心泵闭式叶轮分为（ A，B）两种。
A. 单吸式　B. 双吸式　C. 三吸式　D. 多吸式

49. 离心泵在起动之前需要做下列哪些准备工作（ A，B，C ）。
A. 灌泵　B. 预热（如热油泵、高温水泵）
C. 盘车　D. 打开出口阀
50. 齿轮泵的主要结构特点有（ A，B，C，D）工作可靠、维修方便。
A. 体积小　B. 重量轻　C. 结构紧凑　D. 成本低
51. 下面属于流化气压缩机在机械方面仪表控制点有（ A，C）联锁报警。
A. 轴振动　B. 密封油系统的油气压等
C. 轴位移　D. 惯性油缸的低液位
52. 罗茨风机的抽吸能力取决于风机的尺寸、(B，C)。
A. 尺寸　B. 转速　C. 压力条件　D. 其他
53. 罗茨风机按和电机连接传动方式可分为带轮传动式，(A，B)。
A. 直联式　B. 通过减速器联接传动式
C. 一体式　D. 其他
54. 离心式通风机主要由机壳（ A，C，D）等部件组成。
A. 叶轮　B. 密封装置　C. 集流器　D. 传动装置
55. 聚合流化床反应器筒体部分主要由三部分组成：扩大段（ C，D ）。
A. 注入段　B. 抽出段　C. 底部段　D. 直筒段
56. 活塞式压缩机压缩气体的理论工作循环包括（ A，B，C，D）步骤。
A. 平衡　B. 吸入　C. 压缩　D. 排出
57. 夹套式换热器的夹套内部清洗困难，所以一般只能使用（ A，B，C）流体。
A. 蒸汽　B. 冷却水　C. 氨　D. 酸液
58. 螺旋输送机下料器主要适用于（ A，C，D）物料。
A. 粉状　B. 黏性大易结块　C. 小块状　D. 颗粒状
59. 挤压造粒机摩擦离合器主要由（ A，B，C，D）等组成。
A. 摩擦片　B. 摩擦盘　C. 弹簧　D. 壳体
60. 活塞式压缩机在连续运转过程中应定期检查（至少每班两次）（ A，B，C，D）等。
A. 各段吸入、排出压力　B. 油泵压力
C. 主油泵上的润滑温度　D. 各段吸入侧、排出侧的温度
61. 挤压造粒机要根据设备运行情况定期检查更换（ A，B，C)，以保证设备的正常运转。
A. 滤网　B. 润滑油　C. 切粒机的刀片　D. 机体
62. 液环压缩机在工作中从排出口排出的有（ B，C)。
A. 水　B. 蒸汽　C. 工作液体　D. 被压缩气体
63. 换热器在经过一定的时间后，要对换热器清理或酸洗，清扫常用（ A，B，C）扫。
A. 压缩空气　B. 水　C. 汽　D. 以上都不是
64. 设备维护的“四项要求”是整齐（ B，C，D)。
A. 无泄漏　B. 清洁　C. 润滑　D. 安全

65. 反应器内温度有较大差异的原因有（ A，B，D ）。

A. 反应器有过热点　B. 催化剂分布不均匀

C. 乙烯分压过高　D. 反应器内有块料

66. 判断反应器出料效率的因素有（ B，D ）。

A. 粉料密度　B. 床层高度变化　C. 脱气仓料位　D. 粉料风机出口压力

67. 影响反应器初次升温的因素有（ A，B，C，D ）。

A. 调温水温度　B. 调温水流量　C. 流化气量　D. 蒸汽压力

68. 造成粉料输送系统烃含量高的原因有（ A，B ）。

A. 脱气系统故障　B. 料封高度不够　C. 输送量过大　D. 输送量过低

69. 对催化剂活性影响最大的前两种杂质是（ B，D ）。

A. 氧气　B. 水　C. 二氧化碳　D. 一氧化碳

70. 主要影响氮气压缩机排气量的因素有（ A，B，C ）。

A. 入口压力　B. 排气压力　C. 管道阻力　D. 润滑状况

71. 丁烯进料量的影响因素有（ B，C，D ）。

A. 丁烯温度　B. 丁烯泵流量　C. 管道阻力　D. 丁烯泵出口压力

72. 影响水系统离心泵做功因素有（ A，B，C ）。

A. 管路阻力　B. 液体温度　C. 吸入压力　D. 反应器负荷

73. 造成挤压机主电机电流波动的主要因素有（ A，B ）。

A. 下料的稳定性　B. 机筒温度　C. 颗粒水温度　D. 切粒机转速

74. 造成输送管堵塞的原因是（ A，B，D ）。

A. 皮带打滑　B. 下料量过大　C. 产品密度高　D. 输送压差过大

75. 颗粒干燥度不足会造成（ A，B，C ）。

A. 风机皮带打滑　B. 下料量波动　C. 加工性能变差　D. 输送压差变小

76. 干粉灭火器可以消除（ A，B，C，D）火灾。

A. 可燃液体　B. 可燃气体　C. 油品　D. 可燃固体

77. 常见的隔离式呼吸器有（ A，B，C ）。

A. 氧气呼吸器　B. 空气呼吸器　C. 自吸式长管呼吸器　D. 防尘口罩

78. 目前已使用线型产品的共聚单体有（ B，C，D ）。

A. 丙烯　B. 丁烯　C. 己烯　D. 辛烯

79. 乙烯加料中断的主要原因有（ A，B ）。

A. 仪表故障　B. 乙烯压缩机停　C. 反应器压力高　D. 反应温度高

80. 丁烯加料中断的主要原因有（ A，B ）。

A. 仪表故障　B. 丁烯泵停　C. 反应器压力高　D. 反应温度高

81. 底部出料取样分析项目有（ A，D ）。

A. 残钛量　B. 乙烯浓度　C. 氢气浓度　D. 平均粒径

82. 仪表空气供应中断应立即（ C，D ）。

A. 降负荷　B. 降温度　C. 紧急停下　D. 开备用空压机

83. 氮气在装置内的作用是（ A，B，C，D ）。

A. 保护气体　　B. 载气　　C. 惰性组分　　D. 吹扫气体

84. 当发现界区乙烯压力下降很快时，应立即（ B，C ）。

A. 降低反应温度　　B. 减少乙烯进量

C. 通知调度　　D. 降低床层

85. 进行床层再生的依据是（ A，B，C ）。

A. 精制后杂质含量　　B. 在线使用时间

C. 反应活性　　D. 精制温度

86. 乙烯精制系统停止流动的危害有（ B，D ）。

A. 精制系统压降增大　　B. 影响催化剂效能

C. 乙烯压力过低　　D. 杂质解析

87. 液化气速过低会造成（ A，B ）。

A. 反应器结块　　B. 粉料带出反应器量减小

C. 温度过高　　D. 气相紊乱

88. 脱氧床出入口温差过大时，应当（ A，B，C，D ）。

A. 降低入口温度　　B. 通知调度改善氮气质量

C. 减少氮气使用量　　D. 做好停车准备

89. 影响旋转阀电流的因素有（ A，B，C，D ）。

A. 排料量　　B. 设备润滑状况　　C. 设备被压　　D. 用底部出料净化床层

90. 工业生产中往复式压缩机流量调节利用（ A，C）控制。

A. 余隙　　B. 出口返入口流量

C. 吸入阀开度　　D. 排出阀开度

91. 能够产生气泡粒子的原因有（ B，C ）。

A. 混炼效果不好　　B. 缓冲料斗排气不好

C. 粉料中挥发物质较多　　D. 密度过高

92. 离心泵震动的主要原因是（ A，B，C ）。

A. 叶轮松动　　B. 发生气蚀　　C. 原电机对中性差　　D. 发生气缚

93. 挤压机主电机电流波动的产生的原因有（ A，B，D ）。

A. 下料的稳定性　　B. 机筒温度　　C. 颗粒水温度　　D. 粉料物性

94. 有一单动往复泵，活塞的直径为 268mm，冲程为 200mm。若要求输送的流量为 36 m^3/h，容积效率为 0. 94。活塞每分钟的往复次数为（ B，C ）Hz。

A. 0. 0943　　B. 0. 943　　C. 0. 94　　D. 9. 4

95. 脱气仓的容积为 179m^3，树脂粉末的堆积密度为 410kg/m^3，在反应产率为 7. 5t/h，造粒系统故障时，利用脱气仓最多能维持生产（ A，B）h。

A. 9　　B. 10　　C. 11　　D. 8. 5

96. 由乙烷裂解制乙烯（$C_2H_6 \rightarrow C_2H_4 + H_2$），投入反应器的乙烷量为 5000kg/h，裂解气中含未反应的乙烷量为 1000kg/h，获得的乙烯量为 3400kg/h，可知乙烯的产率为（ C，D ）。

A. 80%　　B. 90%　　C. 91.1%　　D. 91%

97. 时空产率的相关因素有（A，B）原因。

A. 床高　　B. 乙烯进料量　　C. 注入次数　　D. 抽出率

98. 气体的密度不随（B，C，D）的升高而降低。

A. 温度　　B. 压力

C. 气体的摩尔质量　　D. 相对分子质量

四、技能操作鉴定要素细目表

鉴定范围						鉴定点	
一级		二级		三级		代码	名称
代码	名称	代码	名称	代码	名称		
A	技能要求（高压法模块）	A	工艺操作	A	开车准备	001	接人乙烯的准备工作
						002	引发剂的配置操作
						003	引发剂泵的保压工作
						004	压缩机的盘车操作
						005	压缩机辅助油系统的启动操作
						006	调节剂的接入及添加操作
						007	各系统加热冷却操作
						008	挤出造粒机的启动前测试操作
						009	干燥、筛分机的启动前的操作
						010	空送风机的启动操作
				B	开车操作	001	低压及一次压缩机的启动操作
						002	挤出造粒机的启动操作
						003	干燥、分离系统的启动操作
						004	反应建立后各部的温度调整操作
						005	升压过程中压缩机现场确认操作
						006	二次压缩机入口阀打开的操作
						007	高循系统的投用操作
						008	引发剂备用泵的检查
				C	正常操作	001	过滤器的切换再生操作
						002	MI 的调整
						003	反应压力的调整
						004	反应温度的调整
						005	移行过程的操作
						006	粒形突变的原因及处理
						007	造粒水系统温度的控制
						008	空送风机的切换操作
						009	公用工程的检查操作
						010	高分、低分的零点测试
						011	氧化料的产生及处理操作
				D	停车操作	001	低压及一次压缩机的保压停机操作
						002	低压及一次压缩机的放空停机操作
						003	挤出造粒系统的停机操作
						004	引发剂泵的放空操作
						005	空送、净化风机停机的操作
						006	造粒水换热器的再生操作

续表

鉴定范围						鉴定点	
一级		二级		三级		代码	名称
代码	名称	代码	名称	代码	名称		
		B	设备使用与维护	A	使用设备	001	费歇阀的结构原理
						002	单螺杆挤出机的结构
						003	离心干燥机的类型结构
						004	造粒系统的联锁设置
						005	造粒水离心泵的使用规程
				B	维护设备	001	添加剂系统的维护工作
						002	压缩机辅助油系统的维护工作
						003	空送风过滤系统的更换工作
						004	空送、净化风机的日常加油维护
						005	各种电机的加油操作
		C	事故判断与处理	A	判断事故	001	温度失控的判断
						002	二次压缩机段间压差增大的判断
						003	联锁事故的判断
						004	挤出机打滑的判断
						005	压缩机内部油注入不良的判断
						006	产量降低的判断
				B	处理事故	001	二次压缩机漏气着火的紧急处理
						002	粒形突变的处理
						003	振动筛分机不下料处理
						004	离心干燥机堵塞的处理
						005	挤出机打滑处理
						006	引发剂注入不良处理
						007	造粒水系统跑水的处理
		D	绘图与计算	A	绘图	001	二次压缩冷却油系统流程图
						002	超高压压缩机内部油系统流程图
						003	超高压压缩机入口缓冲器详细流程图
						004	二次压缩机外部油系统流程图
						005	一次压缩机内部油流程图
						006	一次压缩机外部油系统图
						007	反应器加热冷却系统图
						008	引发剂泵流程图
B	技能要求（溶液法模块）	A	工艺操作	A	开车准备	001	乙烯预热器的投用
						002	聚合尾气压缩机启动前的准备工作
						003	粉末输送风机的切换步骤
						004	挤压机开车前的准备
						005	低压装置火炬系统投用
						006	氮气系统投用
						007	1.0MPa 蒸汽系统投用
						008	高密度聚乙烯装置污水泵启动操作
						009	汽提塔接收罐油层建立操作
				B	开车操作	001	间歇聚合反应温度的调节
						002	低压密封油系统的投用
						003	挤压机开车操作
						004	颗粒冷却水泵的投用
						005	己烷输送泵启动操作

续表

鉴定范围						鉴定点	
一级		二级		三级		代码	名称
代码	名称	代码	名称	代码	名称		
						006	已烷蒸馏塔流程确认
						007	已烷精馏塔采出流程确认
						008	干燥机启动
				C	正常操作	001	聚合釜浆液熔融指数的控制
						002	聚合密度的调节
						003	聚合釜的液位控制
						004	挤压机日常检查
						005	熔融泵入口压力的控制
						006	干燥气洗涤泵切换步骤
						007	母液储罐氮气置换
						008	乙烷精馏塔塔底采出泵切换操作
						009	低聚物结片机冷却水泵出口过滤器切换操作
						010	汽提塔接收罐水层建立操作
						011	已烷干燥器排放已烷操作
				D	停车操作	001	聚合釜夹套的冷却操作
						002	造粒机正常的停车操作
						003	造粒机更换筛网操作
						004	离心机停车操作
		B	设备使用与维护	A	使用设备	001	聚合釜搅拌器的巡检
						002	颗粒冷却水泵的切换
						003	干燥循环气风机的切换操作
						004	干燥循环气风机切换操作
						005	母液输送泵切换步骤
						006	干燥气洗涤泵切换步骤
						007	冷凝液输送泵启动操作
				B	维护设备	001	离心式压缩机操作注意事项
						002	磨刀操作
						003	干燥机的润滑点
						004	干燥循环气风机日常检查内容
		C	事故判断与处理	A	判断事故	001	聚合反应温度异常升高的原因
						002	造粒机模孔堵塞的原因及处理
						003	粉末输送系统压力高的原因
						004	干燥循环气系统已烷含量大的原因
						005	干燥机加热蒸汽列管漏水的后果
						006	母液罐液位过高原因
						007	干燥机堆料的原因
				B	处理事故	001	聚合釜反应压力超高的处理
						002	袋式过滤器更换袋子操作
						003	如何处理干燥机堆料
						004	低聚物物料输送不畅的处理
						005	颗粒外观不规则的原因及处理措施
		D	绘图与计算	A	绘图	001	聚合釜温度控制流程图
						002	聚合温度联锁图
						003	干燥尾尾气压缩机联锁图
				B	计算	001	连续聚合催化剂进料量的计算

续表

鉴定范围						鉴定点	
一级		二级		三级		代码	名称
代码	名称	代码	名称	代码	名称		
C	技能要求（气相法模块）	A	工艺操作	A	开车准备	001	己烷精馏塔的开车准备
						002	挤压机的开车准备
				B	开车操作	001	乙烯压缩机的开车
						002	氢气精制系统的开车
						003	精制床再生操作
						004	热油系统的开车
						005	己烷精馏塔的开车
						006	乙烯净化系统的开车
				C	正常操作	001	聚合反应的正常操作
						002	种子床输送的正常操作
						003	催化剂水解器的正常操作
						004	离心式压缩机的正常操作
						005	粉料采出系统的正常操作
						006	催化剂注入线的拆装操作过程
						007	T2 泵启动操作
						008	精馏塔的正常操作
						009	再生过程完成后的正常投用
						010	精制床切换的正常操作
						011	热油系统的正常操作
						012	催化剂注入系统的正常操作
						013	添加剂的配制操作
						014	挤压机筒体的升温操作
						015	流化气压缩机的日常巡检项目
						016	催化剂加料器氧化抽真空的操作
						017	聚合反应出料系统的投用
						018	挤压机的开车操作
						019	冰机的正常投用
						020	风送系统的操作
				D	停车操作	001	精馏塔系统的停车操作
						002	造粒系统的停车操作
						003	流化气压缩机的停车
						004	粉料采出系统的停车
						005	反应系统的停车
		B	设备使用与维护	A	使用设备	001	乙烯压缩机的操作
						002	氮气压缩机的操作
						003	罗茨鼓风机常见故障排除
						004	聚合反应器的操作
						005	颗粒离心干燥器的使用
						006	离心风机的常见故障排除
						007	离心泵气蚀的预防
				B	维护设备	001	机泵的防凝防冻处理
						002	设备轴向密封的维护
						003	容器的防腐处理

续表

鉴定范围						鉴定点	
一级		二级		三级		代码	名称
代码	名称	代码	名称	代码	名称		
		C	事故判断与处理	A	判断事故	001	流化气压缩机自停的判断
						002	判断反应器置换不合格的原因
						003	判断粉料输送系统烃含量高的原因
						004	判断粉料出料情况好坏的依据
						005	判断挤压机主电机电流波动过大的原因
						006	判断切粒机发生断刀的原因
						007	输送风机故障的判断
				B	处理事故	001	反应器丁烯进料突然终止时的处理
						002	颗粒水泵流量低的处理
						003	反应出料系统发生堵管时的处理
						004	反应温度控制“裕度”不足时的处理
						005	丁烯储罐发生冒顶事故时的处理
						006	旋转阀的电流波动大时的处理
						007	往复式压缩机流量过小时的处理
						008	氮气脱氧床超温时的处理
						009	输送风机机体温度过高时的处理
						010	离心泵发生振动时的处理
						011	颗粒料外观不好时的处理
						012	挤压机主电机电流波动过大时的处理
		D	绘图与计算	A	绘图	001	流化床反应器床层压差图
						002	罗茨鼓风机结构图
				B	计算	001	流化床床高的计算
						002	时空产率的计算

五、技能操作试题

高压法模块

试题1:乙烯接入前的准备工作(现场模拟)

(考核时间:15min)

序号	考核内容	考核要点	配分	评分标准	检测结果	扣分	得分	备注
1	准备工作	穿戴劳保用品	3	未穿戴整齐扣3分				
		工具、用具准备	2	工具选择不正确扣2分				
2	操作程序	检查乙烯装置检修的完成情况	30	检查现场施工的人员已经撤离				
				现场机电仪已经检修结束				
				对现场的管线和阀门,设备进行检查,确保检修施工无遗漏,检修已经过验收				
		做接入的准备工作	50	接入公用系统[蒸汽、电、水、仪表风]				
				进行管线,设备的吹扫作业				
				进行单机试运				
				进行联机试运				
				进行仪表的测试				
				进行联锁的测试				
				进行DCS的检查				
			15	系统进行氮气置换				
				拆除盲扳				
				乙烯接入罐的乙烯气置换				
				接入乙烯				
合计			100					

试题2:引发剂泵的保压操作(现场模拟)

(考核时间:15min)

序号	考核内容	考核要点	配分	评分标准	检测结果	扣分	得分	备注
1	准备工作	穿戴劳保用品	3	未穿戴整齐扣3分				
		工具、用具准备	2	工具选择不正确扣2分				
2	操作程序	检查引发剂泵是否达到使用的要求	15	未检查送电情况扣5分				
				未检查油压系统扣5分				
				未检查仪表系统扣5分				
3		引发剂泵补加罐的补加	15	未了解需要补加的量扣5分				
				未了解需要的种类扣5分				
				补加后未关补加罐出口阀扣除5分				
4		引发剂泵的试运	40	未做引发剂泵的流量测试扣10分				
				未做引发剂泵升压试验扣10分				
				未做引发剂泵的零点测试扣10分				
				未做引发剂泵的动作测试扣10分				
5		引发剂泵的保压操作	20	进行引发剂泵的保压操作,操作不正确扣10分				
				保压操作后,打开泵出口阀,未打开扣10分				
6		再次进行保压操作后的检查确认工作		未再次检查的扣5分				
合　计			100					

试题3:空送风机的启动操作

(考核时间:15min)

序号	考核内容	考核要点	配分	评分标准	检测结果	扣分	得分	备注
1	准备工作	穿戴劳保用品	3	未穿戴整齐扣3分				
		工具、用具准备	2	工具选择不正确扣2分				
2	操作程序	了解生产任务要求,确定预启动风机的位号,与控制室人员取得联系	10	未了解生产任务要求,不知道要启动风机的位号扣5分				
				未与控制室人员取得联系扣5分				
3		联系电气给要启动的风机送电	10	未与电气联系给风机送电扣10分				
4		对预启动的风机进行检查	20	未检查润滑油系统扣10分				
				未检查风机进出口阀门状态[应该全关]扣20分				
				启动风机的开关,未启动的扣10分				

续表

序号	考核内容	考核要点	配分	评分标准	检测结果	扣分	得分	备注
5		启动风机	40	待电流平稳后，开出口阀，未及时开的扣10分				
				再渐渐的开入口阀，未开或开时太大的扣10分				
				检查风机的运转情况，未检查的扣10分				
6		启动风机后的操作	15	停止辅助油泵，未停的扣10分				
				进行风机的例行检查，未进行的扣5分				
合计			100					

试题4：切粒岗位开车前干燥、筛分系统的启动操作

（考核时间：15min）

序号	考核内容	考核要点	配分	评分标准	检测结果	扣分	得分	备注
1	准备工作	穿戴劳保用品	5	未穿戴整齐扣5分				
2	操作程序	根据指示，明确准备开车，明确开车牌号	5	没有此项扣5分				
3		启动前的检查：检查筛分器上无杂物及物料、各部位正常、检查离心干燥器、电机，检查脱水筛上无杂物、块料、花料等，检查抽风机系统、旋转阀各部位	40	未检查筛分机上无杂物扣8分				
				未检查干燥器扣8分				
				未检查脱水筛扣8分				
				未检查抽风机系统扣5分				
				未检查旋转阀扣5分				
				未检查各设备电机及传动系统扣6分				
4		启动：确认将要启动的设备附近无人，从现场分别启动离心干燥器、振动筛分机、抽风机及筛分机下游的旋转阀	25	未确认设备附近无人扣5分				
				未启动干燥机扣5分				
				未启动筛分机扣5分				
				未启动抽风机扣5分				
				未启动旋转阀扣5分				
5		启动后的检查：各设备运转正常、无异音，离心干燥器动平衡正常、振动筛分机振幅正常	20	未检查筛分机振幅扣5分				
				未检查干燥机动平衡扣5分				
				未检查各设备、电机无异音、异常振动扣10分				
6		报告：向班长报告情况并做下一步的工作、准备工作	5	漏此项扣5分				
7	安全及其他	按国家法规或企业规定		违规一次总分扣5分；严重违规停止操作			—	
		在规定时间内完成操作		每超时1min总分扣5分，超时3min停止操作			—	
合计			100					

试题5：二次压缩机启动后的置换操作及打开二次压缩机入口阀的操作（现场模拟）

（考核时间：25min）

序号	考核内容	考核要点	配分	评分标准	检测结果	扣分	得分	备注
1	准备工作	穿戴劳保用品	5	未穿戴整齐扣5分				

续表

序号	考核内容	考核要点	配分	评分标准	检测结果	扣分	得分	备注
2	操作程序	确认阀门状态,入口阀关,入口旁通阀关,出口阀关,旁通阀开,放空阀开	10	未确认阀门状态扣10分				
3		置换操作	35	未与控制室联系扣10分				
				未流动清洗扣10分				
				置换操作压力不合要求或方法不正确每一次失误扣15分				
4		开入口阀的操作:开入口旁通阀,当二次压缩机与入口前压力接近时,开入口阀,关闭入口旁通阀	40	未开入口旁通阀直接开入口阀扣15分				
				未确认压力与入口前压力接近即打开入口阀扣10分				
				开入口阀后未关入口旁通阀扣15分				
5		填料泄漏管线的置换及投用	10	方法不对或次数不对扣10分				
6	安全及其他	按国家法规或企业规定		违规一次总分扣5分;严重违规停止操作			—	
		在规定时间内完成操作		每超时1min总分扣5分,超时3min停止操作			—	
		合　计	100					

试题6:反应压力的影响(现场模拟)

(考核时间:15min)

序号	考核内容	考核要点	配分	评分标准	检测结果	扣分	得分	备注
1	准备工作	穿戴劳保用品	3	未穿戴整齐扣3分				
		工具、用具准备	2	工具选择不正确扣2分				
2	操作程序	检查生产中的各种工艺指标	25	未检查反应温度扣5分				
				未检查反应压力扣5分				
				未检查返回乙烯装置的返回量扣5分				
				未检查调节剂的加入量扣5分				
				未了解生产产量扣5分				
3		清楚了解反应压力对生产和产品质量的影响	20	不清楚反应压力对生产的影响扣10分				
				不清楚反应压力对产品质量的影响扣除10分				
4		根据需要对反应压力进行调整	20	首先明确为什么调整反应压力及其后果,否则扣10分				
				然后进行反应压力的逐渐调整。调整错误或速度过快扣10分				
5		察看压力调整后对生产的影响	10	调整结束察看调整的结果,对生产的影响,未能察看结果扣10分				
6		消除影响,继续生产	20	若影响到产品的质量,应采取措施消除。不能消除的扣20分				
		合　计	100					

试题7:移行过程的操作(现场模拟)

(考核时间:15min)

序号	考核内容	考核要点	配分	评分标准	检测结果	扣分	得分	备注
1	准备工作	穿戴劳保用品	3	未穿戴整齐扣3分				
		工具、用具准备	2	工具选择不正确扣2分				
2	操作程序	详细检查各工艺指标	20	未检查反应温度扣5分				
				未检查反应压力扣5分				
				未检查使用的引发剂品种5分				
				未检查使用的调节剂品种扣5分				
3		详细阅读生产移行任务书	20	清楚要移行的产品牌号,不知的扣5分				
				清楚要移行的生产工艺指标(温度,压力,调剂剂等),不知的扣5分				
				清楚原牌号与新牌号的生产工艺之间的差别,不知的扣5分				
				另外了解移行的特殊的要求,不清楚的扣5分				
4		根据任务书的要求和操作法进行移行操作	50	检查温度是否达到移行的工艺要求,否则扣10分				
				检查生产压力是否达到移行的要求,否则扣10分				
				是否使用移行要求的引发剂,未使用的扣10分				
				是否使用移行规定的调节剂,否则扣10分				
				移行任务书的其他要求是否达到,否则扣10分				
5		进行产品移行的后续工作	5	移行后,产品质量是否合格,不合格的扣2分				
				进行移行工作的其他后续工作,否则扣除3分				
		合 计	100					

试题8:空送风机的切换操作(现场模拟)

(考核时间:15min)

序号	考核内容	考核要点	配分	评分标准	检测结果	扣分	得分	备注
1	准备工作	穿戴劳保用品	3	未穿戴整齐扣3分				
		工具、用具准备	2	工具选择不正确扣2分				
2	操作程序	与室内操作人员联系,确认要启动及停止风机的位号	20	未进行联系扣10分				
				未确认风机位号扣10分				
3		启动备用风机的润滑油系统,检查风机进、出口阀	20	未检查备用风机润滑油系统扣10分				
				未检查备用风机进、出口阀状态扣10分				
4		启动备用风机,先开出口阀,再慢慢打开入口阀	10	操作手法不当扣10分				
5		检查风机运转情况良好	10	未确认备用风机运转情况扣10分				

续表

序号	考核内容	考核要点	配分	评分标准	检测结果	扣分	得分	备注
6		关闭要替换的运转风机出、入口阀,停运转风机	10	停机顺序有误扣10分				
7		再仔细检查风机运转情况,确认空送风流量正常	20	未确认空送风流量是否正常扣10分				
				操作完成后未再检查风机运转情况扣10分				
8	使用工具	正确使用工具	2	工具使用不正确扣2分				
		正确维护工具	3	工具乱摆乱放扣3分				
9	安全及其他	按国家法规或企业规定		违规一次总分扣5分;严重违规停止操作			—	
		在规定时间内完成操作		每超时1min总分扣5分,超时3min停止操作			—	
		合　计	100					

试题9:氧化料产生的原因及其处理操作(现场模拟)

(考核时间:15min)

序号	考核内容	考核要点	配分	评分标准	检测结果	扣分	得分	备注
1	准备工作	穿戴劳保用品	3	未穿戴整齐扣3分				
		工具、用具准备	2	工具选择不正确扣2分				
2	操作程序	氧化料产生的原因	30	高分和低分的内壁上产生的,不知道扣10分				
				切粒机填料部分产生的,不知道扣10分				
				反应器后冷却器冷却时间掌握得不好,不知道扣10分				
3		氧化料处理的方法和步骤	20	产生氧化料主要消除其产生的原因,并进行料面的清洗,不知道的扣10分 料面的清洗要先清高分,后清低分,不知道的扣10分				
4		氧化料的处理操作	40	先将高分拉至零点,后慢慢的升至一定的高度,停留一定的时间,再拉至零点,然后慢慢恢复料面。整个过程应手动进行。程序不对的或方法错误的扣20分				
				先将低分拉至零点,后慢慢的升至一定的高度,停留一定的时间,再拉至零点,然后慢慢恢复料面。整个过程应手动进行。程序不对的或方法错误的扣20分				
5		处理后看氧化料的多少,若多,再次重复处理操作	5	若无步骤扣5分				
		合　计	100					

试题10：空送风机的切换停机操作（现场模拟）

（考核时间：15min）

序号	考核内容	考核要点	配分	评分标准	检测结果	扣分	得分	备注
1	准备工作	穿戴劳保用品	3	未穿戴整齐扣3分				
		工具、用具准备	2	工具选择不正确扣2分				
2	操作程序	与室内操作人员联系，确认要启动及停止的风机的位号	20	未进行联系扣10分				
				未确认风机的位号扣10分				
3		启动备用风机的润滑油系统，检查风机进、山口阀	20	未检查备用风机润滑油系统扣10分				
				未检查备用风机进、出口阀状态扣10分				
4		启动备用风机，先开出口阀，再慢慢打开入口阀	10	操作手法不当扣10分				
5		检查风机运转情况	10	未确认备用风机运转情况扣10分				
6		关闭要替换的运转风机出、入口阀，停运转风机	10	停机顺序有误扣10分				
7		再仔细检查风机运转情况，确认空送风流量正常	20	未确认空送风流量是否正常扣10分				
				操作完成后未再检查风机运转情况扣10分				
8	使用工具	正确使用工具	2	工具使用不正确扣2分				
		正确维护工具	3	工具乱摆乱放扣3分				
9	安全及其他	按国家法规或企业规定		违规一次总分扣5分；严重违规停止操作			—	
		在规定时间内完成操作		每超时1min总分扣5分，超时3min停止操作			—	
		合　计	100					

试题11：添加剂系统的维护工作

（考核时间：15min）

序号	考核内容	考核要点	配分	评分标准	检测结果	扣分	得分	备注
1	准备工作	穿戴劳保用品	5	未穿戴整齐扣5分				
2	操作程序	检查添加剂系统的配置槽密封，检查添加剂系统的供给槽密封，添加剂系统的伴热情况，供给泵注入是否良好	95	漏一项扣24分				
3	安全及其他	按国家法规或企业规定		违规一次总分扣5分；严重违规停止操作			—	
		在规定时间内完成操作		每超时1min总分扣5分，超时3min停止操作			—	
		合　计	100					

试题12：空送风过滤系统的更换工作

（考核时间：15min）

序号	考核内容	考核要点	配分	评分标准	检测结果	扣分	得分	备注
1	准备工作	穿戴劳保用品	4	未穿戴整齐扣4分				
2	操作程序	一级过滤室的组成及过滤能力	96	不知道一级过滤室的组成及过滤能力扣24分				
		二级过滤室的组成及过滤能力		不知道二级过滤室的组成及过滤能力扣24分				
		多长时间检查一次		不知道多长时间检查一次扣24分				
		更换周期		不知道更换周期扣24分				
3	安全及其他	按国家法规或企业规定		违规一次总分扣5分；严重违规停止操作			—	
		在规定时间内完成操作		每超时1min总分扣5分，超时3min停止操作			—	
		合　计	100					

试题13：怎样进行电机的加油操作（现场模拟）

（考核时间：15min）

序号	考核内容	考核要点	配分	评分标准	检测结果	扣分	得分	备注
1	准备工作	穿戴劳保用品	5	未穿戴整齐扣5分				
2	操作程序	确认电机加油点是否缺油	19	操作不正确扣19分				
3		看加油点视镜液位	19	操作不正确扣19分				
4		打开加油点的上盖	19	操作不正确扣19分				
5		看着液位指示开始加油	19	操作不正确扣19分				
6		加到规定液位上线	19	操作不正确扣19分				
7	安全及其他	按国家法规或企业规定		违规一次总分扣5分；严重违规停止操作			—	
		在规定时间内完成操作		每超时1min总分扣5分，超时3min停止操作			—	
		合　计	100					

试题14：如何判断二次压缩机内部油注入不良及注入不良的危害

（考核时间：15min）

序号	考核内容	考核要点	配分	评分标准	检测结果	扣分	得分	备注
1	准备工作	穿戴劳保用品	5	未穿戴整齐扣5分				
2	操作程序	判断：滴管不滴油、有气体窜回、鉴别孔冒油	60	未判断气体窜回扣20分				
				未判断滴管不滴油扣20分				
				未判断鉴别孔冒油扣20分				
3		危害：填料泄漏量增大、加剧填料及柱塞杆磨损	35	未判断填料泄漏量增大扣15分				
				未判断填料及柱塞磨损扣20分				

续表

序号	考核内容	考核要点	配分	评分标准	检测结果	扣分	得分	备注
4	安全及其他	按国家法规或企业规定		违规一次总分扣5分;严重违规停止操作			—	
		在规定时间内完成操作		每超时1min总分扣5分,超时3min停止操作			—	
		合　计	100					

试题15:如何判断二次压缩机漏气着火及处理(现场模拟)

(考核时间:30min)

序号	考核内容	考核要点	配分	评分标准	检测结果	扣分	得分	备注
1	准备工作	穿戴劳保用品	5	未穿戴整齐扣5分				
2	操作程序	判断:由检测器报警,现场检查,由压力判断	15	漏一项扣5分				
3		联系:与消防队等有关单位联系	10	未与消防队等有关单位联系扣10分				
4		处理: 全线紧急停车,切断并放空,压缩机进口阀关闭后、由反应器紧急放空阀放空压缩机,将填料泄漏管线放空(可从造粒岗位放空),并进行二次切断	55	未关压缩机入口阀扣15分				
				未将压缩机放空扣15分				
				未将填料管线放空或放空方法不对扣15分 未进行二次切断扣10分				
5		灭火:配合消防队灭火	10	未有此项扣10分				
6		汇报:向上级汇报情况	5	未有此项扣5分				
7	安全及其他	按国家法规或企业规定		违规一次总分扣5分;严重违规停止操作			—	
		在规定时间内完成操作		每超时1min总分扣5分,超时3min停止操作			—	
		合　计	100					

试题16:振动筛分机不下料的处理(现场模拟)

(考核时间:15min)

序号	考核内容	考核要点	配分	评分标准	检测结果	扣分	得分	备注
1	准备工作	穿戴劳保用品	3	未穿戴整齐扣3分				
		工具、用具准备	2	工具选择不正确扣2分				
2	操作程序	确认系统运转,熟悉生产情况	10	未掌握生产情况扣10分				
3		认真巡检,及时发现振动筛分机不下料	20	巡检不认真或未按时巡检扣10分				
				未及时发现振动筛分机不下料扣10分				
4		与有关人员联系,通知反应降低产量	10	未及时进行联系扣10分				
5		切三通阀,将料粒排向粉尘过滤筛,进行现场扒料	10	现场扒料不及时,造成跑水扣10分				

续表

序号	考核内容	考核要点	配分	评分标准	检测结果	扣分	得分	备注
6		清理干净振动筛分机上的堆料及筛眼	10	未能及时清理干净堆料扣10分				
7		及时恢复振动筛分机的正常运转,查找堆料原因,及时处理	20	未及时恢复振动筛分机运转扣10分				
				未查找原因扣10分				
8		反复确认正常后,通知反应恢复产量	10	未进行确认扣10分				
9	使用工具	正确使用工具	2	工具使用不正确扣2分				
		正确维护工具	3	工具乱摆乱放扣3分				
10	安全及其他	按国家法规或企业规定		违规一次总分扣5分;严重违规停止操作			—	
		在规定时间内完成操作		每超时1min总分扣5分,超时3min停止操作			—	
合计			100					

试题17:引发剂注入不良的处理(现场模拟)

(考核时间:15min)

序号	考核内容	考核要点	配分	评分标准	检测结果	扣分	得分	备注
1	准备工作	穿戴劳保用品	3	未穿戴整齐扣3分				
		工具、用具准备	2	工具选择不正确扣2分				
2	操作程序	确认反应在运转中,检查了解系统运转状态	10	未确认反应状态扣10分				
3		反应温度出现较大幅度波动,确认对应的泵位号	20	未及时发现温度波动扣10分				
				未确认泵位号扣10分				
4		现场检查泵的运转情况,发现出口压力偏高	20	未及时到现场检查扣10分				
				未发现问题扣10分				
5		确认出口管线不畅,接蒸汽吹扫单向阀	10	未采取必要的处理措施扣10分				
6		如处理无效,压力继续升高,造成爆破板动作,可使反应暂时脱离条件运转	10	反应脱离条件运转,未及时通知有关岗位扣10分				
7		如反应温度丧失,要及时地平稳停车	10	操作不平稳扣10分				
8		及时向上级汇报,联系配合检修进行导通	10	未及时向有关部门汇报,联系处理扣10分				
9	使用工具	正确使用工具	2	工具使用不正确扣2分				
		正确维护工具	3	工具乱摆乱放扣3分				
10	安全及其他	按国家法规或企业规定		违规一次总分扣5分;严重违规停止操作			—	
		在规定时间内完成操作		每超时1min总分扣5分,超时3min停止操作			—	
合计			100					

试题18:画出一次压缩机内部油系统流程图

(考核时间:15min)

序号	考核内容	考核要点	配分	评分标准	检测结果	扣分	得分	备注
1	准备工作	穿戴劳保用品	5	未穿戴整齐扣5分				
2	操作程序	画油箱、油泵、油路管线及油路上阀门	40	未画油箱扣10分				
				未画对油泵扣10分				
				未画对油路管线扣10分				
				未画对油路上阀门一处扣5分				
3		油箱及油路伴管加热	20	未画油箱加热扣10分				
				未画加热伴管扣10分				
4		画各注油点	35	少画一个注油点扣7分				
				错画一个注油点扣7分				
5	安全及其他	按国家法规或企业规定		违规一次总分扣5分;严重违规停止操作			—	
		在规定时间内完成操作		每超时1min总分扣5分,超时3min停止操作			—	
合计			100					

溶液法模块

试题1:粉末输送风机的切换步骤

(考核时间:30min)

序号	考核内容	考核要点	配分	评分标准	检测结果	扣分	得分	备注
1	准备工作	穿戴劳保用品	3	未穿戴整齐扣3分				
		工具、用具准备	2	工具选择不正确扣2分				
2	操作程序	检查B台风机轴承箱和补油箱的油位和油质	5	未操作扣5分				
3		检查B台的皮带是否松或断裂	5	未操作扣5分				
4		将CW通入	5	未操作扣5分				
5		将冲洗氮气通入	5	未操作扣5分				
6		在主控室选择风机	10	未操作扣10分				
7		解除干燥机的联锁	5	未操作扣5分				
8		停粉末旋转阀,吹扫出口管线2~3min	5	未操作扣5分				
9		停A台运转	10	未操作扣10分				
10		关A台山入口阀,同时打通B台出入口流程;压力控制阀打手动,调节压力为500mmH_2O	10	未打通流程扣5分				
				未调节压力扣5分				
11		B台点动盘车2~3次	5	未操作扣5分				
12		启动B台运动,并将压力控制阀调到200mmH_2O,投自动	10	未操作扣10分				
13		启动旋转阀运转,投干燥机联锁	5	未操作扣5分				
14		检查B台电流、声音、出口压力、振动等情况	10	未操作扣10分				

续表

序号	考核内容	考核要点	配分	评分标准	检测结果	扣分	得分	备注
15	使用工具	正确使用工具	2	工具使用不正确扣2分				
		正确维护工具	3	工具乱摆乱放扣3分				
16	安全及其他	按国家法规或企业规定		违规一次总分扣5分;严重违规停止操作			—	
		在规定时间内完成操作		每超时1min总分扣5分,超时3min停止操作			—	
		合　计	100					

试题2:挤压机开车前的准备

（考核时间:30min）

序号	考核内容	考核要点	配分	评分标准	检测结果	扣分	得分	备注
1	准备工作	穿戴劳保用品	3	未穿戴整齐扣3分				
		工具、用具准备	2	工具选择不正确扣2分				
2	操作程序	把冷却水送入进料段和减速箱润滑油冷却器	10	未送入进料段扣5分				
				未送入油冷器扣5分				
3		二、三段筒体蒸汽加热	10	二段筒体未加热扣5分				
				三段筒体未加热扣5分				
4		开混炼机润滑油泵,把油供给减速齿轮装置	10	油泵启动顺序错误扣10分				
5		调节到混炼机各个部件的氮气流量	10	未通入氮气一处扣2分				
6		检查夹紧装置是否好用	5	未检查扣5分				
7		投用模板加热蒸汽	10	未操作扣10分				
8		检查切粒机刀轴进退自如	5	未检查扣5分				
9		检查切粒机皮带	10	未检查扣10分				
10		检查颗粒水温度及水位	10	未检查温度扣5分				
				未检查水位扣5分				
11		将颗粒水用的三通阀打到旁通位置	10	未操作扣10分				
12	使用工具	正确使用工具	2	工具使用不正确扣2分				
		正确维护工具	3	工具乱摆乱放扣3分				
13	安全及其他	按国家法规或企业规定		违规一次总分扣5分;严重违规停止操作			—	
		在规定时间内完成操作		每超时1min总分扣5分,超时3min停止操作			—	
		合　计	100					

试题3:挤压机开车操作

（考核时间:30min）

序号	考核内容	考核要点	配分	评分标准	检测结果	扣分	得分	备注
1	准备工作	穿戴劳保用品	3	未穿戴整齐扣3分				
		工具、用具准备	2	工具选择不正确扣2分				

续表

序号	考核内容	考核要点	配分	评分标准	检测结果	扣分	得分	备注
2	操作程序	启动粉末秤进料	5	未操作扣5分				
3		调整间隙使物料熔融较好	5	未操作扣5分				
4		物料合格后将转向器打向挤压机	5	未操作扣5分				
5		下料槽物料达到2/3,启动挤压机	5	未操作扣5分				
6		挤压机筒体清洗合格后,合机头并夹紧	10	未清洗筒体扣5分				
				未夹紧处漏料扣5分				
7		清洗模板,合格后停挤压机	5	未操作扣5分				
8		清洗模板上的物料,模板、切刀涂硅油	5	未操作扣5分				
9		关闭切粒室视窗	5	未操作扣5分				
10		启动切粒机,进刀,刀速在500~600r/min	10	操作顺序错误扣5分				
				刀速控制不好扣5分				
11		启动挤压机	5	未操作扣5分				
12		聚合物刚进入切粒室,将颗粒冷却水切至切粒室	10	未掌握好时间扣10分				
13		调整刀速达到规定颗粒长度	5	颗粒不合格扣5分				
14		挤压机、混炼机水汽切换	10	一处未切换扣2分				
15		颗粒合格后通知均化转仓	5	未操作扣5分				
16	使用工具	正确使用工具	2	工具使用不正确扣2分				
		正确维护工具	3	工具乱摆乱放扣3分				
17	安全及其他	按国家法规或企业规定		违规一次总分扣5分;严重违规停止操作			—	
		在规定时间内完成操作		每超时1min总分扣5分,超时3min停止操作			—	
		合　　计	100					

试题4:挤压机日常检查

(考核时间:15min)

序号	考核内容	考核要点	配分	评分标准	检测结果	扣分	得分	备注
1	操作程序	检查减速器温度、声音、振动等	10	未查扣10分				
2		检查减速器润滑油系统油位、油温、油压、各润滑点流量等	10	未查扣10分				
3		检查电机润滑油系统油压、油温等	10	未查扣10分				
4		检查氮气系统	10	未查扣10分				
5		检查切粒机电流、转速等	15	未查扣15分				
6		检查筒体温度、螺杆温度等	10	未查扣10分				
7		检查挤压机主电机电流、转速、轴承温度等	15	未查扣15分				
8		检查防爆膜前后压力	10	未查扣10分				
9		检查机组是否有漏料、漏水、漏气情况	10	未查扣10分				
10	安全及其他	按国家法规或企业规定		违规一次总分扣5分;严重违规停止操作			—	
		在规定时间内完成操作		每超时1min总分扣5分,超时3min停止操作			—	
		合　　计	100					

试题5:造粒机更换筛网的操作

(考核时间:30min)

序号	考核内容	考核要点	配分	评分标准	检测结果	扣分	得分	备注
1	准备工作	穿戴劳保用品	3	未穿戴整齐扣3分				
		工具、用具准备	2	工具选择不正确扣2分				
2	操作程序	打开夹紧装置	10	未操作扣10分				
3		清理好拆下的软管,用手动液压缸把机头打开	10	未操作扣10分				
4		摇动手轮使机头沿轨道平推到可拆卸筛网为止	10	未操作扣10分				
5		人工除去机头内塑化物,用专用工具拆除筛网	10	未操作扣10分				
6		清理筛架及定位螺栓上的塑化物	10	未操作扣10分				
7		将新筛网放置在筛承板上,用固定螺栓固定好	10	未操作扣10分				
8		彻底清理机头与筒体的接触面,并将机头推到原位,并采用液压装置夹紧	10	未操作扣10分				
9		接好造粒室上、下颗粒水管线的接头	10	未操作扣10分				
10		调整造粒机皮带的松紧,检查系统是否按原位复位	10	未操作扣10分				
11	使用工具	正确使用工具	2	工具使用不正确扣2分				
		正确维护工具	3	工具乱摆乱放扣3分				
12	安全及其他	按国家法规或企业规定		违规一次总分扣5分;严重违规停止操作			—	
		在规定时间内完成操作		每超时1min总分扣5分,超时3min停止操作			—	
		合　计	100					

试题6:磨刀操作

(考核时间:30min)

序号	考核内容	考核要点	配分	评分标准	检测结果	扣分	得分	备注
1	准备工作	穿戴劳保用品	3	未穿戴整齐扣3分				
		工具、用具准备	2	工具选择不正确扣2分				
2	操作程序	用筛尺筛刀,调整切刀与模板至最佳位置	10	未筛刀扣10分				
3		进料,启动挤压机,模板拉料	10	未操作扣10分				
4		模孔充满物料后停挤压机,刮模板,切刀与模板涂硅油	10	模孔未充满物料扣5分				
				未涂硅油扣5分				
5		关闭切粒室视窗	5	未操作扣5分				
6		启动切粒机,进刀	10	未操作扣10分				
7		切粒室通颗粒冷却水	10	未操作扣10分				

续表

序号	考核内容	考核要点	配分	评分标准	检测结果	扣分	得分	备注
8		将切粒机转速提至1000 r/min，手动调整刀轴进刀量，切粒机电流升至100A左右	10	未操作扣10分				
9		切粒机电流降至70A时后退刀轴，停切粒机	10	未操作扣10分				
10		切粒室放水，打开视窗	5	未操作扣5分				
11		检查切刀平整度，如不合格重新磨	10	未操作扣10分				
12	使用工具	正确使用工具	2	工具使用不正确扣2分				
		正确维护工具	3	工具乱摆乱放扣3分				
13	安全及其他	按国家法规或企业规定		违规一次总分扣5分；严重违规停止操作			—	
		在规定时间内完成操作		每超时1min总分扣5分，超时3min停止操作			—	
合　计			100					

试题7：造粒机模孔堵塞的原因及处理

（考核时间：15min）

序号	考核内容	考核要点	配分	评分标准	检测结果	扣分	得分	备注
1	原因分析	启动挤压机时，过早供给颗粒冷却水	15	未分析扣15分				
2		树脂压力过分下降（筛网后压力），这是由于挤压机的波动引起的	15	未分析扣15分				
3		由于控制不当，颗粒冷却水温度下降	15	未分析扣15分				
4	处理措施	调整挤压机转速，防止螺杆吃空刮壁	15	未操作扣15分				
5		挤压机停车，从模板处拉料	15	未操作扣15分				
6		检查颗粒水系统温度	10	未查扣10分				
7		挤压机重新开车	15	未操作扣15分				
8	安全及其他	按国家法规或企业规定		违规一次总分扣5分；严重违规停止操作			—	
		在规定时间内完成操作		每超时1min总分扣5分，超时3min停止操作			—	
合　计			100					

试题8:造粒机正常停车操作

(考核时间:30min)

序号	考核内容	考核要点	配分	评分标准	检测结果	扣分	得分	备注
1	准备工作	穿戴劳保用品	3	未穿戴整齐扣3分				
		工具、用具准备	2	工具选择不正确扣2分				
2	操作程序	停止粉末秤进料	10	未操作扣10分				
3		关闭转向器,将从混炼机来的熔融聚合物排到挤压机外	5	未操作扣5分				
4		当挤压机进料段无残余聚合物时停电机	10	未操作扣10分				
5		当无聚合物从模板挤出时,将切粒机轴向后移动	10	未操作扣10分				
6		停止切粒机电机运转	5	未操作扣5分				
7		颗粒水三通阀转至旁通	10	未操作扣10分				
8		关闭切粒机轴用水阀,从水箱排出残余的颗粒水	10	未操作扣10分				
9		加热混炼机筒体和螺杆	10	一处未加热扣2分				
10		加热挤压机筒体	10	一处未加热扣2分				
11		加热颗粒冷却水	10	未操作扣10分				
12	使用工具	正确使用工具	2	工具使用不正确扣2分				
		正确维护工具	3	工具乱摆乱放扣3分				
13	安全及其他	按国家法规或企业规定		违规一次总分扣5分;严重违规停止操作			—	
		在规定时间内完成操作		每超时1min总分扣5分,超时3min停止操作			—	
		合　计	100					

试题9:颗粒外观不规则的原因及处理措施

(考核时间:15min)

序号	考核内容	考核要点	配分	评分标准	检测结果	扣分	得分	备注
1	原因分析	模孔堵塞	15	未分析扣15分				
2		生产量波动	15	未分析扣15分				
3		切刀转速不适当	15	未分析扣15分				
4	处理措施	检查模板加热蒸汽,保证加热效果	10	未答扣10分				
5		调整刀速	15	未答扣15分				
6		调整切刀与模板的间隙	15	未答扣15分				
7		停车清除模孔堵塞物	15	未答扣15分				
8	安全及其他	按国家法规或企业规定		违规一次总分扣5分;严重违规停止操作			—	
		在规定时间内完成操作		每超时1min总分扣5分,超时3min停止操作			—	
		合　计	100					

试题10:氮气系统投用

(考核时间:20min)

序号	考核内容	考核要点	配分	评分标准	检测结果	扣分	得分	备注
1	准备工作	穿戴劳保用品	3	未穿戴整齐扣3分				
		工具、用具准备	2	工具选择不正确扣2分				
2	操作程序	确认外网氮气具备引入条件	10	未确认扣10分				
3		投用氮气过滤器,化验分析氮气浓度	10	未投用氮气过滤器扣10分				
4		确认装置内进容器控制阀、手阀均已关闭	10	未确认关闭装置内各手阀扣10分				
5		打通氮气进装置流程	10	流程改动不正确扣10分				
6		在中压氮气管网盲端置换氮气	10	未置换氮气管网扣5分				
				未化验分析氮气扣5分				
7		投用并设定低压氮气压力控制	20	投用未设定或设定不正确扣20分				
8		在低压氮气管网盲端置换氮气	10	未置换氮气扣5分				
				未化验分析氮气扣5分				
9		确认关闭所有排放甩头	10	排放甩头未关闭扣10分				
10	使用工具	正确使用工具	2	工具使用不正确扣2分				
		正确维护工具	3	工具乱摆乱放扣3分				
11	安全及其他	按国家法规或企业规定		违规一次总分扣5分;严重违规停止操作			—	
		在规定时间内完成操作		每超时1min总分扣5分,超时3min停止操作			—	
合计			100					

试题11:高密度聚乙烯装置污水泵启动操作

(考核时间:10min)

序号	考核内容	考核要点	配分	评分标准	检测结果	扣分	得分	备注
1	准备工作	穿戴劳保用品	3	未穿戴整齐扣3分				
		工具、用具准备	2	工具选择不正确扣2分				
2	操作程序	泵体电机是否完好、地脚螺栓是否紧固	10	未检查泵体电机扣5分				
				未检查地脚螺栓扣5分				
3		油脂、油位是否符合加入规范	10	未检查油脂情况扣5分				
				未检查油位情况扣5分				
4		检查联轴节连接和盘车情况	10	未检查联轴节扣5分				
				未盘车扣5分				
5		现场流程改动	10	流程改动错误扣10分				
6		灌泵、排气情况	10	未灌泵、排气扣10分				
7		检查电机运转方向	10	未检查电机运转方向扣10分				
8		检查启动泵前出口阀门状态	10	出口阀门未关扣10分				
9		启动后调节压力、流量	10	压力、流量调节错误扣10分				
10		检查泵启动后情况	10	未检查泵启动后压力、温度、电流、振动情况扣10分				
11	使用工具	正确使用工具	2	工具使用不正确扣2分				
		正确维护工具	3	工具乱摆乱放扣3分				

续表

序号	考核内容	考核要点	配分	评分标准	检测结果	扣分	得分	备注
12	安全及其他	按国家法规或企业规定		违规一次总分扣5分;严重违规停止操作			—	
		在规定时间内完成操作		每超时1min总分扣5分,超时3min停止操作			—	
	合　计		100					

试题12:己烷输送泵启动操作

(考核时间:10min)

序号	考核内容	考核要点	配分	评分标准	检测结果	扣分	得分	备注
1	准备工作	穿戴劳保用品	3	未穿戴整齐扣3分				
		工具、用具准备	2	工具选择不正确扣2分				
2	操作程序	泵体电机是否完好、地脚螺栓是否紧固	5	未检查泵体电机扣2分				
				未检查地脚螺栓扣3分				
3		油脂、油位是否符合加入规范	10	未检查油脂情况扣5分				
				未检查油位情况扣5分				
4		检查联轴节连接和盘车情况	10	未检查联轴节扣5分				
				未盘车扣5分				
5		检查泵冷却系统是否完好投用	10	冷却系统未投用扣10分				
6		确认出入口流程改动	10	流程改动错误扣10分				
7		灌泵、排气情况	10	未灌泵、排气扣10分				
8		检查电机运转方向	5	未检查电机运转方向扣5分				
9		检查启动泵前出口阀门状态	10	出口阀门未关扣10分				
10		启动后调节压力、流量	10	压力、流量调节错误扣10分				
11		检查泵启动后运转情况	10	未检查泵启动后压力、温度、电流、振动情况扣10分				
12	使用工具	正确使用工具	2	工具使用不正确扣2分				
		正确维护工具	3	工具乱摆乱放扣3分				
	安全及其他	按国家法规或企业规定		违规一次总分扣5分;严重违规停止操作			—	
		在规定时间内完成操作		每超时1min总分扣5分,超时3min停止操作			—	
	合　计		100					

否定项说明:若出现泵抽空等情况,该题为零分。

试题13:己烷精馏塔采出流程确认

(考核时间:10min)

序号	考核内容	考核要点	配分	评分标准	检测结果	扣分	得分	备注
1	准备工作	穿戴劳保用品	3	未穿戴整齐扣3分				
		工具、用具准备	2	工具选择不正确扣2分				

续表

序号	考核内容	考核要点	配分	评分标准	检测结果	扣分	得分	备注
2	操作程序	检查确认己烷精馏塔与塔顶冷却器之间流程	20	己烷精馏塔与塔顶冷却器之间流程错误扣20分				
3		检查确认己烷精馏塔塔顶冷却器与己烷接收罐之间流程	10	己烷精馏塔塔顶冷却器与己烷接收罐之间流程错误扣10分				
4		检查确认己烷精馏塔与塔底冷却器之间流程	20	己烷精馏塔与塔底冷却器之间流程之间流程错误扣20分				
5		检查确认己烷精馏塔塔底冷却器与粗己烷储罐之间流程	20	己烷精馏塔塔底冷却器与粗己烷储罐之间流程错误扣20分				
6		检查确认己烷精馏塔塔底冷却器与粗己烷储罐之间流程	20	己烷精馏塔塔底冷却器与粗己烷储罐之间流程错误扣20分				
7	使用工具	正确使用工具	2	工具使用不正确扣2分				
		正确维护工具	3	工具乱摆乱放扣3分				
8	安全及其他	按国家法规或企业规定		违规一次总分扣5分;严重违规停止操作			—	
		在规定时间内完成操作		每超时1min总分扣5分,超时3min停止操作			—	
		合　计	100					

试题14:己烷精馏塔塔底采出泵切换操作

(考核时间:10min)

序号	考核内容	考核要点	配分	评分标准	检测结果	扣分	得分	备注
1	准备工作	穿戴劳保用品	3	未穿戴整齐扣3分				
		工具、用具准备	2	工具选择不正确扣2分				
2	操作程序	泵体电机是否完好、地脚螺栓是否紧固	5	未检查泵体电机扣2分				
				未检查地脚螺栓扣3分				
3		油脂、油位是否符合加入规范	10	未检查油脂情况扣5分				
				未检查油位情况扣5分				
4		检查联轴节连接和盘车情况	10	未检查联轴节扣5分				
				未盘车扣5分				
5		检查泵冷却、密封冲洗系统是否完好投用	5	冷却系统未投用扣5分				
				密封冲洗未投用扣5分				
6		确认出入口流程	10	流程改动错误扣10分				
7		灌泵、排气情况	5	未灌泵、排气扣5分				
8		检查电机运转方向	5	未检查电机运转方向扣5分				
9		检查启动泵前出口阀门状态	10	出口阀门未关扣10分				
10		启动后调节压力、流量	10	压力、流量调节错误扣10分				
11		检查泵启动后运转情况	10	未检查泵启动后压力、温度、电流、振动情况扣10分				
12		备用台停运方法	10	出口阀不关就停运设备扣5分				
				设备停运,冲洗、冷却水不停扣5分				

续表

序号	考核内容	考核要点	配分	评分标准	检测结果	扣分	得分	备注
13	使用工具	正确使用工具	2	工具使用不正确扣2分				
		正确维护工具	3	工具乱摆乱放扣3分				
14	安全及其他	按国家法规或企业规定		违规一次总分扣5分;严重违规停止操作			—	
		在规定时间内完成操作		每超时1min总分扣5分,超时3min停止操作			—	
	合计		100					

否定项说明:若出现泵抽空、反转等情况,该题为零分。

试题15:气提塔接收罐水层建立操作

(考核时间:10min)

序号	考核内容	考核要点	配分	评分标准	检测结果	扣分	得分	备注
1	准备工作	穿戴劳保用品	3	未穿戴整齐扣3分				
		工具、用具准备	2	工具选择不正确扣2分				
2	操作程序	确认脱盐水已引入装置内	10	未确认脱盐水引入装置扣10分				
3		检查汽提塔接收罐是否具备接收物料条件	15	未气密合格扣5分				
				未置换氮气合格扣5分				
				排放阀门未关扣5分				
4		检查仪表控制系统投用正常	20	未检查仪表控制系统扣20分				
5		确认脱盐水进入塔顶冷却器“N”型付线阀至接收罐之间流程投用正确	20	流程改动错误扣20分				
6		打开脱盐水进料正确	10	进料操作错误扣10分				
7		汽提塔接收罐液位建立后,关闭脱盐水进料及“N”型付线阀正确	15	“N”型付线阀未关扣10分				
				脱盐水进料未关扣5分				
8	使用工具	正确使用工具	2	工具使用不正确扣2分				
		正确维护工具	3	工具乱摆乱放扣3分				
9	安全及其他	按国家法规或企业规定		违规一次总分扣5分;严重违规停止操作			—	
		在规定时间内完成操作		每超时1min总分扣5分,超时3min停止操作			—	
	合计		100					

否定项说明:若出现冒罐等情况,该题为零分。

试题16:己烷干燥器排放己烷操作

(考核时间:10min)

序号	考核内容	考核要点	配分	评分标准	检测结果	扣分	得分	备注
1	准备工作	穿戴劳保用品	3	未穿戴整齐扣3分				
		工具、用具准备	2	工具选择不正确扣2分				

续表

序号	考核内容	考核要点	配分	评分标准	检测结果	扣分	得分	备注
2	操作程序	确认已烷干燥器已与系统隔离	20	已烷干燥器未与系统隔离扣20分				
3		确认氮气已引到已烷干燥器前	10	未气密合格扣10分				
4		确认已烷干燥器排放流程正确	20	排放流程不正确扣20分				
5		氮气投用正确	10	氮气投用错误扣10分				
6		确认已烷排放干净	20	未在压料视镜观察已烷排放扣20分				
7		确认排放阀门、氮气阀门关闭	10	阀门未关闭扣10分				
8	使用工具	正确使用工具	2	工具使用不正确扣2分				
		正确维护工具	3	工具乱摆乱放扣3分				
9	安全及其他	按国家法规或企业规定		违规一次总分扣5分；严重违规停止操作			—	
		在规定时间内完成操作		每超时1min总分扣5分，超时3min停止操作			—	
		合　计	100					

试题17：低聚物物料输送不畅的处理

（考核时间：10min）

序号	考核内容	考核要点	配分	评分标准	检测结果	扣分	得分	备注
1	准备工作	穿戴劳保用品	3	未穿戴整齐扣3分				
		工具、用具准备	2	工具选择不正确扣2分				
2	操作程序	确认物料管线是否畅通	10	未检查管线畅通扣10分				
3		确认物料伴热是否正常	20	未检查伴热情况扣20分				
4		确认齿轮泵转速	20	未检查齿轮泵转速扣20分				
5		确认流程畅通与否	10	未检查流程扣10分				
6		确认齿轮泵运转状态	20	未确认设备运转情况扣10分				
7		确认出口仪表控制阀门状态	10	未确认控制阀状态扣10分				
8	使用工具	正确使用工具	2	工具使用不正确扣2分				
		正确维护工具	3	工具乱摆乱放扣3分				
9	安全及其他	按国家法规或企业规定		违规一次总分扣5分；严重违规停止操作			—	
		在规定时间内完成操作		每超时1min总分扣5分，超时3min停止操作			—	
		合　计	100					

试题18：离心机停车操作

（考核时间：15min）

序号	考核内容	考核要点	配分	评分标准	检测结果	扣分	得分	备注
1	准备工作	穿戴劳保用品	3	未穿戴整齐扣3分				
		工具、用具准备	2	工具选择不正确扣2分				

续表

序号	考核内容	考核要点	配分	评分标准	检测结果	扣分	得分	备注
2	考核内容	检查离心机停止进料	20	未检查离心机停止进料扣20分				
3		冲洗离心机入口管线5min，关闭进料手阀	20	未冲洗进料管线扣10分 未关闭进料阀扣10分				
4		将离心机主机停止运转	10	未将离心机主机停止运转扣10分				
5		待离心机转鼓彻底停运后，停润滑油泵	20	未等转鼓彻底停运后停油泵扣20分				
6		检查是否关闭密封冲洗己烷、氮气	20	未关闭己烷、氮气各扣10分				
7	使用工具	正确使用工具	2	工具使用不正确扣2分				
		正确维护工具	3	工具乱摆乱放扣3分				
8	安全及其他	按国家法规或企业规定		违规一次总分扣5分；严重违规停止操作			—	
		在规定时间内完成操作		每超时1min总分扣5分，超时3min停止操作			—	
合计			100					

试题19：干燥循环气风机的切换步骤

（考核时间：15min）

序号	考核内容	考核要点	配分	评分标准	检测结果	扣分	得分	备注
1	准备工作	穿戴劳保用品	3	未穿戴整齐扣3分				
		工具、用具准备	2	工具选择不正确扣2分				
2	考核内容	检查控制室是否将风量调节阀打手动控制，现场检查备用风机润滑油	20	未将调节阀打手动扣10分 未检查备用风机润滑油扣10分				
3		是否将备用风机排凝	10	未排凝扣10分				
4		是否将备用风机手动盘车	10	未将备用风机手动盘车扣10分				
5		是否全开备用风机出口阀，入口阀微开	10	未全开出口阀扣5分 入口阀未微开扣5分				
6		密封是否投用氮气冲洗	10	未投用氮气扣10分				
7		检查是否缓慢打开入口阀，同时缓慢同步关闭原运转台入口阀	10	未打开入口阀扣5分 未同步关闭原运转台入口阀扣5分				
8		停止原风机运转	10	未停止原风机运转扣10分				
9		是否关闭原运转台出口阀，控制室将风量调节阀改回自动	10	未关闭原运转台出口阀扣5分 控制室未将风量调节阀改回自动扣5分				
10	使用工具	正确使用工具	2	工具使用不正确扣2分				
		正确维护工具	3	工具乱摆乱放扣3分				
11	安全及其他	按国家法规或企业规定		违规一次总分扣5分；严重违规停止操作			—	
		在规定时间内完成操作		每超时1min总分扣5分，超时3min停止操作			—	
合计			100					

试题20：干燥机的润滑点

（考核时间：15min）

序号	考核内容	考核要点	配分	评分标准	检测结果	扣分	得分	备注
1	准备工作	穿戴劳保用品	3	未穿戴整齐扣3分				
		工具、用具准备	2	工具选择不正确扣2分				
2	考核内容	检查是否找到确认拖轮4个	40	未说明拖轮扣20分				
				未找齐4个扣20分				
3		检查是否说明并找到链条	20	未说明扣10分				
				未现场找到扣10分				
4		检查是否说明并找到齿轮	30	未说明扣15分				
				未现场找到扣15分				
5	使用工具	正确使用工具	2	工具使用不正确扣2分				
		正确维护工具	3	工具乱摆乱放扣3分				
6	安全及其他	按国家法规或企业规定		违规一次总分扣5分；严重违规停止操作			—	
		在规定时间内完成操作		每超时1min总分扣5分，超时3min停止操作			—	
合　计			100					

试题21：粉末输送系统压力高的原因

（考核时间：15min）

序号	考核内容	考核要点	配分	评分标准	检测结果	扣分	得分	备注
1	准备工作	穿戴劳保用品	3	未穿戴整齐扣3分				
		工具、用具准备	2	工具选择不正确扣2分				
2	考核内容	是否确认干燥机堆料	20	未检查扣20分				
3		是否检查确认袋式过滤器压差	20	未确认扣20分				
4		是否检查确认干燥机干燥效果	20	未检查确认扣20分				
5		是否检查确认干燥系统压力	15	未检查扣15分				
6		是否检查确认粉末输送风机入口压力控制阀状态	15	未检查扣15分				
7	使用工具	正确使用工具	2	工具使用不正确扣2分				
		正确维护工具	3	工具乱摆乱放扣3分				
8	安全及其他	按国家法规或企业规定	20	违规一次总分扣5分；严重违规停止操作			—	
		在规定时间内完成操作		每超时1min总分扣5分，超时3min停止操作			—	
合　计			100					

试题22:干燥机加热蒸汽列管漏水的后果

(考核时间:15min)

序号	考核内容	考核要点	配分	评分标准	检测结果	扣分	得分	备注
1	准备工作	穿戴劳保用品	3	未穿戴整齐扣3分				
		工具、用具准备	2	工具选择不正确扣2分				
2	考核内容	是否说明会导致离心机扭矩波动	20	未说明扣20分				
3		检查是否说明聚合反应波动,催化剂耗量大	20	未说明反应波动扣10分				
				未说明催化剂耗量大扣10分				
4		检查是否说明干燥机出料中有片状料	20	未说明扣20分				
5		检查是否说明干燥系统设备及管线腐蚀	20	未说明扣20分				
6		检查是否说明干燥系统换热器堵塞	10	未说明扣10分				
7	使用工具	正确使用工具	2	工具使用不正确扣2分				
		正确维护工具	3	工具乱摆乱放扣3分				
8	安全及其他	按国家法规或企业规定		违规一次总分扣5分;严重违规停止操作			—	
		在规定时间内完成操作		每超时1min总分扣5分,超时3min停止操作			—	
合计			100					

气相法模块

试题1:己烷精馏塔的开车准备

(考核时间:15min)

序号	考核内容	考核要点	配分	评分标准	检测结果	扣分	得分	备注
1	准备工作	穿戴劳保用品	5	未穿戴整齐扣5分				
		工具、用具准备	5	工具选择不正确扣5分				
2	操作程序	用合格氮气吹扫清理设备、管线,吹扫时不得经过调节阀及仪表	10	漏述一台设备扣5分				
				漏述阀门、死角要拆卸清理扣5分				
3		用0.2MPa的氮气对系统进行试漏、消漏,直至合格	10	操作错误每项扣5分,漏述一台设备扣5分				
4		用精氮置换系统,要求水、氧均 $<2\times10^{-6}$	10	漏述出质量和压力要求各扣5分				
5		关闭各静止设备的进、出口阀;打开塔至回流罐的阀门;利用压力控制对系统进行隔离、氮封	10	阀门位置每说错一个扣5分				
				压力控制方法说错扣5分				
6		检查控制阀门均处于关闭位置。塔的进料、抽出、回流、重组分排出均处于手动位置	10	不确认扣5分				
				阀门位置每说错一个扣5分				
7		检查各传动设备运转及润滑情况良好	10	漏述一台设备扣5分				

续表

序号	考核内容	考核要点	配分	评分标准	检测结果	扣分	得分	备注
8		检查S、CD、UD、SD管网,打开有关的阀门	10	漏述一个管网扣5分				
9		消防器材,防护用品充足备用	10	漏述一类设备器材扣5分				
10	使用工具	正确使用工具	5	工具使用不正确扣5分				
		正确维护工具	5	工具乱摆乱放扣5分				
合计			100					

试题2:乙烯压缩机的开车

(考核时间:15min)

序号	考核内容	考核要点	配分	评分标准	检测结果	扣分	得分	备注
1	准备工作	穿戴劳保用品	5	未穿戴整齐扣5分				
		工具、用具准备	5	工具选择不正确扣5分				
2	操作程序	对压缩机盘车	10	没有按要求盘车扣10分				
3		检查曲轴箱润滑油位在视镜的1/2~3/4处	10	没有检查扣5分				
				检查不对扣5分				
4		确认所有手动阀及仪表调节阀的位置是否正确	10	开阀过大扣5分				
				开错阀扣10分				
5		启动润滑油加热器,启动辅助润滑油泵	15	不确认一项扣5分				
				开错阀扣10分				
6		确认乙二醇、水系统温度大于35℃,润滑油温度大于10℃。启动主电机,对压缩机的运行情况进行确认。确认润滑油压差上升到0.35MPa	15	开错阀扣10分				
				不确认一项扣5分				
		逐渐增压的同时调整好出口压力,使乙烯净化系统循环,直到预聚合、聚合岗位需要乙烯时为止	10	不确认一项扣5分,操作错误扣10分				
		确认乙二醇、水系统温度大于35℃,润滑油温度大于10℃	10	温度调整不对扣10分				
7	使用工具	正确使用工具	5	工具使用不正确扣5分				
		正确维护工具	5	工具乱摆乱放扣5分				
合计			100					

试题3:精制床再生操作

（考核时间:15min）

序号	考核内容	考核要点	配分	评分标准	检测结果	扣分	得分	备注
1	准备工作	穿戴劳保用品	5	未穿戴整齐扣5分				
		工具、用具准备	5	工具选择不正确扣5分				
2	操作程序	将需再生床切出系统，排火炬通氮置换	10	开错一个阀门扣5分				
3		核实需再生床出入口双截止阀是关的，排气阀是开的	10	不确认一项扣5分				
4		调排大气和再生氮气管线上的盲板到通的位置	10	开错一个阀门扣5分				
5		建立供氮同路，用蒸汽对氮气加热，以开路方式对分子筛床进行再生	10	参数调节错误一项扣5分				
6		将氮气流量调至1500m³/h，开电加热回路，将氮气温度调至250℃，使床温在进行加热的15h内达到210℃，温度达到160℃时，就进行解吸。然后将温度升到210℃，使床温保持该温度10h	15	不确认一项扣5分，操作错误扣10分				
7		停蒸汽加热和电加热	10	确认不到一项扣5分				
				阀位错误一个扣5分				
8		关闭再生氮气阀和放空阀，将盲板调到堵的位置，使床自然冷却到常温	15	确认不到一项扣5分，操作错误扣10分				
9	使用工具	正确使用工具	5	工具使用不正确扣5分				
		正确维护工具	5	工具乱摆乱放扣5分				
		合　计	100					

试题4:催化剂水解器的正常操作

（考核时间:15min）

序号	考核内容	考核要点	配分	评分标准	检测结果	扣分	得分	备注
1	准备工作	穿戴劳保用品	5	未穿戴整齐扣5分				
		工具、用具准备	5	工具选择不正确扣5分				
2	操作程序	启动搅拌将催化剂——正己烷残液排入水解器中	10	操作错误扣10分				
				排入过量扣10分				
3		向水解器中加入一定量的水	30	操作错误扣10分				
				加水不够扣20分				
4		向水解器中加入一定量的碱	30	加碱不够扣20分				
				操作错误扣10分				
5		水解、中和完毕将残液排至化污池	10	操作错误扣10分				
				超标排放扣20分				

续表

序号	考核内容	考核要点	配分	评分标准	检测结果	扣分	得分	备注
6	使用工具	正确使用工具	5	工具使用不正确扣5分				
		正确维护工具	5	工具乱摆乱放扣5分				
		合　计	100					

试题5:乙烯净化系统的开车

（考核时间:15min）

序号	考核内容	考核要点	配分	评分标准	检测结果	扣分	得分	备注
1	准备工作	穿戴劳保用品	5	未穿戴整齐扣5分				
		工具、用具准备	5	工具选择不正确扣5分				
2	操作程序	确认系统工艺具备开车条件,公用工程、机电仪、分析仪均正常	10	开错一个阀门扣5分 不确认一项扣5分				
3		隔离系统进行试压试漏、置换系统	10	不确认一项扣5分				
4		对脱氧床进行还原,干燥床进行再生,压缩机系统进行置换	15	不确认一项扣5分 开错一个阀门扣5分				
5		建立加热器蒸汽回路,按工艺要求进行加热升温	10	开错一个阀门扣5分 不确认一项扣5分				
6		打开乙烯界区阀将加氢控制投自动,依次置换各床,建立打通乙烯流程	15	开错一个阀门扣5分 不确认一项扣5分				
7		按乙烯压缩机操作说明启动压缩机,乙烯系统循环	10	不确认一项扣5分 参数调节错误一项扣5分				
8		注意系统温度、压力和各床出口产品质量变化,及时调整工艺各参数,及时还原、氧化、再生各床	10	不确认一项扣5分 参数调节错误一项扣5分				
9	使用工具	正确使用工具	5	工具使用不正确扣5分				
		正确维护工具	5	工具乱摆乱放扣5分				
		合　计	100					

试题6:聚合反应的正常操作

（考核时间:15min）

序号	考核内容	考核要点	配分	评分标准	检测结果	扣分	得分	备注
1	准备工作	穿戴劳保用品	5	未穿戴整齐扣5分				
		工具、用具准备	5	工具选择不正确扣5分				
2	操作程序	反应器温度调节	15	开错一个阀门扣5分 漏缺一项扣5分 调节不对扣5分				
3		反应器压力调节	15	开错一个阀门扣5分 漏缺一项扣5分 调节不对扣5分				

续表

序号	考核内容	考核要点	配分	评分标准	检测结果	扣分	得分	备注
4		预聚物注入量调节	10	漏缺一项扣5分				
				调节不对扣5分				
5		物料加入量的调节	10	漏缺一项扣5分				
				调节不对扣5分				
6		抽出量的调节	10	漏缺一项扣5分				
				调节不对扣5分				
7		底部出料	10	开错一个阀门扣5分				
				漏缺一项扣5分				
				调节不对扣5分				
8		粉料调理输送	10	开错一个阀门扣5分				
9	使用工具	正确使用工具	5	工具使用不正确扣5分				
		正确维护工具	5	工具乱摆乱放扣5分				
		合　计	100					

试题7:粉料采出系统的正常操作

（考核时间:15min）

序号	考核内容	考核要点	配分	评分标准	检测结果	扣分	得分	备注
1	准备工作	穿戴劳保用品	5	未穿戴整齐扣5分				
		工具、用具准备	5	工具选择不正确扣5分				
2	操作内容	确认粉料采出系统流程打通,开车条件具备	10	不确认扣10分				
				确认漏一项扣5分				
3		根据反应状况确定抽出次数,并及时调节	10	操作错误每项扣5分				
4		出口压力上升的处理	10	操作错误每项扣5分				
5		分离器压差上升的判断处理	20	判断错误每项扣5分				
				操作错误每项扣5分				
6		粉料采出系统工艺故障的判断处理	15	操作错误每项扣5分				
				判断错误每项扣5分				
7		粉料采出系统设备故障的判断处理	15	操作错误每项扣5分				
				判断错误每项扣5分				
8	使用工具	正确使用工具	5	工具使用不正确扣5分				
		正确维护工具	5	工具乱摆乱放扣5分				
		合　计	100					

试题8:再生过程完成后的正常投用

（考核时间:15min）

序号	考核内容	考核要点	配分	评分标准	检测结果	扣分	得分	备注
1	准备工作	穿戴劳保用品	5	未穿戴整齐扣5分				
		工具、用具准备	5	工具选择不正确扣5分				

续表

序号	考核内容	考核要点	配分	评分标准	检测结果	扣分	得分	备注
2	操作程序	确认再生过程正确、质量合格	20	不确认扣20分 确认漏一项扣5分				
3		确认具备投用条件	20	不确认扣20分 确认漏一项扣5分				
4		投用再生床	20	操作错误扣20分				
5		投用过程压降太快的处理	20	处理错误每项扣10分				
6	使用工具	正确使用工具	5	工具使用不正确扣5分				
		正确维护工具	5	工具乱摆乱放扣5分				
		合　计	100					

试题9:添加剂的配制操作

（考核时间:15min）

序号	考核内容	考核要点	配分	评分标准	检测结果	扣分	得分	备注
1	准备工作	穿戴劳保用品	5	未穿戴整齐扣5分				
		工具、用具准备	5	工具选择不正确扣5分				
2	操作程序	确认掺混机内已通入保护氮气	10	不确认扣5分 操作错误扣5分				
3		确认掺混机夹套已通入冷却水	10	不确认扣5分 操作错误扣5分				
4		确认掺混机已具备投用条件	10	不确认扣5分 不检查运转情况扣5分				
5		将已冷却的粉料树脂按配方要求量加入到掺混机中	15	不按要求配制扣10分 操作错误扣10分				
6		将所需的添加剂按配方要求量加入到掺混机中	15	不确认扣10分 操作错误扣10分				
7		现场启动掺混机搅拌40min左右后停止掺混,将掺混好的添加剂待用	10	超时或不够时间扣10分				
8		将掺混机下料阀投自动位	10	操作错误扣10分				
9	使用工具	正确使用工具	5	工具使用不正确扣5分				
		正确维护工具	5	工具乱摆乱放扣5分				
		合　计	100					

试题10:造粒系统的停车操作

（考核时间:15min）

序号	考核内容	考核要点	配分	评分标准	检测结果	扣分	得分	备注
1	准备工作	穿戴劳保用品	5	未穿戴整齐扣5分				
		工具、用具准备	5	工具选择不正确扣5分				
2	操作程序	通知各岗位进行停车操作	10	通知不到一个扣5分				
3		打开球阀处的冷却水,断开联锁	10	开错一个阀门扣5分				

续表

序号	考核内容	考核要点	配分	评分标准	检测结果	扣分	得分	备注
4		停喂料器,待主电机电流稍降约5s后停主电机	10	操作错误扣10分				
5		球阀旁通、停齿轮泵、停切粒机、退刀、PCW水旁通	10	操作错误一项扣5分				
6		排尽水室中水,打开水室门清理刀片和模板上的余料并涂硅油	10	操作错误一项扣5分				
7		启动启动电机向地面排料,视球阀处无料排出时停启动电机并关冷却水	10	操作错误一项扣5分				
8		停离心干燥机、振动筛、抽湿风机、送料旋转法、送料风机	10	操作错误一项扣5分				
9		降低热油系统温度设定,对机身保温	10	操作错误一项扣5分				
10	使用工具	正确使用工具	5	工具使用不正确扣5分				
		正确维护工具	5	工具乱摆乱放扣5分				
		合　计	100					

试题11:流化气压缩机的停车

(考核时间:15min)

序号	考核内容	考核要点	配分	评分标准	检测结果	扣分	得分	备注
1	准备工作	穿戴劳保用品	5	未穿戴整齐扣5分				
		工具、用具准备	5	工具选择不正确扣5分				
2	操作程序	关闭流化气压缩机入口导向叶片	20	操作错误扣20分				
3		停流化气压缩机电机	20	操作错误扣20分				
4		压缩机停车后,继续保持油泵运转30min以上	20	操作错误扣20分				
5		确认轴承温度降到20℃以下,停油泵,并确认再没有温度异常的上升,如果上升90℃以上时,就要再开启动油泵	20	操作错误一项扣5分				
6	使用工具	正确使用工具	5	工具使用不正确扣5分				
		正确维护工具	5	工具乱摆乱放扣5分				
		合　计	100					

试题12:判断粉料出料情况好坏的依据

(考核时间:15min)

序号	考核内容	考核要点	配分	评分标准	检测结果	扣分	得分	备注
1	准备工作	穿戴劳保用品	5	未穿戴整齐扣5分				
		工具、用具准备	5	工具选择不正确扣5分				

续表

序号	考核内容	考核要点	配分	评分标准	检测结果	扣分	得分	备注
2	操作程序	反应差、气速高造成床层疏松抽出粉料较少	20	判断错误一项扣10分				
3		块料阻塞造成抽出粉料较少	20	判断错误扣20分				
4		抽出率低造成抽出粉料较少	20	判断错误扣20分				
5		设备故障，转速不均造成抽出粉料较少	20	判断错误扣20分				
6	使用工具	正确使用工具	5	工具使用不正确扣5分				
		正确维护工具	5	工具乱摆乱放扣5分				
		合　计	100					

试题13：判断切粒机发生断刀的原因

（考核时间：150min）

序号	考核内容	考核要点	配分	评分标准	检测结果	扣分	得分	备注
1	准备工作	穿戴劳保用品	5	未穿戴整齐扣5分				
		工具、用具准备	5	工具选择不正确扣5分				
2	操作程序	颗粒输送水温度过低造成切粒机断刀	20	判断错误扣20分				
3		刀架水平度、垂直度不够与模板摩擦力过大，造成切粒机断刀	20	判断错误一项扣10分				
4		料中有金属碎屑，造成切粒机断刀	20	判断错误扣20分				
5		刀片质量差，造成切粒机断刀	20	判断错误扣20分				
6	使用工具	正确使用工具	5	工具使用不正确扣5分				
		正确维护工具	5	工具乱摆乱放扣5分				
		合　计	100					

试题14：颗粒水泵流量低的处理

（考核时间：15min）

序号	考核内容	考核要点	配分	评分标准	检测结果	扣分	得分	备注
1	准备工作	穿戴劳保用品	5	未穿戴整齐扣5分				
		工具、用具准备	5	工具选择不正确扣5分				
2	操作程序	水槽料面低，水泵吸入量少造成颗粒水泵流量低，补水	20	处理错误扣20分				
3		水泵入口堵塞、管线堵塞造成颗粒水泵流量低，清理水泵入口、管线	20	处理错误扣20分				
4		水泵停，没有及时切换造成颗粒水泵流量低，开水泵、找仪表处理	20	处理错误扣20分				
5		仪表故障，水泵停、没有及时切换，阀门动作造成颗粒水泵流量低，找仪表处理	20	处理错误扣20分				

续表

序号	考核内容	考核要点	配分	评分标准	检测结果	扣分	得分	备注
6	使用工具	正确使用工具	5	工具使用不正确扣5分				
		正确维护工具	5	工具乱摆乱放扣5分				
		合　计	100					

试题15：反应出料系统发生堵管时的处理

（考核时间：15min）

序号	考核内容	考核要点	配分	评分标准	检测结果	扣分	得分	备注
1	准备工作	穿戴劳保用品	5	未穿戴整齐扣5分				
		工具、用具准备	5	工具选择不正确扣5分				
2	操作程序	反应器结块，块料阻塞造成反应出料系统发生堵管，清理块料	20	处理错误扣20分				
3		出料阀故障，造成反应出料系统发生堵管，处理出料阀	20	处理错误扣20分				
4		仪表故障，阀门关闭造成反应出料系统发生堵管，找仪表处理	20	处理错误扣20分				
5		脱气斗气托不下料造成反应出料系统发生堵管，处理气托现象	20	处理错误扣20分				
6	使用工具	正确使用工具	5	工具使用不正确扣5分				
		正确维护工具	5	工具乱摆乱放扣5分				
		合　计	100					

试题16：旋转阀的电流波动大时的处理

（考核时间：15min）

序号	考核内容	考核要点	配分	评分标准	检测结果	扣分	得分	备注
1	准备工作	穿戴劳保用品	5	未穿戴整齐扣5分				
		工具、用具准备	5	工具选择不正确扣5分				
2	操作程序	下料量波动造成旋转阀的电流波动大，调节下料量	20	处理错误扣20分				
3		轴封故障造成旋转阀的电流波动大，检修处理轴封	30	处理错误扣30分				
4		氮封波动造成旋转阀的电流波动大，处理氮封	30	处理错误扣30分				
5	使用工具	正确使用工具	5	工具使用不正确扣5分				
		正确维护工具	5	工具乱摆乱放扣5分				
		合　计	100					

试题17:往复式压缩机流量过小时的处理

(考核时间:15min)

序号	考核内容	考核要点	配分	评分标准	检测结果	扣分	得分	备注
1	准备工作	穿戴劳保用品	5	未穿戴整齐扣5分				
		工具、用具准备	5	工具选择不正确扣5分				
2	操作程序	入口吸入压力低造成往复式压缩机流量过小,调整入口吸入压力	20	处理错误扣20分				
3		入口滤器堵塞,吸入压力低造成往复式压缩机流量过小,清理入口滤器	30	处理错误扣30分				
4		吸入阀、排出阀漏气造成往复式压缩机流量过小,检修处理阀门	30	处理错误扣30分				
5	使用工具	正确使用工具	5	工具使用不正确扣5分				
		正确维护工具	5	工具乱摆乱放扣5分				
合　计			100					

试题18:离心泵发生振动时的处理

(考核时间:15min)

序号	考核内容	考核要点	配分	评分标准	检测结果	扣分	得分	备注
1	准备工作	穿戴劳保用品	5	未穿戴整齐扣5分				
		工具、用具准备	5	工具选择不正确扣5分				
2	操作程序	入口流量、压力不稳造成离心泵发生振动,调整入口流量、压力	20	处理错误一项扣10分				
3		气缚、气蚀造成离心泵发生振动,防止发生气缚、气蚀	30	处理错误扣30分				
4		地脚螺栓松动造成离心泵发生振动,紧固地脚螺栓	30	处理错误扣30分				
5	使用工具	正确使用工具	5	工具使用不正确扣5分				
		正确维护工具	5	工具乱摆乱放扣5分				
合　计			100					

试题19:流化床反应器床层压差图

(考核时间:15min)

序号	考核内容	考核要点	配分	评分标准	检测结果	扣分	得分	备注
1	准备工作	穿戴劳保用品	5	未穿戴整齐扣5分				
		工具、用具准备	5	工具选择不正确扣5分				
2	操作程序	排布合理、卷面清晰	20	排布不合理扣5分 线条杂乱扣5分 卷面不清晰扣10分				
3		设备齐全	20	漏设备一台扣5分				
4		压差管接入高度	20	错误一个扣5分				
5		压差位号	20	错误一个扣5分				
6	使用工具	正确使用工具	5	工具使用不正确扣5分				
		正确维护工具	5	工具乱摆乱放扣5分				
		合　计	100					

试题20:流体流量的计算

(考核时间:15min)

序号	考核内容	考核要点	配分	评分标准	检测结果	扣分	得分	备注
1	计算程序	写出已知条件	10	未写出已知条件扣10分				
2		写出计算公式:$Z_1+\frac{U_1^2}{2g}+\frac{p_1}{\rho g}+H_e=Z_2+\frac{U_2^2}{2g}+\frac{p_2}{\rho g}+h_{损}$	30	公式错误扣30分				
3		计算:将已知条件代入得 $6=\frac{U_2^2}{2g}+5.7$ 解得:$U_2=2.43\ m/s$	30	公式错误扣10分 计算错误扣25分 未写单位扣5分				
4		计算每小时的水流量为: $Q=\frac{\pi}{4}\times d^2\times u^2\times 3600=\frac{\pi}{4}\times(0.068)^2\times 2.43\times 3600=31.75m^3/h$	30	计算错误扣25分 未写单位扣5分				
		合　计	100					

试题21:离心泵气蚀的预防操作

（考核时间:30min）

序号	考核内容	考核要点	配分	评分标准	检测结果	扣分	得分	备注
1	操作步骤	不允许使用吸入管路的阀门来调节流量	20	使用吸入阀调节扣20分				
		直流电机带动的离心泵在满足流量和扬程要求的前提下,转速越低越好,以减小泵入口的真空度	25	没有按要求盘车扣10分,操作错误扣25分				
		在工艺条件允许的条件下,避免被输送液体的温度升高,防止液体汽化	25	没有具体行动扣25分				
		在泵发生气蚀有没有其他办法解决时,可以在吸如管上对准泵入口装一个喷嘴,在泵的压出管上接一支管,将高压液体引入喷嘴,以增加液体入口压力,减小气蚀的可能性	30	未操作扣30分				违章不及格
	合　计		100					

试题22:机泵的防凝防冻操作处理

（考核时间:30min）

序号	考核内容	考核要点	配分	评分标准	检测结果	扣分	得分	备注
1	操作步骤	检查设备的保温是否完好有效(连接管线、阀等)	20	缺一处扣5分				
		检查设备的伴热系统是否可用,物料管线伴热管是否完好	25	有误扣10分				
		在冰冻的天气里应对备机泵定时运转或倒空物料来防冻	25	缺一处扣5分				
		压缩机机体里的冷凝水尤其是对连杆、十字头等部很不好,同时水进入润滑油会使润滑油变质故应对冷却水流量调节	30	原因不清扣10分				违章不及格
	合　计		100					

试题23:离心式压缩机的维护与保养

(考核时间:30min)

序号	考核内容	考核要点	配分	评分标准	检测结果	扣分	得分	备注
1	操作步骤	严格遵守各项规程:操作规程、开车规程、停车规程、维护规程等	14	缺一项扣3.5分				
		每日检查数次机组的运行参数,按时填写运行记录:a. 进出口工艺气体的参数;b. 机组的振动值、轴位移和轴向推力;c. 油系统的温度压力、轴承温度冷却水温度、储油箱油位等;d. 冷凝水的排放,循环水的供以及系统的泄漏情况	32	缺一处扣8分				
		保持各零部件的清洁,不允许有油污、灰尘、异物等在机体上;各零部件必须齐全完整,指示仪表灵敏可靠;按时填写运行记录、做到齐全、准确、整洁;定期检查、清洗过滤器,保持油压的稳定等	32	缺一处扣8分				
		实时监视运行工况,不断监视运行工况的变化;注意运行工况点的变化趋势,防止机组发生喘振	12	缺一处扣6分				
		尽量避免带负荷紧急停机	10	缺一处扣10分				
		合　计	100					

第三部分

高级工

一、国家职业标准(高级工工作要求)

职业功能	工作内容	技能要求	工作内容
工艺操作	(一)开车准备	1. 能完成装置的设备和管线的试压、试漏、吹扫、置换等工作 2. 能完成装置设备、仪表、电气、工艺方面的检查与准备工作 3. 能确认装置主要的联锁处于完好状态 4. 能打通整个装置的开车流程 5. 能确认装置所有安全设施完好备用 6. 能协调各岗位开车物料的检查、准备	1. 装置开车条件确认的方法 2. 装置开车方案及注意事项 3. 装置工艺流程 4. 装置主要阀门、管线的位置、作用及介质走向 5. 装置联锁的用途及功能特点 6. 单机试车、联动试车操作要点、方法 7. 装置设备、仪表、电气的投用条件
	(二)开车操作	1. 能完成装置各岗位阀门开关状态检查确认工作 2. 能完成装置各岗位投料工作 3. 能完成乙烯、丙烯、丁烯-1、氢气等主要原料的接收工作 4. 能完成装置联动试车和投料工作 5. 能完成聚合反应建立工作 6. 能完成装置设备单机试运工作 7. 能完成装置联锁投用工作	1. 装置的联运方案 2. 装置的开车步骤 3. 装置各岗位的工艺控制指标 4. 装置主、辅催化剂的特性及影响催化剂活性的因素 5. 装置开车过程中的生产控制方法
	(三)正常操作	1. 能调节装置各工艺操作参数 2. 能判断和处理装置的各种工艺波动,确保产品质量合格 3. 能根据负荷量与组成变化对装置进行有效的调节,并能保证物料、动力的平衡与稳定运行操作 4. 能对中间产品质量进行动态分析,并根据分析数据进行工艺调整和工作改进 5. 能完成装置日常生产活动 6. 能完成产品牌号切换工作 7. 能完成新产品生产试验工作 8. 能协调各岗位间的操作	1. 装置工艺参数控制范围和控制方法 2. 聚合反应的温度、压力、催化剂加入量、共聚单体加入量等对产量、产品质量的影响 3. 装置计算机操作及 DCS 知识 4. 装置仪表报警值、联锁值 5. 装置产品控制指标与物性指标的关系及影响产品质量指标的各种因素
	(四)停车操作	1. 能完成装置的停车操作 2. 能完成聚合反应终止工作 3. 能完成停止进料后的工艺调整工作 4. 能完成装置各岗位设备停车工作 5. 能完成装置各岗位物料排放、倒空工作 6. 能完成装置各岗位吹扫、置换工作 7. 能完成装置各岗位管线、设备保压工作 8. 能完成设备(或系统)切断、隔离工作 9. 能完成装置紧急停车工作	1. 装置停车方案及注意事项 2. 装置倒空、置换的有关程序 3. 装置三废排放指标 4. 装置三废排放注意事项
设备使用与维护	(一)使用设备	1. 能操作本装置各种化工设备 2. 能使用简单的仪表、电气设备	1. 设备操作知识,设备运行参数 2. 装置设备及工作原理
	(二)维护设备	1. 能根据设备运行情况组织防腐检测、制定防腐方案 2. 能根据设备运行情况,提出改进建议 3. 能整定仪表参数,并协助处理仪表、电气事故 4. 能验收简单设备 5. 能参加设备大、中修的前期准备、中期配合、后期调试工作	1. 设备运行条件 2. 设备完好标准 3. 设备防腐知识 4. 仪表调节方案 5. 设备验收程序及标准

续表

职业功能	工作内容	技能要求	工作内容
事故判断与处理	(一)判断事故	1. 能判断本装置较复杂的事故 2. 能及时发现事故隐患,提出处理和改进意见 3. 能判断各类仪表故障 4. 能分析装置运行异常情况的原因,并能及时采取措施	1. 故障产生原因及分析判断方法 2. 影响装置平稳运行的因素
	(二)处理事故	1. 能处理装置各种工艺、设备事故,能分析原因并提出预防措施 2. 能针对装置异常情况提出开、停等建议 3. 能处理装置停水、停电、停蒸汽、停氮气、停仪表风的紧急事故 4. 能处理装置跑料、着火等意外事故 5. 能进行人身自救 6. 能处理本装置联锁紧急停车工作	1. 装置各种事故的处理方法 2. 紧急事故的处理预案 3. 本装置仪表联锁的有关知识 4. 紧急救护知识 5. 本装置主要易燃、易爆、危险品的物性
绘图与计算	(一)绘图	1. 能识读仪表联锁图 2. 能绘制设备结构简图 3. 能绘制工艺配管单线图	1. 仪表联锁图知识 2. 工艺配管单线图知识
	(二)计算	1. 班组经济核算 2. 能进行简单的热量衡算	热量计算的有关知识
培训	培训与指导	1. 能培训本装置初、中级操作人员 2. 能指导本装置初、中级操作人员进行工作	生产实习教学方法

二、理论知识鉴定要素细目表

行业通用理论知识鉴定要素细目表

鉴定范围						鉴定点		
一级		二级		三级		代码	名称	重要程度
代码	名称	代码	名称	代码	名称			
A	基本要求	B	基础知识	A	记录填写基础知识	001	班组交接记录的填写要求	X
						002	班组安全活动记录填写要求	X
				B	识图基础知识	001	剖视图知识	X
						002	断面图知识	X
						003	化工设备图表示方法	X
						004	零件图的内容	X
				C	安全环保基础知识	001	清洁生产审计的程序	X
						002	HSE 管理体系文件架构	X
						003	ISO 14001 环境管理体系的组成要素	X
						004	ISO 14000 系列标准的指导思想	X
						005	ISO 14001 环境管理体系的运行模式	X
						006	防尘防毒的技术措施	X
						007	防尘防毒的管理措施	X
						008	国家劳动安全卫生管理体制职责划分的内容	X
						009	ISO 14001 环境管理体系建立的步骤	X
						010	HSE 危害辨识	X
						011	HSE 风险评价的概念	X
						012	HSE 风险评价的目的	X

续表

鉴定范围						鉴定点		
一级		二级		三级		代码	名称	重要程度
代码	名称	代码	名称	代码	名称			
				D	质量基础知识	001	不合格品的处置途径	X
						002	ISO 9001 族标准质量管理审核的特点	X
						003	ISO9000 族标准第一、第二、第三方审核的区别	X
						004	质量统计直方图	X
						005	质量统计排列图	X
						006	质量统计因果图	X
						007	质量统计控制图	X
						008	不良产品的分级	X
				E	计算机基础知识	001	Word 绘图	X
						002	Excel 公式与函数的运用	X
						003	Excel 数据的简单分析与管理	X
						004	Excel 简单的图表处理	X
B	相关知识	E	管理知识	A	生产管理	001	班组的管理	X
						002	班组的成本核算	X
				B	编写技术文件	001	总结的格式	X
						002	报告的格式	X
						003	请示的格式	X

工种理论知识鉴定要素细目表

鉴定范围						鉴定点		
一级		二级		三级		代码	名称	重要程度
代码	名称	代码	名称	代码	名称			
A	基本要求	B	基础知识	G	化学基础知识	001	能量守恒与转化定律的概念	X
						002	氧化还原反应方程式的配平方法	X
						003	化学反应速率的概念	X
						004	丙烯常见有机反应的类型	X
						005	理想气体状态方程式的概念	X
						006	元素周期律的概念	Y
						007	反应平衡常数的概念	Z
						008	影响化学反应速率的因素	Y
						009	电离平衡的概念	X
						010	饱和溶液与不饱和溶液的概念	X
						011	有机化合物中的酸碱概念	Y
						012	有机物同分异构体的概念	Y
						013	苯的性质	X
						014	pH 值的概念	X
				H	化工基础知识	001	流体流动类型的判断	X
						002	最小回流比的概念	X
						003	萃取分离的原理	X
						004	空塔气速的概念	Y
						005	离心泵的工作原理	X
						006	气体输送机械的分类	X
						007	旋风分离器的工作原理	X
						008	离心泵扬程的计算	X
						009	离心泵最大安装高度的计算	X
						010	汽提的原理	X

续表

鉴定范围						鉴定点		
一级		二级		三级		代码	名称	重要程度
代码	名称	代码	名称	代码	名称			
						011	单板效率的概念	X
						012	对流传热系数的影响因素	X
						013	总传热系数的影响因素	X
						014	精馏塔进料状态对操作线的影响	Y
						015	精馏塔回流比的确定	X
						016	强化传热的途径	Y
				I	高分子化学知识	001	配位聚合的基本原理	X
						002	配位聚合所用的引发剂	X
						003	聚丙烯合成原理	X
						004	取代基对自由基活性的影响	Y
				J	电工基础知识	001	三相交流电的概念	Y
						002	简单交流电路	X
						003	混联电路电阻的简单计算	X
						004	防雷防静电的主要措施	X
						005	闭合电路欧姆定律	X
				K	仪表基础知识	001	DCS 系统的基本构成	X
						002	串级控制的概念	X
						003	分程控制的概念	X
						004	机组控制仪表的种类	Y
						005	调节阀一般故障的判断方法	Z
				L	化工机械与设备基础知识	001	离心压缩机的工作原理	X
						002	离心式压缩机的结构	Y
						003	往复压缩机填料密封结构	X
						004	离心泵串、并联操作特点	X
						005	滚动轴承的工作原理	Y
						006	填料塔的适用范围	X
						007	板式塔的适用范围	X
						008	法兰压力等级含义	X
						009	管道检修的验收标准	X
						010	泵检修的验收标准	X
						011	换热器检修的验收标准	X
B	相关知识（通用模块）	A	相关知识	A	相关知识	001	溶液的浓度计算	X
						002	离心泵的工作原理	X
						003	离心泵的主要部件	X
						004	离心泵的主要性能参数	X
						005	离心泵的特性曲线	X
						006	流化床的主要特性	Y
						007	流化床的形式	X
						008	吸附概念	Z
						009	吸附剂类型	X
						010	离心通风机类型	X
						011	颗粒床层的特性	X
						012	过滤操作的概念	X
						013	影响化学反应速度的因素	X
						014	非牛顿型流体分类	Z
						015	高分子材料的概念	X

续表

鉴定范围						鉴定点		
一级		二级		三级		代码	名称	重要程度
代码	名称	代码	名称	代码	名称			
						016	流体的概念	X
						017	泵联轴器的形式	X
						018	泵机械密封形式	X
						019	精馏概念	X
						020	填料塔填料类型	X
						021	伯努利方程应用	X
						022	气-固催化反应动力学	X
						023	气-液反应动力学	X
						024	离心压缩机主要性能指标	X
C	相关知识（高压法模块）	B	工艺操作	A	开车准备	001	本体聚合的特点	X
						002	影响循环水结垢的主要因素	X
						003	原料引发剂的质量指标	X
						004	仪表风的质量指标	X
						005	压缩系统公用工程的投用	X
						006	二次压缩机的气密操作方法	X
						007	温度对产品质量的影响	X
						008	造粒系统清洗操作方法	X
						009	引发剂与聚合速率的关系	X
						010	回收乙烯系统的置换操作方法	X
						011	反应器气密操作具备条件	X
						012	低分分离系统的置换操作方法	X
						013	乙烯接入的操作方法	X
						014	单体浓度与聚合速率的关系	X
						015	聚合温度与聚合速率的关系	X
						016	孔板流量计的原理	X
						017	造粒水系统循环操作方法	Z
						018	挤出机润滑油系统启动操作方法	Y
						019	活塞式压缩机的工作原理	X
						020	添加剂系统的注入	X
						021	模板堵塞的判断	X
						022	模板堵塞的处理	X
						023	装置气密的目的	X
						024	静止流体的压力变化规律	X
						025	反应器夹套冷却对转化	X
						026	反应分解的原因	X
						027	料仓爆炸的原因	X
						028	预防料仓爆炸的方法	X
						029	净化风的作用	Y
						030	乙烯爆炸的范围	X
						031	引发剂的引发原理	Z
						032	空送对产品质量的影响	X
						033	压力对聚合物相对分子质量的影响	X
						034	温度对聚合相对分子质量的影响	X
						035	反应进料系统流程	Y
						036	聚合工段氮气置换操作方法步骤	X
						037	惰性气体对聚合物相对分子质量的影响	X

续表

鉴定范围						鉴定点		
一级		二级		三级		代码	名称	重要程度
代码	名称	代码	名称	代码	名称			
				B	开车操作	001	反应器的温度设定依据	X
						002	二次压缩机的启动条件	X
						003	一次压缩机故障的联锁点设定	X
						004	低压分离器料面与挤压	X
						005	转化率的影响因素	Y
						006	一次压缩机负荷的控制	Y
						007	切刀与模板间隙的调节	X
						008	造粒系统开车简要操作方法	X
						009	反应器压力控制阀原理	X
						010	影响反应器进气量的因素	Y
						011	调节剂的类型选择	X
						012	温度控制的影响因素	X
						013	聚合反应失控的原因	X
						014	切粒机切刀转速调整注意事项	X
						015	聚合反应升温注意事项	X
						016	返回系统的投用注意事项	Y
						017	二次压缩机的联锁停止条件	X
						018	高压聚乙烯生产的主要原料	Y
				C	正常操作	001	温度对聚合反应的影响	X
						002	产品熔融指数控制方法	X
						003	高压聚乙烯产品用途	Y
						004	挤出机的工作原理	X
						005	引发剂泵的工作原理	X
						006	挤压造粒机组电流波动的处理	X
						007	反应温度的控制原理	X
						008	反应压力的控制原理	X
						009	返回裂解系统的定期排放操作注意事项	X
						010	离心干燥机操作方法	X
						011	一次压缩机入口缓冲器的作用	X
						012	离心干燥机的清理操作的注意事项	X
						013	添加剂的种类	X
						014	高压分离器料位控制的注意事项	X
						015	高压分离器液位的控制手段	X
						016	丙烯在 LDPE 装置中的作用	X
						017	干燥系统使用循环脱盐	Z
						018	聚乙烯颗粒的表观性质	X
						019	切料岗位块料产生的主要原因	X
						020	切粒岗位结团料产生的主要原因	X
						021	切粒岗位尾巴料产生的主要原因	X
						022	切粒岗位粉尘产生的主要原因	Y
						023	挤压造粒机组电流波动的分析	Y
				D	停车操作	001	二次压缩机的放空停机操作	X
						002	二次压缩机的保压停机操作	X
						003	隔油池的原理	X
						004	反应器降压操作	X
						005	反应器的放空操作	X
						006	电气火灾扑救注意事项	X
						007	停车前的 MI 调整操作	X

续表

鉴定范围						鉴定点		
一级		二级		三级		代码	名称	重要程度
代码	名称	代码	名称	代码	名称			
		C	设备使用与维护	A	使用设备	001	低压及一次压缩机的工作原理	X
						002	二次压缩机的工作原理	X
						003	颗粒计量系统结构	X
						004	压缩机辅助油泵使用	X
						005	离心干燥机的结构	X
						006	往复式压缩机工作原理	X
						007	往复式压缩机的主要部件	X
						008	往复式压缩机的主要性能	X
						009	化学腐蚀的概念	Y
						010	压力容器的概念	X
						011	压力管道的概念	Z
				B	维护设备	001	引发剂泵零点调试操作	X
						002	空送风机的找正操作	X
						003	脱气风机的找正操作	Y
						004	离心泵试车注意事项	X
						005	齿轮泵试车注意事项	X
						006	装置加盲板的作用	X
						007	完好设备的要求	X
						008	设备检修的分类	X
						009	设备检修的范围	X
						010	动密封的分类	X
						011	静密封的分类	X
		D	事故判断与处理	A	判断事故	001	低压及一次压缩机各段压力、温度异常的判断	X
						002	高分、低分系统夹带的判断	X
						003	压缩机异音的判断	X
						004	防爆片启爆的原因	X
						005	聚合釜或管超压的判断	X
						006	循环冷却水系统故障的判断	X
						007	转化率降低的原因	X
						008	联锁系统产生误动作的原因	Y
						009	调节阀不动作的原因	Y
						010	安全阀灵敏度不高原因的判断	X
				B	处理事故	001	氧化料处理	X
						002	二次压缩机填料泄漏变大处理	X
						003	MI 波动大处理	X
						004	联锁处理	X
						005	反应过程超压处理	X
						006	造粒水温升高的处理	X
						007	高分爆破片动作的紧急处理	X
						008	干燥机堆料处理	X
						009	MI 超范围处理	X
						010	物料滑度不足的处理	X
		E	绘图与计算	A	绘图	001	根据联锁展开图画出联锁逻辑图	Y
						002	图示联锁线路的特点	Y
						003	根据轴测图及所给的尺寸绘出三视图	Z
						004	仪表联锁逻辑图	X

续表

鉴定范围						鉴定点		
一级		二级		三级		代码	名称	重要程度
代码	名称	代码	名称	代码	名称			
						005	串级控制系统图	X
						006	电器控制线路图分析	X
						007	单工序工艺控制流程图	X
						008	工艺配管单线图	X
						009	绘图方法	X
				B	计算	001	班组经济核算的定义	Y
						002	设备完好率的计算	X
						003	产量计划完成率的计算	X
						004	换热器逆流时的平均温差的计算	X
						005	离心泵安装高度的计算	X
						006	传热膜系数	X
						007	加热炉热效率计算	X
						008	班组经济核算的实质	X
						009	班组核算指标的选择应注意的问题	X
						010	班组核算的主要常用指标的概念	X
						011	班组产品成本核算法	X
						012	班组经济活动分析方法	X
D	相关知识（溶液法模块）	A	工艺操作	A	开车准备	001	原料丁烯－1进料流程	X
						002	聚合工段氮气置换操作规程	X
						003	回收工段已烷蒸馏流程	X
						004	原料丙烯质量指标	X
						005	聚合工段已烷脱水操作规程	X
						006	已烷精馏塔操作条件	X
						007	造粒系统公用工程的投用步骤	X
						008	造粒系统清洗操作规程	X
						009	5300B产品规格	Y
						010	母液输送泵密封冲洗	X
						011	干燥气冷却器出口温度控制方法	X
						012	干燥气洗涤泵密封冲洗	X
						013	已烷蒸馏塔氮气置换方案	X
						014	低聚物真空闪蒸系统气密方案	X
						015	1.0MPa蒸汽控制条件	Z
						016	循环水控制条件	Y
						017	已烷管网氮气置换	X
				B	开车操作	001	AT催化剂配制方法	X
						002	原料气乙烯投用步骤	X
						003	串联聚合载液开车步骤	X
						004	丙烯流量控制阀选用	X
						005	原料气丙烯投用步骤	X
						006	液体稳定剂的投用步骤	Y
						007	切刀与模板间隙的调节	X
						008	造粒系统开车操作规程	X
						009	切粒机液压系统原理	X
						010	干燥机压力	Y
						011	浆液的类型	X
						012	干燥系统粉末控制条件	X
						013	干燥系统母液罐置换规程	X

续表

鉴定范围						鉴定点		
一级		二级		三级		代码	名称	重要程度
代码	名称	代码	名称	代码	名称			
						014	己烷蒸馏塔物料引入规程	X
						015	丁烯-1储罐接丁烯-1操作规程	X
						016	己烷蒸馏塔压力调节	X
						017	己烷精馏塔开车	X
						018	火炬系统投用步骤	Y
				C	正常操作	001	串联产品生产控制参数	X
						002	串联产品生产控制指标	X
						003	串联产品熔融指数控制方法	X
						004	产品相对分子质量分布控制方法	X
						005	产品基本特性与工艺参数的关系	X
						006	产品用途	Y
						007	混炼机工作原理	X
						008	液体稳定剂的巡检内容	X
						009	挤压造粒机组波动的分析及处理	X
						010	颗粒冷却水温度的控制原理	X
						011	干燥循环气系统压力控制	X
						012	干燥机加热蒸汽的类型	X
						013	干燥气体洗涤罐操作规程	X
						014	干燥机操作规程	X
						015	压缩机入口网的作用	X
						016	干燥循环气风机密封冲洗	X
						017	母液进料操作规程	X
						018	己烷蒸馏塔塔底采出给定	X
						019	己烷蒸馏塔液位	X
						020	仪表风控制指标	Z
						021	取己烷样操作规程	X
						022	己烷在装置中的作用	X
						023	干燥系统使用循环冷却水用户	Z
						024	己烷精馏塔原理	X
						025	己烷精馏塔控制参数与产品的关系	X
						026	低聚物的特性	X
						027	己烷蒸馏塔采出的控制	X
						028	影响己烷蒸馏塔的因素	X
						029	能耗的控制措施	X
						030	蒸汽凝液系统的控制措施	Y
						031	净化气除沫器参数	X
						032	干燥气除沫器参数	X
						033	己烷蒸馏塔温度与压力的关系	X
				D	停车操作	001	串联聚合载液停车操作规程	X
						002	聚合停冷却水应急预案	X
						003	聚合停电应急预案	X
						004	公用工程的停用	X
						005	液体稳定剂的停用	X
						006	串联聚合倒空停车操作规程	X
						007	离心机联锁停车	X
						008	干燥机系统隔离	X
						009	己烷蒸馏塔停车操作规程	X

续表

鉴定范围						鉴定点		
一级		二级		三级		代码	名称	重要程度
代码	名称	代码	名称	代码	名称			
						010	回收停汽应急预案	Y
						011	低聚物结片停车	X
						012	并联B退空停车操作规程	X
		B	设备使用与维护	A	使用设备	001	尾气压缩机吸入罐压力控制原理	X
						002	聚合釜搅拌器	X
						003	聚合循环气风机操作规程	X
						004	螺杆压缩机操作参数	X
						005	液体稳定剂计量泵的工作原理	X
						006	影响挤压机输出的因素	Y
						007	固体稳定剂计量秤平衡线的作用	X
						008	固体稳定剂计量秤的工作原理	X
						009	干燥气洗涤泵形式	X
						010	干燥循环气加热器	X
						011	离心机内外转鼓差速比	X
						012	蒸汽增湿泵操作规程	Y
						013	己烷精馏塔操作规程	X
						014	仪表风罐参数	Z
						015	己烷精馏塔采出泵操作规程	X
						016	低聚物加热器操作参数	X
						017	低聚物真空泵操作规程	X
				B	维护设备	001	催化剂泵工作原理	X
						002	催化剂系统报警参数	X
						003	聚合循环气风机结构	X
						004	螺杆压缩机维护	X
						005	粉末计量秤的报警参数	X
						006	固体稳定剂计量秤的报警参数	X
						007	筒体冷却水温度控制阀原理	X
						008	挤压机防爆片工作原理	Y
						009	离心机密封油联锁参数	X
						010	干燥循环气风机联锁参数	X
						011	离心机扭矩联锁参数	X
						012	丁烯－1储罐操作参数	Z
						013	回收换热器操作规程	X
						014	低聚物齿轮泵操作规程	X
						015	回收设备的联锁报警	Y
						016	低聚物结片机参数	X
						017	蒸汽增湿泵参数	Z
		C	事故判断与处理	A	判断事故	001	催化剂泵不上量原因的判断方法	X
						002	聚合反应温度波动原因的判断方法	X
						003	产品外观问题的原因分析	Z
						004	产品质量问题的原因分析	X
						005	颗粒输送系统带水原因	X
						006	循环冷却水系统故障的判断方法	X
						007	强制加料器压力高的原因	X
						008	均化料仓不能预选的原因	X
						009	干燥系统压力超高的原因	X
						010	干燥机堆料现象	X

续表

鉴定范围						鉴定点		
一级		二级		三级		代码	名称	重要程度
代码	名称	代码	名称	代码	名称			
						011	火炬系统压力波动原因	Y
						012	己烷蒸馏塔联锁原因	X
						013	干燥循环气洗涤罐液位高原因	X
						014	干燥机螺旋给料器跳车原因	X
				B	处理事故	001	聚合反应温度波动的处理方法	X
						002	聚合尾气压缩机故障处理方法	X
						003	产品质量波动处理方法	X
						004	产品外观问题的处理	X
						005	产品质量问题的处理	X
						006	循环冷却水系统停车处理	X
						007	粉末湿含量高造粒工段处理措施	X
						008	强制加料器压力高的处理措施	X
						009	干燥机堆料处理措施	X
						010	己烷蒸馏塔液泛处理措施	X
						011	己烷精馏塔己烷馏出口指标超标处理措施	X
						012	干燥机窜己烷现象	Y
		D	绘图与计算	A	绘图	001	熔融指数控制流程	X
						002	催化剂配比对聚合反应的影响	X
						003	粉末输送相关系统联锁图	X
						004	混炼机相关流程	X
						005	混炼机系统联锁图	X
						006	导热油系统流程	Z
						007	离心机系统流程	X
						008	离心机停车联锁图	X
						009	己烷精馏塔控制流程	X
						010	废己烷处理流程	Z
				B	计算	001	聚合釜反应放出热量计算	X
						002	AT 催化剂配制计算方法	X
						003	转化率的计算	X
						004	母液中低聚物含量计算	Y
						005	干燥机出料的挥发分计算	X
						006	能耗计算	X
						007	己烷单耗	X
E	相关知识（气相法模块）	A	工艺操作	A	开车准备	001	尾气压缩机开车前的确认事项	X
						002	挤压机的开车准备	X
						003	乙烯精制流程准备	X
						004	产品性质	X
						005	丁烯－1 精制流程准备	X
						006	氮气精制单元流程准备	X
						007	聚合单元流程准备	X
						008	产品脱气仓的作用	Y
						009	反应器的加热操作方法	Y
				B	开车操作	001	尾气压缩机的开车步骤	X
						002	流化气（循环气）压缩机润滑油系统的投用步骤	X
						003	挤压机热油系统的开车步骤	X

续表

鉴定范围						鉴定点		
一级		二级		三级		代码	名称	重要程度
代码	名称	代码	名称	代码	名称			
						004	己烷精馏塔的开车步骤	X
						005	粉料脱气系统的开车步骤	X
						006	氮气精制系统的开车步骤	X
						007	丁烯-1系统的开车步骤	X
						008	反应系统的主要控制参数	X
						009	反应器水系统的开车步骤	X
						010	粉料采出系统的开车步骤	X
						011	催化剂注射管插入步骤	X
						012	循环气压缩机的开车步骤	X
						013	反应单元终止系统的解除方法	X
						014	反应系统的主要开车步骤	X
						015	接收种子床的操作过程	X
						016	乙烯净化系统的开车过程	X
						017	影响催化剂活性的因素	X
						018	氮气系统的开车步骤	X
						019	种子床输送系统开车步骤	X
						020	挤压机的开车步骤	X
				C	正常操作	001	影响塔板效率的因素	Y
						002	连续精馏与间歇精馏的区别	Y
						003	产品牌号切换的主要原则	X
						004	塔釜再沸器的堵塞原因	X
						005	影响精馏塔正常采出的因素	Y
						006	各种毒物对聚合反应的影响分析	X
						007	催化剂 Al/Ti 对聚合反应的影响	X
						008	流化气速控制方法	Y
						009	聚合反应温度对熔融指数的影响	Y
						010	聚合反应压力对熔融指数的影响	Y
						011	聚合反应器的温控原理	Y
						012	影响聚合反应活性的因素	X
						013	树脂密度的控制原理	X
						014	树脂指数的控制原理	X
						015	LLDPE 向 HDPE 牌号切换中应注意的问题	Z
						016	粉料采出系统在操作中应注意事项	X
						017	催化剂注入系统的正常操作规程	X
						018	流化床反应回路的正常操作方法	X
						019	HDPE 向 LLDPE 牌号切换中应注意的问题	Y
						020	丁烯-1/乙烯的控制方法	X
						021	氢气/乙烯的控制方法	X
						022	换网器操作	X
						023	液压油装置的作用	X
						024	树脂指数的高低对切粒的影响	X
						025	挤压机断料的控制措施	Y
						026	滤网前后压差低的原因	X
						027	切粒机电流大的原因及处理措施	X
						028	隙距调整应注意的事项	X
						029	催化剂活性对熔融指数的影响	X
						030	床高的控制原理	X

续表

鉴定范围						鉴定点		
一级		二级		三级		代码	名称	重要程度
代码	名称	代码	名称	代码	名称			
				D	停车操作	001	乙烯压缩机的停车步骤	X
						002	己烷精馏塔的停车步骤	X
						003	产品出料系统停车方法	X
						004	聚合反应器系统的停车步骤	X
						005	粉料采出系统的停车步骤	X
						006	流化气(循环气)压缩机的停车步骤	X
						007	反应器主要停车步骤(不卸床)	X
						008	底部出料系统停车步骤	X
						009	催化剂注射管拔出步骤	X
						010	丁烯-1系统停车步骤	X
						011	尾气压缩机的主要停车步骤	X
						012	挤压机的停车步骤	X
		B	设备使用与维护	A	使用设备	001	往复泵结构原理	Y
						002	齿轮泵结构原理	Y
						003	屏蔽泵结构原理	Y
						004	流化气(循环气)压缩机结构原理	Y
						005	隔膜压缩机结构原理	Z
						006	罗茨风机结构原理	Y
						007	活塞压缩机结构原理	Y
						008	挤压造粒机结构原理	Y
						009	空压机结构原理	X
						010	隔膜泵结构原理	X
						011	离心泵结构原理	X
						012	挤压机下料器结构原理	X
						013	旋转阀结构原理	X
						014	颗粒离心干燥器结构原理	X
						015	气动球阀结构原理	Y
						016	反应器分布板作用	Z
						017	循环气压缩机系统高位油槽的作用	Z
						018	换热器结构原理	Y
						019	聚合反应器结构原理	X
						020	精馏塔结构原理	Z
						021	袋式过滤器结构原理	X
						022	旋风分离器结构原理	X
						023	振动筛结构原理	X
						024	冰机停车步骤	X
						025	冰机开车步骤	X
						026	离心风机结构原理	X
				B	维护设备	001	确认设备正常运行条件	X
						002	设定仪表参数	X
						003	确认设备完好标准	X
						004	设备检修交出准备工作	X
						005	设备检修中期配合工作	Z
						006	设备检修后的验收工作	Y
						007	丁烯高速泵启动条件	X
						008	循环气压缩机启动条件	X

续表

鉴定范围						鉴定点		
一级		二级		三级		代码	名称	重要程度
代码	名称	代码	名称	代码	名称			
		C	事故判断与处理	A	判断事故	001	聚合反应器块料类型的判断方法	X
						002	反应器温度异常升高的判断方法	X
						003	流化回路压降过大的判断方法	X
						004	循环气冷却器换热效果差的判断方法	X
						005	反应器升温异常的判断方法	X
						006	产品质量波动的判断方法	X
						007	粉料出料系统大小头堵塞的判断方法	X
						008	粉料输送系统输送困难的判断方法	X
						009	反应器长时间置换不合格的判断方法	X
						010	反应器气相分析异常变化的判断方法	X
						011	催化剂泵跳停的原因	X
						012	反应器丁烯/乙烯比异常变化的判断	X
						013	反应器床层高度过高的判断方法	X
						014	反应器活性变化异常的判断方法	X
						015	反应器压力变化异常的判断方法	X
						016	换热器是否泄漏的判断方法	Y
						017	挤压机主电机电流波动过大的判断方法	X
						018	齿轮泵出口压力过高的判断方法	X
						019	颗粒输送水流量过低的判断方法	X
						020	成品颗粒产生气泡粒子的判断方法	X
						021	分析挤压机发生的各类事故	Y
				B	处理事故	001	各类灭火器具的正确使用	X
						002	产品密度过低时地判断处理	X
						003	产品指数过低时地判断处理	X
						004	反应器各原料进料中断时的处理措施	X
						005	粉料脱气系统效果不好时的处理措施	X
						006	粉料出料系统堵塞时的处理措施	X
						007	底部出料系统发生堵罐时的处理措施	X
						008	反应器发生“飞温”时的处理措施	X
						009	装置停仪表空气时的处理措施	X
						010	装置停冷却水时的处理措施	X
						011	反应器压力显示异常时的处理措施	X
						012	乙烯干燥床再生温度不足时的处理措施	X
						013	乙烯精制系统流动停止时的处理措施	X
						014	反应回路冷却器发生堵塞时的处理措施	X
						015	丁烯储罐发生冒顶事故时的处理措施	X
						016	流化气流量偏低时的处理措施	X
						017	反应器活性偏低的处理措施	X
						018	反应器内有大量块料时的处理措施	X
						019	往复式压缩机流量过小时的处理措施	X
						020	颗粒料外观不好时的处理措施	X
						021	输送风机机体温度过高时的处理措施	X
						022	离心泵发生振动时的处理措施	X
						023	挤压机主电机扭矩过大时的处理措施	X
						024	振动筛分离效果不好时的处理措施	X
						025	挤压机发生“灌肠”事故时的处理措施	X
						026	旋风分离器分离效果变差时的处理措施	X
						027	离心风机振动大时的处理措施	X

续表

鉴定范围						鉴定点		
一级		二级		三级		代码	名　称	重要程度
代码	名　称	代码	名　称	代码	名　称			
		D	绘图与计算	A	绘图	001	乙烯精制系统流程	X
						002	氮气脱水床再生流程	X
						003	调温水系统流程图	Y
						004	挤压机热油系统流程	X
						005	产品出料系统流程图	X
						006	聚合反应流程	X
						007	催化剂系统流程简图	X
				B	计算	001	混合气体的计算	X
						002	反应负荷的计算	Y
						003	MFR 计算	Y
						004	助剂添加量的计算	X
						005	反应组分的计算	Y
						006	精馏塔的计算	X
						007	热量计算	X

三、理论知识试题

行业通用理论知识试题

判断题

1. 班组交接班记录必须凭旧换新。（√）

2. 车间主要领导参加班组安全日活动每月不少于 2 次。（×）

正确答案：车间主要领导参加班组安全日活动每月不少于 3 次。

3. 在剖视图中，零件后部看不见的轮廓线、虚线一律省略不画。（×）

正确答案：在剖视图中，零件后部看不见的轮廓线、虚线一般省略不画，只有对尚未表达清楚的结构，才用虚线画出。

4. 剖面图是剖视图的一种特殊视图。（×）

正确答案：剖面图是零件上剖切处断面的投影，而剖视图是剖切后零件的投影。

5. 化工设备图的视图布置灵活，俯（左）视图可以配置在图面任何地方，但必须注明“俯（左）视图”的字样。（√）

6. 化工设备图中的零件图与装配图一定分别画在不同的图纸上。（×）

正确答案：化工设备图中的零件图可与装配图画在同张图纸上。

7. 零件图不需要技术要求，在装配图表述。（×）

正确答案：零件图一般需要技术要求。

8. 零件图用视图、剖视图、剖面图及其他各种表达方法，正确、完整、清晰地表达零件的各部分形状和结构。（√）

9. ISO 14000 系列标准对管理标准的一个重大改进，就是建立了一套对组织环境行为的评价体系，这便是环境行为评价标准。（√）

10. 环境管理体系的运行模式，遵守由查理斯·德明提供的规划策划（PLAN）、实施（DO）、验证（CHECK）和改进（ACTION）运行模式可简称 PDCA 模式。（√）

11. 环境管理体系的运行模式与其他管理的运行模式相似，共同遵循 PDCA 运行模式，没有区别。 (×)

正确答案：环境管理体系的运行模式与其他管理的运行模式相似，除了共同遵循 PDCA 运行模式外，它还有自身的特点，那就是持续改进，也就是说它的环线是永远不能闭合的。

12. 采取隔离操作，实现微机控制，不属于防尘防毒的技术措施。 (×)

正确答案：采取隔离操作，实现微机控制是防尘防毒的技术措施之一。

13. 严格执行设备维护检修责任制，消除“跑冒滴漏”是防尘防毒的技术措施。 (×)

正确答案：严格执行设备维护检修责任制，消除“跑冒滴漏”是防尘防毒的管理措施。

14. 在 ISO 14001 环境管理体系中，初始环境评审是建立环境管理体系的基础。 (√)

15. 在 HSE 管理体系中，定量评价指不对风险进行量化处理，只用发生的可能性等级和后果的严重度等级进行相对比较。 (×)

正确答案：在 HSE 管理体系中，定性评价指不对风险进行量化处理，只用发生的可能性等级和后果的严重度等级进行相对比较。

16. HSE 管理体系规定，在生产日常运行中各种操作、开停工、检维修作业、进行基建及变更等活动前，均应进行风险评价。 (√)

17. 对某项产品返工后仍需重新进行检查。 (√)

18. ISO 9000 族标准中，质量审核是保证各部门持续改进工作的一项重要活动。 (√)

19. ISO 9000 族标准的三种审核类型中，第三方审核的客观程度最高，具有更强的可信度。 (√)

20. 平顶形直方图的形成由单向公差要求或加工习惯等引起。 (×)

正确答案：平顶形直方图的形成往往因生产过程有缓慢因素作用引起。

21. 质量统计排列图分析是质量成本分析的方法之一。 (√)

22. 质量统计因果图的作用是为了确定“关键的少数”。 (×)

正确答案：质量统计排列图的作用是为了确定“关键的少数”。

23. 质量统计控制图上出现异常点时，才表示有不良品发生。 (×)

正确答案：不一定。在质量统计控制图上，即使点子都在控制线内，但排列有缺陷，也要判做异常。

24. 国际上通用的产品不良项分级共分三级。 (×)

正确答案：国际上通用的产品不良项分级共分四级。

25. 在计算机应用软件 Word 中插入的文本框不允许在文字的上方或下方。 (×)

正确答案：Word 中插入的文本框通过设置文本框格式当中的版式允许在文字的上方或下方。

26. 在计算机应用软件 Word 中绘制图形要求两个图形能准确对齐可通过调整绘图网格的水平、垂直间距来实现。 (√)

27. 在计算机应用软件 Excel 中“COUNTIF ( )”函数的作用是计算某区域满足条件的单元格数。 (√)

28. Excel 数据表中汉字排序一般是按拼音顺序排序，但也可以按笔画排序。 (√)

29. Excel 数据表中分类汇总的选项包括分类字段、汇总方式两方面的内容。 (×)

正确答案：Excel 数据表中分类汇总的选项包括分类字段、汇总方式多方面的内容。

30. Excel 数据表中修改图表中的数据标志是通过图表区格式选项中的数据标志选项实现的。 （×）

正确答案： Excel 数据表中修改图表中的数据标志是通过数据系列格式选项中的数据标志选项实现的。

31. 班组建设不同于班组管理，班组建设是一个大概念，班组管理从属于班组建设。 （√）

32. 一般来说，班组的成本核算是全面的统计核算、业务核算和会计核算。 （×）

正确答案： 一般来说，班组的成本核算是局部核算和群众核算。

33. 总结的基本特点是汇报性和陈述性。 （×）

正确答案： 总结的基本特点是回顾过去，评估得失，指导将来。

34. 报告的目的在于把已经实践过的事情上升到理论认识，指导以后的实践，或用来交流，加以推广。 （×）

正确答案： 报告的主要目的是下情上达，向上级汇报工作、反映情况、提出意见和建议。

35. 为了减少发文，可以把若干问题归纳起来向上级写综合请示，但不能多方请示。 （×）

正确答案： 要坚持“一文一事”的原则，切忌“一文数事”使上级机关无法审批。

单选题

1. 班组交接班记录填写时，一般要求使用的字体是（ B ）。

A. 宋体　　B. 仿宋　　C. 正楷　　D. 隶书

2. 下列选项中不属于班组安全活动的内容是（ A ）。

A. 对外来施工人员进行安全教育

B. 学习安全文件、安全通报

C. 安全讲座、分析典型事故，吸取事故教训

D. 开展安全技术座谈、消防、气防实地救护训练

3. 安全日活动常白班每周不少于（ D ）次，每次不少于1h。

A. 4　　B. 3　　C. 2　　D. 1

4. 物体结构形状愈复杂，虚线就愈多，为此，对物体上不可见的内部结构形状采用（ C ）来表示。

A. 旋转视图　　B. 局部视图　　C. 全剖视图　　D. 端面图

5. 单独将一部分的结构形状向基本投影面投影需要用（ B ）来表示。

A. 旋转视图　　B. 局部视图　　C. 全剖视图　　D. 端面图

6. 用剖切平面把物体完全剖开后所得到的剖视图称为（ D ）。

A. 局部剖视图　　B. 局部视图　　C. 半剖视图　　D. 全剖视图

7. 画在视图外的剖面图称为（ A ）剖面图。

A. 移出　　B. 重合　　C. 局部放大　　D. 局部

8. 重合在视图内的剖面图称为（ B ）剖面图。

A. 移出　　B. 重合　　C. 局部放大　　D. 局部

9. 化工设备图中，表示点焊的焊接焊缝是（ A ）。

A. ○　　B. ∪　　C. △　　D. ⊿

10. 下列选项中，不属于零件图内容的是（ D ）。

A. 零件尺寸　　B. 技术要求　　C. 标题栏　　D. 零件序号表

11. 在 HSE 管理体系中，（ C ）是管理手册的支持性文件，上接管理手册，是管理手册规定的具体展开。

A. 作业文件　　B. 作业指导书　　C. 程序文件　　D. 管理规定

12. ISO 14001 环境管理体系共由（ B ）个要素所组成。

A. 18　　B. 17　　C. 16　　D. 15

13. ISO 14000 系列标准的指导思想是（ D ）。

A. 污染预防　　B. 持续改进

C. 末端治理　　D. 污染预防，持续改进

14. 不属于防尘防毒技术措施的是（ C ）。

A. 改革工艺　　B. 湿法除尘　　C. 安全技术教育　　D. 通风净化

15. 防尘防毒治理设施要与主体工程（ A ）、同时施工、同时投产。

A. 同时设计　　B. 同时引进　　C. 同时检修　　D. 同时受益

16. 在 HSE 管理体系中，物的不安全状态是指使事故（ B ）发生的不安全条件或物质条件。

A. 不可能　　B. 可能　　C. 必然　　D. 必要

17. 在 HSE 管理体系中，风险指发生特定危害事件的（ C ）性以及发生事件结果严重性的结合。

A. 必要　　B. 严重　　C. 可能　　D. 必然

18. 在（ B ）情况下不能对不合格品采取让步或放行。

A. 有关的授权人员批准　　B. 法律不允许

C. 顾客批准　　D. 企业批准

19. 不合格品控制的目的是（ C ）。

A. 让顾客满意　　B. 减少质量损失

C. 防止不合格品的非预期使用　　D. 提高产品质量

20. 在 ISO 9001 族标准中，内部审核是（ D ）。

A. 内部质量管理体系审核

B. 内部产品质量审核

C. 内部过程质量审核

D. 内部质量管理体系、产品质量、过程质量的审核

21. 在 ISO 9001 族标准中，第三方质量管理体系审核的目的是（ C ）。

A. 发现尽可能多的不符合项

B. 建立互利的供方关系

C. 证实组织的质量管理体系符合已确定准则的要求

D. 评估产品质量的符合性

22. ISO 9000 族标准规定，（ C ）属于第三方审核。

A. 顾客进行的审核　　B. 总公司对其下属公司组织的审核

C. 认证机构进行的审核　　D. 对协作厂进行的审核

23. 在 ISO 9000 族标准中，组织对供方的审核是（ D ）。

A. 第一方审核　　B. 第一、第二、第三方审核

C. 第三方审核　　D. 第二方审核

24. 数据分组过多或测量读数错误而形成的质量统计直方图形状为（ A ）形。

A. 锯齿　　B. 平顶　　C. 孤岛　　D. 偏峰

25. 把不同材料、不同加工者、不同操作方法、不同设备生产的两批产品混在一起时，质量统计直方图形状为（ D ）形。

A. 偏向　　B. 孤岛　　C. 对称　　D. 双峰

26. 在质量管理过程中，以下哪个常用工具可用于明确“关键的少数”（ A ）。

A. 排列图　　B. 因果图　　C. 直方图　　D. 调查表

27. 质量统计图中，图形形状像“鱼刺”的图是（ D ）图。

A. 排列　　B. 控制　　C. 直方　　D. 因果

28. 在质量统计控制图中，若某个点超出了控制界限，就说明工序处于（ D ）。

A. 波动状态　　B. 异常状态

C. 正常状态　　D. 异常状态的可能性大

29. 质量统计控制图的上、下控制限可以用来（ B ）。

A. 判断产品是否合格　　B. 判断过程是否稳定

C. 判断过程能力是否满足技术要求　　D. 判断过程中心与技术中心是否发生偏移

30. 产品的不良项分级分为 A、B、C、D 四级，A 级不良项是指产品的（ C ）不良项。

A. 轻微　　B. 一般　　C. 致命　　D. 严重

31. 产品的不良项分级分为 A、B、C、D 四级，C 级不良项是指产品的（ B ）不良项。

A. 轻微　　B. 一般　　C. 致命　　D. 严重

32. 在计算机应用软件 Word 中插入的图片（ A ）。

A. 可以嵌入到文本段落中

B. 图片的位置可以改变，但大小不能改变

C. 文档中的图片只能显示，无法用打印机打印输出

D. 不能自行绘制，只能从 Office 的剪辑库中插入

33. 在 Excel97 工作表中，单元格 C4 中有公式“ =A3 +$C$5”，在第 3 行之前插入一行之后，单元格 C5 中的公式为（ A ）。

A. =A4 +$C$6　　B. =A4 +$C$5　　C. =A3 +$C$6　　D. =A3 +$C$5

34. 图中所指的按钮是（ B ）。

A. 降序按钮　　B. 升序按钮　　C. 插入字母表　　D. 删除字母表

35. 建立图表的方法是从（ C ）菜单里点击图表。

A. 编辑　　B. 视图　　C. 插入　　D. 工具

36. 班组管理是在企业整个生产活动中，由（ D ）进行的管理活动。

A. 职工自我　　B. 企业　　C. 车间　　D. 班组自身

37. 属于班组经济核算主要项目的是（ C ）。

A. 设备完好率　　B. 安全生产　　C. 能耗　　D. 环保中的三废处理

多选题

1. 属于班组交接班记录的内容是（ A，B，C ）。

A. 生产运行　　B. 设备运行　　C. 出勤情况　　D. 安全学习

2. 下列属于班组安全活动的内容是（ B，C，D ）。

A. 对外来施工人员进行安全教育

B. 学习安全文件、安全通报

C. 安全讲座、分析典型事故，吸取事故教训

D. 开展安全技术座谈，消防、气防实地救护训练

3. 化工设备装配图中，螺栓连接可简化画图，其中所用的符号可以是（ C，D ）。

A. 细实线 +　　B. 细实线 ×　　C. 粗实线 +　　D. 粗实线 ×

4. 下列选项中，属于零件图内容的是（ A，C ）。

A. 零件尺寸　　B. 零件的明细栏　　C. 技术要求　　D. 零件序号表

5. 清洁生产审计有一套完整的程序，是企业实行清洁生产的核心，其中包括以下（ B，C，D ）阶段。

A. 确定实施方案　　B. 方案产生和筛选　　C. 可行性分析　　D. 方案实施

6. HSE 体系文件主要包括（ A，B，C ）。

A. 管理手册　　B. 程序文件　　C. 作业文件　　D. 法律法规

7. 下列叙述中，属于生产中防尘防毒技术措施的是（ A，B，C，D ）。

A. 改革生产工艺　　B. 采用新材料新设备　　C. 车间内通风净化　　D. 湿法除尘

8. 下列叙述中，不属于生产中防尘防毒的管理措施的有（ A，B ）。

A. 采取隔离法操作，实现生产的微机控制　　B. 湿法除尘

C. 严格执行安全生产责任制　　D. 严格执行安全技术教育制度

9. 我国在劳动安全卫生管理上实行“（ A，B，C，D ）”的体制。

A. 企业负责　　B. 行业管理　　C. 国家监察　　D. 群众监督

10. 在 HSE 管理体系中，危害识别的状态是（ A，B，C ）。

A. 正常状态　　B. 异常状态　　C. 紧急状态　　D. 事故状态

11. 在 HSE 管理体系中，可承受风险是根据企业的（ A，B ），企业可接受的风险。

A. 法律义务　　B. HSE 方针　　C. 承受能力　　D. 心理状态

12. 在 HSE 管理体系中，风险控制措施选择的原则是（ A，B ）。

A. 可行性　　B. 先进性、安全性　　C. 经济合理　　D. 技术保证和服务

13. 对于在产品交付给顾客及产品投入使用时才发现不合格产品，可采用以下方法处置（ B，D ）。

A. 一等品降为二等品　　B. 调换

C. 向使用者或顾客道歉　　D. 修理

14. 在 ISO 9000 族标准中，关于第一方审核说法正确的是（ A，B，D ）。

A. 第一方审核又称为内部审核

B. 第一方审核为组织提供了一种自我检查、自我完善的机制

C. 第一方审核也要由外部专业机构进行的审核

D. 第一方审核的目的是确保质量管理体系得到有效地实施

15. 质量统计排列图的作用是（ A，B ）。
A. 找出关键的少数
B. 识别进行质量改进的机会
C. 判断工序状态
D. 度量过程的稳定性
16. 质量统计因果图具有（ C，D ）特点。
A. 寻找原因时按照从小到大的顺序
B. 用于找到关键的少数
C. 是一种简单易行的科学分析方法
D. 集思广益，集中群众智慧
17. 质量统计控制图包括（ B，C，D ）。
A. 一个坐标系　B. 两条虚线　C. 一条中心实线　D. 两个坐标系
18. 产品不良项的内容包括（ A，C，D ）。
A. 对产品功能的影响
B. 对质量合格率的影响
C. 对外观的影响
D. 对包装质量的影响
19. 在计算机应用软件 Word 中页眉设置中可以实现的操作是（ A，B，D ）。
A. 在页眉中插入剪贴画
B. 建立奇偶页内容不同的页眉
C. 在页眉中插入分隔符
D. 在页眉中插入日期
20. 在计算机应用软件 Excel 中单元格中的格式可以进行（ A，B，C ）等操作。
A. 复制　B. 粘贴　C. 删除　D. 链接
21. 自动筛选可以实现的条件是（ A，C，D ）。
A. 自定义　B. 数值　C. 前 10 个　D. 全部
22. 对于已生成的图表，说法正确的是（ A，B，D ）。
A. 可以改变图表格式
B. 可以更新数据
C. 不能改变图表类型
D. 可以移动位置
23. 班组的劳动管理包括（ A，B，D ）。
A. 班组的劳动纪律
B. 班组的劳动保护管理
C. 对新工人进行“三级教育”
D. 班组的考勤、考核管理
24. 班组生产技术管理的主要内容有（ A，C，D ）。
A. 定时查看各岗位的原始记录，分析判断生产是否处于正常状态
B. 对计划完成情况进行统计公布并进行分析讲评
C. 指挥岗位或系统的开停车
D. 建立指标管理账
25. 在班组经济核算中，从项目的主次关系上看，属于主要项目的有（ A，C，D ）指标。
A. 产量　B. 安全生产　C. 质量　D. 工时
26. 总结与报告的主要区别是（ A，C，D ）不同。
A. 人称　B. 文体　C. 目的　D. 要求
27. 报告与请示的区别在于（ A，B，C，D ）不同。
A. 行文目的　B. 行文时限　C. 内容　D. 结构
28. 请示的种类可分为（ A，B，C，D ）的请示。
A. 请求批准　B. 请求指示　C. 请求批转　D. 请求裁决

简答题

1. 清洁生产审计有哪几个阶段？

答：①筹划与组织；②预评估；③评估；④方案产生和筛选；⑤可行性分析；⑥方案实施；⑦持续清洁生产。

2. ISO 14001 环境管理体系由哪些基本要素构成？

答：ISO 14001 环境管理体系由环境方针、规划、实施、测量和评价、评审和改进等五个基本要素构成。

3. 防尘防毒的主要措施是什么？

答：我国石化工业多年来治理尘毒的实践证明，在大多数情况下，靠单一的方法防尘治毒是行不通的，必须采取综合治理措施。即首先改革工艺设备和工艺操作方法，从根本上杜绝和减少有害物质的产生，在此基础上采取合理的通风措施，建立严格的检查管理制度，这样才能有效防止石化行业尘毒的危害。

4. 什么叫消除二次尘毒源？

答：对于因"跑冒滴漏"而散落地面的粉尘、固、液体有害物质要加强管理，及时清扫、冲洗地面，实现文明生产，叫消除二次尘毒源。

5. 什么是劳动安全卫生管理体制中的"行业管理"？

答：劳动安全卫生管理体制中的"行业管理"就是行业主管部门根据本行业的实际和特点切实提出本行业的劳动安全卫生管理的各项规章制度，并监督检查各企业的贯彻执行情况。

6. 简述 ISO 14001 环境管理体系建立的步骤。

答：一般而言，建立环境管理体系过程包括以下六大阶段：①领导决策与准备；②初始环境评审；③体系策划与设计；④环境管理体系文件编制；⑤体系运行；⑥内部审核及管理评审。

7. HSE 管理体系中危害识别的思路是什么？

答：①存在什么危害（伤害源）？②谁（什么）会受到伤害？③伤害怎样发生？

8. 什么是第一方审核？第二方审核？第三方审核？

答：第一方审核又称为内部审核，第二方审核和第三方审核统称为外部审核。①第一方审核指由组织的成员或其他人员以组织的名义进行的审核。这种审核为组织提供了一种自我检查、自我完善的机制。②第二方审核是在某种合同要求的情况下，由与组织有某种利益关系的相关方或由其他人员以相关方的名义实施的审核。这种审核旨在为组织的相关方提供信任的证据。③第三方审核是由独立于受审核方且不受其经济利益制约的第三方机构依据特定的审核准则，按规定的程序和方法对受审核方进行的审核。

9. 什么是排列图？

答：排列图又叫帕累托图，在质量管理中，排列图是用来寻找影响产品质量的主要问题，确定质量改进关键项目的图。

10. 控制图的主要用途是什么？

答：①分析用的控制图主要用于分析工艺过程的状态，看工序是否处于稳定状态；②管理用的控制图主要用于预防不合格品的产生。

11. 国际上通用的产品不良项分级分为几级？

答：国际上通用的产品不良项分级共分为：致命（A 级）、严重（B 级）、一般（C 级）、轻微（D 级）四级。

12. 班组在企业生产中的地位如何？

答：①班组是企业组织生产活动的基本单位；②班组是企业管理的基础和一切工作的立

脚点；③班组是培养职工队伍，提高工人技能的课堂；④班组是社会主义精神文明建设的重要阵地。

13. 班组管理有哪些基本内容？

答：①建立和健全班组的各项管理制度；②编制和执行生产作业计划，开展班组核算；③班组的生产技术管理；④班组的质量管理；⑤班组的劳动管理；⑥班组的安全管理；⑦班组的环境卫生管理；⑧班组的思想政治工作。

14. 班组经济核算的基本原则和注意事项是什么？

答：班组经济核算应遵循“干什么、管什么、算什么”的原则，力求注意三个问题：①计算内容少而精；②分清主次；③方法简洁。

15. 总结的写作要求是什么？

答：①要新颖独特，不能报流水账；②要重点突出，找出规律，避免事无巨细面面俱到；③要实事求是，全面分析问题，从中找出经验教训；④要材料取舍得当；⑤要先叙后议或夹叙夹议。

16. 什么是报告？

答：报告是下级机关向上级机关汇报工作、反映情况、提出意见或建议，答复上级机关的询问时使用的行文。

17. 请示的特点是什么？

答：请示的最大特点是请求性。指本机关、本部门打算办理某件事情，而碍于无权自行决定，或者无力去做，或不知该不该办，必须请求上级机关批准、同意后方可办理。

工种理论知识试题

判断题

1. 化学反应前后能量总和不变。 (√)

2. 任何氧化还原方程式都可以写成还原型（1）+氧化型（2）=氧化型（1）+还原型（2）。 (√)

3. 化学反应速率用不同物质的浓度变化来表示时，其数值相等。 (×)

正确答案：化学反应速率用不同物质的浓度变化来表示时，其数值不相等。

4. 丙烯经过臭氧化和水解反应可以制得丙酮。 (×)

正确答案：丙烯经过臭氧化和水解反应可以制得甲醛和乙醛。

5. 元素的化学性质随着原子序数递增呈现周期性变化的原因是原子电子层数周期性变化。 (×)

正确答案：元素的化学性质随着原子序数递增呈现周期性变化的原因是原子电子层结构周期性变化。

6. 同一化学反应，以不同的计量方程式表示时，其平衡常数的数值不变。 (×)

正确答案：同一化学反应，以不同的计量方程式表示时，其平衡常数的数值不同。

7. 对于气体，压强对反应速率的影响与浓度对反应速率的影响是一致的。 (√)

8. 易溶物质的不饱和溶液一定不是浓溶液。 (×)

正确答案：易溶物质的不饱和溶液可能是浓溶液。

9. C_5H_{12}的同分异构体有4种。 (×)

正确答案：C_5H_{12}的同分异构体有3种。

10. 流体在直管内流动时，当雷诺数大于4000时，流动类型属于滞流。 （×）

正确答案：流体在直管内流动时，当雷诺数大于4000时，流动类型属于湍流。

11. 流体在直管内流动时，当雷诺数等于1000时，流动类型属于滞流。 （√）

12. 最小回流比下的精馏操作，所需的理论塔板层数要小。 （×）

正确答案：最小回流比下的精馏操作，所需的理论塔板层数要无穷多。

13. 如果萃取操作处理的是混合物的水溶液，则萃取剂一般选用无机溶剂。 （×）

正确答案：如果萃取操作处理的是混合物的水溶液，则萃取剂一般选用有机溶剂。

14. 空塔气速的上限由漏液时的气速决定。 （×）

正确答案：空塔气速的上限由液泛时的气速决定。

15. 离心泵启动前未充满液体，不会对泵的流量产生影响。 （×）

正确答案：离心泵启动前未充满液体，对泵的流量会产生很大影响。

16. 旋风分离器可以将含尘气体中的颗粒100%除去。 （×）

正确答案：旋风分离器可以100%除去含尘气体中粒径大于临界粒径的颗粒。

17. 汽提是直接通入水蒸气，水蒸气即作为惰性气体，又作为加热介质的一种脱吸方法。 （√）

18. 单板效率可直接反映该层塔板的传质效果，各层塔板的单板效率相等。 （×）

正确答案：单板效率可直接反映该层塔板的传质效果，各层塔板的单板效率通常不相等。

19. 强制对流传热膜系数比自然对流膜传热系数小。 （×）

正确答案：强制对流传热膜系数比自然对流传热膜系数大。

20. 要提高换热器的总传热系数 K，就必须减少各项热阻。 （√）

21. 精馏塔饱和蒸汽进料，则精馏段回流液流量与提馏段下降液体流量相等。 （√）

22. 传热过程的强化就是力求流体间在单位时间内、单位传热面积传递的热量尽可能多。 （√）

23. 增加管壳式换热器的管程数可得到较大的平均温差，从而可强化传热。 （×）

正确答案：增加管壳式换热器的壳程数可得到较大的平均温差，从而可强化传热。

24. 在配位阴离子聚合引发剂中，齐格勒纳塔型引发剂是使用得最广的。 （√）

25. 三个最大值相等，角频率相同，彼此互差90°的电动势叫作三相对称电动势。（×）

正确答案：三个最大值相等，角频率相同，彼此互差120°的电动势叫作三相对称电动势。

26. 混联电路的总电流等于各电阻的电流之和。 （×）

正确答案：混联电路的总电流等于混联电路中并联各电阻的电流之和。

27. 对于管线，机泵等产生的静电，可通过安装防静电接地装置加以消除。 （√）

28. 闭合电路的电流，与电源电动势成正比，与整个电路的电阻成反比。 （√）

29. 操作工在操作DCS系统时，发现流程图中测量值在闪烁，一般情况下这表示仪表失灵或系统故障。 （×）

正确答案：操作工在操作DCS系统时，发现流程图中测量值在闪烁，这不表示仪表失灵或系统故障，而是过程报警。

30. 调节阀工作在小开度时有利于延长使用寿命。 （×）

正确答案：调节阀工作在小开度时将减少使用寿命。

31. 两位型调节阀动作十分频繁，膜片会很快破裂，不利于延长使用寿命。（√）

32. 工作转速高于转子一阶临界转速的称为刚性转子。工作转速低于转子一阶临界转速的称为挠性转子。（×）

正确答案：工作转速低于转子一阶临界转速的称为刚性转子。工作转速高于转子一阶临界转速的称为挠性转子。

33. 离心压缩机正常工作时的轴向力由主推瓦承担，起动时的轴向力由副推瓦承担。（√）

34. 在管线不变的情况下，只要更换一台大流量离心泵，就能大幅度增加工艺流量。（×）

正确答案：在管线不变的情况下，要更换一台大流量离心泵，流速必须不超过原管线允许流速的前题下，才能大幅度增加工艺流量。

35. 轴承游隙过小，会出现滚子被挤压现象，使轴承套圈和滚子处于预加负荷状态。轴承游隙过大，滚子与滚道容易产生滑动，磨损加剧。（√）

36. 填料塔不能代替传统的板式塔。（×）

正确答案：填料塔可以代替传统的板式塔。

37. 换热器检修验收时要做到设备投用运行二周，各项指标达到技术要求或能满足生产需要。（×）

正确答案：换热器检修验收时要做到设备投用运行一周，各项指标达到技术要求或能满足生产需要。

38. 用每100g的溶液中所含溶质的克数表示的浓度叫质量百分浓度。（√）

39. 密封环其作用是防止泵的外泄漏。（×）

正确答案：密封环其作用是防止泵的内泄漏和外泄漏。

40. 开式叶轮效率较高，闭式叶轮效率较低。（×）

正确答案：开式叶轮效率较低，闭式叶轮效率较高。

41. 离心泵的轴封一般有机械密封和填料密封两种。（√）

42. 离心泵的泵壳有轴向剖分式和径向剖分式两种。（√）

43. 泵的特性曲线反映泵在恒定转速下的各项性能参数。（√）

44. 泵的特性曲线HQ线表示泵扬程和流量的关系。（√）

45. 流化床的压降等于单位流化床截面上的颗粒表现重力，为一定值而与流速无关。（√）

46. 圆筒形流化床由于床层内混合不均匀，如对停留时间要求严格则不适用。（×）

正确答案：圆筒形流化床由于床层内混合均匀，如对停留时间要求严格则不适用。

47. 多层流化床结构复杂，操作不易控制，因而用得不多。（√）

48. 吸附操作一般可按吸附过程中有无化学反应，分为物理吸附和化学吸附两大类。（√）

49. 同一种吸附剂，对不同吸附质吸附的能力不同。（√）

50. 常用的离心通风机主要有离心和轴流两种型式。（√）

51. 颗粒床层的空隙率是固定床的一项重要特性。（√）

52. 非球形颗粒的形状与球形的差异程度，采用颗粒形状系数来表征。（√）

53. 在过滤时，只有介质上形成了滤饼层后，才能认为是有效的操作，而且在过程中逐渐增厚的滤饼层才真正起到了主要过滤介质的作用。（√）

54. 过滤操作中，原料悬浮液称为滤浆或料浆，滤浆中的固体颗粒称滤渣。（√）

55. 反应速度的大小主要与活化分子的百分数大小有关。（√）

56. 大多数聚合物熔体、溶液、分散体的流动行为均不符合牛顿黏性定律，具有更加复杂的流变行为，我们统称为非牛顿型流体。 (√)

57. 宾汉流体其流动行为和牛顿型流体有相似之处。 (√)

58. 反触变性流体在恒定的剪切速率下，其剪切应力随时间而递增。 (√)

59. 高分子材料从来源分，可分为天然高分子材料和合成高分子材料。 (√)

60. 流体在外力作用下其内部质点不会产生相对运动。 (×)

正确答案：流体在外力作用下其内部质点会产生相对运动。

61. 流体在管内任一截面上径向上各点的速度并不相同，中心处的速度最大，愈靠近管壁速度愈小。 (√)

62. 爪形弹性联轴器其特点是体积小，重量轻，结构简单，安装方便。 (√)

63. 弹性柱销联轴器的特点是结构简单，安装方便，更换容易，传动扭矩大。 (√)

64. 推压型密封是指辅助密封沿轴或轴套机械推压来补偿密封面磨损的机械密封。(√)

65. 旋转式机械密封是指补偿环随轴一起转动的机械密封。 (√)

66. 多弹簧机械密封，结构复杂，弹簧不能兼起传动作用，但端面比压均匀，适用于高速运转。 (√)

67. 采用简单蒸馏分离混合液，只能使混合液得到部分分离，得不到高纯度的产品。 (√)

68. 重力液体内任一点的流体静压力，等于自由表面上的压力加上液体重力与该点淹没深度的乘积。 (√)

69. 反应物从气流主体扩散到催化剂外表面及产物从催化剂外表面扩散到气流主体称为内扩散。 (×)

正确答案：反应物从气流主体扩散到催化剂外表面及产物从催化剂外表面扩散到气流主体称为外扩散。

70. 气液反应反应物可能是一个在气相中，另一个在液相中，气相中的反应物须进入液相才能进行反应。 (√)

71. 气液反应也可能是反应物两个都在气相中，但须进入液相和催化剂接触后才能进行反应。 (√)

72. 离心压缩机排气压力的高低由机器本身和管网共同决定。 (√)

73. 离心压缩机的驱动机功率一般至少取压缩机所需轴功率的110%。 (√)

单选题

1. 关于能量守恒定律的描述，下列表述错误的是（ C ）。

A. 化学反应中伴随能量的转化　　B. 化学反应中，化学能可以转变成内能

C. 化学反应前后热量守恒　　D. 能量守恒定律适用于一切变化

2. 下列说法中，不正确的是（ C ）。

A. 化学反应速率是指化学反应的平均速率

B. 化学反应速率习惯以浓度变化的正值来表示

C. 反应物的反应速率与生成物的生成速率相等

D. 化学反应速率随时间不断变化

3. 一定量的理想气体，在等体积过程中吸收了热量，则（ B ）。

A. 气体内能增加，压强减小　　B. 气体内能增加，压强增大

C. 气体内能减小，压强减小　　D. 气体内能减小，压强增大

4. 元素 X、Y、Z 的原子序数都小于 18。元素 X 和 Y 的阳离子和元素 Z 的阴离子具有相同的电子层结构，并且 X 的离子半径比 Y 的离子半径大，则 X、Y、Z 的原子序数由大到小的顺序为（ B ）。

A. X > Y > Z　　B. Y > X > Z　　C. X > Z > Y　　D. Z > Y > X

5. 关于反应平衡常数的表述，下列说法错误的是（ D ）。

A. 平衡常数就是衡量平衡状态的一种数量标志

B. 化学反应平衡常数习惯上称为浓度平衡常数

C. 标准平衡常数又叫作热力学平衡常数

D. 热力学中把平衡常数区分为压力平衡常数和浓度平衡常数

6. 下列物质中，其离解常数最大的是（ C ）。

A. 1mol 纯水　　B. 0. 2L0. 5mol/L 氢氧化钠溶液

C. 1mol 浓度为 98% 的硫酸　　D. 1L3mol/L 硝酸铵溶液

7. 下列叙述正确的是（ D ）。

A. 浓溶液一定是饱和溶液　　B. 饱和溶液一定是浓溶液

C. 稀溶液一定是不饱和溶液　　D. 有溶质晶体析出的溶液一定是饱和溶液

8. 下列叙述不正确的是（ D ）。

A. 根据布伦斯特的酸碱概念，凡是能给出质子的叫作酸

B. 一个酸给出质子后变成一个碱

C. 给出质子能力强的酸就是强酸

D. 强酸的共轭碱必是强碱

9. 下列叙述正确的是（ B ）。

A. 相对分子质量相同的物质就是同一种物质

B. 分子式相同的不同物质一定是同分异构体

C. 通式相同的不同物质一定是同系物

D. 官能团相同，分子结构不同的物质互为同分异构体

10. 关于苯的描述，下列说法不正确的是（ D ）。

A. 不溶于水，易溶解于有机溶剂　　B. 比水轻

C. 无色，有芳香气味　　D. 分子中含有 3 个双键

11. 下列叙述正确的是（ C ）。

A. pH 值越大，溶液的浓度越高

B. pH 值越大，离解常数越大

C. pH 值的范围为 0 ~ 14

D. 氢氧化钠溶液的 pH 值一定比氨水的 pH 值高

12. 流体在直管内流动时，当雷诺数（ A ）时，流体的流动属于湍流。

A. $Re = 4000$　　B. $Re = 2000$

C. $Re = 3000$　　D. $2000 < Re < 4000$

13. 萃取操作主要利用液体混合物中各组分（ C ）的不同来实现分离。

A. 沸点　　B. 挥发度　　C. 溶解度　　D. 蒸汽压

14. 空塔气速是（ A ）。

A. 按空塔截面积计算的气体线速度　B. 按塔内件截面积计算的气体线速度

C. 塔实际操作气速　D. 其上限由漏液决定

15. 关于空塔气速，下列说法正确的是（ C ）。

A. 空塔气速对设计塔径没有意义

B. 其上限由漏液决定

C. 设计塔时，空塔气速为液泛速度的0.6~0.8倍

D. 一定处理量下，塔径大，空塔气速大

16. 离心泵的流量与（ A ）成正比关系。

A. 叶轮的直径　B. 扬程　C. 效率　D. 液体重度

17. 下列选项中，属于气体输送机械的是（ B ）。

A. 旋涡泵　B. 通风机　C. 往复泵　D. 齿轮泵

18. 旋风分离器主要是利用（ B ）将含尘气体中的颗粒分离出来的。

A. 向心力　B. 离心力　C. 轴向力　D. 切向力

19. 单位重量液体流经泵所获得的能量叫作泵的（ B ）。

A. 流量　B. 扬程　C. 功率　D. 效率

20. 为了避免离心泵安装错误发生气蚀现象而规定的量为（ B ）。

A. 必需气蚀余量　B. 最大允许安装高度

C. 允许气蚀余量　D. 实际安装高度

21. 汽提过程是（ A ）。

A. 传质方向与吸收相反　B. 溶质由气相向液相传递

C. 增大气流中的溶质分压　D. 减小溶液的平衡分压

22. 单板效率是（ B ）。

A. 与全塔效率相等

B. 指气相或液相经过一层塔板前后的实际组成变化与经过该层塔板前后理论组成变化的比值

C. 各层的单板效率相等

D. 基于所需理论板数的概念

23. 关于对流传热系数，下列说法正确的是（ D ）。

A. 流体的温度对对流传热系数无影响　B. 湍流时的对流传热系数比滞流时小

C. 黏度越大，对流传热系数大　D. 流体的导热系数大，对流传热系数大

24. 换热器的污垢越厚，换热器的总传热系数 K（ A ）。

A. 越小　B. 越大　C. 不变　D. 不确定

25. 当精馏塔处于（ A ）时，此时的回流比最大。

A. 全回流　B. 最小回流　C. 适宜回流　D. 正常回流

26. 下列方法中，可以强化传热的是（ D ）。

A. 减小流体流速　B. 采用大直径管　C. 采用平板面　D. 采用翅片面

27. 下列方法中，可以强化传热的是（ C ）。

A. 采用少孔物质结构　B. 减小流体的扰动　C. 采用逆流传热　D. 增大管径

28. 丙烯聚合反应的类型为（ D ）。

A. 自由基聚合　B. 离子聚合　C. 配位阳离子聚合　D. 配位阴离子聚合

29. 下列选项中，对自由基共扼效应最小的是（ D ）。

A. CN　B. COOH　C. COOR　D. Cl

30. 关于对称三相交流电源，下列论述正确的是（ B ）。

A. 对称三相交流电是由三组电压幅值相等的电池组电源组成的

B. 对称三相交流电源是由三个频率相同、最大值相等、相位差 120°的电动势组成

C. 对称三个单相交流电源组成一个三相交流电源

D. 对称三相交流电源是由三个频率相同、最大值相等，相位差相同的电动势组成

31. 关于在仅有电阻参数的交流电路中，下列论述错误的是（ D ）。

A. 纯电阻交流电路中，电压与电流的关系，可根据欧姆定律确定

B. 电流的瞬时值和电阻两端的电压瞬时值成正比

C. 电流和电压是同频率的正弦量

D. 在相位上，电流超前于电压 90°

32. 独立避雷针一般由（ D ）部分组成。

A. 避雷针、避雷线　B. 避雷针、铁塔

C. 避雷塔、接地极　D. 接闪器、引下线、接地体

33. 防雷装置的接地电阻，一般要求为（ C ）Ω 以下。

A. 1　B. 4　C. 10　D. 100

34. 下列公式中，闭合电路欧姆定律表达式是（ D ）。

A. $I=\frac{U}{R}$　B. $U=IR$　C. $I=\frac{E}{R}$　D. $I=\frac{E}{R+r}$

35. 如果发生了过程报警，工艺人员可在（ C ）中确认。

A. 总貌画面　B. 趋势画面　C. 报警画面　D. 控制组

36. 关于串级控制系统的叙述，下列说法不正确的是（ C ）。

A. 是由主、副两个调节器串接工作

B. 主调节器的输出作为副调节器的给定值

C. 目的是为了实现对副变量的定值控制

D. 副调节器的输出去操纵调节阀

37. 关于分程控制系统的叙述中，下列说法不正确的是（ D ）。

A. 是由一个调节器同时控制两个或两个以上的调节阀

B. 每一个调节阀根据工艺的要求在调节器输出的一段信号范围内动作

C. 主要目的是为了扩大可调范围 R

D. 主要目的是为了减小可调范围 R

38. 有两个调节阀，其可调比 $R_1=R_2=30$，第一个阀最大流量 $Q_1\max=100\text{m}^3/\text{h}$，第二个阀最大流量 $Q_2\max=4\text{m}^3/\text{h}$，采用分程调节时，可调比达到（ A ）。

A. 740　B. 300　C. 60　D. 900

39. 压缩机（离心式、轴流式）在（ A ）时会发生喘振现象。

A. 入口低流量　B. 出口低流量

C. 入口压力高出口压力低　D. 入口差压低

40. 有一台正在运行中的气关单座阀总是关不死，不是造成这一问题的原因是（ B ）。

A. 阀芯阀座磨损严重　B. 阀门定位器输出总是在最大值

C. 阀芯阀座间有异物卡住　D. 阀杆太短

41. 气体在离心压缩机的后弯式叶轮流动时，其出口绝对速度比入口绝对速度（ C ）。

A. 低　B. 相等　C. 高　D. 时高时低

42. 离心压缩机的无叶扩压器比有叶扩压器的变工况效率高，稳定工作区范围宽。而在设计工况下运行时，无叶扩压器比有叶扩压器的效率（ B ）。

A. 高　B. 低　C. 同等　D. 小一倍

43. 前弯、后弯、径向叶轮三者中，绝对速度最大的是前弯叶轮，绝对速度最小的是（ D ）叶轮，相对速度最大的是后弯叶轮，相对速度最小的是径向叶轮。

A. 前弯　B. 径向　C. 径向和后弯　D. 后弯

44. 两台性能相同离心泵串联时，其效率不变，两台性能相差较大离心泵串联时，其效率（ A ）。

A. 降低　B. 升高　C. 不变　D. 不能确定

45. 全关闭出口阀时，离心泵流量最小，扬程（ C ）。

A. 最小　B. 等于0　C. 最大　D. 不变

46. 板式塔在石化生产装置中主要用于（ A ）过程。

A. 精馏　B. 吸收　C. 解吸　D. 抽提

47. 法兰的公称压力是压力容器（设备）或管道的标准压力等级。每个公称压力是表示一定材料和一定温度下的（ A ）。

A. 最大工作压力　B. 最小工作压力　C. 正常工作压力　D. 稳定工作压力

48. 管道检修现场验收的主要标准是（ B ）。

A. 检修记录准确齐全

B. 管道油漆完好无损，附件灵活好用，运行一周无泄漏

C. 提交检修过程技术资料

D. 管道耐压试验报告

49. 换热器检修的现场验收标准主要是（ A ）。

A. 设备投用运行一周，各项指标达到技术要求或能满足生产需要

B. 设备防腐、保留完整无损，达到完好标准

C. 提交检修过程技术资料

D. 维护记录

50. 吸附是用（ B ），与流体混合物接触，有选择地使其中的一种或多种组分附着于固体的内外表面上，以达到流体混合物分离的操作。

A. 吸收剂　B. 多孔性固体物料　C. 液体物料　D. 气体物料

51. 拉西环属于（ A ）填料。

A. 实体　B. 网体　C. 板形　D. 鞍形

多选题

1. 丙烯可以发生的有机反应有（ A，B，C，D ）。

A. 加聚反应　B. 加成反应　C. 取代反应　D. 氧化反应

2. 下列物质中，有同分异构体的是（ B，C ）。

A. CH_2Cl_2　　B. $C_2H_4Cl_2$　　C. C_3H_4　　D. C_6H_5Cl

3. 苯可以发生的化学反应有（ A，B，C，D ）。

A. 取代反应　　B. 加成反应　　C. 磺化反应　　D. 硝化反应

4. 流体在直管内流动，其雷诺数值如下，属于滞流的是（ A，B ）。

A. $Re=1500$　　B. $Re=2000$　　C. $Re=2500$　　D. $Re=3000$

5. 引用最小回流比的意义是（ B，C ）。

A. 确定塔径

B. 可由最小回流比选取适宜的操作回流比

C. 求理论板层数

D. 确定实际板层数

6. 离心泵的扬程主要与（ A，B，C ）有关。

A. 出入口压力表与真空表间的距离　　B. 压力表读数

C. 真空表读数　　D. 液体流速

7. 汽提过程是（ A，B，C，D ）。

A. 传质方向与吸收相反　　B. 脱吸过程

C. 减小气流中的溶质分压　　D. 可以提纯溶液

8. 要提高换热器的总传热系数 K，可采取的办法是（ A，C ）。

A. 采用翅片面　　B. 降低流体流速

C. 除垢　　D. 两流体逆流

9. 配位阴离子聚合的特点的是（ A，B，C ）。

A. 单体首先在亲电性反离子或金属上配位　　B. 反应具有阴离子性质

C. 反应是经四元环的插入过程　　D. 单体的插入为一级插入

10. 配位阴离子聚合所用引发剂的类型是（ A，B，C ）。

A. 齐格勒纳塔型　　B. π 丙基镍型

C. 烷基锂型　　D. 有机酸型

11. 当丙烯聚合反应到达链终止状态时，会发生链转移反应。关于链转移反应的描述，下列说法正确的是（ A，B，D ）。

A. 可以向丙烯单体转移　　B. 可以向烷基铝转移

C. 可以向给电子体转移　　D. 可以向氢气转移

12. 下列取代基的各种效应，会对自由基的活性产生影响的是（ A，B，C ）。

A. 共扼效应　　B. 极性效应　　C. 位阻效应　　D. 同化效应

13. 在操作 DCS 系统时，不允许操作工改变的是（ A，C ）。

A. PID 参数　　B. 阀位值　　C. 正反作用　　D. 给定值

14. 气动薄膜调节阀工作不稳定，产生振荡，是因为（ A，B，C，D ）。

A. 调节器输出信号不稳定

B. 管道或基座剧烈振动

C. 阀杆摩擦力大，容易产生迟滞性振荡

D. 执行机构刚度不够，会在全行程中产生振荡；弹簧预紧量不够，会在低行程中发生振荡

15. 往复压缩机填料密封一般有（ A，B ）。

A. 三片式切向环　B. 三片式径向环　C. 三片式轴向环　D. 三片式周向环

16. 调节离心泵扬程的常用方法有（ B，C，D ）。

A. 泵并联　B. 泵串联　C. 阀门控制　D. 减少级数

17. 近年来由于填料结构的改进，新型的高效、高负荷填料的开发，使得填料塔具有（ A，B，C，D ）的特点，因此填料塔已被推广到所有大型分离设备中。

A. 高的通过能力　B. 高的分离效率　C. 压力降小　D. 性能稳定

18. 板式塔适用于（ B，C，D ）操作条件。

A. 大的液体负荷　B. 低的液体负荷　C. 液气比波动较大　D. 操作弹性大

19. 下列技术资料中，管道检修验收应提交的技术资料是（ A，B，C，D ）。

A. 设计变更及材料代用通知单，材质、零部件合格证

B. 隐蔽工程记录

C. 检修记录（含单线图）

D. 焊缝质量检验报告

20. 泵检修时的施工现场的验收包括（ A，B，D ）。

A. 检修工具摆放整齐　B. 当日施工当日清洁

C. 钳工申报泵零部件报废　D. 钳工新领配件妥善保管

21. 泵检修完工后检修质量的验收标准包括（ A，B，C，D ）。

A. 转子径向轴向跳动符合标准　B. 配合零部件间隙符合标准

C. 压力表温度表齐全校验准确　D. 控制和联锁系统验收合格

22. 泵检修完工后试运质量的验收标准包括（ A，B，C ）。

A. 压力流量平稳　B. 出力满足生产正常需要

C. 泵出口压力和轴承温度符合要求　D. 密封小量泄漏

23. 离心泵主要由叶轮、（ A，B，C，D ）等组成。

A. 轴　B. 泵壳　C. 轴封　D. 密封环

24. 下列说法正确的是（ A，B，C ）。

A. 流化床是无定形的，随容器的形状而变

B. 流化床有一定的上界面

C. 当容器倾斜时，流化床上界面会保持水平

D. 流化床的床层密度、导热性、比热和黏度等不均有一定值

25. 离心通风机的性能参数是指风量、（ A，C，D ）。

A. 风压　B. 额定电流　C. 轴功率　D. 效率

26. 实体填料包括（ A，C，D ）。

A. 环形　B. 压延孔环　C. 鞍形　D. 板形

27. 气—液相间传质的理论主要有（ B，C，D ）。

A. 拉乌尔定律　B. 双膜理论　C. 溶质渗入理论　D. 表面更新理论

简答题

1. 如何提高换热器的总传热系数 K?

答：要提高 K 值，就必须减少热阻，方法有：增加湍流程度；防止结垢和及时清除垢层。

2. 请简述离心泵的工作原理。

答：①一般离心泵启动前泵壳内要灌满液体，当原动机带动泵轴和叶轮旋转时，液体一方面随叶轮做圆周运动，一方面在离心力的作用下自叶轮中心向外周抛出，液体从叶轮获得了压力能和速度能；②在液体自叶轮抛出时，叶轮中心部分造成低压区，与吸入液面的压力形成压力差，于是液体不断地被吸入，并以一定的压力排出。

3. 何谓离心泵的流量？

答：离心泵的流量是指泵在单位时间内由泵出口排出液体的体积量。

4. 何谓离心泵的扬程？

答：离心泵的扬程是指单位重量的液体通过泵后获得的能量。

5. 流化床常用的形式有哪些？

答：流化床常用的形式有：①圆筒形流化床；②锥形流化床；③喷泉床；④多层流化床及卧式多室流化床等等。

6. 何谓吸附剂的堆积密度？

答：所谓堆积密度是指吸附剂颗粒重 kg 与颗粒床层所占体积 m^3 之比。

7. 床层颗粒有什么特性？

答：床层颗粒的特性有：当量直径；颗粒形状系数。

8. 什么叫过滤过程？

答：用一种具有许多毛细孔的间隔层，使液体由此隔层的小孔中通过，而将悬浮在液体中的固体颗粒截留在介质上，达到固液分离的过程称为过滤过程。

9. 何谓流体的概念？

答：流体是指具有流动性，几乎无外力影响而任意分裂、变形的物体。

10. 填料塔选用的填料须具有哪些条件？

答：填料须具有下列条件：①比表面积要大；②空隙率要高；③填料尺寸要选择适当；④堆积密度小；⑤要有足够的机械强度以及良好的化学稳定性。

高压法模块

判断题

1. 丙烯和乙烷为惰性气体，不参与乙烯聚合反应，在系统内积累过多会导致转化率下降。 （×）

正确答案：丙烯可与乙烯产生共聚反应，造成聚合物甲基支化度增加，影响产品质量。

2. 降低进气温度，可以提高转化率，所以进气温度越低越好。 （√）

3. 聚乙烯产品是很好的热塑性塑料，是优良的绝缘材料。 （√）

4. 运转中，挤压机电流波动大时，应立即停车。 （×）

正确答案：运转中，挤压机电流波动大时，应立即切为手动操作，然后查找原因。

5. 运转中出现挤压机电流大幅波动，应马上切为手动操作。 （√）

6. 乙烯的聚合，不仅可以靠引发剂，也能靠热来加以引发。 （√）

7. 对返回系统进行排放操作时，不会影响 MFR。 （×）

正确答案：过多的返回系统排放，会影响系统内惰性气体的含量，导致 MFR 下降。

8. 离心干燥机的空气吸入过滤器堵塞不会影响其干燥能力。 （×）

正确答案：离心干燥机的空气吸入过滤器堵塞会影响其干燥能力。

9. 振动筛分机下料不畅会导致离心干燥机自停。 （√）

10. 离心干燥机的排气口不畅通会使干燥能力下降。 （√）

11. 高压分离器的液位控制越高越好。 (×)

正确答案： 过高的高分液位有可能会导致夹带问题出现。

12. 高压分离器“零点”测定时应在自动状态下进行。 (√)

13. 进行高压分离器的液位清洗时不用测“零点”。 (×)

正确答案： 进行高压分离器的液位清洗时需要测“零点”。

14. 挤压机初开车时易出现带尾巴粒子。 (√)

15. 班组经济核算的实质是进行核算、实施、分析、措施的循环。 (×)

正确答案： 班组经济核算的实质是进行核算、分析、实施、措施的循环。

16. 班组产品产量指标的核算，主要是原材料、燃料和动力的实际消耗量与计划限额（或定额）进行对比。 (×)

正确答案： 班组消耗指标的核算，主要是原材料、燃料和动力的实际消耗量与计划限额（或定额）进行对比。

17. 为了使粒形美观，又不损害模面，必须要对切刀与模板间的间隙进行调整，调整时取下固定螺丝，根据千分表进行。 (√)

18. 不加其他介质，只有单体本身在引发剂或催化剂、热、光、辐射作用下进行的聚合称为自由基聚合。 (×)

正确答案： 不加其他介质，只有单体本身在引发剂或催化剂、热、光、辐射作用下进行的聚合称为本体聚合。

19. 聚乙烯生产中使用的引发剂必须是配置合格的才能使用。 (√)

20. 聚合岗位使用的引发剂使用浓度有一定浮动范围。 (√)

21. 低压及一次压缩机的填料泄漏管线无须置换，是因为其压力低、量少。 (×)

正确答案： 因为不回收、直接放空。

22. 反应器气密操作应在反应器置换前进行。 (×)

正确答案： 置换合格后进行。

23. 单体浓度的一次方与聚合速率成正比。 (√)

24. 由于活化能很低，温度对聚合速率的影响很小。 (√)

25. 对于光和辐射引发的聚合反应，在较低的温度下也能聚合。 (√)

26. 造粒岗位开车前造粒循环水箱需要加热到规定温度。 (√)

27. 向聚合物中注入添加剂的目的，是为了减少造粒系统的故障。 (×)

正确答案： 目的是为了改善聚合物的加工性能和成品的物性。

28. 对反应器夹套进行冷却不能提高转化率。 (×)

正确答案： 对反应器夹套进行冷却能提高转化率。

29. 为 防止料仓发生爆炸，向料仓内吹净化风，以将乙烯气吹出，因此，吹净化风的时间越长越好。 (×)

正确答案： 按规定时间吹净化风。

30. 为了将聚乙烯成品中的杂质清除出去，混合岗位使用净化风机向料仓内吹净化风。 (×)

正确答案： 为了使料仓中的乙烯气的浓度下降到爆炸极限以下，防止爆炸。

31. 聚乙烯颗粒的移动一般采用空气输送方法，不会对聚乙烯颗粒造成伤害。（×）

正确答案：如果风送系统的空气温度过高，会导致粉尘增多，絮状物出现，对聚乙烯表面造成损害。

32. 乙烯聚合反应过程中，惰性气体浓度越高，单程转化率越高，产品相对分子质量越低，MI 越高。（×）

正确答案：乙烯聚合反应过程中，惰性气体浓度越高，单程转化率越低，产品相对分子质量越低，MI 越高。

33. 齿轮泵可以输送含有固体颗粒的悬浮液。（×）

正确答案：齿轮泵不可以输送含有固体颗粒的悬浮液。

34. 往复压缩机在一个工作循环内曲轴转动一周，活塞往复运动两次。（×）

正确答案：往复压缩机在一个工作循环内曲轴转动一周，活塞往复运动一次。

35. 镀锌铁板上的镀锌层属于阳极保护。（√）

36. 引发剂泵的零点调试就是要将引发剂泵的零点调整在 0%。（×）

正确答案：引发剂泵的零点调试就是要将引发剂泵的零点调整在某个规定值，不一定要在 0%。

37. 离心泵试车时严禁空负荷运转。（√）

38. 呼吸阀堵塞对于常压储罐的完好没有影响。（×）

正确答案：附件齐全灵活好用是常压储罐完好的一项指标。

39. 造粒系统因水温高造成粒子结团可以降低纯水温度调整纯水流量来改善。（√）

40. 正常生产中，反应釜搅拌电机异常停止，若联锁开关在“切”的位置应将其直接切至“手动停”，进行反应釜的紧急停车。（√）

41. 高压分离器严重夹带时，二次压缩机入口过滤缓冲器压力也会上升。（×）

正确答案：高压分离器严重夹带时，二次压缩机入口过滤缓冲器压力会下降。

42. 乙烯的自由基聚合为放热反应，因此，尽可能地降低反应器入口温度将会得到较高的转化率。（×）

正确答案：过低的反应器入口温度将会导致反应温度的波动大，甚至丧失反应。

43. 反应器放空至常压时应用现场放空阀。（√）

单选题

1. 运转中，高压分离器的液位指示有一定的正常波动范围，MFR 高的产品（ B ）。

A. 波动幅度大　B. 波动幅度小　C. 无明显波动　D. 以上都不对

2. 泵的特性曲线是指（ D ）一定时的各参数之间的关系曲线。

A. 流量　B. 扬程　C. 效率　D. 转数

3. 在离心泵的特性曲线图中，流量与扬程曲线随着流量的增加，扬程（ B ）。

A. 一直上升　B. 一直下降　C. 先降后升　D. 先升后降

4. 画图时用的图线有六种，其中不包括（ D ）。

A. 实线　B. 虚线　C. 双点划线　D. 抛物线

5. 细实线用来表示引出线、尺寸线、作图线等，它的宽度为（ C ）或更细。

A. b　B. b/2　C. b/3　D. b/4

6. 主视图反映了几何形体的（ A ）。

A. 长度和高度　　B. 长度和宽度

C. 高度和宽度　　D. 长度、高度和宽度

7. 一张完整的零件图必须要具备足够的视图、完整的尺寸（ D ）和标题栏。

A. 尺寸精度　　B. 形位公差　　C. 加工数量和质量　　D. 技术要求

8. 若零件图上比例的标注形式为2∶1，其代表意义是（ B ）。

A. 加工两个零件　　B. 图形大小是实物大小的两倍

C. 图形大小是实物大小的1/2　　D. 两张零件图可选一张

9. 带控制点工艺流程图正确的叙述是（ D ）。

A. 是一种内容详细的工艺流程图　　B. 是设备布置和管路布置的依据

C. 是施工安装和生产操作的参考资料　　D. A、B、C 都对

10. 化工管路可以分为（ B ）。

A. 铸铁管路非铸铁管路　　B 金属管路非金属管路

C. 合金管路非金属管路　　D. 低压管路高压管路

11. 图纸无论是否装订都应（ B ）。

A. 画出装订线　　B. 画出边框　　C. 画出装订范围　　D. 打孔

12. 某水泵出口压力为1.0MPa，则泵扬程是（ C ）m。

A. 10　　B. 50　　C. 100　　D. 200

13. 二次压缩机盘车到规定时间后，而电没送上，可能原因有（ B ）。

A. 辅助油泵未运转　　B. 冷却油压力未达到规定值

C. 冷却油温过低　　D. 内部油温过低

14. 提高反应压力会使产品 MFR（ B ）。

A. 升高　　B. 降低　　C. 不变　　D. 先升后降

15. 一次压缩机旁路回流阀上游设有（ C ）。

A. 缓冲器　　B. 安全阀　　C. 加热器　　D. 油水分离器

16. 切刀和模板间隙不良，可能导致（ B ）。

A. 混入絮状物　　B. 混入切屑　　C. 颗粒粘连　　D. 粉尘多

17. 在液压传动系统中，动力元件是（ A ）。

A. 液压泵　　B. 液压缸　　C. 控制阀　　D. 蓄能器

18. 下面措施不能提高反应器进气量的是（ C ）。

A. 提高高压受槽的压力　　B. 提高二次压缩机入口分离器的压力

C. 降低低压受槽的压力　　D. 提高二次压缩机打气量

19. 乙烯进料温度最好为（ C ）℃之间。

A. 5 ~ 10　　B. 10 ~ 30　　C. 30 ~ 60　　D. 100 ~ 120

20. 反应器乙烯进料温度过高会导致（ C ）。

A. 长链支化增多　　B. 分解反应　　C. 转化率下降　　D. 晶点问题出现

21. 高循换热器再生时温度要达到（ B ）℃以上才可以排放。

A. 20　　B. 85　　C. 120　　D. 180

22. 切粒机切刀转速与下列哪项因素有关?（ B ）。

A. 切刀间隙　　B. 挤出机转速　　C. 低压分离器料面　　D. 高压分离器料面

23. 下面不是高压聚乙烯生产原料中所含有的是（ C ）。
A. 乙炔　　B. 氧气　　C. 碳　　D. 甲烷
24. 化工装置使用的仪表风露点是（ C ）℃。
A. 40　　B. 20　　C. −40　　D. −20
25. 二次压缩机气密实验（ C ）进行。
A. 与一次压缩机同时　　B. 与高压分离器同时
C. 与反应器同时　　D. 其他
26. 如果产品 MFR 偏低，则需（ D ）后区温度。
A. 降低　　B. 先降后提　　C. 先提后降　　D. 提高
27. 引发剂浓度越（ A ），聚合速率越（ A ）。
A. 大　大　　B. 大　小　　C. 大　无变化　　D. 不相干
28. 反应器气密试验时，反应器夹套应处于（ C ）状态。
A. 加热　　B. 放冷　　C. 通水冷却　　D. 放空
29. 全系统放空停车后的开车操作中，最先可以置换的是（ B ）。
A. 反应器　　B. 一次压缩机　　C. 低压分离器　　D. 高压分离器
30. 对于热引发聚合反应，温度升高，速率常数（ A ）。
A. 增大　　B. 减小　　C. 无明显变化　　D. 没关系
31. 不会造成添加剂注入不良的选项是（ C ）。
A. 添加剂系统加热不良　　B. 管线及过滤网堵塞
C. 挤压机模板堵　　D. 添加剂注入泵出口安全阀动作或泄漏
32. 混合岗位料仓中有乙烯气，是由于（ C ）。
A. 空送风机吸入了乙烯气　　B. 净化风机中含有乙烯气
C. 聚乙烯颗粒释放出乙烯气　　D. 空送管线吹扫不彻底
33. 正常生产中，净化风机突然停止，不必采取的措施有（ D ）。
A. 关闭净化风机的进出口阀　　B. 关闭计量斗及掺合器的净化风总阀
C. 切到氮气一侧　　D. 停掉空送风机
34. 下列选项中，属于空送系统造成的聚乙烯颗粒质量问题是（ C ）。
A. 爽滑性变差　　B. 颗粒内部含有气泡
C. 粉尘增多　　D. 聚乙烯颗粒粘连
35. 提高反应压力，抑制了（ C ）反应的进行。
A. 链增长　　B. 链引发　　C. 链终止　　D. 链转移
36. 高压聚乙烯反应进料的主要原料是（ A ）。
A. 乙烯气　　B. 聚乙烯　　C. 添加剂　　D. 抗氧化剂
37. 二次压缩机是（ C ）。
A. 双作用式的卧式高压压缩机　　B. 单作用式的立式超高压压缩机
C. 单作用式的卧式超高压压缩机　　D. 双作用式的立式高压压缩机
38. 下面关于十字头说法错误的是（ B ）。
A. 对于压缩乙烯气的压缩机，只能采用十字头结构
B. 有十字头的压缩机只能做成单作用式的

C. 带十字头的压缩机，其结构相应复杂，高度和重量也相应增加

D. 带十字头的压缩机，可以设置填料密封，气体泄漏量相应较小

39. 下面关于二次压缩机工作原理说法正确的是（ B ）。

A. 如果密封得很好，气缸不存在气体泄漏

B. 气缸内的气体不可能排净

C. 压缩和膨胀的过程存在稳定的热交换

D. 压缩机的驱动结构主要由曲轴、连杆、活塞及汽缸组成

40. 离心干燥机应（ C ）启动，运转平稳后检查无异常方可进料。

A. 低负荷　B. 满负荷　C. 空负荷　D. 一定负荷

41. 往复式活塞压缩机属于（ B ）。

A. 速度式　B. 容积式　C. 回转式　D. 透平式

42. 往复式压缩机的运动部件有（ B ）。

A. 机体　B. 曲轴　C. 缸盖　D. 汽缸

43. 钢铁在酸介质中的腐蚀为（ A ）腐蚀。

A. 化学　B. 电化学　C. 氧化　D. 氮化

44. 金属和周围介质发生化学或电化学作用而引起的破坏称为（ C ）。

A. 化学　B. 电化学　C. 氧化　D. 金属腐蚀

45. 设计压力在（ B ）MPa 之间的压力容器称为超高压容器。

A. 5 ~ 10　B. 10 ~ 100　C. 10 ~ 60　D. 20 ~ 80

46. 使用反应压力控制阀前检查内容错误的是（ D ）。

A. 确认冷却水阀已打开　B. 确认各阀门状态

C. 确认油箱液面　D. 确认主油泵在手动位置

47. 大型机组的气缸、隔板、气封、轴承间的同轴度检测，目前广泛采用的方法是（ B ）。

A. 弦线法　B. 心轴法　C. 自准光学仪法　D. 电子水平仪法

48. 离心泵在试车时首先应（ B ）。

A. 盘车检查有无卡涩　B. 单试电机旋转方向是否正确

C. 进行灌泵检查泄漏　D. 泵内介质排气

49. 不是加热炉完好的标准是（ D ）。

A. 能够满足设计能力　B. 不存在结焦和过烧的问题

C. 加热管无鼓包现象　D. 墙体的耐火砖损坏面积在 10% 以下

50. 离心泵的检修周期小修为（ D ）月，大修为（ D ）月。

A. 1 ~ 2，6 ~ 8　B. 1 ~ 3，6 ~ 10　C. 3 ~ 4，10 ~ 12　D. 3 ~ 4，12 ~ 18

51. 为防止挤压机填料处出现氧化料，应（ A ）。

A. 氮气吹封　B. 定期少量排料

C. 对高压分离器进行料面清洗　D. 对低压分离器进行料面清洗

52. 减少二次压缩机填料泄漏的方法有（ A ）。

A. 加大内部油注油量　B. 降低外部油温

C. 降低二次压缩机入口温度　D. 增加外部油量

53. 正常生产中反应压力异常上升根据什么来判断？（ B ）。

A. 反应温度上升　B. 报警信号灯亮

C. 反应温度下降　D. 高压分离器压力上升

54. 下列关于高分爆破片动作的紧急处理错误的是（ B ）。
A. 挤压机紧急停车　　B. 向爆破筒里吹氮气
C. 全装置紧急停车　　D. 从高压循环管线向高压分离器吹氮气
55. 正常生产中，反应釜搅拌电机异常停止，若联锁开关在自动位置应（ A ）。
A. 不动其位置　　B. 打到“切”
C. 打到手动停　　D. 向上级领导汇报再确定
56. 什么原因可使离心干燥机堆料？（ A ）。
A. 干燥机出口堵塞　B. 脱水筛不下料　C. 温水过滤器堵塞　D. 纯水温度低
57. 物料滑度不够不需要检查的项目有（ D ）。
A. 添加剂注入泵　　B. 添加剂出口管线安全阀
C. 管线加热情况　　D. 检查树脂温度
58. 高压分离器夹带可由以下哪些现象判断？（ C ）
A. 高压分离器压力下降　　B. 低压分离器压力上升
C. 高压循环系统冷却器冷却效果不好　　D. 低压循环系统冷却器冷却效果不好
59. 高压分离器夹带的原因不包括（ C ）。
A. 液面指示不好　　B. 高压分离器内管破裂
C. 低压分离器夹带　　D. 高压分离器帽罩破损
60. 在管式法反应器中，液压安全放空阀比防爆片（ A ）。
A. 安全可靠　B. 安全性差　C. 反应慢　D. 技术落后
61. 循环水量低或停止的原因不包括（ C ）。
A. 循环水泵马达过载　　B. 打开了水室纯水旁通阀
C. 切刀转速低或停止　　D. 循环水槽液面低
62. 循环水温度低可能导致（ D ）。
A. 结团粒子　B. 粒形不整　C. 出现花料　D. 粒子带尾巴
63. 返回裂解装置系统中流量增加，则转化率（ A ）。
A. 增加　B. 降低　C. 不变　D. 先降后升
64. 气动调节阀定位器有气流但没有输出会造成（ A ）。
A. 阀不动作　B. 阀的动作不稳定　C. 阀的动作迟钝　D. 阀的泄漏量大
65. 隔油池利用什么方法进行油水分离？（ B ）
A. 沉降原理　B. 重力分离原理　C. 气提原理　D. 吸附法
66. 一次压缩机入口设缓冲器是为了（ C ）。
A. 提高入口压力　B. 降低入口压力　C. 稳定入口压力　D. 其他
67. 丙烯在高压法聚乙烯生产中，除了作调节剂使用外，还具有（ C ）作用。
A. 抗氧　B. 爽滑　C. 共聚　D. 氧化
68. 聚乙烯颗粒颜色发黄，透明性下降，可能的原因是（ C ）导致。
A. 颗粒含水　B. 爽滑剂黏附　C. 氧化　D. 空送风污染
69. 在高压聚乙烯生产中，反应温度升高，有利于链转移反应，生成的产品密度（ B ）。
A. 升高　B. 降低　C. 不变　D. 先升后降

多选题

1. 表征聚乙烯膜料产品外观特性的指标包括（ A，B，C ）。
A. 鱼眼　B. 条纹　C. 污浊　D. 支化度
2. 造成挤压机电流波动的原因有（ A，B，C，D ）。
A. MFR 波动　B. 低分液面控制器故障
C. 螺杆打滑　D. 挤压机测速装置故障
3. 生产中，发生挤压机电流波动的原因是（ A，C，D ）。
A. 绞入不良　B. 模板磨损　C. 零点操作　D. 电气故障
4. 乙烯的气相高压聚合属于（ A，C ）。
A. 加聚反应　B. 缩聚反应　C. 共聚反应　D. 均聚物
5. 继电器的主要机构是（ A，B，C ）。
A. 接收机构　B. 中间机构　C. 执行机构　D. 控制机构
6. 班组经济核算的实质可概括为（ A，B，C，D ）。
A. 核算　B. 分析　C. 实施　D. 措施
7. 班组经济活动分析的方法有（ A，B，C，D ）。
A. 比较法　B. 联锁替代法
C. 差额计算法　D. 平衡表指标联系法
8. 造粒系统开车前准备时，需加热的部分有（ A，B，C，D ）。
A. 挤压机　B. 添加剂装置　C. 高压分离器　D. 低压分离器
9. 下面是影响反应器进气量的因素有（ A，B ）。
A. 高压受槽的压力　B. 二次压缩机入口分离器的压力
C. 反应器的进气温度　D. 各换热器的换热效果
10. 使用丙稀作为调节剂，下面说法正确的有（ A，C ）。
A. 增加了聚合物的分支度　B. 减少了聚合物的分支度
C. 生成物的密度较使用其他调节剂要低　D. 生成物的密度较使用其他调节剂要高
11. 下面项目中，是二次压缩机的联锁点选项是（ A，B，C ）。
A. 外部油电机停　B. 内部油电机停
C. 过电流　D. 冷却油压上升
12. 石油化工装置使用的仪表风的基本要求为（ A，B，C ）。
A. 无油　B. 无水　C. 无杂质　D. 无氧气
13. 二次压缩机气密实验时，单就压缩岗位而言，首先要确认（ C ），当压缩机启动升压开始后，仔细检查（ A，B，D ）。
A. 有无泄露　B. 各段压力　C. 现场无闲杂人员　D. 电流、异音等
14. 以下各项抽提时会涉及到（ A，B，D ）。
A. E－15A/B 从冷却到放冷　B. 降低 R－3 的压力
C. 提高 R－3 的温度　D. 提高 R－3 的压力
15. 清洗料面的目的是，通过清洗排放，将（ B，D ）的不合格聚乙烯带走。
A. 挤压机里　B. 高分　C. 反应器　D. 低分

16. 为防止添加剂变质，在（ C ）采取（ B ）措施。
A. 冷却　B. 氮封
C. 添加剂供给槽及添加剂配制槽　D. 挤压机填料处
17. 为防止添加剂（ D ），在添加剂管线及添加剂配制槽设有（ C ），以蒸气加热。
A. 冷却　B. 冷却器　C. 夹套　D. 固化
18. 空送系统输送固体聚乙烯颗粒过程中，空送风温度过高，易造成（ A，C ）。
A. 粉尘增多　B. 颗粒粘连　C. 絮状物出现　D. 块料
19. 下列能够正确描述反应温度提高后变化的选项是（ A，B，C ）。
A. 平均相对分子质量下降　B. 短链分支增加
C. 密度下降　D. 长链分支下降
20. 下列选项中，属于惰性气体不参与乙烯聚合反应的是（ A，B，C ）。
A. 氮气　B. 二氧化碳　C. 甲烷　D. 氢气
21. 离心干燥机异常噪音的原因可能有（ B，D ）。
A. 干燥机聚合物过多　B. 轴承损坏
C. 皮带松　D. 配置间隙不当
22. 离心泵在试车运转时应注意的内容有（ A，B，C，D ）。
A. 泵的出口压力　B. 泵的振动情况　C. 泵的轴承温度　D. 泵的泄漏情况
23. 对于条料干燥风机来说，下面哪几项属于设备完好的要求？（ A，B ）
A. 风机轴承温度在70℃以下　B. 风机转动平稳
C. 风机的减震垫使用时间在两年以上　D. 风机出口管线破损
24. 造成离心干燥机堆料的原因为（ A，B，D ）。
A. 振动筛堆料　B. 干燥机丢转　C. 纯水流量低　D. 干燥机电机故障
25. 物料滑度不够的处理有（ A，B，C ）。
A. 检查添加剂注入泵是否良好　B. 检查添加剂注入管线是否堵塞
C. 加大添加剂注入量　D. 减少产量
26. 定位器有气流但没有输出的原因有（ C，D ）。
A. 阀芯与衬套或阀座卡死　B. 执行机构故障
C. 定位器中放大器的恒节流孔堵塞　D. 压缩空气中有水分聚积于放大器球阀处
27. 二次压缩机保压停车时，先打开（ D ），再关闭（ B ），然后关闭（ A ），最后打开（ C ）放空降压。
A. 入口阀　B. 出口阀　C. 放空阀　D. 旁通阀

简答题

1. 叙述反应温度上、下限的选择。

答：反应温度上限的选择是由反应的安全性所决定的。通常反应温度达到280℃以上，就要产生缓慢分解，生成的聚合物会被污染。反应温度下限的选择是由所使用的引发剂的活性来决定的，即在低温下，引发剂的活性降低，聚合速度下降，就得不到维持反应速度的反应热，致使反应停止。

2. 叙述挤压机的工作原理。

答：熔融状态的聚乙烯，靠螺杆的回旋绞入挤压机中，并经过挤压均化送至螺杆前端，在螺杆前端装有多孔模板，聚乙烯从这里挤入水中，与此同时被切刀切断，并由循环温水冷却，固化成为颗粒。

3. 挤压机打滑如何处理？

答：判断：①依据挤压机造粒量的大小；②依据挤压机的模头压力；③依据挤压机的电流下降；④依据挤压机切刀电流下降。

处理：可先将挤压机螺杆内通蒸汽，再把其转速降低，然后由低到高，慢慢地提高螺杆转速，重复几次，直到出料为止。

4. 叙述反应压力上、下限的选择。

答：反应压力过低，由于反应速度慢，生产率低，得不到有足够相对分子质量的聚合物。而用超高压力进行反应，对改进产品质量影响甚微，虽然引发剂的消耗有所降低，但压缩机的动力消耗、机械的成本等将明显增加。

5. 叙述离心干燥机的工作原理。

答：由脱水筛除去水的湿料，从下部进入其内部的高速旋转着的翼片上，在将料粒提升的同时，靠离心力在有孔的外围板脱水，并用从上下吸入经过滤的空气干燥，最后从上部排入振动筛分器。

6. 离心干燥机自停应如何处理？

答：果断切三通阀，将料粒排向粉尘过滤筛，进行现场扒料，通知反应降低产量，同时尽快查找自停原因，将离心干燥机及时启动，使反应继续进行。如无法查到自停原因，不能尽快启动离心干燥机，则通知反应停车。

7. 生产薄膜产品使用的添加剂是什么？其作用是什么？

答：通常用两种，分别是：爽滑剂和抗氧剂。

爽滑剂：名称SR－18，化学名为油酸酰胺，其作用是使薄膜产品具有一定的表面光洁度。

抗氧剂：名称AR－20，化学名为2，6－二特丁基－4－甲基苯酚，其作用是防止产品加工时由于热氧化而品质变坏。

8. 正常生产中，高压分离器的液位为何要控制在一定的范围内？

答：因为液位控制过高，易造成高压系统的夹带事故。而液位控制过低，则易向低压分离器窜气，造成低压系统压力波动。

9. 运转中产生块料的原因及处理。

答：造成块料产生的原因有：①切刀挂料；②切刀严重磨损；③切刀与模板间夹料。

处理方法：停挤压机确认，若是切刀挂料或切刀与模板间夹料，清理模板及切刀挂料后，重新启动挤压机。如有必要则更换切刀。

10. 运转中出现带尾巴粒子的原因及处理。

答：产生的原因：①循环纯水温度低，初开车时易出现；②切刀磨损；③模板磨损。

处理方法：①开车前适当加热循环纯水，以防止温度过低；②磨切刀，如有必要则更换切刀；③模板若磨损严重，有伤痕则要更换模板。

11. 班组经济活动的作用有哪些？

答：①指导经济活动；②落实经济责任制；③提高经济效益；④兼顾国家、企业、个人三者利益。

12. 什么是引发剂的半衰期？

答：是指引发剂分解至起始浓度一半所需的时间。

13. 班组经济核算的实质是什么？

答：班组经济核算的实质是围绕增加生产、节约费用、降低成本和提高效益而进行的一系列组织、管理的过程。通过核算和分析，发现生产管理中存在的问题，及时提出改进措施并组织实施。然后再核算、分析、措施、实施如此不断循环下去，问题不断解决，效益不断提高，班组管理水平得到提高，从而企业素质得到提高。

14. 二次压缩机启动时，辅助油系统油压必须达到规定值，盘车达到一定时间，二次压缩机才能送电，才能启动，有必要吗？为什么？

答：有必要，因为盘车油运能提早发现异常现象，在主马达启动前使各部位充分润滑，使主马达启动容易。

15. 一次压缩机设故障联锁点的目的是什么？

答：其目的是为了在当某种危害压缩机和电机情况出现时，联锁点及时动作，停止压缩机和电机，以免造成事故。

16. 防止聚合反应失控的措施有哪些？

答：①控制好聚合速度；②控制好调节剂加入量；③控制好反应温度；④控制好引发剂加入量。

17. 什么情况下进行料面清洗？

答：①高分或低分内壁上附有聚乙烯；②初开车，有超过规定的 MFR 产生；③产品移行时（MFR 从高向低移行时不进行清洗）；④有氧化料时；⑤鱼眼条纹造成产品不合格时。

18. 挤出机润滑油压力过低，对设备有什么危害？

答：油压过低会造成设备润滑不良，加剧设备的磨损，缩短设备的使用寿命。

19. 一次压缩机，二次压缩机等活塞式压缩机的工作原理是什么？

答：由电机驱动，靠曲轴，连杆机构将电机的圆周运动变为活塞或柱塞在汽缸内的往复直线运动，改变汽缸容积，借助气阀实现气体吸入和排出。

20. 一次压缩机入口压力缓冲器的作用是什么？

答：稳定吸入口压力，使压缩机排出压力和排出的气体量稳定，使压缩机平稳工作。

21. 叙述模板堵塞的原因及处理方法。

答：原因：①挤压机绞入不良可造成部分模孔堵塞；②开车前挤压机排料不充分；③开车时循环水通的过早；④循环水温度过低；⑤模头加热不良，模头温度过低。

处理：可采用提高树脂温度、提高循环水温度、提高模头温度（用高压蒸气加热）等措施。若采用上述措施不能解决，则只能停车处理好后再开车。

22. 生产中出现模板堵塞，如何处理？

答：①调整树脂温度；②提高循环水温度；③提高模头温度（用高压蒸汽加热）；④若采用上述措施不能解决问题，则须停车处理。

23. 为什么生产低压分区品时，反应器要放冷，有时甚至还要加热？

答：生产低压分区品时，反应器的温度很低，聚乙烯产品的指数也很低，非常容易凝固在器壁上，影响中间轴承的寿命，所以，要对反应器放冷或加热。

24. 掺合岗位料仓发生爆炸的原因是什么?

答: ①净化风量不足;②静电接地不良或静电跨接线故障;③未按规定而提前送料。

25. 乙烯游离基聚合反应包括哪几个过程?

答: 包括链引发、链增长、链终止和链转移四个过程。

26. 空送风量大小会对空送过程造成何种影响?

答: 风量过大,聚乙烯颗粒会从旋风分离器中吹出来造成跑料或者污染环境,同时造成粉尘增多。风量过小,会造成管线堵塞,影响正常的接送料。

27. 造粒系统水温升高应如何处理?

答: 造粒系统水温升高可造成粒子结团,可适当降低纯水温度,调节流量调节阀设定或增加冷却水旁通,检查纯水流量指示是否过低并适当加以调整,来降低纯水温度。

28. 写出高分爆破片动作的切粒岗位紧急处理事项。

答: ①通知班长及有关岗位紧急停车;②按操作法进行挤压机的紧急停车;③向爆破筒里通蒸汽;④切断气体;⑤从高压循环管线向高压分离器吹氮气;⑥根据班长指示进行后处理工作。

29. 什么叫联锁系统的误动作?

答: 所谓误动作,是指生产过程及工艺设备正常、各种参数均没有达到自动报警、自动停车(或其他保护性动作)整定值的情况下,信号报警和联锁系统由于自身问题使报警器或执行器错误动作。

30. 联锁误动作的原因有哪些?

答: ①电源失电或电压波动范围超过规定值;②一次发信元件故障;③逻辑元件损坏或继电器故障;④执行器故障;⑤连接导线短路或断路。

31. 若压缩机运转正常,系统无泄露后,但排出压力低,为什么?

答: 可能是由于旁路阀开度过大,也可能是吸入压力过低所致。

计算题

1. 某车间5月份计划产量4500t,但实际产量4200t,问产量计划完成率是多少?

解: 产量计划完成率(%)=(实际完成产量数/计划定额数)×100% =(4200/4500)×100% =93.33%

答: 产量计划完成率为93.33%。

2. 某离心泵在测泵效时,测得其流量为80m³/h,进出口压差为2.0MPa,电流为120A,电压为380V,查表得功率因数为0.85,电动机效率为0.95,求该泵的效率?

解: $\eta = N_{有}/N_{轴} \times 100\% = \Delta PQ/(1000 \times 3^{1/2} \times IU\cos\phi\eta_{电}) \times 100\% = 2.0 \times 10^6 \times 80 \div 3600/(1000 \times 1.732 \times 120 \times 380 \times 10^{-3} \times 0.85 \times 0.95) \times 100\% = 69.69\%$

答: 该泵效率为69.69%。

3. 某换热器水走壳程,介质走管程,介质流量为30000kg/h,介质从158℃冷却到90℃,换热器传热系数为210kcal/m²·h·℃,介质比热为0.535kcal/m³·h·℃,换热器平均温度Δt=37.5℃,求换热器的换热面积。

解：首先计算出介质放出的热量是 Q

$$Q = cm(t_2 - t_1) = 3000 \times 0.535 \times (158 - 90) = 1091400\text{kJ/h}$$

$$Q = K\Delta tA$$

$$A = Q/K\Delta t = 1091400/210 \times 37.5 = 138.59\text{m}^2$$

答：换热面积为 138.59m^2。

4. 厚度为200mm 的耐火材料制成的炉壁，其内壁温度为630℃，外壁温度为150℃，耐火材料导热系数为0.9W/(m·K)，试求每平方米壁面损失的热量。

解：$Q/A = \lambda(t_1 - t_2)/\delta = 0.9 \times (630 - 150)/0.2 = 2160\text{W/m}^2$

答：每平方米壁面损失的热量为2160W。

5. 已知某加热炉的热负荷是 3.1×10^6kJ/h，原油进炉温度为45℃，流量为 100m^3/h，原油的比热容 2kJ/(kg·℃)，求原油的出炉温度是多少摄氏度？（原油密度为870kg/m^3）。

解：$Q = Gc(T_2 - T_1)$

$$T_2 = Q/Gc + T_1 = 3.1 \times 10^6/100 \times 870 \times 2 + 45 = 62.8℃$$

答：原油的出炉温度是62.8℃。

溶液法模块

判断题

1. 原料丁烯－1 流量低满足不了生产需要时，只要调节预热器加热蒸汽流量即可。（×）

正确答案：原料丁烯－1 流量低满足不了生产需要时，不仅要调节预热器加热蒸汽流量，而且还要调节丁烯－1 泵冲程。

2. 聚合系统进行热氮气置换过程中，聚合釜温度应保持在75℃以上。（×）

正确答案：聚合系统进行热氮气置换过程中，聚合釜温度应保持在55℃以上。

3. 挤压机筒体清洗的目的是清洗筒体和螺杆以除去它们的污物。（√）

4. 母液输送泵设置冲洗的目的是稀释母液，防止堵塞。（×）

正确答案：母液输送泵设置冲洗的目的是降低机械密封温度，保护机械密封。

5. 干燥气洗涤泵密封冲洗所采用的物料是高压已烷。（×）

正确答案：干燥气洗涤泵密封冲洗所采用的物料是冲洗已烷。

6. 干燥气洗涤泵设置冲洗的目的是稀释浆液，防止堵塞。（×）

正确答案：干燥气洗涤泵设置冲洗的目的是降低机械密封温度，保护机械密封。

7. 高密度聚乙烯装置循环水联锁必须符合的条件是循环水联锁信号大于等于2个才能联锁。（√）

8. 因AT催化剂的消耗随原料中杂质含量而变化，故AT催化剂的浓度必须保持适当的数值，以满足AT催化剂加料泵的流量。（√）

9. 原料乙烯在进入聚合釜前设置过滤器主要是防止杂质进入系统。（√）

10. 聚合工段停冷却水时，要注意密封油的压力，温度变化，温度达60℃时，要用消防水喷密封油罐和换热器以冷却。（√）

11. 在串联聚合进行载液开车时，应在第一聚合釜溢流前启动第一浆液泵进行循环操作，并打通其到第二聚合釜流程。（√）

12. 正常生产中，丙烯流量控制阀的选用应以满足生产实际需要为基准。（√）

13. 丙烯进入界区为高纯度气化状态。 (×)

正确答案：丙烯进入界区为高纯度液化状态。

14. 液体稳定剂的配制必须在氮气的保护下进行。 (√)

15. 磨刀时切粒机液压系统总是在低压下开始进行，根据磨光状态逐渐提高压力。(√)

16. 干燥机堆料，会造成干燥机压力的降低。 (×)

正确答案：干燥机堆料，会造成干燥机压力的升高。

17. 如果降低己烷蒸馏塔操作压力，己烷蒸馏塔雾沫夹带会增加，塔板易堵塞。 (√)

18. 当串联聚合产品的熔融指数不合格时，应主要调节第一聚合釜的相关控制参数。 (×)

正确答案：当串联聚合产品的熔融指数不合格时，应主要调节第二聚合釜的相关控制参数。

19. 串联产品生产过程中控制相对分子质量和相对分子质量分布的方法依赖加入的相对分子质量调节剂，主要是氢的数量，反应温度的高低，改变催化剂组成等因素进行控制。 (√)

20. 并联 B 聚合反应中，相对分子质量分布控制最好通过调节第二聚合釜熔融指数来实现。 (×)

正确答案：并联 B 聚合反应中，相对分子质量分布控制最好通过调节第一聚合釜熔融指数来实现。

21. 生产不加共聚单体的均聚牌号时，产品密度要通过各釜的熔融指数进行严格控制。(√)

22. 比能量常用来表示聚合物捏合程度的依据。 (√)

23. 检查液稳是否按比例加入，可用计量筒来校验。 (√)

24. 液体稳定剂输送泵属于离心泵。 (×)

正确答案：液体稳定剂输送泵属于单柱塞泵。

25. 为了聚乙烯颗粒更好的成型，颗粒水温度应控制得越低越好。 (×)

正确答案：颗粒水温度控制得过低会造成模孔堵塞。

26. 干燥机系统发生堆料现象，会造成干燥循环气系统压力升高。 (√)

27. 干燥机加热蒸汽温度过高，会造成粉末软化黏结。 (√)

28. 己烷蒸馏塔液位控制方式是在控制塔底采出量的情况下实现的。 (×)

正确答案：己烷蒸馏塔液位控制方式是在控制再沸器蒸汽量的情况下实现的。

29. 己烷含水量的大小可造成催化剂消耗的变化。 (√)

30. 循环水在干燥系统的管壳换热器中，一般都与物料逆向流动。 (√)

31. 循环水在干燥系统的管壳换热器中，一般都与物料逆向流动，目的是提高传热效果。 (√)

32. 净化气除沫器内部设有破沫网，作用是过滤。 (√)

33. 干燥气除沫器内部设有破沫网，作用是过滤。 (√)

34. 己烷蒸馏塔操作压力与操作温度无关。 (×)

正确答案：己烷蒸馏塔操作压力与操作温度有关。

35. 聚合停电时，聚合釜有超温迹象，进行放空操作一定要适当，防止大量己烷蒸发造成反应器结块。 (×)

正确答案：聚合停电时，聚合釜有超温迹象，进行放空操作一定要适当，防止大量己烷蒸发造成反应器浆液浓度超高。

36. 串联聚合倒空停车前，聚合形式的选择开关不需要进行转换。 （×）

正确答案：串联聚合倒空停车前，聚合形式的选择开关要转换到并联A位置。

37. 回收工段发生停汽事故时，己烷蒸馏塔应首先防止液泛现象发生。 （√）

38. 并联B聚合退空停车过程中，冷凝己烷罐内的己烷在聚合釜退空后再降空是为了冲洗聚合釜。 （√）

39. 聚合釜搅拌器密封油流量计安装在回油线的目的，主要是可以判断出密封油是否通过机封。 （√）

40. 聚合釜循环气风机在启动前投用密封油即可。 （×）

正确答案：聚合釜循环气风机在系统升压前投用密封油。

41. 液体稳定剂加料泵属于单柱塞泵。 （×）

正确答案：液体稳定剂加料泵属于双柱塞泵。

42. 聚合系统进行己烷脱水操作时，可以向釜内加入一定量的PZ催化剂以缩短脱水时间。 （×）

正确答案：聚合系统进行己烷脱水操作时，可以向釜内加入一定量的AT催化剂以缩短脱水时间。

43. 聚合物熔融指数增大时，将使挤压机输出量上升。 （×）

正确答案：聚合物熔融指数增大时，将使挤压机输出量下降。

44. 干燥循环气洗涤泵是离心泵。 （√）

45. 干燥气洗涤泵没有安全附件。 （×）

正确答案：干燥气洗涤泵有出口压力表安全附件。

46. 离心机正因为有了内外转鼓的差速比，其离心分离能力才能得以实现。 （√）

47. 蒸汽增湿降温泵形式属于柱塞泵。 （×）

正确答案：蒸汽增湿降温泵形式属于高速离心泵。

48. 己烷精馏塔塔底采出的己烷属于粗己烷。 （×）

正确答案：己烷精馏塔塔底采出的己烷属于精己烷。

49. 聚合循环气风机叶轮采用不锈钢，为“8”字型叶轮，与壳体之间有预定空隙。 （√）

50. 低聚物齿轮泵密封形式为机械密封。 （×）

正确答案：低聚物齿轮泵密封形式为填料密封。

51. 降低低聚物结片机转数，低聚物下料量增加。 （×）

正确答案：降低低聚物结片机转数，低聚物下料量不变。

52. 启动蒸汽增湿泵前的点动运转的目的是为了盘车。 （×）

正确答案：启动蒸汽增湿泵前的点动运转的目的是为了提高润滑油压力，润滑设备各注油点。

53. 催化剂泵出现不上量的情况在用冲洗己烷冲洗时，一定要注意冲洗的速度不要过快过猛以免造成聚合釜超温。 （√）

54. 当釜顶冷凝器冷却水上不去时，会导致聚合釜温度的下降。 （×）

正确答案：当釜顶冷凝器冷却水上不去时，会导致聚合釜温度的上涨。

单选题

1. 丁烯 -1 预热器加热蒸汽流量是通过检测（ C ）的高低来控制的。
   A. 丁烯 -1 加热后温度　　B. 丁烯 -1 加热后流量
   C. 丁烯 -1 加热后压力　　D. 蒸汽温度
2. 聚合釜系统氮气置换放空时，釜压不能降得过低主要是考虑到（ C ）。
   A. 再次升压时速度慢　　B. 压力过低空气容易进入系统
   C. 压力低易使设备机封损坏　　D. 压力低置换不彻底
3. 聚合尾气系统氮气置换要求使用（ C ）升压。
   A. 低压氮气　　B. 中压氮气
   C. 低压氮气和中压氮气　　D. 高压氮气
4. 聚合系统进行己烷脱水时，采取（ B ）。
   A. 聚合釜升压脱水　　B. 聚合釜夹套升温脱水
   C. 冷却脱水　　D. 清洗脱水
5. 干燥气冷却器出口温度的控制方法通过调节（ A ）控制。
   A. 冷却水流量　　B. 冷却水温度　　C. 循环气流量　　D. 循环气温度
6. 原料乙烯引入装置前必须对乙烯管线进行吹扫、气密和（ A ）。
   A. 氮气置换　　B. 水洗　　C. 置换　　D. 都不对
7. 串联聚合载液开车时，第一聚合釜的浆液开始溢流通过第一浆液泵送入第二聚合釜时，（ A ）。
   A. 第二聚合釜便开始按比例投料　　B. 第二聚合釜可以不投料
   C. 第二聚合釜溢流后开始投料　　D. 以上说法都不对
8. 丙烯预热器使用的加热介质为（ A ）。
   A. 低压蒸汽　　B. 高压蒸汽　　C. 中压蒸汽　　D. 热水
9. 干燥机压力的调节方式属于（ B ）。
   A. 串级调节　　B. 分程控制　　C. 手动调节　　D. 就地调节
10. 淤浆法聚乙烯生产中，对每个牌号都规定了（ A ）的浆液浓度。
    A. 一定　　B. 相同　　C. 均一　　D. 都不对
11. 母液罐置换的压力不得超过（ B ）。
    A. 正常操作压力　　B. 设备设计压力　　C. 干燥系统压力　　D. 其他
12. 为保证装置开车过程中物料平衡，己烷蒸馏塔物料引入应在（ A ）完成之后进行。
    A. 己烷精流塔己烷采出合格　　B. 气密吹扫合格
    C. 氮气置换合格　　D. 甩头全部关闭
13. 降低己烷蒸馏塔的操作压力，则己烷的沸点（ A ）。
    A. 降低　　B. 升高　　C. 不变　　D. 以上均不对
14. 提高己烷蒸馏塔的操作压力，则塔釜温度（ B ）。
    A. 降低　　B. 上升　　C. 不变　　D. 以上均不对
15. 己烷精馏塔己烷接收罐加入脱盐水的目的是（ A ）。
    A. 吸收己烷中的杂质　　B. 吸收水分　　C. 吸收己烷　　D. 吸收不凝气

16. 生产串联牌号的产品如果出现颗粒熔融指数偏高的情况，应（ D ）。
A. 提高第一聚合釜浆液的熔融指数　B. 降低第一聚合釜浆液熔融指数
C. 提高第二聚合釜浆液熔融指数　D. 降低第二聚合釜浆液熔融指数
17. 共聚单体加入量与熔融指数的关系是成（ A ）。
A. 正比　B. 反比　C. 没关系　D. 对数关系
18. 聚合温度与熔融指数的关系是成（ B ）。
A. 反比　B. 正比　C. 没关系　D. 对数关系
19. 高熔融指数的树脂成型流动性好，用于（ C ）。
A. 挤塑成型　B. 吹塑成型　C. 注塑成型　D. 都不对
20. 混炼机间隙减小时，比能量（ B ）。
A. 不变　B. 增大　C. 减小　D. 先增大后减小
21. 干燥循环气系统压力的控制方式是（ B ）。
A. 串级调节　B. 分程控制　C. 就地调节　D. 手动控制
22. 干燥循环气系统的压力和干燥机的压力之间的关系是（ C ）。
A. 前者大于后者　B. 后者大于前者　C. 相同的　D. 不一定
23. 干燥机加热蒸汽来自于（ C ）。
A. 装置自产　B. 高压蒸汽减压　C. 中压蒸汽减压　D. 其他装置
24. 干燥气洗涤罐的正常操作压力和干燥机压力之间的关系是（ C ）。
A. 前者大于后者　B. 后者大于前者　C. 相同的　D. 不一定
25. 干燥气洗涤罐在液位超高的时候，发生罐体晃动的原因是（ B ）。
A. 罐体重心下降　B. 罐体重心升高　C. 罐体重量加大　D. 其他
26. 干燥气洗涤罐液位控制阀失灵全开，会导致罐液位（ B ）。
A. 上升　B. 下降　C. 不变　D. 其他
27. 干燥气洗涤罐内部的塔盘形式是（ C ）。
A. 筛板　B. 泡罩　C. 浮阀　D. 填料
28. 压缩机入口网的作用是（ A ）。
A. 过滤杂质及粉末　B. 防止已烷进入　C. 防止空气进入　D. 其他
29. 干燥循环气风机密封冲洗采用的介质是（ D ）。
A. 高压蒸汽　B. 中压蒸汽　C. 密封油　D. 低压氮气
30. 干燥循环气风机密封冲洗的作用是（ A ）
A. 密封　B. 调节压力　C. 降温　D. 防止可燃气累积
31. 母液泵停车会造成聚合釜母液进料控制阀（ B ）。
A. 全开　B. 全关　C. 半开半关　D. 没有关系
32. 己烷蒸馏塔液位控制方式属于（ A ）调节。
A. 串级　B. 分程　C. 比值　D. 前馈
33. 如果降低己烷蒸馏塔液位控制，则蒸馏塔处理能力（ A ）。
A. 下降　B. 上升　C. 不变　D. 其他
34. 干燥尾气压缩机使用循环水的作用是（ B ）。
A. 管线降温　B. 润滑油降温　C. 喷淋降温　D. 其他

35. 己烷精馏塔接收罐中安装挡板的作用是（ A ）。

A. 加强己烷与水的分离　B. 防止己烷液位波动

C. 防止压力波动　D. 防止温度波动

36. 己烷精馏塔精馏分离属于（ B ）。

A. 真空精馏　B. 恒沸精馏　C. 加压精馏　D. 萃取精馏

37. 在己烷精馏塔操作过程中，操作压力与操作温度的关系是（ B ）。

A. 反比　B. 正比　C. 无关　D. 平方差

38. 低聚物在温度降低一定值的条件下从己烷中析出的这种特性，通常称之为（ A ）。

A. 结晶　B. 固化　C. 升华　D. 气化

39. 降低己烷蒸馏塔的塔板数量，则己烷质量（ A ）。

A. 降低　B. 升高　C. 不变　D. 其他

40. 己烷蒸馏塔塔釜低聚物浓度与塔底采出的关系为（ B ）。

A. 正比　B. 反比　C. 无关　D. 不成比例

41. 当增加己烷蒸馏塔操作压力时，蒸汽消耗（ A ）。

A. 增加　B. 减小　C. 无关　D. 不变

42. 己烷蒸馏塔操作压力与操作温度的关系是（ A ）。

A. 正比　B. 反比　C. 无关　D. 不变

43. 高密度聚乙烯装置能耗主要包括（ A ）。

A. 水、电、汽、风　B. 水、电、汽　C. 水、风、电　D. 水、汽、风

44. 0.3MPa 蒸汽压力控制属于（ C ）调节。

A. 反馈　B. 比例　C. 分程　D. 串级

45. 4.0MPa 蒸汽冷凝液可汽提以重复利用生成（ C ）MPa 蒸汽。

A. 4.0　B. 1.0　C. 0.3　D. 0.8

46. 串联生产，如果离心分离系统由于某种原因无法接收聚合浆液时，聚合釜应（ B ）。

A. 继续出料　B. 停止出料　C. 稀释退料　D. 都不对

47. 聚合工段在冷却水故障情况下，PZ 催化剂温度为（ D ）℃或较低对催化剂质量不会有影响，如果有超过该温度的倾向，停止催化剂搅拌以免温度上升。

A. 30　B. 40　C. 50　D. 60

48. 聚合停电恢复供电后，启动循环气风机时要把聚合釜温度控制阀阀位给定在（ D ）更合适。

A. 30%　B. 40%　C. 10%　D. 80%

49. 聚合发生停电时，冷却水也可能停，反应器温度有超过 90℃的危险时，现场进行的正确操作是（ C ）。

A. 关小夹套冷却水阀

B. 关小聚合釜顶换热器冷却水阀

C. 打开釜顶安全阀付线阀，蒸发一部分己烷降温

D. 打开聚合釜夹套蒸汽加热

50. 液体稳定剂加料泵属于（ B ）。

A. 离心泵　B. 双柱塞泵　C. 齿轮泵　D. 单柱塞泵

51. 串联聚合倒空停车，第二聚合釜在（ D ）停止进料。

A. 第一聚合釜停止进料后　　B. 第一聚合釜退料过程中

C. 第一聚合釜退空后　　D. 第一闪蒸罐内浆液退空后

52. 干燥机内部检修时候，需要将干燥机隔离，其主要目的是（ A ）。

A. 安全　　B. 作业方便　　C. 以上两者　　D. 其他

53. 己烷蒸馏塔停车后降低塔温采用的方式为（ A ）降温。

A. 氮气置换放空　　B. 自然　　C. 注水　　D. 加己烷

54. 己烷蒸馏塔停车后系统残存的己烷应在（ A ）条件下排放。

A. 冷却至环境温度　　B. 不用冷却　　C. 温度不变　　D. 升高温度

55. 为防止结片机损坏低聚物结片机，停止运转的顺序是（ A ）。

A. 先调低转速再停结片机　　B. 先停结片机再调低转速

C. 先调高转速再停结片机　　D. 先停结片机再调高转速

56. 并联 B 聚合退空停车，由于第一和第二聚合釜中聚合物的（ B ）的差异，应以（ B ）的速度从两个聚合釜中卸出浆液。

A. 化学性质、相等　　B. 物理性质、相等

C. 化学性质、不同　　D. 物理性质、不同

57. 聚合尾气压缩机吸入罐的压力在自动控制情况下，补充压力来自（ C ）。

A. 低压氮气　　B. 中压氮气　　C. 尾气压缩机出口　　D. 仪表风

58. 聚合釜搅拌器的形式为（ C ）。

A. 叶片式　　B. 锚式

C. 三档圆盘平直叶涡轮式　　D. 后掠式

59. 聚合釜搅拌器在釜内液位达到（ A ）时，方可启动运转。

A. 30%　　B. 40%　　C. 10%　　D. 60%

60. 聚合釜采取的强化搅拌作用的措施是（ B ）。

A. 装设导流筒　　B. 装设挡板　　C. 使用减速器　　D. 增大电机转数

61. 聚合循环气风机为防止循环气外漏，设计了（ D ）。

A. 1 套双端面机械密封　　B. 2 套单端面机械密封

C. 3 套单端面机械密封　　D. 4 套双端面机械密封

62. 颗粒输送风机的叶轮是（ C ）。

A. 离心式　　B. 涡轮式　　C. 摆线型　　D. 桨式

63. 挤压机输出随螺杆转速的增加而（ A ）。

A. 按比例升高　　B. 升高，但不成比例

C. 按比例降低　　D. 降低，但不成比例

64. 固体稳定剂计量秤事件信息 H6 表示（ D ）。

A. 实际加料速率超过设定的极限值　　B. 当前的填充重量超过设定的极限值

C. 目前的转速超过设定的极限值　　D. 控制器的控制幅度太大

65. 粉末计量秤事件信息 L1 表示（ A ）。

A. 实际加料速率降到设定的极限值以下

B. 当前的填充重量降到设定的极限值以下

C. 目前的转速降到小于设定的极限值

D. 填充重量已经降到小于安全极限值的下限

66. 干燥循环气洗涤泵的叶轮结构属于（ A ）。

A. 开放式　B. 封闭式　C. 半开式　D. 其他

67. 下列不属于干燥气洗涤泵结构的是（ C ）。

A. 联轴节　B. 电机　C. 差速器　D. 叶轮

68. 干燥循环气加热器管程压力和干燥系统压力的关系是（ C ）。

A. 前者大　B. 后者大　C. 相同　D. 不一定

69. 干燥循环气加热器的加热介质和循环气之间的传热形式是（ A ）。

A. 传导　B. 对流　C. 辐射　D. 其他

70. 干燥循环气加热器分为（ A ）段筒体。

A. 6　B. 5　C. 4　D. 3

71. 离心机内外转鼓差速比是通过（ A ）实现的。

A. 差速器齿轮　B. 不同的电机　C. 不同的皮带轮　D. 其他

72. 蒸汽增湿降温泵的机体、润滑油冷却系统采用的冷却介质为（ B ）。

A. 深冷盐水　B. 循环水　C. 工业水　D. 风冷

73. 己烷精馏塔的操作形式是（ B ）。

A. 只有精馏段　B. 只有提馏段

C. 精馏段、提馏段都有　D. 都没有

74. 高密度聚乙烯装置设置仪表风储罐的目的是（ A ）。

A. 延长停风后仪表风的使用时间　B. 缓冲仪表风压力

C. 增加仪表风压力　D. 减小仪表风压力

75. 仪表风设置压力低报警的目的是（ A ）。

A. 防止仪表风压力低而造成仪表控制阀失灵

B. 防止仪表风泄漏

C. 防止物料输送困难

D. 防止设备损坏

76. 己烷精馏塔塔底采出泵的密封冲洗方式有（ C ）。

A. 自冲洗　B. 外冲洗

C. 自冲洗、外冲洗都有　D. 都没

77. 己烷精馏塔塔底采出泵是一种（ A ）及脚支撑型泵。

A. 单级、单吸　B. 双级、单吸　C. 单级、双吸　D. 双级、双吸

78. 催化剂泵是（ C ）的一种，是在（ C ）的流量固定这一特点上发展起来的。

A. 涡轮泵、齿轮泵　B. 往复泵、齿轮泵

C. 往复泵、往复泵　D. 螺杆泵、涡轮泵

79. 催化剂泵除了装有一套可以准确（ B ）的调节机构之外，基本构造与往复泵相同。

A. 调节压力　B. 调节流量　C. 调节温度　D. 调节频率

80. 粉末计量秤事件信息 S1 表示（ A ）。

A. 存储错误　B. 未释放　C. 设定值太高　D. 口令有效

81. 粉末计量秤事件信息 H1 表示（ A ）。
A. 实际加料速率超过设定的极限值　B. 当前的填充重量超过设定的极限值
C. 目前的转速超过设定的极限值　D. 控制器的控制幅度太大
82. 固体稳定剂计量秤事件信息 S1 表示（ A ）。
A. 存储错误　B. 未释放　C. 设定值太高　D. 口令有效
83. 固体稳定剂计量秤事件信息 E1 表示（ C ）。
A. 存储错误　B. 短路　C. 电源故障　D. 外部输入
84. 固体稳定剂计量秤事件信息 H3 表示（ C ）。
A. 实际加料速率超过设定的极限值　B. 当前的填充重量超过设定的极限值
C. 目前的转速超过设定的极限值　D. 控制器的控制幅度太大
85. 在工业生产过程控制系统中得到普遍使用的执行器是（ A ）。
A. 气动执行器　B. 液动执行器　C. 电动执行器　D. 自动执行器
86. 设备设置联锁自保的目的是为了（ A ）。
A. 保护设备不受损坏　B. 保证系统压力平衡
C. 保证系统温度正常　D. 保证液位正常
87. 低聚物结片机底盘设置蒸汽伴热的目的是（ A ）。
A. 防止低聚物固化　B. 蒸发低聚物中残余己烷
C. 保证低聚物下料　D. 维持低聚物下料温度
88. 可能是由于催化剂泵不上量所导致的是（ C ）。
A. 聚合釜反应压力下降　B. 聚合釜反应温度上升
C. 聚合釜氢气乙烯克分子比下降　D. 聚合釜内浆液熔融指数上涨
89. 聚合釜反应温度波动是由于温度控制阀失灵所致，下列判断方法正确的是（ B ）。
A. 聚合釜反应压力下降
B. 温度控制阀打手动，看聚合釜循环气风量的变化
C. 聚合釜氢气乙烯克分子比下降
D. 聚合釜内浆液熔融指数上涨
90. 送料时料仓不能预选的原因有（ A ）。
A. 料仓处在其他操作状态　B. 料仓高料位报警
C. 料仓低料位报警　D. 换向阀故障
91. 干燥机堆料严重的时候，会引起循环气风量的（ B ）。
A. 升高　B. 降低　C. 不变　D. 无关
92. 为防止火炬管网压力超高时火炬气反串回系统，一般采取在每条放空管线都安装了（ C ）。
A. 过滤器　B. 疏水器　C. 单向阀　D. 流量计
93. 关于原料气杂质含量高造成聚合反应温度波动，下列处理方法正确的是（ A ）。
A. 化验原料气并提高催化剂进料量，根据情况决定是否进行降量或停车
B. 聚合立即进行停车
C. 聚合釜进行放空操作维持生产
D. 都不对

94. 聚合尾气压缩机汽缸和排气阀均异常热，不可能的原因是（ D ）。

A. 排放阀损坏或有塑化物　B. 汽缸夹套水垢多冷却效果不好

C. 活塞环损坏，磨损生热　D. 轴瓦胶住

95. 为避免原料气中乙炔含量高影响产品质量，可以采用大量补加（ C ）的办法消除。

A. 氢气　B. 乙烯　C. AT 催化剂　D. PZ 催化剂

96. 如需要大幅度的 MI 值变更时，采取的最好方法是（ A ）。

A. 改变 PZ 催化剂进料量　B. 改变共聚单体进料量

C. 改变乙烯进料量　D. 改变氢气进料量

97. 如需要小幅度的 MI 值变更时，采取的最好方法是（ D ）。

A. 改变 PZ 催化剂进料量　B. 改变共聚单体进料量

C. 改变乙烯进料量　D. 改变氢气进料量

98. 粉末计量秤事件信息 L2 表示（ B ）。

A. 实际加料速率降到设定的极限值以下

B. 当前的填充重量降到设定的极限值以下

C. 目前的转速降到小于设定的极限值

D. 填充重量已经降到小于安全极限值的下限

99. 粉末计量秤事件信息 L8 表示（ D ）。

A. 实际加料速率降到设定的极限值以下

B. 当前的填充重量降到设定的极限值以下

C. 目前的转速降到小于设定的极限值

D. 填充重量已经降到小于安全极限值的下限

100. 固体稳定剂计量秤事件信息 L3 表示（ C ）。

A. 实际加料速率降到设定的极限值以下

B. 当前的填充重量降到设定的极限值以下

C. 目前的转速降到小于设定的极限值

D. 填充重量已经降到小于安全极限值的下限

101. 固体稳定剂计量秤事件信息 L8 表示（ D ）。

A. 实际加料速率降到设定的极限值以下

B. 当前的填充重量降到设定的极限值以下

C. 目前的转速降到小于设定的极限值

D. 填充重量已经降到小于安全极限值的下限

102. 正常生产时导热油系统起到（ A ）作用。

A. 冷却　B. 加热　C. 润滑　D. 密封

103. 离心机的固相下料进入（ B ）。

A. 母液罐　B. 干燥机　C. 洗涤罐　D. 粉末风机

104. 已烷汽提塔处理后的已烷送入（ B ）中。

A. 母液储罐　B. 粗已烷储罐　C. 精已烷储罐　D. 火炬储罐

多选题

1. 原料丁烯 -1 进料流程与丙烯进料流程共用的部分有（ B，C，D ）。

A. 安全阀　B. 流量控制阀　C. 取样点　D. 切换阀

2. 己烷蒸馏塔氮气置换的目的有（ A，B，C ）。

A. 降低氧含量　B. 提高氮气含量　C. 惰性气体保护　D. 脱除烃类

3. 己烷蒸馏塔使用纯己烷作为回流的目的是（ A，B，C ）。

A. 防止雾沫夹带　B. 洗涤塔盘　C. 持续精流　D. 增加物料

4. 高密度聚乙烯装置为防止母液中低聚物从己烷中析出，通常采用的措施是（ A，B，C ）。

A. 管线蒸汽伴热　B. 蒸汽凝液伴热　C. 蒸汽套管伴热　D. 循环水冷却

5. 聚合系统己烷脱水操作过程中，需要按频率切换的设备有（ B，D ）。

A. 高压密封油泵　B. 循环气风机　C. 催化剂泵　D. 冷凝己烷泵

6. 己烷精馏塔的作用是（ A，C ）。

A. 除水　B. 除己烷　C. 除不凝气　D. 除粉末

7. 关于己烷蒸馏塔氮气置换的排放措施，下列说法正确的有（ A，B，D ）。

A. 间歇升降压排放　B. 严禁泵房内排放

C. 边补边放　D. 选择低点排放

8. 低聚物真空闪蒸系统气密过程中，如发生法兰泄漏，下列处理方法正确的是（ A，D ）。

A. 泄压后更换垫片　B. 直接紧固　C. 带压更换垫片　D. 泄压后紧固

9. 如果装置内发生循环水压力降低，会造成（ A，B，C，D ）。

A. 换热器结垢　B. 换热效果差

C. 己烷消耗增加　D. 聚合反应热不能带出

10. 己烷管网氮气置换的目的有（ A，D ）。

A. 降低系统氧浓度　B. 提高系统氧浓度

C. 降低系统氮气浓度　D. 提高系统氮气浓度

11. 关于丙烯蒸发器投用，下列操作正确的是（ A，B，C，D ）。

A. 打通丙烯蒸发器进料流程

B. 将丙烯蒸发器冷凝液线上的疏水器前后手阀打开

C. 打开蒸汽阀加入到丙烯蒸发器内盘管内

D. 蒸汽通入后从换热器顶部放空阀排放内部残存氮气

12. 能引起干燥机压力升高的因素有（ A，B，C ）。

A. 离心机分离效果　B. 仪表故障　C. 换热器堵塞　D. 干燥机转速

13. 调节干燥机转速的目的是为了（ A，B，C ）。

A. 调节粉末在干燥机中的停留时间　B. 调节干燥效果

C. 调节干燥机处理能力　D. 转速过慢会造成堆料

14. 置换母液罐所用的介质可以是（ B，C ）。

A. 高压氮气　B. 中压氮气　C. 低压氮气　D. 蒸汽

15. 对串联牌号产品生产过程中，关于聚合釜有关控制参数，下列说法错误的有（ B，C ）。

A. 串联牌号产品生产过程中，两聚合釜的压力控制不相同

B. 串联牌号产品生产过程中，两聚合釜的温度控制相同

C. 串联牌号产品生产过程中，两聚合釜的氢气乙烯克分子比控制相同

D. 串联牌号产品生产过程中，两聚合釜的浆液浓度控制可能相同

16. 关于串联聚合产品熔融指数的控制，下列说法错误的有（A，B，D）。
A. 产品MI低时要提高第一聚合釜熔融指数
B. 产品MI高时要降低第一聚合釜熔融指数
C. 产品MI低时要提高第二聚合釜熔融指数
D. 产品MI低时要降低第二聚合釜熔融指数
17. 淤浆法聚乙烯生产工艺中，各种牌号产品的基本特性是指（A，B，D）。
A. 熔融指数 B. 密度 C. 相对分子质量 D. 非牛顿指数
18. 下列选项中，属于HDPE应用范围的有（A，B，C，D）。
A. 电线电缆绝缘层 B. 吹塑中空制品 C. 管子 D. 单丝
19. 双螺杆混炼机与单螺杆挤压机相比的优点是（A，B，C，D）。
A. 原料被挤出的摩擦热量小 B. 原料混合和塑化质量好
C. 原料在机筒内停留时间短 D. 有自清理的功能
20. 挤压造粒机组波动的处理措施有（A，B，C，D）。
A. 稳定进料
B. 降低造粒机操作温度
C. 检查生产能力和螺杆转速
D. 检查是否有熔融的聚合物粘在加料段螺杆四周
21. 影响干燥循环气系统压力的因素有（A，B，D）。
A. 仪表故障 B. 换热器堵塞 C. 循环气流量 D. 干燥机出料
22. 为吹扫冲洗干燥机填料所采用的介质是（B，C）。
A. 中压氮气 B. 低压氮气 C. 工业风 D. 仪表风
23. 化验分析已烷水含量在分子筛干燥器取样时，下列操作正确的有（A，B，C，D）。
A. 取样在氮气密封情况下进行 B. 用已烷清洗取样瓶2~3次
C. 取已烷结束后立即封闭取样瓶 D. 关闭已烷阀与氮气阀，无泄漏
24. 下列选项中，使用循环水的设备是（A，D）。
A. 干燥气冷凝器 B. 净化器除沫器 C. 干燥气加热器 D. 母液泵
25. 影响已烷精馏塔已烷采出的因素有（A，B，C，D）。
A. 压力 B. 温度 C. 回流比 D. 已烷水含量
26. 已烷蒸馏塔设置回流的目的是（A，B，C）。
A. 减小雾沫夹带 B. 提高产品质量 C. 持续精馏 D. 增加处理能力
27. 一个精馏系统应包括有（A，B，C）。
A. 精馏塔 B. 塔顶冷却器 C. 塔底再沸器 D. 接收器
28. 串联生产如果离心分离系统由于某种原因无法接收聚合浆液时，下列操作正确的有（A，B，C，D）。
A. 停催化剂进料、第一聚合釜进料
B. 第一闪蒸罐内的浆液停止进入第二聚合釜、第二聚合釜载液停车
C. 干燥系统由母液改返已烷
D. 关闭离心机进料阀第二浆液泵进行回流操作

29. 干燥机系统检修隔离时，需要下列的（ A，B，C，D ）操作。
A. 关闭离心机固液相下料阀　　B. 关闭循环气风机出入口阀
C. 关闭干燥机与粉末风机平衡线上阀　　D. 关闭干燥机冲洗氮气

30. 下列选项中，属于干燥机结构的是（ A，B，C，D ）。
A. 筒体　　B. 减速器　　C. 油泵　　D. 托轮

31. 关于聚合尾气压缩机吸入罐的压力控制原理，下列说法正确的有（ A，B，C ）。
A. 采用分程调节系统
B. 两个调节阀反向动作
C. 两个调节阀一个为气开阀、一个为气关阀
D. 两个调节阀同向动作

32. 聚合釜搅拌器巡检内容包括（ A，B，D ）。
A. 油压　　B. 泄漏情况　　C. 插底管　　D. 油位

33. 螺杆压缩机出口罐的作用是（ A，B ）。
A. 吹扫管线　　B. 储压　　C. 排凝　　D. 缓冲压力

34. 固体稳定剂计量秤平衡线的作用是（ B，C，D ）。
A. 防止压力过高　　B. 防止压力不平衡
C. 有利于加料正常　　D. 防止秤波动

35. 低聚物加热器的作用是（ A，D ）。
A. 为低聚物二次闪蒸提供温度　　B. 便于物料输送
C. 便于结片　　D. 进一步脱除低聚物中的己烷

36. 低聚物真空泵的作用是（ A，B，C ）。
A. 降低己烷的沸点　　B. 回收己烷
C. 降低系统操作压力　　D. 提高系统操作压力

37. 聚合循环气风机的结构组成包括（ A，B，C ）。
A. 叶轮　　B. 导向齿轮　　C. 轴承　　D. 填料

38. 按所用能源形式的不同，控制阀可分为（ A，B，C ）。
A. 气动　　B. 液动　　C. 电动　　D. 自动

39. 气动调节阀可分为（ A，B ）。
A. 薄膜式　　B. 活塞式　　C. 电动式　　D. 自动式

40. 筒体冷却水温度控制阀的特点是（ A，B，C，D ）。
A. 结构简单　　B. 动作可靠　　C. 维修方便　　D. 防火防爆

41. 己烷回收系统换热器的形式有（ A，B，C，D ）。
A. 夹套式换热器　　B. 列管式换热器　　C. 蛇管式换热器　　D. 套管式换热器

42. 低聚物齿轮泵不能顺利倒料的原因可能有（ A，B，C，D ）。
A. 伴热凉　　B. 流程不通　　C. 泵不做功　　D. 管线堵塞

43. 不一定能同时导致两聚合釜温度波动的原因包括（ B，C，D ）。
A. 原料气杂质含量高　　B. 催化剂泵不上量
C. 聚合釜温度控制阀失灵　　D. 放空阀失灵，打开放空

44. 强制加料器压力高的原因有（ A，B，C ）。

A. 挤压系统波动　　B. 强制加料器架桥

C. 物料性质改变　　D. 熔融泵入口压力波动

45. 已烷蒸馏塔压力极高联锁后，下列仪表阀门关闭的有（ A，B，C，D ）。

A. 进料阀关　　B. 采出阀门关　　C. 蒸汽进料阀关　　D. 回流阀关

46. 可以引起干燥气洗涤罐液位超高的有（ A，B，C ）。

A. 洗涤泵回流量过大　　B. 罐内浆液浓度高

C. 离心机进料大　　D. 母液泵抽空

47. 下列选项中，能造成产品质量波动的有（ A，B，D ）。

A. AT 催化剂泵出口线不畅，加入量小　　B. 共聚单体加热后压力低，进料量低

C. 聚合反应压力低　　D. PZ 催化剂泵频繁不上量

48. 强制加料器压力高的处理措施有（ A，B，C，D ）。

A. 盘车　　B. 降低料位　　C. 调整粉末堆密度　　D. 降低负荷

简答题

1. 试分析颗粒出现色粒的原因。

答：①PZcat 入挤压机中；②ATcat 加入量过大；③PZcat 活性低；④原料气中 CO，CO_2，H_2O 等催化剂毒物超标；⑤密封油或润滑油漏入系统；⑥稳定剂杂质多；⑦混炼机下料槽及挤压机进料口粘壁糊料掉。

2. 试分析能引起干燥系统压力超高的原因。

答：①离心机分离效果不好，大量已烷进入干燥机；②粉末输送系统压力高，由平衡线返回干燥系统；③干燥循环气系统或者尾气系统换热器堵塞。

3. 试分析干燥循环气洗涤罐液位高的原因。

答：①离心机分离效果不好，大量已烷进入干燥机；②干燥循环气洗涤泵气蚀；③仪表或控制阀故障。

4. 试分析聚合物密度波动的原因。

答：①原料乙烯中丙烯含量超高；②共聚单体加料控制阀功能不正常；③浆液的熔融指数波动大；④共聚单体加料控制阀量程选择不对。

5. 请简要论述处理颗粒外观不规则的措施。

答：①检查模板加热蒸汽，保证加热效果；②除模孔堵塞物；③调整刀速。

6. 请简述颗粒出现色粒的工艺处理措施。

答：①校准 PZ、AT 催化剂进料量；②重新分析 PZcat 浓度，催化剂加入量是否过大；③分析原料乙烯、丙烯、氢气中的杂质含量，并确定是否停车；检查设备机械密封；④分析原料气中 CO，CO_2，H_2O 等催化剂毒物是否超标；⑤配制稳定剂时，一定要保证清洁；⑥将混炼机下料槽氮气通上，防止氧化。

7. 请简述已烷蒸馏塔液泛的处理方法。

答：①停止已烷蒸馏塔母液进料，切换已烷精馏塔采出进入粗已烷储罐；②加大塔底采出量降低已烷蒸馏塔液位；③液位正常后进行已烷洗塔，并增大塔顶回流量；④洗塔 1 小时后观察塔板压差是否正常和再沸器处理能力是否正常；⑤如果洗塔后不见好转，停车检修处理。

8. 请简述干燥机窜入己烷的处理步骤。

答：①首先停干燥机粉末出料旋转阀，防止己烷进入粉末输送系统；②聚合系统临时停车，停止离心机进料；③查清原因解决后，聚合系统开车。

9. 试分析粉末输送风机排出压力高的原因。

答：①熔融聚合物粘附在粉末旋风分离器的入口；②袋式过滤器袋子堵塞。

计算题

1. 高密度聚乙烯装置生产某牌号需加 AT 催化剂 360L，分两小时加入，校催化剂泵时量筒下 1L 催化剂需多少秒？

解：设量筒下 1L AT 催化剂需 Xs。

$$X = 3600 \times 2 \div 360 = 20\text{s}$$

答：校催化剂泵时量筒下 1L 催化剂需 20s。

2. 乙烯投料量 10t/h，生产 20h 共产出合格产品 196t，问乙烯转化率是多少？

解：$X = 196/(10 \times 20) \times 100\% = 98\%$

答：乙烯的转化率为 98%。

3. 聚乙烯装置投料 20h 共生产聚乙烯产品 200t，问乙烯每小时投料量是多少吨（乙烯转化率为 98%）？

解：$X = (200/20)/98\% = 10.2\text{t}$

答：乙烯每小时投料量是 10.2t。

4. 某生产厂用轻烃 150t 经反应器反应后，测得 A 产品的收率为 83.3%，经提纯后得 A 产品 25t，请计算 A 产品的转化率？

解：反应后产品量 = 25 ÷ 83.3% = 30t

转化率 = 产品量/原料量 = (30/150) × 100% = 20%

答：A 产品转化率为 20%。

5. 某联合装置，用轻质油作原料经裂解后生产乙烯。裂解后混合物中含乙烯 60t，乙烯总收率为 27.5%，经提纯后得乙烯 55t，请计算原料量和乙烯转化率？

解：原料量 = 乙烯量/乙烯总收率 = 55 ÷ 27.5% = 200t

转化率 = 产品量/原料量 = (60/200) × 100% = 30%

答：原料量为 200t，乙烯转化率为 30%。

6. 通过化验分析得知生产某一牌号时每次取样的 5L 母液中带有低聚物 75g，则相对应的母液中低聚物含量是多少？

解：母液中低聚物含量 = 低聚物质量 ÷ 母液体积 = 75 ÷ 5 = 15g/L

答：母液中低聚物含量是 15g/L

7. 已知离心机分离出来的湿滤饼的含湿量是 30wt%，则这样的 10t 湿滤饼含有己烷是多少吨？

解：己烷 = 滤饼重量 × 湿含量 = 10 × 30wt% = 3t

答：10 吨湿滤饼含有己烷 3t。

8. 通过化验分析干燥机出料的含湿量为 0.3wt%，聚合投料量为 10t/h，则每小时被粉末带走损失的己烷是多少？

解：损失己烷 = 10 × 0.3% = 0.03t/h

答：每小时被粉末带走损失的己烷是 0.03t。

9. 已知母液输送泵回流量设定为3t/h，聚合釜单釜母液进料量为8t/h，母液输送泵的出口总量为27t/h，求到回收工段的母液流量多少？

解：到回收的母液量 = 泵出口总量 - 回流 - 返回聚合 = 27 - 3 - 8 × 2 = 8t/h

答：到回收工段的母液流量是8t/h。

气相法模块

判断题：

1. 为了减少过渡料，所有牌号转换时都必须将床层倒空检查清理。 （×）

正确答案：仅高密度和低密度牌号相互转换时才将床层倒空检查清理。

2. 为了减少过渡料，牌号转换时间越快越好。 （×）

正确答案：牌号转换过快，会引起反应器结块、温度控制失调、过滤器或分配板堵塞、造粒质量不好等等，使装置发生不良问题，因此转牌号要严格按照一定的逻辑次序依次进行切换。

3. 传热速率是指生产上要求换热器在单位时间所具有的换热能力。 （×）

正确答案：传热速率是指生产上要求换热器在单位时间、单位面积所具有的换热能力。

4. 静力学基本方程式，只适用于连通着的同一流体中。 （√）

5. 分离过程可以分为机械分离过程和传质分离过程两大类。 （√）

6. 罗茨鼓风机的风量与转速成正比，当转速一定时，即使出口压力有变化，排气量也基本保持稳定。 （√）

7. 采用共聚方法，可以改变分子结构，可以提高聚乙烯产品质量，改善耐低温性能。 （√）

8. 原料消耗定额是指生产单位产品需主要原料和辅助材料的消耗量。 （√）

9. 精镏段的作用是将进塔物料中的重组分浓度提高，并在塔釜采出。 （×）

正确答案：精镏段的作用是将进塔物料中的轻组分浓度提高，并在塔釜采出。

10. 一般说来，气体的溶解度随压力的升高和温度的降低而增加。 （√）

11. 在传热时，并流时的平均温差大于逆流时的平均温差。 （×）

正确答案：在传热时，并流时的平均温差并不一定大于逆流时的平均温差。

12. 四氟化碳和二氧化碳都可以扑灭电气火灾。 （√）

13. 流体的沸点与气压有关，气压增大，沸点升高。 （√）

14. 风送系统料仓在牌号切换后必须清洗。 （√）

15. 挤压系统颗粒水应使用脱盐水。 （√）

16. 风量和转速成反比。 （×）

正确答案：风量和转速成正比。

17. 生产中，提高离心泵的流量，主要是改变离心泵出口管线上的阀门开度。 （√）

18. 烷烃在通常情况下很活泼。 （×）

正确答案：烷烃在通常情况下不是很活泼。

19. 由同种元素组成的纯净物叫做单质。 （√）

20. 混炼机的出口压力是通过调节熔融泵的转速来实现的。 （√）

21. 在生产薄膜产品之前应尽可能避免生产高相对分子质量产品。 （√）

22. 四氯化钛遇水或潮气发热，冒出腐蚀性及毒性的氯化氢（盐酸）烟雾。 （√）

23. 往复泵在启动前必须打开旁通阀，运转正常后再用出口阀调节流量。 （×）

正确答案：往复泵通过冲程调节流量。

24. 换热器在使用前的试压，重点检查列管是否泄漏。（×）

正确答案：换热器在使用前的试压，重点检查列管的耐压能力。

25. 离心泵体内有气体，则会出现气缚现象。（√）

26. 对设备应认真执行“清洁、润滑、紧固、调整、防腐”十字作业。（√）

27. 流体的阻力降与流体的流速无关。（×）

正确答案：流体的阻力降与流体的流速也有关系。

28. 离心泵的叶轮有封闭式、开敞式两种形式。（×）

正确答案：离心泵的叶轮有封闭式、开敞式、混合式三种形式。

29. 在一定条件下，当气液处于平衡时，一定数量溶剂所能溶解的溶质的数量称为溶解度。（√）

30. 输送液体的密度越大，泵的扬程越小。（×）

正确答案：输送液体的密度越大，泵的扬程没有改变。

31. 在精馏塔中，从上到下，气相中易挥发组分的浓度逐渐降低。（√）

32. 法兰连接时，一般中、低压情况下并不是采用金属垫片。（√）

33. 回流比的大小对精馏塔塔板数和进料位置的设计起着重要作用。（√）

34. 冷却器的冷却水是从下部进上部出。（√）

35. 国际单位制是由二个基本单位和七个辅助单位组成。（×）

正确答案：国际单位制是由三个基本单位和七个辅助单位组成。

36. 控制图是在动态的生产过程中，直接使用的主要统计方法之一。（√）

37. 压缩机的压缩比是指 P_1/P_2，即进口压力与出口压力之比。（×）

正确答案：压缩机的压缩比是指 P_1/P_2，即出口压力与进口压力之比。

38. LLDPE 产品的透明性不如 LDPE，其加工性能不佳，到目前还完全不能替代 LDPE 产品。（√）

39. 乙烯属于低毒物类，具有较强的麻醉作用，人经呼吸道吸入后，绝大部分经肺排出，很快在体内消灭，故苏醒也快。（√）

40. 反应温度上升，熔体流动速率上升，密度下降。（√）

41. 溶液中各组分的沸点非常接近时，用蒸馏方法来进行分离。（×）

正确答案：溶液中各组分的沸点非常接近时，用精馏方法来进行分离。

42. 伯努利方程适用于一切流体的能量衡算。（×）

正确答案：伯努利方程并不是适用于一切流体的能量衡算。

43. 当气体温度高于该气体临界温度时，对该气体进行压缩，无论加多大压力都不能使该气体液化。（√）

44. 离心泵流量随叶轮直径增大而减小，随叶轮转速增加而增大。（√）

45. 当仪表空气中断时，气开调节阀的开度为全开。（×）

正确答案：当仪表空气中断时，气开凋节阀的开度为全关。

46. 机泵运转时，其最小回流阀应处于全开的状态，目的是为了防止泵的憋压。（√）

47. 换热器在使用前的试压重点是检查列管是否泄漏。（×）

正确答案：换热器在使用前的试压重点是检查列管是否能承受住其设计压力。

48. 屏蔽泵如果用双节流口环，增加了泄漏量，降低了容积效率。（×）

正确答案：屏蔽泵如果用双节流口环，减少了泄漏量，提高了容积效率。

49. 隔膜泵的上板即气体板的下表面是凹面，在板上装有入口阀和出口阀，液压油在气体板和多孔板之间运动。（×）

正确答案： 隔膜泵的上板即气体板的下表面是凹面，在板上装有入口阀和出口阀，隔膜在气体板和多孔板之间运动。

50. 罗茨风机可根据操作要求，压力在一定范围可以变化，体积流量也可以改变。（×）

正确答案： 罗茨风机可根据操作要求，压力在一定范围可以变化，但体积流量不变。

51. 活塞压缩机的压缩机构是由汽缸、曲轴、连杆、活塞组件等组成。（×）

正确答案： 活塞压缩机的压缩机构是由汽缸、活塞组件、进排气阀等组成。

52. 隔膜泵的理论流量决定于活塞往复一次的全部体积。（√）

53. 防止离心泵内漏是靠填料密封或机械密封的堵塞作用。（×）

正确答案： 防止离心泵内漏是靠叶轮前后的密封环与泵壳密封环的间隙，间隙越小泄漏量越少。

54. 在螺旋输送机水平固定式、垂直式及弹簧的类型中，水平固定式是最为常用的。（√）

55. 离心式颗粒干燥器颗粒排出系统不妥或发生故障会使颗粒返回到颗粒出口，造成干燥器的过载。（√）

56. 气动球阀是由一个球阀和一个气动执行机构组成。（√）

57. 在化工换热器中盘管式换热器占主导地位。（×）

正确答案： 在化工换热器中管式换热器占主导地位。

58. 筛板精馏塔的气液接触元件是溢流管。（×）

正确答案： 筛板精馏塔的气液接触元件是筛板塔板。

59. 带式过滤器的作用是把固相和气相分离，不让同态粉末带入气相输送系统。（√）

60. 振动筛是依靠筛面振动及一定的倾角来满足筛分操作的机械。（√）

61. 冰机停车后，盐水泵也自动停车。（×）

正确答案： 冰机停车后，盐水泵不会自动停车。

62. 在油温满足开车条件的情况下，启动冰机前不必启动油加热器。（√）

63. 离心式通风机的工作原理与单级离心泵相似，基本机构也相同。（√）

64. 设备工作的仪表设定参数是根据设备本身的设计参数、最大承受参数和实际生产需要的参数而定，一来满足生产，二保护设备。（√）

65. 设备运行记录、技术资料齐全、正确是属于设备完好标准的要求。（√）

66. 在检修动设备是可以不停电对设备进行检修。（×）

正确答案： 在动设备检修交出设备前应对设备停电，同时对设备倒空物料放压，切断相关的所有物料阀等。

67. 在检修设备中要协助检修人员，并做好配合，同时还要对检修人员的安全进行监护。（√）

68. 在检修设备完后设备即可投入使用。（×）

正确答案： 在检修设备完后要对设备进行试车准备、试车、验收等工作后，被检修设备才可投入使用。

69. 丁烯高速泵在启动后一段时间内，如流量仍低于最小流量，则泵会联锁停车。（√）

70. 在启动润滑油系统后，再投用压缩机干气密封系统。（×）

正确答案： 在启动润滑油系统之前，必须先投用干气密封系统。

71. 催化剂在流化床内分布不均匀是反应器结块的原因之一。 (√)
72. 催化剂收率对反应活性没有影响。 (×)
正确答案：催化剂收率对反应活性影响非常大。
73. 当换热器压力降偏高时，说明换热器结垢严重。 (√)
74. 流化回路压降大小对流化气速影响不大。 (×)
正确答案：流化回路压降大小对流化气速影响很大。
75. 由产品质量情况，可以判断出当前的工艺状况。 (√)
76. 只要工艺稳定，产品质量不会波动。 (×)
正确答案：产品质量的波动是不可避免的，但必须控制在可控范围内。
77. 高密度产品比线型低密度产品更易于输送。 (√)
78. 反应器清理时，应尽量缩短见空气的时间，以防置换困难。 (√)
79. 反应器热置换比冷置换效率低。 (×)
正确答案：反应器热置换比冷置换效率高。
80. 在线分析仪是气相控制的主要依据。 (√)
81. 只要淤浆泵出口压力高报，淤浆泵就会停车。 (×)
正确答案：淤浆泵出口压力高报持续一段时间才会导致淤浆泵联锁停车。
82. 反应器丁烯/乙烯比越高，则产品密度越高。 (×)
正确答案：反应器丁烯/乙烯比越高，则产品密度越低。
83. 单位床层压降是流化床内粉料形态的具体体现。 (√)
84. 换热器进行酸洗后，通常要进行试漏。 (√)
85. 下料的稳定性，是挤压机主电机电流不发生波动的前提。 (√)
86. 齿轮泵的出口压力高通常是机筒温度过低造成的。 (×)
正确答案：齿轮泵的出口压力高通常是滤网器过脏造成的。
87. 齿轮泵的出口压力与颗粒的成型有很大的关系。 (√)
88. 气泡粒子是因为粉料中有气相组分无法排除造成的。 (√)
89. 切粒机抱刀是由于切粒水切入过慢造成的。 (√)
90. 1211 灭火器可以用于密闭空间火灾。 (×)
正确答案：1211 有轻微毒性，不能用于密闭空间。
91. 当产品密度偏低时，应适当提高丁烯分压。 (×)
正确答案：提高丁烯分压会使密度更低。
92. 粉料脱气系统效果是保证后系统安全和正常操作的重要因素。 (√)
93. 粉料出料系统堵塞处理时必须要置换合格、保证安全。 (√)
94. 使用底部出料系统可以维持低负荷生产。 (×)
正确答案：使用底部出料系统无法维持低负荷生产。
95. “飞温”是由于温度与活性的叠加关系造成。 (√)
96. 仪表空气中断，剩余的仪表空气可以保证停车时用气的需要。 (√)
97. 普通水可作为装置冷却水使用。 (×)
正确答案：必须净化加入药剂后方可作为装置冷却水使用。

98. 反应器压力是用加入丁烯量来保证的。 (×)

正确答案：正常操作时是用加入乙烯量来保证。

99. 再生过程是吸附过程的逆过程。 (√)

100. 乙烯精制系统流动停止，恢复流动后反应器可以立即开始补乙烯。 (×)

正确答案：乙烯精制系统流动停止，恢复流动后，经分析合格后反应器才能开始补乙烯。

101. 丁烯极易挥发，因此丁烯罐冒顶事故的危害不大。 (×)

正确答案：丁烯极易挥发，因此丁烯罐冒顶事故有极大的危害。

102. 流化气量越大，流化气速越高。 (√)

103. 反应器活性和温度、催化剂注入量、反应物浓度成正比。 (√)

104. 流化状态的好坏与反应器结块没有直接关系。 (×)

正确答案：流化状态的好坏与反应器结块有直接关系。

105. 如果颗粒厚度偏大，可以采取进刀的方法来消除。 (√)

106. 输送风机出口压力与风机功率没有直接关系。 (×)

正确答案：输送风机出口压力与风机功率有直接关系。

107. 隙距越小，挤压机主电机功率越小。 (×)

正确答案：隙距越大，挤压机主电机功率越小。

108. 振动筛分离效果影响后系统块料和细粉含量含量。 (√)

109. 挤压机发生“灌肠”事故与颗粒水量无关。 (×)

正确答案：颗粒水量过低是挤压机发生“灌肠”事故的主要原因。

110. 离心风机振动大要立即切换备机查找原因。 (√)

111. 来在界区的氮气一部分经加热后可作为再生用热氮。 (√)

112. 氮气精制中，脱氧后的氮气还要经过干燥床。 (√)

113. 热油是分阶段加热，不能一步加热到位。 (√)

114. 烷基铝泵也是螺杆泵。 (×)

正确答案：烷基铝泵是隔膜泵。

单选题

1. 挤出机螺杆的有效长度与直径之比称为（ A ）。

A. 长径比　　B. 比率　　C. 比值　　D. 系数

2. 聚合物熔体流动速率的表示符号是（ D ）。

A. M　　B. MFR　　C. g/10min　　D. MFI

3. 加热挤压机模头夹套的热油，其温度不得超过（ A ）℃。

A. 300　　B. 400　　C. 500　　D. 600

4. 离心泵盘车后，其标记的最终位置应与初始位置相隔（ B ）。

A. 90　　B. 180　　C. 360　　D. 270

5. 气体的导热系数一般随温度的增加而（ A ）。

A. 增大　　B. 减小　　C. 无变化　　D. 无规律变化

6. 在间壁式换热器中，流体的流向为并流时与逆流时相比，平均传热温差（ C ）。

A. 相等　　B. 增大　　C. 减小　　D. 无法确定

7. 聚合置换过程中，快速降低水含量的方法是（ A ）。

A. TEA 降低水含量 B. 乙烯置换 C. 氮气置换 D. 氢气置换

8. 产品脱气仓压力过高时，部分气体排向（ B ）。

A. 高压火炬 B. 低压火炬 C. 大气 D. 回收系统

9. 流化气（ 循环气 ）压缩机润滑油系统（ A ）油气分离器。

A. 需要 B. 不需要

C. 可要可不要 D. 根据反应器压力选用

10. 热油的机器热方式是（ A ）。

A. 电加热 B. 蒸汽加热 C. 辐射加热 D. 对流加热

11. 氮气精制床首先脱出（ A ）。

A. 水 B. 一氧化碳 C. 二氧化碳 D. 氧气

12. 反应器水系统开车时，水循环泵要（ A ）。

A. 充满水 B. 打开导淋 C. 开出口阀 D. 管入口阀

13. 送到挤压造粒单元的粉料，经过了（ B ）级脱气。

A. 两 B. 三 C. 四 D. 五

14. 提高反应温度，降低反应压力，产品（ A ）下降。

A. 密度 B. MFI C. 相对分子质量分布 D. 清洁度

15. 在送种子床过程中，（ B ）为输送介质。

A. 氮气 B. 流化气 C. 空气 D. 乙烯

16. 乙烯精制中，首先脱出（ B ）。

A. 乙炔 B. 硫 C. 一氧化碳 D. 水

17. 挤压机开车时下列叙述正确的是（ B ）。

A. 先开主电机，然后开启动电机 B. 先开启动电机，然后主电机

C. 两电机同时开 D. 只开启动电机

18. 对于纯物质来说在一定的压力下，它的泡点温度和露点温度关系是（ A ）。

A. 相等 B. 泡点温度大于露点温度

C. 露点温度大于泡点温度 D. 无关系

19. 产品牌号切换过程中，第一个床层倒空周期后床层中新树脂含量为（ B ）。

A. 50% B. 63% C. 85% D. 96%

20. 干燥剂再生的残留吸附量过大可能是由于（ A ）。

A. 再生时床层的温度分布不均匀 B. 再生温度高

C. 再生气露点低 D. 再生时升温速度慢

21. 各种毒物对聚合反应影响力依次是（ B ）。

A. 水、二氧化碳、氧气、乙炔、甲醇

B. 水、一氧化碳、氧气、二氧化碳、乙炔、甲醇

C. 水、氧气、一氧化碳、乙炔、甲醇、二氧化碳

D. 水、氧气、二氧化碳、一氧化碳、乙炔、甲醇

22. 有关催化剂 Al/Ti 对聚合反应的影响，下列哪种叙述正确：（ B ）。

A. Al/Ti 越高，反映活性也越高

B. 在一定范围内 Al/Ti 越高，反映活性也越高

C. Al/Ti 越低，反映活性也越高

D. Al/Ti 越高，反映活性也越低

23. 聚合反应器出故障时，温度控制阀应处在（ A ）。

A. 故障开　　B. 故障关　　C. 手动开　　D. 手动关

24. 乙烯浓度越高，反应活性越（ A ）。

A. 越低　　B. 越高　　C. 不变　　D. 减弱

25. 聚合物树脂指数用向下列哪种方法控制（ C ）。

A. 乙烯浓度　　B. 氮气浓度　　C. 氧气/乙烯比　　D. 丁烯浓度

26. 挤压机设置换网器的目的是（ A ）。

A. 过滤碳化粒子　　B. 减少气泡粒子

C. 保护齿轮泵　　D. 降低齿轮泵电流

27. 挤出机的大小一般用（ C ）表示。

A. 功率　　B. 螺杆直径　　C. 长径比　　D. 螺杆长度

28. 当催化剂活性增加时，树脂的堆积密度（ B ）。

A. 增大　　B. 减小　　C. 无影响　　D. 不变

29. 挤压机在正常开车过程中，滤网前后压差低说明（ A ）。

A. 滤网干净　　B. 滤网脏　　C. 齿轮泵增压不好　　D. 齿轮泵转速低

30. 在主引发剂的制备反应中，碘的作用是（ B ）。

A. 引发剂　　B. 表面处理剂　　C. 改性剂　　D. 分散剂

31. 烯烃的沸点随相对分子质量的增加而（ B ）。

A. 降低　　B. 升高　　C. 无变化　　D. 可高可低

32. 聚合反应器系统停车时首先应该（ A ）。

A. 停催化剂注入　　B. 乙烯注入　　C. 丁烯－1 注入　　D. 氢气注入

33. 流化气（循环气）压缩机停车前，应将气密封改为（ B ）。

A. 乙烯密封　　B. 氮气密封　　C. 不需改变　　D. 以上都不是

34. 塔内上升蒸汽速度大小直接影响传质效果，塔内最大的上升速度不能超过（ A ）。

A. 空塔速度　　B. 液泛速度

C. 空塔速度的二分之一　　D. 空塔速度

35. 聚合反应器在底部出料时，主要目的是（ D ）。

A. 调整气相组成　　B. 排出气相毒物　　C. 激活反应　　D. 排出块料

36. 泵赋于流体的外加能量称为泵的（ A ）。

A. 扬程　　B. 升扬高度　　C. 功率　　D. 效率

37. 往复泵是依靠泵缸内的活塞作往复运动来改变工作（ A ），从而达到输送液体的目的。

A. 容积　　B. 温度　　C. 压力　　D. 流量

38. 齿轮泵在闭死容积的影响下，泵由于液体气化或溶于液体的气体的析出会形成气蚀，使泵产生噪音和（ D ）影响泵的稳定性和寿命。

A. 径向力　　B. 效率低　　C. 压力高　　D. 振动

39. 离心泵在通常情况下原动机功率和轴功率（ B ）。
A. 一样大　B. 前者大　C. 后者大　D. 不确定
40. 旋转阀的刮板和机筒的（ C ）会产生气托。
A. 间隙过小　B. 正常间隙　C. 间隙过大　D. 其他
41. 反应器分布板的作用不包括（ D ）。
A. 均匀分布循环气　B. 防止树脂颗粒回落
C. 在床层不流化时支撑树脂床　D. 流化床层
42. 工业生产上出现最早的典型板式塔是（ B ）。
A. 浮阀塔　B. 泡罩塔　C. 筛板塔　D. 网孔板塔
43. 带式过滤器主要是由壳体、滤袋、（ D ）组成。
A. 压板　B. 螺栓　C. 袋笼　D. 集灰斗
44. 振动筛是以偏心电动机为振动器直接装在筛箱体上，从结构上和一般的振动筛相比它少了（ D ）。
A. 支承或悬挂装置　B. 振动器　C. 筛网　D. 传动装置
45. 离心式通风机的传动装置包括轴、联轴器或带轮、（ A ）。
A. 轴承　B. 叶轮　C. 密封装置　D. 轴承支承
46. 在机修人员检修设备的过程中，工艺要制定人员对检修人员的安全及作业环境进行（ A ），发现问题及时处理，以免在检修中造成人员伤害，造成对环境的污染等。
A. 监护　B. 监工　C. 监督　D. 监视
47. 流化回路压降大小会影响（ C ）。
A. 反应器压力　B. 反应器温度　C. 流化气量　D. 床层高度
48. 流化气量大，（ A ）反应器升温。
A. 有利于　B. 不利于　C. 可能影响　D. 不影响
49. 提高输送效率的主要方法是（ B ）。
A. 保持下料平稳　B. 提高压降大　C. 增大风机功率　D. 加长输送流程
50. 在线气相色谱分析异常，会造成（ A ）。
A. 负荷波动　B. 床高波动
C. 催化剂加料量波动　D. 控制难度加大
51. 正产生产中，丁烯/乙烯比发生异动应立即（ B ）。
A. 停车处理　B. 打手动维持丁烯进料
C. 降低负荷　D. 降低温度
52. 反应活性的最直接的体现是（ C ）。
A. 床层压差　B. 生产负荷
C. 催化剂量与负荷的关系　D. 反应温度
53. 换热器泄漏通常在（ A ）位置。
A. 管口　B. 管束　C. 法兰　D. 封头
54. 齿轮泵出口压力与转速是（ A ）关系。
A. 正比　B. 反比　C. 可疑　D. 没有
55. 气泡粒子影响产品的（ C ）。
A. 运输　B. 寿命　C. 加工性能　D. 包装

56. 挤压机热油温度偏低的原因（ D ）。
A. 油泵出口压力高　B. 油泵出口压力低
C. 加热器故障　D. 温度控制器故障
57. 产品指数的最主要关联因素是（ A ）。
A. 氢气/乙烯比　B. 反应温度　C. 丁烯/乙烯比　D. 反应压力
58. 粉料脱气系统效果不好会造成（ C ）。
A. 反应活性下降　B. 催化剂失活　C. 后系统烃含量高　D. 没有影响
59. 粉料出料系统堵塞处理时不正确的是（ C ）。
A. 不用置换　B. 地面铺油毡布　C. 回收粉料　D. 使用铜制工具
60. 反应器发生“飞温”的主要原因是（ D ）。
A. 负荷偏低　B. 反应器内静电　C. 反应器压力过高　D. 温度失控
61. 装置冷却水中断首先要进行（ A ）。
A. 停催化剂注入　B. 注入终止剂　C. 急冷　D. 停氢气
62. 乙烯精制系统流动停止的主要危害是（ C ）。
A. 冲击　B. 造成温度波动
C. 精制床解析毒物进入系统　D. 造成温度波动
63. 反应回路活性正常、外界温度稳定，冷却冷却水用量上升的原因（ D ）。
A. 回水阻力变小　B. 泵出口阀开大　C. 流化气速下降　D. 冷却器堵塞
64. 正常生产时提高流化气量的有效方式是（ D ）。
A. 提高反应温度　B. 提高反应负荷　C. 提高电机转速　D. 减少管道阻力
65. 乙烯分压与活性是（ A ）关系。
A. 正比　B. 反比　C. 可疑　D. 没有
66. 反应器内有较多块料时应（ D ）。
A. 保持负荷　B. 保持反应温度
C. 增加侧线出料次数　D. 增加底部出料次数
67. 离心泵流量和功率的是（ A ）关系。
A. 正比　B. 反比　C. 可疑　D. 没有
68. 挤压机主电机电流与机筒温度是（ C ）关系。
A. 可疑　B. 反比　C. 正比　D. 没有
69. 挤压机发生“灌肠”，事故发生后，处理方法有（ C ）。
A. 加压顶通　B. 升温顶通　C. 断开清理　D. 减小颗粒水量
70. 以下不是离心风机喘振的原因是（ C ）。
A. 气量过小落入喘振区　B. 进气温度升高
C. 电流过大　D. 入口阀开度小
71. 乙烯经干燥器脱除水分后进入（ A ）将细粉分离。
A. 分离罐　B. 乙炔床　C. 脱氧床　D. 干燥床
72. 脱硫的乙烯与（ C ）混合加热后，在脱炔床中脱除乙炔。
A. 氧气　B. 氮气　C. 氢气　D. 空气

73. 聚合反应器底部抽出料靠重力流入振动筛，将大于（ D ）mm 的块料从粉料中分离出来。

A. 1　　B. 5　　C. 8　　D. 3

多选题

1. 为获得性能良好的改性聚丙烯产品，常用的物理改性手段有（ A, B, C ）。

A. 填充改性　　B. 增强改性　　C. 共混改性　　D. 减轻重量

2. 在料量、间距、齿轮转速不变的情况下，下面关于指数的说法正确的是（ B, D ）。

A. 指数越高，齿轮泵电流越高　　B. 指数越高，齿轮泵电流越低

C. 指数越低，齿轮泵电流越低　　D. 指数越低，齿轮泵电流越高

3. 气蚀对泵的影响有（ A, B, D ）

A. 扬程下降　　B. 效率下降　　C. 转速下降　　D. 流量下降

4. 离心泵的主要部件有（ A, B, C ）。

A. 叶轮　　B. 泵壳　　C. 轴封装置　　D. 填料

5. 热量传递的三种基本方式有（ A, B, C, D ）。

A. 传导　　B. 对流　　C. 辐射　　D. 以上都对

6. 聚合物的烧结温度与下列哪些因素有关（ A, B ）。

A. 密度　　B. 指数　　C. 压力　　D. 转化率

7. 离心式压缩机的优点有（ A, D ）。

A. 压力高　　B. 流量大　　C. 压缩比大　　D. 压缩比小

8. 粉料脱气系统开车时，要做到下列哪几项准备（ A, B, C ）。

A. 确定流程　　B. 启动袋式过滤器　　C. 启动输送风机　　D. 关闭平衡系统

9. 氮气压缩机入口处应设有（ A, B ）。

A. 缓冲罐　　B. 安全阀　　C. 碟阀　　D. 爆破片

10. 反应系统主要控制参数有（ A, B, C, D ）。

A. 反应温度　　B. 催化剂加料率　　C. 共聚单体加料率　　D. 氢气加料率

11. 催化剂的类型对（ A, B, C, D ）有影响。

A. 产品密度　　B. 熔融指数　　C. 相对分子质量分布　　D. 反应动力学

12. 影响气体溶解度的因素有（ A, B, C, D ）。

A. 温度　　B. 压力　　C. 浓度　　D. 催化剂

13. 乙烯精制床在投用前，需要（ A, B, C ）。

A. 置换　　B. 再生　　C. 检查分子筛使用情况　　D. 直接投用

14. 通常氮气精制系统主要是脱出（ A, B, C ）。

A. 一氧化碳　　B. 二氧化碳　　C. 水　　D. 氧

15. 影响精馏塔操作的主要因素有（ D, A ）。

A. 气体流量　　B. 进料量　　C. 回流量　　D. 液体流量

16. 再沸器发生堵塔时，发生下列哪种情况（ D, A, B ）。

A. 塔压上升　　B. 顶温下降　　C. 冷凝液减少　　D. 冷凝液增大

17. 下列哪种物质不是毒物（ D, B ）。

A. 硫　　B. 氮气　　C. 氧气　　D. 氢气

18. 流化气速会影响到下列哪种情况（ D，B ）。

A. 反应压力 B. 反应器结块 C. 流化床性质 D. 反映活性

19. 化工生产所指的“三废”是（ A，B，D ）。

A. 废水 B. 废气 C. 废料 D. 废渣

20. 气体压缩有（ A，B，C ）。

A. 等温压缩 B. 绝热压缩 C. 多变压缩 D. 等体压缩

21. 爆炸可分为（ A，B ）。

A. 物理爆炸 B. 化学爆炸 C. 核爆炸 D. 辐射爆炸

22. 精馏塔液泛时采取的措施有（ B，C ）。

A. 降低蒸气量 B. 降低回流量或进料量

C. 保证正常的塔釜液位 D. 增大蒸汽量

23. 离心式压缩机在入口压力相同的情况下，下列哪种叙述正确（ A，D ）。

A. 吸入气体密度愈大，输出压力愈高 B. 吸入气体密度愈小，输出压力愈高

C. 吸入气体密度愈小，输出压力愈小 D. 吸入气体密度愈小，输出压力愈小

24. 精馏塔塔板上有（ A，B，C ）。

A. 浮阀 B. 降液管 C. 溢流堰 D. 筛板

25. 挤压造粒机主电机的保护措施有（ B，D ）、过载保护、摩擦离合器保护四种保护方法。

A. 启动保护 B. 强制润滑 C. 断电保护 D. 强制通风

26. 挤压造粒机切粒机电机振动大是因为切粒机轴承磨损或电机固定螺栓松动、（ B，C ）、切粒机轴偏心。

A. 切刀盘与模面离得太远 B. 切刀盘与模面贴得过死

C. 切刀盘与模面垂直度偏离 D. 切刀盘与模面水平度偏离

27. 流化气离心压缩机固定元件包括吸气室、（ C，D ）。

A. 紧圈 B. 固定环 C. 扩压器 D. 蜗壳

28. 活塞式压缩机验收试车时发现排气温度高，产生的原因可能是（ B，C ）。

A. 吸入阀坏 B. 排出阀坏 C. 下段吸入阀坏 D. 下段排出阀坏

29. 挤压机的齿轮泵轴承通过（ B，C ）来润滑。

A. 润滑油 B. 聚乙烯聚合物 C. 熔融树脂 D. 润滑脂

30. 挤压造粒机的启动装置是由启动电机、（ A，C ）组成的。

A. 减速齿轮箱 B. 摩擦离合器 C. 凸轮离合器 D. 齿轮泵

31. （ A，C ）可以在润滑油泵故障的情况下，向循环气压缩机及其电机提供短期使用的润滑油。

A. 润滑油高位油槽 B. 辅油泵 C. 储能器 D. 润滑油箱

32. 固定管板式列管换热器主要由外壳、管板、（ A，B ）等部件组成。

A. 管束 B. 封头 C. 螺旋板 D. 浮头

33. 流化气反应器的直筒段是进行聚合反应的床层区域，同时这一区域还有（ A，C ）。

A. 催化剂（预聚物）的注入 B. 底部抽出

C. 聚合物的侧向抽出 D. 流化气入口

34. 旋风分离器主要由三部分组成：内筒、（ A，B ）。

A. 外筒　B. 倒锥体　C. 入口　D. 集尘器

35. 振动筛一般主要由支承或悬挂装置、筛箱、（ B，D ）等部分组成。

A. 支承弹簧　B. 振动器　C. 筛面　D. 传动装置

36. 挤压机切出的粒料成团，产生的原因是（ B，D ）。

A. 汽缸漏气　B. 刀片磨损

C. 切粒机轴过度偏心　D. 模头加热不足

37. 挤压机齿轮泵运行时驱动电机过大，产生的原因是（ A，C ）。

A. 黏度太低　B. 转速太低　C. 转速太高　D. 润滑不足

38. 往复式隔膜泵检修活塞时，设备交出需做的交出准备是：通知电气人员对泵停电、拆掉电机接线，对泵放压（ A，B ）。

A. 关闭出入口阀　B. 倒空传动液压油及物料

C. 打开出入口阀　D. 加中间液压油

39. 丁烯高速泵启动前，必须满足的条件有（ A，B，D ）。

A. 泵密封压力不高报　B. 丁烯缓冲罐的液位不低报

C. 缓冲罐液位不高报　D. 控制室开关打在“自动”位置

40. 控制反应活性的手段主要有（ B，C，D ）。

A. 床层高度　B. 催化剂 Al/Ti 比　C. 乙烯分压　D. 反应温度

41. 反应器置换期间，升温的目的是（ A，D ）。

A. 有利于水分脱除　B. 有利于氧分脱除　C. 检验设备工况　D. 有利于水分析出

42. 稳定产品质量的主要手段是（ B，C ）。

A. 提高产量　B. 稳定温度　C. 保持气相浓度　D. 保持床高

43. 输送困难的主要因素有（ A，B ）。

A. 下料量过多　B. 输送过程的压降大

C. 风机功率大　D. 输送流程短

44. 反应器长期置换不合格的主要原因是（ B，D ）。

A. 反应器压力低　B. 置换气体不合格　C. 流化气速低　D. 换热器泄漏

45. 反应器气相中丁烯/乙烯比异常变化的影响因素有（ A，B ）。

A. 反应温度　B. 反应压力　C. 乙烯分压　D. 丁烯分压

46. 反应器活性异常上升的主要原因是（ C，D ）。

A. 负荷较高　B. 调温水温度过低　C. 操作失误　D. 温度上升过快

47. 换热器泄漏会造成（ A，B ）。

A. 物料污染　B. 物料浪费　C. 控制失灵　D. 热负荷降低

48. 挤压机主电机电流波动的影响因素有（ A，B，C ）。

A. 下料的稳定性　B. 机筒温度　C. 隙口开度　D. 切粒机转速

49. 颗粒水流量低的原因有（ A，B，C ）。

A. 颗粒水泵不上量　B. 水槽液位低

C. 泵出口过滤网堵塞　D. 水温低

50. 颗粒中有气泡粒子的主要原因有（B，C）。

A. 混炼效果不好　　B. 缓冲料斗排气不好

C. 粉料中挥发物质较多　　D. 机筒排气不好

51. 产品下料系统除阀门开关外，还有（A，B，C）开关。

A. 现场锁定开关　　B. 中控操作方式开关

C. 中控启动开关　　D. 中控锁定开关

简答题

1. 什么叫玻璃化状态和玻璃化温度？

答：在温度比较低的时候，分子热运动能量很小，不足以克服分子之间的相互作用力，因此整个分子链的活动比较困难，即使是链段的内旋转运动，也处于被冻结的状态，这种状态称为玻璃态，此时的温度称为玻璃化温度。

2. 切粒时产生带尾颗粒的原因及处理方法？

答：原因是树脂混炼过强，切刀与模板间隙大，PCW 水温高。处理方法是把间隙适当放大，前进刀，降低 PCW 水温。

3. 进入设备内部检修，具备什么条件才动火？

答：第一、氧含量大于18%，有机物含量低于其卫生允许浓度或在爆炸下限以下，应办理进入设备证、动火证。第二、设备人口有专人监护，并准备好必要的救护器具。

4. 怎样进行疏水器的维护保养？

答：①安装正确，使用蒸汽进口压力不得高于疏水器的公称压力；②保持疏水器的静密封点，无泄漏部件泄漏，部件动作灵活，外观清洁，漏气率 $<3\%$；③定期检查阀片，阀座，及过滤网的磨损情况，清除铁锈和污垢。

5. 试论述为什么多级压缩机第一级汽缸要比第二级汽缸大？

答：因为经第一级压缩后，气体的压力增大，容积减小，当气体进入第二级汽缸时，气量没有第一级那么大，故第二汽缸要比第一级汽缸直径小。

6. 说出乙烯，丁烯-1，氢气进料量如何控制？

答：乙烯进料量由反应压力调节控制，氢气和丁烯-1 的进料量是根据循环气组成，由乙烯分压进行比例串级调节。

7. 轴封的作用是什么？为什么填料密封松紧程度必须合适？

答：轴封装置来防止泵的泄漏或空气的进入，否则，将影响泵的正常操作并造成物料的浪费，当输送易燃、易爆或有毒的物料时，还容易造成严重事故。填料一般采用浸油或涂有石墨的石棉绳，当拧紧螺钉时，压盖将填料压紧在填料函壳与泵轴之间，从而达到密封的目的。填料压得过紧，虽然能减少泄漏，但填料与轴之间的摩擦损失增大，会降低填料与轴的寿命，严重时造成发热冒烟，甚至将填料和轴烧坏；如果压得过松，则起不到密封的作用。

8. 丁烯-1 干燥床如何切换？

答：①打开备用床的前后阀，使备用床与工作床并联投用；②确认备用床工作是否正常，两床温度基本相同；③确认备用床在反应器全流量下运转一小时，无异常情况后，将需要再生床切出系统，准备再生操作。

9. 火炬头的下部为什么均设有分子封？

答：为防止火炬回火（当火炬内无气体排放时，由于密封气的存在，可维持火炬正压，固而防止了空气倒流进入火炬系统内）。

10. 压力容器在进行液压试验时，为什么要用水作为实验介质？

答：由于水的来源和使用都比较方便，又具有作耐压试验的各种性能，所以常用水作为液压试验的介质，故液压试验也称为水压试验。

11. 论述分子筛脱水简要原理及再生原理。

答：分子筛是一种多孔性具有吸附性的结晶固体。它能根据亲合力的不同，选择的吸附放出热量。在高温下，由于水分子的动能增加，超过了亲和力，困此，能从分子筛上脱附而完成再生。

12. 流化床反应器的主要部件有哪些？

答：主要有筒体、分配板、气固（或液）分离器、换热设备、内部构件、催化剂的加入（注人系统）、产品的抽出（侧向和底部抽出系统）等组成。

13. 某月线性装置生产合格树脂5520t，消耗乙烯5305t，试计算乙烯单耗是多少？

乙烯单耗 = 乙烯消耗量/产品产量 = 5305/5520 = 0.961t/h

答：乙烯单耗是0.961t/h。

14. 为什么水下切粒装置对水温有一定要求？

答：通常模头的温度在250℃左右，这么高的温度下树脂一下被低温水（低60℃）冷却，会造成树脂的结晶度降低，颗粒外观发雾，不白，低密度时不亮。如果水温过高（高于80℃），一方面热水容易沸腾汽化，另一方面树脂冷却不下来，发粘不好切粒，根据实践，确定控制在80℃较好。

15. 精馏塔中精馏段和提馏段是以什么为界限？它们的作用分别是什么？

答：加料板以上为精馏段，加料板以下（包括加料板）为提馏段。精馏段的作用是提高易挥发组分的浓度，提高难挥发组分的收率。提馏段的作用是提高难挥发组分的浓度，提高易挥发组分的收率。

16. 什么是爆聚？

答：所谓爆聚是指聚合反应在很短时间就完成，并且伴随着大量热能的释放和气体的产生。爆聚的主要条件是温度，当其温度达到某一值后，聚合反应无法控制就产生爆聚。转化率的高低，是爆聚发生的辅助条件。转化率越高，越易促使发生爆聚。

17. 气液平衡关系？

答：在一定条件下，当液体中汽化出来的速率与蒸汽冷凝返回液相中的速率相等时，气液两相的组成处于平衡状态。平衡状态下气液相之间的组成关系即为气液相平衡关系。

18. 高分子化合物的性能有哪些？

答：①良好的弹性：当受到外力时就发生变形，但外力取消时又能恢复原状。②可塑性：加热时软化，可制成一定形状的物品，冷却后可保持加工的形状。③机械强度大：如用碳纤维增强环氧树脂，强度可超过金属。④化学稳定性和绝缘性良好：因高分子化合物的分子中几乎没有活泼基，所以化学性稳定，不容易和酸或碱起作用。又因分子中没有自由电子和离子存在，固有良好的绝缘性能。⑤某些高分子化合物还具有耐油、耐高温、耐低温、不透气、不透水等特殊性能。⑥高分子化合物也有些缺点，一般说来不耐高温、易燃烧、易于老化等。

19. 什么是雾沫夹带现象？其影响因素有哪些？

答：当上升气体脱离塔板上的鼓泡液层时，气泡破裂而将部分喷溅成许多细小的液滴及雾沫，当上升气体的空塔速度超过一定限度时，这些液滴和雾沫会被气体大量带至上层塔板，此现象称雾沫夹带现象，影响因素有空塔气速，塔板间距和再沸器的换热面积等。

20. 有机化合物有哪些特性？

答：①熔点较低，一般在300℃以下；②容易燃烧；③难溶于水，易溶于有机溶剂；④不能电离，也不导电，是非电解质；⑤化学反应复杂，伴有副反应，反应速度慢且不易完成。

21. 什么是临界压力？什么是临界体积？

答：在临界温度下使气体液化所需的是小压力为临界压力。临界压力时的体积即为临界体积。

22. 聚合釜有哪几种散热方式？

答：有四种。

①气相循环用列管换热器散热。②套管浆液外循环散热。③挡板散热。④夹套散热。

23. 隙距调整应注意哪些问题？

答：①注意主电机电流和隙距的大小范围；②要注意物料指数的变化，并根据物料指数的大小及时提高或降低隙距的大小。

24. 床高的控制原理是什么？

答：流化床的床高控制实际上是通过不断调整抽出率来实现的。流化回路中每隔几分钟计算一次床层高度，在自动状态下，床高的给定点就根据计算的床高，并改变PROD。

25. 论述聚乙烯的熔融指数与平均相对分子质量的关系。

答：论述要点：聚乙烯的熔融指数与平均相对分子质量有相互对应的关系，熔融指数高则对应的相对分子质量小；熔融指数低则对应的相对分子质量大。

26. 压力容器和化工管路上安装安全阀的目的是什么？

答：在压力容器和化工管路中安装安全阀的目的是当介质压力超过规定值后，阀门自动开启，实现泄压，确保生产安全。

27. 什么叫停留时间？

答：停留时间指乙烯分子在生产中经理论计算在反应器中停留的时间。

28. 如何判断循环气流量变送器下游导管堵塞？

答：①给出错误的高流量指示；②冷却水量增大；③分布盘压差降低；④冷却器压差降低；⑤压缩机入口过滤网压差降低。

29. 论述反应器床层料位控制不好有哪些影响。

答：床层料位控制适宜与否，对生产过程有直接影响。料位太高，在扩大段分离不好，聚乙烯粉末被带出，夹带量增加，易堵塞过滤网，冷却器，如果料位过低，冲刷作用丧失，易在反应器扩大段造成粉末堆积，受热后成片脱落入床层中，轻则造成流化状态不好，重则造成反应器结块，同时在固定产量下过低的料位易出现热点，甚至结块。

30. 齿轮泵的工作原理是什么?

答: 齿轮泵是一对相啮合的齿轮，两端由端盖密封，泵壳紧密包围齿轮是容积式回转泵的一种。齿轮泵工作原理是齿轮泵具有一对相互啮合的齿轮，主动轮带动从动轮旋转，在旋转过程中，液体沿吸油管进入到吸入间，沿上下壳壁，被两个齿轮分别带到排出空间汇合，然后进入压油管排出。

31. 屏蔽泵的结构特点是什么?

答: 屏蔽泵的主要特点是泵和电机组成完整的密封整体，无动密封和填料函，绝对无泄漏，运转无噪音，电机防爆。

32. 隔膜压缩机的工作原理是什么?

答: 隔膜式压缩机的曲轴箱组件基本上是一台曲轴驱动的活塞型液压泵。它通过传动机构使旋转运动转变为往复压缩隔膜，从而推动隔膜的往复运动，隔膜的往复运动使隔膜与泵头之间的空间规律性变大变小，这种规律性体积的改变使隔膜与泵头之间的介质得到压缩，排出，吸入。因为泵室吸入介质的体积取决于隔膜运动的行程，而隔膜行程取决于柱塞的行程，故当调节机构改变柱塞行程后，泵的流量也随之改变。

33. 罗茨风机为何要加入口过滤器?

答: 罗茨风机内部转子相互啮合间隙较小，如有粉沫等杂物进入转子腔，转子之间有可能出现挤死现象，磨损转子，这也是应定期对入口过滤器进行清理的原因。

34. 往复式活塞压缩机的工作原理?

答: 活塞式压缩机压缩气体的过程，主要是通过活塞在汽缸内不断地往复运动来完成的。活塞在汽缸内一次往复的全过程分为吸气、压缩和排气三个过程，合称为一个工作过程。由于活塞在汽缸内不断地往复运动，汽缸便循环地吸气、压缩和排气，活塞的每一次往复称为一个工作循环，即一个工作过程，活塞每往复一次所经过的距离称为行程。

35. 简述挤压造粒系统的工作流程。

答: 连续式混炼机——齿轮泵——水下切粒机机组其工作流程为：通过料斗，将原料和添加剂喂入混炼机机筒，通过排气口，将由料中所含的富含氮气的空气以及挥发性物质排掉，混炼和熔融树脂/添加剂的混合物流经泵，送熔融的聚合物，使之通过模板，并在水室内将挤出的熔融聚合物的料线切成粒料，然后将粒料送到脱水/干燥设备以及筛分器。

36. 离心式空气压缩机的工作原理是什么?

答: 离心式空气压缩机的主轴带动叶轮旋转时，空气自轴向进入，并以很高的速度被离心力甩出叶轮，进入流通面积逐渐扩大的扩压器中，使气体的速度降低而压力提高，接着又被第二级吸入，通过第二级进一步提高压力，依此类推，一直达到额定压力。

37. 离心泵的工作原理是什么?

答: 离心泵在启动前，先向泵体内充满被输送的液体，叶轮在泵轴的带动下转动时产生离心力，液体由叶轮中心被甩到叶轮以外，这时叶轮中心产生负压，液体从泵的吸入口流向叶轮中心，泵轴不停地旋转，叶轮不停地吸入和排出液体。

38. 高压旋转阀的工作原理。

答: 旋转阀水平输送时，物料受到刮板链条在运动方向的推力，当料层间的内摩擦力大于物料与槽壁间的外摩擦力时，物料就随着刮板链条向前运动。在料层高度与机槽宽度之比值满足一定的条件时，料流是稳定的。垂直输送时，主要依赖物料所具有的起拱特性。

39. 气动球阀的工作原理。

答：通过配置汽缸执行机构来操作阀门的开启与关闭，汽缸通过电磁阀控制进排气，在进气状态下将阀门打开，在排气状态下将阀门关闭，同时，要求快速关闭时，一般在进气口处设一支路与相应的蓄压罐相连，以保证气源有足够的开关压力。气动球阀一般适用于要求快速切断的高中低压系统。

40. 筛板塔与泡罩塔相比结构上有哪些特点？

答：筛板塔与泡罩塔相比结构上有优点也有缺点，其优点是：①塔板效率比泡罩塔高15%左右；②生产处理能力比泡罩塔大10%～15%；③塔板压力降比泡罩塔低30%左右；④结构简单，制造维修方便，金属消耗量比泡罩塔少，造价约为泡罩塔的10%。

筛板塔的主要缺点是筛板孔易堵塞，因而不适用于处理黏性大和带有固体颗粒的物料。

41. 袋式过滤器的工作原理是什么？

答：袋式过滤器的工作原理是周期性地向滤袋内喷吹压缩空气，将气体和聚乙烯粉末分离开来，同时清除滤袋积灰，使滤袋效率保持恒定，这种过滤器的除尘效器较好，不损伤滤袋。

42. 离心式风机主要由哪几部分组成？

答：离心式风机主要由叶轮、机壳、导流器、集流器、进气箱及扩散器等组成。叶轮是风机的主要工作零件。

43. 振动筛的工作机理是什么？

答：振动筛是依靠筛面振动及一定的倾角来满足筛分操作的机械，因为筛面作高频率振动，颗粒更容易接近筛孔，并增加了物料与筛面的接触和相对运动，有效地防止了筛孔的堵塞，因而筛分效率较高。振动筛都是筛箱用弹性支承，依靠振动发生器使筛面产生振动进行工作。

44. 离心式风机的工作原理是什么？

答：离心式风机是依靠在机壳内高速旋转的叶轮，使气体受到叶片的作用而产生离心力，来增加气体的动能和压力的。

45. 离心泵正常运行时应注意哪些维护工作？

答：为了保证离心泵的正常运行，应注意做好以下维护工作：

①经常注意压力表、真空表和电流表的读数是否正常，发现异常现象，应查明原因，及时消除；②经常观察润滑油标，使油量保持在规定范围内，定期检查润滑油质量，发现有变化应立即按规定牌号及时更换；③经常观察润滑油、油封及冷却水的供应情况；④经常检查离心泵和电动机地脚螺栓的坚固情况，泵体和轴承的温度及泵运行时的声音等，如有问题应及时处理。

46. 压缩机停车交出检修的条件是什么？

答：检查关闭所有的物料（原料、冷却水、润滑油、密封气、冷却液等）切断阀，检查各段出入口管线，确认无压力，分离器中无液体，打开放空阀，切断电源，根据检修部件决定是否停汽缸水，段间冷却水和油泵，最后经班长签字后方可交出检修。

计算题

1. 在一换热器中用冷却水将2700kg/h的硝基苯由353K冷却到313K，冷却水进口温度为298K，出口温度不超过308K，试求换热器的传热速率和冷却水的用量。

(60℃时硝基苯的比热是1.6kJ/(kg·℃)，30℃水的比热是4.18kJ/(kg·℃)

解：根据定性温度$\frac{353+313}{2}=333K$，可知：

硝基苯的比热 $C_{热}=1.6kJ/(kg\cdot K)$

根据定性温度$\frac{298+308}{2}=303K$，可知：

水的比热$C_{冷}=4.18kJ/(kg\cdot K)$

$$q=q_{热}=q_{冷}$$

$q_{热}=W_{热}C_{热}(T_1-T_2)$，$q_{冷}=W_{冷}C_{冷}(t_2-t_1)$

$\therefore q=W_{热}C_{热}(T_1-T_2)=2700/3600\times1.6(353-313)=48(kJ/s)$

$$W_{冷}=\frac{q}{C_{冷}(t_2-t_1)}=\frac{48}{4.18\times(308-298)}=1.48(kg/s)=4133(kg/h)$$

答：换热器传热速率为48kJ/s，冷却水用量为4133kg/h。

2. 试计算在最高温度25℃，最大压力为2atm时，储存量为100kg的氮气气柜的理论体积最低是多少立方米？（假设该气体为理想气体）

解：设气柜的理论体积为$V m^3$

已知 $m=100\times10^3 g$　　$M=28g/mol$

$P=2atm$　$T=25+273=298K$　$R=0.082 latm\cdot m^3/(kmol\cdot K)$

由 $PV=\frac{m}{M}RT$　$V=\frac{mRT}{MP}=\frac{100\times10^3\times0.082\times298}{28\times2}\times10^{-3}$

$=43.6(m^3)$

答：气柜的理论体积为$43.6m^3$。

3. 有一炉壁，导热系数$\lambda=0.923W/(m\cdot K)$，厚度为10mm，内壁温度为573K，外壁温度为373K，求该壁面导热时的热流强度？

解：$\frac{q}{A}=\frac{\lambda}{\delta}(t_2-t_1)=\frac{0.923}{0.01}(573-373)=18460W/m=18.46kJ/(s\cdot m)$

答：该壁面导热是时的热流强度18.46kJ/(s·m)。

4. 如图：水槽液面至水管出口的垂直距离保持6.2m，水管内径为100mm的钢管，损失能量为6m水柱，求出口处水的体积流量m^3/h。（g取$10m/s^2$）

解：由：$Z_1+\frac{U_1^2}{2g}+\frac{P_1}{pg}+H=Z_2+\frac{U_2^2}{2g}+\frac{P_2}{pg}+h_{损}$

得：$Z_1=\frac{U_2^2}{2g}+h_{损}$　$U_2^2=(6.2-6)\times20$

$U_2=\sqrt{4}=2$

则：$Q=UA=2\times0.785\times0.1^2\times3600=56.52m^3/h$

答：出口处水的体积流量是$56.52m^3/h$。

5. 有一面砖墙，厚度为3600mm，面积为$20m^2$。设其内壁温度为30℃，外壁温度为0℃，砖的导热系数为0.8W/（m·K），试计算这面墙每小时向外界散失的热量？

解：由 $q=\lambda \cdot A \cdot \dfrac{\Delta t}{\delta}$ 知：$A=20m^2$　$\lambda=0.8W/(m \cdot K)$

$\Delta t=(273+30)-(273+0)=30K$　$\delta=3.6m$

$\therefore q=0.8\times 20\times \dfrac{30}{3.6}=133.3W$

则每小时向外界散失的热量为：

$133.3\times 3600=4.8\times 10^5(J/h)$

答：则每小时向外界散失的热量为：$4.8\times 10^5J/h$。

6. 用一台离心泵来输送277K的清水，设已知泵的流量为$100m^3/h$，扬程50m泵的效率为70%，试求电动机的轴功率。若用该泵输送相对密度为1.2的液体，则电动机轴功率应增加百分之几。(277K时的密度为$1000kg/m^3$)。

解：$N_{效}=QH\rho g=(100/3600)\times 50\times 1000\times 9.81\times 10^{-3}=13.6(kW)$

$N_{轴}=N_{效}/\eta=13.6/0.7=19.4(kW)$

输送相对密度为1.2的液体，

$N_{轴}=19.4\times 1.2=23.28(kW)$

$\dfrac{23.28-19.4}{19.4}\times 100\%=20\%$

答：输清水时电机的功率为19.4kW；

该泵输送相对密度为1.2的液体时，功率应增加20%。

7. 从手册上查得98%的硫酸的相对密度$d_{277}^{293}=1.84$，求该种硫酸的比容和10t硫酸所占的体积？

解：已知该硫酸的相对密度$d_{277}^{293}=1.84$

$\rho=1.84\times 10^3kg/m^3$

$v=1/\rho=1/1.84\times 10^3=5.43\times 10^{-4}m^3/kg$

$V=m/\rho=10\times 10^3/1.84\times 10^3=5.43m^3$

答：该种硫酸的比容是$5.43\times 10^{-4}m^3/kg$，10t硫酸所占的体积是$5.43m^3$。

8. 含有60%（质量）乙醇的溶液以每小时1000kg的加料量进入精馏塔，要求塔顶产出90%（质量）乙醇，塔釜出来的残液中含有乙醇小于10%（质量），试计算每小时产量和残液量。

解：由 $F=D+W$　$FX_{WF}=DX_{WD}+WX_{WW}$

已知：$F=1000kg$，$X_{WF}=0.6$，$X_{WD}=0.9$，$X_{WW}=0.1$

代入方程联解　得：$D=625kg$　$W=375kg$

答：每小时产量625kg和残液量375kg。

9. 在一密闭的容器内，盛有相对密度为1.2的溶液，液面上方的压强为$P_0=100kPa$，求距液面6m处所受的压力强度是多少？

解：已知$\rho=1000$，$d=1.2\times 10^3kg/m^3$

由 $P_1=P_0+h\rho g=100\times 10^3+6\times 1.2\times 10^3\times 9.81=170.6(kPa)$

答：压力强度为170.6kPa。

10. 求煅烧 1000kg$CaCO_3$，可制得 CaO 多少千克？（Ca 的相对原子质量为 40）

解：$CaCO_3 \xrightarrow{煅烧} CaO + CO_2$

100　　56

1000　　X

得：$X = \frac{56 \times 1000}{100} = 560(\text{kg})$

答：可制得 560kgCaO。

11. 已知某混合气体的组成为 18% N_2，54% H_2 和 28% CO_2（均指体积分率），试求 100m^3 的混合气体在温度为 300K 和 5MPa 下的质量。

解：已知 $M_1 = M_{N_2} = 28$，$M_2 = M_{H_2} = 2$，$M_3 = M_{CO_2} = 44$

$y_1 = 0.18$，$y_2 = 0.54$，$y_3 = 0.28$

$M_{均} = 28 \times 0.18 + 2 \times 0.54 + 44 \times 0.28 = 18.44\text{kg/kmol}$

$\rho_{均} = PM_{均}/RT$

已知　$P = 5 \times 10^3\text{kPa}$

$T = 300\text{K}$

$R = 8.314\text{kJ/kmol} \cdot \text{K}$

$\rho_{均} = [(5 \times 10^3) \times 18.44]/(8.314 \times 300) = 36.97\text{kg/m}^3$

$m = V\rho_{均} = 100 \times 36.97 = 3.697 \times 10^3\text{kg}$

答：100m^3 的混合气体在温度为 300K 和 5MPa 下的质量是 3.697×10^3kg。

12. 计算 1000kg 的水，由 100℃的水汽化成 100℃的饱和蒸汽，需多少热量 Q？100℃时水的汽化热 $r = 2258.4\text{kJ/kg}$

解：H_2SO_4 的摩尔质量为 98g/mol。

$Q = m \cdot r_{水} = 1000 \times 2258.4 = 2258400\text{kJ}$

答：需要 2258400kJ 的热量。

13. 已知苯和甲苯 85℃时的饱蒸汽压分别为 116.9kPa 和 46.0kPa，105℃时的饱和蒸汽压分别为 204.2kPa 和 86.0kPa，试求温度为 85℃和 105℃时，该溶液的相对挥发度和平均相对挥发度。

解：因苯－甲苯混合液可视为理想溶液，故根据式：

$\alpha = \frac{P_A^0}{P_B^0}$　可得：

85℃时，$\alpha = \frac{116.9}{46.0} = 2.54$

105℃时，$\alpha = \frac{204.2}{86.0} = 2.37$

所以平均相对挥发度：$\alpha = \frac{2.54 + 2.37}{2} = 2.46$

答：该溶液的相对挥发度是 2.57、2.34，平均相对挥发度是 2.46 27。

14. 已知某烃中碳氢的质量比为4∶1，该物质对氢气的相对密度是15，求该物质的分子式。

解：由（1）已知：$M=2$（氢气）、碳氢的质量比为4∶1

（2）该烃相对分子质量：$2\times15=30$

烃中的碳氢的质量比为4∶1，则碳氢的原子个数比为1∶3，最简式为 CH_3 式中量为15。

（3）$15\times n=30$

$n=2$

则：该烃的分子式为 C_3H_6

答：该烃的分子式为 C_3H_6。

15. 水以2m/s的速度在内径为41mm长20m（直管长度与当量计之和）的管内流动，摩擦系数为0.02，问损失多少压头？

解：由：$h_{损}=\lambda\cdot\dfrac{l+l_{当}}{d}\cdot\dfrac{u^2}{2g}$

已知：$u=2\text{m/s}$　$d=0.041\text{n}$　$l+l_{当}=200\text{m}$　$\lambda=0.02$

$h_{损}=0.02\times\dfrac{200}{0.041}\times\dfrac{2^2}{2\times9.81}=19.89$（m液柱）

答：压头损失为19.89m液柱。

16. 用内径为150mm的管道来输送密度为1800kg/m³的硫酸，要求每小时输送72t，求管内硫酸的质量流量和流速。

解：$W=\dfrac{G}{t}=\dfrac{72\times10^3}{3600}=20$（kg/s）

$\because U=\dfrac{V}{A}\quad V=\dfrac{W}{\rho}\quad A=\dfrac{\pi}{4}d^2$

$\therefore U=\dfrac{\dfrac{W}{\rho}}{\dfrac{\pi}{4}\times d^2}=\dfrac{4W}{\pi d^2\rho}=\dfrac{4\times20}{3.14\times(0.15)^2\times1800}=0.629$（m/s）

答：管内硫酸质量流量为20kg/s，流速为0.629m/s。

17. 有一挤出机设计年生产能力为2000t，如年有效生产时数为7000h，计算挤出量平均为每小时多少kg？

解：平均挤出量为

$$Q=\frac{2000\times1000}{7000}=285.7\text{kg/h}$$

答：平均挤出量为每小量285.7kg。

18. 已知水在ϕ108mm×4mm钢管中流动，流速为1m/s，求水的质量流量为多少？（水的密度为1000kg/m³）

解：根据 $W=u\rho A$　则：$W=1\times1000\times0.785\times0.1^2=7.85$（kg/s）

答：水的质量流量为7.85kg/s。

19. 在截面积为0.1m²的管道中输送相对密度为1.84的硫酸，要求每小时输送量为662.4t，求管道中硫酸的体积流量。

解：由：$Q=\frac{W}{\rho}$，$W=\frac{662.4\times10^3}{3600}=184(\mathrm{kg/s})$

则：$Q=\frac{184}{1.84\times10^3}=0.1(\mathrm{m^3/s})$

答：管道中硫酸的体积流量为0.1$\mathrm{m^3/s}$。

20. 将50kg浓硫酸（98%）稀释成20%的稀硫酸需水多少千克？

解：根据稀释定律 $W_1\eta_1\%=W_2\eta_2\%$

得：$W_2=\frac{W_1\eta_1\%}{\eta_2\%}=\frac{50\times98\%}{20\%}=245(\mathrm{kg})$

则：需加水 $245-50=195(\mathrm{kg})$

答：需加水195(kg)。

21. 在一内径为100mm的钢管中，输送密度为1200$\mathrm{kg/m^3}$的某溶液，已知流体输送量为72t/h，求管中流体的流速。

解：由：$u=\frac{W}{\rho A}=\frac{\frac{72\times10^3}{3600}}{1200\times0.785\times0.1^2}=2.12(\mathrm{m/s})$

答：管中流体的流速为2.12m/s。

22. 脱气仓的容积为179$\mathrm{m^3}$，树脂粉末的堆积密度为410$\mathrm{kg/m^3}$，在反应产率为7.5t/h时，造粒系统故障时，利用脱气仓最多能维持生产多长时间？

解：脱气仓能容纳树脂粉末的量：

$$m=VP=179\times410=73390\mathrm{kg}=73.39\mathrm{t}$$

则脱气仓最多能维持生产的时间为：73.39/7.5 = 9.8h

答：脱气仓最多能维持生产时间为9.8h。

23. 丁烯-1产品罐C-351的容积为147$\mathrm{m^2}$，常温下丁烯-1的密度为570$\mathrm{kg/m^3}$，而反应丁烯-1的消耗量为8000kg/h，求一罐丁烯-1能使用多长时间？

解：一罐丁烯-1的质量：

$$M=PV=570\ 147=83790\mathrm{kg}$$

丁烯-1的消耗量为800kg，则一罐丁烯-1能使用：

$$t=m/M=83790/8000=10.47\mathrm{h}$$

答：一罐丁烯-1能使用10.47h。

24. 欲配制20%的NaOH溶液100g，须称取多少克纯度为42%的NaOH溶液？

解：设需称取Xg42%的NaOH溶液

则：$20\%\times100=42\%\ X$

$X=\frac{20\%\times100}{42\%}=47.62(\mathrm{g})$

答：需47.62g纯度为42%的NaOH溶液。

25. 煤油裂解制已烯和丙烯，煤油加料量12t/h，得2700t/h乙烯和1500kg/h丙烯，求乙烯的收率。

解：乙烯收率 $=\frac{2700}{12000}\times100\%=22.5\%$

答：乙烯的收率是22.5%。

26. 计算氢气在10℃及压力为10atm下的密度？

解：根据 $PV = mRT/M$

则 $\rho = m/V = PM/RT$

已知：$P = 10atm = 10 \times 101.3kN/m^2 = 1013kN/m^2$

$T = 10℃ = 283K \quad M = 2kg/kmol$

$$\rho = \frac{1013 \times 2}{8.314 \times 283} = 0.86kg/m^3$$

答：氢气的密度为 $0.86kg/m^3$。

27. 某冷凝器的热负荷为433.67kJ/s冷却水的进口温度为290K，出口温度为300K，设冷却水走管外，试求每小时冷却水的消耗量为多少立方米。

解：$C_水 = 4.18kJ/kg/K \quad \rho = 998kg/m^3$

解：$W = q/c\Delta t \quad q = 433.67kJ/s \quad \Delta t = 300 - 290 = 10K$

$W = 433.67/4.18 \times 10 = 10.37kg/s = 3600 \times 10.37/998 = 37.42m^3/h$

答：每小时冷却水的消耗量为 $37.42m^3/h$。

28. 已知DJM－1810H的熔融流动比为28，其流动指数为28g/10min，试求其熔融指数为多少？

解：MI = MFI/MFR = 28g/10min/28 = 1.0g/10min

答：DJM－1819H的熔融指数为g/10min。

29. 在生产DFDA－7042时每小时168助剂的加入量为18kg，现装置负荷为30t/h，求生产DFDA－7042时助剂168加入比例为多少？

解：助剂配比 = 助剂加入量/装置负荷 = (18kg/h)/(30 1000kg/h) = 0.06% (wt)。

答：生产DFDA－7042时助剂168加入比例为0.06% (wt)。

30. 在催化剂配制过程中，一罐催化剂的量为173kg，而当反应产率为20t/h，一批催化剂能使用2天，求催化剂的活性是多少？

解：2天生产树脂的量：$m = 20 \times 2 \times 24$ 小时/天 $= 960t$

$$则催化剂的活性 = \frac{树脂的产量}{催化剂的量} = \frac{960t \times 1000}{173} = 5549kg/kg$$

答：催化剂的活性为5549kg/kg。

31. 已知纯固体催化剂的活性为32000kgPE/kgcat，淤浆催化剂中固体含量为28%，淤浆催化剂加入量为4kg/h，求反应负荷是多少t/h？

解：反应负荷 = 催化剂的加料速度 × 催化剂的活性 = 4 × 28% × 32000 = 35840kg/h = 35.84t/h

答：反应负荷为35.84t/h。

32. DFDA－7042熔融指数为2.0g/10min，流动指数为1.7637oz/10min，试计算DFDA－7042的熔融流动比（MFR）是多少？

解：MFR = MFI/MI = 50/2.0 = 25

答：DFDA－7042的熔融流动比（MFR）是25。

33. 在生产DJM－1820时PREBLEND#9的加入量为0.13% (wt)。现年生产DFDA－7042：14万吨，每年需要PREBLEND#9多少吨？

解：所需助剂量 = 树脂产量 × 配比 = 140000 × 0.13% = 182t

答：每年需要PREBLEND#9 182t。

34. 反应器中气体停留时间为29h，试计算反应器中CO含量从10×10^{-6}降低到0.5×10^{-6}需要多长时间？

解：$T=T_1\times\ln(C_2/C_1)=29\times\ln(10/0.5)=29\times3=87h$

答：反应器中CO含量从10×10^{-6}减少至0.5×10^{-6}需要87h。

35. 在某换热器内，用热水来加热某种溶液，已知热水的进口温度为360K，出口温度为340K，冷溶液则从290K被加热至330K。试分别计算并流和逆流下的平均温度差。

解：并流下 $\Delta t_{大}=70$ $\Delta t_{小}=10$

$\Delta t=70-10/\ln\ 70/10=30.8K$

逆流下 $\Delta t_{大}=50$ $\Delta t_{小}=30$

$t=50-30/\ln\ 50/30=39.2K$

答：并流时和逆流时的平均温差分别为30.8K、39.2K。

36. 今有地砖墙高4m，长5m，厚215mm，墙内壁温度为-15℃，外壁温度为20℃，试求此墙每小时传热量为多少？已知该砖墙的导热系数为0.66kcal/（m·h·℃）。

解：已知：$\lambda=0.66$kcal/（m·h·℃） $A=4\times5=20m^2$

$\delta=215mm=0.215m$ $t_1=-15$ $t_2=20$

$$Q=\lambda A\frac{t_2-t_1}{\delta}=0.66\times20\times\frac{20-(-15)}{0.125}=2148.8(kcal/h)$$

答：墙每小时传热量为2148.8(kcal)。

四、技能操作鉴定要素细目表

鉴定范围						鉴定点	
一级		二级		三级		代码	名称
代码	名称	代码	名称	代码	名称		
A	技能要求（高压法模块）	A	工艺操作	A	开车准备	001	压缩机盘车过程的检查操作
						002	压缩机冷却水系统的检查投用操作
						003	压缩机负荷控制操作
						004	置换操作
						005	聚合升压前各部位压力的调整
						006	全系统导通操作
						007	高分、低分料面的确认操作
						008	造粒水系统的温度调节
						009	试压操作
				B	开车操作	001	二次压缩机的启动操作
						002	升压操作
						003	升温操作
				C	正常操作	001	压缩机超温超压的处理
						002	压缩机辅助油系统流最的控制
						003	返回裂解装置系统的调整
						004	粒形的调整
						005	干燥机自停的原因查找
						006	添加剂的配置操作

续表

鉴定范围						鉴定点	
一级		二级		三级		代码	名称
代码	名称	代码	名称	代码	名称		
				D	停车操作	001	二次压缩机的放空停机操作
						002	二次压缩机的保压停机操作
						003	聚合停止反应操作
						004	降压操作
						005	反应釜或管的放空操作
						006	反应釜或管的保压操作
						007	停车前的MI调整操作
		B	设备使用与维护	A	使用设备	001	低压及一次压缩机的工作原理
						002	二次压缩机鉴别孔漏气的原因及处理
						003	颗粒计量系统结构
						004	压缩机辅助油泵使用规程
				B	维护设备	001	引发剂泵零点调试操作
						002	筛分机振幅的调整工作
		C	事故判断与处理	A	判断事故	001	低压及一次压缩机各段压力、温度异常的判断
						002	高分、低分系统夹带的判断
						003	压缩机异音的判断
						004	聚合釜或管超温的判断
				B	处理事故	001	氧化料处理
						002	二次压缩机填料泄漏变大处理
						003	MI波动大处理
						004	联锁处理
						005	反应过程超压处理
						006	造粒水温升高的处理
						007	高分爆破片动作的紧急处理
		D	绘图与计算	A	绘图	001	高压分离器系统流程图
						002	循环纯水流程图
						003	高循换热器系统流程图
						004	低压分离器系统流程图
						005	齿轮泵简图
						006	离心泵装置简图
B	技能要求（溶液法模块）	A	工艺操作	A	开车准备	001	PZ催化剂的取样操作
						002	丁烯蒸发器的投用
						003	液体稳定剂的配制
						004	离心机启动步骤
						005	干燥系统密封油用户投用
						006	结片机冷却水冷却器投用操作
						007	丁烯泵启动操作
						008	丙烯蒸发器的投用
				B	开车操作	001	循环气风机的启动操作
						002	混炼造粒机组日常检查内容
						003	干燥气洗涤泵启动操作
						004	低聚物闪蒸预热器投用
						005	母液输送泵启动操作
						006	闪蒸罐加料泵启动操作
						007	低聚物输送泵启动操作
						008	干燥循环气风机启动
						009	粉末输送风机的启动步骤

续表

鉴定范围						鉴定点	
一级		二级		三级		代码	名称
代码	名称	代码	名称	代码	名称		
				C	正常操作	001	非牛顿指数的控制
						002	聚合反应压力的调节
						003	粉末输送螺杆压缩机的单元操作
						004	干燥机加热蒸汽管内压的要求
						005	干燥系统压力高的处理
						006	丁烯－1储罐接收丁烯－1操作
						007	火炬罐已烷泵启动操作
						008	精已烷储罐与粗已烷储罐切换操作
				D	停车操作	001	并联A聚合退空停车操作
						002	聚合釜已烷脱水操作
						003	颗粒输送储压罐日常检查的内容
						004	已烷蒸馏塔停车操作
						005	已烷过滤器排放已烷操作
						006	丁烯－1储罐倒空操作
						007	已烷蒸馏塔塔底采出预热器停用
		B	设备使用与维护	A	使用设备	001	聚合循环气风机的切换操作
						002	颗粒冷却水泵的维护保养
						003	催化剂泵的切换
						004	离心机日常巡检内容
						005	再沸器强制循环泵启动操作
						006	精馏塔塔底采出冷却器投用操作
				B	维护设备	001	离心式压缩机操作注意事项
						002	固体稳定剂计量秤故障的现象、原因及处理措施
						003	粉末输送风机日常巡检内容
						004	干燥气洗涤泵日常巡检内容
						005	颗粒输送螺杆压缩机的日常维护
		C	事故判断与处理	A	判断事故	001	生产2200J密度低的原因
						002	聚合尾气压缩机油压降低的原因
						003	产生“刨花料”的原因及采取的措施
						004	造粒系统影响颗粒质量的因素
						005	干燥机下料湿含量高的后果
						006	干燥循环气露点低于30℃的原因
						007	粉末输送系统压力高于干燥系统压力的原因
				B	处理事故	001	聚合釜温度超高的处理
						002	浆液稀释罐液位下降缓慢的处理
						003	连续混炼挤压造粒机主减速机故障的原因及处理
						004	乳白色颗粒产生原因和补救措施
						005	母液进储罐与进已烷蒸馏塔流程切换
						006	已烷干燥器切换操作
						007	颗粒颜色不合格的原因分析及处理措施
		D	绘图与计算	A	绘图	001	聚合釜原料进料流程
				B	计算	001	聚合釜降量操作溶剂进料量变化的计算
C	技能要求（气相法模块）	A	工艺操作	A	开车准备	001	已烷精馏塔的开车准备
						002	挤压机开车准备
				B	开车操作	001	乙烯压缩机的开车
						002	氢气精制系统的开车

续表

鉴定范围						鉴定点	
一级		二级		三级		代码	名称
代码	名称	代码	名称	代码	名称		
						003	精制床再生操作
						004	热油系统的开车
						005	己烷精馏塔的开车
						006	乙烯净化系统的开车
				C	正常操作	001	聚合反应的正常操作
						002	种子床输送的正常操作
						003	催化剂水解器的正常操作
						004	离心式压缩机的正常操作
						005	粉料采出系统的正常操作
						006	催化剂注入线的拆装操作过程
						007	T2 泵启动操作
						008	精馏塔的正常操作
						009	再生的正常操作
						010	精制床切换的正常操作
						011	热油系统的正常操作
						012	催化剂注入系统的正常操作
						013	添加剂的输送操作
						014	挤压机筒体的升温操作
						015	流化气压缩机的正常开车操作
						016	催化剂加料器氧化抽真空的操作
						017	聚合反应出料系统的投用
						018	挤压机的开车操作
						019	冰机的正常投用
						020	风送系统的操作
				D	停车操作	001	精馏塔系统的停车操作
						002	造粒系统的停车操作
						003	流化气压缩机的停车
						004	粉料采出系统的停车
						005	挤压机的停车
		B	设备使用与维护	A	使用设备	001	乙烯压缩机的操作
						002	氮气压缩机的操作
						003	罗茨鼓风机常见故障排除
						004	聚合反应器的操作
						005	颗粒离心干燥器的使用
						006	离心风机的常见故障排除
						007	离心泵气蚀的预防
				B	维护设备	001	机泵的防凝防冻处理
						002	设备轴向密封的维护
						003	容器的防腐处理
		C	事故判断与处理	A	判断事故	001	流化气压缩机自停的判断
						002	判断反应器置换不合格的原因
						003	判断粉料输送系统烃含量高的原因
						004	判断粉料出料情况好坏的依据
						005	判断挤压机主电机电流波动过大的原因
						006	判断切粒机发生断刀的原因
						007	输送风机故障的判断

续表

鉴定范围						鉴定点	
一级		二级		三级		代码	名称
代码	名称	代码	名称	代码	名称		
				B	处理事故	001	丁烯精制系统流动停止时的处理
						002	颗粒水泵流量低的处理
						003	粉料出料系统堵塞时的处理
						004	反应温度控制“裕度”不足时的处理
						005	丁烯储罐发生冒顶事故时的处理
						006	旋转阀的电流波动大时的处理
						007	往复式压缩机流量过小、排出温度过高时的处理
						008	氮气脱氧床超温时的处理
						009	输送风机机体温度过高时的处理
						010	离心泵振动大时的处理
						011	颗粒料外观不好时的处理
						012	挤压机主电机电流波动过大时的处理
		D	绘图与计算	A	绘图	001	流化床反应器床层压差图
						002	罗茨鼓风机结构图
				B	计算	001	流化床床高的计算
						002	时空产率的计算

五、技能操作试题

高压法模块

试题1：二次压缩机的盘车及检查操作（现场模拟）

（考核时间：15min）

序号	考核内容	考核要点	配分	评分标准	检测结果	扣分	得分	备注
1	准备工作	穿戴劳保用品	5	未穿戴整齐扣5分				
2	操作程序	爪钩抬起，使盘车齿轮啮合后，放下爪钩，确认盘车器限位开关，取下手轮，放下挡板，确认辅机准备好灯亮	40	未抬起爪钩扣15分				
				齿轮啮合后未放下爪钩扣20分				
				未确认限位开关扣5分				
3		启动辅机，确认辅助油系统（油压、油温、油液面泄漏等）正常，盘车开始，各部位给油正常	20	未确认辅助油系统扣10分				
				未确认各给油点情况扣10分				
4		检查柱塞有无脱落	15	未检查柱塞有无脱落扣15分				
5		盘车一定时间启动主机后，确认盘车齿轮退出并顶住，盘车马达停止	20	未确认盘车齿轮退出并顶住，盘车马达停止扣20分				
6	安全及其他	按国家法规或企业规定		违规一次总分扣5分；严重违规停止操作				
		在规定时间内完成操作		每超时1min总分扣5分，超时3min停止操作				—
		合　计	100					

试题2：辅助及一次压缩机启动后进行置换时负荷控制的操作（现场模拟）

（考核时间：15min）

序号	考核内容	考核要点	配分	评分标准	检测结果	扣分	得分	备注
1	准备工作	穿戴劳保用品	5	未穿戴整齐扣5分				
2	操作程序	辅助压缩机置换时，入口阀打开后，操作减负荷装置50%～100%负荷	50	减负荷装置操作不正确扣25分				
3		升压到规定值后，减负荷装置打到“零负荷”进行放空降压	25	减负荷装置操作不正确扣25分				
4		一次压缩机置换时，旁路回流阀始终置于手动全开的位置	20	未确认或未将旁路回流阀置于手动全开扣20分				
5	安全及其他	按国家法规或企业规定		违规一次总分扣5分；严重违规停止操作			—	
		在规定时间内完成操作		每超时1min总分扣5分，超时3min停止操作			—	
		合　计	100					

试题3：高低分料面的确认操作（现场模拟）

（考核时间：15min）

序号	考核内容	考核要点	配分	评分标准	检测结果	扣分	得分	备注
1	准备工作	穿戴劳保用品	3	未穿戴整齐扣3分				
		工具、用具准备	2	工具选择不正确扣2分				
2	操作程序	了解生产的情况（知道生产的牌号及产量等）	15	未检查生产的情况扣5分				
				未检查生产的牌号扣5分				
				未检查生产的产量扣5分				
3		测量高低压分离器的零点	30	测量前未与控制室取得联系扣10分				
				测量高分时造成低压分离器大量窜气扣10分				
				测量低分的零点时造成模板堵塞或粒形不良的扣10分				
4		检查现场与控制室的零点指示的差距	10	测量过程中，注意现场与控制室指示的差距，未能检查测量差距扣10分				
5		检查分析造成零点指示差距的原因	20	分析造成差距的原因，未能分析查找差距扣20分				
6		采取措施加以改进	20	会同仪表，工艺等采取措施或制订措施防止影响生产，否则扣20分				
		合　计	100					

试题4：反应升压操作（现场模拟）

（考核时间：10min）

序号	考核内容	考核要点	配分	评分标准	检测结果	扣分	得分	备注
1	准备工作	穿戴劳保用品	3	未穿戴整齐扣3分				
		工具、用具准备	2	工具选择不正确扣2分				
2	操作程序	与有关岗位联系，确认压缩机启动运转正常	10	未联系确认压缩机启动运转情况扣10分				

续表

序号	考核内容	考核要点	配分	评分标准	检测结果	扣分	得分	备注
3		检查反应器状态，确认系统已导通	20	未检查反应器状态扣10分				
				未确认系统导通扣10分				
4		全开反应器出口阀，监视温度、压力变化情况	10	温度、压力变化情况监视不周扣10分				
5		顺序操作反应器进气阀，向反应器进气	10	进气操作顺序有误扣10分				
6		通知压缩、造粒岗位反应已进气，准备升压	10	未随时与有关岗位保持联系扣10分				
7		确认整个系统无异常，将联锁开关打到自动位置	20	盲目进行联锁投入操作扣20分				
8		慢慢关小反应器出口阀，升压至规定值，投入自动控制	10	操作过快引起系统状态大幅波动扣10分				
9	使用工具	正确使用工具	2	工具使用不正确扣2分				
		正确维护工具	3	工具乱摆乱放扣3分				
10	安全及其他	按国家法规或企业规定		违规一次总分扣5分；严重违规停止操作			—	
		在规定时间内完成操作		每超时1min总分扣5分，超时3min停止操作			—	
		合　计	100					

试题5：二次压缩机一段出口压力升高的检查处理操作（现场模拟）

（考核时间：30min）

序号	考核内容	考核要点	配分	评分标准	检测结果	扣分	得分	备注
1	准备工作	穿戴劳保用品	5	未穿戴整齐扣5分				
2	操作程序	检查吸入压力是否过高	15	未检查吸入压力是否过高扣15分				
3		检查吸入温度是否过低	15	未检查吸入温度是否过低扣15分				
4		检查二段吸入温度，确认中间冷却器冷却效果；检查中间冷却器或中间管线是否堵塞	30	未检查确认中间冷却器冷却效果扣15分				
				未检查堵塞扣15分				
5		检查确认二段组合阀动作情况（根据异音和温度异常上升）	15	未检查确认二段组合阀动作情况扣20分				
6		处理：若压力高可降低压力；温度低可将一次压缩机或高循冷却器冷却水关小；若是中间冷却器冷却不好，增加水量；若是组合阀问题应密切关注，加强巡检，当压力异常上升时应紧急停车，若有堵塞现象并严重，停车处理	20	任选一种情况进行考核，答案不正确扣20分				
7	安全及其他	按国家法规或企业规定		违规一次总分扣5分；严重违规停止操作			—	
		在规定时间内完成操作		每超时1min总分扣5分，超时3min停止操作			—	
		合　计	100					

试题6：二次压缩机的放空停机操作（现场模拟）

（考核时间：30min）

序号	考核内容	考核要点	配分	评分标准	检测结果	扣分	得分	备注
1	准备工作	穿戴劳保用品	5	未穿戴整齐扣5分				
2	操作程序	停车准备：明确停车原因及停车状态（放空）；确认停车系列，反应已停止，确认出口阀已关，旁通阀已开。关压缩机入口阀，打开压缩机放空阀	40	未确认停车状态、原因扣10分				
				未确认反应已停止扣10分				
				未确认旁通阀开，出口阀关扣10分				
				未关入口阀即打开放空阀扣10分				
3		停主机的操作，当压缩机的压力降到规定值时停主机开关，确认主机停，压力降为零	10	压力未降到规定值停主机，未确认压力降为零扣10分				
4		确认阀门状态	10	未确认阀门状态扣10分				
5		确认各辅助油泵在规定时间停止	20	未确认油泵停扣5分				
6		油运（冬季），通知电气切试验位置后，外部油冷却油油运	10	未油运（冬季）扣10分				
7		停冷却水，关冷却水总阀（冬季除外）	5	未停冷却水（冬季除外）扣5分				
8	安全及其他	按国家法规或企业规定		违规一次总分扣5分；严重违规停止操作			—	
		在规定时间内完成操作		每超时1min总分扣5分，超时3min停止操作			—	
		合　计	100					

试题7：二次压缩机的保压停机操作（现场模拟）

（考核时间：30min）

序号	考核内容	考核要点	配分	评分标准	检测结果	扣分	得分	备注
1	准备工作	穿戴劳保用品	5	未穿戴整齐扣5分				
2	操作程序	停车准备：明确停车原因及停车状态（保压）；确认停车系列，反应已停止，确认出口阀已关，旁通阀已开。关压缩机入口阀，打开压缩机放空阀	20	未确认停车状态、原因扣5分				
				未确认反应已停止扣5分				
				未确认旁通阀开，出口阀关扣5分				
				未关入口阀即打开放空阀扣5分				
3		停主机的操作，当压缩机的压力降到规定值时停主机开关	10	压力未降到规定值停主机扣10分				
4		保压：当压力降到规定值时，打开保压确认阀，确认压力接近保压压力时，关保压放空阀。打开保压阀，确认保压压力正常	20	未确认压力，开保压确认阀或关保压放空阀未按规定操作扣5分				
				未关压缩机放空阀扣10分				
				未打开保压阀并确认保压压力扣5分				
5		确认阀门状态	10	未确认阀门状态扣10分				
6		确认各辅助油泵在规定时间停止	20	未确认油泵停扣5分				

续表

序号	考核内容	考核要点	配分	评分标准	检测结果	扣分	得分	备注
7		油运（冬季），通知电气切试验位置后，外部油、冷却油油运	10	未油运（冬季）扣10分				
8		停冷却水，关冷却水总阀（冬季除外）	5	未停冷却水（冬季除外）扣5分				
9	安全及其他	按国家法规或企业规定		违规一次总分扣5分；严重违规停止操作			—	
		在规定时间内完成操作		每超时1min总分扣5分，超时3min停止操作			—	
		合　计	100					

试题8：低压及一次压缩机各部名称及作用

（考核时间：25min）

序号	考核内容	考核要点	配分	评分标准	检测结果	扣分	得分	备注
1	准备工作	穿戴劳保用品	5	未穿戴整齐扣5分				
2	操作程序	指明主电机、联轴节，指明曲轴箱、曲轴、连杆、十字头、滑道、活塞杆、汽缸及吸、排气阀的位置、活塞的位置	45	漏指一项扣6分				
3		作用： 主电机：提供原动力联轴节：传递动力曲轴连杆机构：将曲轴的转动转化为连杆摆动十字头：连接连杆与活塞杆、具有导向作用气阀：使气体吸入、排出、具有单向作用	50	漏主电机作用扣10分				
				漏联轴节作用扣10分				
				漏曲轴连杆机构作用扣10分				
				漏十字头的作用扣10分				
				漏气阀的作用扣10分				
4	安全及其他	按国家法规或企业规定		违规一次总分扣5分；严重违规停止操作			—	
		在规定时间内完成操作		每超时1min总分扣5分，超时3min停止操作			—	
		合　计	100					

试题9：检修后压缩机辅助油泵启动前后的检查操作（以外部油泵油运为例、现场模拟）

（考核时间：15min）

序号	考核内容	考核要点	配分	评分标准	检测结果	扣分	得分	备注
1	准备工作	穿戴劳保用品	5	未穿戴整齐扣5分				
2	操作程序	启动前的检查：检查油箱液面、油温，检查各检修部位是否回装、即各润滑部位、油路管线、油泵、电机、油过滤器、油冷却器等是否回装良好，检查油泵送电，检查	50	未检查液面 扣5分				
				未检查油温扣5分				
				未检查油系统阀门状态扣5分				
				未检查油压联锁扣5分				
				未检查各润滑部位回装扣5分				
				未检查油路管线回装扣5分				

续表

序号	考核内容	考核要点	配分	评分标准	检测结果	扣分	得分	备注
3		油冷却器是否内漏，检查阀门状态，检查油压联锁投入	10	未检查油泵及电机回装扣5分				
				未检查油过滤器回装扣5分				
				未检查油泵送电扣5分				
				未检查油冷却器内漏扣5分				
		启动：启动旋钮轻轻给到接通位置、由指示灯确认泵启动		启动操作不正确扣5分				
				未确认泵启动扣5分				
4		启动后的检查：检查油箱液面、泵出口压力，油泵及电机运转正常，油系统无泄漏，油压及油过滤器前后压差是否正常，油冷却器正常	35	未检查液面扣5分				
				未检查泵出口压力扣5分				
				未检查泵及电机运转扣5分				
				未检查油系统泄漏情况扣5分				
				未检查过滤器压差扣5分				
				未检查冷却器冷却情况（前后温度）扣5分				
				未检查各润滑点出油情况扣5分				
5	安全及其他	按国家法规或企业规定		违规一次总分扣5分；严重违规停止操作			—	
		在规定时间内完成操作		每超时1min总分扣5分，超时3min停止操作			—	
		合　计	100					

试题10：高压分离器夹带的判断操作（现场模拟）

（考核时间：25min）

序号	考核内容	考核要点	配分	评分标准	检测结果	扣分	得分	备注
1	准备工作	穿戴劳保用品	5	未穿戴整齐扣5分				
2	操作程序	由高压分离器料面指示异常（控制室或现场）判断	15	未检查高压分离器料面扣15分				
3		由高压循环气冷却器出口温度异常判断	10	未检查高压循环气冷却器出口温度异常扣10分				
4		由高压分离器与高压循环气冷却器及二次压缩机入口过滤之间压差增大判断	15	未检查高压分离器与高压循环气冷却器及二次压缩机入口过滤之间压差增大扣15分				
5		由高压分离器压力急速上升判断	15	未检查高压分离器压力急速上升扣15分				
6		由二次压缩机入口过滤器压力急速下降判断	10	未检查二次压缩机入口过滤器压力急速下降扣10分				
7		由高压循环管线上的一次、二次分离器排出的低聚物的量和状态判断	10	未从高压循环管线上的一次、二次分离器排出的低聚物的量和状态判断扣10分				
8		由计量时间变长判断	10	未检查计量时间变化扣10分				
9		由挤压机螺杆转速下降判断	10	未从挤压机螺杆转速下降判断扣10分				
10	安全及其他	按国家法规或企业规定		违规一次总分扣5分；严重违规停止操作			—	
		在规定时间内完成操作		每超时1min总分扣5分，超时3min停止操作			—	
		合　计	100					

试题11：二次压缩机一段异音的判断（现场模拟）

（考核时间：15min）

序号	考核内容	考核要点	配分	评分标准	检测结果	扣分	得分	备注
1	准备工作	穿戴劳保用品	3	未穿戴整齐扣3分				
		工具、用具准备	2	工具选择不正确扣2分				
2	操作程序	检查吸入压力是否正常	10	未检查压力扣10分				
3		检查吸入温度是否正常	10	未检杳温度扣10分				
4		检查吸入阀动作情况，检查排出阀动作情况（手摸，耳听）	30	未检查吸入阀扣15分				
				未检查排出阀扣15分				
5		检查一段出口安全阀是否泄漏或动作，管线泄漏	10	未检查安全阀或管线泄漏扣10分				
6		检查分离器的排放阀	10	未检查排放阀或放空阀扣10分				
7		一段填料泄漏或活塞环破损	20	未检查填料或活塞环破损情况扣20分				
8	使用工具	正确使用工具	2	工具使用不正确扣2分				
		正确维护工具	3	工具乱摆乱放扣3分				
9	安全及其他	按国家法规或企业规定		违规一次总分扣5分；严重违规停止操作			—	
		在规定时间内完成操作		每超时1min总分扣5分，超时3min停止操作			—	
		合　计	100					

试题12：MFR波动大的处理（现场模拟）

（考核时间：10min）

序号	考核内容	考核要点	配分	评分标准	检测结果	扣分	得分	备注
1	准备工作	穿戴劳保用品	3	未穿戴整齐扣3分				
		工具、用具准备	2	工具选择不正确扣2分				
2	操作程序	确认反应在运转中，检查了解系统状态	10	不了解生产状态扣10分				
3		确认MFR大幅波动，上升或下降	10	未及时发现MFR波动扣10分				
4		及时调整调节剂浓度，通知现场岗位人员，检查有无泄漏	20	未及时调整扣10分				
				未及时检查有无泄漏扣10分				
5		注意观察挤压机电流变化，及时与分析人员联系	20	不注意电流变化扣10分				
				未及时取得分析数据扣10分				
6		确认MFR控制范围，作掺合图表进行参照调整	10	未作掺合图表扣10分				
7		若想较快地改变MFR，可以在工艺条件许可范围内，适当调整反应温度、压力	20	超范围调整反应温度、压力，影响产品质量扣20分				
8	使用工具	正确使用工具	2	工具使用不正确扣2分				
		正确维护工具	3	工具乱摆乱放扣3分				
9	安全及其他	按国家法规或企业规定		违规一次总分扣5分；严重违规停止操作			—	
		在规定时间内完成操作		每超时1min总分扣5分，超时3min停止操作			—	
		合　计	100					

试题13：造粒水温升高的处理

（考核时间：10min）

序号	考核内容	考核要点	配分	评分标准	检测结果	扣分	得分	备注
1	准备工作	穿戴劳保用品	3	未穿戴整齐扣3分				
		工具、用具准备	2	工具选择不正确扣2分				
2	操作程序	确认系统在运转中，检查了解系统运转状态	10	未确认系统运转状态扣10分				
3		现场巡检发现粒型变化，确认造粒水温偏高	10	未及时发现水温偏高扣10分				
				未判断出造粒水温偏高扣10分				
4		通知聚合岗位，降低负荷，调整树脂温度，通知混合岗位注意计量时间	20	未通知聚合岗位调整树脂温度扣10分				
				未通知混合岗位注意计量时间扣10分				
5		监视离心干燥机及筛分振动机运行情况	20	造成跑水、停车扣20分				
6		及时调整循环水冷却水量，尽快降低造粒水温	15	未调整造粒水温扣15分				
7		注意粒型变化，也不可使水温过低，应调整在合适的范围内	15	调整不合适扣15分				
9	使用工具	正确使用工具	2	工具使用不正确扣2分				
		正确维护工具	3	工具乱摆乱放扣3分				
10	安全及其他	按国家法规或企业规定		违规一次总分扣5分；严重违规停止操作			—	
		在规定时间内完成操作		每超时1min总分扣5分，超时3min停止操作			—	
		合　计	100					

试题14：画出高循换热器系统流程图（画出主要阀门）

（考核时间：30min）

序号	考核内容	考核要点	配分	评分标准	检测结果	扣分	得分	备注
1	准备工作	穿戴劳保用品	5	未穿戴整齐扣5分				
2	操作程序	画出高压分离器	5	未画山高压分离器扣5分				
3		画出低聚物一次分离器	15	未画出低聚物一次分离器扣15分				
4		画出一次冷却器	15	未画出一次冷却器扣15分				
5		画出低聚物二次分离器	10	未画出低聚物二次分离器扣10分				
6		画出低聚物排放罐	10	未画出低聚物排放罐扣10分				
7		画出紧急切断阀	10	未画出紧急切断阀扣10分				
8		画出二次冷却器	10	未画出二次冷却器扣10分				
9		画出二次机入口过滤器	10	未画山二次机入口过滤器扣10分				
10		画出压力表	10	未画出压力表扣10分				
11	安全及其他	按国家法规或企业规定		违规一次总分扣5分；严重违规停止操作			—	
		在规定时间内完成操作		每超时1min总分扣5分，超时3min停止操作			—	
		合　计	100					

试题15：画出低压分离器系统流程图（画出主要阀门）

（考核时间：30min）

序号	考核内容	考核要点	配分	评分标准	检测结果	扣分	得分	备注
1	准备工作	穿戴劳保用品	5	未穿戴整齐扣5分				
2	操作程序	画出主体	15	未画出主体扣15分				
3		画出入口管线	10	未画出入口管线扣10分				
4		画出液面控制系统	30	未画出液面控制系统扣30分				
5		画出气体出口管线	10	未画出气体出口管线扣10分				
6		画出爆破片	10	未画山爆破片扣10分				
7		画出热偶	10	未画出热偶扣10分				
8		画出压力表	10	未画出压力表扣10分				
9	安全及其他	按国家法规或企业规定		违规一次总分扣5分；严重违规停止操作			—	
		在规定时间内完成操作		每超时1min总分扣5分，超时3min停止操作			—	
		合　计	100					

溶液法模块

试题1：液体稳定剂的配制

（考核时间：30min）

序号	考核内容	考核要点	配分	评分标准	检测结果	扣分	得分	备注
1	准备工作	穿戴劳保用品	3	未穿戴整齐扣3分				
		工具、用具准备	2	工具选择不正确扣2分				
2	操作程序	检查液稳配制罐无异物且氮气置换合格	10	一项未检查扣5分				
3		液稳配制罐、液稳储罐夹套通蒸汽加热	10	一处未加热扣5分				
4		液稳配制罐—液稳储罐—混炼机之间的套管通蒸汽加热	10	一处未加热扣2分				
5		确认所有阀门处于正确的开关状态，仪表均投用	10	一处不对扣2分				
6		确认系统温度达到50℃以上	10	未确认就进行操作扣10分				
7		按指令计算所需稳定剂的量	10	未操作扣10分				
8		将稳定剂加入配制罐熔融1~2h	10	未操作扣10分				
9		稳定剂熔融后，启动搅拌	10	未操作扣10分				
10		配制罐温度稳定在100℃左右时，打开人孔确认稳定剂已完全熔融，停搅拌	10	未操作扣10分				
11	使用工具	正确使用工具	2	工具使用不正确扣2分				
		正确维护工具	3	工具乱摆乱放扣3分				
12	安全及其他	按国家法规或企业规定		违规一次总分扣5分；严重违规停止操作			—	
		在规定时间内完成操作		每超时1min总分扣5分，超时3min停止操作			—	
		合　计	100					

试题2：粉末输送螺杆压缩机的单元操作

（考核时间：30min）

序号	考核内容	考核要点	配分	评分标准	检测结果	扣分	得分	备注
1	准备工作	穿戴劳保用品	3	未穿戴整齐扣3分				
		工具、用具准备	2	工具选择不正确扣2分				
2	操作程序	确认袋式过滤器反吹氮气投用	5	未操作扣5分				
3		检查油位正常	5	未操作扣5分				
4		出口冷却器已投用	5	未操作扣5分				
5		现场将所选启动的风机出入口阀全开，关闭备用台出入口阀	20	操作错误一处扣5分				
6		将现场操作柱打到“自动”位置	5	未操作扣5分				
7		确认卸载阀已打开	5	未操作扣5分				
8		在控制室内调出单元画面	5	未操作扣5分				
9		按复位键复位	5	未操作扣5分				
10		点击AUTO键后点击启动键	10	操作错误扣5分				
11		5秒报警过后，在20秒倒计时期间再点击一次启动键，此时程序开始运行	10	操作错误扣10分				
12		注意观察系统压力及温度等	5	未观察扣5分				
13		现场检查风机油位、油压及电流和出入口压力等情况	10	一处未检查扣2分				
14	使用工具	正确使用工具	2	工具使用不正确扣2分				
		正确维护工具	3	工具乱摆乱放扣3分				
15	安全及其他	按国家法规或企业规定		违规一次总分扣5分；严重违规停止操作			—	
		在规定时间内完成操作		每超时1min总分扣5分，超时3min停止操作			—	
		合　计	100					

试题3：颗粒冷却水泵的维护保养

（考核时间：15min）

序号	考核内容	考核要点	配分	评分标准	检测结果	扣分	得分	备注
1	操作程序	经常检查泵内有无杂音和振动现象，发现后及时检修	20	未答扣20分				
2		经常检查压力表指针摆动情况，超过规定指标应立即查明原因及时处理	20	未答扣20分				
3		经常检查电流表指针摆动情况，超过规定指标应立即查明原因及时处理	20	未答扣20分				
4		按时检查密封泄漏情况，泄漏严重应停泵检查密封环磨损情况	20	未答扣20分				
5		保持泵体和电机清洁，并润滑良好	20	未答扣20分				

续表

序号	考核内容	考核要点	配分	评分标准	检测结果	扣分	得分	备注
6	安全及其他	按国家法规或企业规定		违规一次总分扣5分；严重违规停止操作			—	
		在规定时间内完成操作		每超时1min总分扣5分，超时3min停止操作			—	
		合　计	100					

试题4：产生“刨花料”的原因及采取的措施

（考核时间：15min）

序号	考核内容	考核要点	配分	评分标准	检测结果	扣分	得分	备注
1	原因分析	切刀磨损、变钝	15	未分析扣15分				
2		模板表面粗糙	15	未分析扣15分				
3		开车时垫刀	15	未分析扣15分				
4	处理措施	停车重开、调刀	20	未答扣20分				
5		换刀	20	未答扣20分				
6		换模板	15	未答扣15分				
7	安全及其他	按国家法规或企业规定		违规一次总分扣5分；严重违规停止操作			—	
		在规定时间内完成操作		每超时1min总分扣5分，超时3min停止操作			—	
		合　计	100					

试题5：连续混炼挤压造粒机主减速机故障的原因及处理

（考核时间：15min）

序号	考核内容	考核要点	配分	评分标准	检测结果	扣分	得分	备注
1	现象	没有达到最低油压或再也达不到最低油压	10	未答扣10分				
2	原因分析及处理	润滑油泵无液流输出或流量不足，LO油位太低，增高油位，油中泡沫太多，对油进行观察，如果必要将油泵更新	5	未答扣5分				
3		润滑油过滤器被杂物堵塞严重。对双过滤器泵进行切换；清理堵塞的过滤器原件	5	未答扣5分				
4		连接法兰线管出现泄漏。对连接法兰或配管进行密封处理或更新	5	未答扣5分				
5	现象	润滑油温太高	10	未答扣10分				
6	原因分析及处理	油冷却器中有空气，对油冷却器进行排气处理	5	未答扣5分				
7		油冷却器冷却水不足或温度高，检查水流量和水温	5	未答扣5分				
8		油冷却器换热效率下降，清洗油冷却器	5	未答扣5分				

续表

序号	考核内容	考核要点	配分	评分标准	检测结果	扣分	得分	备注
9	现象	润滑油温度太低	10	未答扣10分				
10	原因分析及处理	加热器不动作，检查处理	5	未答扣5分				
11		冷却水流量太大，检查调整水控制阀	5	未答扣5分				
12	现象	减速器的噪音增加	10	未答扣10分				
13	原因分析及处理	轴承或齿轮损坏，检查并更换	5	未答扣5分				
14		基础螺栓松动，紧固	5	未答扣5分				
15	现象	辅机机构旋转，主机机构不旋转	5	未答扣5分				
16	原因分析及处理	飞轮损坏，修复飞轮，如果必要进行更换	5	未答扣5分				
17	安全及其他	按国家法规或企业规定		在规定时间内完成操作			—	
		违规一次总分扣5分；严重违规停止操作		每超时1min总分扣5分，超时3min停止操作			—	
		合　计	100					

试题6：颗粒输送螺杆压缩机的日常维护

（考核时间：15min）

序号	考核内容	考核要点	配分	评分标准	检测结果	扣分	得分	备注
1	操作程序	检查压缩机的电流、异常振动和噪音	20	未答扣20分				
2		检查入口过滤器的阻力，当电信号显示报警后应清洗	10	未答扣10分				
3		检查油位，最佳油位在一部视镜的中间位置，最低油位在下部视镜的中间位置	20	未答扣20分				
4		检查油压，当油压低于1.0×10^5Pa时，联锁停车，正常油压在$2\times10^5\sim3.0\times10^5$Pa，油压偏低时应清洗油过滤器	20	未答扣20分				
5		检查整个系统是否有泄漏，轴承温度、润滑油温度是否正常，定期清除油冷却器上的污物	20	未答扣20分				
6		每半年更换一次入口过滤网芯，清一次油分离器过滤网	10	未答扣10分				
7	安全及其他	按国家法规或企业规定		违规一次总分扣5分；严重违规停止操作			—	
		在规定时间内完成操作		每超时1min总分扣5分，超时3min停止操作			—	
		合　计	100					

试题7：粉末输送风机的启动操作

（考核时间：30min）

序号	考核内容	考核要点	配分	评分标准	检测结果	扣分	得分	备注
1	准备工作	穿戴劳保用品	3	未穿戴整齐扣3分				
		工具、用具准备	2	工具选择不正确扣2分				
2	操作程序	检查风机轴承箱和补油箱油位、油质	10	一处未检查扣5分				
3		通入冷却水，并检查风机皮带是否松动或断裂	10	未操作扣10分				
4		将冲洗氮气通上给定流量为 $30m^3/h$	5	未操作扣5分				
5		检查袋式过滤器旋转阀是否处于运行状态	5	未检查扣5分				
6		查看控制室风机是否选择正确	10	未操作扣10分				
7		打通风机出入口管线流程	10	未操作扣10分				
8		手动控制风机入口压力在 $500mmH_2O$，并把补氮气阀副线略开	10	未操作扣10分				
9		点动盘车2~3次	5	未操作扣5分				
10		启动风机电机运转，并将压力控制阀调到 $200mmH_2O$，投入自动	10	未操作扣10分				
11		检查风机电流、声音、振动情况，检查出口压力、电机温度	10	一处未检查扣2分				
12		检查皮带运转情况	5	未检查扣5分				
13	使用工具	正确使用工具	2	工具使用不正确扣2分				
		正确维护工具	3	工具乱摆乱放扣3分				
14	安全及其他	按国家法规或企业规定		违规一次总分扣5分；严重违规停止操作				—
		在规定时间内完成操作		每超时1min总分扣5分，超时3min停止操作				—
		合　计	100					

试题8：离心机启动步骤

（考核时间：15min）

序号	考核内容	考核要点	配分	评分标准	检测结果	扣分	得分	备注
1	准备工作	穿戴劳保用品	3	未穿戴整齐扣3分				
		工具、用具准备	2	工具选择不正确扣2分				
2	考核内容	是否检查润滑油油质、油位，手动盘车正常	20	未检查润滑油扣10分				
				未盘车扣10分				
3		检查是否打通离心机出入口流程，先不能进料	20	未打通流程扣20分				
4		检查是否启动润滑油泵运转	15	未启动扣15分				
5		检查是否投用密封油、冲洗氮气、冲洗己烷	15	未投用密封油扣5分				
				未投用氮气扣5分				
				未投用己烷扣5分				

续表

序号	考核内容	考核要点	配分	评分标准	检测结果	扣分	得分	备注
6		检查是否启动离心机主电机运转，注意扭矩和电流指示	10	未检查电流扣5分				
				未检查扭矩扣5分				
7		是否全面检查离心机运转状况	10	未全面检查扣10分				
8	使用工具	正确使用工具	2	工具使用不正确扣2分				
		正确维护工具	3	工具乱摆乱放扣3分				
9	安全及其他	按国家法规或企业规定		违规一次总分扣5分；严重违规停止操作				—
		在规定时间内完成操作		每超时1min总分扣5分，超时3min停止操作				—
		合　计	100					

否定项说明：离心机没运转前就进料，该题为零分。

试题9：干燥气洗涤泵启动操作

（考核时间：15min）

序号	考核内容	考核要点	配分	评分标准	检测结果	扣分	得分	备注
1	准备工作	穿戴劳保用品	3	未穿戴整齐扣3分				
		工具、用具准备	2	工具选择不正确扣2分				
2	考核内容	是否检查机泵润滑油及地脚螺栓	10	未检查润滑油扣5分				
				未检查地脚螺栓扣5分				
3		是否将机泵手动盘车	10	未盘车扣10分				
4		检查是否全开泵入口阀，微开出口阀	20	未全开入口阀扣10分				
				未微开出口阀扣10分				
5		检查是否投用机械密封冲洗	10	未投用扣10分				
6		检查是否点动试车2～3次后启动	10	未点动扣10分				
7		检查是否缓慢全开泵出口阀，适当投用回流	20	未开出口阀扣10分				
				未投用回流扣10分				
8		是否全面检查泵声音、电流、振动、出口压力	10	缺少一项扣2.5分				
9	使用工具	正确使用工具	2	工具使用不正确扣2分				
		正确维护工具	3	工具乱摆乱放扣3分				
10	安全及其他	按国家法规或企业规定		违规一次总分扣5分；严重违规停止操作				—
		在规定时间内完成操作		每超时1min总分扣5分，超时3min停止操作				—
		合　计	100					

试题10：干燥循环气风机启动

（考核时间：15min）

序号	考核内容	考核要点	配分	评分标准	检测结果	扣分	得分	备注
1	准备工作	穿戴劳保用品	3	未穿戴整齐扣3分				
		工具、用具准备	2	工具选择不正确扣2分				
2	考核内容	是否检查润滑油及地脚螺栓	10	未检查润滑油扣5分				
				未检查地脚螺栓扣5分				
3		检查是否手动盘车	10	未盘车扣10分				

续表

序号	考核内容	考核要点	配分	评分标准	检测结果	扣分	得分	备注
4		检查是否全开风机出口阀，微开入口阀	20	未微开入口阀扣10分				
				未全开出口阀扣10分				
5		检查是否投用机械密封氮气冲洗	10	未投用扣10分				
6		检查是否点动试车2～3次后启动	20	未点动扣20分				
7		检查是否缓慢打开入口阀	10	未开入口阀扣10分				
8		是否全面检查风机声音、电流、振动、出口压力	10	缺少一项扣2.5分				
9	使用工具	正确使用工具	2	工具使用不正确扣2分				
		正确维护工具	3	工具乱摆乱放扣3分				
10	安全及其他	按国家法规或企业规定		违规一次总分扣5分；严重违规停止操作			—	
		在规定时间内完成操作		每超时1min总分扣5分，超时3min停止操作			—	
		合　计	100					

试题11：干燥系统压力高的处理

（考核时间：15min）

序号	考核内容	考核要点	配分	评分标准	检测结果	扣分	得分	备注
1	准备工作	穿戴劳保用品	3	未穿戴整齐扣3分				
		工具、用具准备	2	工具选择不正确扣2分				
2	考核内容	检查干燥循环气系统换热器是否堵塞	20	未检查扣20分				
3		检查聚合系统是否向干燥系统窜压	20	未检查扣20分				
4		检查干燥机是否堆料	20	未检查扣20分				
5		检查干燥系统压力控制阀是否正常	20	未检查扣20分				
6		检查粉末输送系统压力是否超高	10	未检查扣10分				
7	使用工具	正确使用工具	2	工具使用不正确扣2分				
		正确维护工具	3	工具乱摆乱放扣3分				
8	安全及其他	按国家法规或企业规定		违规一次总分扣5分；严重违规停止操作			—	
		在规定时间内完成操作		每超时1min总分扣5分，超时3min停止操作			—	
		合　计	100					

试题12：离心机日常巡检内容

（考核时间：15min）

序号	考核内容	考核要点	配分	评分标准	检测结果	扣分	得分	备注
1	准备工作	穿戴劳保用品	3	未穿戴整齐扣3分				
		工具、用具准备	2	工具选择不正确扣2分				

续表

序号	考核内容	考核要点	配分	评分标准	检测结果	扣分	得分	备注
2	考核内容	是否检查离心机润滑油系统	20	未检查润滑油压力扣10分				
				未检查润滑油温度扣10分				
3		是否检查离心机密封油系统	20	未检查密封油压力扣10分				
				未检查密封油流量扣10分				
4		是否检查离心机冲洗己烷	20	未检查扣20分				
5		是否检查离心机密封冲洗氮气	10	未检查扣10分				
6		是否检查离心机电流、声音、振动、扭矩	20	缺检查一项扣5分				
7	使用工具	正确使用工具	2	工具使用不正确扣2分				
		正确维护工具	3	工具乱摆乱放扣3分				
8	安全及其他	按国家法规或企业规定		违规一次总分扣5分；严重违规停止操作			—	
		在规定时间内完成操作		每超时1min总分扣5分，超时3min停止操作			—	
		合　　计	100					

试题13：干燥气洗涤泵日常巡检内容

（考核时间：15min）

序号	考核内容	考核要点	配分	评分标准	检测结果	扣分	得分	备注
1	准备工作	穿戴劳保用品	3	未穿戴整齐扣3分				
		工具、用具准备	2	工具选择不正确扣2分				
2	考核内容	是否检查干燥气洗涤泵润滑油系统	20	未检查润滑油油质扣10分				
				未检查润滑油油压扣10分				
3		是否检查干燥气洗涤泵密封冲洗	20	未检查干燥气洗涤泵冲洗己烷扣20分				
4		是否检查干燥气洗涤泵电流、声音、振动	30	未检查电流扣10分				
				未检查声音扣10分				
				未检查振动扣10分				
5		是否检查干燥气洗涤泵出口压力	20	未检查出口压力扣20分				
6	使用工具	正确使用工具	2	工具使用不正确扣2分				
		正确维护工具	3	工具乱摆乱放扣3分				
7	安全及其他	按国家法规或企业规定		违规一次总分扣5分；严重违规停止操作			—	
		在规定时间内完成操作		每超时1min总分扣5分，超时3min停止操作			—	
		合　　计	100					

试题14：干燥机下料湿含量高的后果

（考核时间：15min）

序号	考核内容	考核要点	配分	评分标准	检测结果	扣分	得分	备注
1	准备工作	穿戴劳保用品	3	未穿戴整齐扣3分				
		工具、用具准备	2	工具选择不正确扣2分				

续表

序号	考核内容	考核要点	配分	评分标准	检测结果	扣分	得分	备注
2	考核内容	检查是否说明粉末输送风机出口压力高、甚至跳车	20	未说明造成风机出口压力高扣10分				
3				未说明严重可造成风机跳车扣10分				
4		检查是否说明已烷进入粉末输送系统，形成隐患	20	未说明扣20分				
5		检查是否说明已烷无法回收消耗量大	30	未说明无法回收扣15分				
				未说明造成已烷消耗量大扣15分				
6		检查是否说明袋式过滤器容易堵塞	20	未说明扣20分				
7	使用工具	正确使用工具	2	工具使用不正确扣2分				
		正确维护工具	3	工具乱摆乱放扣3分				
8	安全及其他	按国家法规或企业规定		违规一次总分扣5分；严重违规停止操作			—	
		在规定时间内完成操作		每超时1min总分扣5分，超时3min停止操作			—	
	合　计		100					

试题15：粉末输送系统压力高于干燥系统压力的原因

（考核时间：15min）

序号	考核内容	考核要点	配分	评分标准	检测结果	扣分	得分	备注
1	准备工作	穿戴劳保用品	3	未穿戴整齐扣3分				
		工具、用具准备	2	工具选择不正确扣2分				
2	考核内容	检查是否说明指的是风机入口压力	40	未说明扣40分				
3		检查是否说明防止粉末输送风机跳车时，干燥系统的可燃气进入粉末输送系统，甚至造粒系统	50	未说明扣50分				
4	使用工具	正确使用工具	2	工具使用不正确扣2分				
		正确维护工具	3	工具乱摆乱放扣3分				
5	安全及其他	按国家法规或企业规定		违规一次总分扣5分；严重违规停止操作			—	
		在规定时间内完成操作		每超时1min总分扣5分，超时3min停止操作			—	
	合　计		100					

试题16：结片机冷却水冷却器投用操作

（考核时间：20min）

序号	考核内容	考核要点	配分	评分标准	检测结果	扣分	得分	备注
1	准备工作	穿戴劳保用品	3	未穿戴整齐扣3分				
		工具、用具准备	2	工具选择不正确扣2分				

续表

序号	考核内容	考核要点	配分	评分标准	检测结果	扣分	得分	备注
2	操作程序	确认冷却器具备接收物料条件	20	未检查气密情况扣10分				
				未检查吹扫情况扣10分				
3		确认仪表控制系统正常投用	20	未检查仪表投用情况扣20分				
4		确认循环水已引入冷却器前	10	未确认循环水已引入扣10分				
5		循环水引入设备排气	20	水引入设备未排气扣20分				
6		检查设备有无泄漏	20	未检查设备泄漏扣20分				
7	使用工具	正确使用工具	2	工具使用不正确扣2分				
		正确维护工具	3	工具乱摆乱放扣3分				
8	安全及其他	按国家法规或企业规定		违规一次总分扣5分；严重违规停止操作			—	
		在规定时间内完成操作		每超时1min总分扣5分，超时3min停止操作			—	
		合　计	100					

试题17：低聚物输送泵启动操作

（考核时间：10min）

序号	考核内容	考核要点	配分	评分标准	检测结果	扣分	得分	备注
1	准备工作	穿戴劳保用品	3	未穿戴整齐扣3分				
		工具、用具准备	2	工具选择不正确扣2分				
2	操作程序	泵体电机是否完好、地脚螺栓是否紧固	10	未检查泵体电机扣5分				
				未检查地脚螺栓扣5分				
3		油脂是否符合加入规范	5	未检查油脂情况扣5分				
4		检查泵体、管线伴热系统投用情况	10	未检查伴热系统投用扣10分				
5		检查联轴节连接和盘车情况	10	未检查联轴节扣5分				
				未盘车扣5分				
6		确认出入口流程改动情况	20	流程改变不正确扣20分				
7		泵体转速调“零”	10	启动前泵体转速未调零扣10分				
8		检查电机运转方向	10	未检查电机运转方向扣10分				
9		检查泵启动后情况	10	未检查泵启动后压力、温度、电流、振动情况扣10分				
10		调节泵体转速在0.2~0.5r/min	5	未调节转速扣5分				
11	使用工具	正确使用工具	2	工具使用不正确扣2分				
		正确维护工具	3	工具乱摆乱放扣3分				
12	安全及其他	按国家法规或企业规定		违规一次总分扣5分；严重违规停止操作			—	
		在规定时间内完成操作		每超时1min总分扣5分，超时3min停止操作			—	
		合　计	100					

试题18：火炬罐己烷泵启动操作

（考核时间：10min）

序号	考核内容	考核要点	配分	评分标准	检测结果	扣分	得分	备注
1	准备工作	穿戴劳保用品	3	未穿戴整齐扣3分				
		工具、用具准备	2	工具选择不正确扣2分				

续表

序号	考核内容	考核要点	配分	评分标准	检测结果	扣分	得分	备注
2	操作程序	泵体电机是否完好、地脚螺栓是否紧固	10	未检查泵体电机扣5分				
				未检查地脚螺栓扣5分				
3		油脂、油位是否符合加入规范	10	未检查油脂情况扣5分				
				未检查油位情况扣5分				
4		检查联轴节连接和盘车情况	10	未检查联轴节扣5分				
				未盘车扣5分				
5		检查现场流程改动及密封冲洗给定投用情况	10	流程错误扣10分				
6		灌泵排气情况	10	冲洗投用不正确扣5分				
				未灌泵排气扣5分				
7		确认电机运转方向	10	未检查电机运转方向扣10分				
8		启动泵前出口阀门状态	10	出口阀门未关扣10分				
9		检查泵启动后情况	20	未调节出口压力、流量扣10分				
				未检查泵启动后温度、电流、振动情况扣10分				
10	使用工具	正确使用工具	2	工具使用不正确扣2分				
		正确维护工具	3	工具乱摆乱放扣3分				
11	安全及其他	按国家法规或企业规定		违规一次总分扣5分；严重违规停止操作			—	
		在规定时间内完成操作		每超时1min总分扣5分，超时3min停止操作			—	
		合　计	100					

否定项说明：若出现抽空等情况，该题为零分。

试题19：己烷蒸馏塔停车操作

（考核时间：10min）

序号	考核内容	考核要点	配分	评分标准	检测结果	扣分	得分	备注
1	准备工作	穿戴劳保用品	3	未穿戴整齐扣3分				
		工具、用具准备	2	工具选择不正确扣2分				
2	操作程序	确认聚合、干燥系统停车完成，己烷蒸馏塔具备停车条件	20	未确认聚合工段停车扣5分				
				未确认干燥工段停车扣5分				
				未确认蒸馏塔具备停车条件扣10分				
3		降低母液储罐液位	10	母液储罐未降至正常扣10分				
4		己烷蒸馏塔进料由母液改为己烷	10	母液己烷切换不正确扣10分				
5		己烷蒸馏塔进行己烷洗塔操作	20	洗塔方式错误扣10分				
				未洗塔扣10分				
6		确认蒸馏塔塔釜低聚物浓度	20	未确认塔釜低聚物浓度扣20分				
7		维持正常停车状态	10	没维护扣10分				
8	使用工具	正确使用工具	2	工具使用不正确扣2分				
		正确维护工具	3	工具乱摆乱放扣3分				
9	安全及其他	按国家法规或企业规定		违规一次总分扣5分；严重违规停止操作			—	
		在规定时间内完成操作		每超时1min总分扣5分，超时3min停止操作			—	
		合　计	100					

否定项说明：若出现液泛、干锅等情况，该题为零分。

试题20：丁烯－1储罐倒空操作

（考核时间：10min）

序号	考核内容	考核要点	配分	评分标准	检测结果	扣分	得分	备注
1	准备工作	穿戴劳保用品	3	未穿戴整齐扣3分				
		工具、用具准备	2	工具选择不正确扣2分				
2	操作程序	确认外网可以接收丁烯－1	10	未确认外网条件扣10分				
3		打通丁烯－1储罐去外网流程	10	流程更改错误扣10分				
4		确认丁烯卸料泵具备运转条件	10	未确认丁烯泵运转条件扣10分				
5		联系外网接收丁烯－1	10	未联系外网扣10分				
6		启动丁烯卸料泵运转	20	未检查油位、油脂和地角螺栓情况扣10分				
				启动前未灌泵、排气扣10分				
7		观察丁烯－1储罐液位变化	10	未确认液位变化扣10分				
8		丁烯－1储罐倒空后停止泵运转	10	停泵方式错误扣10分				
9		关闭卸料流程	10	流程关闭错误扣10分				
10	使用工具	正确使用工具	2	工具使用不正确扣2分				
		正确维护工具	3	工具乱摆乱放扣3分				
11	安全及其他	按国家法规或企业规定		违规一次总分扣5分；严重违规停止操作			—	
		在规定时间内完成操作		每超时1min总分扣5分，超时3min停止操作			—	
		合　计	100					

试题21：再沸器强制循环泵启动操作

（考核时间：10min）

序号	考核内容	考核要点	配分	评分标准	检测结果	扣分	得分	备注
1	准备工作	穿戴劳保用品	3	未穿戴整齐扣3分				
		工具、用具准备	2	工具选择不正确扣2分				
2	操作程序	泵体电机是否完好、地脚螺栓是否紧固	10	未检查泵体电机扣5分				
				未检查地脚螺栓扣5分				
3		油脂、油位是否符合加入规范	10	未检查油脂情况扣5分				
				未检查油位情况扣5分				
4		检查联轴节连接和盘车情况	10	未检查联轴节扣5分				
				未盘车扣5分				
5		检查现场流程改动及密封冲洗给定投用情况	10	流程改动错误扣10分				
				冲洗投用不正确扣10分				
6		检查电机运转方向	10	未检查电机运转方向扣10分				
7		灌泵排气情况	10	未灌泵排气扣10分				
8		检查启动泵前出口阀门状态	10	出口阀门未关扣10分				
9		调节出口压力及流量	10	未调节出口压力、流量扣10分				
10		检查泵启动后情况	10	未检查泵启动后压力、温度、电流、振动情况扣10分				
11	使用工具	正确使用工具	2	工具使用不正确扣2分				
		正确维护工具	3	工具乱摆乱放扣3分				

续表

序号	考核内容	考核要点	配分	评分标准	检测结果	扣分	得分	备注
12	安全及其他	按国家法规或企业规定		违规一次总分扣5分；严重违规停止操作			—	
		在规定时间内完成操作		每超时1min总分扣5分，超时3min停止操作			—	
		合　计	100					

试题22：己烷精馏塔塔底采出冷却器投用操作

（考核时间：20min）

序号	考核内容	考核要点	配分	评分标准	检测结果	扣分	得分	备注
1	准备工作	穿戴劳保用品	3	未穿戴整齐扣3分				
		工具、用具准备	2	工具选择不正确扣2分				
2	操作程序	确认冷却器具备接收物料条件	20	未检查气密情况扣10分				
				未检查吹扫情况扣10分				
3		确认仪表控制系统正常投用	20	未检查仪表投用情况扣20分				
4		确认循环水已引入冷却器前	10	未确认循环水已引入装置内扣10分				
5		循环水引入设备排气	20	设备顶部阀门未排气扣20分				
6		检查设备有无泄漏	20	未检查设备泄漏扣20分				
7	使用工具	正确使用工具	2	工具使用不正确扣2分				
		正确维护工具	3	工具乱摆乱放扣3分				
8	安全及其他	按国家法规或企业规定		违规一次总分扣5分；严重违规停止操作			—	
		在规定时间内完成操作		每超时1min总分扣5分，超时3min停止操作			—	
		合　计	100					

试题23：己烷干燥器切换操作

（考核时间：10min）

序号	考核内容	考核要点	配分	评分标准	检测结果	扣分	得分	备注
1	准备工作	穿戴劳保用品	3	未穿戴整齐扣3分				
		工具、用具准备	2	工具选择不正确扣2分				
2	操作程序	确认备用台己烷干燥器具备接收物料条件	20	未确认氮气气密、置换合格扣10分				
				未确认再生扣10分				
3		打开备用台己烷干燥器己烷进料 $3/4^{B}$ 阀门流程	10	更改流程错误扣10分				
4		打开己烷干燥器顶部排气至精己烷储罐流程	10	更改流程错误扣10分				
5		确认己烷干燥器排气完成	10	未检查排气情况扣10分				
6		关闭排气流程	10	流程更改错误扣10分				
7		投用备用台己烷干燥器进出口 6^{B} 阀门流程，关闭 $3/4^{B}$ 阀门	10	流程更改错误扣10分				
8		确认己烷管网压力正常	10	未确认己烷管网压力扣10分				
9		关闭己烷干燥器进出口阀门	10	阀门关闭错误扣10分				

续表

序号	考核内容	考核要点	配分	评分标准	检测结果	扣分	得分	备注
10	使用工具	正确使用工具	2	工具使用不正确扣2分				
		正确维护工具	3	工具乱摆乱放扣3分				
11	安全及其他	按国家法规或企业规定		违规一次总分扣5分；严重违规停止操作			—	
		在规定时间内完成操作		每超时1min总分扣5分，超时3min停止操作			—	
		合　计	100					

气相法模块

试题1：挤压机开车准备

（考核时间：15min）

序号	考核内容	考核要点	配分	评分标准	检测结果	扣分	得分	备注
1	挤压机开车准备	检查确认整个挤压造粒系统及机、电、仪和公用工程均达到开车条件	5	漏检一项扣5分				
2		确认主减速齿轮箱处于"高挡"还是"低挡"，按要求设定好	5	不确认扣5分				
3		确认冷却水已通至凸轮离合器；料斗处的机筒及机架；各润滑油系统的换热器；挤压机的压盖密封；机筒冷却水的换热器。确认各设备油液面是否在规定范围	10	不确认一项扣5分				
4		操作阀站开始对筒体用中压蒸汽加热	5	不确认扣5分开错一个阀门扣5分				
5		确认CCW系统水罐水位和泵进出口流程正确后，启动该水泵向热油泵通入DW冷却水	5	不确认一项扣5分				
6		确认热油流程正确后，启动热油单元对机身进行加热，逐步提高油温至220～300℃之间，确认自控状况良好	5	不确认一项扣5分				
7		开启主电机的主齿轮箱、齿轮泵减速齿轮箱及单动的传动齿轮箱的润滑油系统，并确认该系统正常，油温、油压、流量满足工艺指标	10	不确认一项扣5分开错一个阀门扣5分				
8		启动主电机冷却风机，并确认风压满足工艺指标	5	不确认一项扣5分 风压工艺指标错扣5分				
9		向水槽中注入DW或LPC，确认水槽中有一定水位和流程后启动水泵，使粒料冷却输送水小回路循环，并用LPS低压蒸汽加热至60～80℃之间	10	不确认一项扣5分 开错一个阀门扣5分 水温指标错扣5分				
10		启动用于球阀和换网器的液压油油泵，使其油压保持在20MPa左右	5	不确认一项扣5分 油压指标错扣5分				
11		启动用于间隙调节的液压油系统，将隙距调在较大的位置	5	不确认一项扣5分				

续表

序号	考核内容	考核要点	配分	评分标准	检测结果	扣分	得分	备注
12		将氮气通至压盖密封，料斗、热油罐并确认流量及压力满足工艺指标	5	不确认一项扣5分 氮气流量、压力工艺指标错扣5分				
13		启动离心干燥机、振动筛、抽湿风机、送料旋转法，并通知室内和母料制备、掺合岗位做好开车准备	5	不确认一项扣5分 没有通知室内人员扣5分				
14		准备好工具	5	少准备一项扣5分				
15		检查切粒刀具备开车条件，间隙调整正常，进刀系统要进行详细检查，确保该系统处于良好状态	5	不确认一项扣5分				
16		输送系统风机运行正常，具备供料和送料条件	5	不确认一项扣5分				
17		确认挤压机现场盘内的联锁和DCS内具有的联锁投用正常	5	不确认一项扣5分				
		合　计	100					

试题2：乙烯压缩机的开车

（考核时间：15min）

序号	考核内容	考核要点	配分	评分标准	检测结果	扣分	得分	备注
1	操作程序	对压缩机盘车	10	没有按要求盘车扣10分				
2		检查曲轴箱润滑油位在视镜的1/2～3/4处	5	没有检查扣5分，检查不对扣5分				
3		确认所有手动阀及仪表调节阀的位置是否正确	20	不确认一项扣5分，开错一个阀门扣5分				
4		启动润滑油加热器，启动辅助润滑油泵	15	不确认一项扣5分				
5		启动水、乙二醇加热器，启动水、乙二醇泵	15	不确认一项扣5分				
6		确认乙二醇、水系统温度大于35℃，润滑油温度大于10℃	10	不确认一项扣5分				
7		启动主电机，对压缩机的运行情况进行确认。确认润滑油压差上升到0.35MPa	10	不确认一项扣5分				
8		逐渐增压的同时调整好出口压力，使乙烯净化系统循环，直到预聚合、聚合岗位需要乙烯时为止	15	压力调整不对扣15分				
		合　计	100					

试题3：流化气压缩机密封油的投用

（考核时间：15min）

序号	考核内容	考核要点	配分	评分标准	检测结果	扣分	得分	备注
1	流化气压缩机密封油的投用	检查油系统各阀门处于正确位置，油泵及润滑油系统正常，各部位流动正常和平稳	20	未述检查阀门位置情况扣10分，未述检查油泵、润滑油情况每个扣5分				

续表

序号	考核内容	考核要点	配分	评分标准	检测结果	扣分	得分	备注
2		当反应器压力达到0.25MPa后，给压缩机供密封油，使密封油流量正常	30	未述检查反应器压力即供油扣25分，未述调节密封油流量扣5分				
3		确认密封油下降罐充油至顶部，若没有，稍节流阀	10	未述检查确认密封油下降罐充装情况扣10分				
4		确认密封油高位槽所示的液位约50%，可通过手动打开旁阀来保持适当的液位，并随着气体压力或油温上升，在注意液位的情况下逐渐关闭旁通阀	20	未述确认密封油高位槽液位在50%左右扣15分，未述旁通阀开启目的扣5分				
5		确认密封油气压差在允许的范围内，确认脱气罐补加油工作已完成	20	未述确认密封油气压差扣15分，未述确认脱气罐补加油扣5分				
合　计			100					

试题4：粉料采出系统的正常操作

（考核时间：15min）

序号	考核内容	考核要点	配分	评分标准	检测结果	扣分	得分	备注
1	粉料采出系统的开车	核实管线各阀门处于关闭状态，粉料输送、调理、成品输送系统均已开车	15	未述核实阀门状态扣5分，未述核实后系统已开车扣10分				
2		将氮气送到旋转阀的密封，调压力为0.04~0.05MPa，打开分离器出口工艺线上手动阀，将脱气罐压力给定调到0.04MPa调自动，压力在0.035~0.04MPa，建立脱气罐放火炬系统	15	未述氮气密封扣5分，未述建立放火炬流程扣10分				
3		用来自脱气罐底部氮气对该系统置换，直到脱气罐氮含量小于2×10^{-6}时为止，开启回收气压缩机置换，直至氧含量小于2×10^{-6}	20	未述进行S-425、F-430置换扣10分，未述进行C-470置换扣10分				
4		将脱气罐料位控制调手动，使旋转阀A、B开车，按要求调节转速，旋转阀B比A的转速快1.2倍	20	未述旋转阀A、B开车，扣10分，未述调节转速比扣10分				
5		给控制系统输入抽出次数，打开所选活塞阀。启动程序，程序按要求自动进行“倒空”和“抽出”	10	未述打开活塞阀扣10分				
6	粉料采出系统的开车	按回收气压缩机开车要求启动回收气压缩机，将脱气罐压力给定调为0.045MPa，对回收气压缩机系统置换，分析氧含量，若合格，关闭排火炬阀，打开去流化气压缩机系统阀，不合格继续置换	10	未述回收气压缩机系统置换扣10分				
7		核实脱气罐中的压力高于后系统压力	10	未述核实压力扣10分				
合　计			100					

试题5：流化气压缩机润滑油的投用

（考核时间：30min）

序号	考核内容	考核要点	配分	评分标准	检测结果	扣分	得分	备注
1	流化气压缩机润滑油的投用	检查油系统各阀门处于正确位置，油泵正常和平稳。油槽液位正常	20	未述检查油系统各阀门扣5分，未述检查油泵				
2		逐渐关闭PC4015旁通阀VL119，将PC4016调到润滑油供应压力0.15~0.2MPa	20	未述调整润滑油压力扣20分				
3		将油冷却器和油过滤器排气阀打开，置换管网内气体，然后关上排气阀	20	未述油冷却器和油过滤器排气，各扣10分				
4		确认润滑油高位槽充满油，且各部位流动正常和平稳	20	未述确认润滑油高位槽液位，扣15分，未述检查流动情况扣5分				
5		打开气体系统导淋阀，确认管网是正常没有异常现象，然后关闭导淋阀	20	未述检查导淋扣10分				
		合　计	100					

试题6：挤压造粒机常见故障的处理

（考核时间：30min）

序号	考核内容	考核要点	配分	评分标准	检测结果	扣分	得分	备注
1	挤压造粒机常见故障的处理	工具、用具准备	5	少准备一件扣1分，不准备不得分				
2		穿好工作服	5	不穿扣5分				
3		颗粒的形状：不规则：①小粒，原因是切粒轴与模面间的垂直度需要调整；对策：调整最大偏心量为0.05mm，目标值为0.03mm。②长的通心粉状的粒料，原因：切粒机轴过度偏心；对策：调整最大偏心量为0.1mm，如超过此值，应更换轴承。③变形的粒料，原因：刀架不能活动；对策：弹簧负荷为80公斤更换弹簧。④带尾：均匀的粒料带细尾，原因：各刀刃的齐平度不足；对策：调整最大的高低差为0.03mm。⑤成团：均匀的粒料，鲜葡萄那样粘成串，原因：模头加热不足；对策检查热油系统	25	每少一原因扣2.5分，每少一消除方法扣2.5分				
4		齿轮泵：①压盖泄漏过火，原因：筋骨压盖的螺栓松，对策：重新拧紧；未供应冷却水、对策：检查冷却水；润滑通路阻塞，对策：停止操作清理。②压力升不高，原因：压力表坏了，对策：检查压力表；未喂聚合物，对策：检查喂料阀。	25	每少一原因扣2.5分，每少一消除方法扣2.5分				

续表

序号	考核内容	考核要点	配分	评分标准	检测结果	扣分	得分	备注
5		异常噪音：①联轴器找不正不合适，对策：联轴器重新找在正。②润滑不足，对策：检查聚合物的通路。③减速齿轮箱发生故障，对策：检查齿轮，润滑油和轴承	20	每少一原因扣2.5分 每少一消除方法扣2.5分				
6		停止运转：①停电，对策：检查电源。②电机故障、联轴器故障、减速齿轮箱故障；对策：检查电机、检查联轴器、手动地转动电机联轴器，检查齿轮泵能否转动。③过电流：电机能工作、电机不能工作；对策：检查电机	20	每少一原因扣2.5分 每少一消除方法扣2.5分				
		合　计	100					

试题7：循环气压缩机的常见故障排除

（考核时间：15min）

序号	考核内容	考核要点	配分	评分标准	检测结果	扣分	得分	备注
1	循环气压缩机的常见故障排除	工具、用具准备	5	少准备一件扣1分，不准备不得分				
2		穿好工作服	5	不穿扣5分				
3		排气温度升高：原因：①冷却水不足或中断；措施：加大水量。②排气阀或后段吸气阀坏；措施：机修检修。③润滑油供应不足或中断；检查油系统	20	每少一原因扣2.5分 每少一消除方法扣2.5分				
4		措施：排气压力低：原因：①系统或管道漏气严重；措施：检查该系统阀门法兰。②吸入过滤网堵；措施：停下亲临过滤网。③吸排气阀故障或活塞密封故障；措施：机修检查	25	每少一原因扣2.5分 每少一消除方法扣2.5分				
5		吸入排出阀有异常响声：原因：①阀片断；②弹簧松软；③阀与活塞相碰。措施：通知机修	25	每少一原因扣2.5分 每少一消除方法扣2.5分				
6		汽缸内突然产生敲击声：原因：①汽缸内有液体产生；措施：排除液体。②汽缸内掉入金属杂质或其他异物；措施：通知机修。③试点减息大小；措施：通知机修	20	每少一原因扣2.5分 每少一消除方法扣2.5分				
		合　计	100					

试题8：精馏塔的正常操作

（考核时间：15min）

序号	考核内容	考核要点	配分	评分标准	检测结果	扣分	得分	备注
1	主要控制点	温度、压力	10	漏缺一项扣5分				
2	操作手段	增减进、采料量，增减回流量，增减蒸汽量，排重组分	10	漏缺一项扣5分				
3	主要影响因素	进、采料量，回流量，蒸汽量	10	漏缺一项扣5分				
4	注意事项	调节稳定	10	漏缺一项扣5分				
5	顶温高	降低进料量，适当提高回流量	20	调节不对一项扣5分				
6	釜温高	降低蒸汽量，排重组分，适当提高回流、进料量的操作	20	调节不对一项扣5分				
7	釜压升高	降低釜温，调节进料量、回流量、采出量及排出釜液的操作	20	调节不对一项扣5分				
		合　计	100					

试题9：再生的正常操作

（考核时间：15min）

序号	考核内容	考核要点	配分	评分标准	检测结果	扣分	得分	备注
1	主要控制点	压力	10	漏缺扣10分				
2	操作手段	开关阀门	15	开错一个阀门扣5分				
3	主要影响因素	开关阀门	15	漏缺一项扣5分				
4	注意事项	开关缓慢	15	漏缺扣15分				
5	控制过程	升降压速度	25	调节不对一项扣5分				
6		保证再生质量	20	再生质量差扣20分				
		合　计	100					

试题10：原料精制系统正常操作

（考核时间：15min）

序号	考核内容	考核要点	配分	评分标准	检测结果	扣分	得分	备注
1	主要控制点	各压缩机出口压力、精制效果	10	超出压力要求一次扣5分，精制后杂质超标一项扣5分				
2	操作手段	旁路调节开度大小，精制床温度、压力	20	未按要求操作一次扣5分				
3	主要影响因素	温度、压力	10	缺一项扣5分				
4	注意事项	避免压缩机入口压力过低、出口超压自停，温度压力变化要缓慢	15	过快导致波动一次扣5分，压缩机欠压超压自停本题不及格				

续表

序号	考核内容	考核要点	配分	评分标准	检测结果	扣分	得分	备注
5	各压缩机出口压力低	关小旁路调节开度；压缩机不能自停；稳定压力于目标值	10	未按步骤操作扣5分，过快导致波动一次扣5分				
6	各压缩机出口压力高	加大旁路调节开度；压缩机不能自停；稳定压力于目标值	10	未按步骤操作扣5分，过快导致波动一次扣5分				
7	精制后杂质含量高	调节精制床精制效果，必要时精制床再生；界区原料合格精制后杂质不超标	25	未及时投再生扣5分，精制后杂质超标一次扣5分				
		合　计	100					

试题11：造粒系统正常开车

（考核时间：15min）

序号	考核内容	考核要点	配分	评分标准	检测结果	扣分	得分	备注
1	主要控制点	挤压机负荷、主电机电流、齿轮泵电流压力	15	漏缺一项扣5分				
2	操作手段	控制下料量，主电机、齿轮泵转速	15	漏缺一项扣5分				
3	主要影响因素	控制下料量，主电机、齿轮泵转速	15	漏缺一项扣5分				
4	注意事项	调整幅度不能太大	15	漏缺一项扣5分				
5	主电机电流波动	调整喂料速率，筒体温度，余隙大小；联锁不得触动；主电机电流稳定	20	调节判断不对一项扣5分				
6	筒体温度	调整蒸汽或调温水量；保证粒子外观；保证产品质量	20	调节判断不对一项扣5分				
		合　计	100					

试题12：精馏塔系统的停车操作

（考核时间：15min）

序号	考核内容	考核要点	配分	评分标准	检测结果	扣分	得分	备注
1	精馏塔系统的停车操作	将采出切到进料罐	15	错误扣15分				
2		关闭进料调节阀及手动阀门，停进料泵	15	错误一项扣5分				
3		随着塔釜液逐渐减少，缓慢并逐步关小再沸器的蒸汽供应阀门、直至完全关闭	15	错误一项扣5分				
4		蒸出停止后，停回流泵，关闭回流调节阀，确保回流罐有一定料面，关闭采出至进料罐的手动阀门	15	错误一项扣5分				
5		塔釜液位降至约5%时，将塔釜残液排出	20	错误一项扣10分				
6		隔离进料罐、采出罐、回流罐、残液罐，并正常氮封	20	错误一项扣5分				
		合　计	100					

试题13：挤压机的停车

（考核时间：35min）

序号	考核内容	考核要点	配分	评分标准	检测结果	扣分	得分	备注
1	挤压机的停车	打开球阀处的冷却水，系统处于“手动”操作模式，将联锁旁通，然后停螺旋下料加料器	25	操作错误一项扣5分				
2		待主电机电流稍降约5秒钟后停主电机，将换向球阀打到旁通位置，停齿轮泵	25	操作错误一项扣10分				
3		将切粒机轴后退，然后停切粒机	25	操作错误一项扣10分				
4		颗粒循环水旁通，排尽水室中水，打开水室门清理刀片和模扳上的余料并涂硅油	25	操作错误一项扣5分				
		合　计	100					

试题14：判断粉料输送系统输送困难的原因

（考核时间：10min）

序号	考核内容	考核要点	配分	评分标准	检测结果	扣分	得分	备注
1	准备工作	穿戴劳保用品	3	未穿戴整齐扣3分				
		工具、用具准备	2	工具选择不正确扣2分				
2	操作程序	界区氮气中水含量、氧含量超标	25	缺少一项扣25分				
3		原料精制系统氮气加氢量不足，脱氧效果差	25	缺少一项扣25分				
4		氮气干燥床再生周期已过，水含量脱除效果差	20	缺少一项扣20分				
5		氮气系统、反应器回路换热器渗漏。再现分析表故障，指示失真	20	缺少一项扣20分				
6	使用工具	正确使用工具	2	工具使用不正确扣2分				
		正确维护工具	3	工具乱摆乱放扣3分				
7	安全及其他	按国家法规或企业规定		违规一次总分扣5分；严重违规停止操作			—	
		在规定时间内完成操作		每超时1min总分扣5分，超时3min停止操作			—	
		合　计	100					

试题15：判断丁烯泵异常情况的现象

（考核时间：10min）

序号	考核内容	考核要点	配分	评分标准	检测结果	扣分	得分	备注
1	准备工作	穿戴劳保用品	3	未穿戴整齐扣3分				
		工具、用具准备	2	工具选择不正确扣2分				

续表

序号	考核内容	考核要点	配分	评分标准	检测结果	扣分	得分	备注
2	操作程序	同样丁烯泵冲程下，丁烯在线分析浓度降低	20	缺少一项扣20分				
3		丁烯注入时间提高，循环时间减低，丁烯在线分析浓度降低	20	缺少一项扣20分				
4		丁烯泵冲程提高，丁烯瞬时流量降低	20	缺少一项扣20分				
5		丁烯缓冲罐液位没有下降	15	缺少一项扣15分				
6		设备故障，泵隔模损坏，安全阀不回座	15	缺少一项扣15分				
7	使用工具	正确使用工具	2	工具使用不正确扣2分				
		正确维护工具	3	工具乱摆乱放扣3分				
8	安全及其他	按国家法规或企业规定		违规一次总分扣5分；严重违规停止操作			—	
		在规定时间内完成操作		每超时1min总分扣5分，超时3min停止操作			—	
		合　计	100					

试题16：判断齿轮泵出口压力过高的原因

（考核时间：15min）

序号	考核内容	考核要点	配分	评分标准	检测结果	扣分	得分	备注
1	准备工作	穿戴劳保用品	3	未穿戴整齐扣3分				
		工具、用具准备	2	工具选择不正确扣2分				
2	操作程序	挤压机负荷过高	10	少一项扣10分				
3		筒体温度相对较低，物料加热不好	20	少一项扣20分				
4		挤压机滤网长时间没有更换，滤网堵	15	少一项扣15分				
5		添加剂配料不当，抗氧剂加入量不够，碳化粒子增多，造成挤压机滤网堵	15	少一项扣15分				
6		挤压机模板堵	15	少一项扣15分				
7		切粒机转速低	15	少一项扣10分				
8	使用工具	正确使用工具	2	工具使用不正确扣2分				
		正确维护工具	3	工具乱摆乱放扣3分				
9	安全及其他	按国家法规或企业规定		违规一次总分扣5分；严重违规停止操作			—	
		在规定时间内完成操作		每超时1min总分扣5分，超时3min停止操作			—	
		合　计	100					

试题17：粉料脱气系统效果不好时的处理

（考核时间：15min）

序号	考核内容	考核要点	配分	评分标准	检测结果	扣分	得分	备注
1	准备工作	穿戴劳保用品	3	未穿戴整齐扣3分				
		工具、用具准备	2	工具选择不正确扣2分				

续表

序号	考核内容	考核要点	配分	评分标准	检测结果	扣分	得分	备注
2	操作程序	检查平衡管线	15	缺少一项扣15分				
3		检查袋式过滤器是否破损	15	缺少一项扣15分				
4		保持正常料封	10	缺少一项扣10分				
5		检查下游旋转阀转速	10	缺少一项扣10分				
6		检查袋式过滤器反吹电磁阀是否正常	20	缺少一项扣2分				
7		检查底部锥体氮气反吹管线	20	缺少一项扣2分				
8	使用工具	正确使用工具	2	工具使用不正确扣2分				
		正确维护工具	3	工具乱摆乱放扣3分				
9	安全及其他	按国家法规或企业规定		违规一次总分扣5分；严重违规停止操作			—	
		在规定时间内完成操作		每超时1min总分扣5分，超时3min停止操作			—	
		合　计	100					

试题18：粉料出料系统堵塞时的处理

（考核时间：10min）

序号	考核内容	考核要点	配分	评分标准	检测结果	扣分	得分	备注
1	准备工作	穿戴劳保用品	3	未穿戴整齐扣3分				
		工具、用具准备	2	工具选择不正确扣2分				
2	操作程序	停止抽出，确定堵塞位置	10	缺少一项扣10分				
3		根据堵塞位置，用高压氮气吹扫	20	缺少一项扣20分				
4		多次吹扫，仍未吹通，准备拆卸处理	20	缺少一项扣20分				
5		在拆卸前，系统置换，放空，关闭有关阀门	20	缺少一项扣20分				
6		清通后，复位、置换合格后可投用	20	缺少一项扣20分				
7	使用工具	正确使用工具	2	工具使用不正确扣2分				
		正确维护工具	3	工具乱摆乱放扣3分				
8	安全及其他	按国家法规或企业规定		违规一次总分扣5分；严重违规停止操作			—	
		在规定时间内完成操作		每超时1min总分扣5分，超时3min停止操作			—	
		合　计	100					

试题19：乙烯精制系统流动停止时的处理

（考核时间：10min）

序号	考核内容	考核要点	配分	评分标准	检测结果	扣分	得分	备注
1	准备工作	穿戴劳保用品	5	未穿戴整齐扣5分				
		工具、用具准备	5	工具选择不正确扣5分				

续表

序号	考核内容	考核要点	配分	评分标准	检测结果	扣分	得分	备注
2	操作程序	反应过程停乙烯时，按停乙烯处理，打开乙烯过滤器旁通阀，大量放火炬，尽快启动乙烯压缩机，必要时切乙烯精制床	40	缺少步骤一个扣10分				
3		长时间乙烯精制床不流动，精制床降温，停止加氢量	40	缺少步骤一个扣10分				
4	使用工具	正确使用工具	5	工具使用不正确扣5分				
		正确维护工具	5	工具乱摆乱放扣5分				
5	安全及其他	按国家法规或企业规定		违规一次总分扣5分；严重违规停止操作			—	
		在规定时间内完成操作		每超时1min总分扣5分，超时3min停止操作			—	
		合　计	100					

试题20：往复式压缩机流量过小、排出温度过高时的处理

（考核时间：10min）

序号	考核内容	考核要点	配分	评分标准	检测结果	扣分	得分	备注
1	准备工作	穿戴劳保用品	3	未穿戴整齐扣3分				
		工具、用具准备	2	工具选择不正确扣2分				
2	操作程序	检查清理入口过滤器	10	缺少一项扣10分				
3		检查清理段间冷却器	10	缺少一项扣10分				
4		检查处理阻尼油缸油压电磁阀	15	缺少一项扣15分				
5		调整入口压力	15	缺少一项扣15分				
6		检查吸、排除阀	20	缺少一项扣20分				
7		机械故障	20	缺少一项扣20分				
8	使用工具	正确使用工具	2	工具使用不正确扣2分				
		正确维护工具	3	工具乱摆乱放扣3分				
9	安全及其他	按国家法规或企业规定		违规一次总分扣5分；严重违规停止操作			—	
		在规定时间内完成操作		每超时1min总分扣5分，超时3min停止操作			—	
		合　计	100					

试题21：精馏塔流程绘制

（考核时间：20min）

序号	考核内容	考核要点	配分	评分标准	检测结果	扣分	得分	备注
1	流程走向	排布合理、卷面清晰	15	排布不合理扣5分，卷面涂改，不整洁扣10分				
2		设备齐全	15	漏设备一台扣5分				
3	控制回路	信号线	35	信号线走向不正确、缺少扣10分				
4		仪表位号		仪表位号不正确、缺少扣15分				
5		控制点		控制点不正确、缺少扣10分				

续表

序号	考核内容	考核要点	配分	评分标准	检测结果	扣分	得分	备注
6	主要设备	进出物料、位置、位号正确	35	物料走向不正确一处扣5分，位号错误一处扣5分，位号不正确一处扣5分				
		合　计	100					

试题22：离心风机振动大时的处理

（考核时间：15min）

序号	考核内容	考核要点	配分	评分标准	检测结果	扣分	得分	备注
1	准备工作	穿戴劳保用品	3	未穿戴整齐扣3分				
		工具、用具准备	2	工具选择不正确扣2分				
2	操作程序	电机轴承找正	20	缺少一项扣20分				
3		消除临界转速引起的振动	20	缺少一项扣20分				
4		检查设备连接螺丝	15	缺少一项扣15分				
5		检查轴承、联轴节	15	缺少一项扣15分				
6		设备检修	20	缺少一项扣20分				
7	使用工具	正确使用工具	2	工具使用不正确扣2分				
		正确维护工具	3	工具乱摆乱放扣3分				
8	安全及其他	按国家法规或企业规定		违规一次总分扣5分；严重违规停止操作			—	
		在规定时间内完成操作		每超时1min总分扣5分，超时3min停止操作			—	
		合　计	100					

试题23：流化气速的控制

（考核时间：15min）

序号	考核内容	考核要点	配分	评分标准	检测结果	扣分	得分	备注
1	主要控制点	流化气气速	15	超出要求一次扣5分				
2	操作手段	流化气压缩机出口导叶开度	15	未按要求操作一次扣5分				
3	主要影响因素	流化气压缩机出口导叶开度；流化气量	10	缺一项扣5分				
4	注意事项	调节速度	10	过快导致波动一次扣10分				
5	气速高于要求值的调整	关小出口导叶开度；气速变化缓慢且小；稳定气速于目标值	25	未按步骤操作扣10分，过快导致波动一次扣5分				
6	气速低于要求值的调整	加大出口导叶开度；气速变化缓慢且小；稳定气速于目标值	25	未按步骤操作扣10分，过快导致波动一次扣5分				
		合　计	100					

第四部分

技师/高级技师

一、国家职业标准（技师工作要求）

职业功能	工作内容	技能要求	相关知识
工艺操作	（一）开车准备	1. 能编写、制定本装置开车方案 2. 能编写本装置设备单机试车方案 3. 能配合仪表完成本装置联锁的联校工作 4. 能组织完成装置吹扫、试漏、置换工作 5. 能组织完成装置设备、仪表、电气、工艺方面的检查与准备工作 6. 能组织做好装置开工介质的引入工作 7. 能组织完成装置自检项目的验收 8. 能参与装置开工条件的确认工作	1. 原、辅材料及产品质量控制指标 2. 安全和环保知识 3. 初级仪表工知识 4. 产品质量指标的制定依据 5. 装置联锁逻辑图 6. 方案编写方法 7. 初级仪表工知识 8. 新产品试验方法
	（二）开车操作	1. 能组织装置设备单机试车工作 2. 能组织装置联动试运和投料工作 3. 能组织、指导本装置各岗位的开车工作 4. 能指导装置开车初期的工艺调整工作	
	（三）正常操作	1. 能指导本装置各系统的日常操作 2. 能对本装置操作法定期进行优化，操作技能有创新 3. 能掌握关键操作，能独立处理和解决本装置生产技术难题 4. 能组织好新产品、新工艺的试生产工作 5. 能组织好日常产品牌号的切换工作	
	（四）停车操作	1. 能编写本装置停车方案 2. 能组织、指导装置停车工作	
设备使用与维护	（一）使用设备	1. 能处理复杂的设备故障 2. 能组织设备的验收工作 3. 能提出设备大修和改进意见	1. 设备验收标准 2. 设备管理的规定、标准知识 3. 计划编制的有关知识
	（二）维护设备	1. 知道本装置设备维护的重点及技术要求 2. 能处理本装置复杂的设备故障 3. 能参与编制装置检修计划 4. 能组织设备检修工作	
事故判断与处理	（一）判断事故	1. 能判断本装置复杂事故 2. 能组织演练复杂事故的应急预案	1. 各种工艺条件对生产的影响 2. 事故分析判断方法 3. 事故演练内容
	（二）处理事故	1. 能组织、协调处理装置的复杂事故 2. 能分析事故原因，提出整改及预防措施 3. 能组织装置事故停车后恢复生产的工作	复杂事故处理程序、处理方法
绘图与计算	（一）绘图	1. 能绘制技术改进简图 2. 能识读一般零件图	装置设计资料
	（二）计算	1. 能进行物料及热量衡算 2. 能对装置运行、质量数据进行统计处理	1. 化工设计的有关计算 2. 简单的统计学知识
管理	（一）质量管理	1. 能组织 QC 小组开展质量攻关活动 2. 能按质量管理体系要求指导生产	1. 全面质量管理方法 2. 质量管理体系运行要求
	（二）生产管理	1. 能组织、指导班组进行经济核算和经济活动分析 2. 能应用统计技术对生产工况进行分析 3. 能参与装置的标定工作	1. 工艺技术管理规定 2. 统计基础知识
	（三）编写技术文件	1. 能撰写生产技术总结 2. 能参与编写装置开、停车方案	技术总结撰写方法
	（四）技术改进	能参与技措、技改的实施	国内同类装置常用技术应用信息
培训与指导	培训与指导	1. 能培训初、中、高级操作人员 2. 能传授特有的操作经验和技能	教案编写方法

二、国家职业标准（高级技师工作要求）

中业功能	工作内容	技能要求	相关知识
工艺操作	（一）开车准备	1. 能编写同类装置联动试车及投料开车方案 2. 能编写本装置总体试车方案 3. 能编写同类装置开车方案	1. 装置有关设计资料、技改资料 2. 国内外同类装置工艺、控制技术 3. 装置历年来的改造基础资料 4. 中级仪表工知识 5. 聚乙烯装置工艺现状及发展趋势
	（二）开车操作	1. 能指导同类装置的试车和投产 2. 能指导开车工作	
	（三）正常操作	1. 能编制同类装置操作方案，能优化同类装置操作 2. 能掌握关键操作技能技术，解决同类装置技术或工艺难题	
	（四）停车操作	1. 能制定停车方案并组织实施 2. 能指导同类装置的停车操作	
设备使用与维护	（一）使用设备	掌握同类生产装置主要设备的使用性能	1. 设备安装、调试有关知识 2. 设备管理的规定、标准知识
	（二）维护设备	1. 能排除设备罕见故障 2. 能指导设备的安装、调试	
事故判断与处理	（一）判断事故	1. 能制定复杂事故的处理方案 2. 能编写重大事故应急预案	1. 应急预案编写知识 2. 突发事故处理方法 3. 国内外同类装置事故汇编材料
	（二）处理事故	1. 能分析、归纳、总结国内外同类装置事故 2. 能组织、指挥处理装置重大事故 3. 能组织事故分析会，制定防范措施	
绘图与计算	（一）绘图	能参与审定有关改造图	工程设计、预算相关知识
	（二）计算	能对装置优化进行有关计算	
管　理	（一）质量管理	能提出产品质量的改进方案并组织实施	质量管理知识
	（二）生产管理	1. 能组织实施节能降耗措施 2. 能参与装置经济活动分析	经济活动分析方法
	（三）编写技术文件	1. 能撰写技术论文 2. 能参与制定各类生产方案 3. 能参与制定岗位操作法和工艺技术规程 4. 能参与编制装置标定方案 5. 能参与编制重大、复杂的事故处理预案	1. 技术论文撰写方法 2. 标定报告、技术规程等编写格式
	（四）技术改进	1. 能组织技术改造和技术革新 2. 能参与重大技术改造方案的审定	国内外同类装置工艺、设备、自动化控制等方面的技术发展信息
培训与指导	培训与指导	1. 能系统讲授本职业相应模块的基本知识，并能指导学员的实际操作 2. 能制订本职业相应模块的培训班教学计划、大纲 3. 能合理安排教学内容，选择适当的教学方式	培训计划、大纲的编写方法

三、理论知识鉴定要素细目表

行业通用理论知识鉴定要素细目表

鉴定范围						鉴定点		
一级		二级		三级		代码	名称	重要程度
代码	名称	代码	名称	代码	名称			
A	基本要求	B	基础知识	B	识图基础知识	001	设备布置图基础知识	X
						002	管道布置图基础知识	X
						003	化工设备图尺寸标注方法	X
						004	装配图内容	X
				D	质量基础知识	001	ISO 9000 族标准质量管理审核的依据	X
						002	ISO 9001 标准质量管理体系的总体思路	X
				E	计算机基础知识	001	数据库的概念	X
						002	数据表的建立	X
						003	PowerPoint 课件的制作	X
B	相关知识	E	管理知识	A	生产管理	001	生产的管理	X
						002	设备的管理	X
						003	现场的管理	X
				B	编写技术文件	001	生产总结报告的常用格式	X
						002	技术论文的结构内容	X
						003	技术论文标题拟订的基本原则	X
						004	技术论文摘要拟订的基本原则	X
						005	技术论文编写的基本要素	X
						006	装置标定报告主要内容	X
						007	装置验收报告主要内容	X
						008	工艺技术规程主要内容	X
						009	岗位操作法的主要内容	X
						010	检修方案的主要内容	X
						011	开工方案的主要内容	X
						012	停工方案的主要内容	X
				C	技术改进	001	技术改造的目的	X
						002	技术改造的程序	X
						003	技术改造方案的主要内容	X
						004	技术改造的有关步骤	X
						005	技术改造申请书的编写格式	X
						006	技术革新成果的鉴定知识	X
						007	技术改造的注意事项	X
						008	技术革新成果报告的主要内容	X
		F	培训与指导	A	培训与指导	001	专项培训方案制定的要求	X
						002	培训教学常用方法	X
						003	培训教案编写的要求	X
						004	培训教学的组织实施	X
						005	评估培训效果的意义	X

工种理论知识鉴定要素细目表

鉴定范围						鉴定点		
一级		二级		三级		代码	名称	重要程度
代码	名称	代码	名称	代码	名称			
A	基本要求	B	基础知识	G	化学基础知识	001	物质微观结构的概念	Z
						002	离子方程式的概念	X
						003	原电池的概念	X
						004	有关反应方程式的计算	X
						005	活性碳原子的概念	Y
						006	有机合成的应用	X
						007	有机化合物官能团的概念	Y
						008	沉淀—溶解平衡概念	X
				H	化工基础知识	001	流体静力学基本方程式	Y
						002	干燥过程的物料衡算	X
						003	干燥过程的热量衡算	X
						004	有关摩擦系数的计算	X
						005	伯努利方程的基本形式	X
						006	伯努利方程在生产中的应用	Y
						007	换热器的简单标定方法	X
						008	板式塔总板效率的概念	Z
						009	影响精馏操作的主要因素	Y
				I	高分子化学知识	001	配位阴离子聚合的特点	X
						002	聚丙烯聚合速率的影响因素	X
				J	电工基础知识	001	电磁感应的基本概念	X
						002	欧姆定律的概念	X
						003	电功率及功率因数的计算	X
						004	简单三相交流电路的计算	Y
						005	用电设备防爆等级的概念	Y
				K	仪表基础知识	001	控制回路的正反作用判断	X
						002	仪表精确度的概念	X
						003	仪表误差的概念	Y
				L	化工机械与设备基础知识	001	离心压缩机性能曲线的意义	X
						002	机械密封失效的原因	X
						003	塔检修方案的主要内容	Y
						004	换热器检修的主要内容	X
						005	离心泵检修的主要内容	X
						006	压缩机检修的验收标准	X
						007	塔检修的验收标准	X
						008	特种设备的分类	X
B	相关知识（通用模块）	A	相关知识	A	相关知识	001	搅拌器的结构类型	X
						002	摩尔相关计算	X
						003	气体的摩尔体积计算	X
						004	理想气体状态方程式	X
						005	化学方程式的计算	X
						006	高分子流体的流动类型	X
						007	聚乙烯的改性方法	X
						008	热塑性塑料加工方法	Z
						009	成核剂概念	Y

续表

鉴定范围						鉴定点		
一级		二级		三级		代码	名称	重要程度
代码	名称	代码	名称	代码	名称			
						010	高分子材料的热物理特性	X
						011	高分子材料的结晶能力	X
						012	螺杆式压缩机工作原理	X
						013	吸附剂再生方法	X
						014	浮阀塔板的气液操作规程	X
						015	非牛顿流体的概念	Z
						016	流化床的不正常现象	X
						017	返混概念	X
						018	流体的黏度	X
						019	往复式压缩机的性能指标	Z
						020	影响高分子熔体黏度的因素	X
						021	傅立叶定律	Z
						022	热导率概念	Y
						023	材料的热胀缩性	X
C	相关知识（高压法模块）	B	工艺操作	A	开车准备	001	一次压缩机盘车检查注意事项	X
						002	一次压缩机盘车的操作方法	X
						003	二次压缩机盘车操作方法	X
						004	二次压缩机盘车操作的检查事项	Y
						005	二次压缩机中间段换热器的投用操作方法	X
						006	聚合温度与聚合速率的关系	X
						007	反应器压力控制阀的调节	X
						008	反应器放空管线的检查操作方法	Z
						009	高压分离器液面调节系统的作用	X
						010	料仓安排的注意事项	X
						011	反应温度的控制原理	X
						012	引发剂的选择依据	X
						013	进气温度对反应的影响	X
						014	聚乙烯的密度范围	X
						015	原料乙烯内杂质对反应的影响	X
						016	引发剂引发的机理	X
						017	添加剂对产品性能的作用机理	Y
						018	调节剂对产品内部结构的影响	X
				B	开车操作	001	压缩机启动失败的紧急处理	X
						002	开工应急处理方法	X
						003	影响聚合物产品性能的因素	X
						004	聚合反应的影响因素	X
						005	MI 的调整	X
						006	编制工艺方案的依据	X
						007	编制工艺方案的程序	X
						008	聚乙烯反应机理	X
				C	正常操作	001	乙烯自由基聚合反应机理	X
						002	压力对聚合反应的影响	X
						003	质量决定因素和产品基本特性的相互关系常识	X
						004	影响聚合转化率的因素	X
						005	影响产品相对分子质量分布的因素	X
						006	一次压缩机负荷控制	X
						007	离心式鼓风机的操作方法	X

续表

鉴定范围						鉴定点		
一级		二级		三级		代码	名称	重要程度
代码	名称	代码	名称	代码	名称			
						008	低分料面控制方法	X
						009	压缩机启动前检查注意事项	X
						010	引发剂配制的操作方法	X
						011	合格引发剂的主要控制指标	X
						012	产品基本特性和工艺参数	X
						013	引发剂泵参数调节	X
						014	一次压缩机吸入压力控制与一次压缩机负荷的关系	X
						015	杂质过高对 LDPE 产品的影响	X
						016	二次压缩机的打气量小量调整方法	X
				D	停车操作	001	粒状污染物的处理方法	Y
						002	装置停工检修的特点	Y
		C	设备使用与维护	A	使用设备	001	反应过程的报警设定依据	X
						002	压力容器的等级	X
						003	低压及一次压缩机段间	X
						004	二次压缩机段间压力的控制	X
						005	引发剂泵的调整	X
						006	挤出造粒系统加热冷却调整	X
						007	调节剂系统的加入量设定	X
						008	水下切粒的优点	X
				B	维护设备	001	低压及一次压缩机的维护工作	X
						002	挤出造粒机的维护工作	X
						003	引发剂泵的维护工作	Y
						004	二次压缩机的维护工作	X
						005	超高压管线的查漏工作	X
						006	压力容器的维护办法	X
						007	压力容器检查的内容	X
		D	事故判断与处理	A	判断事故	001	产品表观结构变差的判断	X
						002	二次压缩机各段压力、温度异常的判断	X
						003	挤出机转速失控的原因分析	X
						004	挤出机冷却风压低的故障判断	Y
						005	颗粒输送风机出口压力高的影响因素	X
						006	分解的主要原因	X
						007	产品内部分子结构发生变化的判断	X
						008	分解事故的判断	X
						009	影响造粒系统平稳生产的因素	X
				B	处理事故	001	料仓爆炸的紧急处理	X
						002	高分系统夹带处理	X
						003	反应釜漏气或着火的紧急处理	X
						004	熔融指数的调节手段	X
						005	干燥机漏料的处理	X
						006	造粒系统紧急停机的处理	X
						007	停电工艺处理程序	X
						008	装置紧急停车步骤	X

续表

鉴定范围						鉴定点		
一级		二级		三级		代码	名称	重要程度
代码	名称	代码	名称	代码	名称			
						009	反应器失控的处理	X
						010	安全阀灵敏度不高故障的处理	X
						011	减压阀压力自调失灵故障的处理	X
						012	二次压缩机入口温度升高故障的处理	X
						013	二次压缩机入口压力异常故障的处理	X
						014	泄漏事故的处理方法	X
						015	电气火灾事故的处理方法	X
		E	绘图与计算	A	绘图	001	看装配图的步骤和方法	X
						002	比值控制系统图	X
						003	分程控制系统图	X
						004	选择性控制系统图	X
						005	电器控制线路图	X
						006	零件图上的公差带代号	Z
				B	计算	001	统计有关计算	X
						002	热量衡算定义	Y
						003	热量衡算的基本原理	X
						004	热量衡算的目的	X
						005	热量衡算需注意的问题	X
						006	平面壁的导热计算	X
						007	圆筒壁的导热	Y
D	相关知识（溶液法模块）	A	工艺操作	A	开车准备	001	聚合载液开车方案	X
						002	原料丁烯-1质量指标	X
						003	原料丁烯-1进料流程	X
						004	高密度聚乙烯产品性能指标	Y
						005	聚合工段溶剂己烷流程	X
						006	助剂对产品性能的作用机理	Y
						007	干燥循环气系统气密步骤	X
						008	仪表风操作条件	Z
						009	己烷干燥器再生步骤	X
						010	己烷蒸馏塔吹扫方案	X
				B	开车操作	001	配制PZ催化剂注意事项	X
						002	聚合引溶剂己烷操作注意事项	X
						003	串联聚合原始开车步骤	X
						004	导热油系统工作原理	Z
						005	干燥系统母液罐控制条件	X
						006	己烷蒸馏塔开车方案	X
						007	己烷精馏塔脱水操作规程	X
						008	低聚物后系统开车	X
						009	原料气丁烯-1投用步骤	X
						010	AT催化剂安全防护	Y
						011	间歇聚合催化剂补加操作要点	X
						012	聚合物熔融机理	X
						013	干燥系统氮气置换	X
						014	己烷精馏开车操作方案	X
						015	氮气系统投用步骤	Y
						016	低聚物结片操作规程	X

续表

鉴定范围						鉴定点		
一级		二级		三级		代码	名称	重要程度
代码	名称	代码	名称	代码	名称			
				C	正常操作	001	聚合反应机理	X
						002	产品特性	X
						003	质量决定因素与产品基本特性的关系	X
						004	工艺参数对聚合反应的影响	X
						005	影响聚合 H/C 比的因素	X
						006	产品相对分子质量分布控制方法	X
						007	并联 B 聚合流程	X
						008	聚乙烯交联	Y
						009	气力输送	X
						010	干燥机加热蒸汽冷却器作用	X
						011	干燥气体洗涤罐	X
						012	降低蒸汽消耗	X
						013	干燥压缩机吸入罐	Z
						014	母液输送泵	X
						015	干燥系统使用高压己烷用户	Y
						016	并联 B 临时停车后开车操作规程	X
						017	几种聚合方式的特点	X
						018	熔融泵 PID 参数调节	X
						019	聚合尾气压缩机吸入罐压力	X
						020	聚合循环气风机操作规程	X
						021	第二浆液泵的操作规程	X
				D	停车操作	001	并联 A 聚合倒空停车操作规程	X
						002	聚合工段氮气置换操作规程	X
						003	干燥系统退空停车操作规程	X
						004	干燥机停车操作规程	X
						005	离心机停车操作规程	X
						006	干燥气密封罐参数	X
						007	粉末输送风机停车步骤	X
						008	己烷精馏塔停车操作规程	X
						009	蒸汽系统停用	Z
						010	回收停风应急预案	X
						011	停车更换己烷蒸馏塔再沸器	X
						012	停车清理母液储罐粉末方案	X
		B	设备使用与维护	A	使用设备	001	稀释罐搅拌器	X
						002	聚合釜操作参数报警	X
						003	聚合循环气风机工作原理	X
						004	压力容器的分类	Z
						005	干燥尾气压缩机出口压力控制方法	X
						006	干燥尾气压缩机入口压力控制方法	X
						007	干燥尾气压缩机出口温度控制条件	X
						008	聚合循环气风机操作规程	X
						009	聚合尾气压缩机操作规程	X
						010	粉末秤 PID 参数调节	X
						011	离心机密封型式	X
						012	干燥机操作参数	X
						013	工业风操作参数	X
						014	己烷蒸馏塔塔底采出泵操作规程	X

续表

鉴定范围						鉴定点		
一级		二级		三级		代码	名称	重要程度
代码	名称	代码	名称	代码	名称			
				B	维护设备	001	尾气压缩机润滑点	X
						002	压力容器的正常维护	X
						003	离心机润滑油的联锁参数	X
						004	粉末输送风机联锁参数	X
						005	离心机密封型式	Y
						006	蒸馏塔釜液循环泵操作规程	X
						007	己烷蒸馏塔再沸器维护	X
						008	第一浆液泵的操作规程	X
						009	催化剂泵工作原理	X
						010	聚合釜搅拌器结构	Y
						011	造粒工段常用润滑油规格	X
						012	干燥尾气压缩机自保连锁参数	X
						013	干燥气密封罐操作参数	Y
						014	离心机联锁参数	X
						015	低聚物输送齿轮泵操作规程	X
		C	事故判断与处理	A	判断事故	001	原料杂质对聚合反应的影响	X
						002	聚合釜气相色谱失灵的判断方法	X
						003	造粒主机数据交换错误原因分析	X
						004	造粒主机风压高的故障判断	Y
						005	粉末输送风机出口压力高的影响因素	X
						006	母液罐液位波动的原因	X
						007	低聚物对己烷蒸馏塔的影响因素	X
						008	己烷水值分析判断方法	X
						009	聚合釜浆液 MI 波动原因	X
						010	聚合尾气压力超高原因	X
						011	影响造粒系统平稳生产的因素	X
						012	密相输送故障原因	Z
				B	处理事故	001	造粒停电事故的处理措施	X
						002	造粒停汽事故的处理措施	X
						003	干燥机压水器故障处理措施	X
						004	干燥系统停工业风	Z
						005	回收停电事故	X
						006	低聚物闪蒸罐满罐	X
						007	聚合尾气压力超高处理方法	X
						008	造粒停风事故处理	X
						009	干燥系统循环冷却水联锁	Z
						010	己烷蒸馏塔液泛处理	X
		D	绘图与计算	A	绘图	001	H/C 比与 MI 的关系特性	X
						002	催化剂配比对聚合反应的影响	X
						003	挤压机相关联锁	Z
						004	干燥循环气系统流程	X
						005	干燥尾气系统流程	X
						006	低聚物真空闪蒸流程	X
						007	回收循环水联锁	Y
						008	聚合釜温度超高联锁	X
						009	丙烯蒸发器进出物料流程	X
						010	混炼机相关联锁	X

续表

鉴定范围						鉴定点		
一级		二级		三级		代码	名称	重要程度
代码	名称	代码	名称	代码	名称			
				B	计算	001	聚合釜反应放出热量计算	X
						002	聚合浆液停留时间计算	X
						003	风险评价的计算方法	X
						004	粉末堆积密度计算	X
						005	己烷蒸馏塔采出与换热器热量的计算	X
						006	己烷精馏塔回流比计算	X
						007	能耗计算	X
						008	己烷单耗的计算	X
						009	聚合釜顶换热器计算	X
E	相关知识（气相法模块）	A	工艺操作	A	开车准备	001	循环气压缩机开车前的确认内容	X
						002	装置开工方案的主要内容	X
						003	反应器温度控制的基本原理	X
						004	原料乙烯中杂质对反应的影响	X
						005	丁烯干燥器再生步骤	X
				B	开车操作	001	循环气压缩机的开车步骤	X
						002	造粒机组的主要开车步骤	X
						003	熔融指数的调整方法	X
						004	产品密度的调整方法	X
						005	反应器压力调节原理	X
						006	反应系统进冷凝模式的操作方法	X
				C	正常操作	001	牌号切换中应注意的问题	Y
						002	丁烯－1/乙烯的控制方法	X
						003	氢气/乙烯的控制方法	X
						004	树脂密度的控制原理	X
						005	树脂指数的控制原理	X
						006	I型终止触发的条件	X
						007	减少切换牌号过度料的要点	Y
						008	产品相对分子质量分布的控制方法	X
						009	树脂指数的高低对切粒的影响	X
						010	床高的控制原理	X
						011	聚合反应器的温控优化操作	X
						012	循环气速对循环反应的影响	X
						013	影响聚合反应活性的因素	X
				D	停车操作	001	反应器主要停车步骤（卸床）	X
						002	流化气（循环气）压缩机的停车步骤	X
						003	聚合主反应器转入备用时停车步骤	X
						004	乙烯压缩机的停车步骤	X
						005	流化气（循环气）压缩机的停车注意事项	X
						006	挤压机的停车步骤	X
						007	装置停车方案的主要内容	X
		B	设备使用与维护	A	使用设备	001	压缩机常见故障的分析判断思路	X
						002	挤压造粒机常见故障的分析判断思路	X
						003	气相法反应器常见故障的分析判断思路	Y
						004	冰机工作原理	X
						005	压缩机的检修验收程序	X
						006	透平工作原理	X
						007	挤压机的检修验收程序	X

续表

鉴定范围						鉴定点		
一级		二级		三级		代码	名称	重要程度
代码	名称	代码	名称	代码	名称			
				B	维护设备	001	挤压机复杂故障的处理措施	X
						002	仪表 PID 参数调节方法	X
						003	参与编制本装置检修计划	Y
		C	事故判断与处理	A	判断事故	001	工艺条件变化对生产控制影响的判断方法	X
						002	反应器发生“爆聚”的系统分析判断方法	X
						003	粉料发粘的原因	X
						004	催化剂指标变化对聚合工艺影响的分析判断方法	X
						005	反应活性长期偏低的分析判断方法	X
						006	反应器静电产生原因	X
						007	反应器结片的主要原因	X
						008	各类泵有异常时的判断方法	X
						009	风机风量偏低的判断方法	X
						010	添加剂对产品质量的影响判断	X
						011	成品颗粒产生气泡和污染粒子的分析判断	X
						012	挤压机发生联锁停车的分析判断方法	X
						013	不同工况下工艺条件变化对生产控制影响的判断方法	X
						014	不同类型压缩机各类异常的判断方法	X
						015	反应活性长期偏高的分析判断方法	X
						016	不同产品质量指标发生变化时的分析判断方法	X
				B	处理事故	001	组织对反应器“爆聚”事故的处理	X
						002	粉料发粘的处理方法	X
						003	装置内大面积停电时的处理措施	Y
						004	装置内大面积仪表空气停时的处理措施	X
						005	反应器静电处理方法	X
						006	反应器结片后的处理方法	X
						007	挤压机出现异常情况时的处理措施	X
						008	颗粒产品出现质量波动时的分析处理	X
						009	流化气（循环气）压缩机出现异常情况时的处理措施	X
						010	循环气在线分析仪波动的处理方法	X
						011	大面积公用工程停供时的处理措施	X
						012	挤压机发生连续发生过载时处理措施	X
						013	流化气（循环气）压缩机油气平衡破坏时的处理措施	Y
		D	绘图与计算	A	绘图	001	聚合反应流程	X
						002	画出联锁关联图	X
						003	挤压机全流程	X
						004	终止系统流程简图	X
						005	反应压力控制示意图	Y
				B	计算	001	反应组分的计算	X
						002	催化剂活性计算	Z
						003	产品灰分的计算	Y
						004	精馏塔的相平衡计算	Z

四、理论知识试题

行业通用理论知识试题

判断题

1. 设备布置图是构思建筑图的前提，建筑图又是设备布置图的依据。（√）

2. 化工设备图中，如图管道立面图，其平面图为。（×）

正确答案：化工设备图中，如图管道立面图，其平面图为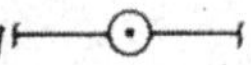。

3. 在化工设备图中，由于零件的制造精度不高，故允许在图上将同方向（轴向）的尺寸注成封闭形式。（√）

4. 装配图中，当序号的指引线通过剖面线时，指引线的方向必须与剖面线平行。（×）

正确答案：装配图中当序号的指引线通过剖面线时，指引线的方向必须与剖面线不平行。

5. 只有 ISO 9000 质量保证模式的标准才能作为质量审核的依据。（×）

正确答案：除 ISO 9000 族质量标准以外，还有其他一些国际标准可以作为质量审核的依据。

6. ISO 9000：2000 版标准减少了过多强制性文件化要求，使组织更能结合自己的实际，控制体系过程，发挥组织的自我能力。（√）

7. 数据库就是存储和管理数据的仓库。（×）

正确答案：数据库就是按一定结构存储和管理数据的仓库。

8. 在计算机应用软件中 VFP 数据表中日期字段的宽度一般为 10 个字符。（×）

正确答案：在计算机应用软件中 VFP 数据表中日期字段的宽度一般为 8 个字符。

9. 在应用软件 PowerPoint 中可以插入 WAV 文件、AVI 影片，但不能插入 CD 音乐。（×）

正确答案：在 PowerPoint 中可以插入 WAV 文件、AVI 影片，也能够插入 CD 音乐。

10. 在应用软件 PowerPoint 中播放演示文稿的同时，单击鼠标右键，选择“指针选项”中的“画笔”选项，此时指针会自动的变成一支画笔的形状，按住鼠标左键，就可以随意书写文字了。（√）

11. 基本生产过程在企业的全部生产活动中居主导地位。（√）

12. 企业的生产性质、生产结构、生产规模、设备工装条件、专业化协作和生产类型等因素都会影响企业的生产过程组织，其中影响最大的是生产规模。（×）

正确答案：企业的生产性质、生产结构、生产规模、设备工装条件、专业化协作和生产类型等因素都会影响企业的生产过程组织，其中影响最大的是生产类型。

13. 日常设备检查是指专职维修人员每天对设备进行的检查。（×）

正确答案：日常设备检查是指操作者每天对设备进行的检查。

14. 现场管理是综合性、全面性、全员性的管理。（√）

15. 通过对工艺指标分析和对比可以找出设备运行中存在的不足和问题，指导有目的地加以优化和改进。（√）

16. 关键词是为了文献标引工作，从论文中选取出来，用以表示全文主要内容信息款目的单词或术语，一般选用 3～8 个词作为关键词。（√）

17. 技术论文的摘要是对各部分内容的高度浓缩，可以用图表和化学结构式说明复杂的问题，并要求对论文进行自我评价。（×）

正确答案：技术论文的摘要是对各部分内容的高度浓缩，在摘要中不可以用图表和化学结构式，不要对论文进行自我评价。

18. 理论性是技术论文的生命，是检验论文价值的基本尺度。（×）

正确答案：创见性是技术论文的生命，是检验论文价值的基本尺度。

19. 生产准备应包括：组织机构（附组织机构图）、人员准备及培训、技术准备及编制《投料试车总体方案》（附投料试车统筹网络图）、物资准备、资金准备、外部条件准备和营销准备。（√）

20. 工艺技术规程侧重于主要规定设备如何操作。（×）

正确答案：工艺技术规程侧重于主要规定设备为何如此操作。

21. 岗位操作法应由车间技术人员根据现场实际情况编写，经车间主管审定，并组织有关专家进行审查后，由企业主管批准后执行。（√）

22. 技术改造的过程中竣工验收时应以基础设计为依据。（×）

正确答案：技术改造的过程中竣工验收的依据是批准的项目建议书、可行性研究报告、基础设计（初步设计）、有关修改文件及专业验收确认的文件。

23. 技术改造项目正式验收后要按照对技术经济指标进行考核标定，编写运行标定报告。（×）

正确答案：技术改造项目正式验收前要按照对技术经济指标进行考核标定，编写运行标定报告。

24. 培训需求分析是培训方案设计和制定的基础和指南。（√）

25. 案例教学因受到案例数量的限制，并不能满足每个问题都有相应案例的需求。（√）

26. 主题是培训教案的灵魂，提纲是教案的血脉，素材是培训教案的血肉。（√）

27. 在培训活动中，学员不仅是学习资料的摄取者，同时也是一种可以开发利用的宝贵的学习资源。（√）

28. 对内容、讲师、方法、材料、设施、场地、报名的程序等方面的评价属于结果层面的评价。（×）

正确答案：对内容、讲师、方法、材料、设施、场地、报名的程序等方面的评价属于反应层面的评价。

单选题

1. 设备布置图中，用（ B ）线来表示设备安装基础。

A. 细实　B. 粗实　C. 虚　D. 点划

2. 如图 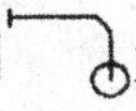 为一根管道空间走向的平面图，它的左视图是（ B ）。

A. 　B. 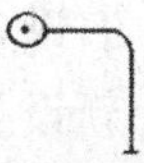　C. 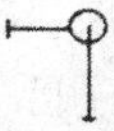　D. 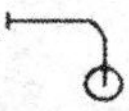

3. 在储罐的化工设备图中，储罐的筒体内径尺寸 $\phi 2000$ 表示的是（ A ）尺寸。

A. 特性　B. 装配　C. 安装　D. 总体

4. 关于零件图和装配图，下列说法不正确的是（ C ）。

A. 零件图表达零件的大小、形状及技术要求

B. 装配图是表示装配及其组成部分的连接、装配关系的图样

C. 零件图和装配图都用于指导零件的加工制造和检验

D. 零件图和装配图都是生产上的重要技术资料

5. 在 ISO 9000 族标准中，可以作为质量管理体系审核的依据是（ A ）。

A. GB/T 19001　　B. GB/T 19000　　C. GB/T 19021　　D. GB/T 19011

6. 按 ISO 9001：2000 标准建立质量管理体系，鼓励组织采用（ A ）方法。

A. 过程　　B. 管理的系统　　C. 基于事实的决策　　D. 全员参与

7. 目前，比较流行的数据模型有三种，下列不属于这三种的是（ D ）结构模型。

A. 层次　　B. 网状　　C. 关系　　D. 星形

8. 在计算机应用软件中 VFP 数据库中浏览数据表的命令是（ A ）。

A. BROWS　　B. SET　　C. USE　　D. APPEND

9. 在应用软件 PowerPoint 中演示文稿的后缀名是（ C ）。

A. doc　　B. xls　　C. ppt　　D. ppl

10. 在生产过程中，由于操作不当造成原材料、半成品或产品损失的，属于（ A ）事故。

A. 生产　　B. 质量　　C. 破坏　　D. 操作

11. 对设备进行清洗、润滑、紧固易松动的螺丝、检查零部件的状况，这属于设备的（ C ）保养。

A. 一级　　B. 二级　　C. 例行　　D. 三级

12. 分层管理是现场 5S 管理中（ C ）常用的方法。

A. 常清洁　　B. 常整顿　　C. 常组织　　D. 常规范

13. 目视管理是现场 5S 管理中（ D ）常用的方法。

A. 常组织　　B. 常整顿　　C. 常自律　　D. 常规范

14. 按规定中、小型建设项目应在投料试车正常后（ D ）内完成竣工验收。

A. 两个月　　B. 一年　　C. 三个月　　D. 半年

15. 下列叙述中，（ A ）不是岗位操作法中必须包含的部分。

A. 生产原理　　B. 事故处理　　C. 投、停运方法　　D. 运行参数

16. 下列选项中，不属于标准改造项目的是（ A ）。

A. 重要的技术改造项目　　B. 全面检查、清扫、修理

C. 消除设备缺陷，更换易损件　　D. 进行定期试验和鉴定

17. 在停车操作阶段不是技师所必须具备的是（ D ）。

A. 组织完成装置停车吹扫工作　　B. 按进度组织完成停车盲板的拆装工作

C. 控制并降低停车过程中物耗、能耗　　D. 指导同类型的装置停车检修

18. 下列选项中，属于技术改造的是（ C ）。

A. 原设计系统的恢复的项目　　B. 旧设备更新的项目

C. 工艺系统流程变化的项目　　D. 新设备的更新项目

19. 为使培训计划富有成效，一个重要的方法是（ A ）。

A. 建立集体目标

B. 编成训练班次讲授所需的技术和知识

C. 把关于雇员的作茧自缚情况的主要评价反馈给本人

D. 在实施培训计划后公布成绩

20. 在培训教学中，案例法有利于参加者（ D ）。

A. 提高创新意识　　B. 系统接受新知识

C. 获得感性知识　　D. 培养分析解决实际问题能力

21. 课程设计过程的实质性阶段是（ C ）。

A. 课程规划　　B. 课程安排　　C. 课程实施　　D. 课程评价

22. 正确评估培训效果要坚持一个原则，即培训效果应在（ B ）中得到检验。

A. 培训过程　　B. 实际工作　　C. 培训教学　　D. 培训评价

多选题

1. 设备布置图必须具有的内容是（ A，B，D ）。

A. 一组视图　　B. 尺寸及标注　　C. 技术要求　　D. 标题栏

2. 在化工设备图中，当控制元件位置与任一直角坐标轴平行时，可用（ A，C，D）表示。

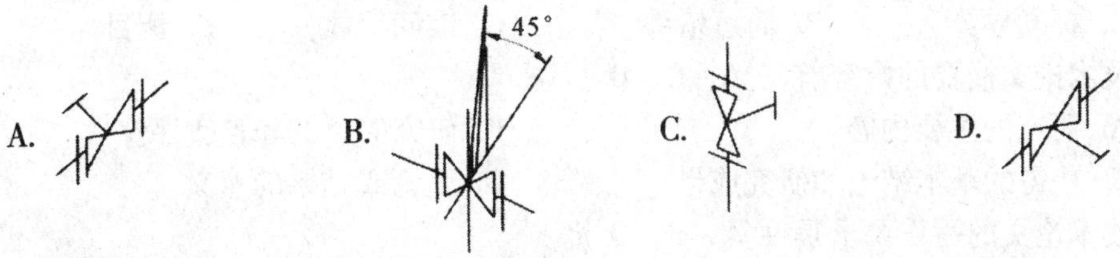

3. 在化工设备图中，可以作为尺寸基准的有（ A，B，C，D ）。

A. 设备筒体和封头的中心线　　B. 设备筒体和封头时的环焊缝

C. 设备法兰的密封面　　D. 设备支座的底面

4. 在化工设备图中，可以作为尺寸基准的有（ A，B，D ）。

A. 设备筒体和封头的中心线　　B. 设备筒体和封头时的环焊缝

C. 设备人孔的中心线　　D. 管口的轴线和壳体表面的交线

5. 下列叙述中，不正确的是（ A，B，D ）。

A. 根据零件加工、测量的要求而选定的基准为工艺基准。从工艺基准出发标注尺寸，能把尺寸标注与零件的加工制造联系起来，使零件便于制造、加工和测量

B. 装配图中，相邻零件的剖面线方向必须相反

C. 零件的每一个方向的定向尺寸一律从该方向主要基准出发标注

D. 零件图和装配图都用于指导零件的加工制造和检验

6. 在 ISO 9000 族标准中，内部质量体系审核的依据是（ A，B，C，D ）。

A. 合同要素　　B. 质量文件　　C. ISO 9000 族标准 D. 法律、法规要求

7. ISO 9001 标准具有广泛的适用性，适用于（ B，D ）。

A. 大中型企业　　B. 各种类型规模及所有产品的生产组织

C. 制造业　　D. 各种类型规模及所有产品的服务的组织

8. 在计算机应用软件中 VFP 能用来建立索引的字段是（ C，D ）字段。

A. 通用型（图文型）B. 备注（文本型）　C. 日期　　D. 逻辑

9. 关于幻灯片的背景，说法不正确的是（ A，C，D ）。

A. 只有一种背景　　B. 可以是图片　　C. 不能更改　　D. 以上都错

10. 企业在安排产品生产进度计划时，对市场需求量大，而且比较稳定的产品，其全年任务可采取（ A，B ）。

A. 平均分配的方式　　B. 分期递增方法
C. 抛物线形递增方式　　D. 集中轮番方式

11. 设备的一级维护保养的主要内容是（A，B，C）。
A. 彻底清洗、擦拭外表　　B. 检查设备的内脏
C. 检查油箱油质、油量　　D. 局部解体检查

12. 现场目视管理的基本要求是（A，B，C，D）。
A. 统一　　B. 简约　　C. 鲜明　　D. 实用

13. 在月度生产总结报告中对工艺指标完成情况的分析应包括（A，B，C，D）。
A. 去年同期工艺指标完成情况　　B. 本月工艺指标完成情况
C. 计划本月工艺指标情况　　D. 未达到工艺指标要求的原因

14. 技术论文标题拟订的基本要求是（B，C，D）。
A. 标新立异　　B. 简短精练　　C. 准确得体　　D. 醒目

15. 技术论文摘要的内容有（A，C，D）。
A. 研究的主要内容　　B. 研究的目的和自我评价
C. 获得的基本结论和研究成果　　D. 结论或结果的意义

16. 技术论文的写作要求是（A，B，D）。
A. 选题恰当　　B. 主旨突出　　C. 叙述全面　　D. 语言准确

17. 装置标定报告的目的是（A，B，D）。
A. 进行重大工艺改造前为改造设计提供技术依据
B. 技术改造后考核改造结果，总结经验
C. 完成定期工作
D. 了解装置运行状况，获得一手资料，及时发现问题，有针对性地加以解决

18. 下列选项中，属于竣工验收报告的内容有（A，B，C，D）。
A. 工程设计　　B. 竣工决算与审计　　C. 环境保护　　D. 建设项目综合评价

19. “三级验收”是指（B，C，D）验收。
A. 个人　　B. 班组　　C. 车间　　D. 厂部

20. 在技术改造过程中（A，B，C）的项目应该优先申报。
A. 解决重大安全隐患　　B. 生产急需项目
C. 效益明显项目　　D. 技术成熟项目

21. 在技术改造方案中（A，C，D）设施应按设计要求与主体工程同时建成使用。
A. 环境保护　　B. 交通　　C. 消防　　D. 劳动安全卫生

22. 技术改造申请书应包括（A，B，C，D）。
A. 项目名称和立项依据　　B. 项目内容和改造方案
C. 项目投资预算及进度安排　　D. 预计经济效益分析

23. 进行技术革新成果鉴定必要的条件是（A，B，C，D）。
A. 技术革新确实取得了良好的效果
B. 申报单位编制好技术革新成果汇报
C. 确定鉴定小组人员、资格
D. 确定鉴定的时间、地点和参加人员，提供鉴定时所需各种要求

24. 培训方案应包括（ A，B，C，D ）等内容。
A. 培训目标　B. 培训内容　C. 培训指导者　D. 培训方法

25. 在职工培训活动中，培训的指导者可以是（ A，B，C，D ）。
A. 组织的领导　B. 具备特殊知识和技能的员工
C. 专业培训人员　D. 学术讲座

26. 在职工培训中，案例教学具有（ A，B，C ）等优点。
A. 提供了一个系统的思考模式
B. 有利于使受培训者参与企业实际问题的解决
C. 可得到有关管理方面的知识与原则
D. 有利于获得感性知识，加深对所学内容的印象

27. 在职工培训中，讲授法的缺点是（ A，B，D ）。
A. 讲授内容具有强制性　B. 学习效果易受教师讲授水平的影响
C. 适用的范围有限　D. 没有反馈

28. 培训教案一般包括（ A，B，C，D ）等内容。
A. 培训目标　B. 教学设计　C. 培训目的　D. 重点、难点

29. 编写培训教案的基本技巧是（ A，B，C，D ）。
A. 确立培训的主题　B. 构思培训提纲　C. 搜集素材　D. 整理素材

30. 培训项目即将实施之前需做好的准备工作包括（ A，B，C，D ）。
A. 通知学员　B. 后勤准备　C. 确认时间　D. 准备教材

31. 生产管理或计划部门对培训组织实施的（ A，B ）是否得当具有发言权。
A. 培训时机的选择　B. 培训目标的确定　C. 培训计划设计　D. 培训过程控制

32. 在评估培训效果时，行为层面的评估，主要包括（ B，C，D ）等内容。
A. 投资回报率　B. 客户的评价　C. 同事的评价　D. 主管的评价

33. 培训评估的作用主要有（ B，D ）等几个方面。
A. 提高员工的绩效和有利于实现组织的目标
B. 保证培训活动按照计划进行
C. 有利于提高员工的专业技能
D. 培训执行情况的反馈和培训计划的调整

简答题

1. 在 ISO 9000 族标准中质量体系审核的依据包括哪些内容?

答：①相关的质量保证模式标准（一般是 ISO 9001、9002、9003）；②质量手册或质量管理手册或质量保证手册；③程序文件；④质量计划；⑤合同或协议；⑥有关的法律、法规。

2. 简述生产过程的基本内容。

答：①生产准备过程；②基本生产过程；③辅助生产过程；④生产服务过程。

3. 什么是设备检查？设备检查的目的是什么？

答：①设备检查是指对设备的运行状况、工作性能、磨损腐蚀程度等方面进行检查和校验；②设备检查能够及时查明和清除设备隐患，针对发现的问题提出解决的措施，有目的地做好维修前的准备工作，以缩短维修时间，提高维修质量。

4. 现场管理有哪些具体要求？

答：①组织均衡生产；②实现物流有序化；③设备状况良好；④纪律严明；⑤管理信息准确；⑥环境整洁，文明生产；⑦组织好安全生产，减少各种事故。

5. 经济指标分析时应注意什么？

答：①指标的准确性。指标的采集汇总必须准确，错误的数据缺乏参照和分析性，甚至产生错误的结论。②指标的可比性。在进行指标分析时通常要在相同运行的状况下进行比较，通常要参照上个月和去年同期的指标。如果运行的状况发生变化要对指标进行相应的修正，否则就失去了指标的可比性。③突出指标分析指导的作用。通过指标分析和对比要找出设备运行中存在的不足和问题，指导有目的地加以优化和改进。

6. 国家标准技术论文应该包括哪些内容？

答：技术论文应包括题目、作者、摘要、关键词、引言、正文、结论、致谢、参考文献、附录等十个部分。

7. 通常情况下技术论文的结构是怎样的？

答：在通常情况下技术论文的正文结构应该是按提出问题——分析问题——提供对策来布置的。①要概括情况、阐述背景、说明意义、提出问题。②在分析问题时必须观点明确，既要抓住矛盾的主要方面，又不能忽视次要方面，析因探源，寻求出路。③要概括前文，肯定中心论点，提出工作对策。提供的对策要有针对性和必要的论证。

8. 技术论文摘要的要求是什么？

答：摘要文字必须十分简练，篇幅大小一般限制字数不超过论文字数的5%。论文摘要不要列举例证，不讲研究过程，不用图表，不给化学结构式，也不要作自我评价。

9. 简述技术论文的写作步骤。

答：①选题，确定论文的主攻方向和阐述或解决的问题。选题时一般要选择自己感兴趣的和人们关心的“焦点”问题；②搜集材料，要坚持少而精的原则，做到必要、可靠、新颖，同时必须充分；③研究资料，确定论点，选出可供论文作依据的材料，支持论点；④列出详细的提纲，使想法和观点文字化、明晰化、系统化，从而可以确定论文的主调和重点。提纲拟订好后，可以遵循论文写作的规范和通常格式动笔拟初稿。

10. 在竣工验收报告中关于工程建设应包括哪些内容？

答：①工程建设概况；②工程建设组织及总体统筹计划；③工程进度控制；④工程质量控制；⑤工程安全控制；⑥工程投资控制；⑦未完工程安排；⑧工程建设体会。

11. 工艺技术规程应包括哪些内容？

答：①总则；②原料、中间产品、产品的物、化性质以及产品单耗；③工艺流程；④生产原理；⑤设备状况及设备规范；⑥操作方法；⑦分析标准；⑧安全计划要求。

12. 岗位操作法应包括哪些内容？

答：①名称；②岗位职责和权限；③本岗位与上、下游的联系；④设备规范和技术特性，原料产品的物、化性质；⑤开工准备；⑥开工操作步骤；⑦典型状况下投、停运方法和步骤；⑧事故预防、判断及处理；⑨系统流程图；⑩运行参数正常范围和各种试验。

13. 检修方案应包括哪些内容？

答：①设备运行情况；②检修组织机构；③检修工期；④检修内容；⑤检修进度图；

⑥检修的技术要求；⑦检修任务落实情况；⑧安全防范措施；⑨检修备品、备件；⑩检修验收内容和标准。

14. 在开车准备阶段技师应具备哪些技能要求？

答：①能完成开车流程的确认工作；②能完成开车化工原材料的准备工作；③能按进度组织完成开车盲板的拆装操作；④能组织做好装置开车介质的引入工作；⑤能组织完成装置自修项目的验收；⑥能按开车网络图计划要求，组织完成装置吹扫、试漏工作；⑦能参与装置开车条件的确认工作。

15. 开工方案应包括哪些内容？

答：①开工组织机构；②开工的条件确认；③开工前的准备条件；④开工的步骤及应注意的问题；⑤开工过程中事故预防和处理；⑥开工过程中安全分析及防范措施；⑦附录，重要的参数和控制点、网络图。

16. 停工方案应包括哪些内容？

答：①设备运行情况；②停工组织机构；③停工的条件确认；④停工前的准备条件；⑤停工的步骤及应注意的问题；⑥停工后的隔绝措施；⑦停工过程中事故预防和处理；⑧停工过程中安全分析及防范措施；⑨附录，重要的参数和控制点。

17. 技术改造的目的是什么？

答：通过采用新技术、新工艺，解决制约系统安、稳、优生产运行的问题，推动技术进步和技术创新，更好地提高企业经济效益。

18. 技术改造的前期准备是什么？

答：通过选题和论证确定技术改造的项目和内容，提出立项申请和改造方案。经领导和专家批准后，进行改造设计和设计审查。改造项目确定后，需及时落实资金，完成设备、材料的采购，落实施工单位，组织设计交底。

19. 技术改造方案的主要内容是什么？

答：①项目名称；②项目负责单位；③项目负责人；④建设立项理由和依据，包括原始状况、存在问题和改造依据；⑤改造主要内容，需要写明改造涉及装置设备及详细改造内容；⑥改造技术方案，需写明技术分析、技术要求、方案选择、设备选型及详细的技术方案，并注明动力消耗指标及公用工程配套情况；⑦预计改造效果及经济效益，包括改造后主要经济、技术指标及取得效果；经济效益（附计算式）及技术经济分析；⑧投资计划，包括主要设备材料清单和费用安排（设备询价、材料费用、安装施工费用等）；⑨计划进度安排；⑩安全环保措施。

20. 技术改造的步骤是什么？

答：①前期准备，确定技术改造的项目和内容，经领导和专家批准后，进行改造设计和设计审查。改造项目确定后，需及时落实资金，完成设备、材料的采购，落实施工单位，组织设计交底。②实施阶段，根据改造设计的要求，施工单位应在规定工期内保质保量地完成改造的各项内容。在此过程中应对工程进度、工程质量、工程安全、工程投资进行重点控制。③验收阶段，改造项目完成后，应及时组织投用试车，进行性能考核，检验是否达到设计要求，在运行正常后组织进行竣工验收，并填写竣工验收报告。④后评估阶段，在设备稳定运行一段时间后，应组织对技术改造进行后评估，总结技术改造的效果和经验，根据生产运行实际情况提出建议。

21. 技术革新成果鉴定小组主要程序和主要内容是什么？

答：①听取申报单位技术革新成果汇报情况；②实地查验技术革新成果完成情况，审阅技术革新成果申报资料；③讨论对技术革新成果验收意见，签署技术革新成果验收证书；④颁发技术革新成果验收证书。

22. 在技术改造过程中施工管理时应注意什么？

答：①对改造工程施工全过程应进行组织和管理，及时发现并解决施工存在的问题，严格按照技术检修规程及施工图纸进行施工，确保工程质量和施工进度。②在施工过程中，应加强质量监督并进行实施阶段的设计协调工作，对检查发现的工程质量问题有权责令其停止施工并限期整改。③在施工过程中，应加强对施工现场安全、人身安全的监督，禁止"三违"现象的出现，对不符合要求的有权责令其停止施工并限期整改。④在施工过程中，应加强对施工周围环境的影响的监管，对施工过程中产生的废物要及时妥善处理。

23. 技术革新成果的主要内容是什么？

答：技术革新成果的主要内容是：①项目编号、成果名称、完成单位、申报日期、项目负责人、主要完成人、工作起止时间；②系统原始状况和技术难点；③实施报告，包括方案、措施、完成时间、取得成果（附图纸、资料、技术说明）；④社会、经济效益；⑤申报车间审核意见、技术主管部门审核意见、专业评审小组意见和企业主管领导意见。

24. 培训方案由哪些要素组成？

答：培训方案主要由培训目标、培训内容、培训指导者、受训者、培训日期和时间、培训场所与设备以及培训方法等要素组成。

25. 培训需求分析包括哪些内容？

答：培训需求分析需从多维度来进行，包括组织、工作、个人三个方面：①组织分析指确定组织范围内的培训需求，以保证培训计划符合组织的整体目标与战略要求；②工作分析指员工达到理想的工作绩效所必须掌握的技能和知识；③个人分析是将员工现有的水平与预期未来对员工技能的要求进行比照，发现两者之间是否存在差距。

26. 什么是培训方案？

答：培训方案是培训目标、培训内容、培训指导者、受训者、培训日期和时间、培训场所与设备以及培训方法的有机结合。

27. 什么是演示教学法？在教学中演示教学法具有哪些优点？

答：演示法是运用一定的实物和教具，通过实地示范，使受训者明白某种事务是如何完成的。演示法优点为：①有助于激发受训者的学习兴趣；②可利用多种感官，做到看、听、想、问相结合；③有利于获得感性知识，加深对所学内容的印象。

28. 如何准备教案？

答：准备教案要从以下几个方面着手：

①做好培训需求分析。②教案的编写：确定教案的核心内容与结构；选择合适的教案模式。③培训方式的选择与应用。

29. 在培训教学的组织实施与管理的前期准备阶段，主要的工作有哪些？

答：①确认和通知参加培训的学员；②培训后勤准备；③确认培训时间；④教材的准备；⑤确认理想的讲师。

30. 培训评估具有什么意义?

答: ①能为决策提供有关培训项目的系统信息，从而做出正确的判断。②可以促进培训管理水平的提升。③可使培训管理资源得到更广泛的推广和共享。

31. 应从哪些方面评价培训效果?

答: 主要应从以下四个层面评估培训效果：①反应，即课程刚结束时，了解学员对培训项目的主观感觉；②学习，即学员在知识、技能或态度等方面学到了什么；③行为，即学员的工作行为方式有多大程度的改变；④结果，即通过诸如质量、数量、安全、销售额、成本、利润、投资回报率等可以量度的指标来考查，看最终产生了什么结果。

工种理论知识试题

判断题

1. 原电池的正负两极都发生氧化还原反应。 (×)

正确答案: 原电池的两极分别发生氧化反应和还原反应。

2. 在计算生成物的量时，可以以反应物中任何一种的量作为依据来计算。 (×)

正确答案: 在计算生成物的量时，只能以反应物量少的一种作为依据来计算。

3. 有机合成中，为了避免有较多副产物生成的反应，可以增加反应步骤。 (×)

正确答案: 有机合成中，要避免有较多副产物生成的反应，同时反应步骤要少。

4. 当沉淀—溶解平衡反应的反应熵大于平衡常数时，沉淀从溶液中析出。 (√)

5. 在过滤洗涤沉淀时，应该用含有与沉淀相同离子的溶液冲洗，这是根据盐效应。 (×)

正确答案: 在过滤洗涤沉淀时，应该用含有与沉淀相同离子的溶液冲洗，这是根据同离子效应。

6. 在静止的、连续的同一液体内，处于同一水平面上的各点，因密度相同，压力相等。 (×)

正确答案: 在静止的、连续的同一液体内，处于同一水平面上的各点，因深度相同，压力相等。

7. 空气消耗量随着进干燥器的空气湿度的增大而减少。 (×)

正确答案: 空气消耗量随着进干燥器的空气湿度的增大而增多。

8. 加入干燥系统的总热量等于补充的热量与干燥器损失的热量之和。 (√)

9. 伯努利方程只适用于理想流体。 (×)

正确答案: 伯努利方程不但适用于理想流体，对非理想流体也适用。

10. 总板效率可直接由公式计算得来。 (×)

正确答案: 影响塔板效率的因素多而复杂，塔板效率只能估算。

11. 进料热状况对精馏操作没有影响。 (×)

正确答案: 进料热状况改变而进料位置不变，会引起馏出液组成的变化。

12. 根据欧姆定律，当电阻是常数时，则流经该电阻的电流越大，该电阻两端的电压就越低。 (×)

正确答案: 根据欧姆定律，当电阻是常数时，则流经该电阻的电流越人，该电阻两端的电压就越高。

13. 星形连接时，线电压等于相电压。 (×)

正确答案: 星形连接时，线电压不等于相电压。

14. 存在连续释放源的区域可划为1区。 (×)

正确答案： 存在连续释放源的区域可划为0区。

15. 调节器的正反作用和调节阀的正反作用意义相同。 (×)

正确答案： 调节器的正反作用和调节阀的正反作用意义完全不同。

16. 离心泵的轮阻损耗功率与黏度无关，只与流量有关。 (×)

正确答案： 离心泵的轮阻损耗功率与黏度有关。

17. 更换部分螺栓、螺母不是换热器检修的内容之一。 (×)

正确答案： 更换部分螺栓、螺母是换热器检修的内容之一。

18. 壳体保温修补及防腐不是换热器检修的内容之一。 (×)

正确答案： 壳体保温修补及防腐是换热器检修的内容之一。

19. 离心泵检修的内容不包括检查机械密封。 (×)

正确答案： 离心泵检修的内容包括检查机械密封。

20. 所有的承压蒸汽锅炉都是特种设备。 (×)

正确答案： 容积大于或者等于30L的承压蒸汽锅炉是特种设备。

21. 搅拌器的结构类型对搅拌操作的效果有很大的影响。 (√)

22. 推进式搅拌器一般为3叶，也可为2叶或4叶。 (√)

23. 螺带式搅拌器是一种径流式搅拌器。 (×)

正确答案： 螺带式搅拌器是一种轴流式搅拌器。

24. 当压力不变时，一定质量的气体的体积和绝对温度成反比。 (×)

正确答案： 当压力不变时，一定质量的气体的体积和绝对温度成正比。

25. 在标准状态下，任何气体的摩尔体积都是22.4L/mol。 (√)

26. 在高分子材料的加工中，高分子流体的剪切流动是其主要的流动形式之一。 (√)

27. 聚乙烯的改性主要分为化学改性和物理改性。 (√)

28. 热塑性塑料加工过程一般需经历加热塑化、流动成型和冷却固化3个基本步骤。 (√)

29. 所谓加热塑化就是经过加热使玻璃态的高分子化合物变成黏性流体。 (√)

30. 添加成核剂可使球晶直径变大。 (×)

正确答案： 添加成核剂可使球晶直径变小。

31. 提高高分子耐热性，主要有三个结构因素，即增加高分子链的刚性、使高分子能结晶和交联。 (√)

32. 聚合物交联使相对分子质量减小。 (×)

正确答案： 聚合物交联使相对分子质量增大。

33. 一般在相同结晶条件下，相对分子质量低利于分子链迁移，故结晶速度大。 (√)

34. 有些小分子溶剂可诱导结晶而起促进结晶作用。 (√)

35. 螺杆式压缩机属于容积式压缩机，气量基本不随压力的变化而变化。 (√)

36. 吸附过程中，吸附剂的吸附能力是稳定的。 (×)

正确答案： 吸附过程中，吸附剂的吸附能力是不稳定的。

37. 降液管液泛和过量的雾沫夹带是一个互为诱因的交叉现象。 (√)

38. 返混使反应器内的温度分布和浓度分布趋于平坦。 (√)

39. 返混使反应器内产物的浓度下降。（×）

正确答案： 返混使反应器内产物的浓度上升。

40. 返混使反应器内反应物的浓度上升。（×）

正确答案： 返混使反应器内反应物的浓度下降。

41. 高分子的流动是通过链段的位移运动来完成的。（√）

42. 高分子流动时伴有高弹形变。（√）

43. 往复式压缩机中，活塞受到的作用力有：气体力、惯性力、摩擦力等。（√）

44. 往复式压缩机驱动机的功率一般至少取压缩机所需轴功率的110%。（√）

45. 影响高分子熔体黏度的主要因素有相对分子质量、温度、压力、剪切速率、分子结构等。（√）

46. 对高分子熔体来说，静压力增加相当于温度的降低，使熔体黏度增高。（√）

47. 一个物体的内部，只要各点间有温差存在，则热量就会从高温点向低温点传导。（√）

48. 由热传导方式所产生热流的大小，取决于物体内部各点的温度分布情况。（√）

49. 物质的热导率与物质组成、结构、密度、温度和压力有关。（√）

50. 一般来说，金属的热导率最大，非金属的固体次之，固体的热导率随温度的升高而增大。（√）

51. 液体的热导率随温度的升高而增大。（×）

正确答案： 液体的热导率随温度的升高而减小。

52. 物体的胀缩性可用线胀系数和体胀系数两种方法表示。（√）

单选题

1. 下列叙述正确的是（ D ）。

A. 原子核带正电是由于质子和中子都带正电　B. 电子的质量与质子的质量相等

C. 质子数与中子数的和就是元素的原子序数　D. 原子序数与核电荷数相等

2. 关于电离平衡，下列叙述不正确的是（ D ）。

A. 强电解质不存在电离平衡

B. 弱电解质是可逆电离

C. 在电离方程式中，阳离子和阴离子电荷的代数和为零

D. 多元酸为一步电离

3. 关于原电池的描述，下列说法不正确的是（ D ）。

A. 原电池是利用化学反应产生电流的装置

B. 原电池可以把化学能转变为电能

C. 原电池的负极发生氧化反应

D. 原电池的正极是流出电子的一极

4. 有100g碳酸钾和碳酸氢钾的混合物，加热分解至质量恒定后，所产生的二氧化碳的物质的量是0.3mol，则混合物中碳酸氢钾的质量分数是（ B ）。

A. 76.6%　B. 60%　C. 50%　D. 23.4%

5. 具有下列化学式的各对物质，官能团一定相同的是（ A ）。

A. CH_4 与 C_3H_8　B. C_2H_4 与 C_4H_8　C. C_3H_4 与 C_4H_6　D. C_6H_6 与 C_7H_8

6. 关于金属腐蚀的描述，下列说法正确的是（ C ）。

A. 金属的腐蚀是因为金属中含有杂质

B. 化学腐蚀是最普遍的一类金属腐蚀

C. 金属的电化学腐蚀与原电池的原理是一致的

D. 电化学腐蚀过程中，金属中的杂质作负极

7. 流体静力学基本方程式是用于描述静止流体内部的（ B ）沿着高度变化的数学表达式。

A. 温度　　B. 压力　　C. 热量　　D. 内能

8. 当流体处于层流区时，摩擦系数 λ 与雷诺数 Re 的关系为（ C ）。

A. $\lambda = 64Re$　　B. $\lambda = \frac{Re}{64}$　　C. $\lambda = \frac{64}{Re}$　　D. $\lambda = \frac{16}{Re}$

9. 伯努利方程是计算管内流体（ A ）的衡算式。

A. 流动机械能　　B. 势能　　C. 内能　　D. 动能

10. 影响精馏塔分离效果的主要因素是（ A ）。

A. 回流比　　B. 进料温度　　C. 操作压力　　D. 进料组成

11. 下列选项中，不是因回流比大对精馏塔操作产生的影响的是（ B ）。

A. 塔负荷高　　B. 分离效果变差　　C. 操作费用高　　D. 传质推动力增加

12. 配位阴离子聚合的特点是（ C ）。

A. 反应简单　　B. 产率高

C. 可能制得立构规整聚合物　　D. 副反应少

13. 下列选项中，不会对聚合反应速率产生影响的是（ D ）。

A. 催化剂的浓度　　B. 聚合单体的浓度

C. 聚合温度　　D. 反应器的容积

14. 关于欧姆定律的说法，下列表述正确的是（ A ）。

A. 在直流电路中，欧姆定律是阐明电阻上电压和电流的关系的定律

B. 在欧姆定律中，电压与电流成反比

C. 在欧姆定律中，电流与电阻成正比

D. 在欧姆定律中，电压与电阻成反比

15. 关于电功率的定义式，下列公式正确的是（ C ）。

A. $P = UIt$　　B. $P = I^2 U$　　C. $P = UI$　　D. $R = U^2 It$

16. 图示一液面调节回路，工艺要求故障情况下送出的气体中不许带有液体，那么（ C ）。

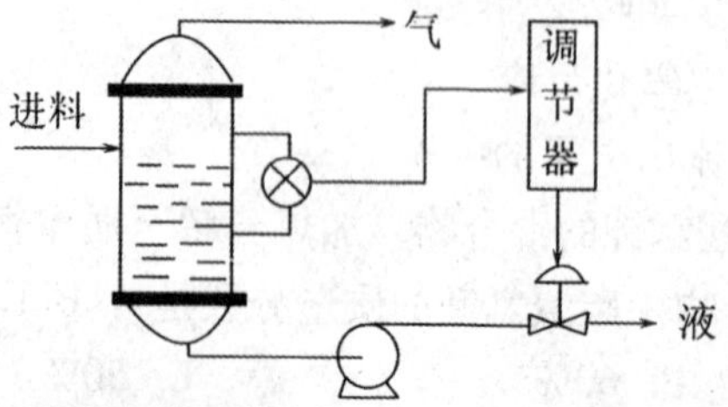

A. 调节阀是风开阀，调节器正作用　　B. 调节阀是风关阀，调节器正作用

C. 调节阀是风关阀，调节器反作用　　D. 调节阀是风开阀，调节器反作用

17. 关于调节器的正反作用，下列说法不正确的是（ C ）。

A. 其目的是为了使调节器、调节阀、对象三个环节组合起来，在控制系统中实现负反馈作用

B. 在复杂控制系统中，各调节器的正反作用不一定相同

C. 操纵变量增加，被控变量也增加的称为“正作用”调节器

D. 调节器的输出信号随偏差的增加而增加的称为“正作用”调节器

18. 某台测温仪表的测温范围是200～700℃，校验该表时得到的最大绝对误差为+4℃，则该表的精度等级为（ D ）。

A. 0.1　　B. 0.5　　C. 0.8　　D. 1.0

19. 某测压仪表的测量范围是0～15MPa，校验该表时得到的最大绝对误差为+0.3MPa，则该表的相对百分误差为（ C ）。

A. 2　　B. 2%　　C. +2%　　D. 2.0

20. 已知某台测量仪表的相对百分误差为0.3%，则该表的精确度等级为（ C ）。

A. 0.1　　B. 0.3　　C. 0.4　　D. 0.5

21. 机械密封使用在液态烃离心泵中，因工艺和操作造成失效的主要原因有（ C ）。

A. 未使用外冲洗液　　B. 安装尺寸误差

C. 泵抽空　　D. 辅助密封圈切断

22. 下列选项中，不是塔检修的内容的是（ A ）。

A. 清扫管束和壳体

B. 检查修理塔体和内衬的腐蚀、变形和各部焊缝

C. 检查修理或更换塔盘板和鼓泡元件

D. 检查校验安全附件

多选题

1. 与OH具有相同质子数核电子数的微粒是（ A，D ）。

A. F　　B. Cl　　C. NH_3　　D. NH_2

2. 有机合成时，应考虑的因素有（ A，B，C，D ）。

A. 原料简单易得　　B. 操作容易　　C. 副反应少　　D. 产品纯、产率高

3. 静止液体内任一点的压力的大小，与（ A，B，D ）有关。

A. 液面上方的压力　　B. 该点距液面的距离　　C. 该点的温度　　D. 液体本身的密度

4. 在干燥过程的物料衡算中，可以通过（ A，C，D ）来计算水分蒸发量。

A. 干空气的流量　　B. 湿物料的流量

C. 进、出干燥器的湿空气湿度　　D. 湿物料和产品的干基含水量

5. 湿空气的焓可以通过（ A，B，C，D ）来计算。

A. 湿物料的温度　　B. 干基含水量

C. 绝干料的平均比热容　　D. 液态水的平均比热容

6. 流体的总机械能为（ A，B，D ）的和。

A. 静压能　　B. 位能　　C. 内能　　D. 动能

7. 总板效率是（ A，C，D ）。

A. 其概念基于所需理论板数

B. 其数值可能大于1

C. 反映整个塔内的平均传质效果

D. 达到指定分离效果所需理论板层数与实际板层数的比值

8. 下列选项中，会对聚合反应速率产生影响的是（ A，B，C，D ）。

A. 催化剂的浓度　B. 聚合单体的浓度　C. 聚合温度　D. 聚合时间

9. 在恒定的匀强磁场中有一圆形闭合导体线圈，线圈平面垂直于磁场方向，要使线圈在此磁场中能产生感应电流，应使（ C，D ）。

A. 线圈沿自身所在平面做匀速运动　B. 线圈沿自身所在平面做加速运动

C. 线圈绕任意一条直径做匀速转动　D. 线圈绕任意一条直径做变速转运

10. 关于三相交流电路，相电压与线电压，相电流与线电流的关系，下列说法正确的是(B，C)。

A. 在Δ形连接时，负载上的线电流等于相电流

B. 在Δ形连接时，负载上的线电压等于相电压

C. 在Y形连接时，负载上的线电流等于相电流

D. 在Y形连接时，负载上的线电压等于相电压

11. 无限多后弯叶片的离心泵理想液体HQ（流量与扬程）曲线是一条下斜直线，因（ A，B，D ）使它变成一条下斜曲线。

A. 局部阻力损失　B. 流量损失　C. 机械损失　D. 冲击损失

12. 离心泵的总效率包括（ A，B，C ）。

A. 水力效率　B. 机械效率　C. 容积效率　D. 密封效率

13. 浮环密封在压缩机中因装配原因造成失效的主要原因有（ A，B，C，D ）。

A. 弹簧压缩量不够　B. 安装尺寸误差

C. 浮环装配不当卡死　D. 辅助密封圈切断

14. 下列选项中，是塔检修内容的是（ B，C，D ）。

A. 清扫管束和壳体

B. 检查修理塔体和内衬的腐蚀、变形和各部焊缝

C. 检查修理或更换塔盘板和鼓泡元件

D. 检查校验安全附件

15. 下列选项中，是换热器检修内容的是（ A，B，C ）。

A. 清扫管束和壳体

B. 管束焊口、胀口处理及单管更换

C. 检查修复管箱、前后盖、大小浮头、接管及其密封面，更换垫片并试压

D. 检查修理或更换塔内构件

16. 工艺往复压缩机检修后的试运要求有（ A，B，C，D ）。

A. 压缩机机械试运　B. 工艺气体试运　C. 空气或氮气试运　D. 电机试运

17. 工艺离心压缩机检修后试运的试运要求有（ B，C，D ）。

A. 压缩机机械试运　B. 工艺气体试运　C. 空气或氮气试运　D. 透平或电机试运

18. 压缩机常规检修内容有（ A，B ）。

A. 校准仪表、试验联锁　B. 润滑油系统清洗和油运

C. 透平检修　D. 电机检修

19. 塔检修的验收标准是（ A，B，C，）。

A. 试运行一周，各项指标达到技术要求或能满足生产需要

B. 设备达到完好标准

C. 提交检修技术资料

D. 提交开工方案

20. 特种设备包括其附属的（ A，B，C ）。

A. 安全附件　　B. 安全保护装置

C. 与安全保护装置相关的设施　　D. 安全防护装置

简答题

1. 请简述防护金属不受腐蚀的常用途径。

答：①提高金属的抗腐蚀能力；②隔绝金属表面；③电化学保护。

2. 高分子材料在加工过程中流体的流动有哪两种形式？

答：一种是高分子熔体的流动；另一种是高分子溶液的流动。

3. 请简述聚乙烯的共混改性概念。

答：聚乙烯的共混改性是聚乙烯与其他高聚物等物质进行共混，用挤压机、混炼机等设备而制成新材料。

4. 请简述添加成核剂在工艺上的优点。

答：添加成核剂在工艺上的优点是注塑制品能在较高的温度下脱模，大幅度地缩短了成型周期，对提高制品质量也有利。

5. 高分子材料的结晶能力主要决定于什么？

答：高分子材料的结晶能力主要决定于化学结构，如分子链的对称性和柔性、分子链的相互作用、共聚等。

6. 浮阀塔板不正常的操作现象有哪几种？

答：①漏液现象；②降液管液泛现象；③过量雾沫夹带现象。

7. 塑性流体与牛顿型流体间的差别是什么？

答：差别在于其剪应力和速度梯度的直线关系不通过原点；需要有某一数值的剪应力才能使流体开始流动。

8. 流化床的不正常现象有哪些？

答：流化床的不正常现象有：腾涌现象；沟流现象。

9. 产生沟流的原因有哪些？

答：产生沟流的原因有：①可能是颗粒粒度过细，颗粒密度较大；②或是湿物料、易黏合、结团的物料；③也可能是气速过低，分布板设计不佳使气体在分布板处的初始分布不均匀所致。

10. 请简述往复式压缩机的额定排气量。

答：往复式压缩机的额定排气量即为压缩机铭牌上标注的排气量，指压缩机在特定进口状态下的排气量。

11. 请简述往复式压缩机的额定排气压力。

答：往复式压缩机的额定排气压力即为压缩机铭牌上标注的排气压力。

计算题

1. 已知：某换热器热流入口温度158℃，出口温度90℃，冷流入口温度50℃，出口温度123℃，换热器换热面积为127.3m^2，传热系数为210kcal/m^2·h·℃，求该换热器的热负荷。

解：$\Delta t_1 = 158 - 123 = 35℃$　　$\Delta t_2 = 90 - 50 = 40℃$

$$平均温差\ \Delta t = \frac{(\Delta t_2 - \Delta t_1)}{\ln(\Delta t_2/\Delta t_1)} = \frac{40-35}{\ln(40/35)} = 37.4℃$$

$$热负荷\ Q = KA\Delta t = 210 \times 127.3 \times 37.4 = 999814.2\text{kcal/h}$$

答：该换热器的热负荷为999814.2kcal/h。

2. 在列管换热器中，两流体进行换热。若已知管内、外流体的平均温度分别为170℃和135℃；管内、外流体的对流传热系数分别为12000W/（m^2·℃）及1100W/（m^2·℃），管内、外侧污垢热阻分别为0.0002m^2·℃/W及0.0005m^2·℃/W。试估算管壁平均温度。假设管壁热传导热阻可以忽略。

解：管壁的平均温度由下列式子进行计算

$$\frac{t_0 - t_w}{\frac{1}{\alpha_0} + R_{S0}} = \frac{t_w - t_i}{\frac{1}{\alpha_i} + R_{si}}$$

$$\frac{135 - t_w}{\frac{1}{1100} + 0.0005} = \frac{t_w - 170}{\frac{1}{12000} + 0.0002}$$

$$t_w = 164℃$$

答：管壁平均温度是164℃。

高压法模块

判断题

1. 副流量随主流量的变化而按比例变化，这种调节方法称为比值调节系统。（√）

2. 线路图中的电器、元件应以规定的图形符号和文字符号表示。（√）

3. 在某零件图上，尺寸标注Φ18all（$^{-0.290}_{-0.400}$），Φ18是指基本尺寸，all是指基本尺寸Φ18的公差带代号，（$^{-0.290}_{-0.400}$）是指上下偏差数值。（√）

4. 二次压缩机启动前的盘车操作是为了观察各部异常情况，并将各关键部位浸油而润滑。在冬季，盘车操作可以使润滑部分保持较高的温度，便于开车。（√）

5. 反应器压力控制阀在开车前的调试过程中，仅仅需要0、50%、100%三个位置的状态运行情况，其他的不需要调试。（×）

正确答案：开车前的反应器压力控制阀必须进行任意阀位的调试。

6. 在料仓排料的同时，安排该料仓进料可以节省时间，避免堵料。（×）

正确答案：把料仓中的粒子安全排出后再接受新料，避免混料，而且可以正确地掌握产品的输送量。

7. 运转中，引发剂泵出现故障的时候，可以在反应进行中进行切换。（×）

正确答案：运转中切换引发剂泵，会引起流量变换，导致温度发生波动，甚至分解，所以，原则上应在停止反应之后进行切换。

8. 反应器温度报警值不能超过反应器所能承受最高温度。 (×)

正确答案：反应器温度报警值不能超过可能达到分解的温度。

9. 二次压缩机一段排出阀动作不良会导致一段出口压力下降。 (√)

10. 正常运转中，挤压机电流波动较大可能原因是混炼度不够。 (×)

正确答案：正常运转中，挤压机电流波动较大可能原因是混炼度过大。

11. 引发剂泵的超高压产生是由大面积的低压活塞推动小面积的高压活塞来实现的。 (√)

12. 习惯上把不锈钢、耐酸钢、耐热钢三类钢称为不锈钢。 (√)

13. 不锈钢能够不锈和耐腐蚀的原因主要是钢中的含锰量较高。 (×)

正确答案：不锈钢能够不锈和耐腐蚀的原因主要是钢中的含铬量较高。

14. 干燥机应注意吸入部过滤器的堵塞，使吸入量减少，会使干燥能力降低。 (√)

15. 紧急满负荷停车后要立即停掉引发剂泵系统。 (√)

16. 若发生重大泄漏首先要满釜紧急停车。 (√)

17. 在启动挤出机后，发现颗粒很长，且挤出机及切粒机转速都正常，说明模孔堵，应停挤出机重新拉料处理。 (√)

18. 在装置的检修期间实施各项技改措施及合理化建议。 (×)

正确答案：在装置的检修期间不实施各项技改措施及合理化建议，这些一般都在大修中实行。

19. 低压分离器测零点时，料面控制器应该用自动操作。 (×)

正确答案：低压分离器测零点时，料面控制器应该用手动操作。

20. 二次压缩机泄压孔漏气是由于内部油注入不良，应调整或更换注油器。 (×)

正确答案：二次压缩机泄压孔漏气不是由于内部油注入不良，不应调整或更换注油器。

21. 随着反应压力的提高，产品的光学性能会提高。 (×)

正确答案：随着反应温度的提高，产品的光学性能会降低。

22. 引发剂泵冲次测试是在50%信号下进行的。 (×)

正确答案：引发剂泵冲次测试是在100%信号下进行的。

单选题

1. 信号报警与联锁保护系统原理图中的全部触头，均应以原来位置画出。所谓原来位置是指（ B ）。

A. 在励磁的位置　B. 不在励磁的位置　C. 常开位置　D. 常闭位置

2. 提高10%溶液黏度的方法有（ C ）。

A. 降低前几区温度　B. 降低后几区温度

C. 提高前几区温度　D. 提高后几区温度

3. 聚乙烯膜料产品提高拉伸强度的方法有（ A ）。

A. 提高压力　B. 提高温度

C. 调节剂使用丙烯　D. 添加剂使用油酸酰胺

4. 提高反应温度与下面哪种操作对MI值的影响一样？（ B ）。

A 提高反应压力　B 关小返回量　C. 开大返回值　D. 降低调节剂浓度

5. 一次压缩机盘车齿轮与主电机齿轮啮合后，不要忘记将（ B ）放下。

A. 挡板　B. 制动爪钩　C. 手轮　D. 其他

6. 按操作法，二次压缩机中间段冷却器在（ C ）时通水。

A. 二次压缩机启动前　　B. 盘车前

C. 向反应部分送气后　　D. 反应升压完毕后投催化剂时

7. 对于热引发聚合反应，温度升高，速率常数（ A ）。

A. 增大　　B. 减小　　C. 无明显变化　　D. 没关系

8. 下列选项中，可能造成放空管线内漏的是（ A ）。

A. 联锁动作　　B. 反应超压　　C. 反应超温　　D. 放空管线破损

9. 反应温度是由插入（ B ）的热电偶检测到的。

A. 反应器夹套　　B. 反应器管壁　　C. 引发剂管线　　D. 反应器进气管线

10. 下列关于聚乙烯密度的选项中，属于低密度聚乙烯的是（ A ）。

A. 0.920　　B. 0.970　　C. 0.880　　D. 0.950

11. 高压法聚乙烯的制造是通过游离基聚合反应进行的，一般分为链引发、链增长、链终止及（ B ）四个步骤。

A. 链断裂　　B. 链转移　　C. 链再引发　　D. 链调节

12. 导致聚乙烯稳定性能变差的原因是（ C ）。

A. 还原反应　　B. 降解反应　　C. 氧化反应　　D. 分解反应

13. 下列调节剂选项中，调节效果最小的是（ A ）。

A. 乙烷　　B. 丙烷　　C. 丙烯　　D. 丁烯

14. 下面不是低压压缩机一段出口压力下降的原因是（ B ）。

A. 一段吸入温度上升　　B. 二段吸入温度上升

C. 一段减负荷不起作用　　D. 二段吸入过多

15. 零点调试就是催化剂信号给为（B）后，泵不动作，也不打量。

A. 2%　　B. 5%　　C. 10%　　D. 15%

16. 生产高指数产品时，下面说法错误的是（ C ）。

A. 将挤压机筒体进行冷却　　B. 将挤压机螺杆进行冷却

C. 模头采用高压蒸汽加热　　D. 尽可能降低纯水温度

17. 挤出造粒机振动大的原因有（ C ）。

A. 模板有缺陷　　B. 筒体温度低　　C. 轴承损坏　　D. 切刀磨损

18. 耐稀硫酸腐蚀的金属材料有（ A ）。

A. 稀土高硅球铁　　B. 硬聚氯乙烯　　C. 酚醛塑料　　D. 铸铁

19. 生产中为了防止聚乙烯颗粒的存放罐发生爆炸采取了什么措施？（ A ）。

A. 向大罐吹净化风　　B. 打开人孔通风

C. 向大罐吹杂用风　　D. 减少存放时间

20. 以下哪项是造成干燥机漏料的选项？（ A ）。

A. 装配问题滤网有缝隙　　B. 温水过滤器堵塞

C. 脱水筛堵塞　　D. 振动筛不下料

21. 造成挤压机自停的原因是（ A ）。

A. 切粒机电机停　　B. 挤压机电流下降

C. 干燥机停　　D. 纯水流量大于100t/h

22. 聚乙烯装置发生停电事故后应将引发剂泵速度控制信号置于（ A ）。

A. 0　B. 5%　C. 10%　D. 15%

23. 停电后立即送电聚乙烯装置，最先启动的设备是（ D ）。

A. 引发剂泵　B. 一次压缩机　C. 二次压缩机　D. 挤压机

24. 满负荷停车超过后需将留有一定料位的设备是（ C ）。

A. 反应器　B. 高压分离器　C. 低压分离器　D. 以上都不需要

25. 安令阀的检修丰要是（ A ）的研磨。

A. 阀芯与阀座　B. 阀芯与阀杆　C. 阀座与阀杆　D. 阀杆与阀杆

26. 如果二次压缩机入口温度升高，则需进行以下何种操作？（ C ）

A. 降低反应压力　B. 提高反应温度

C. 高循换热器深度再生　D. 提高一次压缩机打气量

27. 造成二次压缩机入口压力异常上升的原因是（ C ）。

A. 一次压缩机排出阀阀片破损　B. 高循换热器结垢严重

C. 二次压缩机一段组合阀破损　D. 高压分离系统夹带

28. 薄膜料薄膜透明性异常的原因不包括（ B ）。

A. 反应条件的变化　B. 物料气中乙炔浓度下降

C. 物料气混入水分　D. 薄膜牵引条件变化

29. 以下会导致二次压缩机一段排出压力上升的是（ A ）。

A. 二次压缩机一段出口冷却器冷却效果不好

B. 一次压缩机末端出口冷却器冷却效果不好

C. 高压循环气体冷却器冷却效果不好

D. 高压循环气体二次冷却器冷却效果不好

30. 以下不会导致二次压缩机一段排出压力下降的是（ C ）。

A. 一段出口安全阀动作　B. 一段出口安全阀内漏

C. 一段入口温度下降　D. 一段吸入排出阀动作不良

31. 挤出机转速失控的可能原因不包括（ D ）。

A. 生产 MFR 值过高的产品　B. 生产 MFR 值过低的产品

C. 测速传感器故障　D. 低压分离器料面过低

32. 下面关于挤出机冷却风压低的原因错误的是（ A ）。

A. 气体密度增大　B. 气体温度过高

C. 进气管道破裂　D. 气体成分改变

33. 以下不是分解反应的可能原因的是（ D ）。

A. 机械摩擦　B. 引发剂浓度不均匀

C. 物料里的杂质过多　D. 引发剂注入不足

34. 提高反应器的压力，产品的（ A ）增加。

A. 密度　B. 相对分子质量分布

C. 浊度　D. 熔融指数

35. 提高反应器的温度，产品的（ B ）增加。

A. 密度　B. 长支链

C. 转化率　D. 平均相对分子质量

36. 如原料乙烯中乙炔含量超高，则往往会造成MFR下降，如此时增加引发剂注入量，则往往会造成（A）。

A. 分解　B. 反应温度下降　C. MFR下降　D. 反应压力低

37. 属于物理法处理污水的是（A）。

A. 过滤　B. 浮选　C. 中和　D. 吸附

38. 属于生物化学处理污水的是（B）法。

A. 浮选　B. 生物过滤　C. 中和　D. 吸附

39. 装置停工检修的特点是（B）。

A. 任务分散　B. 工期短　C. 工期长　D. 人员少

40. 乙烯聚合速度与引发剂浓度的（C）成正比。

A. 平方　B. 三次方　C. 平方根　D. 三次方根

41. 高压聚乙烯的反应速度随压力的升高而（A）。

A. 增加　B. 降低　C. 不变　D. 速度恒定

42. 反应压力升高使短链支化（D），使长链支化（D）。

A. 增加，减少　B. 增加，增加　C. 减少，增加　D. 减少，减少

43. 往复式压缩机汽缸内发生撞击声或敲击声的可能的原因不包括（D）。

A. 汽缸润滑油不够

B. 曲轴连杆机构与汽缸的中心线不一致，偏差过大

C. 汽缸余隙过小

D. 曲轴箱内十字头滑板的紧固螺栓松动

44. 不是二次压缩机汽缸泄漏量增大的原因有（D）。

A. 金属填料磨耗或折损　B. 柱塞同心度不好

C. 内部注油器注油不良　D. 中间导杆磨损

45. 引发剂CP－10的使用浓度是（D）。

A. 8%　B. 15%　C. 20%　D. 30%

46. 引发剂CP－10的理论活性氧含量是（B）。

A. 4.09　B. 5.09　C. 6.09　D. 7.09

47. 引发剂泵零点应该控制在（B）为佳。

A. 0　B. 5%　C. 10%　D. 15%

48. 链转移剂浓度增加，促进链转移反应，则使产品平均相对分子质量（C），熔融指数（C）。

A. 上升，下降　B. 上升，上升　C. 下降，上升　D. 下降，下降

49. 调节剂在聚合反应中主要起促进（C）反应。

A. 链引发　B. 链增长　C. 链转移　D. 链终止

50. 以下哪项是判断反应坝区漏气的选项？（A）。

A. 坝区气体检测器报警　B. 高压分离器压力下降

C. 压缩气体检测器报警　D. 低压分离器压力降低

多选题

1. 开环比值调节系统图包括（A，B，C，D）。

A. 主流量信号　B. 副流量信号　C. 比例调节器　D. 调节阀

2. 选择性调节系统可分为（ A，B ）。
   A. 开关型选择调节系统　　B. 连续型选择调节系统
   C. 双冲均匀调节系统　　D. 串级均匀调节系统
3. 二次压缩机内部润滑油在反应系统内残留过多，会导致（ A，B，C ）。
   A. 产品颜色发黄　B. 挤压机打滑　C. 转化率下降　D. 反应压力失控
4. 提高抗冲强度的方法有（ A，B，C ）。
   A. 提高温度　　B. 降低压力
   C. 增加引发剂注入量　　D. 降低惰性气体含量
5. 编制和实施总体试车方案要运用（ A，B ）等现代化管理方法。
   A. 系统工程原理　B. 网络技术　C. 决策技术　D. 正交试验
6. 聚合反应按动力学分类可分为（ A，D ）。
   A. 逐步反应的聚合　　B. 间歇反应的聚合
   C. 加聚反应的聚合　　D. 联锁反应的聚合
7. 二次压缩机盘车时，对油系统应检查（ A，B，C，D ）。
   A. 油压、油温、油液面　　B. 有无泄漏
   C. 注油器注油量　　D. 各回油视镜
8. 下列选项中，可以确认反应器放空管线内漏的选项是（ A，B，C，D ）。
   A. 放空管线结霜　　B. 放空管线异音增大
   C. 放空管线振动增大　　D. 反应压力维持不住
9. 乙烯聚合反应中使用的引发剂包括（ A，B，C ）。
   A. 氧　B. 有机过氧化物　C. 偶氮化合物　D. 丙烯
10. 下列选项中，会导致产品的介电性能显著下降的是（ A，B，D ）。
   A. 丙酮　B. 醛　C. 丙烯　D. 一氧化碳
11. 聚乙烯的游离基聚合中，链转移步骤可以分为（ A，B，C，D ）。
   A. 分子内链转移　　B. 分子间链转移
   C. 向单体转移　　D. 向溶剂及链转移剂的转移
12. 一次压缩机一段出口压力下降的原因是（ A，B，C ）。
   A. 一段活塞环损坏　　B. 一段金属填料磨损
   C. 一段吸入阀动作不良　　D. 一段入口温度下降
13. 开车前，对催化剂泵做的检查和调试工作有（ A，B，C，D ）。
   A. 零点测试　B. 冲次检查　C. 流量测试　D. 检查驱动油液面
14. 主电机电流及模头压力高的原因有（ A，D ）。
   A. 模板孔堵塞　B. 筒体温度高　C. 皮带过紧　D. 更换滤网
15. 对引发剂泵驱动油系统的检查有（ A，B，C，D ）。
   A. 驱动汽缸、电机有无异音　　B. 驱动油压是否正常
   C. 驱动油液面是否在规定范围　　D. 驱动油及电机温度如何
16. 常用的耐腐蚀金属有（ A，C，D ）。
   A. 高硅铸铁　B. 碳素钢　C. Cr18Ni9Ti　D. 铝

17. 生产中什么原因可以造成高分系统夹带？（ A，B，C ）。

A. 调节阀故障造成液面控制失常　　B. 高压返回换热器堵塞

C. 低分系统压力高　　D. 反应器压力高

18. 致使挤压机自停的原因有（ A，B，C ）。

A. 主电机轴承温度大于 75℃　　B. 水室门开

C. 纯水流量小于 47t/h　　D. 联锁开关打到单动

19. 造成减压阀动作不灵敏的原因有（ A，D ）。

A. 弹簧老化　　B. 流量过大　　C. 流速过快　　D. 隔膜泄漏

20. 造成二次压缩机入口压力异常下降的原因是（ A，B，D ）。

A. 一次压缩机排出阀阀片破损　　B. 高循换热器结垢严重

C. 二次压缩机一段组合阀破损　　D. 高压分离系统夹带

21. 设置挤压机冷却风压低报警的目的有（ A，B ）。

A. 防止挤压机电机超温　　B. 防止切刀电机超温

C. 防止聚乙烯中含的乙烯气量超标　　D. 防止挤压机超温

22. 装置停工检修的特点是（ B，C ）。

A. 工期短、任务分散　　B. 工期短、任务集中

C. 施工地小、人员多　　D. 施工地小、人员少

23. 二次压缩机鉴别孔冒油或冒气泡的原因是（ A，B，D ）。

A. 内部油注入不良 B. 基环坏　　C. 冷却油压力高　　D. 单向阀坏

24. 引发剂泵的主要参数有哪些？（ A，B，C ）。

A. 流量　　B. 冲次　　C. 零点　　D. 油温

简答题

1. 在开车时，压缩机启动失败，怎么办？

答：开车时，转动压缩机启动开关，off→on，但压缩机不能启动。这时应将开关转到 off，再轻轻放回中立位置。然后对压缩机油系统，盘车器系统及系统中的压力进行检查，若没问题，重新盘车，在盘车中，再次对全系统进行检查，如没问题，再次启动压缩机，如果仍不能启动，应停止启动操作，查找启动失败的原因（会同电气，检修人员共同进行）。

2. 影响产品性能的因素有哪些？

答：①反应温度；②进料中乙烯含量；③添加剂、引发剂浓度；④反应压力；⑤反应产品冷却器温度；⑥高分、低分分离效果；⑦调节剂使用种类。

3. 控制 MI 的注意事项有哪些？

答：①注意调节剂的浓度变化；②挤压机主马达电流的变化；③新鲜乙烯气的进气量变化；④调节剂加入量及返回量的变化；⑤反应压力、反应温度的变化；⑥反应器中间冷却器、高循系统冷却器再生时，MI 将受到影响。

4. 编制总体试车方案的原则是什么？

答：①要有可靠的技术根据，获得设计图纸、设计文件、工艺技术文件、技术数据作为方案编制的依据；②技术经济原则，在保证开工安全的基础上最大限度减少开工费用；③总体试车方案的总体性原则。

5. 吹扫合格的判定标准是什么？

答：每段管线或系统吹扫是否合格，应由生产和安装人员共同检查，当目测排气清净和无杂色杂物时，在排气口用白布或涂有白铅油的靶板检查，如5min内检查其无铁锈、尘土、水分及其他脏物和麻点即为吹扫合格。

6. 编制的开停工方案应包括的内容是什么？

答：①概况；②工艺流程；③编制原则和依据；④达到的目标；⑤组织机构；⑥开停工网络图；⑦开停工程序；⑧开停工难点及对策；⑨环境保护；⑩安全技术与工业卫生。

7. 一次压缩机主电机启动后，还要检查哪些部位？

答：①主电机电流、主电机及压缩机运转无异音、振动、发热；②盘车马达停止，盘车器脱开，制动爪钩顶住；③十字头供油及滑动平稳。

8. 二次压缩机盘车时（与一次压缩机相比）有什么需要特别注意的事项？

答：①二次压缩机应带压盘车；②在冬季，可进行汽缸预暖；③在盘车过程中，应注意检查柱塞是否脱落。

9. 二次压缩机盘车时，主要检查哪些部位？

答：①检查压缩机各部位无异音、振动、发热；②检查滑道及柱塞杆的润滑情况；③检查柱塞杆有无脱落；④检查辅助油系统：油压、油温正常，无泄漏，油过滤器出入口压差正常，回油正常，油箱液面正常；⑤内部油注油量正常。

10. 二次压缩机盘车时，若发现柱塞杆脱落，怎么办？

答：①停止盘车；②报告班长，与检修人员联系处理。

11. 压力容器有哪些安全附件？

答：压力容器的安全附件有：安全阀、防爆膜（片）、压力表、液位计、温度计等。

12. 正常生产中对引发剂泵本身巡检有哪些内容？

答：①检查泵的吸入排出阀、汽缸填料部分和法兰连接处是否有引发剂泄漏现象；②泵切换的动作是否正常；③排出压力比反应控制压力是否稍高些；④吸入排出阀是否发热；⑤汽缸、吸入排出阀有无异音；⑥仪表风管线上的注油器是否注油，正常不正常；⑦汽缸填料处是否用油充满，检查填料盖。

13. 如何调整聚乙烯产品的熔流指数？

答：①调整反应压力；②调整反应温度；③调整调节剂的加入量；④调整返回裂解装置的气量。

14. 正常生产中，一次压缩机旁路回流阀的开度可否控制在全关的位置，为什么？

答：不可以。因为若全关，当后系统的压力正常波动时，旁路回流阀将没有调节余量。

15. 二次压缩机发现大量漏乙烯气，应如何处理？

答：若大量泄漏乙烯气，应立即紧急停止压缩机，同时关闭压缩机入口阀，打开放空阀泄压。使用现场开关或现场油压联锁或控制室紧急开关均可。

16. 说明二次压缩机一段出口压力下降的原因。

答：①一段吸入量少，即一段吸入压力低或一段吸入温度高；② 一段组合阀动作不良；③泄漏：一段出口至二段入口间有泄漏或一段出口安全阀动作或泄漏。

计算题

1. 已知某聚乙烯装置6月份共生产聚乙烯5000t，共消耗乙烯5200t，丙烯40t，LP－14溶剂油25t，试计算本月物料单耗。

解：乙烯单耗＝5000/5200＝0.962(t/t)

丙烯单耗＝45/5200＝0.076(t/t)

LP－14油单耗＝25/5200＝0.005(t/t)

答：乙烯单耗0.962(t/t)；丙烯单耗0.076(t/t)；LP－14单耗0.005(t/t)。

2. 已知燃料气的组成为：甲烷70%、乙烷10%、乙烯10%、丙烷10%，计算燃料气平均相对分子质量。

解：$M = M_1V_1/V + M_2V_2/V + M_3V_3/V + M_4V_4/V$

$= 70\% \times 16 + 10\% \times 30 + 10\% \times 28 + 10\% \times 44$

$= 11.2 + 3 + 2.8 + 4.4$

$= 21.4$

答：燃料气平均相对分子质量为21.4。

3. 某换热器平均温差为2℃，传热系数为46W/(m·℃)，换热面积为30m²，求该换热器的热负荷。

解：根据$Q = KA\Delta t_m$得：$Q = 46 \times 30 \times 2 = 2760$W。

答：该换热器的热负荷为：2760W。

4. 在某换热器中用120KPa的饱和蒸汽加热苯，苯的流量为5m³/h，从20℃被加热到70℃，若设备的热损失集中于饱和蒸汽一方，估计为$Q_{冷}$的8%，试求该换热器的热负荷。已知$C_{苯} = 1.75 \times 10^3$J/(kg·℃)，$\rho = 855$kg/m³

解：$Q_{冷} = G_{苯}\ C_{苯}(t_2 - t_1) = 5 \times 855/3600 \times 1.75 \times 10^3 \times (70 - 20) = 104$kW

答：该换热器的热负荷为104kW。

5. 将0.5kg/s 80℃的硝基苯通过一换热器，用冷却水将其冷却到40℃，试求该换热器的热负荷。已知$C_{硝基苯} = 1.6 \times 10^3$J/(kg·℃)

解：$Q = G_{硝基苯}C_{硝基苯}(t_2 - t_1) = 0.5 \times 1.6 \times 10^3 \times (80 - 40) = 32$kW

答：该换热器的热负荷为32kW。

溶液法模块

判断题

1. 聚合釜载液开车前，应注意冷凝己烷罐要保证有40%以上液位的己烷，便于在开车过程中调节聚合釜温度。 (√)

2. 原料丁烯－1设计要求纯度最小是99.9%。 (×)

正确答案：原料丁烯－1设计要求纯度最小是99%。

3. 聚合母液线部分可以与聚合釜联通进行氮气置换。 (√)

4. 原料丁烯－1加热后在进入聚合釜之前需要进行伴热输送。 (√)

5. 聚合温度越高，聚乙烯收率也越高。 (×)

正确答案：聚合温度太高会使聚合反应停止。

6. HDPE 具有优良的热性能、密度不同、热性能也不同。 (√)

7. 聚合高压己烷总管设置导淋的作用是便于引己烷排气、停车时进行己烷排放和氮气置换。 (√)

8. 冬季来临，为防止仪表风造成仪表控制阀失灵，需要化验仪表风的含氧量。 (×)

正确答案：冬季来临，为防止仪表风造成仪表控制阀失灵，需要化验仪表风的含水量。

9. 己烷蒸馏塔吹扫、气密工作可以同步进行。 (√)

10. 检验己烷蒸馏塔吹扫是否合格的标准是用目测无杂质为合格。 (×)

正确答案：检验己烷蒸馏塔吹扫是否合格的标准是使用白漆面板在吹扫管口 5 分钟目测无杂质为合格。

11. 配制 PZ 催化剂时，在打开催化剂桶盲板法兰时要防止氮气进入容器。 (×)

正确答案：配制 PZ 催化剂时，在打开催化剂桶盲板法兰时要防止空气进入容器。

12. 聚合系统除催化剂配制使用低压己烷外，其他用户均使用高压己烷。 (√)

13. 串联聚合开车过程中，如果第二聚合釜压力过低，可以通过压力控制阀向釜内补充氮气，以使釜压维持在正常控制范围。 (√)

14. 当导热油系统三通阀打到旁路位置时，意思是冷却。 (×)

正确答案：当导热油系统三通阀打到旁路位置时，意思是没有冷却。

15. 己烷与水的混合物沸点比己烷的沸点高。 (×)

正确答案：己烷与水的共沸物沸点比纯己烷的沸点低。

16. 淤浆法聚乙烯生产上使用的 AT 催化剂的三乙基铝含量要求大于 90%。 (×)

正确答案：淤浆法聚乙烯生产上使用的 AT 催化剂的三乙基铝含量要求大于 95.5%。

17. 间歇聚合催化剂补加期间要注意催化剂罐液位的变化，以确保催化剂能够正常加入。 (√)

18. 干燥系统氮气置换时，应该根据不同的压力等级采用不同的压力。 (√)

19. 当低聚物结片机损坏不能结片时，应采取的紧急措施是进行低聚物排放。 (√)

20. 低聚物结片设置风机的目的是散热。 (×)

正确答案：低聚物结片设置风机的目的是提高置换可燃气速度。

21. HDPE 催化剂起催化作用的是四氯化钛与烷基铝的络合物。 (×)

正确答案：HDPE 催化剂起催化作用的是三氯化钛与烷基铝的络合物。

22. 树脂的熔体流动速率和相对分子质量的大小在数值上成反比关系。另外，树脂的熔体流动速率越高，其加工性能越好，但由于树脂的熔体流动速率升高，树脂的分子量降低，树脂的拉伸强度、刚度、抗冲击性能及耐环境应力开裂性能也都会降低。 (√)

23. B 型并联聚合方式，主要是在两台并联聚合釜中生成熔融指数相同的聚合物。 (×)

正确答案：B 型并联聚合方式，主要是在两台并联聚合釜中生成熔融指数不同的聚合物。

24. HDPE 树脂低温老化时主要按降解进行。 (×)

正确答案：HDPE 树脂低温老化时主要按交联进行。

25. 提高己烷蒸馏塔塔底采出可降低蒸汽消耗。 (×)

正确答案：提高己烷蒸馏塔塔底采出量，蒸馏塔蒸汽消耗不变。

26. 高压己烷在干燥系统的作用主要是设备的密封冲洗和管线冲洗。 (√)

27. 并联聚合有两种反应形式，一种是在各自聚合釜中产生的聚合物性质相同，另一种是聚合产生的聚合物性质不同。 (√)

28. 聚合循环气风机停会引起聚合系统联锁停车。 (√)

29. 第二浆液泵在停泵和切换时均不需要用己烷冲洗出入口管线。 (×)

正确答案：第二浆液泵在停泵和切换时均需要用己烷冲洗出入口管线。

30. 离心机主电机停运后，不能马上停润滑油泵的原因是离心机主机的惯性运转。 (√)

31. 己烷精馏塔停车时的己烷应送入精己烷储罐中。 (×)

正确答案：己烷精馏塔停车时的己烷应送入粗己烷储罐中。

32. 己烷精馏塔停车前应进行洗塔操作。 (×)

正确答案：己烷精馏塔停车前不用进行洗塔操作。

33. 己烷蒸馏塔再沸器堵塞、结壁会降低母液处理能力。 (√)

34. 清理母液储罐的目的是清理粉末。 (×)

正确答案：清理母液储罐的目的是防止母液储罐中的低聚物积聚过多带入己烷蒸馏塔，造成己烷蒸馏塔处理困难。

35. 聚合釜载液停车后浆液稀释罐搅拌器可以停运。 (×)

正确答案：聚合釜载液停车后浆液稀释罐搅拌器要保持运转。

36. 聚合釜设置液位高报警值的主要目的是防止聚合釜液位超高，雾沫夹带严重堵塞釜顶冷凝换热器和造成聚合釜搅拌电流过高。 (√)

37. 高压容器为第二类压力容器。 (×)

正确答案：高压容器为第三类压力容器。

38. 设置干燥尾气压缩机的目的是对气体作功，以便高温气体可以与循环水换热，回收其中的己烷，同时便于尾气排放。 (√)

39. 罗茨风机的风量和转速成正比，而且几乎不受出口压力变化的影响。 (√)

40. 粉末秤微分时间短表示微分作用强。 (×)

正确答案：微分时间短表示微分作用弱。

41. 干燥机粉末出料的温度控制主要是出于粉末软化点和保证干燥效果综合考虑的。 (√)

42. 己烷蒸馏塔塔底采出泵的作用是维持塔釜浓度，保证己烷蒸馏操作连续进行。(√)

43. 聚合尾气压缩机在其润滑油管道系统设有一液压控制阀和液压开关安全装置，在操作时若油压过高，则油通过液压控制阀经旁路回到曲轴箱。 (√)

44. 在选用压力表时，首先压力表必须与压力容器的介质相适应。 (×)

正确答案：在选用压力表时，首先压力表必须与压力容器的压力相适应。

45. 离心机润滑油泵出口压力过高的时候，应该切换使用过滤器。 (√)

46. 己烷蒸馏塔再沸器的操作方法为自然循环。 （×）

正确答案：己烷蒸馏塔再沸器的操作方法为热虹吸循环和强制循环两种。

47. 催化剂泵属于螺杆泵，其送液量精度一般在1%以内，有时甚至可达到0.5%。 （×）

正确答案：催化剂泵属于计量泵，其送液量精度一般在±1%以内，有时甚至可达到±0.5%。

48. 低聚物管线设置套管伴热的目的是加热软化低聚物，便于物料输送。 （√）

49. 对于低聚物齿轮泵来说可输送高黏度的液体也可输送低黏度的液体。 （×）

正确答案：对于低聚物齿轮泵来说只适用于输送高黏度的液体。

50. 聚合产品的熔体流动速率增加时，虽然某些性能有所下降，但一般来说，成型流动性和光泽会得到改善。 （√）

单选题

1. 对原料丁烯-1中杂质含量作出要求的目的是（D）。

A. 防止影响产品MI　　B. 防止影响产品相对分子质量

C. 防止影响产品相对分子质量分布　　D. 防止降低催化剂活性

2. 原料丁烯-1预热器属于（D）。

A. 反应压力容器　B. 分离压力容器　C. 储存压力容器　D. 换热压力容器

3. 高密度聚乙烯产品的流动性能与产品熔体流动速率的关系是成（A）。

A. 正比　B. 反比　C. 无关　D. 以上都不对

4. 高密度聚乙烯产品的相对分子质量分布是通过控制（D）来实现的。

A. 乙烯加料速率　　B. 共聚单体加料速率

C. 氢气加料速率　　D. 两个聚合釜的不同操作条件

5. 高密度聚乙烯产品的力学性能与（D）有关。

A. 熔融指数　　B. 相对分子质量

C. 相对分子质量分布　　D. 密度

6. 聚合工段不使用高压己烷的用户是（D）。

A. 聚合釜液位计冲洗　　B. 催化剂管线冲洗

C. 稀释罐底冲洗　　D. 催化剂配制

7. 关于干燥循环气系统气密的步骤，下列操作正确的是（B）。

A. 升压、隔离、保压、气密　　B. 隔离、升压、气密、保压

C. 升压、气密、保压、隔离　　D. 都可以

8. 己烷干燥器再生循环气风机启动前要排放出入口己烷操作，此目的是为了（A）。

A. 防止液态己烷进入循环风机损害设备

B. 便于干燥再生

C. 便于循环气升温

D. 减少再生过程中的己烷冷凝

9. PZ催化剂在配制前，催化剂罐均进行了泄压操作，所以在催化剂配制完成后，一定不要忘记进行（ C ）。

A. 启动搅拌　B. 取样　C. 氮气密封　D. 空气密封

10. 聚合引己烷不正确的操作是（ A ）。

A. 全面检查聚合系统高压己烷管线上各用户的手阀全关闭，将各低点排放阀打开

B. 将己烷引至己烷过滤器

C. 专人监护高压己烷总管端部排放点，把气体排出后有液体己烷排出时，关闭排放阀

D. 待高压己烷管网充满己烷后，根据各用户需要，再分别向各用户引用

11. 母液罐的正常操作压力和干燥系统压力的关系是（ C ）。

A. 前者大于后者　B. 后者大于前者　C. 相同　D. 都可以

12. 己烷精馏塔己烷接受罐分离水的方式采用（ A ）。

A. 重力分离　B. 离心分离　C. 吸附分离　D. 极性分离

13. 原料气丁烯-1在聚合的作用是（ C ）。

A. 相对分子质量调节剂　B. 阻聚剂　C. 共聚单体　D. 活性剂

14. AT催化剂应在（ C ）下处理。

A. 液封　B. 空气中　C. 氮封　D. 水中

15. 间歇聚合催化剂的主辅催化剂应（ A ）。

A. 同时补加　B. 分开补加　C. 先加主催化剂　D. 先加辅催化剂

16. 固体聚合物在混炼机的（ B ）逐渐软化熔融。

A. 进料段　B. 压缩段　C. 计量段　D. 熔融段

17. 下列选项中，不影响连续混炼机“比能量”的是（ C ）。

A. 螺杆转数　B. 间隙大小

C. 电机功率　D. 筒体和螺杆的冷却

18. 为防止氮气引入装置后进入设备造成设备超压事故的发生，要采取的措施是（ A ）。

A. 关闭进入所有设备的手阀　B. 打开所有设备放空阀

C. 手动降低氮气压力　D. 打开进入所有设备的手阀

19. （ D ）与聚合物的结晶度有关。

A. 熔体流动速率　B. 相对分子质量

C. 相对分子质量分布　D. 密度

20. 聚合产品（ B ）越低，则相对分子质量（ B ），反之亦然。

A. 熔体流动速率、越低　B. 熔体流动速率、越高

C. 密度、越低　D. 密度、越高

21. 产品的流动性能与产品熔体流动速率的关系是成（ A ）。

A. 正比　B. 反比　C. 没关系　D. 对数

22. 吹塑级产品的耐环境应力开裂与产品熔体流动速率的关系是成（ B ）。

A. 正比　　B. 反比　　C. 没关系　　D. 对数

23. 聚合物在反应器内停留时间过长将使聚合物的收率成（ B ）。

A. 升高　　B. 降低

C. 可能升高也可能降低　　D. 都不对

24. 淤浆法聚乙烯产品相对分子质量分布是通过（ C ）来控制的。

A. 两聚合釜进料比　　B. 聚合釜的氢气进料

C. 聚合方式　　D. 共聚单体加入量

25. 淤浆法聚乙烯产品可用（ A ）来控制相对分子质量分布。

A. 非牛顿指数　　B. 竞聚率　　C. 等规度　　D. 氧指数

26. 下列设备中，B 型并联聚合不使用的是（ C ）。

A. 第一聚合釜　　B. 第二聚合釜　　C. 第一闪蒸罐　　D. 第二浆液泵

27. 干燥机加热蒸汽的冷却介质是（ A ）。

A. 冷却水　　B. 氟里昂　　C. 压缩风　　D. 液氮

28. 干燥气洗涤罐的正常操作压力和干燥机压力之间的关系是（ C ）。

A. 前者大于后者　　B. 后者大于前者　　C. 相同的　　D. 不一定

29. 干燥气洗涤罐在液位超高的时候，发生罐体晃动的原因是（ B ）。

A. 罐体重心下降　　B. 罐体重心升高

C. 罐体重量加大　　D. 其他

30. 干燥气洗涤罐液位控制阀失灵全开会导致罐液位（ B ）。

A. 上升　　B. 下降　　C. 不变　　D. 其他

31. 母液输送泵配有（ B ），所以可以高速运转。

A. 一级增速器　　B. 二级增速器　　C. 一级减速器　　D. 二级减速器

32. 母液输送泵润滑油用（ A ）密封。

A. 机械密封　　B. 填料密封　　C. 迷宫密封　　D. 油封密封

33. 下列干燥系统使用高压己烷的用户是（ A ）。

A. 母液泵　　B. 干燥机　　C. 粉末输送风机　　D. 离心机

34. 并联 B 聚合临时停车后的开车，在（ D ）时开始加入纯己烷。

A. 开始投料　　B. 夹套升温

C. 聚合温度正常　　D. 催化剂泵启动补加催化剂

35. 并联 B 聚合临时停车后的开车，如果控制两聚合釜的浆液浓度在相同的数值，则（ C ）。

A. 两聚合釜的纯己烷加入量一定不同　　B. 两聚合釜的母液流量一定不同

C. 两聚合釜的己烷总量一定不同　　D. 两聚合釜的己烷总量一定相同

36. 聚合尾气压缩机吸入罐压力高于控制值时，压力控制放空阀会自动打开放空至（ D ）。

A. 大气　　B. 干燥系统　　C. 回收系统　　D. 火炬系统

37. 聚合循环气风机齿轮箱使用的冷却介质为（ D ）。

A. 冷冻盐水　B. 复用冷却水　C. 脱盐水　D. 循环冷却水

38. 聚合釜系统氮气置换循环气风机的密封油在（ C ）投用。

A. 系统氮气升压后　B. 风机启动前

C. 系统氮气升压前　D. 系统压力泄空后

39. 聚合尾气压缩机出口系统氮气置换要求使用（ B ）升压。

A. 低压氮气　B. 中压氮气

C. 低压氮气和中压氮气　D. 高压氮气

40. 干燥系统即将退空期间，干燥机出料温度呈现（ B ）趋势。

A. 逐步升高　B. 逐步降低　C. 不变　D. 都有可能

41. 干燥机退空期间，其出料温度呈现（ B ）趋势。

A. 逐步升高　B. 逐步降低　C. 不变　D. 都有可能

42. 干燥机退空后，为减少粉末夹带，应将循环气风量（ B ）。

A. 升高　B. 降低　C. 不变　D. 都可以

43. 关于干燥机停车，下列操作正确的是（ A ）。

A. 先停主机，后停油泵　B. 先停油泵后停主机

C. 主机与油泵同时停　D. 都可以

44. 粉末输送风机正常的停车顺序是先停旋转阀，后停风机，其目的是（ D ）。

A. 保护设备　B. 保护管线　C. 避免超压　D. 避免管线堵塞

45. 为防止停蒸汽后产品质量不合格，已烷精馏塔停蒸汽后最先采取的措施应是（ A ）。

A. 改塔底采出进粗已烷储罐　B. 停止进料

C. 停止采出　D. 压力放空

46. 为防止已烷蒸馏塔停蒸汽后发生液泛现象，最先采取的措施应是（ B ）。

A. 停止塔顶采出　B. 停止进料　C. 停止塔底采出　D. 停止回流

47. 一般来说，已烷蒸馏塔再沸器采用强制循环比采用自然循环的母液处理能力（ A ）。

A. 高　B. 差　C. 一样　D. 无法区别

48. 处理母液储罐内残余的已烷的方法是（ A ）。

A. 加水蒸煮　B. 氮气置换　C. 空气置换　D. 排放

49. 稀释罐搅拌器的类型属于（ D ）。

A. 旋桨式　B. 涡轮式　C. 锚式　D. 桨式

50. 下列选项中，属于二类压力容器的是（ A ）。

A. 中压容器　B. 高压、中压管壳式余热锅炉

C. 高压容器　D. 移动式压力容器

51. 聚合循环气风机转速一定时，风量可保持大体不变，又称为（ A ）鼓风机。

A. 定容式　B. 定压式　C. 涡轮式　D. 透平式

52. 聚合尾气压缩机的工作原理和（ C ）相似。

A. 离心泵　B. 螺杆泵　C. 往复泵　D. 齿轮泵

53. 粉末秤积分时间长则表示积分作用（ B ）。

A. 强　B. 弱　C. 先强后弱　D. 先弱后强

54. 粉末秤（ C ）是一种仅考虑偏差变化速率的控制方法。
A. 比例调节 B. 积分调节 C. 微分调节 D. 压力调节
55. 干燥机的控制压力和干燥系统的压力之间的关系是（ C ）。
A. 前者大 B. 后者大 C. 相同 D. 不一定
56. 低聚物结片机转鼓出口通入的介质为（ B ）。
A. 氮气 B. 工业风 C. 仪表风 D. 蒸汽
57. 己烷蒸馏塔塔底采出泵使用的密封冲洗介质是（ A ）。
A. 己烷 B. 氮气 C. 工业风 D. 密封油
58. 聚合尾气压缩机是（ A ）。
A. 往复式压缩机 B. 罗茨风机 C. 离心式风机 D. 螺杆压缩机
59. 压力容器安装安全阀的目的是发生超压时（ C ）。
A. 保压 B. 控制压力 C. 泄压 D. 以上答案都不对
60. 己烷蒸馏塔塔釜循环泵使用的密封冲洗介质是（ A ）。
A. 己烷 B. 密封油 C. 氮气 D. 工业风
61. 己烷蒸馏塔塔釜循环泵使用的冲洗己烷属于（ A ）。
A. 高压己烷 B. 冲洗己烷 C. 低压己烷 D. 密封己烷
62. 己烷蒸馏塔再沸器投用方式为强制循环比热虹吸循环效果（ A ）。
A. 好 B. 差 C. 一样 D. 无法判定
63. 第一浆液泵的（ A ）比第二浆液泵小，第二浆液泵（ A ）比第一浆液泵小。
A. 流量、扬程 B. 扬程、流量 C. 流量、功率 D. 扬程、效率
64. 第一与第二浆液泵的机械密封冲洗己烷流量设定值是（ A ）。
A. 相同的 B. 不同的 C. 前者高后者低 D. 后者高前者低
65. 第一浆液泵的叶轮类型是（ B ）。
A. 开式 B. 半闭式 C. 闭式 D. 其他
66. 催化剂泵对输送易阻塞的液体，（ A ）。
A. 在低流量时能获得高压头 B. 在高流量时能获得高压头
C. 在低流量时能获得低压头 D. 在高流量时能获得低压头
67. 聚合釜搅拌器配有（ D ），所以可以大负荷运转。
A. 一级增速器 B. 二级增速器 C. 一级减速器 D. 二级减速器
68. 聚合釜搅拌器配有（ B ），以实现充分润滑。
A. 离心式油泵 B. 齿轮式油泵 C. 无润滑油 D. 油浴，无油泵
69. 挤压机齿轮减速器用润滑油（ B ）更换一次。
A. 半年 B. 一年 C. 两年 D. 三年
70. 聚合釜气相色谱每隔两分钟分析一次两个聚合釜气相中（ C ）和（ C ）的含量。
A. 己烷、氢气 B. 氮气、乙烯 C. 氢气、乙烯 D. 己烷、氮气
71. 聚合产品（ B ）越低，则相对分子质量（ B ），反之亦然。
A. 熔体流动速率、越低 B. 熔体流动速率、越高
C. 密度、越低 D. 密度、越高

72. 造粒系统主机数据交换错误与（ C ）有关。
A. PLC　B. DCS　C. 电机　D. 主机相关报警
73. 已烷蒸馏塔塔釜低聚物浓度高会影响（ B ）。
A. 塔顶采出　B. 已烷蒸馏塔的处理能力
C. 塔底采出　D. 操作压力
74. 聚合釜浆液 MI 波动的可能原因是（ C ）。
A. 聚合釜进料负荷低　B. 聚合反应压力低
C. 切换使用的新催化剂浓度偏差大　D. 氢气压力高
75. 不是聚合釜浆液 MI 波动原因的是（ D ）。
A. 原料气杂质含量高　B. 氢气压力低
C. 切换使用的新催化剂浓度偏差大　D. 丙烯压力高
76. 不是聚合尾气压力超高原因的是（ B ）。
A. 尾气压缩机负荷低　B. 火炬系统压力低
C. 聚合气相色谱放空量大　D. 尾气压缩机入口过滤器堵
77. 下列描述的是聚合尾气压力超高时的处理方法，其中不恰当的是（ B ）。
A. 尾气压缩机负荷低提高尾气压缩机负荷
B. 尾气压缩机入口过滤器堵塞，打开吸入罐顶氮气阀升压吹扫
C. 循环气风机排凝阀开则关闭
D. 尾气压缩机吸入罐压力放空阀失灵打不开联系仪表处理并适当打开其付线阀进行放空
78. 正常生产中聚合釜内的催化剂配比是通过（ C ）来控制的。
A. 加入的 PZ 催化剂量　B. 加入的 AT 催化剂量
C. 加入的 PZ/AT 催化剂量　D. 加入的原料乙烯流量
79. 催化剂配比在 2550 之间时催化剂收率（ B ）。
A. 最低　B. 最高　C. 可高可低　D. 不高
80. 干燥尾气压缩机入口压力的调节形式是（ A ）。
A. 分程控制　B. 串级调节　C. 就地控制　D. 手动控制
81. 干燥尾气压缩机出口压力的调节形式是（ A ）。
A. 分程控制　B. 串级调节　C. 就地控制　D. 手动控制
82. 循环水造成装置联锁停车的信号应具备的条件是（ B ）。
A. 大于等于 1　B. 大于等于 2　C. 大于等于 3　D. 大于等于 4
83. 聚合釜操作温度联锁值为（ B ）。
A. 控制温度 +3℃　B. 控制温度 +5℃
C. 控制温度 +1℃　D. 控制温度 +2℃
84. 聚合釜温度高联锁能导致下列设备停运的是（ C ）。
A. 聚合釜搅拌器　B. 第二浆液泵
C. 催化剂泵　D. 冷凝已烷泵
85. 丙烯加至丙烯蒸发器的量用（ D ）控制。
A. 压力控制阀　B. 流量控制阀　C. 温度控制阀　D. 液位控制阀

86. 聚合釜聚合反应热采用（ A ）和（ A ）两种方法撤出。

A. 己烷潜热、聚合釜夹套冷却　B. 换热器、聚合釜夹套冷却

C. 聚合釜夹套冷却、辐射　D. 聚合釜夹套冷却、对流

87. 危险源辨识和风险评价方法应依据组织的风险范围、性质和时限性进行确定，以保证该方法是（ A ）的。

A. 主动性　B. 被动性　C. 准确　D. 实际

88. 己烷精馏塔回流比的给定是以（ D ）为原则选取的。

A. 操作费用最小　B. 设备折旧费用最小

C. 操作费用与设备折旧费用之和为最小　D. 己烷的产品质量

多选题

1. 下面列举的是原料丁烯－1中可能含有的催化剂毒物有（ B，C，D ）。

A. 丁二烯　B. H_2O　C. CO　D. CO_2

2. 下列原料丁烯－1进料流程，下列说法正确的有（ A，B，C ）。

A. 原料丁烯－1预热器液位低时，丁烯－1进料泵自动启动

B. 原料丁烯－1预热后的压力控制在1.2MPa左右

C. 原料丁烯－1流量控制阀与丙烯流量控制阀共用

D. 原料丁烯－1预热使用中压蒸汽

3. 下列选项中，属于高密度聚乙烯产品力学性能的有（ A，B，C ）。

A. 拉伸强度　B. 断裂伸长率　C. 冲击强度　D. 介电常数

4. 抗氧剂的作用是（ A，B，C，D ）。

A. 抗氧化　B. 延长树脂使用寿命

C. 防止发黄　D. 耐气候性

5. 干燥循环气系统气密可以采用（ A，B，D ）。

A. 低压氮气　B. 仪表风　C. 工业风　D. 中压氮气

6. 当装置发生停仪表风事故时，在各控制阀失灵的情况下，为防止设备超温、超压事故，通常采取的紧急应对措施是（ A，B ）。

A. 现场打开控制阀付线调节　B. 现场打开安全阀付线调节

C. 打开容器甩头调节　D. 以上都不对

7. 己烷蒸馏塔开车过程中如发生压力急剧降低的原因可能有（ A，B，C ）。

A. 压力控制阀失灵全开　B. 塔顶冷却器"N"型付线阀未关

C. 安全阀启跳　D. 液位表失灵

8. 关于低聚物真空泵启动后出口压力高的原因，下列说法正确的是（ A，B，C ）。

A. 出口压力控制阀失灵，放空阀关闭　B. 出口放空阻火器堵塞

C. 系统有氮气阀泄漏　D. 真空泵损坏

9. 己烷精馏塔开车过程中，塔压力急剧降低的原因可能是（ A，B ）。

A. 塔顶压力控制放空阀失灵常开　B. 塔顶安全阀启跳

C. 温度降低　D. 再沸器疏水器不好用

10. 氮气引入高密度聚乙烯装置前要进行排放的目的是（ A，B ）。

A. 吹扫置换　B. 防止杂质污染系统

C. 泄压　D. 排水

11. 关于低聚物结片过程中发生低聚物不能冷却现象，下列采取措施正确的有（ A，B ）。
A. 降低转鼓脱盐水温度　B. 降低结片机转数
C. 提高低聚物泵转数　D. 降低低聚物泵转数

12. 聚合反应发生的必要条件是（ A，C ）。
A. 聚合反应的单体必须具有不饱和键　B. 聚合反应的单体必须具有饱和键
C. 不饱和键在一定条件下可以断裂　D. 饱和键在一定条件下可以断裂

13. 下列说法正确的有（ A，B，C ）。
A. 聚合反应压力升高，聚合速率增大，收率增加
B. 聚合反应压力降低，聚合速率降低，收率下降
C. 聚合反应压力升高，聚合速率增大，收率增加，但达到一定压力后反应速度下降、收率不变
D. 聚合反应压力升高，聚合速率降低，收率不变

14. 关于B型并联聚合流程说法，下列表述正确的有（ A，B，D ）。
A. 高熔融指数值的聚合物在第一聚合釜内生成
B. 低熔融指数值的聚合物在第二聚合釜内生成
C. 两个聚合釜生成同样熔融指数的聚合物
D. 两釜生成的聚合物在第二闪蒸罐内混合

15. 造粒系统导致聚乙烯交联的因素有（ A，B，C，D ）。
A. 混炼过度　B. 系统氧含量高　C. 温度过高　D. 稳定剂下量不好

16. 气力输送可分为（ A，B ）。
A. 稀相输送　B. 密相输送　C. 高压输送　D. 低压输送

17. 干燥机加热蒸汽冷却器的作用是（ B，C ）。
A. 蒸汽减压　B. 蒸汽降温，防止过热
C. 防止粉末粘结　D. 其他

18. 关于降低蒸汽消耗的方法，下列表述正确的有（ A，B，C，D ）。
A. 保证疏水器完好　B. 严禁蒸汽乱排乱放
C. 加强保温　D. 保证换热器换热效果

19. 下列干燥系统不使用高压己烷的用户是（ A，B，C，D ）。
A. 母液罐　B. 尾气压缩机　C. 循环气风机　D. 离心机

20. 可能是聚合循环气风机跳车原因的是（ A，B ）。
A. 聚合釜插底管堵塞　B. 机械故障
C. 冷却水系统故障　D. 循环气风量低

21. 关于延长己烷蒸馏塔长周期运转的措施，下列说法正确的有（ A，B，C，D ）。
A. 经常洗塔操作　B. 提高塔底采出量
C. 提高己烷回流量　D. 保证离心机分离效果

22. 压力容器按设计分为（ A，B，C，D ）。
A. 低压　B. 中压　C. 高压　D. 超高压

23. 压力容器按在生产工艺过程中的作用原理，可分为（ A，B，C，D ）。
A. 反应压力容器　B. 换热压力容器　C. 分离压力容器　D. 储存压力容器

24. 控制干燥尾气压缩机出口压力的目的是（ A，C ）。
A. 回收已烷　B. 保护设备　C. 便于气体排放　D. 维持干燥机压力
25. 控制干燥尾气压缩机入口压力的目的是（ B，D ）。
A. 回收已烷　B. 保护设备　C. 便于气体排放　D. 协调干燥系统压力
26. 控制干燥尾气压缩机出口温度的目的是（ A，B ）。
A. 回收已烷　B. 保护设备　C. 便于气体排放　D. 协调干燥系统压力
27. 聚合尾气压缩机的组成包括（ A，B，C，D ）。
A. 汽缸　B. 活塞　C. 吸气阀　D. 排气阀
28. 工业风在高密度聚乙烯装置的作用是（ B，C，D ）。
A. 输送物料　B. 服务空气　C. 设备填料冲洗　D. 管线吹扫
29. 聚合尾气压缩机润滑的部件有（ A，B，C ）。
A. 曲轴销衬瓦　B. 球面滚子轴承　C. 十字头销　D. 活塞
30. 压力容器定期检验分为（ A，B，C ）。
A. 外部检查　B. 内部检查　C. 耐压试验　D. 水压试验
31. 下列选项中，属于安全附件的有（ A，B，C，D ）。
A. 压力表　B. 温度计　C. 液位计　D. 测温仪表
32. 已烷蒸馏塔塔釜循环泵的作用是（ A，B，C ）。
A. 提高再沸器换热能力　B. 提高处理能力
C. 强制循环加强塔操作弹性　D. 处理低聚物
33. 第一浆液泵在停车过程中需要冲洗的管线有（ A，B，C ）。
A. 入口线　B. 出口线　C. 回流线　D. 冲洗已烷线
34. 关于催化剂泵的工作原理，下列说法正确的有（ A，B，C ）。
A. 催化剂泵是往复泵的一种
B. 催化剂泵是容积式泵
C. 催化剂泵属于双隔膜式计量泵
D. 催化剂泵的流量调节通过调整出口阀的大小来实现
35. 关于低聚物齿轮泵不能启动的原因，下列说法正确的有（ A，B，C ）。
A. 电动机故障　B. 无电　C. 低聚物凝结　D. 出口阀关
36. 原料气中杂质数量如（ A，B，C，D ）增加时，PZ 催化剂的活性降低。
A. H_2S　B. CO　C. CO_2　D. H_2O
37. 下列选项中，能引起粉末输送风机出口压力高的是（ A，B，C，D ）。
A. 干燥机堆料　B. 袋式过滤器堵塞
C. 离心机进料快　D. 仪表故障
38. 高密度聚乙烯装置如果送出的已烷含水量高，会造成（ A，B，C，D ）后果。
A. 催化剂活性降低　B. 产品质量降低
C. 聚合反应差　D. 催化剂消耗增加
39. 易造成分子筛干燥循环风机轴承齿轮损坏的原因有（ A，B，C ）。
A. 润滑油使用不当　B. 润滑油不足
C. 设备过载　D. 内部间隙增大

40. 可能是聚合釜浆液 MI 波动原因的有（A，B，C）。

A. 原料气杂质含量高　　B. 氢气压力低

C. 切换使用的新催化剂浓度偏差大　　D. 乙烯压力高

简答题

1. 影响己烷蒸馏塔的处理能力的因素有哪些？

答：①塔底再沸器换热面积；②塔顶冷却器换热面积；③塔釜低聚物浓度；④塔底采出加热器换热面积；⑤母液中的低聚物含量。

2. 请简述造粒机组生产波动的现象。

答：①主机电流波动；②筛前物料压力波动；③物料温度波动。

3. 请简述密相输送风机的安全联锁现象。

答：①风机停车；②操作站给出压力报警信号；③操作站无法复位。

4. 请简述密相输送风机的安全联锁处理措施。

答：①在现场复位；②在操作站复位；③根据现场报警信号，切换风机继续生产或采取相应措施后，重新启动系统。

5. 请简述造粒系统电网故障原因。

答：①晃电或触发紧急停车开关；②停电了；③控制电源故障。

6. 干燥机压水器故障的处理？

答：①维修更换出入口单向阀；②压水器解体更换内部单向阀；③更换压水器内部浮子和簧片。

7. 干燥系统循环冷却水联锁后停运的设备有什么？

答：①干燥尾气压缩机；②干燥循环气风机；③干燥机出料旋转阀。

8. 当循环水联锁发生后，联锁值不能恢复正常情况下，高密度聚乙烯装置该如何解除循环水联锁？

答：①控制室主操作调出循环水来水压力、回水压力、循环水流量三个操作点，把此三点的其中两个“PV”源由“自动”改成“手动”，手动设定压力或者流量其中两个为正常值；②调出联锁复位按钮，按下循环水的复位按钮，循环水联锁就解除了；③当循环水压力、流量恢复正常实际值时，把此三点的“PV”源由“手动”改成“自动”投用。

计算题

1. 对某项作业用 LEC 法进行风险评价，其中 L 值为 0.5，E 值为 6，C 值为 15，判断该作业是否需要编写事故预案？

解：$X = L \times E \times C = 0.5 \times 6 \times 15 = 45 < 70$

答：分值小于 70 为一般风险因素，不需编写事故预案。

2. 已知一批粉末的堆积密度是 $0.320g/cm^3$，则这样的 10t 粉末的体积是多少立方米？

解：粉末体积 = 粉末重量 ÷ 粉末堆积密度 $= 10000 \div 0.32 = 31250cm^3 = 3.1m^3$。

答：粉末的体积是 $3.1m^3$。

3. 已知干燥循环气洗涤泵到聚合闪蒸罐的流量是 2t/h，其回流量设定为 15t/h，求干燥循环气洗涤泵的出口流量？

解：泵出口流量 $= 2 + 15 = 17t/h$

答：干燥循环气洗涤泵的出口流量为 17t/h。

4. 已知一批粉末的堆积密度是0.310g/cm³，则这样的10t粉末的体积是多少立方米？

解：粉末体积=粉末重量÷粉末堆积密度$=10\div0.31=32m^3$

答：粉末的体积是$32m^3$。

5. 已知一批10t粉末的体积是$32m^3$，则这样的粉末的堆积密度是多少g/cm^3？

解：粉末堆积密度=粉末重量÷粉末体积$=10\div32=0.31g/cm^3$

答：粉末的堆积密度是$0.31g/cm^3$。

6. 某生产高密度聚乙烯的化工厂，已知己烷精馏塔己烷进料为36t/h，塔底己烷采出为30t/h，求其精馏塔的回流比是多少？

解：$R=\frac{G_{进料}-G_{采出}}{G_{采出}}=\frac{36-30}{30}=0.2$

答：此精馏塔的回流比为0.2。

7. 高密度聚乙烯装置增湿降温泵，为检验测得此泵扬程，以水为物料，已知出口压力为4.5MPa（表压）入口压力0.2×10^4Pa（真空表），出入口高差为0.2m，实测泵的流量为$5m^3/h$，吸入管和出口管管径相同，求该泵的扬程。（水的密度$\phi=998.2kg/m^3$）

解：根据伯努力方程可得

$$H=Z+(P_{表}+P_{入})/Pg+(V_2{}^2-V_1{}^2)/2g$$

已知　　$Z=0.2m$

$P_{表}=45\times9.81\times10^4Pa$

$P_{入}=0.2\times9.81\times10^4Pa$

管径相同所以　$V_2=V_1$

带入上式得

$$H=0.2+(450+0.2)\times10^4/998.2\times9.81+(V_2{}^2-V_1{}^2)/2g$$
$$=460m$$

答：该泵的扬程为460m。

8. 已知高密度聚乙烯装置己烷单耗为15kg/TPE，本月聚乙烯产量为23000t，求本月的己烷消耗为多少？

解：根据

$$G=M\times H$$
$$=23000\times15$$
$$=345000kg$$

答：本月的己烷消耗量为345000kg。

9. 某生产高密度聚乙烯的化工厂，有一母液贮罐，已知母液进料入口管径为$d=100mm$，流速为$V=150m/s$，出料出口管径为$d=125mm$，要保证此母液贮罐液位不升不降，则出口流速要保证多少？

解：根据物料衡算$W_{进}=W_{出}$

$$W_{进}=\Phi_1\times d_1\times V_1=100^2\times3.14\times150$$

$$W_{出}=\Phi_2\times d_2\times V_2=125^2\times3.14\times V_2$$

解得　　$V_2=96m/s$

答：出口流速保证为96m/s。

气相法模块

判断题

1. 装置开车方案的编制主要由车间技术人员进行，编制完毕后必须经相关部门审核通过才能实施。 (√)

2. 反应系统温度由循环水系统控制。 (×)

正确答案：反应系统温度由调温水系统控制。

3. 丁烯干燥器再生操作冷却过程中，可以用普通氮气。 (×)

正确答案：丁烯干燥器再生操作冷却过程中，必须用精制氮气。

4. 造粒机组开车后，要将热油温度调整下来，以便能对熔融泵起到冷却作用。 (√)

5. 造粒机组开车后，要及时进行水汽切换，以防止湿炼机筒体温度过高。 (√)

6. 共聚单体/乙烯比越大，聚乙烯树脂的密度越小，熔融指数也越小。 (×)

正确答案：共聚单体/乙烯比越大，聚乙烯树脂的密度越小，但熔融指数增加。

7. 反应器压力控制有两种模式，一是总压控制模式，另一个是分压控制模式。 (√)

8. 反应器在冷凝模式下操作时，采用潜热方式撤走聚合反应热。 (×)

正确答案：反应器在冷凝模式下操作时，采用潜热和显热两种方式撤走聚合反应热。

9. 高密度生产过程中，也需要注入少量的丁烯－1。 (√)

10. 聚合主反应器转入备用状态时，没有必要保温、保压、保气相组成。 (×)

正确答案：聚合主反应器转入备用状态时，需要保温、保压、保气相组成。

11. 聚合反应的指数是由反应温度来控制的。 (×)

正确答案：聚合反应的指数是由氢气/乙烯来控制的。

12. MFI 越高，物料的流动性越差，MFI 越低，物料的流动性越好。 (×)

正确答案：MEI 越高，物料的流动性越好，MFI 越低，物料的流动性越差。

13. 反应器温差高报，表明可能是由于仪表故障或循环水故障等导致的温控失灵。 (√)

14. 为了减少过渡料，所有牌号转换时都必须将床层倒空检查清理。 (×)

正确答案：仅高密度和低密度牌号相互转换时才将床层倒空检查清理。

15. 为了减少过渡料，牌号转换时间越快越好。 (×)

正确答案：牌号转换过快，会引起反应器结块、温度控制失调、过滤器或分配板堵塞、造粒质量不好等等，使装置发生不良问题，因此转牌号要严格按照一定的逻辑次序依次进行切换。

16. 流化气压缩机的停车程序是其开车程序的逆过程。 (√)

17. 循环气压缩机停车前，终止系统必须保持在“自动”位置。 (×)

正确答案：循环气压缩机在停车前，必须将终止系统打在“解除”位置，以防止压缩机停车时透平启动。

18. 活塞式压缩机在运行时发现排气压力降低，产生的原因可能是吸入过滤网堵，或下段吸、排气阀坏。 (×)

正确答案：活塞式压缩机在运行时发现排气压力降低，产生的原因可能是吸入过滤网堵，或吸、排气阀坏。

19. 挤压造粒机当主电机超负荷时，摩擦离合器会自动脱开保护主电机防止烧毁。 (√)

20. 流化床反应器设置分布板是为了保证流化气进入反应器后，可以均匀带动固体颗粒在反应器里翻转，防止局部过热结块。 (√)

21. 活塞压缩机检修完试车启动压缩机前，需要将润滑油系统提前启动半个小时，以保证轴瓦、连杆瓦的润滑部位得到良好的润滑。 (√)

22. 透平运转一段时间的目的是为了将终止剂能够比较均匀地分布在反应器中，从而避免大块料的产生。 (√)

23. 挤压造粒机切出的粒料形状为不规则羽片粘连，产生的原因可能是由于切粒机轴过度偏心。 (×)

正确答案：挤压造粒机切出的粒料形状为不规则羽片粘连，产生的原因可能是刀片硬度不合适，刀片磨损。

24. 生产低密度时，如果床层料位控制较低，反应活性突然增加，可能导致反应器发生爆聚。 (√)

25. 爆聚是指在聚合反应过程中由于各种因素影响，使聚合反应所放出的热量无法及时带走，造成反应器内急剧升温，反应在瞬间完成，其结果是在反应器内结成难熔的大块聚合物。 (√)

26. 粉料发粘后，容易在脱气仓中结块，从而影响造粒机组的稳定运行。 (√)

27. 一氧化碳和氧浓度超标不会对反应活性造成影响。 (×)

正确答案：一氧化碳和氧是聚合反应的强毒性杂质，其浓度超标都会对反应活性造成影响。

28. 注入系统故障造成预聚物无法有效注入会造成聚合反应活性低。 (√)

29. 在使用铬系催化剂进行生产时，反应器中不会产生静电。 (√)

30. 泵在正常运转调节流量时，若减小入口管线阀门开度会造成气蚀现象。 (√)

31. 离心泵泵壳内液体的压力不平衡会引起泵的振动。 (√)

32. 罗茨风机的风量只与转速有关，与出口压力无关。 (√)

33. 添加剂加入过量，树脂灰分会增高。 (√)

34. 添加剂加入量不足，树脂颜色会发黄。 (√)

35. 添加剂加入量不足，会降低树脂的寿命和内在质量。 (√)

36. 抗氧剂对聚合物由于氧化降解所产生的过氧化物分解成非游离基的稳定化合物。 (√)

37. 产生污染粒子的主要原因是由于聚合物粉料的灰分太高。 (×)

正确答案：产生污染粒子的主要原因是添加剂加入量不足以及机筒清理不彻底产生碳化粒子。

38. 高速时，如果挤出机电机功率达到1100kW时，会引起联锁停车。 (×)

正确答案：高速时，如果挤山机电机功率达到1920kW时，会引起联锁停车。

39. 换网器上游侧压力达到25MPa时，会引起联锁停车。 (×)

正确答案：换网器上游侧压力达到32MPa时，会引起联锁停车。

40. 生产高密度聚乙烯时，如果反应器压力升高或降低，对产品密度几乎没有影响。 (√)

41. 压缩机的吸入口要安装过滤器，是为了防止气体中夹带灰尘和铁屑而造成对汽缸的磨损与刮伤。 (√)

42. 发生粉料发粘的现象后，要及时调整反应负荷和操作参数，以避免发粘现象进一步恶化。 (√)

43. 只要静电趋势线出现一个峰值，就要投用抗静电系统。（×）

正确答案：当静电趋势线出现一个峰值时，只是一个警报，不应该投用抗静电系统，只有连续出现 ±500V 范围外的峰值时，才应该投用抗静电系统。

44. 发现反应器结片后，要立即停止催化剂和 T_2 进料。（×）

正确答案：发现反应器结片后，如果表皮温度上升大于床层温度但低于黏结温度，可立即停催化剂，但要维持 $T_2$30 min。

45. 乙烯反吹总管切断阀的开关与乙烯进反应器供应阀的开关有关。（×）

正确答案：乙烯反吹总管位于乙烯进反应器供应阀的上游，故反吹总管切断阀的开关与乙烯进反应器供应阀的开关无关。

46. 反应器到脱气仓的放空阀接受反应器超压控制器 PIC－4001－93 和流量调节器 FIC－4001－39中的高信号。（√）

单选题

1. 下列各温度中，（ D ）最高。
   A. 反应温度　　B. 循环气压缩机出口温度
   C. 终止温度　　D. 树脂黏结温度

2. 原料乙烯各杂质中，（ A ）对钛系统催化剂的影响是可逆反应。
   A. CO　　B. CO_2　　C. H_2O　　D. CH_3OH

3. 树脂密度主要采用调整（ B ）的方式进行。
   A. 氢气/乙烯比　　B. 共聚单体/乙烯比
   C. 乙烯分压　　D. 反应温度

4. 下列关于牌号切换的叙述正确的是（ A ）。
   A. 从高密度的一个牌号过渡到另一个牌号仅需改变气相组成
   B. 从线性低密度聚乙烯的一个牌号转产到另一个牌号需要停车处理
   C. 不同类产品间的牌号转换例如从高密度转换到低密度牌号不需要停止生产
   D. 产品牌号的切换，可以随意转换，没有必要按照逻辑次序进行依次切换

5. 生产高密度聚乙烯时的副产品是（ C ）。
   A. 重组分　　B. 聚丁烯　　C. 齐聚物　　D. 丁烷

6. 氢气/乙烯的作用在于来控制聚合物的（ A ）。
   A. 相对分子质量　　B. 相对分子质量分布　　C. 结构　　D. 反应速度

7. 高分子聚合物的熔融指数与相对分子质量的关系是（ A ）。
   A. 相对分子质量越大，指数越高　　B. 相对分子质量越低，指数越高
   C. 相对分子质量越大，指数越低　　D. 相对分子质量越低，指数越低

8. 聚合生产中常用 MI 来控制聚合物产品的性能，它代表的是（ A ）。
   A. 熔融指数　　B. 熔体粘度
   C. 相对分子质量分布　　D. 转化率

9. 产品牌号转换需要停车检查处理的是（ A ）。
   A. 高密度和低密度牌号之间相互转换　　B. 高密度和高密度牌号之间相互转换
   C. 低密度和低密度牌号之间相互转换　　D. 无所谓

10. 聚合温度控制的裕度是指（ A ）。

A. 目前水系统的温度——水系统能够达到的最低温度

B. 水系统的平均温度——水系统能够达到的最低温度

C. 反应温度——水系统能够达到的最低温度

D. 无法确定

11. 下列毒物对聚合反应活性影响的强弱排序正确的是（ B ）。

A. 水＞氧气＞一氧化碳＞二氧化碳＞乙炔＞甲醇

B. 水＞一氧化碳＞氧气＞二氧化碳＞乙炔＞甲醇

C. 氧气＞一氧化碳＞水＞二氧化碳＞乙炔＞甲醇

D. 水＞乙炔＞氧气＞二氧化碳＞一氧化碳＞甲醇

12. 反应器用空气置换，直到氧含量大于（ C ）方可进入反应器。

A. 15%　　B. 17%　　C. 19%　　D. 21%

13. 活塞压缩机润滑系统一般使用齿轮泵进行润滑油的循环，齿轮泵的是由（ C ）驱动的。

A. 自带电机　　B. 压缩机电机　　C. 曲轴　　D. 以上都可以

14. 挤压造粒机切刀与模板模面的间隙应保持在（ C ）道之间。

A. 0～1　　B. 1～2　　C. 3～5　　D. 8～10

15. 流化床反应器上部为了降低气流速度，使部分较大的颗粒沉降落回床层，为此将反应器上部直径（ A ）。

A. 增大　　B. 减小　　C. 先增大后减小　　D. 先减小后增大

16. 活塞压缩机在验收试车时，需要进行试运行，如果有十字头的活塞压缩机，要求油箱温度不能大于（ D ）℃。

A. 160　　B. 100　　C. 70　　D. 60

17. 活塞压缩机在验收试车时，汽缸温度不能超过（ A ）℃。

A. 160　　B. 100　　C. 70　　D. 60

18. 透平是利用（ A ）作为驱动力的。

A. 循环气　　B. 回收气　　C. 蒸汽　　D. 高压氮气

19. 在反应系统终止时，透平一般运转（ C ）min 左右。

A. 5　　B. 8　　C. 10　　D. 15

20. 挤压机切刀与模板模面的间隙为 0.03～0.05mm，所以切刀的刀刃的最大高低差不允许大于（ B ）mm。

A. 0.02　　B. 0.03　　C. 0.05　　D. 0.06

21. 分子筛吸附容量随温度变化而变化，温度（ B ）。

A. 高时，吸附容量高　　B. 高时，吸附容量低

C. 低时，吸附容量低　　D. 低时，吸附容量高

22. 如果精馏塔进料组成变化，轻组分增加，则（ A ）。

A. 釜温下降　　B. 釜温升高　　C. 釜压升高　　D. 顶温升高

23. 对于操作精馏塔来说，增大回流比（ C ）。

A. 增大塔顶采出量　　B. 塔釜产品纯度提高

C. 塔顶产品纯度提高　　D. 对产品纯度没有影响

24. 精馏塔釜压升高将导致塔釜温度（ C ）。

A. 不变　B. 下降　C. 升高　D. 无法确定

25. 当催化剂活性增加时，树脂的灰分（ B ）。

A. 增大　B. 减小　C. 无影响　D. 不变

26. 抗静电剂是用（ B ）作为输送介质的。

A. 乙烯　B. 高压氮气　C. 回收气　D. 钢瓶氮

27. 促使注入系统自动停车的联锁，正确的是（ C ）。

A. 氮气压力高　B. 预聚物断料　C. 仪表空气压力低　D. 反应器活性偏高

28. 下列设备中不属于挤压机组成部分的是（ B ）。

A. 齿轮泵　B. 种子料仓　C. 球形阀　D. 袋式过滤器

29. 挤压造粒单冗颗粒料是靠（ C ）冷却并输送的。

A. 循环水　B. 低温水　C. 脱盐水　D. 生活水

多选题

1. 循环气压缩机系统的干气密封系统包括（ A, B, C, D ）。

A. 压缩机轴的干气密封　B. 迷宫密封的吹扫
C. 压缩机导向叶片的吹扫　D. 压缩机体的氮气缓冲气

2. 装置开车方案的内容包括（ A, C, D ）。

A. 组织机构　B. 停车方案　C. 开车方案　D. 安全方案

3. 下列关于反应温度控制的描述中，正确的有（ A, B, C ）。

A. 反应温度因产品牌号而异
B. 反应温度由调温水系统控制
C. 反应温度控制回路是串级控制回路
D. 反应温度是调节树脂熔融指数的一种手段

4. 乙烯精制单元主要脱除的杂质有（ A, B, C, D ）。

A. CO_2　B. CO　C. O_2　D. H_2O

5. 丁烯干燥器再生操作各步骤中，（ B, D ）必须用精制氮气。

A. 加热和保温　B. 冷却和保温　C. 热吹扫　D. 预负荷

6. 下面关于树脂指数的说法正确的是（ B, C ）。

A. 氢气/乙烯比值越高，树脂指数越低　B. 氢气/乙烯比值越低，树脂指数越低
C. 氢气/乙烯比值越高，树脂指数越高　D. 氢气/乙烯比值越低，树脂指数越低

7. 关于丁烯/乙烯比值的控制，说法正确的是（ A, B, C ）。

A. 不同牌号的产品比值不同
B. 生产线性低密度聚乙烯时比值不能超过 0.4
C. 比值越高对应牌号的产品密度越低
D. 生产高密度聚乙烯时无需加入丁烯 -1

8. 影响树脂密度的因素有（ A, C, D ）。

A. 反应温度　B. 氢气分压　C. 乙烯分压　D. 丁烯分压

9. 影响树脂指数的因素有（ A, B, D ）。

A. 反应温度　B. 氢气分压　C. 乙烯分压　D. 丁烯分压

10. 在（A，B）情况下，反应系统会触发Ⅰ型终止。

A. 床温开关高报　　B. 缓冲气中断超过1min

C. 润滑油压力低低报　　D. Ⅲ型终止失败

11. 聚乙烯树脂的特性主要有（A，B，C）。

A. 相对分子质量分布　　B. 密度

C. 熔融指数　　D. 筛分

12. 在料量、间距、齿轮转速不变的情况下，下面关于指数的说法正确的是（B，D）

A. 指数越高，齿轮泵电流越高　　B. 指数越高，齿轮泵电流越低

C. 指数越低，齿轮泵电流越低　　D. 指数越低，齿轮泵电流越高

13. 提高循环气速，对反应系统的影响有（A，B，C，D）。

A. 反应器入口温度上升　　B. 细粉夹带严重

C. 循环系统压降升高　　D. 流化死区偏移

14. 对聚合反应活性有害的因素有（A，C，D）。

A. 一氧化碳　　B. 水　　C. 乙炔　　D. 氧

15. 聚乙烯粉料发黏的原因有（A，B，C）。

A. 诱导冷凝剂含量过高　　B. 反应负荷过高

C. 催化剂原因　　D. 反应压力

16. 反应器中颗粒产生静电与（A，B，C，D）有关。

A. 本身的化学组分　　B. 两个接触面的特性

C. 温度　　D. 分子结构

17. 下面关于风机风量的影响因素的选项，正确的是（A，B，C）。

A. 风机的结构　　B. 叶轮直径与叶片宽度

C. 风机的转速　　D. 排出气体的密度

18. 下面关于污染粒子产生的影响因素正确的是（A，B，C）。

A. 添加剂加入量不足　　B. 机筒未清机或清机不彻底

C. 机筒加热温度过高　　D. 以上哪个说法都不对

19. 下面关于气泡粒子产生的影响因素判断正确的是（A，B）。

A. 添加剂杂质太高　　B. 母料输送介质水含量高

C. 机筒加热温度波动较大　　D. 以上哪个说法都不对

20. 颗粒料发黄发乌的原因是（A，B，C，D）。

A. 添加剂失效　　B. 反应活性低、残钛高

C. 添加剂未加入　　D. 水温控制不好不对

21. 引起挤压机的联锁停车主要有（A，B，C）等原因。

A. 减速齿轮箱润滑油压达到0.07 MPa　　B. 低速时，挤压机功率达到1340kW

C. 摩擦离合器滑脱　　D. 以上都不对

22. 下面关于反应活性长期偏高的原因分析正确的是（A，B，C，D）。

A. 铝钛比长期偏高　　B. 乙烯浓度实际值长期偏高

C. 实际注入量长期偏高　　D. 反应温度长期偏高

23. 影响成品料树脂指数高低的影响因素主要有（ A，B，C，D ）。
A. 聚合反应的氢气/乙烯比值　　B. 挤压机机筒温度
C. 添加剂　　D. 反应器温度

24. 装置中使用的抗静电剂有（ A，C ）。
A. 水　　B. 氧气　　C. 甲醇　　D. 乙醇

25. 循环气在线分析仪主要分析（ A，B，C ）浓度。
A. 乙烯　　B. 氢气　　C. 共聚单体　　D. CO

26. 底部出料系统的主要设备有（ A，B，D ）。
A. 缩紧出料斗　　B. 振动筛　　C. 脱气仓　　D. 下料旋转阀

27. 聚合粉料输送系统的主要设备有（ B，C，D ）。
A. 换热器　　B. 振动筛　　C. 脱气仓　　D. 下料旋转阀

28. 关于注入系统的停车联锁，正确的有（ A，C ）。
A. 氮气压力低　　B. 电机电气故障　　C. 仪表空气压力低　　D. 预聚物断料

29. 促使注入系统自动隔离的联锁，正确的有（ A，B，C ）。
A. 氮气压力低　　B. 注入系统与反应器之间压差低
C. 仪表空气压力低　　D. 反应器压力偏高

30. 下列设备中属于挤压机组成部分的是（ A，B，C，D ）。
A. 齿轮泵　　B. 切粒机　　C. 球形阀　　D. 旋风分离器

31. 属于挤压造粒系统设备的有（ A，B，C，D ）。
A. 离心干燥器　　B. 热油泵　　C. 颗粒料仓　　D. 添加剂混合器

32. 反应系统在发生Ⅰ型终止期间，（ A，B，C ）关闭。
A. 催化剂进料阀　　B. 凝液回收阀　　C. 终止剂排火炬阀　　D. 循环气切断阀

33. （ A，B，C，D ）表明Ⅲ型终止失败，Ⅱ型终止触发。
A. 透平离合器没合上　　B. 透平转速超速
C. 透平排出温度低联锁　　D. 透平转速在低设定点以下

简答题

1. 循环气压缩机开车前需确认哪些内容？

答：①确认缓冲气投用；②确认密封气投用；③确认润滑油系统工作正常；④确认电机冷却水和仪表风投用；⑤确认反应回路系统满足开车条件；⑥确认终止系统在“解除”位置。

2. 丁烯干燥器主要再生步骤有哪些？

答：①将需再生床层切出系统，通过泄压孔板排尽床层中的液体，并将压力泄至0.5 MPa以下；②打通再生流程，用普通氮气继续吹扫丁烯去缓冲罐；③将泄压孔板切为再生孔板，床层出口切往火炬，设定好氮气流量和加热器温度，对床层进行热吹扫；④热吹扫时间结束后，重新设定加热器温度，对床层进行加热再生和保温；⑤再生时间结束后，停再生加热器，用精制氮气将床层降温到40℃以下；⑥将乙烯加载在再生氮气中对床层进行预负荷；⑦预负荷结束后，对床层进行充液和升压。

3. 反应器如何进入冷凝模式下操作？

答：①当反应器入口温度下降到接近循环气露点温度时，适当提高循环气速；②继续提高反应负荷；③继续提高循环气中诱导冷凝剂的含量；④当反应器入口温度下降到低于循环气露点温度时，迅速降低循环气速，使反应器入口温度迅速降到低于循环气露点温度5℃以下。

4. 线性低密度聚乙烯上产过程中，氢气/乙烯比值是如何控制的？

答：氢气/乙烯比值由改变氢气的加入量来控制：在线色谱通过检测氢气和乙烯浓度，得出比值与设定的比值进行比较，可由程序通过计算调整氢气的注入量，或者通过手动调整加氢量从而改变氢气/乙烯比值。

5. 树脂指数是如何控制的？

答：该工艺所用的催化剂为齐格勒—纳塔催化剂，氢气是作为分子调节剂，即用来控制树脂相对分子质量的大小。在实际生产过程中是用它来控制树脂的相对分子质量熔体流动指数MFI的。氢气加入量增加，树脂的相对分子质量减小，MFI增大，氢气加入量减小，树脂的相对分子质量增大，MFI减小。

6. 再生加热器启动需要哪些条件？

答：①再生加热器加热元件温度低于其保护温度；②再生氮气流量、压力和温度满足条件；③烃含量不高报；④乙烯ESD没有触发；⑤控制室选择开关选定某床层；⑥控制室手动并关不在“停”位置。

7. 聚合物粉料指数的高低对挤压造粒会产生怎么样的影响？

答：在料量、间距、齿轮转速不变的情况下，MFI越高齿轮泵压力越低（模板也在正常的情况下）。反之MFI越低齿轮泵出口压力越高。当齿轮泵压力越高时切出的粒子长而大(粒料冷却水温度在正常的情况下)。反之，齿轮泵出口压力越低切出的粒子短而小。(以上都在切粒机转速不变的情况下）如果压力太低物料就会顺着模孔往下流造成块料的出现。

8. 流化床反应器床高控制不好会产生什么影响？

答：床层料位控制适宜与否，对生产过程有直接影响，料粒太高，在扩大段分离不好，聚乙烯粉末被带出，夹带量增加，易堵塞过滤网，冷却器，如果料位过低，冲刷作用丧失，易在反应器扩大段造成粉末堆积，受热后成片脱落入床层中，轻者造成流化状态不好，重者造成反应器结块，同时在固定产量下过低的料位易出现热点，甚至结块。

9. 简要说明聚合系统的优化操作。

答：①合理地除去反应热。为了使反应温度能够在一定的温度下进行，必须向反应器内加入或移去一定的反应热，以防止温度波动太大。②防止换热在反应中突然中断。热量平衡是保证反应正常进行的必要条件。为了防止换热突然中断，可以采用双路供电、双路供水。③正确选用传热介质。正确选用热载体，对于加热过程的安全进行意义重大。④加强保温措施。

10. 简述流化气压缩机的停车主要步骤。

答：进行除压缩机以外的其他必要操作；逐渐关闭流化气压缩机入口导向叶片；逐渐打开工艺旁通阀，逐渐关闭工艺区间阀；停流化气压缩机电机；压缩机停车后，继续保持油泵运转30min以上；在确认轴承温度已经降到比进油温度低20℃以下，停油泵，并确认再没有温度异常的上升，如果上升90℃以上时，就要再开启油泵。

11. 简述乙烯压缩机的停车步骤。

答：在确定聚合系统停车后，则关闭界区乙烯总阀和远程阀，在乙烯循环过程中降低乙烯精制床的床温设定，逐渐关闭蒸汽系统，使系统冷却至常温。停乙烯压缩机，关闭进出口阀，使压缩机隔离，释压后，用氮气对压缩机置换并排火炬，直至烃含量小于1%，停氮气置换。

12. 简要说明反应器底部出料系统的正常停车步骤。

答：①停出料程序或停止手动出料。②核实底部出料锁紧斗和振动筛是空的，锁紧斗压力在0.01MPa以下，关除反应器底部进氮外各远程阀。③停振动筛，但轴承密封氮气继续供应。④将振动筛中的块料全部倒空。

13. 循环气压缩机如何停车？

答：①将终止系统解除；②缓慢降低反应系统压力到0.6MPa，干气密封和导向叶片吹扫气切换为HN；③逐渐关闭导向叶片，然后停压缩机电机；④反应器压力降到0后，停干气密封和导向叶片吹扫气；⑤停润滑油泵；⑥润滑油总管压力降到0后，停缓冲气。

14. 简述活塞式压缩机的工作原理以及主要结构。

答：活塞式压缩机的工作原理：活塞式压缩机压缩气体的过程，主要是通过活塞在汽缸内不断地往复运动来完成的。活塞在汽缸内一次往复的全过程分为吸气、压缩和排气三个过程，合称为一个工作过程。

主要结构：活塞压缩机由主机和附属装置组成。主机一般有以下几大部分：①机体：它是汽缸的定位基础构件，由机身、中体和曲轴箱三部分组成。②传动机构：由离合器、带轮或联轴器等传动装置，以及曲轴、连杆、十字头等运动部件组成。通过它们将驱动机的旋转运动转变为活塞的往复直线运动。③压缩机构：由汽缸，活塞组件，进、排气阀等组成。活塞往复运动时，循环地完成工作过程。④润滑机构：由齿轮泵（有的为转子泵）、注油泵、油过滤器和油冷却器等组成。齿轮油泵由曲轴驱动，向运动部件低压供油润滑。⑤冷却系统：风冷式的主要由散热风扇（用曲轴经V带驱动）和中间冷却期等组成。水冷式的由各级汽缸夹套、中间冷却器、管道、阀门等组成。系统中通以压力冷却水，借水的流动带走压缩空气时和运动部件所产生的热量。⑥操纵控制系统：它包括减荷阀、负荷调节器等调节装置，安全阀、仪表以及润滑油、冷却水及排气的压力和温度等声光报警与自动停车保护装置，自动排油水装置等。⑦附属装置主要包括：空气过滤器、盘车装置、传动装置（机外）、电气设备及其保护装置等。

15. 简述挤压造粒机的结构组成及其设计目的和主要设备的名称。

答：挤压造粒机是由连续式混炼机、齿轮泵、水下切粒机组（造粒系统）组成。是设计用于：通过料斗，将原料和添加剂喂入混炼机机筒；通过排气口，将原料中富含氮气的气体以及挥发性物质排掉，混炼和熔融树脂/添加剂的混合物，熔融的聚合物经过齿轮泵增压，使之通过模板；并在水室内将挤出的熔融聚合物的料线通过水下切粒机组切成粒料。挤压造粒机的主要设备包括：混炼机、球形阀、齿轮泵、换网器、水下切粒装置、液压油装置、热油装置、机筒的冷却水装置、操作人员控制站。

16. 为什么挤压造粒机的混炼机的主电机在启动前和停车后要开启启动装置？

答：启动装置由启动电机、减速齿轮箱、凸轮离合机组成。在启动主电机之前，由启动装置使混炼机开始运转，以将聚合物喂入混炼机进行初始的清机操作，避免混炼机的干运转（无物料）而损坏螺杆。在混炼机的主电机停车后，也用启动装置来到孔混炼机。

17. 挤压造粒机的水下切粒装置切出粒子的好坏主要和什么有关，其调节范围是多少？

答：水下切粒装置切出粒子的好坏除了和切刀、切粒机转速、切刀和模板模面间隙有关外，主要还和混炼机的隙距有关（螺杆轴向）。宏观的讲隙距大物料混炼的时间短，混炼效果差，隙距小物料混炼时间长混炼效果好，但隙距的大小和下料量（产量）有直接关系。如果隙距小而下料量大，势必造成物料的不匹配影响和成品的物料平衡，同时会造成隙口的背压高。如果隙距大而下料量小（隙距的大小，齿轮泵应该是同步的）会造成断料现象。引起模板局部堵塞，切出的粒子变粗变长，同时还会出现块料，轻则堵塞后系统离心干燥器脱水斜槽，重则堵塞切粒机，所以下料量隙距，齿轮泵要同步调节，隙距的调整范围是6~60mm。

18. 气相法流化床反应器设备方面常见故障及其原因分析？

答：气相法流化床反应器设备方面常见故障：①流化气量低，造成反应器结块。产生的原因可能是：a. 流化气压缩机故障；b. 分布板堵塞。②抽出系统管线堵，抽出管线反吹，必要时需拆下清理，严重时造成流化床反应器停车。产生的原因是流化气反应器结块。③流化气反应器反应效果不好，产生的原因可能是：a. 乙烯、氢气、氮气等原料中含杂质超出规定；b. 循环气压缩机冷却水管线泄漏，冷却水窜入反应器；c. 反应器的换热装置泄漏，水进入反应器。④流化气量不足，反应器内固体颗粒悬浮状态不好，造成局部过热。

19. 简述挤压机的检修验收程序中试车有哪些步骤？

答：挤压机的检修验收程序中试车有：①各部分及辅助设备在完成检修后都应进行单机试运转，a. 主电机润滑油系统试运装；b. 主减速箱润滑油系统试运行；c. 齿轮泵润滑油系统试运行；d. 热油系统试运行；e. 切粒水系统试运行；f. 液压油系统试运行。②各项准备齐全无误后按挤压机开车步骤进行开车运行：开启起动电机，由起动装置是混炼机开始运转，将聚合物喂入混炼机进行初始的清机操作，视熔融树脂的清洁程度来确定运行时间，一般控制在15min以内，然后关闭切粒机视窗，按规定开启切粒机，按规程启动主电机，挤压机投入运行。

20. 简述挤压机水下切粒机常见故障原因分析及对策有哪些？

答：挤压机水下切粒机常见故障主要表现在粒料的形状上，具体有：①切出的粒料不规则：a. 粒子形状为小粒，产生的原因是切粒机轴与膜面间的垂直度需要调整，调整最大偏心量为0.05mm，目标值为0.03mm；b. 粒子形状为长的通心粉状，产生的原因是切粒机轴过度偏心，调整最大偏心量为0.1mm，若超过此值，应更换轴套和轴；c. 粒料形状变形，产生的原因是刀架不能活动，弹簧负荷为80kg，更换弹簧。②切除的粒料带尾：a. 均匀的粒料带细尾，产生的原因是各刀刃的齐平度不足，调整最大的高低差为0.03mm；b. 均匀的粒料带粗尾并连接，产生的原因是模孔内有污物，清理模板。③粒料形状成团，产生的原因是模头加热不足，检查热油系统。④粒料形状为不规则羽片粘连：a. 粒料带尾成链和成团，或成团，产生的原因是刀片磨损，刀片的硬度不合适，切刀更换每次进轴量为0.03mm，切刀更换处理，洛压硬度：52~56；b. 粒料形状为毛状碎，产生的原因是切粒装置的振动，处理最大值为100μm，目标值为50μm；c. 两三粒粒料粘在一起无尾，产生的原因是汽缸漏气，检修更换切粒机机封和橡胶密封圈。

21. 装置检修计划包括哪些检修项目？

答：装置检修计划主要包括：①主机检修项目；②隐患设备治理项目；③设备到期检修项目；④技术改造更新项目；⑤压力容器、压力管道、安全阀到期校验以及爆破片到期更换项目。

22. 简要说明反应活性长期偏低的分析方法。

答：聚合反应活性长期偏低的判断：如果经过提高注入率、反应温度、预聚物铝钛比、净化系统和原料并维持反应较长一段时间，而反应负荷仍然较低，说明反应活性较低。

23. 简要说明反应活性长期偏低的处理方法。

答：聚合反应活性长期偏低的处理：①系统毒物含量高：可以通过分析流化气毒物含量或从在线仪表分析判断；②原料毒物含量高：可以通过对界区和精制后的原料进行分析判断；③预聚物活性低或失活：可以从预聚物外观颜色以及小聚合试验来判断；④预聚物注入不好：可以通过听现场注入管线注入情况来判断。

24. 乙烯压缩机油压低的原因主要有哪些方面？

答：①压力表不准；②油管破裂或漏油；③过滤器堵塞；④油量不足，油位低；⑤油泵故障；⑥安全阀故障；⑦机器反转；⑧油温太高；⑨轴瓦间隙太大。

25. 氮气压缩机排出压力高的原因主要有哪些方面？

答：①压力表不准；②排气或吸入阀故障；③吸入压力高；④活塞故障；⑤油泵故障；⑥安全阀故障；⑦机器反转；⑧油温太高；⑨轴瓦间隙太大。

26. 乙烯压缩机油量上升的原因主要有哪些方面？

答：①冷却器堵；②油质差，有污垢；③摩擦严重。

27. 乙烯压缩机排出压力低的原因主要有哪些方面？

答：①压力表不准；②排气或吸入阀故障；③密封漏气；④活塞故障；⑤管线或设备漏。

28. 流化气压缩机润滑油供油温度高的原因主要有哪些方面？

答：①油冷却器结垢；②冷却水流量低；③油冷却器内有气；④冷却水从冷却器通道中泄漏；⑤冷却水温度高；⑥温度控制阀坏。

29. 流化气压缩机润滑油供油压力低的原因主要有哪些方面？

答：①油温控制阀故障；②油泵出口旁路阀开；③安全阀故障漏油；④油过滤器堵；⑤油泵故障；⑥油箱液位低；⑦供油温度低；⑧油的流量大。

30. 流化气压缩机润滑油压力波动的原因主要有哪些方面？

答：①油控制阀故障；②压力控制阀不稳定。

31. 流化气压缩机密封油下降槽液位低的原因主要有哪些方面？

答：①密封油供油温度高；②密封油供油或密封装置压力损失小。

32. 返回气压缩机排气温度高的原因主要有哪些方面？

答：①冷却水供应不足或中断；②排气阀或后段吸入阀坏。

33. 返回气压缩机油压降低的原因主要有哪些方面？

答：①压力表坏；②油管破裂或漏油；③过滤器堵塞；④安全阀故障；⑤油量不足，液位太低；⑥油泵故障；⑦机器反转；⑧油温太高；⑨轴瓦间隙大。

34. 简述发生爆聚时的处理措施。

答：①停止预聚物的注入，关闭乙烯、氢气、丁烯的进料；②同时对反应器进行终止剂的注入和急冷操作；③反应器放空释压；④尽可能地倒空床层；⑤用氮气进行置换，直至烃含量合格后打开反应器清理。

35. 简要说明装置大面积停电时应采取的措施。

答：①停电的结果将是所有电机、压缩机等运转设备停转、使装置无法正常运行，按岗位操作法紧急停车处理。②关闭物料管线进出口阀门，停止接送料，维持正常氮封。③气流输送以及成品输送和调理系统均停车。④聚合反应器降温和放压至正常值确保系统安全。⑤注意重点部位和重点设备的温度和压力变化情况，尽可能地避免超温超压。

36. 颗粒冷却水水温高时如何处理？

答：①处理水系统调节阀；②手动旁路操作；③对冷却器结垢或水量不足等进行处理；④调节蒸汽阀开度。

37. 挤压机滤网压差高时如何处理？

答：①更换滤网；②更换滤芯；③调节机筒温度。

38. 挤压机电机负荷不稳定时如何处理？

答：①稳定挤压机的下料速率；②检查和调整物料指数使其变化范围尽可能的小。

39. 生产高密度时粒子偏大是什么原因造成的？

答：①模头加热不足，PCW 水温过低。②模孔出料不均匀，切刀转速过低。③切到盘与模面的间隙过大。④开车不当，主要是进 PCW 水时间过长，切粒机轴，齿龙泵，球阀没能跟上，操作不熟练。

40. 粒子出现外观污粒应如何处理？

答：出现外观污料应及时打过渡料仓防止大面积的污染造成合格料大量浪费，同时开车时一定打过渡料仓，合格后（要经常检查振动筛物料的情况）方能进入掺合器。

41. 生产低密度时粒子带尾如何处理？

答：①降低模头温度及水温（不可过低，否则粒子发灰不发亮）。②更换切刀，调整刀距。③适当提高积压及负荷和切粒机转速。

42. 环气压缩机润滑油油温低时如何处理？

答：①开车前利用加热器将油温加热到所需的温度；②检查温度控制阀，必要时更换，同时进行手动操作。

43. 循环气压缩机润滑油压力波动时如何处理？

答：①检查并修复压力控制阀；②调节压力控制阀传感管线上的切断阀。

44. 密封气流量低导致油进入生产系统的气体中时如何处理？

答：①检查并修理流量控制阀；②减小放空压力；③增加密封气压力。

45. 大面积公用工程停供时如何处理？

答：①反应器注入终止剂；②停止进料，停止预聚物的注入；③反应器放压；④系统手动隔离等待恢复。

46. 简要说明挤压机连续出现过载的处理措施。

答：①检查电机是否存在仪表和电气故障；②检查加料斗是否有块料或存在气托现象；③检查机筒温度是否过低；④检查粉料指数是否过低。

47. 乙烯反吹总管在反应系统正常运行期间和各种终止期间如何动作？

答：①在正常操作情况下打开；②在Ⅰ型终止期间打开；③在Ⅱ型终止期间打开 30 s；④在Ⅲ型终止期间打开 10 min。

计算题

1. 设反应器的总压为2.4MPa，其中乙烯分压为0.83MPa，丁烯与乙烯的摩尔比为1.3%，氢气与乙烯的摩尔比为0.3%，其余为氮气，求氮气在循环气中的体积百分比?

解：丁烯分压=乙烯分压（丁烯/乙烯）=0.83×1.3%=0.01118MPa

氢气分压=乙烯分压（氢气/乙烯）=0.83×0.3%=0.00249MPa

反应器绝对压力=反应器表压+大气压=2.4+0.1=2.5MPa

则氮气分压=反应器绝对压力-各组分分压=2.5-0.83-0.01118-0.00249

=1.65633MPa

氮气占反应器中的体积比：1.65633/2.5=0.6625=66.25%

答：氮气在循环气中的体积百分比为66.25%。

2. 已知生产DJM-1820时，循环气中氢气/乙烯比值为0.165（mol/mol），丁烯/乙烯比值为0.330（mol/mol），反应器进行调组分时，如丁烯加入量为4200kg，则理论需加氢气多少kg?

解：丁烯摩尔数=丁烯质量÷丁烯摩尔质量=4200÷56=75kmol

氢气/丁烯=0.165÷0.330=0.5

氛气摩尔数=丁烯摩尔数×氢气/丁烯=75×0.5=37.5kmol

氢气质量=氢气摩尔数×氢气摩尔质量=37.5×2=75kg

答：理论需加氢气75kg。

3. 已知催化剂颗粒表面的气膜传热系数为421kJ/（m^2·h·K），气体的密度和比热容分别为：0.8kg/m^3和2.4kJ/（kg·K），试算催化剂表面气膜的传质系数。

解：已知：h_s=421kJ/（m^2·h·K），ρ=0.8kg/m^3，C_p=2.4kJ/（kg·K）

由公式：$k_G=\frac{h_s}{\rho C_p}$，得：k_G=219.3m/h

答：传质系数为219.3m/h。

4. 设催化剂加料率为5kg/h，催化剂的活性为3500kg/kg，求聚乙烯树脂的理论灰分是多少?

解：反应产率=5×3500=17500kg=17.5t

理论灰分=催化剂加料量/反应产率=5/17500=0.0002857=285.7×10^{-6}

答：聚乙烯树脂的理论灰分是285.7×10^{-6}。

5. 某连续精馏塔，已知$X_f=0.5$，$X_p=0.84$，q线与平衡线的焦点坐标为（0.69，0.75），采用的回流比为最小回流比的2倍，求（1）回流比R；（2）精馏段操作线方程。

解：（1）由$R_{小}=\frac{X_p-Y_q}{Y_q-X_q}$，

已知$X_q=0.69$，$Y_q=0.75$，代入$R_{小}=1.5$，$R=2R_{小}=2\times1.5=3$

（1）由$Y=\frac{R}{R+1}X+\frac{X_p}{R+1}$

$$Y=\frac{3}{4}X+\frac{0.84}{4}$$

$$Y=0.75X+0.21$$

答：回流比是3；精馏段操作线方程是$Y=0.75X+0.21$。

7. 某连续精馏塔在压强为101.3kPa下分离苯—甲苯的混合液，已知处理量为15300kg/h原料液中苯的含量为45.9%，工艺要求馏出液的含量不小于94.2%，残液中苯的含量不大于4.27%（以上均以质量分数计），试求馏出液和残液的量。

解：$F=P+W$

$F\times X_F=P\times X_P+W\times X_W$

$F=15300\text{kg/h}\quad X_F=0.459\quad X_P=0.942\quad X_W=0.0427$

$15300=P+W$

$15300\times0.459=0.942P+0.0427W$

$P=7082.6\text{kg/h}\quad W=8217.4\text{kg/h}$

答：馏出液为7082.6kg/h，残液为8217.4kg/h。

五、技能操作鉴定要素细目表（技师）

鉴定范围						鉴定点	
一级		二级		三级		代码	名称
代码	名称	代码	名称	代码	名称		
A	技能要求（高压法模块）	A	工艺操作	A	开车准备	001	压缩机启动前异常情况的发现及判断、处理
						002	设备投用前的确认
				B	开车操作	001	压缩机启动失败的紧急处理
						002	升压过程中压力失控的紧急处理
						003	升温过程中温度失控的紧急处理
						004	升压前的各处联锁投用操作
				C	正常操作	001	压缩机异常情况的判断及联系处理
						002	产量降低的处理
				D	停车操作	001	停车前的热循操作
						002	停机前系统内导通的确认
		B	设备使用与维护	A	使用设备	001	反应过程参数的报警知识
						002	压力容器的相关知识
						003	低压及一次压缩机段间压力的控制
						004	二次压缩机段间压力的控制
				B	维护设备	001	低压及一次压缩机的维护工作
						002	干燥机动平衡的调整
		C	事故判断与处理	A	判断事故	001	产品表观结构变差的判断
						002	二次压缩机各段压力、温度异常的判断
				B	处理事故	001	料仓爆炸的紧急处理
						002	高分系统夹带处理
						003	反应釜漏气或着火的紧急处理
						004	二次压缩机柱塞断裂的紧急处理
		D	绘图与计算	A	绘图	001	列管式换热器图
						002	往复泵简图
B	技能要求（溶液法模块）	A	工艺操作	A	开车准备	001	聚合釜的氢气置换操作
						002	导热油系统投用
						003	干燥机加热蒸汽冷却器的投用
						004	干燥系统高压己烷用户投用
						005	干燥系统低压蒸汽用户投用
						006	己烷接收泵启动步骤
						007	仪表风罐投用步骤
						008	离心机启动前准备工作

续表

鉴定范围						鉴定点	
一级		二级		三级		代码	名称
代码	名称	代码	名称	代码	名称		
				B	开车操作	001	并联－A 聚合间歇开车操作
						002	干燥系统冷冻盐水用户投用
						003	干燥系统循环冷却水用户投用
						004	仪表风干燥器投用
						005	仪表风干燥器干燥步骤
						006	低聚物结片机冷却水泵启动操作
						007	粉末输送风机启动
				C	正常操作	001	聚合釜密度的调节
						002	颗粒出现色粒的原因及工艺处理措施
						003	导致离心机电耗增加的原因
						004	离心机扭矩高的处理
						005	己烷蒸馏塔液位控制操作
						006	己烷精馏塔循环脱水操作
				D	停车操作	001	并联 B 聚合退空停车操作
						002	粉末输送风机停车操作
						003	低聚物闪蒸罐倒空操作
		B	设备使用与维护	A	使用设备	001	聚合尾气压缩机启动前的准备工作
						002	干燥尾气压缩机启动前准备工作
				B	维护设备	001	离心式制冷压缩机巡回检查内容
						002	清理精己烷泵入口过滤器操作
		C	事故判断与处理	A	判断事故	001	聚合尾气压缩机汽缸温度高的原因
						002	连续混炼挤压造粒机的维护保养
						003	开车节流阀的故障分析
						004	离心机扭矩高的原因分析
						005	冷冻盐水温度对干燥系统的影响
						006	离心机液相下料线堵塞的后果
				B	处理事故	001	聚合釜插底管堵塞的处理
						002	颗粒输送储压罐发生哪些异常情况应立即上报
						003	影响挤压机输出的因素
						004	己烷粗馏塔洗塔操作
		D	绘图与计算	A	绘图	001	H/C 比与 MI 的关系特性图
						002	挤压机相关联
						003	己烷粗馏塔压力联锁图
				B	计算	001	PZ 催化剂配置的计算
						002	聚合釜催化剂停留时间的计算
C	技能要求（气相法模块）	A	工艺操作	A	开车准备	001	聚合系统的开车准备
				B	开车操作	001	挤压机的开车
						002	聚合反应器开车
						003	排放气回收系统的开车
				C	正常操作	001	丁烯－1/乙烯的控制操作
						002	氢气/乙烯的控制操作
						003	床高的控制操作
				D	停车操作	001	己烷精馏塔的停车
						002	流化气压缩机的停车
						003	挤压机的停车

续表

鉴定范围						鉴定点	
一级		二级		三级		代码	名称
代码	名称	代码	名称	代码	名称		
		B	设备使用与维护	A	使用设备	001	活塞压缩机常见故障的分析判断
						002	挤压造粒机常见故障的分析判断
						003	气相法反应器常见故障的分析判断
						004	风机常见故障的分析判断
				B	维护设备	001	挤压机复杂故障的处理
						002	装置检修计划的实施
		C	事故判断与处理	A	判断事故	001	反应器发生“爆聚”的系统分析判断
						002	反应活性长期偏低的原因分析
						003	循环气冷却器堵塞的判断
						004	各类泵的异常现象的判断
						005	挤压机发生联锁停车原因的分析
						006	成品颗粒产生气泡、污染粒子原因的分析
				B	处理事故	001	组织对循环气压缩机意外停车的处理
						002	装置内大面积停电时的处理
						003	某一系统发生事故后的组织开车
						004	挤压机出现异常情况时的处理
						005	颗粒产品出现质量波动时的分析处理
		D	绘图与计算	A	绘图	001	画出联锁关联图
				B	计算	001	相平衡计算

六、技能操作试题（技师）

高压法模块

试题1：一次压缩机盘车失败的检查处理操作（现场模拟）

（考核时间：25min）

序号	考核内容	考核要点	配分	评分标准	检测结果	扣分	得分	备注
1	准备工作	穿戴劳保用品	5	未穿戴整齐扣5分				
2	操作程序	检查一次压缩机是否未降压到规定值以下	15	未检查压力或处理不正确扣15分				
3		检查盘车限位开关是否有问题，若有问题，自行处理或请电气仪表工处理	15	未检查盘车限位开关扣15分				
4		检查外部油压力，检查油压联锁系统是否投用，将联锁的油引压管开关打开	20	未检查压力扣10分 未检查联锁，未打开联锁的油引压管开关扣10分				
5		检查盘车器，检查压缩机本体及运转部件（视窗观察）	30	未检查盘车器扣15分 未检查压缩机扣15分				
6		请电气检查电路系统	5	没有此步扣5分				
7		若盘车器或压缩机有问题请检修处理	10	任选一问题处理，处理不当扣10分				
8	安全及其他	按国家法规或企业规定		违规一次总分扣5分；严重违规停止操作			—	
		在规定时间内完成操作		每超时1min总分扣5分，超时3min停止操作			—	
合计			100					

试题 2：设备投用前的确认（现场模拟）

（考核时间：15min）

序号	考核内容	考核要点	配分	评分标准	检测结果	扣分	得分	备注
1	准备工作	穿戴劳保用品	3	未穿戴整齐扣 3 分				
		工具、用具准备	2	工具选择不正确扣 2 分				
2	操作程序	检查设备的检修（安装）完成情况，进行专业验收	10	检查各处的完成情况，不能遗漏，有关部门是否验收合格。未查的扣 10 分				
3		检查辅助系统（冷却水、润滑油、仪表风、过滤器等）	10	检查设备的辅助系统，冷却器是否通水，润滑油系统是否投用，仪表风压力的大小，过滤器的投用等。未进行检查的扣 10 分				
4		检查设备，进行吹扫（油运）	10	对设备进行检修后的清洁工作（吹扫、油运、水运），未答的扣 10 分				
5		进行机电仪的单、联机的试运	10	进行单机试运，未答的扣 5 分				
				进行联机试运，未答的扣 5 分				
6		试联锁	20	试验仪表的联锁，未试验的扣 20 分				
7		待投用的设备进行置换	20	掌握待投用的设备置换用的介质，不知的扣 10 分				
				进行设备的置换工作，未答的扣 10 分				
8		待投用的设备的试投用（试压、试负荷、试转）	10	对待投用的设备根据其用途进行试用。检验设备的使用功能。未做到的扣 10 分				
9	使用工具	正确使用工具	2	工具使用不正确扣 2 分				
		正确维护工具	3	工具乱摆乱放扣 3 分				
10	安全及其他	按国家法规或企业规定		违规一次总分扣 5 分；严重违规停止操作			—	
		在规定时间内完成操作		每超时 1min 总分扣 5 分，超时 3min 停止操作			—	
		合　计	100					

试题 3：升压过程中压力失控的紧急处理（现场模拟）

（考核时间：5min）

序号	考核内容	考核要点	配分	评分标准	检测结果	扣分	得分	备注
1	准备工作	穿戴劳保用品	3	未穿戴整齐扣 3 分				
		工具、用具准备	2	工具选择不正确扣 2 分				
2	操作程序	确认反应在开车中，检查系统状态，具备升压条件	20	未确认反应在开车状态扣 10 分				
				未检查是否具备升压条件扣 10 分				
3		通知压缩岗位，反应升压	10	未与压缩岗位联系扣 10 分				
4		手动缓慢有序地操作出口阀，进行升压	10	升压操作未做到缓慢有序扣 10 分				
5		检查反应温度、压力变化情况，确认压力大幅波动急速上升	10	未检查反应温度、压力变化情况扣 10 分				
6		手动将反应器出口阀向开的方向操作	20	出口阀操作方向不正确扣 20 分				

续表

序号	考核内容	考核要点	配分	评分标准	检测结果	扣分	得分	备注
7		确认压力下降，全开出口阀，停止进气，查找原因	10	判断不准确，处理不稳妥扣10分				
8		若压力仍不下降，手动打开紧急放空阀泄压，紧急停止压缩机，查找原因	10	紧急处置不及时到位扣10分				
9	使用工具	正确使用工具	2	工具使用不正确扣2分				
		正确维护工具	3	工具乱摆乱放扣3分				
10	安全及其他	按国家法规或企业规定		违规一次总分扣5分；严重违规停止操作			—	
		在规定时间内完成操作		每超时1min总分扣5分，超时3min停止操作			—	
合计			100					

试题4：升温过程中温度失控的紧急处理（现场模拟）

（考核时间：5min）

序号	考核内容	考核要点	配分	评分标准	检测结果	扣分	得分	备注
1	准备工作	穿戴劳保用品	3	未穿戴整齐扣3分				
		工具、用具准备	2	工具选择不正确扣2分				
2	操作程序	确认反应在开车中，检查系统状态，具备升温条件	20	未确认反应在开车状态扣10分				
				未检查是否具备升温条件扣10分				
3		通知压缩、造粒岗位，反应升温	10	未与压缩、造粒岗位联系扣10分				
4		启动引发剂泵，手动缓慢有序升温	20	忘记启动引发剂泵扣10分				
				升温操作不平稳扣10分				
5		检查反应温度、压力变化情况，确认温度大幅波动急速上升	10	未检查反应温度、压力变化情况扣10分				
6		急停引发剂泵，停止注入引发剂	10	停引发剂泵不及时扣10分				
7		确认温度下降，全开反应器出口阀，停止进气，查找原因	10	判断不准确，处理不稳妥扣10分				
8		若温度仍不下降，手动联锁停车，打开紧急放空阀泄压，查找原因	10	紧急处置不及时到位扣10分				
9	使用工具	正确使用工具	2	工具使用不正确扣2分				
		正确维护工具	3	工具乱摆乱放扣3分				
10	安全及其他	按国家法规或企业规定		违规一次总分扣5分；严重违规停止操作			—	
		在规定时间内完成操作		每超时1min总分扣5分，超时3min停止操作			—	
合计			100					

试题5：一次压缩机一段出口压力下降的检查处理操作（现场模拟）

（考核时间：25min）

序号	考核内容	考核要点	配分	评分标准	检测结果	扣分	得分	备注
1	准备工作	穿戴劳保用品	5	未穿戴整齐扣5分				
2	操作程序	检查吸入压力是否过低，温度是否高，提压或降温（通知裂解降温）	35	未检查压力扣10分				
				未检查温度扣10分				
				处理不当扣15分				
3		检查吸入阀动作情况，检查排除阀动作情况（手摸，耳听）	25	未检查吸入阀扣15分				
				未检查排出阀扣10分				
				严重时停车处理				
4		检查一段出口安全阀泄漏或动作，管线泄漏，检查分离器的排放阀	25	未查安全阀或管线泄漏（可请检修处理或自行处理，严重时停车处理）扣13分				
				未查排放阀或放空阀扣12分				
5		一段填料泄漏或活塞环破损	10	未说明填料或活塞环破损（严重时停车处理）扣10分				
6	安全及其他	按国家法规或企业规定		违规一次总分扣5分；严重违规停止操作			—	
		在规定时间内完成操作		每超时1min总分扣5分，超时3min停止操作			—	
合计			100					

试题6：停车过程系统内导通的确认（现场模拟）

（考核时间：10min）

序号	考核内容	考核要点	配分	评分标准	检测结果	扣分	得分	备注
1	准备工作	穿戴劳保用品	3	未穿戴整齐扣3分				
		工具、用具准备	2	工具选择不正确扣2分				
2	操作程序	确认反应已停车，各设备进行加热	10	未检查反应状态扣5分				
				设备未进行加热扣5分				
3		与压缩、造粒岗位联系，进行系统的导通确认	10	未进行联系扣10分				
4		检查各设备、阀门所处状态，压缩系统正常运转	10	未检查各设备、阀门状态扣10分				
5		确认高压循环系统压力低于反应器压力，进行高压循环系统泄压操作	10	未确认系统压差，进行高循系统泄压扣10分				
6		逐渐打开反应器出口阀，确认反应器压力下降，高压循环系统压力升高，系统畅通，关闭出口阀	20	反应器出口阀操作过急扣10分				
				未能确认系统是否畅通扣10分				
7		若压力没有变化，系统不通，在确保安全条件下，分路打开反应器进气阀，升压进行导通	20	升压过高、过快不安全扣20分				
8		检查各设备加热情况，确保加热充分，不可只靠升高压力进行导通	10	未检查加热情况，确保加热充分扣10分				

续表

序号	考核内容	考核要点	配分	评分标准	检测结果	扣分	得分	备注
9	使用工具	正确使用工具	2	工具使用不正确扣2分				
		正确维护工具	3	工具乱摆乱放扣3分				
10	安全及其他	按国家法规或企业规定		违规一次总分扣5分；严重违规停止操作			—	
		在规定时间内完成操作		每超时1min总分扣5分，超时3min停止操作			—	
		合　计	100					

试题7：压力容器的相关知识

（考核时间：15min）

序号	考核内容	考核要点	配分	评分标准	检测结果	扣分	得分	备注
1	准备工作	穿戴劳保用品	3	未穿戴整齐扣3分				
		工具、用具准备	2	工具选择不正确扣2分				
2	操作程序	压力容器分类的相关知识	40	压力容器的压力等级划分，低、中、高、超高四个等级及每个等级的压力范围，不知道的扣10分				
				压力容器品种的划分，反应、换热、分离、储存压力容器等品种，不知道的扣10分				
				压力容器内介质的相关知识，易燃介质和介质毒性程度的等级划分Ⅰ、Ⅱ、Ⅲ、Ⅳ级（极度危害、高度危害、中度危害、轻度危害），不知道的扣10分				
				压力容器的分类，第一、二、三类压力容器的分类方法，不知道的扣10分				
3		压力容器使用与日常管理的相关知识	30	压力容器的使用登记制度，使用登记的目的，不知道的扣10分				
				压力容器的安全操作知识，防止超温、超压，平稳操作，日常巡回检查，紧急情况的处理，不知道的扣10分				
				压力容器的维护保养知识，保证容器防腐层完好，安全附件齐全、灵敏、可靠，及时消除跑、冒、滴、漏，容器停止运行期间的保养，不知道的扣10分				
4		压力容器安全附件的相关知识	10	压力容器安全附件的种类，安全阀、爆破片、压力表、液面计、测温仪表、紧急切断装置等，不知道的扣10分				
5		本装置所使用压力容器的特点	10	本装置所用压力容器的特点，第三类压力容器居多，多是高压、超高压和承受高温的压力容器，不知道的扣10分				

续表

序号	考核内容	考核要点	配分	评分标准	检测结果	扣分	得分	备注
6	使用工具	正确使用工具	2	工具使用不正确扣2分				
		正确维护工具	3	工具乱摆乱放扣3分				
7	安全及其他	按国家法规或企业规定		违规一次总分扣5分；严重违规停止操作			—	
		在规定时间内完成操作		每超时1min总分扣5分，超时3min停止操作			—	
		合　计	100					

试题8：某成品料仓爆炸着火的紧急处理（现场模拟）

（考核时间：15min）

序号	考核内容	考核要点	配分	评分标准	检测结果	扣分	得分	备注
1	准备工作	穿戴劳保用品	5	未穿戴整齐扣5分				
2	操作程序	掌握情况：根据爆炸声及现场情况明确爆炸及着火的料仓的位号	10	不掌握情况扣10分				
3		停止该料仓的进料及排料：切断进料阀及排料阀、如果料仓正在进料，切为别的料仓进料，如果无法切换，通知切粒就地包装或聚合停车	35	未切除进料阀扣10分				
				未切除排料阀扣10分				
				未切为别的料仓进料扣10分				
				未通知聚合停车或切粒就地包装扣5分				
4		将该料仓的净化风切换为氮气并向料仓放水冷却、如有必要请消防部门协助	30	未将净化风切为氮气扣10分				
				未放水冷却扣10分				
				必要时未通知消防部门扣10分				
5		报告：向领导汇报	5	未汇报扣5分				
6		其他工作：检查其他料仓的进料、排料及风量	10	未做此项工作扣10分				
7		后处理工作：根据领导指示进行	5	没有此项扣5分				
8	安全及其他	按国家法规或企业规定		违规一次总分扣5分；严重违规停止操作			—	
		在规定时间内完成操作		每超时1min总分扣5分，超时3min停止操作			—	
		合　计	100					

试题9：画出列管式换热器图（画出主要阀门）

（考核时间：45min）

序号	考核内容	考核要点	配分	评分标准	检测结果	扣分	得分	备注
1	准备工作	穿戴劳保用品	5	未穿戴整齐扣5分				
2	操作程序	画出封头（两个）	15	未画出封头（两个）扣15分				
3		画出壳体	10	未画出壳体扣10分				
4		画出管板	10	未画山管板扣10分				
5		画出换热器	10	未画出换热器扣10分				
6		画出折流板	10	未画出折流板扣10分				

续表

序号	考核内容	考核要点	配分	评分标准	检测结果	扣分	得分	备注
7		画出壳程入口管（注明方向）	10	未画出壳程入口管（注明方向）扣10分				
8		画出壳程出口管（注明方向）	10	未画出壳程出口管（注明方向）扣10分				
9		画出管程入口管（注明方向）	10	未画出管程入口管（注明方向）扣10分				
10		画出管程出口管（注明方向）	10	未画出管程出口管（注明方向）扣10分				
11	安全及其他	按国家法规或企业规定		违规一次总分扣5分；严重违规停止操作			—	
		在规定时间内完成操作		每超时1min总分扣5分，超时3min停止操作			—	
		合　计	100					

溶液法模块

试题1：导热油系统投用

（考核时间：30min）

序号	考核内容	考核要点	配分	评分标准	检测结果	扣分	得分	备注
1	准备工作	穿戴劳保用品	3	未穿戴整齐扣3分				
		工具、用具准备	2	工具选择不正确扣2分				
2	操作程序	检查油箱油位合格	10	未检查扣5分				
3		检查熔融泵段筒体温度在100℃以上	10	未检查扣5分				
4		关闭付线阀和排放阀	10	未操作扣10分				
5		打通出入口流程	10	未操作扣10分				
6		投用换热器	10	未操作扣5分				
7		将就地控制盘电源开关置于“合”位置	10	未操作扣10分				
8		选择开关置于“2”位置	10	未操作扣10分				
9		在操作室内启动温度控制系统	10	未操作扣10分				
10		现场观察压力、温度及流量正常	10	未检查扣10分				
11	使用工具	正确使用工具	2	工具使用不正确扣2分				
		正确维护工具	3	工具乱摆乱放扣3分				
12	安全及其他	按国家法规或企业规定		违规一次总分扣5分；严重违规停止操作			—	
		在规定时间内完成操作		每超时1min总分扣5分，超时3min停止操作			—	
		合　计	100					

试题2：颗粒出现色粒的原因及工艺处理措施

（考核时间：15min）

序号	考核内容	考核要点	配分	评分标准	检测结果	扣分	得分	备注
1	原因分析	PZ－cat 加入量过大	10	未分析扣10分				
2		AT－cat 加入量过大	10	未分析扣10分				
3		原料气中 CO，CO_2，H_2O 等催化剂毒物超标	10	未分析扣10分				
4		PZ－cat 活性低	10	未分析扣10分				
5		密封油或润滑油漏入系统	5	未分析扣5分				
6		稳定剂杂质多	5	未分析扣5分				
7		混炼机下料槽及挤压机进料口黏壁糊料掉入挤压机中	5	未分析扣5分				
8	处理措施	校准 PZ、AT 催化剂进料量	10	未答扣10分				
9		重新分析催化剂罐内 PZ－cat 浓度	10	未答扣10分				
10		分析原料乙烯、丙烯、氢气中的杂质含量，并确定是否停车	10	未答扣10分				
11		检查设备机械密封	5	未答扣5分				
12		配制稳定剂时，一定要保证清洁	5	未答扣5分				
13		将混炼机下料槽氮气通上，防止氧化	5	未答扣5分				
14	安全及其他	按国家法规或企业规定		违规一次总分扣5分；严重违规停止操作			—	
		在规定时间内完成操作		每超时1min总分扣5分，超时3min停止操作			—	
	合计		100					

试题3：开车节流阀的故障分析

（考核时间：15min）

序号	考核内容	考核要点	配分	评分标准	检测结果	扣分	得分	备注
1	现象	主轴不运转	10	未答扣10分				
2	原因分析	液压系统不打油	10	未分析扣10分				
3		由于污物或没有充分润滑而使主轴滑动摩擦面阻力过大	10	未分析扣10分				
4	现象	主轴周围出现泄漏	10	未答扣10分				
5	原因分析	温度超高使物料黏度太低	10	未分析扣10分				
6	现象	无法达到操作温度	10	未答扣10分				
7	原因分析	加热器控制系统故障	10	未分析扣10分				
8	现象	节流阀不动作	10	未答扣10分				
9	原因分析	电机没电	10	未分析扣10分				
10		熔融物料沉积在节流阀挡板和传动轴上	10	未分析扣10分				

续表

序号	考核内容	考核要点	配分	评分标准	检测结果	扣分	得分	备注
11	安全及其他	按国家法规或企业规定		违规一次总分扣5分；严重违规停止操作			—	
		在规定时间内完成操作		每超时1min总分扣5分，超时3min停止操作			—	
		合　计	100					

试题4：颗粒输送储压罐发生哪些异常情况应立即上报

（考核时间：15min）

序号	考核内容	考核要点	配分	评分标准	检测结果	扣分	得分	备注
1	操作程序	工作压力、介质温度或壁温超过规定值，采取措施仍不能得到有效控制	15	未答扣15分				
2		主要受压元件发生断裂、鼓包、变形、泄漏等危及安全的现象	15	未答扣15分				
3		附件失效	15	未答扣15分				
4		紧固件损坏，难以保证安全运行	15	未答扣15分				
5		发生火灾等直接威胁到压力容器安全运行	15	未答扣15分				
6		容器与管道发生严重振动、危及安全运行	15	未答扣15分				
7		其他异常情况	10	未答扣10分				
8	安全及其他	按国家法规或企业规定		违规一次总分扣5分；严重违规停止操作			—	
		在规定时间内完成操作		每超时1min总分扣5分，超时3min停止操作			—	
		合　计	100					

试题5：影响挤压机输出的因素

（考核时间：15min）

序号	考核内容	考核要点	配分	评分标准	检测结果	扣分	得分	备注
1	操作程序	当模板和托板部分的阻力变得较高时，压力流上升，导致挤压机输出下降	20	未答扣20分				
2		挤压机输出随螺杆转速按比例升高	20	未答扣20分				
3		当螺杆转速变得较高时，模板阻力增加，以致挤压机输出量下降	20	未答扣20分				
4		树脂温度对输出有影响，树脂温度上升，熔融黏度下降	20	未答扣20分				
5		当聚合物MI增大时，牵引流将难以克服模板阻力，挤压机输出量下降	20	未答扣20分				

续表

序号	考核内容	考核要点	配分	评分标准	检测结果	扣分	得分	备注
6	安全及其他	按国家法规或企业规定		违规一次总分扣5分；严重违规停止操作			—	
		在规定时间内完成操作		每超时1min总分扣5分，超时3min停止操作			—	
		合　计	100					

试题6：结团颗粒产生的原因和补救措施

（考核时间：15min）

序号	考核内容	考核要点	配分	评分标准	检测结果	扣分	得分	备注
1	原因分析	造粒开车时，工艺冷却水通入切粒机刀架的时间不合适	20	未分析扣20分				
2		刀架工艺冷却水流量低	10	未分析扣10分				
3		水温高	20	未分析扣20分				
4	处理措施	发现异常，应重新进行开车操作	20	未答扣20分				
5		提高工艺冷却水流量	10	未答扣10分				
6		降低水温	20	未答扣20分				
7	安全及其他	按国家法规或企业规定		违规一次总分扣5分；严重违规停止操作			—	
		在规定时间内完成操作		每超时1min总分扣5分，超时3min停止操作			—	
		合　计	100					

试题7：粉末输送螺杆压缩机故障后的开车

（考核时间：30min）

序号	考核内容	考核要点	配分	评分标准	检测结果	扣分	得分	备注
1	准备工作	穿戴劳保用品	3	未穿戴整齐扣3分				
		工具、用具准备	2	工具选择不正确扣2分				
2	操作程序	将回流阀关闭	10	未操作扣10分				
3		将风机现场操作柱打手动	10	未操作扣10分				
4		启动风机，吹扫管线5 min	20	未操作扣20分				
5		控制室内观察出口压力降低到450×10^5Pa以下，现场停风机	20	未操作扣20分				
6		将回流阀改为自动状态	10	未操作扣10分				
7		将风机现场操作柱打自动	10	未操作扣10分				
8		重新启动系统	10	未操作扣10分				
9	使用工具	正确使用工具	2	工具使用不正确扣2分				
		正确维护工具	3	工具乱摆乱放扣3分				

续表

序号	考核内容	考核要点	配分	评分标准	检测结果	扣分	得分	备注
10	安全及其他	按国家法规或企业规定		违规一次总分扣5分；严重违规停止操作			—	
		在规定时间内完成操作		每超时1min总分扣5分，超时3min停止操作			—	
		合　计	100					

试题8：颗粒输送螺杆压缩机有哪些联锁

（考核时间：15min）

序号	考核内容	考核要点	配分	评分标准	检测结果	扣分	得分	备注
1	操作程序	电流超高联锁	15	未答扣15分				
2		风机入口压力低联锁	20	未答扣20分				
3		风机出口压力高联锁	20	未答扣20分				
4		风机润滑油超温高联锁	15	未答扣15分				
5		润滑油压力低联锁	15	未答扣15分				
6		油分离器和主机联锁	15	未答扣15分				
7	安全及其他	按国家法规或企业规定		违规一次总分扣5分；严重违规停止操作			—	
		在规定时间内完成操作		每超时1min总分扣5分，超时3min停止操作			—	
		合　计	100					

试题9：离心泵正常切换操作

（考核时间：15min）

序号	考核内容	考核要点	配分	评分标准	检测结果	扣分	得分	备注
1	准备工作	穿戴劳保用品	3	未穿戴整齐扣3分				
		工具、用具准备	2	工具选择不正确扣2分				
2	考核内容	检查备用泵润滑油质量及油位，如不合格，则换油或补充油	10	未检查扣10分，换油或加油未过滤扣5分，油位补加不当扣3分				
3		检查备用泵联轴节是否正常，盘车是否灵活	10	未检查扣5分，未盘车扣5分				
4		与供电确认备用泵是否送电	10	未确认扣10分				
5		投用备用泵冷却系统	5	未投用扣5分				
6		投用备用泵机封冲洗	10	未投用扣10分				
7		打通备用泵入口流程	5	未打通扣5分				
8		从备用泵出口甩头排气，排完气关闭	10	未排气扣10分				
9		按启动按钮启动备用泵	5	未启动扣5分				
10		将泵出口阀缓慢打开，同时将原运行泵出口阀关闭停泵	10	操作不当扣10分				
11		关出口阀停原运转泵前，检查新启泵的振动情况，拿听诊器听轴承、电机有无异音，确定正常后才可停原运转泵	5	未检查扣5分				

续表

序号	考核内容	考核要点	配分	评分标准	检测结果	扣分	得分	备注
12		停原运转泵的机封冲洗、冷却系统，关入口阀	10	未干一项扣3分				
13	使用工具	正确使用工具	2	工具使用不正确扣2分				
		正确维护工具	3	工具乱摆乱放扣3分				
14	安全及其他	按国家法规或企业规定		违规一次总分扣5分；严重违规停止操作			—	
		在规定时间内完成操作		每超时1min总分扣5分，超时3min停止操作			—	
合　计			100					

试题10：干燥机加热蒸汽冷却器的投用

（考核时间：15min）

序号	考核内容	考核要点	配分	评分标准	检测结果	扣分	得分	备注
1	准备工作	穿戴劳保用品	3	未穿戴整齐扣3分				
		工具、用具准备	2	工具选择不正确扣2分				
2	考核内容	检查是否说明干燥机加热蒸汽冷却器管程介质是低压蒸汽，壳程介质是冷却水	20	未说明管程介质是低压蒸汽扣10分				
				未说明壳程介质是冷却水扣10分				
3		检查是否打开干燥机加热蒸汽冷却器冷却水入口阀，打开排气阀，进行壳程排气	30	未说明打开干燥机加热蒸汽冷却器冷却水入口阀扣10分				
				未说明打开排气阀扣10分				
				未说明进行壳程排气扣10分				
4		是否打开冷却水出口阀	20	未说明打开冷却水出口阀扣20分				
5		是否打通蒸汽流程，向干燥机加热蒸汽冷却器引入蒸汽	20	未说明扣20分				
6	使用工具	正确使用工具	2	工具使用不正确扣2分				
		正确维护工具	3	工具乱摆乱放扣3分				
7	安全及其他	按国家法规或企业规定		违规一次总分扣5分；严重违规停止操作			—	
		在规定时间内完成操作		每超时1min总分扣5分，超时3min停止操作			—	
合　计			100					

试题11：干燥系统高压己烷用户投用

（考核时间：15min）

序号	考核内容	考核要点	配分	评分标准	检测结果	扣分	得分	备注
1	准备工作	穿戴劳保用品	3	未穿戴整齐扣3分				
		工具、用具准备	2	工具选择不正确扣2分				
2	考核内容	检查是否确认高压己烷泵运转正常，压力达到工艺设计	20	未说明高压己烷泵运转正常扣10分				
				未说明压力达到工艺设计扣10分				
3		检查是否将高压己烷引入干燥系统主管	20	未说明扣20分				
4		是否打开高压己烷主管末端排放阀，进行排气	20	未打开高压己烷主管末端排放阀扣10分				
				未进行排气扣10分				

续表

序号	考核内容	考核要点	配分	评分标准	检测结果	扣分	得分	备注
5		是否打开干燥系统高压己烷总阀，将己烷引至用户	15	未打开扣15分				
6		是否打开各个己烷用户手阀，将高压己烷引入	15	未打开扣15分				
7	使用工具	正确使用工具	2	工具使用不正确扣2分				
		正确维护工具	3	工具乱摆乱放扣3分				
8	安全及其他	按国家法规或企业规定		违规一次总分扣5分；严重违规停止操作			—	
		在规定时间内完成操作		每超时1min总分扣5分，超时3min停止操作			—	
合计			100					

试题12：离心机启动前准备工作

（考核时间：15min）

序号	考核内容	考核要点	配分	评分标准	检测结果	扣分	得分	备注
1	准备工作	穿戴劳保用品	3	未穿戴整齐扣3分				
		工具、用具准备	2	工具选择不正确扣2分				
2	考核内容	检查是否确认离心机润滑油油质、油位	20	未确认润滑油油质扣10分				
				未确认润滑油油位扣10分				
3		检查是否确认离心机出入口流程畅通	20	未确认扣20分				
4		是否确认离心机皮带松紧程度	10	未确认扣10分				
5		是否确认离心机冲洗氮气、密封油、己烷的流量和压力正常	30	未确认密封油扣10分				
				未确认氮气扣10分				
				未确认己烷扣10分				
6		是否确认离心机手动盘车正常	10	未手动盘车扣10分				
7	使用工具	正确使用工具	2	工具使用不正确扣2分				
		正确维护工具	3	工具乱摆乱放扣3分				
8	安全及其他	按国家法规或企业规定		违规一次总分扣5分；严重违规停止操作			—	
		在规定时间内完成操作		每超时1min总分扣5分，超时3min停止操作			—	
合计			100					

试题13：干燥系统冷冻盐水用户投用

（考核时间：15min）

序号	考核内容	考核要点	配分	评分标准	检测结果	扣分	得分	备注
1	准备工作	穿戴劳保用品	3	未穿戴整齐扣3分				
		工具、用具准备	2	工具选择不正确扣2分				

续表

序号	考核内容	考核要点	配分	评分标准	检测结果	扣分	得分	备注
2	考核内容	检查是否确认冷冻盐水泵及冷冻冰机工作正常，温度、压力达到工艺要求	20	未确认冷冻盐水泵及冷冻冰机工作正常扣10分				
				未确认冷冻盐水温度、压力达到工艺要求扣10分				
3		检查是否打开干燥系统冷冻盐水主管排气阀，进行排气	20	未打开排气扣30分				
4		是否逐个打开干燥系统各个冷冻盐水用户盐水入口阀，将冷冻盐水引到用户	20	未逐个打开扣20分				
5		是否逐个打开冷冻盐水用户排气阀，进行用户排气	10	未进行用户排气扣10分				
6		是否说明当有冷冻盐水从排放阀流出后，关闭排气阀，打开冷冻盐水用户的盐水出口阀，形成循环	20	未关闭排气阀扣10分				
				未说明形成循环扣10分				
7	使用工具	正确使用工具	2	工具使用不正确扣2分				
		正确维护工具	3	工具乱摆乱放扣3分				
8	安全及其他	按国家法规或企业规定		违规一次总分扣5分；严重违规停止操作			—	
		在规定时间内完成操作		每超时1min总分扣5分，超时3min停止操作			—	
		合　计	100					

试题14：粉末输送风机启动

（考核时间：15min）

序号	考核内容	考核要点	配分	评分标准	检测结果	扣分	得分	备注
1	准备工作	穿戴劳保用品	3	未穿戴整齐扣3分				
		工具、用具准备	2	工具选择不正确扣2分				
2	考核内容	检查风机润滑油油位、油质	10	未检查风机润滑油油位扣5分				
				未检查风机润滑油油质扣5分				
3		检查风机地脚螺栓是否松动	10	未检查风机地脚螺栓是否松动扣10分				
4		检查风机出口管线安全阀投用	10	未检查风机出口管线安全阀投用扣10分				
5		检查风机皮带及风机所用循环水和冲洗氮气	20	未检查风机皮带、风机所用循环水和冲洗氮气每项扣10分				
6		检查风机入口补加氮气阀门打开	10	未检查风机入口补加氮气阀门打开扣10分				
7		检查袋式过滤器反吹氮气投用	10	未检查袋式过滤器反吹氮气投用扣10分				
8		启动后检查风机电流、压力、声音、振动	20	启动后未检查风机电流、压力、声音、振动每项扣5分				
9	使用工具	正确使用工具	2	工具使用不正确扣2分				
		正确维护工具	3	工具乱摆乱放扣3分				

续表

序号	考核内容	考核要点	配分	评分标准	检测结果	扣分	得分	备注
10	安全及其他	按国家法规或企业规定		违规一次总分扣5分；严重违规停止操作			—	
		在规定时间内完成操作		每超时1min总分扣5分，超时3min停止操作			—	
	合计		100					

试题15：离心机扭矩高的处理

（考核时间：15min）

序号	考核内容	考核要点	配分	评分标准	检测结果	扣分	得分	备注
1	准备工作	穿戴劳保用品	3	未穿戴整齐扣3分				
		工具、用具准备	2	工具选择不正确扣2分				
2	考核内容	检查是否说明降低离心机进料量	20	未说明扣20分				
3		检查是否说明稀释离心机进料	20	未说明扣20分				
4		检查是否说明将离心机进料改为己烷，进行冲洗	30	未说明扣30分				
5		检查是否说明必要时聚合系统降低投料量	20	未说明扣20分				
6	使用工具	正确使用工具	2	工具使用不正确扣2分				
		正确维护工具	3	工具乱摆乱放扣3分				
7	安全及其他	按国家法规或企业规定		违规一次总分扣5分；严重违规停止操作			—	
		在规定时间内完成操作		每超时1min总分扣5分，超时3min停止操作			—	
	合计		100					

气相法模块

试题1：画出联锁关联图

（考核时间：30min）

序号	考核内容	考核要点	配分	评分标准	检测结果	扣分	得分	备注
1	流程走向	排布合理、卷面清晰	20	排布不合理扣5分				
				线条杂乱扣5分				
				卷面不清晰扣10分				
2	控制回路	设备齐全	20	漏设备一台扣5分				
		联锁指标	15	错误一个扣5分				
		联锁位号	15	错误一个扣5分				
		联锁关联	20	错误一个扣5分				
		联锁数量	10	错误一个扣5分				
	合计		100					

试题2：挤压机的开车

（考核时间：30min）

序号	考核内容	考核要点	配分	评分标准	检测结果	扣分	得分	备注
1	开车条件	机、电、仪均以已试完毕，已具备开车条件，确认脱盐水系统、热油系统流程正确、切粒刀具备开车条件、粉料输送系统以开启	20	叙述缺项每一处扣5分				
2	盘车	主电机的启动电机、减速齿轮箱、齿轮泵的盘车	15	叙述缺项每一处扣5分				
3	电机启动	启动电机，启动主电机，待启动电机的电流降至30A以下启动主电机，球阀排料	20	叙述缺项每一处扣5分				
4	开车	对挤压机进行清机工作完毕后。关闭水室门，启动切粒机。冷却水直通，当水通入水室后切粒机轴前伸开齿轮泵，球阀直通	25	叙述缺项每一处扣5分				
5	联锁检查	将摩擦离合器调至正常值，联锁接通	10	叙述缺项每一处扣5分				
6	产品外观检查	视粒子外观和产品质量合格后切至产品罐	10	叙述缺项每一处扣5分				
		总　计	100					

试题3：己烷精馏塔的停车

（考核时间：30min）

序号	考核内容	考核要点	配分	评分标准	检测结果	扣分	得分	备注
1	己烷精馏塔的停车	将采出切到进料罐	15	缺少步骤、开错阀门一处扣5分				
2		关闭进料调节阀及手动阀门，停进料泵	15	缺少步骤、开错阀门一处扣5分				
3		随着塔釜液逐渐减少，缓慢并逐步关小再沸器的蒸汽供应阀门、直至完全关闭	15	缺少步骤、开错阀门一处扣5分				
4		蒸出停止后，停回流泵，关闭回流调节阀，确保回流罐有一定料面，关闭采出至进料罐的手动阀门	15	缺少步骤、开错阀门一处扣5分				
5		塔釜液位降至约5%时，将塔釜残液排出	20	缺少步骤一处扣5分				
6		隔离进料罐、采出罐、回流罐、残液罐，并正常氮封	20	缺少步骤、开错阀门一处扣5分				
		总　计	100					

试题4：颗粒产品出现质量波动时的分析处理

（考核时间：30min）

序号	考核内容	考核要点	配分	评分标准	检测结果	扣分	得分	备注
1	颗粒产品出现质量波动时的分析处理	水温偏高偏低造成颗粒料外观不好，调整水温	10	处理错误一项扣5分				
2		水压偏高偏低造成颗粒料外观不好，调整水压	10	处理错误一项扣5分				
3		刀架水平度、垂直度不够造成颗粒料外观不好，调整刀架水平度、垂直度	10	处理错误一项扣5分				
4		刀片齐平度不够、刀片磨损、间隙不合适造成颗粒料外观不好，调整刀片齐平度不够、刀片磨损、间隙	10	处理错误一项扣5分				
5		刀轴水量不够造成颗粒料外观不好，调整刀轴水量不够	15	处理错误一项扣5分				
6		模板磨损、模孔堵塞、模板没有清理干净、加热不足造成颗粒料外观不好，调整模板磨损、模孔堵塞、模板	15	处理错误一项扣5分				
7		切粒装置振动造成颗粒料外观不好，检修切粒机	15	处理错误一项扣5分				
8		喂料量波动造成颗粒料外观不好，调整喂料量	15	处理错误一项扣5分				
		总　计	100					

试题5：成品颗粒产生气泡、污染粒子原因的分析

（考核时间：30min）

序号	考核内容	考核要点	配分	评分标准	检测结果	扣分	得分	备注
1	成品颗粒产生气泡、污染粒子原因的分析	物料输送介质水含量超际	20	回答不全扣20分				
2		机筒升温太快太高	20	回答不全一处扣10分				
3		打过渡料仓时间不够	20	回答不全扣20分				
4								
5		添加剂质量存在问题	20	回答不全扣20分				
6		添加剂加入量不匹配	20	回答不全扣20分				
		总　计	100					

试题6：装置内大面积停电时的处理

（考核时间：30min）

序号	考核内容	考核要点	配分	评分标准	检测结果	扣分	得分	备注
1	装置内大面积停电时的处理	反应器注入终止剂	30	回答不全扣30分				
2		停止进料，关闭注入活塞阀、进料阀	30	回答不全一处扣10分				
3		各反应器放压，等待	20	回答不全一处扣10分				
4		各储罐、反应器隔离、乙烯系统放火炬	20	回答不全一处扣10分				
		总　计	100					

试题7：丁烯-1/乙烯比值的控制操作

（考核时间：30min）

序号	考核内容	考核要点	配分	评分标准	检测结果	扣分	得分	备注
1	主要控制点	丁烯/乙烯、丁烯的浓度	10	必须在工艺指标范围内，超出一次扣5分				
2	操作手段	通过保证乙烯浓度的平稳、丁烯浓度的平稳	10	必须在工艺指标范围内，超出一次扣5分				
3	主要影响因素	丁烯泵打量不均、丁烯的加入量波动、温度有波动	20	必须在工艺指标范围内，超出一次扣5分				
4	注意事项	丁烯/乙烯比值不能大于0.4、丁烯的加入量和温度的波动不能太大	20	若温度波动大扣10分				
5	丁烯/乙烯比值升高	减小丁烯的加入量，尽早且又平稳的调至正常工艺参数达到目标值	20	步骤、质量一次达不到要求扣5分				
6	丁烯/乙烯比值降低	增加丁烯的加入量；尽早且又平稳的调至正常工艺参数	20	步骤、质量一次达不到要求扣5分				
总　计			100					

试题8：氢气/乙烯的控制操作

（考核时间：15min）

序号	考核内容	考核要点	配分	评分标准	检测结果	扣分	得分	备注
1	主要控制点	氢气/乙烯、氢气的浓度	20	必须在工艺指标范围内，超出一次扣5分				
2	操作手段	通过保证乙烯浓度的平稳、氢气浓度的平稳	20	必须在工艺指标范围内，超出一次扣5分				
3	主要影响因素	氢气的加入量波动、温度有波动、乙烯浓度有波动	30	必须在工艺指标范围内，超出一次扣5分				
4	注意事项	温度的波动不能太大	30	若温度波动大扣30分				
总　计			100					

试题9：反应器发生“爆聚”的系统分析判断

（考核时间：20min）

序号	考核内容	考核要点	配分	评分标准	检测结果	扣分	得分	备注
1	反应温度失控影响	反应温度上升、高活性催化剂注入过快、水系统故障等原因造成温度调节失控	35	爆聚的定义不清楚扣5分；原因分析缺一项扣10分				
2	反应压力失控影响	由于氮气、乙烯等注入和反应器总压调节控制不当，造成反应器压力失控	30	原因分析缺一项扣10分				

续表

序号	考核内容	考核要点	配分	评分标准	检测结果	扣分	得分	备注
3	床层料位控制过低影响	料位低，时空产率太高	35	原因分析缺一项扣10分				
	总　计		100					

试题10：挤压造粒机常见故障的分析判断

（考核时间：30min）

序号	考核内容	考核要点	配分	评分标准	检测结果	扣分	得分	备注
1	挤压机主电机运行时过载产生的原因	主电机润滑不到位；风冷系统有故障；机筒内有异物	10	每少一条原因扣5分				
2	切出的粒料不规则的原因	粒子形状为小粒，产生的原因是切粒机轴与膜面间的垂直度需要调整，调整最大偏心量为0.05mm，目标值为0.03mm；粒子形状为长的通心粉状，产生的原因是切粒机轴过度偏心，调整最大偏心量为0.1mm，若超过此值，应更换轴套和轴；粒料形状变形，产生的原因是刀架不能活动，弹簧负荷为80公斤，更换弹簧	10	每少一条原因扣5分				
3	切除的粒料带尾的原因	均匀的粒料带细尾，产生的原因是各刀刃的齐平度不足，调整最大的高低差为0.03mm；均匀的粒料带粗尾并连接，产生的原因是模孔内有污物，清理模板	10	每少一条原因扣5分				
4	粒料形状成团	模头加热不足，检查热油系统	10	每少一条原因扣5分				
		粒料带尾成链和成团，或成团，产生的原因是刀片磨损，刀片的硬度不合适，切刀更换每次进轴量为0.03mm，切刀更换处理，洛压硬度：52~56	10	每少一条原因扣5分				
5	粒料形状为不规则羽片粘的原因	粒料形状为毛状碎，产生的原因是切粒装置的振动，处理最大值为100μm，目标值为50μm；两三粒粒料粘在一起无尾，产生的原因是汽缸漏气，检修更换切粒机机封和橡胶密封圈	10	每少一条原因扣5分				

续表

序号	考核内容	考核要点	配分	评分标准	检测结果	扣分	得分	备注
6	异常噪声产生的原因	齿轮泵运行时有联轴器找正不合适，联轴器重新找正；润滑不足，检查聚合物的通路；减速齿轮箱发生故障，检查齿轮、润滑油和轴承；驱动电机故障，检查轴承及其他组件	20	每少一条原因扣5分				
7	齿轮泵驱动电机电流过大的原因	出口压力过高，可能是出料速度高或转速太高，与机器的技术条件核对；聚合物黏度太低，检查聚合物黏度；压盖部分黏附，拧松压盖的螺栓，并稍移压盖或者停止操作，使齿轮泵联轴器脱开，手动转动齿轮泵，检查能否转动自如	10	每少一条原因扣5分				
8	齿轮泵不能输送熔融树脂的原因	齿轮泵转向反，改变电气接线；给料阀关闭，检查开启阀门；聚合物黏度太高，检查黏度	10	每少一条原因扣5分				
		总　计	100					

试题11：风机常见故障的分析判断

（考核时间：30min）

序号	考核内容	考核要点	配分	评分标准	检测结果	扣分	得分	备注
1	风机常见故障的分析判断	离心式风机风量降低，产生的原因可能是：转速降低；管路堵；密封漏	30	每少一条原因扣5分				
2		离心式风机风压降低，产生的原因可能是：系统阻力过大；介质密度变化；叶轮变形	30	每少一条原因扣10分				
3		离心式风机振动，产生的原因可能是：基础下沉和变形；主轴变形；出口阀开度小	30	每少一条原因扣10分				
4		离心风机轴承温度高，产生的原因可能是：润滑油不足或变质	10	每少一条原因扣5分				
		总　计	100					

七、技能操作鉴定要素细目表（高级技师）

鉴定范围						鉴定点	
一级		二级		三级		代码	名称
代码	名称	代码	名称	代码	名称		
A	技能要求（高压法模块）	A	工艺操作	A	开车准备	001	原料接入的联系与分析
						002	各岗位的联系操作
				B	开车操作	001	MI 的调整
						002	分解情况的紧急处理
				C	正常操作	001	DCS 内控制参数的调整
						002	MI 失控的分析及处理
				D	停车操作	001	联锁摘除操作
		B	设备使用与维护	A	使用设备	001	引发剂泵的调整
						002	挤出造粒系统加热、冷却调整
						003	调节剂系统的参数设定
				B	维护设备	001	二次压缩机的维护工作
		C	事故判断与处理	A	判断事故	001	产品内部分子结构发生变化的判断
						002	分解事故的判断
				B	处理事故	001	分解的处理
B	技能要求（溶液法模块）	A	工艺操作	A	开车准备	001	间歇聚合开车的准备工作
						002	干燥密封油系统的投用
						003	粉末输送风机启动前准备工作
						004	己烷过滤器投用
						005	己烷干燥器投用
						006	并联 A 聚合开车准备工作
						007	并联 B 聚合开车准备工作
						008	串联聚合开车准备工作
				B	开车操作	001	串联聚合开车操作
						002	干燥循环气风机启动操作
						003	干燥机工业风外冲洗的投用
						004	低聚物结片机转鼓冷却水投用操作
						005	干燥尾气压缩机启动操作
						006	离心机启动
				C	正常操作	001	循环气风机的切换操作
						002	颗粒输送储压罐在运行中发生哪些情况时应采取保护措施
						003	强制加料器的日常维护
						004	仪表风入口过滤器切换操作
						005	丁烯-1 泵切换操作
						006	己烷过滤器切换操作
				D	停车操作	001	串联聚合退空停车操作
						002	干燥机降温步骤
						003	干燥机停车操作
		B	设备使用与维护	A	使用设备	001	离心式制冷压缩机的开车操作
						002	干燥机的润滑部位
				B	维护设备	001	离心式制冷压缩机遇到哪些情况可紧急停车
						002	干燥机日常检查内容

续表

鉴定范围						鉴定点	
一级		二级		三级		代码	名称
代码	名称	代码	名称	代码	名称		
		C	事故判断与处理	A	判断事故	001	聚合反应波动的原因
						002	影响造粒系统平稳生产的因素
						003	连续混炼造粒机主电机扭矩故障的原因及处理
						004	干燥机下料温度低的后果
						005	离心机浆液进料速率大的后果
				B	处理事故	001	聚合釜反应出现异常时的工艺参数控制
						002	精馏塔压力超高操作
						003	己烷粗馏塔压力联锁操作
						004	低聚物闪蒸预热器温度低
						005	己烷蒸馏塔淹塔的处理
		D	绘图与计算	A	绘图	001	熔融指数控制流程
						002	混炼机相关联锁
						003	离心机联锁图
				B	计算	001	聚合釜内催化剂平均停留时间的计算
						002	己烷粗馏塔回流比计算
C	技能要求（气相法模块）	A	工艺操作	A	开车准备	001	聚合反应器开车条件准备
				B	开车操作	001	挤压机的开车
						002	聚合系统开车
				C	正常操作	001	聚合反应器的温度控制操作
						002	聚合反应活性的控制操作
				D	停车操作	001	乙烯净化系统的停车
						002	挤压机的停车
						003	聚合系统的停车
		B	设备使用与维护	A	使用设备	001	挤压造粒机的使用
						002	气相反应器的使用
				B	维护设备	001	压缩机故障的排除
						002	检修设备后的调试
		C	事故判断与处理	A	判断事故	001	不同产品质量指标发生变化时的分析
						002	流化气气相浓度发生异常变化时原因的分析
						003	反应器发生“爆聚”原因的分析
						004	不同类型压缩机各类异常现象的判断
						005	催化剂指标变化对聚合工艺影响的分析
						006	质量指标波动原因的分析
						007	挤压机发生各类事故的分析
				B	处理事故	001	组织全系统的开车出现异常情况的应对
						002	同类装置事故的分析总结
						003	流化气压缩机发生事故时的处理
						004	大面积公用工程停供时的处理
						005	挤压机主齿轮箱有异常响动时的处理
		D	绘图与计算	A	绘图	001	控制回路详图
				B	计算	001	精馏塔的物料平衡计算

八、技能操作试题(高级技师)

高压法模块

试题1:原料接入的联系与分析(现场模拟)

(考核时间:15min)

序号	考核内容	考核要点	配分	评分标准	检测结果	扣分	得分	备注
1	准备工作	穿戴劳保用品	3	未穿戴整齐扣3分				
		工具、用具准备	2	工具选择不正确扣2分				
2	操作程序	清楚高压聚乙烯装置所需原料的品种,规格	30	清楚乙烯气的原料规格,不知的扣10分				
				清楚引发剂使用的规格要求,配置方法,不知的扣10分				
				清楚各种润滑油、添加剂、调节剂的种类、规格。不知道的扣10分				
3		检查装置的设备是否达到接入的条件	30	设备的安装(检修)完成,未答的扣10分				
				设备吹扫(油运)干净。未答的扣10分				
				设备置换工作已经完成,未答的扣10分				
4		核对分析原料后,接入各种原料	30	接入前请确认原料是否合格(可由相关单位完成),未答的扣10分				
				接入原料,注意接入的数量,避免冒罐,未答的扣10分				
				接入的过程中,注意观察各种原料外观质量(颜色、黏度、气味等),发现问题及时与相关的部门联系确认,未答的扣除10分				
5	使用工具	正确使用工具	2	工具使用不正确扣2分				
		正确维护工具	3	工具乱摆乱放扣3分				
6	安全及其他	按国家法规或企业规定		违规一次总分扣5分;严重违规停止操作			—	
		在规定时间内完成操作		每超时1min总分扣5分,超时3min停止操作			—	
		合　计	100					

试题2:各岗位的联系操作(现场模拟)

(考核时间:15min)

序号	考核内容	考核要点	配分	评分标准	检测结果	扣分	得分	备注
1	准备工作	穿戴劳保用品	3	未穿戴整齐扣3分				
		工具、用具准备	2	工具选择不正确扣2分				
2	操作程序	确认装置所处的状态	20	确认生产所处的状态(开车、停车、检修、处理生产中的问题)。未确认的扣20分				
3		清楚各岗位工作流程	30	熟悉本装置各岗位的工作流程。不知道的扣10分				
				熟悉岗位在生产的各种情况下的相互关系。不知道的扣10分				
				在生产各种情况下的联系方式。不知道的扣10分				

续表

序号	考核内容	考核要点	配分	评分标准	检测结果	扣分	得分	备注
4		针对生产所处的状态（开车、停车、处理紧急情况等）对涉及的岗位进行联系沟通	40	开车时，要与厂调度、压缩、聚合、切粒、混合、分析室等联系。不知道的扣10分				
				停车时，要与厂调度、压缩、聚合、切粒、混合、分析室等联系。不知道的扣10分				
				处理生产中出现的问题时，及时与压缩、聚合切粒、混合等取得联系。不知道的扣10分				
				分清各种情况下的联系方式，如口传，书面，对讲机等。一定防止联系不上或联系错误。未答的扣10分				
5	使用工具	正确使用工具	2	工具使用不正确扣2分				
		正确维护工具	3	工具乱摆乱放扣3分				
6	安全及其他	按国家法规或企业规定		违规一次总分扣5分；严重违规停止操作			—	
		在规定时间内完成操作		每超时1min总分扣5分，超时3min停止操作			—	
		合　计	100					

试题3：分解情况的紧急处理（现场模拟）

（考核时间：15min）

序号	考核内容	考核要点	配分	评分标准	检测结果	扣分	得分	备注
1	准备工作	穿戴劳保用品	3	未穿戴整齐扣3分				
		工具、用具准备	2	工具选择不正确扣2分				
2	操作程序	确认发生分解反应，由报警指示，听到爆破声判断	10	未能判断出发生分解反应扣10分				
3		确认系统自动联锁停车，引发剂泵已停止，紧急放空阀已打开	20	未检查系统是否自动联锁停车扣10分				
				未检查引发剂泵，紧急放空阀状态扣10分				
4		手动紧急停止压缩机、造粒机	10	未及时停止压缩机、造粒机扣10分				
5		检查现场是否起火，打开消防水喷淋降温，联系消防部门灭火	20	未检查现场情况扣10分				
				未采取灭火降温措施扣10分				
6		监视反应器压力放空，温度下降，气体散尽，没有余火	10	未监视反应器压力，温度下降情况扣10分				
7		切除联锁，关闭反应器出口阀，充入氮气	10	未切除联锁，关闭反应器出口阀扣10分				
8		向有关部门汇报，联系查找原因	10	未及时向有关部门汇报扣10分				
9	使用工具	正确使用工具	2	工具使用不正确扣2分				
		正确维护工具	3	工具乱摆乱放扣3分				

续表

序号	考核内容	考核要点	配分	评分标准	检测结果	扣分	得分	备注
10	安全及其他	按国家法规或企业规定		违规一次总分扣5分;严重违规停止操作			—	
		在规定时间内完成操作		每超时1min总分扣5分,超时3min停止操作			—	
		合　计	100					

试题4:挤出造粒系统加热、冷却调整(现场模拟)

(考核时间:15min)

序号	考核内容	考核要点	配分	评分标准	检测结果	扣分	得分	备注
1	准备工作	穿戴劳保用品	3	未穿戴整齐扣3分				
		工具、用具准备	2	工具选择不正确扣2分				
2	操作程序	挤出造粒系统加热、冷却之间的切换	10	清楚挤出造粒系统加热、冷却相互切换的原因,切换时的注意事项,不知道的扣10分				
3		挤出造粒系统加热的调整	40	清楚挤出造粒系统加热的流程走向,不知道的扣10分				
				清楚挤出造粒系统加热的调整方法,不知道的扣10分				
				清楚挤出机筒体分段加热的原因与作用,不知道的扣10分				
				清楚挤出造粒系统加热的原因及作用,不知道扣10分				
4		挤出造粒系统冷却的调整	40	清楚挤出造粒系统冷却的流程走向,不知道的扣10分				
				清楚挤出造粒系统冷却的调整方法,不知道的扣10分				
				清楚挤出机筒体分段冷却的原因与作用,不知道的扣10分				
				清楚挤出造粒系统冷却的原因及作用,不知道的扣10分				
5	使用工具	正确使用工具	2	工具使用不正确扣2分				
		正确维护工具	3	工具乱摆乱放扣3分				
6	安全及其他	按国家法规或企业规定		违规一次总分扣5分;严重违规停止操作			—	
		在规定时间内完成操作		每超时1min总分扣5分,超时3min停止操作			—	
		合　计	100					

试题5:产品内部分子结构发生变化的判断(现场模拟)

(考核时间:15 min)

序号	考核内容	考核要点	配分	评分标准	检测结果	扣分	得分	备注
1	准备工作	穿戴劳保用品	3	未穿戴整齐扣3分				
		工具、用具准备	2	工具选择不正确扣2分				

续表

序号	考核内容	考核要点	配分	评分标准	检测结果	扣分	得分	备注
2	操作程序	确认系统运转，熟悉生产情况	10	未掌握生产情况扣10分				
3		由分析报告薄膜产品鱼眼条纹较多、产品密度不合格、产品抗张强度下降	10	未及时判断确认扣10分				
4		检查系统工艺条件是否符合要求	10	未检查系统工艺条件扣10分				
5		判断:反应压力高,分子间链转移速度加快,形成了超高相对分子质量的“微观凝胶”,薄膜产品出现鱼眼条纹	20	未判断此条扣20分				
6		判断:反应压力高,减少了短支链的生成,提高了产品密度,抗张强度下降	20	未判断此条扣20分				
7		判断:反应温度高,产品的短链支分增加,造成密度不合格	20	未判断此条扣20分				
8	使用工具	正确使用工具	2	工具使用不正确扣2分				
		正确维护工具	3	工具乱摆乱放扣3分				
9	安全及其他	按国家法规或企业规定		违规一次总分扣5分;严重违规停止操作			—	
		在规定时间内完成操作		每超时1min总分扣5分,超时3min停止操作			—	
		合　计	100					

溶液法模块

试题1:颗粒输送储压罐在运行中发生哪些情况时应采取保护措施

(考核时间:15min)

序号	考核内容	考核要点	配分	评分标准	检测结果	扣分	得分	备注
1	操作程序	压力容器发生超温、超压、过冷或泄漏时,采取高速措施无效果	20	未答扣20分				
2		压力容器的主要受压部件发生裂纹、鼓包、变形危及安全运行时	20	未答扣20分				
3		压力容器附近发生火灾或相邻设备、管道发生故障,直接威胁到容器安全运行时	20	未答扣20分				
4		安全附件失效、接管断裂、紧固件损坏,难以保证安全运行时	20	未答扣20分				
5		遇有以上情况时操作人员应立即采取保安措施,通知有关领导并立即停止运行	20	未答扣20分				

续表

序号	考核内容	考核要点	配分	评分标准	检测结果	扣分	得分	备注
6	安全及其他	按国家法规或企业规定		违规一次总分扣5分；严重违规停止操作			—	
		在规定时间内完成操作		每超时1min总分扣5分，超时3min停止操作			—	
		合　计	100					

试题2：强制加料器的日常维护

（考核时间：15min）

序号	考核内容	考核要点	配分	评分标准	检测结果	扣分	得分	备注
1	操作程序	每天查一次皮带的松紧度，料斗连接套的密封效果	15	未答扣15分				
2		每小时检查一次减速器润滑系统的油位、油压及泄漏等	15	未答扣15分				
3		检查强制加料系统有无异常噪音	10	未答扣10分				
4		每三个月向链条加润滑脂	15	未答扣15分				
5		每天检查一次填料处的反吹氮气	15	未答扣15分				
6		检查过程中尽量避开铯源辐射	15	未答扣15分				
7		定期清理油泵风冷散热片的灰尘	15	未答扣15分				
8	安全及其他	按国家法规或企业规定		违规一次总分扣5分；严重违规停止操作			—	
		在规定时间内完成操作		每超时1min总分扣5分，超时3min停止操作			—	
		合　计	100					

试题3：连续混炼造粒机主电机扭矩故障的原因及处理

（考核时间：15min）

序号	考核内容	考核要点	配分	评分标准	检测结果	扣分	得分	备注
1	原因分析	负荷过高	10	未分析扣10分				
2		加料不稳，强制进料压力波动	10	未分析扣10分				
3		物料指数波动	10	未分析扣10分				
4		助剂加入量不稳定	10	未分析扣10分				
5	处理措施	振动排气袋式过滤器	10	未答扣10分				
6		逐步降低强制加料器料位设定值至15%	10	未答扣10分				
7		振动强制加料器料斗侧壁	10	未答扣10分				
8		逐步提高强制加料器料位设定值至75%	10	未答扣10分				
9		待主机扭矩趋于平稳，恢复料位设定到60%	5	未答扣5分				
10		降低负荷，控制主电机扭矩小于85%	10	未答扣10分				
11		检查加料线各处氮气流量	5	未答扣5分				

续表

序号	考核内容	考核要点	配分	评分标准	检测结果	扣分	得分	备注
12	安全及其他	按国家法规或企业规定		违规一次总分扣5分;严重违规停止操作			—	
		在规定时间内完成操作		每超时1min总分扣5分,超时3min停止操作			—	
		合　计	100					

试题4:颗粒冷却水换热器如何维护保养

（考核时间:15min）

序号	考核内容	考核要点	配分	评分标准	检测结果	扣分	得分	备注
1	操作程序	保持主体设备外部整洁,保温层和油漆完好	10	未答扣10分				
2		保持压力表、温度计等附件齐全、灵敏、准确	20	未答扣20分				
3		发现法兰口和阀门有渗漏时,应及时消除	15	未答扣15分				
4		在开、停换热器时,应将冷、热介质阀门缓慢打开,以免产生热应力使局部焊缝开裂或管子胀口松弛	20	未答扣20分				
5		尽可能减少换热器开停次数	10	未答扣10分				
6		停止使用时应将内部介质放净,防止冻裂和腐蚀	10	未答扣10分				
7		每两年检查一次换热器的壁厚	15	未答扣15分				
8	安全及其他	按国家法规或企业规定		违规一次总分扣5分;严重违规停止操作			—	
		在规定时间内完成操作		每超时1min总分扣5分,超时3min停止操作			—	
		合　计	100					

试题5:颗粒进料自动控制程序单元操作

（考核时间:30min）

序号	考核内容	考核要点	配分	评分标准	检测结果	扣分	得分	备注
1	准备工作	穿戴劳保用品	3	未穿戴整齐扣3分				
		工具、用具准备	2	工具选择不正确扣2分				
2	操作程序	打开启动台风机出口阀,关闭备用台出口阀	10	操作错误扣10分				
3		风机现场操作柱打自动	5	未操作扣5分				
4		检查颗粒进料旋转阀处于自动状态	5	未操作扣5分				
5		选择进料料仓,料仓无高料位报警	5	未操作扣5分				

续表

序号	考核内容	考核要点	配分	评分标准	检测结果	扣分	得分	备注
6	操作程序	启动程序前,检查风机出口阀为绿色,备用台出口阀为灰色	5	未操作扣5分				
7		单元画面无红色和黄色设备	5	未操作扣5分				
8		所有温度、压力开关是灰色的	5	未操作扣5分				
9		点击 AUTO 键后,点击启动键	10	操作错误扣10分				
10		5秒报警过后,在20秒倒计时期间再点击一次启动键,此时程序开始运行	10	操作错误扣10分				
11		颗粒进料旋转阀自动启动,进料插板阀自动打开	10	操作错误扣10分				
12		注意观察系统压力及温度等	10	一处未检查扣5分				
13		现场检查风机油位、油压及电流和出入口压力等情况	10	一处未检查扣2分				
14	使用工具	正确使用工具	2	工具使用不正确扣2分				
		正确维护工具	3	工具乱摆乱放扣3分				
15	安全及其他	按国家法规或企业规定		违规一次总分扣5分;严重违规停止操作			—	
		在规定时间内完成操作		每超时1min总分扣5分,超时3min停止操作			—	
		合　计	100					

试题6:离心泵抽空的原因及处理

(考核时间:15min)

序号	考核内容	考核要点	配分	评分标准	检测结果	扣分	得分	备注
1	准备工作	穿戴劳保用品	3	未穿戴整齐扣3分				
		工具、用具准备	2	工具选择不正确扣2分				
2	考核内容	检查容器液位指示是否失灵,如失灵联系仪表及操作人员处理	10	未检查扣10分,未联系处理扣5分				
3		检查容器压力指示是否失灵,如失灵联系仪表及操作人员处理	10	未检查扣10分,未联系处理扣5分				
4		检查泵入口流程是否畅通,如管线不通用冲洗介质冲洗或联系人员疏通	10	未检查扣10分,未联系处理扣5分				
5		检查泵出口流程是否畅通,如管线不通用冲洗介质冲洗或联系人员疏通	10	未检查扣10分,未联系处理扣5分				
6		检查泵机封是否泄漏,如泄漏联系维修处理	5	未检查扣5分,未联系处理扣3分				
7		检查泵机封冲洗是否正常投用,如没有则投用机封冲洗	5	未检查扣5分,未处理扣3分				

续表

序号	考核内容	考核要点	配分	评分标准	检测结果	扣分	得分	备注
8		检查泵冷却系统是否正常投用,如没有则投用冷却介质	5	未检查扣5分,未处理扣3分				
9		检查泵润滑油是否正常,如润滑油有杂质联系油工换油	5	未检查扣5分,未联系处理扣3分				
10		检查泵电机及转向是否正常,如不正常联系供电处理	10	未检查扣10分,未联系处理扣5分				
11		检查泵回流阀开度,如阀门开度不合适,加以调整	5	未检查扣5分,未处理扣3分				
12		检查泵壳内是否有气体,如有停泵排气	5	未检查扣5分,未处理扣3分				
13		检查泵联轴节是否正常,如不正常联系维修处理	5	未检查扣5分,未联系处理扣3分				
14		检查泵壳内是否有异物,如有联系维修处理	5	未检查扣5分,未联系处理扣3分				
15	使用工具	正确使用工具	2	工具使用不正确扣2分				
		正确维护工具	3	工具乱摆乱放扣3分				
16	安全及其他	按国家法规或企业规定		违规一次总分扣5分;严重违规停止操作			—	
		在规定时间内完成操作		每超时1min总分扣5分,超时3min停止操作			—	
		合　计	100					

试题7:粉末输送风机启动前准备工作

（考核时间:15min）

序号	考核内容	考核要点	配分	评分标准	检测结果	扣分	得分	备注
1	准备工作	穿戴劳保用品	3	未穿戴整齐扣3分				
		工具、用具准备	2	工具选择不正确扣2分				
2	考核内容	是否检查风机润滑油油质、油位、地脚螺栓紧固情况	20	未检查润滑油、地脚螺栓各扣10分				
3		是否检查风机皮带松紧程度	10	未检查扣10分				
4		是否检查风机出口安全阀投用	10	未检查扣10分				
5		是否检查风机所用的循环冷却水和氮气投用	20	未检查冷却水、氮气各扣10分				
6		是否检查风机出入口阀门已经打开	10	未检查扣10分				
7		是否确认粉末过滤袋反吹氮投用	10	未检查扣10分				
8		是否确认粉末过滤器下料旋转阀启动	10	未检查扣10分				
9	使用工具	正确使用工具	2	工具使用不正确扣2分				
		正确维护工具	3	工具乱摆乱放扣3分				
10	安全及其他	按国家法规或企业规定		违规一次总分扣5分;严重违规停止操作			—	
		在规定时间内完成操作		每超时1min总分扣5分,超时3min停止操作			—	
		合　计	100					

试题8:干燥机工业风外冲洗的投用

（考核时间:15min）

序号	考核内容	考核要点	配分	评分标准	检测结果	扣分	得分	备注
1	准备工作	穿戴劳保用品	3	未穿戴整齐扣3分				
		工具、用具准备	2	工具选择不正确扣2分				
2	考核内容	是否打开工业风排放阀,确认工业风管线清洁畅通	30	未打开排放阀扣15分				
				未确认清洁畅通扣15分				
3		检查是否确认工业风压力正常	10	未确认扣10分				
4		检查是否打开干燥机工业风阀门	20	未打开扣20分				
5		检查是否打开工业风流量计前后阀门,按规定流量引入	30	未打开扣20分				
				未按规定流量引入扣10分				
6	使用工具	正确使用工具	2	工具使用不正确扣2分				
		正确维护工具	3	工具乱摆乱放扣3分				
7	安全及其他	按国家法规或企业规定		违规一次总分扣5分;严重违规停止操作			—	
		在规定时间内完成操作		每超时1min总分扣5分,超时3min停止操作			—	
		合　计	100					

试题9:干燥尾气压缩机启动操作

（考核时间:15min）

序号	考核内容	考核要点	配分	评分标准	检测结果	扣分	得分	备注
1	准备工作	穿戴劳保用品	3	未穿戴整齐扣3分				
		工具、用具准备	2	工具选择不正确扣2分				
2	考核内容	是否检查压缩机润滑油油质、油位	30	未检查润滑油油质扣15分				
				未检查润滑油油位扣15分				
3		是否检查压缩机皮带松紧程度	10	未确认扣10分				
4		是否检查压缩机所用冷却水和冲洗氮气投用	20	未检查冷却水扣10分				
				未检查冲洗氮气扣10分				
5		是否检查流程畅通,压缩机负荷开关处于“0%”位置	20	未检查流程扣10分				
				未将负荷开关打到“0%”扣10分				
6		启动压缩机运转,正常后调整负荷	10	未调整负荷扣10分				
7	使用工具	正确使用工具	2	工具使用不正确扣2分				
		正确维护工具	3	工具乱摆乱放扣3分				
8	安全及其他	按国家法规或企业规定		违规一次总分扣5分;严重违规停止操作			—	
		在规定时间内完成操作		每超时1min总分扣5分,超时3min停止操作			—	
		合　计	100					

试题10:己烷过滤器投用

(考核时间:10min)

序号	考核内容	考核要点	配分	评分标准	检测结果	扣分	得分	备注
1	准备工作	穿戴劳保用品	3	未穿戴整齐扣3分				
		工具、用具准备	2	工具选择不正确扣2分				
2	操作程序	确认备用台已烷干燥器具备接收物料条件	20	未确认气密合格扣10分				
				未确认氮气置换合格扣10分				
3		打开备用台已烷过滤器已烷进料跨线 $3/4^B$ 阀门流程	10	流程操作错误扣10分				
4		打开已烷过滤器顶部排气至精已烷储罐流程	10	更改流程错误扣10分				
5		确认已烷过滤器排气完成	10	未检查排气情况扣10分				
6		关闭排气流程	10	流程更改错误扣10分				
7		投用备用台已烷干燥器进出口 6^B 阀门流程,关闭 $3/4^B$ 阀门	20	流程更改错误扣20分				
8		确认已烷过滤器出口压力正常	10	未确认已烷过滤器压力扣10分				
9	使用工具	正确使用工具	2	工具使用不正确扣2分				
		正确维护工具	3	工具乱摆乱放扣3分				
10	安全及其他	按国家法规或企业规定		违规一次总分扣5分;严重违规停止操作			—	
		在规定时间内完成操作		每超时1min总分扣5分,超时3min停止操作			—	
		合　计	100					

试题11:丁烯-1泵切换操作

(考核时间:10min)

序号	考核内容	考核要点	配分	评分标准	检测结果	扣分	得分	备注
1	准备工作	穿戴劳保用品	3	未穿戴整齐扣3分				
		工具、用具准备	2	工具选择不正确扣2分				
2	操作程序	停丁烯-1泵运转	20	停泵方式错误扣10分				
				备用台出入口阀未关扣10分				
3		备用台泵体电机是否完好、地脚螺栓是否紧固	10	未检查泵体电机扣5分				
				未检查地脚螺栓扣5分				
4		油脂、油位是否符合加入规范	10	未检查油脂情况扣5分				
				未检查油位情况扣5分				
5		检查联轴节连接和盘车情况	10	未检查联轴节扣5分				
				未盘车扣5分				
6		检查电机运转方向	10	未检查电机运转方向扣10分				
7		确认现场流程打通	10	流程改动错误扣10分				
8		泵启动、调节机泵冲程、流量	10	未调节出口压力、流量扣10分				
9		确认出口压力、轴承温度、机体振动、电流情况	10	未检查泵启动后出口压力、温度、电流、振动情况扣10分				
10	使用工具	正确使用工具	2	工具使用不正确扣2分				
		正确维护工具	3	工具乱摆乱放扣3分				
11	安全及其他	按国家法规或企业规定		违规一次总分扣5分;严重违规停止操作			—	
		在规定时间内完成操作		每超时1min总分扣5分,超时3min停止操作			—	
		合　计	100					

试题12:己烷蒸馏塔液泛的处理

(考核时间:10min)

序号	考核内容	考核要点	配分	评分标准	检测结果	扣分	得分	备注
1	准备工作	穿戴劳保用品	3	未穿戴整齐扣3分				
		工具、用具准备	2	工具选择不正确扣2分				
2	操作程序	确认己烷蒸馏塔液位高是否真实	10	未确认现场实际液位扣10分				
				未确认仪表假指示扣10分				
3		降低液位	40	未停止进料扣20分				
				未改精馏塔塔底采出进粗己烷储罐扣10分				
				未检查蒸馏塔采出流量扣10分				
4		己烷蒸馏塔洗塔	20	洗塔方式错误扣20分				
5		确认塔釜低聚物浓度和塔盘压差	20	未确认塔釜浓度扣10分				
6				未确认塔盘压差扣10分				
7	使用工具	使用工具	2	工具使用不正确扣2分				
		维护工具	3	工具乱摆乱放扣3分				
8	安全及其他	按国家法规或企业规定		违规一次总分扣5分;严重违规停止操作			—	
		在规定时间内完成操作		每超时1min总分扣5分,超时3min停止操作			—	
	合 计		100					

试题13:间歇聚合开车的准备工作

(考核时间:15min)

序号	考核内容	考核要点	配分	评分标准	检测结果	扣分	得分	备注
1	准备工作	按要求配制PZ和AT催化剂	5	未答出扣5分				
2		系统进行气密压力降小于0.005MPa/h	10	未答出压力降扣10分				
3		气密合格进行氮气置换,使系统内氧气浓度小于0.2%(体积)	15	未答出氧浓度扣15分				
4		氮气置换合格后将己烷引入系统进行热洗使水含量小于15ppm	15	未答出水值扣15分				
5		向釜内加17吨开车己烷后系统进行氢气置换,使釜内氢气浓度达到要求值	20	未答出或答错扣20分				
6		氢气置换合格后,加入间歇聚合催化剂,同时聚合釜夹套升温,使釜温在55℃以上	20	未答温度扣20分				
7		补加催化剂期间,将原料气引入装置,并取样分析各项指标是否合格	15	未答出或答错扣15分				
8	安全及其他	按国家法规或企业规定		违规一次总分扣5分;严重违规停止操作			—	
		在规定时间内完成答题		每超时1min总分扣5分,超时3min停止操作			—	
	合 计		100					

试题14:串联聚合开车的准备工作

(考核时间:15min)

序号	考核内容	考核要点	配分	评分标准	检测结果	扣分	得分	备注
1	准备工作	按要求配制PZ和AT催化剂	5	未答出或答错扣5分				
2		系统进行气密压力降小于0.005MPa/h	10	未答出压力降扣15分				
3		气密合格进行氮气置换,使系统内氧气浓度小于0.2%(体积)	10	未答出氧浓度扣10分				
4		所有必须的仪表和设备投入运行,比如丁烯-1系统和第一闪蒸罐系统设备和仪表,将聚合方式开关转换到并联A或并联B位置	15	未答出或答错扣15分				
5		氮气置换合格后,将己烷引入系统进行热洗,使水含量小于15ppm	15	未答出水值扣15分				
6	准备工作	向釜内加17吨开车己烷后,系统进行氢气置换,使釜内氢气浓度达到要求值	15	未答出或答错扣15分				
7		氢气置换合格后加入间歇聚合催化剂,同时聚合釜夹套升温,使釜温在55℃以上	15	未答温度扣20分				
8		补加催化剂期间,将原料气引入装置,并取样分析各项指标是否合格	15	未答出或答错扣15分				
9	安全及其他	按国家法规或企业规定		违规一次总分扣5分;严重违规停止操作			—	
		在规定时间内完成操作		每超时1min总分扣5分,超时3min停止操作			—	
		合计	100					

气相法模块

试题1:绘制控制回路详图

(考核时间:30min)

序号	考核内容	考核要点	配分	评分标准	检测结果	扣分	得分	备注
1	流程走向	排布合理、卷面清晰	20	排布不合理交叉过多,线条杂乱扣5分,卷面涂改过多,不整洁清晰扣5分,流程错误扣10分				
		设备齐全	30	主要设备丢失扣20分,次要设备丢失扣10分				
2	控制回路	信号线	10	信号线走向不正确、缺少扣10分				
		仪表位号	10	仪表位号不正确、缺少扣10分				
		控制点	10	控制点不正确、缺少扣10分				
3	设备1	进出物料、位置、位号正确	5	物料走向不正确一处扣5分				
			5	位号错误一处扣5分				
4	设备2	进出物料、位置、位号正确	5	物料走向不正确一处扣5分				
			5	位号不正确一处扣5分				
		合计	100					

试题2:画出联锁关联图

(考核时间:30min)

序号	考核内容	考核要点	配分	评分标准	检测结果	扣分	得分	备注
1	流程走向	排布合理、卷面清晰	20	排布不合理扣5分 线条杂乱扣5分 卷面不清晰扣10分				
		设备齐全	15	漏设备一台扣5分				
2		联锁指标	15	错误一个扣5分				
		联锁位号	20	错误一个扣5分				
		联锁关联	10	错误一个扣5分				
		联锁数量	20	错误一个扣5分				
		合　计	100					

试题3:挤压机的开车

(考核时间:30 min)

序号	考核内容	考核要点	配分	评分标准	检测结果	扣分	得分	备注
1	开车检查	机、电、仪均已调试完毕,已具备开车条件,确认脱盐水系统、热油系统流程正确、切粒刀具备开车条件、粉料输送系统已开启	20	缺项各扣5分				
2	开车准备	主电机的启动电机、减速齿轮箱、齿轮泵的盘车	10	缺少叙述一项盘车扣5分				
3	启动	启动启动电机,启动主电机待启动电机的电流降至30A以下启动主电机,球阀排料	25	操作错误扣25分				
4	正常开车	对挤压机进行清机工作完毕后。关闭水室门,启动切粒机。冷却水直通,当水通入水室后切粒机轴前伸开齿轮泵,球阀直通	25	操作错误扣25分				
5	联锁检查	检查各联锁是否正常,将摩擦离合器调至正常值,联锁接通	10	操作错误扣10分				
6	料仓切换	视粒子外观和产品质量合格后切至产品罐	10	操作错误扣10分				
		合　计	100					

试题4:判断反应器气相分析异常变化的原因

(考核时间:30 min)

序号	考核内容	考核要点	配分	评分标准	检测结果	扣分	得分	备注
1	分析表故障或载气更换	分析A、B表对照判断,如单表出现异常变化则首先判断为分析表故障或载气更换	20	不会判断原因扣10分,不会分析扣10分				

续表

序号	考核内容	考核要点	配分	评分标准	检测结果	扣分	得分	备注
2	丁烯泵不上量或出口阀门故障	如果双表丁烯浓度持续下降则检查丁烯泵。如果丁烯注人程序正常,双表丁烯浓度持续上升,检查出口阀门	30	不会判断原因扣15分,不会分析扣15分				
3	乙烷含量异常上升	检查界区来乙烯中乙烷含量,如无变化则检查乙烯脱炔加氢量是否过高	25	不会判断原因扣15分,不会分析扣10分				
4	氢气含量异常上升	检查各精制加氢床加氢量,检查氢气调节阀	25	不会判断原因扣15,不会分析扣10分				
		合　计	100					

试题5:聚合系统的停车

（考核时间:30 min）

序号	考核内容	考核要点	配分	评分标准	检测结果	扣分	得分	备注
1	注入停车	停止预聚物的注入,关闭活塞阀及手阀	15	缺一步骤扣5分				
2	床层失活	按照停车步骤对床层进行操作	15	缺一步骤扣3分				
3	原料切断	关闭丁烯、乙烯、氢气进料阀	10	缺一步骤扣3分				
4	反应器降温,倒空床层	按步骤进行降温、倒空床层的操作	15	缺一步骤扣3分				
5	抽出停车	停侧向抽出系统及返回气压缩机系统	15	缺一步骤扣3分				
6	反应器置换	置换反应器,降温,降气速	15	缺一步骤扣3分				
7	循环气压缩机停车	彻底倒空床层,停循环气压缩机	15	缺一步骤扣3分				
		合　计	100					

试题6:质量指标波动原因的分析

（考核时间:30 min）

序号	考核内容	考核要点	配分	评分标准	检测结果	扣分	得分	备注
1	指数影响	氢气/乙烯比例失调,加氢不均匀,造成指数波动	20	缺一项扣10分				
2	密度影响	丁烯/乙烯比值控制不当,造成密度波动	20	缺一项扣10分				
3	仪表影响	在线分析仪表失灵造成分析错误	20	缺一项扣10分				

续表

序号	考核内容	考核要点	配分	评分标准	检测结果	扣分	得分	备注
4	设备影响	丁烯注入泵打量不好	20	缺一项扣10分				
5	原料影响	原料压力、质量波动	20	缺一项扣10分				
		合　计	100					

试题7:挤压机主齿轮箱有异常响动时的处理

(考核时间:30 min)

序号	考核内容	考核要点	配分	评分标准	检测结果	扣分	得分	备注
1	挤压机停车	手动挤压机进行停车	35	缺一步骤扣10分				
2	系统平衡	将粉料输送流程切至缓冲料仓,如有必要聚合降负荷生产	25	缺一步骤扣10分				
3	原因分析处理	联系机修对齿轮箱进行检查处理	25	缺一步骤扣10分				
4	开车	开车后对造成事故部位的跟踪检查	15	缺一步骤扣10分				
		合　计	100					

试题8:聚合反应器的温度控制操作

(考核时间:30 min)

序号	考核内容	考核要点	配分	评分标准	检测结果	扣分	得分	备注
1	主要控制点	各温度控制点的操作	10	必须在工艺指标范围内,超出一次扣5分				
2	操作手段	通过调节主、辅换热器的冷却水调节阀的开度来控制反应器的入口温度,从而实现对反应器出口温度的控制	10	必须在工艺指标范围内,超出一次扣5分				
3	主要影响因素	冷却水的上水温度的高低、冷却水泵的打量好坏、催化剂注入量是否均匀、反应活性的突变	20	必须在工艺指标范围内,超出一次扣5分				
4	注意事项	在反应活性突发性的升高时,要果断的采取相应的措施,以防止“飞温”现象的发生	20	若温度波动大扣10分				
5	温度升高的处理	①降低注入率。②冷却水阀相应开大来降低反应器入口温度。③增加氮气量	20	处理不当一次扣5分				
6	温度降低的处理	①增加注入率。②冷却水阀相应关小来提高反应器入口温度。③增加乙烯浓度来提高反应活性	20	处理不当一次扣5分				
		合　计	100					

试题9:不同产品质量指标发生变化时的分析

(考核时间:30 min)

序号	考核内容	考核要点	配分	评分标准	检测结果	扣分	得分	备注
1	产品指数发生变化	氢气/乙烯比值、挤压机筒体温度、添加剂类型等造成指数变化	40	原因分析缺一项扣15分				
2	产品密度发生变化	丁烯/乙烯比值控制不当,丁烯加入不稳定(过量或不足)	30	原因分析缺一项扣15分				
3	原料、分析变化影响	原料质量大幅度波动、分析错误导致的质量指标变化	30	原因分析缺一项扣15分				
		合　计	100					

试题10:挤压造粒机的使用

(考核时间:30 min)

序号	考核内容	考核要点	配分	评分标准	检测结果	扣分	得分	备注
1	挤压机检修后试车前的准备	各项检修质量符合要求;电气及DCS系统控制仪表正常,所有辅助装置的调整工作已完成;各系统润滑油液位检查,润滑油泵启动循环半小时,各润滑部位得到良好润滑;用蒸汽和热油对混炼机机筒的夹套以及其他的夹套进行加热直至不均匀膨胀和弯曲已消失,球形阀动作平滑。检查筒体支耳间隙应符合要求:完成热状态下的测量筒体支耳间隙,并记录,在热状态下拧紧造粒系统所有法兰上的螺栓,并保证其他螺栓也是紧的;各辅助系统按要求做好开车准备;盘车、使螺杆转动一圈以上无异常,无卡涩	20	每少一项扣3.5分				
2	各部分及辅助设备在完成检修后的单机试运转	主电机润滑油系统试运装;主减速箱润滑油系统试运行;齿轮泵润滑油系统试运行;热油系统试运行;切粒水系统试运行;液压油系统试运行	20	每少一项扣3.5分				

续表

序号	考核内容	考核要点	配分	评分标准	检测结果	扣分	得分	备注
3	挤压机的开车运行	开启启动电机，启动装置混炼机开始运转，将聚合物喂入混炼机进行初始的清机操作，视熔融树脂的清洁程度来确定运行时间，一般为控制在15分钟以内，然后关闭切粒机视窗，按规定开启切粒机，按规程启动主电机，挤压机投入运行	20	每少一项扣10分				
4	挤压机的检修验收	检修记录齐全、准确，质量符合要求；空载和负荷试车符合要求；液压系统能力达到要求，热油系统加热及循环正常，满足生产要求，水系统、气系统满足生产要求；控制系统联锁灵敏，准确好用；所有轴承温度不超过70℃（齿轮泵轴承除外），水、气、油、风系统无泄漏，齿轮运转平稳无杂音	20	每少一项扣5分				
5	挤压机日常维护	定期按挤压机使用说明书上要求检查混炼机螺杆、混炼机机筒、减速齿轮箱、齿轮泵、换网器和水下切粒机；经常保持主机完好；经常检查油压、油面、油分配器，轴承温度、振动及声音有无异常；经常观察混炼效果和出料情况是否正常；经常检查切粒效果是否良好，粒料质量；及时更换滤网和切刀并清理模板；严防金属异物进入挤压机内以免损坏机筒和螺杆；拆卸刀盘时，严禁敲击刀盘和切刀轴；经常检查各连接螺栓有无松动，支座间隙有无变化，及时紧固和调正；按润滑制度定期补油和换油	20	每少一项扣2分				
合计			100					